DIE GRUNDLEHREN DER
MATHEMATISCHEN WISSENSCHAFTEN
IN EINZELDARSTELLUNGEN MIT BESONDERER BERÜCKSICHTIGUNG DER ANWENDUNGSGEBIETE

GEMEINSAM MIT

W. BLASCHKE HAMBURG

M. BORN GÖTTINGEN

C. RUNGE GÖTTINGEN

HERAUSGEGEBEN VON

R. COURANT GÖTTINGEN

BAND XXII

VORLESUNGEN ÜBER HÖHERE GEOMETRIE

VON

FELIX KLEIN

BERLIN
VERLAG VON JULIUS SPRINGER
1926

FELIX KLEIN

VORLESUNGEN ÜBER HÖHERE GEOMETRIE

DRITTE AUFLAGE
BEARBEITET UND HERAUSGEGEBEN

VON

W. BLASCHKE
PROFESSOR DER MATHEMATIK AN DER
UNIVERSITÄT HAMBURG

MIT 101 ABBILDUNGEN

BERLIN
VERLAG VON JULIUS SPRINGER
1926

ISBN 978-3-642-49557-1 ISBN 978-3-642-49848-0 (eBook)
DOI 10.1007/978-3-642-49848-0

SOFTCOVER REPRINT OF THE HARDCOVER 3RD EDITION 1926

Vorwort.

Kleins gruppentheoretischer Aufbau der Geometrie, wie er ihn zuerst 1872 in seinem „Erlanger Programm" entworfen und dann 1893 in seiner „Einleitung in die höhere Geometrie" näher ausgeführt hat, ist für die Weiterentwicklung der Geometrie, ja auch der Physik heute so wichtig und lebendig als je. So wird vielleicht manchem eine Neuausgabe dieser Vorlesungen willkommen sein. Ich habe, um den persönlichen Eindruck von *Kleins* Werk nicht zu verwischen, an dem früheren „ersten Band" nur wenig geändert und nur wenig hinzugefügt. Hingegen habe ich den damit nur lose zusammenhängenden „zweiten Band", der eine Einführung in die Lehre von den stetigen und unstetigen Gruppen enthielt und eine völlige Umarbeitung nötig gemacht hätte, weggelassen. An seine Stelle ist der „dritte Hauptteil" des vorliegenden Buches getreten, in dem einige neuere geometrische Untersuchungen dargestellt werden. Dabei haben mich mehrere befreundete Geometer unterstützt: die Teile II und IV stammen von *J. Radon* (Erlangen), III im wesentlichen von *E. Artin* und V von *O. Schreier* (Hamburg). Außer diesen Kollegen habe ich für vielfache Hilfe noch zu danken den Herren *L. Berwald* (Prag), *E. Bompiani* (Bologna), *H. Schatz* und *G. Thomsen* (Hamburg).

Hamburg, im Frühjahr 1926.

W. Blaschke.

Inhaltsverzeichnis.

Zweiter Hauptteil.

Lehre von den Transformationen.

Dritter Hauptteil.

Beispiele geometrischer Forschung aus den letzten Jahrzehnten.

Ergänzungen.

Einleitung.

Man hat vielfach zwei Arten von Geometrie unterschieden, die *synthetische Geometrie*, die die Figuren an sich betrachtet, und die *analytische Geometrie*, die wesentlich mit Hilfe der Analysis ihr Lehrgebäude aufbaut. Außer diesen beiden Arten von Geometrie kann man sich noch eine dritte Art konstruieren, die gewissermaßen die Umkehrung der beiden ist. Während man nämlich sonst die Analysis auf die Geometrie anwendet, kann man auch umgekehrt die Geometrie auf die Analysis anwenden, analytische Beziehungen in geometrischer Weise kennen lernen, oder — etwas schärfer gefaßt — *mit Hilfe der Geometrie Einsicht in die Lehre von den Funktionen mehrerer Veränderlicher gewinnen.*

Es kommt in dieser Vorlesung insbesondere darauf an, die Gedanken, die in der kleinen Schrift: *F. Klein*, Vergleichende Betrachtungen über neuere geometrische Forschungen, Erlangen 1872, dem sogenannten „*Erlanger Programm*"[1]), nur angedeutet oder sehr knapp ausgeführt sind, in größerer Ausführlichkeit auseinanderzusetzen und damit einen historischen Überblick über alles zu verbinden, was im neunzehnten Jahrhundert in dieser Richtung geleistet worden ist. Vor allem werden wir die Arbeiten von *S. Lie* zu berücksichtigen haben, mit dem *Klein* seinerzeit über diesen Gegenstand zusammen gearbeitet hat und der später seine Untersuchungen sehr viel weiter geführt hat.

Da ein erheblicher Teil dieser Vorlesung den geometrischen Untersuchungen von *S. Lie* gewidmet sein wird, sollen gleich hier einige Angaben über das Leben dieses großen Geometers zusammengestellt werden. *Lie* wurde 1842 als Sohn eines Pastors in Nordfjordeid (Norwegen) geboren und hat sich erst verhältnismäßig spät, etwa 1868 ernstlich der Mathematik zugewandt. Im Winter 1869/70 kam *Lie* in Berlin mit *F. Klein* in Berührung und *Klein* und *Lie* vor dem Kriege 1870 in Paris mit *G. Darboux*. Die Früchte der Zusammenarbeit, insbesondere von *Klein* und *Lie* werden wir im folgenden an vielen Stellen kennen lernen, das Hauptergebnis für die Geometrie haben wir schon genannt, nämlich *Kleins* Erlanger Programm. 1886 kam *Lie* als Nachfolger *Kleins* als Professor an die Universität Leipzig, wo er zwölf Jahre blieb. 1898 ging *Lie* als kranker Mann in seine norwegische Heimat

[1]) Abgedruckt in den Math. Annalen Bd. **43** (1893) und *Kleins* Gesammelte Abhandlungen Bd. **1** (1921), S. **460**—**497**. Vgl. dort auch die biographischen Angaben S. **411** u. ff.

zurück und starb dort 1899. *Lies* Hauptwerk ist seine Theorie der Transformationsgruppen, die er gemeinsam mit *F. Engel* in drei Bänden (Leipzig 1888, 1890, 1893) herausgegeben hat[1]).

Bevor wir zu dem eigentlichen Gegenstande unserer Vorlesung übergehen, wird es nötig sein, uns vorher über einige grundlegende Begriffe zu verständigen. Wir schicken daher einen einleitenden Abschnitt voraus; er soll heißen:

§ 1. Allgemeine Vorbemerkungen.

Wir teilen sie in eine Reihe einzelner Nummern.

§ 1, 1. Funktionentheoretische Grundbegriffe.

a) Wir nennen $s = f(z)$ eine Funktion der reellen Veränderlichen z, wenn in einem gewissen Intervall zu jedem Wert von z ein Wert von s gehört. Die Zusammengehörigkeit der Werte ist also das einzig Kennzeichnende am Funktionsbegriff, während alles übrige, wovon man gewöhnlich bei Funktionen redet, wie Stetigkeit, Differenzierbarkeit usw., nicht den Funktionen als solchen zukommt, sondern nur bestimmten Funktionsklassen, die sich eben durch diese Eigenschaften von anderen Funktionsklassen unterscheiden. Die genaue Erklärung der Eigenschaften Stetigkeit und Differenzierbarkeit kommt der Differentialrechnung zu. Wir heben hier nur hervor, daß man lange Zeit über die Bedeutung und Tragweite dieser Begriffe im unklaren, ja selbst im Irrtum gewesen ist. So hat sich z. B. die Erkenntnis, daß eine stetige Funktion nicht differenzierbar zu sein brauche, die auf *Bolzano* und *Weierstraß* zurückgeht, sowie die Erkenntnis, daß eine unendlich oft differenzierbare Funktion nicht notwendig in eine *Taylor*sche Reihe entwickelbar sei, erst verhältnismäßig spät Bahn gebrochen.

b) Um ein für allemal eine bestimmte Festsetzung zu treffen, auf Grund deren wir unsere weiteren Untersuchungen ausführen können, führen wir die *Potenzreihe* ein:

$$s = a + bz + cz^2 + \ldots$$

oder allgemeiner

$$s = a + b(z - z_0) + c(z - z_0)^2 + \ldots$$

von der wir voraussetzen, daß sie für kleine Werte von $|z|$ oder $|z - z_0|$ konvergiert.

Wir untersuchen nun nicht, unter welchen Bedingungen sich eine Funktion in eine solche Potenzreihe entwickeln läßt, sondern bestimmen einfach, daß wir uns in der Regel nur mit solchen Funktionen beschäftigen wollen, die in Potenzreihen entwickelbar sind, wobei wir uns aber stets bewußt sind, daß wir nach dieser Einschränkung es nicht mit

---

[1]) Man vgl. z. B. den Nachruf von *M. Noether:* Mathem. Annalen Bd. 53 S. 1–41. 1900.

den allgemeinsten Funktionen, sondern nur mit einer bestimmten Funktionsklasse zu tun haben. Wir nennen die Funktionen, die sich in eine Potenzreihe entwickeln lassen, nach *Lagrange „analytische Funktionen"*.

c) Um nun einen Schritt weiter zu kommen, geben wir die Beschränkung der Veränderlichkeit von z auf reelle Werte auf und lassen auch komplexe Werte von z zu. Unter dieser Voraussetzung konvergiert die Potenzreihe in einem Kreise um den Nullpunkt oder den Punkt z_0, dessen Rand durch den nächsten singulären Punkt geht. Es kommt dadurch bei dieser Erklärung der Funktion zunächst nur ein gewisser Bereich der Ebene, nämlich das Innere des Konvergenzkreises in Betracht, und wir sprechen in diesem Fall von einem *Funktionselement* im Gegensatz zur *Gesamtfunktion,* die aus einem Funktionselement durch *analytische Fortsetzung* entsteht.

d) Unter der analytischen Fortsetzung versteht man folgenden Vorgang: Hat man eine Funktion in einem gewissen Konvergenzkreis durch eine Potenzreihe erklärt, so kann man sie natürlich auch in der Nähe jedes beliebigen Punktes z' im Innern des Konvergenzkreises in eine Reihe entwickeln, die nach ganzen Potenzen $(z-z')^k$ fortschreitet. Für jede solche Entwicklung wird ein neuer Konvergenzkreis mit dem Mittelpunkte z' existieren, dessen Rand durch den nächsten singulären Punkt geht. Diese neuen Konvergenzkreise werden vielleicht über den alten hinausgreifen und dadurch eine Erweiterung der Erklärung unserer Funktion auf die neuen Gebiete möglich machen. Eben diese Gewinnung neuen Gebietes, in welchem man die Funktion ermitteln kann, heißt analytische Fortsetzung. Führt man die analytische Fortsetzung so weit als möglich aus, so erhält man die *Gesamtfunktion,* die also sehr wohl von dem *Funktionselement* zu unterscheiden ist, schon deshalb, weil das Funktionselement eindeutig, die Gesamtfunktion vielleicht mehrdeutig ist. Gerade in der Theorie dieser Gesamtfunktionen besteht die Schönheit der modernen Funktionentheorie, da diese Gesamtfunktionen sich häufig, abgesehen von jeder besonderen Darstellung, durch allgemeine Eigenschaften vollständig kennzeichnen lassen.

e) Als einfachstes Beispiel führen wir *die rationalen Funktionen*

$$s = R(z)$$

an, die sich folgendermaßen erklären lassen: Alle die Funktionen, und nur die sind rational, die in der ganzen Ebene (auch im „uneigentlichen Punkt" § 10) eindeutig sind und nur außerwesentlich singuläre Stellen (Pole) besitzen. Ein anderes Beispiel bieten die *algebraischen Funktionen,* die sich als Gesamtfunktion durch endliche Vieldeutigkeit und das Fehlen wesentlich singulärer Stellen vollständig kennzeichnen lassen.

Wir fassen die bisherigen Auseinandersetzungen noch einmal zusammen, indem wir folgenden Satz hinstellen:

In unserer Geometrie werden wir mit analytischen Funktionen arbeiten, aber bald als Funktion nur das einzelne Funktionselement, bald die Gesamtfunktion bezeichnen, die sich aus dem einzelnen Funktionselement durch analytische Fortsetzung ergibt.

§ 1, 2. Haupteinteilung der Geometrie.

Entsprechend der entwickelten Auffassung können wir auch die Geometrie selbst in zwei verschiedene Teile spalten, nämlich:

1. *Geometrie im begrenzten Raumstück*, entsprechend der Verwendung allein von Funktionselementen.

2. *Geometrie im Gesamtraum*, entsprechend der Verwendung von Gesamtfunktionen.

Zu dem ersten Teil gehört fast die ganze Anwendung der Differential- und Integralrechnung auf Geometrie. Denn wenn wir Tangentenkonstruktionen an Kurven ausführen, wenn wir die Krümmungsverhältnisse der Kurven und Flächen untersuchen, so achten wir dabei jedesmal nur auf ein kleines, begrenztes Stück des Gebietes, unbekümmert darum, welche Singularitäten außerhalb desselben unsere Gebilde haben können. Auch die von *Gauß* entwickelte Flächentheorie gehört zum größten Teil hierher.

Andererseits gehört die Theorie der algebraischen Kurven und Flächen meist zu dem zweiten Teil, da wir bei den meisten Untersuchungen über diese Gebilde, z. B. Aufsuchung von Schnittpunkten oder Schnittkurven mehrerer solcher Gebilde, stets die Gebilde als Ganzes im Auge haben. Zusammenfassend können wir sagen:

Dem Unterschied zwischen Funktionselement und Gesamtfunktion entsprechend, können wir unterscheiden zwischen Geometrie im begrenzten Raum und Geometrie im Gesamtraum. Zur ersteren Geometrie ist fast die ganze Anwendung der Differential- und Integralrechnung auf Geometrie zu rechnen, zum zweiten Teil die Lehre von den algebraischen Gebilden.

Diese beiden Teile der Geometrie stehen gewöhnlich ganz getrennt voneinander; es gibt Lehrbücher für die eine Art und für die andere Art, aber zusammenfassende Darstellungen gibt es nicht.

Es soll Aufgabe dieser Vorlesung sein, beiden Arten von Geometrie gerecht zu werden.

§ 1, 3. Nähere Ausführung hierzu.

Zunächst wollen wir die pädagogischen Grundlagen oder Hilfsmittel für beide Arten von Geometrie besprechen.

Nehmen wir zunächst den *elementaren Teil der Geometrie im Gesamtraum,* also hauptsächlich der algebraischen Gebilde. Wir rechnen zu dem elementaren Teil dieser Theorie in der Ebene: Die Lehre von der geraden Linie und den Kegelschnitten, im Raum: Die Lehre von der Ebene, geraden Linie, den Flächen zweiten Grades und den Durchdringungskurven zweier Flächen zweiten Grades. Welche Lehrbücher sind da zu empfehlen, welche Anschauungsmittel gibt es?

Indem wir vorwegschicken, daß häufig die französischen Lehrbücher wegen der praktischen, aber doch nicht zu beschränkten Auswahl des Stoffes und wegen seiner didaktisch sehr zweckmäßigen Behandlung den Vorzug verdienen, nennen wir insbesondere als Lehrbücher für unsere Gegenstände:

1. *Briot-Bouquet, Géométrie analytique* (besitzt die erwähnten guten Eigenschaften der französischen Lehrbücher und ist deshalb zu empfehlen); 2. Aufl. Paris 1851.

2. *G. Salmon*, a) *Analytische Geometrie der Kegelschnitte*, Dublin 1848; b) *Raumgeometrie*, Dublin 1862. Dieses Buch ist ziemlich umfangreich und vor allem die deutsche Übersetzung, die ursprünglich von *W. Fiedler* stammt und später mehrfach überarbeitet wurde, zu überladen. Es drängt sich in diesem Werk das formale Element, die Invariantentheorie, sehr in den Vordergrund, und zuweilen mangelt es auch an einer strengen Beweisführung. Immerhin kann man aus ihnen eine ganze Menge interessanten Stoffes kennen lernen.

Ein neues Werk, das das veraltete von *Salmon-Fiedler* in vieler Beziehung ersetzen kann, stammt ebenfalls von einem englischen Geometer, nämlich *H. F. Baker*. Von dessen „Principles of Geometry" sind bisher (1922—1925) vier Bände in Cambridge (England) erschienen.

3. *O. Hesse, Raumgeometrie*, Leipzig 1861 (rein analytisch).

4. *Th. Reye, Geometrie der Lage*, Hannover 1866, 1867 (rein synthetisch), beide einseitig methodisch, aber in ihrer Behandlung sehr elegant.

5. *Clebsch-Lindemann, Vorlesungen über Geometrie* (im wesentlichen Nachschlagebuch). 1. Bd. Leipzig 1876 (2. Aufl. hat 1906 zu erscheinen begonnen), 2. Bd. Leipzig 1891.

Unter den neueren Büchern, die mehr durch ihre Menge als durch ihren Gehalt auffallen, sei als hervorragend genannt:

6. *Darboux, Géométrie analytique* (Paris 1917).

Es gibt auch zwei Lehrbücher der analytischen Geometrie, die *Kleins* Gesichtspunkte aus dem Erlanger Programm in den Vordergrund zu stellen suchen, nämlich *L. Heffter* und *C. Koehler*, Lehrbuch der analytischen Geometrie, 1. Bd. Leipzig 1905, 2. Bd. (von *Heffter*) Leipzig 1923; ferner *H. Beck*, von dessen „Koordinatengeometrie" bisher nur ein Band (Berlin 1919) erschienen ist.

Was Anschauungsmittel angeht, so wollen wir insbesondere die Modelle der Flächen zweiten Grades nennen, die uns die Flächen selbst, die Kreisschnitte, die erzeugenden Geraden und Systeme konfokaler Flächen mit ihren Durchdringungen anschaulich vor Augen führen. Es ist ganz besonders nützlich, sich selbst solche Modelle zu verfertigen, wozu ganz einfache Mittel ausreichen. (Vgl. *W. v. Dyck*, Katalog mathematischer ... Modelle, München 1892.)

Nun die entsprechenden Bemerkungen zum *elementaren Teil der „Geometrie im begrenzten Raumstück“*, die wir im wesentlichen als *Differentialgeometrie* bezeichnen können.

Es gehört zu dieser Theorie:

a) in der Ebene: Die allgemeine Lehre von den ebenen Kurven,

b) im Raume: 1. Lehre von den Flächen, 2. Lehre von den Raumkurven.

Bezüglich der Lehre von den ebenen Kurven beschränken wir uns darauf, einige Stichworte anzuführen, die die einzelnen Teile dieser Lehre genügend kennzeichnen werden. Tangente, Krümmungskreis, Evolute, Bogenlänge, von einer Kurve umgrenztes Flächenstück.

Etwas ausführlicher verweilen wir bei der Flächentheorie, da diese bei weitem den größten Raum und das meiste Interesse in der Differentialgeometrie in Anspruch nimmt. Ehe wir jedoch einiges Zusammenhängende darüber mitteilen, setzen wir zunächst wieder die Stichworte hierher, die uns als Leitfaden für das Folgende dienen möge: Krümmung — *Eulers* Sätze über Krümmung — *Dupins*[1]) Indikatrix — Krümmungslinien — Asymptotenlinien — Geodätische Linien — Minimalflächen — Flächen fester Krümmung.

Gehen wir jetzt im Zusammenhange auf die Flächentheorie ein, so müssen wir zunächst an die Untersuchungen erinnern, die man über die Krümmung der Fläche im einzelnen Punkte anstellt. Man legt bei dieser Untersuchung bekanntlich Normalschnitte durch den betreffenden Punkt und vergleicht die Krümmung in den einzelnen Normalschnitten. Die Größe des Krümmungsradius wechselt im allgemeinen mit der Lage des Normalschnittes, und es gibt zwei Lagen, in denen diese ein Maximum oder ein Minimum wird.

Diese beiden Schnitte heißen Hauptschnitte, und die Krümmungsradien in ihnen, die wir mit ϱ und ϱ' bezeichnen wollen, Hauptkrümmungsradien. Weiterhin sind in unserer Theorie zwei charakteristische Verbindungen der beiden Hauptkrümmungsradien von großer Bedeutung, nämlich einmal der Ausdruck

$$2H = \frac{1}{\varrho} + \frac{1}{\varrho'},$$

der den Namen *mittlere Krümmung* trägt, und zweitens die Verbindung

$$K = \frac{1}{\varrho\varrho'},$$

das sogenannte *Krümmungsmaß* (nach *Gauß* „disquisitiones circa superficies curvas“, 1827): Da ϱ und ϱ' sowohl positiv als negativ sein können, kann das Krümmungsmaß ebenfalls größer oder kleiner als Null sein. Bezüglich des Vorzeichens liegen die Dinge nämlich so: Schreibt man der Flächennormalen einen Durchlaufungssinn zu, so bekommen ϱ, ϱ'

[1]) *Dupin* ist einer der hervorragendsten Schüler von *Monge* gewesen; seine „Développements de géométrie“ erschienen zuerst 1813.

bestimmte Zeichen, die sich gleichzeitig ändern bei Änderung des Sinnes der Normalen. Daraus folgt, daß das Vorzeichen des Krümmungsmaßes von jeder Willkür frei ist.

Wenn $K > 0$ ist, nennt man die Fläche in dem betreffenden Punkt *elliptisch*, wenn $K < 0$ ist, *hyperbolisch* gekrümmt (die Fläche hat hier die Gestalt eines Sattels). Die letzten Benennungen beziehen sich auf die Gestalt, welche die sogenannte *Indikatrix Dupins* an der zu untersuchenden Stelle der Fläche besitzt. Diese Kurve, die als Schnitt einer zur Tangentenebene parallelen und von ihr unendlich wenig entfernten Ebene mit der Fläche erzeugt wird, ist nämlich im ersten Falle in erster Annäherung eine Ellipse, im zweiten Falle eine Hyperbel. In beiden Fällen sind die Hauptschnitte der Fläche durch die Hauptachsen der Indikatrix *Dupins* gegeben. Die Asymptoten der Indikatrix heißen bisweilen *Schmiegtangenten*, sie sind natürlich nur im Falle hyperbolischer Krümmung reell. Will man die Schmiegtangenten ohne Zuhilfenahme der Indikatrix einführen, so kann man sagen: die Tangentenebene der Fläche in einem hyperbolisch gekrümmten Punkte schneidet diese in einer Kurve mit Doppelpunkt, und die Tangenten der Kurve im Doppelpunkt sind die Schmiegtangenten. Oder: Die Schmiegtangenten haben mit der Fläche drei benachbarte Punkte gemein. Eine Eigenschaft, die ihre Benennung rechtfertigt.

Die letzten Ausführungen veranlassen uns nun weiter, gewisse Kurven auf den Flächen zu untersuchen, nämlich die sogenannten *Krümmungskurven* und *Asymptotenlinien* oder *Schmiegtangentenkurven*, deren Zusammenhang mit dem Vorigen aus ihrer Erklärung, die wir im folgenden geben, klar hervorgeht. Unter Krümmungskurven versteht man nämlich solche auf der Fläche verlaufende Kurven, die in jedem Punkte von einer Hauptkrümmungsrichtung berührt werden, während die Asymptotenlinien (oder auch Schmiegtangentenkurven) in jedem Punkte von einer der Asymptoten der Indikatrix berührt werden. Da es in jedem Punkte zwei reelle Hauptkrümmungsrichtungen gibt, die einen rechten Winkel einschließen, so ist es klar, daß die ganze Fläche im allgemeinen von einem Netz von Krümmungskurven überdeckt wird, die sich in jedem Punkte rechtwinklig schneiden und also ein sogenanntes Orthogonalnetz bilden. Die Asymptotenlinien überdecken dagegen nur die hyperbolisch gekrümmten Teile der Fläche doppelt, während sie auf dem elliptisch gekrümmten Teil ganz fehlen.

Beide Arten von Kurven sind durch *Differentialgleichungen erster Ordnung* bestimmt, da man in jedem ihrer Punkte die Tangentenrichtung kennt.

Außer den beiden genannten Arten von Kurven spielen noch die *geodätischen* oder *kürzesten Linien* eine bedeutende Rolle. Man kann diese praktisch durch einen auf der Fläche gespannten Faden verwirklichen. Denkt man an diese Verwirklichung der geodätischen Linien, so wird einem auch der folgende Satz naheliegend erscheinen: Die geodätische Linie hat die Eigenschaft, daß ihre Schmiegebene in jedem Punkte senkrecht zur Fläche steht, eine Eigenschaft, die man auch zur Erklärung der geodätischen Linie benutzen kann. Eine andre praktische Verwirklichung der geodätischen Linien erhält man, wenn man auf der Fläche einen schmalen geradlinigen Papierstreifen auflegt.

Da durch jeden Punkt der Fläche unendlich viele geodätische Linien gehen, kann man die Richtung, in der sie durch einen beliebigen Punkt verlaufen soll, noch beliebig vorgeben, und erst die Krümmung ist durch die Eigenschaft unserer Kurve als kürzester Linie bestimmt. Die geodätischen Linien sind deshalb durch *Differentialgleichungen zweiter Ordnung* bestimmt, die aus Punkt und Tangentenrichtung die Größe ihrer Krümmung finden lehren.

Die Krümmungsverhältnisse können auch dazu dienen, ganze Flächenfamilien aus der Gesamtheit aller Flächen auszusondern. Wir erwähnen nur zwei Familien von Flächen:

1. *Die Minimalflächen,* die durch $H = 0$ gekennzeichnet sind. Diese Flächen sind hiernach überall sattelförmig gekrümmt und haben übrigens ihren Namen daher, weil innerhalb eines beliebigen auf ihr verlaufenden, nicht zu ausgedehnten Randes die Minimalfläche kleineren Flächeninhalt besitzt als alle in diesen Rand gespannten Flächen.

2. *Flächen festen Krümmungsmaßes,* die, wie der Name besagt, durch $K =$ konst. gekennzeichnet sind.

Damit beendigen wir die vorläufigen Ausführungen über die Flächentheorie selbst und fügen nur noch einiges hinzu, was sich auf die *Lehrbücher für diesen Teil der Geometrie* bezieht.

Sieht man von den allgemeinen Lehrbüchern der Differential- und Integralrechnung ab, die ja meist einen Teil ihres Raumes den Anwendungen auf Geometrie widmen, so ist hier, als in derselben Sammlung erschienen, zu erwähnen: *W. Blaschke,* Vorlesungen über Differentialgeometrie, von denen bisher zwei Bände erschienen sind, wovon für uns hauptsächlich der erste, über „elementare Differentialgeometrie" (2. Aufl., Berlin 1924), in Betracht kommt.

Als ein Sammelwerk ersten Ranges für unsere Theorie ist vor allem das vierbändige Werk von *G. Darboux, Théorie générale des surfaces,* Paris 1887—1896, zu nennen; es wird für ein eingehendes Studium unseres Gebietes ohne Zweifel auf lange Jahre hinaus die Grundlage bilden (z. T. auch in zweiter Aufl. erschienen).

Einen fast ebenso umfassenden Plan haben die „Lezioni di geometria differenziale" von *L. Bianchi* (3. Aufl., Pisa, Bologna 1922—1924), die auch in verkürzter deutscher Übersetzung erschienen sind.

Als *Anschauungsmittel* sind auch hier ebenso wie bei der Geometrie im Gesamtraum Modelle der Flächen mit aufgezeichneten Kurven zu erwähnen, und es mögen zur Verdeutlichung der früheren allgemeinen Ausführungen hier noch einige spezielle Sätze Platz finden, die direkt an den Modellen zur Anschauung gebracht werden können.

1. *Krümmungs- und Asymptotenkurven.* Auf den Flächen zweiten Grades sind die Krümmungs- und Asymptotenkurven algebraisch, nämlich die Schmiegtangentenkurven fallen mit den „geradlinigen Erzeugenden" zusammen, und die Krümmungskurven erscheinen als Durchschnitte der Flächen mit den „konfokalen Flächen zweiten Grades". Die konfokalen Flächen bilden nämlich ein Orthogonalsystem, und für die Flächen eines solchen Systems gilt allgemein das „*Dupin*sche Theorem", daß sich diese längs der gemeinsamen Krümmungskurven schneiden.

2. *Geodätische Linien.* Die geodätischen Linien auf den Flächen zweiten Grades sind transzendent und zuerst von *Jacobi* 1837 mit Hilfe hyperelliptischer Integrale bestimmt worden. Bei den Drehflächen zweiten Grades windet sich die einzelne geodätische Linie zwischen zwei Parallelkreisen, bei den dreiachsigen Flächen zweiten Grades zwischen den beiden Ästen einer Krümmungskurve fortgesetzt hin und her. Insbesondere läuft eine geodätische Linie, welche durch einen Nabelpunkt der Fläche geht, auch stets durch den gegenüberliegenden.

Von geodätischen Linien auf Drehflächen erwähnen wir noch die auf einer Drehfläche mit fester mittlerer Krümmung. Ihre Meridiankurve wird, wie von *Delaunay* angegeben worden ist, vom Brennpunkt einer Ellipse beschrieben, die ohne zu gleiten auf einer Geraden, der Drehachse der Fläche, rollt. Vgl. die Abbildung 1. Auf einer solchen Fläche unterscheidet man

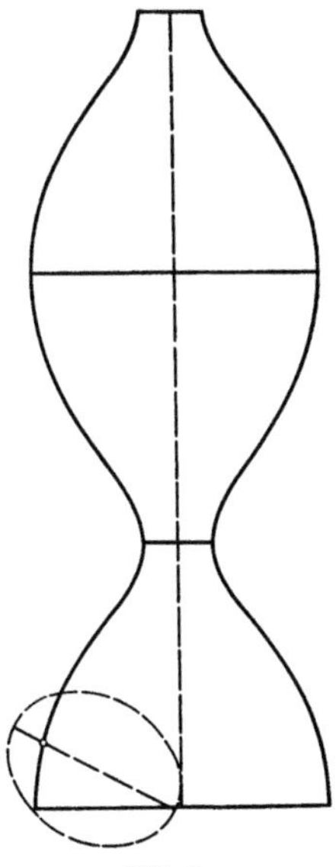

Abb. 1.

a) geodätische Linien, die, zwischen zwei Parallelkreisen eingeschlossen, fortwährend hin- und herlaufen,

b) steiler gestellte geodätische Linien, die sich um die Gesamtfläche nach Art einer Schraubenlinie herumwinden, und endlich einen Übergangsfall, wofür die geodätische Linie den in einer Einschnürung gelegenen Kehlkreis fortgesetzt annähert, ohne ihn zu erreichen.

Man bemerke den Unterschied zwischen algebraischen Kurven und transzendenten Kurven, wie er hier hervortritt: erstere sind nach ihrem Gesamtverlauf bequem zu übersehen, letztere nur ein Stück lang.

3. *Minimalflächen.* Als Beispiel einer Minimalfläche, bei der der Unterschied klar hervortritt, daß jedes kleine Stück innerhalb seines Randes ein Minimum des Flächeninhalts besitzt, während die Fläche

analytisch fortgesetzt sich selbst mannigfach durchdringt, möge die „*Schilling*sche Fläche“ dienen.

4. *Flächen fester Krümmung.* Verschiedene Typen der hierher gehörigen Drehflächen.

Wegen der Beziehung der Flächentheorie zur Mechanik sei auf die sehr anregenden und anschaulichen Untersuchungen von *Finsterwalder* im Jahresbericht der Deutschen Mathematikervereinigung Bd. 6, 1899 hingewiesen.

Wir beenden damit die Vorbemerkungen und gehen zu *unserer eigentlichen Vorlesung* über, die wir in der Weise anordnen werden, daß wir die hauptsächlichsten Begriffe der Geometrie nacheinander besprechen, daß wir zusehen, wie sie mit der Zeit erweitert worden sind, und welche Fortschritte unsere Wissenschaft jedesmal dadurch gemacht hat. Unser erster Gegenstand sei der allgemeine Koordinatenbegriff.

Erster Hauptteil.

Der allgemeine Koordinatenbegriff.

Wir behandeln zunächst:

Punktkoordinaten.

Althergebracht sind zwei Arten von Punktkoordinaten:

1. Parallelkoordinaten x, y, z.
2. Polarkoordinaten r, ϑ, φ.

Bei Parallelkoordinaten entspricht nicht nur jedem Wertsystem von Koordinaten ein Punkt, sondern jedem Punkt auch nur ein Wertsystem der Koordinaten. Dagegen kann man mit Polarkoordinaten schon den ganzen Raum umfassen, wenn man ihnen folgende Beschränkungen auferlegt:

$$r \geqq 0, \quad 0 \leqq \vartheta \leqq \pi, \quad 0 \leqq \varphi < 2\pi.$$

Dementsprechend besteht in der Anwendung noch der Unterschied zwischen beiden Arten von Koordinaten, daß man Polarkoordinaten zumeist nur bei besonderen Untersuchungen gebraucht, während die Parallelkoordinaten auch bei allgemeinen Untersuchungen dienlich sind.

Außer den beiden hiermit genannten Arten von Punktkoordinaten mögen nun insbesondere die folgenden genannt werden:

1. *Linearkoordinaten,* d. h. lineare Verbindungen der gewöhnlichen Parallelkoordinaten, die zuerst bei *Möbius* in seinem „*baryzentrischen Kalkül*“ 1827, dann bei *Plücker* in Bd. I der „*analytisch-geometrischen Entwickelungen*“ 1828 auftreten. Sie spielen in der projektiven Geometrie als Dreiecks- und Tetraederkoordinaten eine große Rolle.

2. *Krummlinige Koordinaten* im allgemeinsten Sinne, deren Theorie hauptsächlich von *Lamé* in seinen „*Leçons sur les coordonnées curvilignes*“ 1859 bearbeitet ist; sie werden in der mathematischen Physik sehr häufig benutzt. Was zunächst die Linearkoordinaten angeht, so berichten wir darüber noch folgendes.

§ 2. Linearkoordinaten.

Die hier gemeinten Linearkoordinaten werden in der Ebene im einfachsten Falle als *Dreieckskoordinaten* bezeichnet und dann etwa durch folgende Gleichungen eingeführt:

$$\begin{aligned} \varrho p &= a x + b y + c, \\ \varrho q &= a_1 x + b_1 y + c_1, \\ \varrho r &= a_2 x + b_2 y + c_2. \end{aligned}$$

Linker Hand bedeutet ϱ einen willkürlichen Proportionalitätsfaktor ($\neq 0$), der uns anzeigt, daß es nur auf die Verhältnisse $p:q:r$ ankommt. Eben deshalb bezeichnet man die p, q, r auch als *homogene* Koordinaten.

Will man die Dreieckskoordinaten elementargeometrisch deuten, so beachte man, daß

$$\frac{ax+by+c}{\sqrt{a^2+b^2}}$$

der (zweiwertige) Abstand des Punktes x, y von der Geraden $ax+by+c=0$ ist. Es wird dann sofort die Richtigkeit des folgenden Satzes einleuchten:

Die Dreieckskoordinaten verhalten sich wie die mit gewissen vorgegebenen Konstanten multiplizierten Abstände von ***drei*** *geraden Linien der Ebene.*

Es ist noch zu beachten, daß die Determinante

$$\begin{vmatrix} a & b & c \\ a_1 & b_1 & c_1 \\ a_2 & b_2 & c_2 \end{vmatrix}$$

von Null verschieden sein muß, damit sich die x, y durch die p, q, r ausdrücken lassen. Geometrisch heißt das, daß die vorerwähnten drei geraden Linien nicht durch einen Punkt gehen, sondern ein Dreieck bilden sollen.

Die gewöhnlichen Parallelkoordinaten lassen sich als Sonderfall der Dreieckskoordinaten ansehen. Man hat nur die dritte Dreiecksseite ins Unendliche rücken zu lassen und die zugehörige multiplizierende Konstante gegen Null rücken zu lassen, endlich

$$\frac{p}{r}=x, \quad \frac{q}{r}=y$$

zu setzen.

Ganz Entsprechendes läßt sich auch von den Tetraederkoordinaten im Raume aussagen.

An Stelle der Bezeichnung p, q, r braucht man heutzutage meistens die Bezeichnung x_1, x_2, x_3, oder im Raume x_1, x_2, x_3, x_4, die von *Hesse* zuerst eingeführt worden ist. *Hesse*s Hauptverdienst ist es, die eleganten formalen Methoden seines Lehrers *Jacobi*, insbesondere die Determinantenrechnung in die neuere Geometrie hineingetragen zu haben, woher die erwähnte Bezeichnung der Dreiecks- und Tetraederkoordinaten durch Indizes stammt.

Auf ganz anderem Wege als *Plücker*, nämlich von mechanischen Gesichtspunkten aus, ist *Möbius* dazu gekommen, in seinem „baryzentrischen Kalkul" eine besondere Art von Dreieckskoordinaten einzuführen.

Er sieht als Koordinaten eines Punktes die drei Gewichte p, q, r an, die man in den Ecken des zugrunde gelegten Dreiecks anbringen muß, da-

mit der betreffende Punkt Schwerpunkt des Dreiecks wird. (*Woraus unmittelbar einleuchtet, daß nur die Verhältnisse p, q, r eine geometrische Bedeutung haben.*)

Daß die baryzentrischen Koordinaten wirklich ein Sonderfall der Dreieckskoordinaten sind, erkennt man leicht, wenn man im Schwerpunkte des Dreiecks die Masse $(p + q + r)$ anbringt. Man beachte nämlich, daß die so vervollständigte Figur als mechanisches System betrachtet im Gleichgewicht sein muß, daß also auch die Drehmomente um die einzelnen Dreiecksseiten verschwinden müssen. Bezeichnet man nun die drei Höhen des Dreiecks wie in der Abbildung 2 mit h, k, l und die drei vom Schwerpunkte auf die Seite gefällten Normalen mit π, $\varkappa$, ϱ, so ergeben sich folgende Gleichungen:

$$ph - (p + q + r)\pi = 0,$$
$$qk - (p + q + r)\varkappa = 0,$$
$$rl - (p + q + r)\varrho = 0$$

und daraus

$$p : q : r = \frac{\pi}{h} : \frac{\varkappa}{k} : \frac{\varrho}{l}.$$

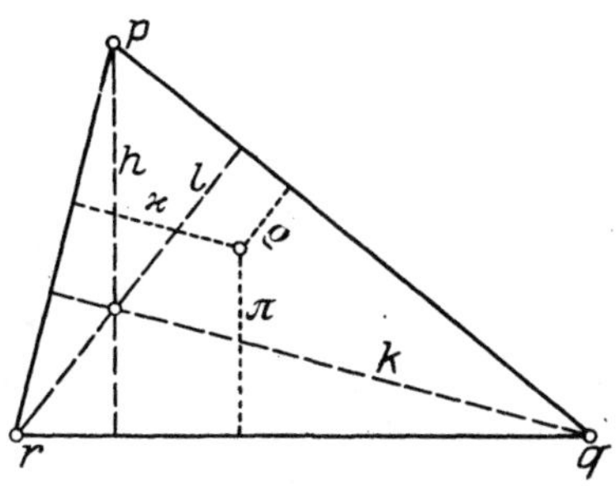

Abb. 2.

Wir können daher folgenden Satz aussprechen: *Die „baryzentrischen Koordinaten“ sind ein besonderer Fall der allgemeinen Dreieckskoordinaten, indem als multiplizierende Konstante der drei Abstände von den Dreieckseiten die reziproken Höhen des Dreiecks angenommen sind.* —

Fragen wir uns jetzt, welchen Nutzen die Einführung der Dreieckskoordinaten gewährt, so können wir dreierlei antworten:

1. Homogeneität,
2. Behandlung des „unendlich Weiten“, der sogenannten uneigentlichen Elemente,
3. größere Schmiegsamkeit des Koordinatensystems.

Zu 1. Was zunächst den ersten Punkt angeht, so erkennt man leicht, daß in unseren Koordinaten alle Gleichungen, die eine unmittelbare geometrische Bedeutung haben, homogen sein müssen, da es nur auf die Verhältnisse der Koordinaten ankommt. So ist z. B. $Ap + Bq + Cr = 0$ die Gleichung einer geraden Linie und

$$\sum_1^3 a_{ik}\, x_i\, x_k = 0$$

die Gleichung eines Kegelschnitts in Dreieckskoordinaten.

Will man analytisch verfolgen, daß alle Gleichungen in Dreieckskoordinaten homogen werden müssen, so löse man die Gleichungen, die den Zusammenhang zwischen den Dreieckskoordinaten und den gewöhnlichen vermitteln, nach x und y auf, indem man neben x und y auch ϱ als Unbekannte betrachtet. Man erhält dann die Werte

$$x = \frac{Z_1}{N}, \quad y = \frac{Z_2}{N}, \quad \text{(mit gemeinsamem Nenner)},$$

wo Z_1, Z_2 und N homogene lineare Ausdrücke (Linearformen) in den p, q, r bedeuten. Setzt man für x und y diese Werte in irgendwelche vorgegebene Kurvengleichung ein und multipliziert man mit dem Nenner herauf, so ist ohne weiteres ersichtlich, daß die Gleichung eine homogene Gestalt in bezug auf die neuen Koordinaten annehmen muß.

Die Homogeneität der Gleichungen ist von besonderem Nutzen in der Tangenten- und Polarentheorie, die dadurch an Symmetrie und deshalb an Einfachheit gewinnt. Bezeichnet $f(x, y) = 0$ die Gleichung einer Kurve in gewöhnlichen Koordinaten und $F(x_1, x_2, x_3) = 0$ die Gleichung derselben Kurve in Dreieckskoordinaten, so wird die Gleichung der Tangente im Punkte x, y oder x_1, x_2, x_3, im ersten Falle

$$\frac{\partial f}{\partial x}(x' - x) + \frac{\partial f}{\partial y}(y' - y) = 0$$

und im zweiten Falle

$$\frac{\partial F}{\partial x_1} x_1' + \frac{\partial F}{\partial x_2} x_2' + \frac{\partial F}{\partial x_3} x_3' = 0,$$

zwei Gleichungen, von denen die zweite ersichtlich die erste an Symmetrie übertrifft.

Zum Beweise dieser Formel braucht man das bekannte *Euler*sche Theorem über homogene Funktionen, das überall in diesem Gebiete benutzt wird:

$$\frac{\partial F}{\partial x_1} x_1 + \frac{\partial F}{\partial x_2} x_2 + \frac{\partial F}{\partial x_3} x_3 = nF,$$

worin n den Grad von F bezeichnet.

Zu 2. Was das Unendlichweite angeht, so beziehen wir uns da wieder auf die Formeln:

$$x = \frac{Z_1}{N}, \quad y = \frac{Z_2}{N},$$

die uns lehren, daß einem Unendlichwerden von x und y ein Verschwinden von N entspricht. Es sind daher zur Behandlung der uneigentlichen Punkte keine Grenzübergänge in x_1, x_2, x_3 heranzuziehen, weil es ja nur auf die Verhältnisse der x_1, x_2, x_3 ankommt, sondern die x_1, x_2, x_3 sind einer bestimmten linearen homogenen Gleichung $N = 0$ zu unterwerfen, wenn sie uneigentliche Elemente darstellen sollen. Dadurch schließt sich der analytische Ansatz an die Vorstellungsweise der projektiven Geometrie an, die von einer unendlichweiten oder uneigentlichen Geraden der Ebene spricht.

Zu 3. Endlich besitzt das Dreieckskoordinatensystem eine größere Schmiegsamkeit, da wir ja stets eine gerade Linie mehr als bei gewöhnlichen Parallelkoordinaten zur Verfügung haben, wenn es sich um eine passende Wahl des Koordinatensystems handelt.

Ein Beispiel möge uns dies näher beleuchen. Setzen wir uns aus den beiden Scharen von geradlinigen Erzeugenden eines einschaligen Hyperboloids ein windschiefes Viereck zusammen, vervollständigen es wie in der Abbildung 3 zu einem Tetraeder (Tangententetraeder) und benutzen es so als Koordinatentetraeder, so kann die Gleichung des Hyperboloids nur die Gestalt haben:

$$a x_1 x_2 + b x_3 x_4 = 0,$$

sofern die Gleichungen der vier Seiten des windschiefen Vierecks

$$\begin{matrix} x_1 = 0, & x_3 = 0, \\ x_1 = 0, & x_4 = 0, \end{matrix} \quad \text{und} \quad \begin{matrix} x_2 = 0, & x_3 = 0, \\ x_2 = 0, & x_4 = 0 \end{matrix} \quad \text{sind.}$$

Führt man jetzt unter Beibehaltung des Koordinatentetraeders Vielfache der bisherigen Koordinaten als neue Koordinaten ein, so kann man der Flächengleichung die Gestalt geben:

$$x_1 x_2 - x_3 x_4 = 0,$$

eine Formel, die sich in gleicher Einfachheit beim bloßen Gebrauche von Parallelkoordinaten nicht herstellen läßt. Die letzte Gleichung läßt sich auch in Determinantenform schreiben:

$$\begin{vmatrix} x_1 & x_3 \\ x_4 & x_2 \end{vmatrix} = 0,$$

und ist daher das Eliminationsresultat aus den Gleichungen

$$x_1 - \lambda x_3 = 0,$$
$$x_4 - \lambda x_2 = 0,$$

oder den beiden andern

$$x_1 - \mu x_4 = 0,$$
$$x_3 - \mu x_2 = 0.$$

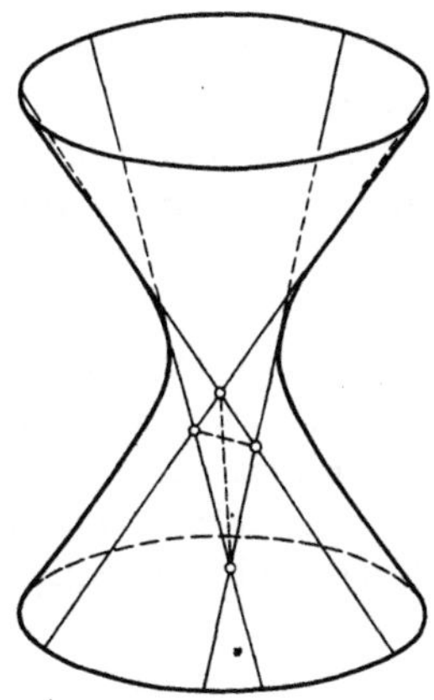

Abb. 3

Daraus folgt aber unmittelbar die geometrische Wahrheit:

Unsere Fläche zweiten Grades kann auf zwei Weisen aus unserm windschiefen Viereck durch den Schnitt entsprechender Ebenen zweier projektiver Ebenenbüschel erzeugt werden.

Das ist der Satz, durch den man die Flächen zweiten Grades in die synthetische neuere Geometrie einzuführen pflegt, wie wir dies später (§ 38) noch besprechen werden.

Wir erkennen, daß dieses Ergebnis bei Zugrundelegung von Tetraederkoordinaten der analytischen Behandlung in einfachster Weise zugänglich ist.

§ 3. Plückers Entwicklungen.

Wir kommen jetzt dazu, die Fortschritte, die der Begriff der Punktkoordinaten und der Koordinatenbegriff überhaupt durch *Plücker* erfahren haben, näher zu besprechen. *Plücker,* ein hervorragender Autor der neueren analytischen Geometrie, hatte, was Geometrie angeht, seine Hauptwirksamkeit in den Jahren 1826—1846. Er veröffentlichte während dieser Zeit neben zahlreichen Abhandlungen in Crelles Journal folgende Hauptwerke:

1. *Analytisch-geometrische Entwicklungen (1828, 1831) 2 Bde.*
2. *System der analytischen Geometrie. 1835.*
3. *Theorie der algebraischen Kurven. 1839.*
4. *System der Geometrie des Raumes in neuer analytischer Behandlungsweise. 1846.*

Nach dieser Periode beschäftigte sich *Plücker* hauptsächlich mit Arbeiten über experimentelle Physik, doch hat er sich in seinen letzten Lebensjahren wieder auch der Geometrie gewidmet. 1866 kam *F. Klein* siebzehnjährig als physikalischer Assistent zu *Plücker* und blieb dort bis zu *Plückers* Tod 1868. *Clebsch* und der junge *Klein* haben 1868 und 1869 das letzte geometrische Werk des alten *Plücker* herausgegeben, das folgenden Titel trägt:

Neue Geometrie des Raumes, gegründet auf die Betrachtung der geraden Linie als Raumelement 1868—69.

Obwohl uns an dieser Stelle zunächst das interessiert, was sich in den Werken *Plückers* über Punktkoordinaten findet, so sei doch gleich darauf hingewiesen, daß *Plücker* nicht nur den Begriff der Punktkoordinaten auf mannigfache Weise erweitert hat, sondern daß er auch den Koordinatenbegriff überhaupt dahin verallgemeinert hat, daß man *jedes einzelne geometrische Gebilde* im Raume durch Koordinaten festlegen und sich dann mit den Gleichungen beschäftigen kann, welche zwischen diesen Koordinaten vorgegeben werden.

Man vergleiche den Titel des letztangeführten Werkes.

Natürlich ist auch hiermit *Plückers* geometrische Bedeutung noch lange nicht erschöpft. Es sei deswegen auf den im Jahre 1871 vor der Göttinger Gesellschaft der Wissenschaften gelesenen *Nachruf* von *Clebsch* verwiesen, in dem zu manchen prinzipiellen Dingen Stellung genommen wird, die auch heute noch eine Rolle spielen[1]).

Gehen wir jetzt insbesondere auf die Punktkoordinaten bei *Plücker* ein, so können wir zwei Stichworte von *Plücker* selbst anführen, die den Fortschritt kennzeichnen:

„Methode der abgekürzten Bezeichnung",
„Lesen in den Gleichungen".

Das erste Verfahren gestaltet *Plücker* so aus, daß er allgemein Ausdrücke erster und höherer Ordnung in den x und y abkürzend mit einem Buchstaben bezeichnet und dann diese Ausdrücke selbst als Koordinaten ansieht (wovon die Dreieckskoordinaten ein Sonderfall sind); mit dem zweiten meint er, daß man ohne alle Rechnung, einfach durch

[1]) Vgl. auch die biographische Einführung, die *Clebsch* den gesammelten Mathematischen Abhandlungen *Plückers* (Leipzig 1895) vorausgeschickt hat.

Betrachtung der Gleichungen selbst aus ihnen die Ergebnisse gleichsam ablesen soll.

So zeigt *Plücker* beispielweise, daß man die Gleichung einer ebenen C_3 (Kurve dritter Ordnung) stets in die Gestalt setzen kann:

$$p \cdot q \cdot r - s^3 = 0,$$

die Gleichung einer ebenen C_4 (Kurve vierter Ordnung) in die Gestalt

$$p \cdot q \cdot r \cdot s - \Omega^2 = 0,$$

wo p, q, r, s lineare Ausdrücke, Ω ein quadratischer Ausdruck in den gewöhnlichen Koordinaten ist.

Führen wir auch gleich die Sätze an, die *Plücker* aus diesen Gleichungen abliest:

Bei jeder Kurve dritter Ordnung kann man drei Wendepunkte ausfindig machen, die in gerader Linie liegen; und

Jede Kurve vierter Ordnung besitzt vier Doppeltangenten, deren acht Berührungspunkte auf einem Kegelschnitt $\Omega = 0$ liegen[1]).

Schneidet man nämlich die C_3 mit einer der Geraden $p = 0$, $q = 0$, $r = 0$, so erhält man als dreifach zählenden Schnittpunkt den Punkt, den jede der Geraden mit der Geraden $s = 0$ besitzt, d. h. die Geraden $p = 0$, $q = 0$, $r = 0$ sind Wendetangenten, und ihre Berührungspunkte liegen auf der Geraden $s = 0$.

Schneidet man entsprechend die C_4 mit einer der Geraden $p = 0$, $q = 0$, $r = 0$, $s = 0$, so erhält man als doppeltzählende Schnittpunkte die Punkte, in denen diese Geraden den Kegelschnitt $\Omega = 0$ schneiden, d. h. alle diese Geraden sind Doppeltangenten, und ihre Berührungspunkte liegen auf dem Kegelschnitt $\Omega = 0$.

Wie beweist nun *Plücker*, daß sich die Gleichungen der Kurven in solche besondere Formen setzen lassen?

Er benutzt dazu das „*Prinzip des Konstantenzählens*", das einfach darauf beruht, daß man sagt, der Vergleich der besondern Gleichungsform mit einer vorgeschriebenen Kurve, die in diese Gestalt gesetzt werden soll, liefert für die unbekannten Koeffizienten gerade soviel Gleichungen, als unbekannte Koeffizienten vorhanden sind, woraus sich dann diese „im allgemeinen" aus den Gleichungen bestimmen lassen werden. So enthalten z. B. die Gleichungsformen $p \cdot q \cdot r - s^3 = 0$ und $p \cdot q \cdot r \cdot s - \Omega^2 = 0$ entsprechend 9 und 14[2]) Konstante, und gerade so viele Kon-

---

[1]) Durch die Fassung dieser Sätze soll unentschieden bleiben, was sich wirklich durch so einfache Mittel nicht entscheiden läßt, ob es auf der Kurve dritter Ordnung nur ein Tripel von Wendepunkten der bezeichneten Art gibt und auf der Kurve vierter Ordnung nur ein Doppeltangentenquadrupel oder mehrere.

[2]) Daß die Gleichung $pqr - s^3 = 0$ neun Konstanten enthält, ergibt sich aus folgender Abzählung: p, q, r enthalten insgesamt 9 Konstante, aber das Produkt pqr nur 7, da man 2 Ausdrücke, z. B. p und q, mit einem beliebigen Faktor multiplizieren kann; und dann jeweils den reziproken Faktor in den dritten Ausdruck aufnehmen kann; s enthält 3 Konstante, macht zusammen 10; davon geht

stante treten in den Gleichungen der allgemeinen Kurven dritter und vierter Ordnung auf, woraus *Plücker* dann auf die Möglichkeit der angeführten Darstellungen schließt.

Es ist jedoch besonders zu betonen, daß das Prinzip des Konstantenzählens in jedem Falle eine genaue Überlegung darüber verlangt, ob die Gleichungen, die man zur Bestimmung der Unbekannten erhält, wirklich unabhängig und miteinander verträglich sind. Schon hierdurch ist auf die Schwierigkeiten hingewiesen, die in diesen abzählenden Methoden der Geometrie verborgen liegen. Diese Methoden sind später besonders durch den Hamburger *Schubert* und den Dänen *Zeuthen*[1]) weit ausgebaut worden, aber die Schwierigkeiten können durchaus noch nicht als überwunden gelten. Immerhin haben diese abzählenden Methoden mindestens für die Erfindung erheblichen Wert.

Die eben durchgeführten Betrachtungen schließen natürlich den Gedanken ein, daß man $p, q, r, s \ldots \Omega$ als Koordinaten ansieht, und *wir haben also, wenn wir zusammenfassen, die Verallgemeinerung der Punktkoordinaten vor uns, daß man irgendwelche rationale ganze Verbindungen der Punktkoordinaten mit einem Buchstaben bezeichnet und also selber als Koordinaten auffaßt.*

§ 4. Allgemeine krummlinige Koordinaten.

Von hier zu den *allgemeinen* krummlinigen Koordinaten ist nur noch ein Schritt. Wir verstehen nämlich unter krummlinigen Koordinaten der Raumgeometrie (um hier gleich zu drei Dimensionen zu gehen) allgemein solche Verbindungen u, v, w, die *analytisch* von x, y, z abhängen.

Es bedeuten dann

$$u = C, \quad v = C', \quad w = C''$$

drei Flächenscharen, die uns durch ihre Schnitte die Punkte bestimmen. Dabei ist die Bedingung wesentlich, daß die Funktionaldeterminante

$$\begin{vmatrix} \frac{\partial u}{\partial x} & \frac{\partial u}{\partial y} & \frac{\partial u}{\partial z} \\ \frac{\partial v}{\partial x} & \frac{\partial v}{\partial y} & \frac{\partial v}{\partial z} \\ \frac{\partial w}{\partial x} & \frac{\partial w}{\partial y} & \frac{\partial w}{\partial z} \end{vmatrix}$$

nicht verschwinden soll, damit die obigen Gleichungen nach x, y, z im Kleinen auflösbar werden.

Es liegt in der Natur der Sache, daß wir diese Flächen, solange nichts Näheres festgesetzt wird, nur im begrenzten Raumstück betrachten;

wieder 1 ab, weil man die Gleichung mit einem beliebigen Faktor multiplizieren kann. Ebenso findet man, daß $pqrs - \Omega^2 = 0$ 14 Konstante enthält. Denn das Produkt $p \cdot q \cdot r \cdot s$ enthält $4 \cdot 3 - 3 = 9$, Ω enthält 6, macht 15 Konstante; -1 macht 14 Konstante.

[1]) *H. G. Zeuthen:* Lehrbuch der abzählenden Geometrie. Leipzig 1914.

denn da in ihren Gleichungen beliebige analytische Funktionen der x, y, z auftreten, so können wir den Verlauf der Flächen überhaupt nur in einem begrenzten Raumstück übersehen und nicht wissen, was für Singularitäten außerhalb desselben noch auftreten mögen. Das schadet aber nichts, wenn wir uns, wie dies in der mathematischen Physik meist der Fall ist, mit Problemen „im Kleinen" beschäftigen. Da handelt es sich zum Beispiel darum, wie drückt sich $ds^2 = dx^2 + dy^2 + dz^2$ in krummlinigen Koordinaten aus, oder wie transformiert sich die Gleichung

$$\frac{\partial^2 f}{\partial x^2} + \frac{\partial^2 f}{\partial y^2} + \frac{\partial^2 f}{\partial z^2} = \Delta f = 0$$

(die sog. Differentialgleichung des Potentials) bei Einführung krummliniger Koordinaten, und anderes mehr. Als Hauptvertreter der krummlinigen Koordinaten haben wir bereits *Lamé* genannt, der 1830—1860 in der Faculté des Sciences lehrte. Er hat sehr viel durch Vorlesungen gewirkt, die er am Ende seiner Laufbahn in Lehrbüchern zusammengefaßt hat. Wir nennen als solche:

1. *Leçons sur les fonctions inverses des transcendantes et les surfaces isothermes, 1857.*

Eine Flächenschar $f =$ konst. heißt isotherm, wenn die Gleichung $\Delta f = 0$ erfüllt ist; heutzutage nennt man solche Flächen Niveauflächen des Potentials f.

2. *Leçons sur les coordonnées curvilignes, 1859.*

3. *Leçons sur la théorie analytique de la chaleur, 1861* (*d. h. Wärmeleitung*).

4. *Leçons sur la théorie mathématique de l'élasticité des corps solides* (*2. Aufl. 1866*).

Diese Werke sind ja jetzt in vielfacher Hinsicht veraltet, aber immer noch mit Nutzen kennen zu lernen.

Wir heben aus den krummlinigen Koordinaten nur zwei Arten heraus, die uns näher beschäftigen sollen:

1. Elliptische Koordinaten,
2. Pentasphärische Koordinaten.

Die elliptischen Koordinaten sind zuerst im Jahre 1839 gleichzeitig von *Jacobi* und *Lamé* eingeführt worden, und zwar in den Abhandlungen:

Jacobi: Von den geodätischen Linien auf dem Ellipsoid und einer merkwürdigen analytischen Substitution, Crelles Journal Bd. **19**,

Lamé: Sur l'équilibre des températures dans un ellipsoide à trois axes inégaux. Liouvilles Journal Bd. **4**.

§ 5. Elliptische Koordinaten.

Gehen wir nun auf die elliptischen Koordinaten näher ein, so knüpfen wir dabei an ein System konfokaler Flächen zweiten Grades an, das wir uns durch folgende Gleichung dargestellt denken:

$$\frac{x_1^2}{a_1-\lambda}+\frac{x_2^2}{a_2-\lambda}+\frac{x_3^2}{a_3-\lambda}=1,$$

$$a_1 > a_2 > a_3 > 0,$$

wo x_1, x_2, x_3 gewöhnliche rechtwinklige Koordinaten bedeuten, während λ ein veränderlicher Parameter ist. Schränken wir nun λ auf reelle Werte ein und lassen es die Werte von $-\infty$ bis $+\infty$ durchlaufen, so haben wir folgende Fälle zu unterscheiden:

1. Liegt λ zwischen $-\infty$ und a_3, so stellt unsre Gleichung *Ellipsoide*,

2. Liegt λ zwischen a_3 und a_2, so stellt unsre Gleichung *einschalige Hyperboloide*,

3. Liegt λ zwischen a_2 und a_1, so stellt unsre Gleichung *zweischalige Hyperboloide*,

4. Liegt λ zwischen a_1 und $+\infty$, so stellt unsre Gleichung *nullteilige Flächen dar.*

Wir nennen die letzten Flächen „nullteilig", weil sie keinen reellen Teil besitzen; den gewöhnlichen Namen „imaginäre" Flächen brauchen wir nicht, weil wir später unter imaginären Flächen solche verstehen, die durch eine Gleichung mit imaginären Koeffizienten dargestellt werden, während doch die Gleichung unserer nullteiligen Fläche durchaus reell ist.

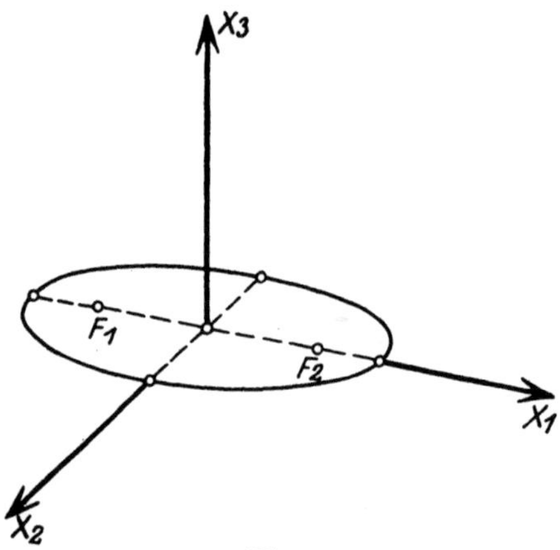

Abb. 4.

Allgemein kann man nach *C. Segre* eine geometrische Figur *reell* nennen, wenn sie durch das sogenannte „Konjugium" in sich übergeht. Dabei heißt Konjugium die Abbildung, die jeden Punkt in den mit den konjugiert-komplexen Koordinaten, also jeden reellen in sich überführt.

Versuchen wir jetzt, uns eine klare Vorstellung von der konfokalen Flächenschar zu machen, und beginnen wir zunächst mit den Ellipsoiden, deren drei Halbachsen offenbar die Längen

$$\sqrt{a_1-\lambda},\quad \sqrt{a_2-\lambda},\quad \sqrt{a_3-\lambda}$$

haben werden. Diese Schar der Ellipsoide schließt als Grenzfälle für $\lambda = \infty$ eine unendlich große Kugel und für $\lambda = a_3$ eine elliptische *Scheibe* mit den Halbachsen $\sqrt{a_1 - a_3}$ und $\sqrt{a_2 - a_3}$ ein. Die Randkurve dieser Scheibe heißt die *Fokalellipse* unseres Systems; sie ist in der x_1, x_2-Ebene gelegen (siehe Abbildung 4, in der die Brennpunkte der Fokalellipse mit F_1, F_2 bezeichnet sind). Im übrigen ist die Schar der Ellipsoide so gestaltet, daß sie alle um die Fokalellipse herumgelegt sind und in der Weise einander einschließen, daß sie gleichmäßig ins Unendliche laufen. Es ist leicht zu übersehen, daß sie dabei den ganzen Raum gerade einmal ausfüllen.

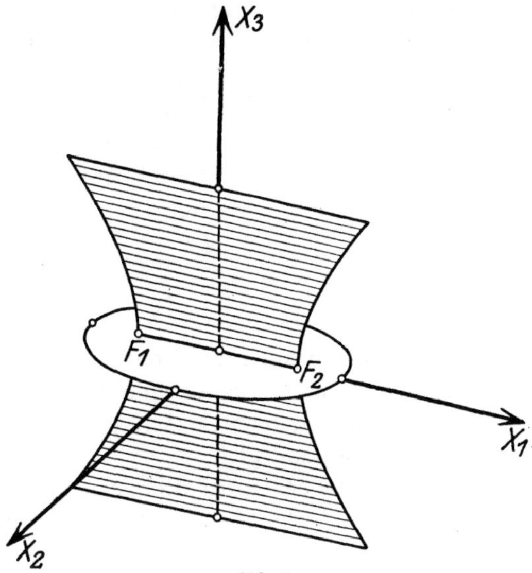

Abb. 5.

Lassen wir jetzt λ zwischen a_3 und a_2 laufen, so erhalten wir eine Schar einschaliger Hyperboloide mit den Halbachsen

$$\sqrt{a_1-\lambda}, \quad \sqrt{a_2-\lambda}, \quad i\sqrt{\lambda-a_3}.$$

Die Länge der letzten Halbachse ist natürlich imaginär, d. h. die „Vertikalachse" unseres Koordinatensystems trifft das Hyperboloid *nicht*.

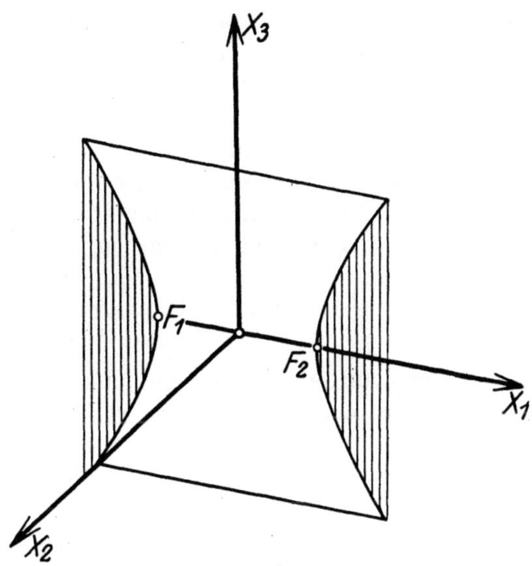

Abb. 6.

Die Schar der Hyperboloide schließt als Grenzfall für $\lambda = a_3$ eine hyperboloidische Scheibe ein, die das Äußere der Fokalellipse überdeckt, während wir für $\lambda = a_2$ das Innere der *Fokalhyperbel* erhalten, d. h. den in der obenstehenden Abbildung 5 schraffierten Flächenteil. Diese Hyperbel liegt in der x_1, x_3-Ebene und hat folgende Gleichung:

$$\frac{x_1^2}{a_1-a_2} + \frac{x_3^2}{a_3-a_2} = 1.$$

Zwischen diesen beiden Grenzlagen fügen sich die übrigen einschaligen Hyperboloide in der Weise ein, daß sie sich alle um die Fokalhyperbel herumlegen, aber von der Fokalellipse umschlossen sind. Auch sie füllen dabei den Raum gerade einmal aus.

Wir haben endlich noch die Schar der zweischaligen Hyperboloide zu betrachten, deren reelle Achse in die Richtung der x_1-Achse fällt. Diese Schar schließt als Grenzfall für $\lambda = a_2$ das außerhalb der Fokalhyperbel gelegene, in der Abbildung 6 schraffierte Stück der x_1, x_3-Ebene ein, während als zweiter Grenzfall für $\lambda = a_1$ die doppeltzählende x_2, x_3-Ebene zustande kommt, in der *keine Fokalkurve* weiter sichtbar ist, da die Gleichung

$$\frac{x_2^2}{a_2 - a_1} + \frac{x_3^2}{a_3 - a_1} = 1$$

eine nullteilige Kurve vorstellt.

Im übrigen füllt auch die Schar der zweischaligen Hyperboloide den Raum gerade einmal völlig aus, und zwar in der Weise, daß immer eine Schale sich um den rechten Ast, die andere um den linken Ast der Fokalhyperbel herumlegt.

Wir haben hier scheinbar drei getrennte Flächenscharen kennen gelernt, jedoch nur scheinbar, da wir von einem höheren Standpunkte aus λ auch komplexe Werte beizulegen haben und dadurch ein einziges zusammenhängendes Flächensystem erhalten, in dem unsere drei Flächenscharen als reelle Unterscharen enthalten sind.

Nachdem wir uns so ein Bild von dem Verlauf der konfokalen Flächen zweiten Grades gemacht haben, müssen wir jetzt zunächst den folgenden wichtigen Satz über sie beweisen:

Ein System konfokaler Flächen zweiten Grades bildet ein Orthogonalsystem. Das heißt: Durch jeden Raumpunkt x_1, x_2, x_3 ($\neq 0$) gehen drei Flächen des Systems und schneiden sich dort paarweise rechtwinklig.

Ein Beweis des Satzes ist kurz folgender:

Es mögen durch den Raumpunkt x_1, x_2, x_3 die Flächen mit den Parametern λ und λ' hindurchgehen, deren Gleichungen

$$\sum_1^3 \frac{x_i^2}{a_i - \lambda} = 1 \text{ und } \sum_1^3 \frac{x_i^2}{a_i - \lambda'} = 1$$

sind. Konstruieren wir jetzt im Punkte x_i an beide Flächen die Tangentenebenen, deren Gleichungen in laufenden Koordinaten ξ_i sind

$$\sum_1^3 \frac{x_i \xi_i}{a_i - \lambda} = 1 \text{ und } \sum_1^3 \frac{x_i \xi_i}{a_i - \lambda'} = 1,$$

so haben wir nachzuweisen, daß die beiden Tangentenebenen aufeinander senkrecht stehen, d. h., daß die Bedingung

$$\sum_1^3 \frac{x_i}{a_i - \lambda} \cdot \frac{x_i}{a_i - \lambda'} = \sum_1^3 \frac{x_i^2}{(a_i - \lambda)(a_i - \lambda')} = 0$$

erfüllt ist. Die letzte Gleichung kann man aber durch Subtraktion der beiden vorher gehenden erhalten und damit ist der angeführte Satz als richtig nachgewiesen.

Da außerdem unsere Ausgangsgleichung vom dritten Grade in λ ist, so gehen durch jeden Punkt $x_i \neq 0$ drei Flächen des Systems, und wir haben also ein *dreifaches Orthogonalsystem vor uns.*

Erinnern wir uns nun weiter des schon früher erwähnten „Theorems *Dupins*" über die Durchdringungskurven eines Orthogonalsystems, so können wir sofort folgenden Satz hinstellen:

Die Durchdringungskurven, die je zwei Flächen eines Systems konfokaler Flächen zweiten Grades miteinander gemein haben, und die nach dem Theorem Dupins ihre Krümmungskurven sind, sind Raumkurven vierter Ordnung und bestehen, wenn man sich auf die reellen Flächen des Systems und deren reelle Durchdringung beschränkt, jedesmal aus zwei Zügen.

Um nun zu den elliptischen Koordinaten selbst zu gelangen, bemerken wir, daß die Gleichung

$$\frac{x_1^2}{a_1 - \lambda} + \frac{x_2^2}{a_2 - \lambda} + \frac{x_3^2}{a_3 - \lambda} = 1,$$

wenn wir darin x_1, x_2, x_3 als gegeben und λ als Unbekannte ansehen, uns drei Wurzeln λ_1, λ_2, λ_3 liefert, die wir gerade als die elliptischen Koordinaten des Punktes x_1, x_2, x_3 ansprechen. Man beachte, daß die kubische Gleichung irreduzibel ist, d. h. nicht etwa rational in niedrigere Gleichungen gespalten werden kann. Die elliptischen Koordinaten sind also drei Zweige *einer und derselben* algebraischen Funktion der gewöhnlichen rechtwinkligen Koordinaten, die durch unsre Gleichung erklärt wird, und sie nehmen gewissermaßen eine Mittelstellung zwischen den Linearkoordinaten und den allgemeinsten krummlinigen Koordinaten ein, insofern sie nämlich *algebraische Funktionen* sind, und man sich deshalb mit ihnen im Gesamtraum zurechtfinden kann, was bei den krummlinigen Koordinaten im allgemeinen nicht der Fall sein wird.

Beschäftigt man sich mit besonderen Problemen, so sieht man gewöhnlich die x_1, x_2, x_3 als reell an, und es ist von Wichtigkeit zu bemerken, daß dann auch die λ_1, λ_2, λ_3 reell werden, was mit der geometrischen Tatsache zusammenfällt, daß die reellen Flächen unseres Systems den Raum gerade dreifach ausfüllen. Man kann sogar Intervalle für die Werte der λ_1, λ_2, λ_3 angeben, wenn man beachtet, daß durch jeden reellen Punkt x_1, x_2, x_3 ein Ellipsoid, ein einschaliges und ein zweischaliges Hyperboloid geht. Es folgt daraus, wenn man die Indizes der λ geeignet wählt, daß wir die Ungleichheiten aufstellen können:

$$-\infty < \lambda_3 < a_3,$$
$$a_3 < \lambda_2 < a_2,$$
$$a_2 < \lambda_1 < a_1.$$

Sind die elliptischen Koordinaten eines Punktes gegeben, so findet man seine rechtwinkligen durch Formeln wie die folgende:

$$x_1^2 = \frac{(a_1 - \lambda_1)(a_1 - \lambda_2)(a_1 - \lambda_3)}{(a_1 - a_2)(a_1 - a_3)}.$$

Man kann das durch Einsetzen in die ursprünglichen Gleichungen sofort bestätigen.

Diese Formeln lehren, daß zu jedem Wertsystem $\lambda_1, \lambda_2, \lambda_3$ acht Punkte gehören, deren Koordinaten sich nur durch ihre Vorzeichen unterscheiden, was ja auch die geometrische Anschauung unmittelbar erkennen läßt. Knüpfen wir jetzt weiter an die eben aufgestellten Formeln an und denken uns zwei Flächen des Systems, etwa zwei Ellipsoide, durch zwei spezielle Werte λ_3 und λ'_3 gegeben, so werden für das erste Ellipsoid folgende Formeln gelten:

$$x_1 = \sqrt{\frac{(a_1 - \lambda_1)(a_1 - \lambda_2)}{(a_1 - a_2)(a_1 - a_3)}}\sqrt{a_1 - \lambda_3},$$
$$x_2 = \quad .. \quad .. \quad ..$$
$$x_3 = \quad .. \quad .. \quad ..$$

in denen wir λ_1 und λ_2 als krummlinige Koordinaten auf dem Ellipsoid auffassen können. Für das zweite Ellipsoid gelten entsprechende Formeln:

$$x'_1 = \sqrt{\frac{(a_1 - \lambda_1)(a_1 - \lambda_2)}{(a_1 - a_2)(a_1 - a_3)}}\sqrt{a_1 - \lambda'_3},$$
$$x'_2 = \quad .. \quad .. \quad ..$$
$$x'_3 = \quad .. \quad .. \quad ..$$

Wir beziehen nun die beiden Ellipsoide aufeinander, indem wir Punkte mit denselben λ_1, λ_2 einander zuordnen, was geometrisch besagt, daß wir die Punkte auf den Ellipsoiden zuordnen, die auf derselben orthogonalen Trajektorie der Ellipsoide liegen.

Der analytische Zusammenhang zwischen den Koordinaten der Punkte auf den beiden Flächen wird offenbar durch Formeln von folgender Art gegeben

$$x'_1 = \sqrt{\frac{a_1 - \lambda'_3}{a_1 - \lambda_3}} \cdot x_1, \; \ldots,$$

deren Anblick uns die Richtigkeit des folgenden Satzes lehrt:

Die Beziehung zwischen den beiden Flächen zweiten Grades, die durch die rechtwinkligen Trajektorien vermittelt wird, ist affin (nach *Möbius'* Terminologie). Da nun bei einer affinen Transformation gerade Linien wieder in gerade Linien übergehen, weil offenbar lineare Relationen zwischen den Koordinaten bei der Transformation linear bleiben, so können wir den Satz aussprechen:

Zwei einschalige Hyperboloide des konfokalen Systems sind durch ihre orthogonalen Trajektorien derart aufeinander bezogen, daß den geradlinigen Erzeugenden der einen Fläche die geradlinigen Erzeugenden der anderen entsprechen.

Wir können aber noch weiter behaupten:

Insbesondere sind die Stücke der geraden Linien, die sich auf den Hyperboloiden entsprechen, immer gleich lang,
was wir jetzt beweisen. Zwischen den beiden Hyperboloiden, für die wir die Richtigkeit unserer Behauptung dartun wollen, liegt stetig noch eine ganze Schar konfokaler Hyperboloide; wir brauchen daher, um die allgemeine Richtigkeit des Satzes darzutun, nur folgenden kinematischen Satz zu bestätigen, der seinerseits wieder ein einfacher Sonderfall eines allgemeinen Theorems der Variationsrechnung (Transversalensatz) ist:

Bewegt man eine Strecke derart, daß ihre Endpunkte sich normal zur Strecke bewegen, so bleibt sie immer gleich lang. Die Richtigkeit dieser einleuchtenden Behauptung folgt rechnerisch daraus, daß in leicht verständlicher Schreibweise für die Entfernung l der Endpunkte x_k und y_k gilt

$$\frac{d\,l^2}{d\,t} = \frac{d}{d\,t}\sum (x_k - y_k)^2 = 2\sum (x_k - y_k)\left(\frac{d\,x_k}{d\,t} - \frac{d\,y_k}{d\,t}\right) = 0$$

und zwar wegen der Voraussetzung:

$$\sum (x_k - y_k)\frac{d x_k}{d t} = 0, \quad \sum (x_k - y_k)\frac{d\,y_k}{d\,t} = 0.$$

Mit Hilfe des soeben bewiesenen Satzes können wir die Theorie des sogenannten „*beweglichen Hyperboloides*“ verstehen, das zuerst im Jahre 1874 von *Henrici* in London aufgefunden wurde[1]). Es ist ein Stabmodell (Abbildung 7), das die beiden Scharen Erzeugender eines einschaligen Hyperboloides enthält. Die aus starrem Material verfertigten Stäbe sind dann allemal an den Stellen, wo sie sich treffen, durch ein Gelenk derart verbunden, daß sie sich um den Befestigungspunkt drehen können. Das so verfertigte Modell, bei welchem alle geradlinigen Stücke feste Länge haben, ist nach unserm Satze innerhalb eines konfokalen Systems beweglich. *Henrici* hat das zuerst empirisch bemerkt.

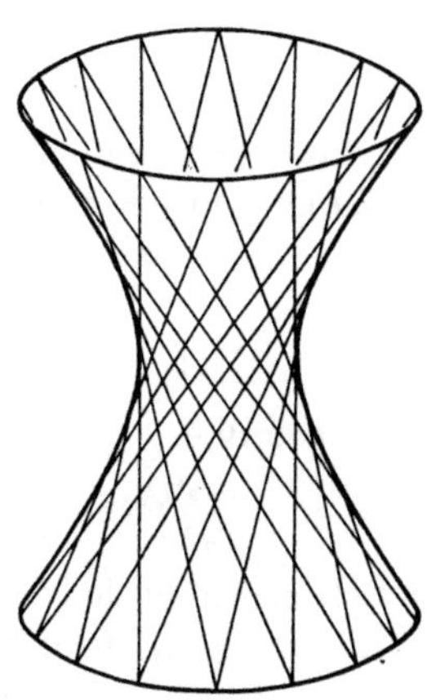

Abb. 7.

§ 6. Die geodätischen Linien auf Flächen zweiten Grades.

Wir gehen dazu über, eine Anwendung der elliptischen Koordinaten zu machen, indem wir die *Theorie der geodätischen Linien auf den Flächen zweiten Grades entwickeln.* Diese Theorie ist zuerst von *Jacobi*, Crelle Bd. 19, 1839 (in der bereits genannten Abhandlung), rein rechnerisch gegeben worden, während dann *Chasles*, Liouvilles Journal Bd. 11, 1846,

[1]) Vgl. in den in § 1, 3 genannten Katalog der math. Ausstellung von *Dyck*, S. 261.

die geometrische Ergänzung dazu gegeben hat. Wir sprechen es hier gleich als Prinzip aus, daß wir stets die analytische und geometrische Behandlung der Probleme verknüpfen und nicht wie viele Mathematiker einen einseitigen Standpunkt einnehmen werden. Denn die analytische Behandlung allein gibt keine anschauliche Vorstellung von den erhaltenen Ergebnissen, und die geometrische Betrachtung allein kann vielfach nur *plausible* Beweisgründe liefern oder nur den *qualitativen*, nicht aber den *quantitativen* Verlauf der Kurven festlegen.

Wir merken vorweg den Ausdruck des Linienelements in elliptischen Koordinaten an:

$$ds^2 = d x_1{}^2 + d x_2{}^2 + {}_3{}^2 d x = \frac{1}{4} \frac{(\lambda_1 - \lambda_2)(\lambda_1 - \lambda_3)}{(a_1 - \lambda_1)(a_2 - \lambda_1)(a_3 - \lambda_1)} d\lambda_1{}^2 + \dots$$

und gehen zweitens zum Beweise des folgenden Satzes über:

Die Kegel, die von einem beliebigen Raumpunkte an die konfokalen Flächen zweiten Grades laufen, bilden selbst ein konfokales System, so daß immer je zwei sich orthogonal schneiden.

Der Satz bedeutet offenbar, daß die scheinbaren Umrisse, die konfokale Flächen einem beobachtenden Auge darbieten, allemal sich rechtwinklig zu kreuzen scheinen.

Um unsern Satz rechnerisch zu beweisen, knüpfen wir an die Gleichung unseres konfokalen Systems an, die wir so schreiben:

$$\sum A_k x_k^2 = 1, \qquad \text{worin} \quad A_k = \frac{1}{a_k - \lambda}$$

zu setzen ist. Die Gleichung des Systems von Kegeln, die vom Punkte x_i ausgehend die Flächen unseres Systems umhüllen, ist dann nach bekannten Formeln der analytischen Geometrie in laufenden Koordinaten x'_k:

$$(\Sigma A_k x_k^2 - 1)(\Sigma A_k x_k'^2 - 1) - (\Sigma A_k x_k x'_k - 1)^2 = 0$$

oder geordnet:

$$\sum_{i,k} A_i A_k (x_i x'_k - x_k x'_i)^2 - \Sigma A_k (x_k - x'_k)^2 = 0.$$

Ersetzen wir in der letzten Gleichung A_i und A_k durch ihren Wert, so erhalten wir als Gleichung unseres Kegelsystems:

$$\sum \frac{(x_k - x'_k)^2}{a_k - \lambda} - \sum \frac{(x_i x'_k - x_k x'_i)^2}{(a_i - \lambda)(a_k - \lambda)} = 0.$$

Wir wollen uns jetzt auf die Umgebung des Punktes x_k, von dem die sämtlichen Kegel ausstrahlen, beschränken und die Gleichung für die Fortschreitungsrichtungen ermitteln, die auf dem einzelnen Kegel vom Punkte x_k ausgehen. Wir setzen zu diesem Zwecke einfach $x'_k = x_k + d x_k$ wo dann $d x_k$ eben die „Koordinaten einer Fortschreitungsrichtung bedeuten“, und erhalten auf diesem Wege aus unserer Kegelgleichung

$$\sum \frac{d x_k^2}{a_k - \lambda} - \sum \frac{(x_i\, d x_k - x_k\, d x_i)^2}{(a_i - \lambda)(a_k - \lambda)} = 0.$$

Transformieren wir nun die letztere Gleichung auf elliptische Koordinaten, indem wir dem Punkte x_i die Koordinaten $\lambda_1, \lambda_2, \lambda_3$ zuerteilen, so erhalten wir

$$\frac{(\lambda_1-\lambda_2)\,(\lambda_1-\lambda_3)}{(a_1-\lambda_1)\,(a_2-\lambda_1)\,(a_3-\lambda_1)}\,\frac{d\lambda_1^2}{\lambda_1-\lambda}+\cdots=0.$$

Die Koordinaten einer Fortschreitungsrichtung sind jetzt $d\lambda_1, d\lambda_2, d\lambda_3$. Führen wir nun noch die Länge des Bogens auf den Koordinatenlinien, wie z. B. σ_1 auf $\lambda_2=\lambda_3=$ konst. ein, so haben wir offenbar in der Umgebung des Punktes λ_i, d. h. für unsere Fortschreitungsrichtungen ein gewöhnliches, rechtwinkliges Koordinatensystem in den drei Bogendifferentialen $d\sigma_1, d\sigma_2, d\sigma_3$. Wir finden aber nach unserer allgemeinen Formel für ds^2 die Werte:

$$d\sigma_1^2=\frac{1}{4}\,\frac{(\lambda_1-\lambda_2)\,(\lambda_1-\lambda_3)}{(a_1-\lambda_1)\,(a_2-\lambda_1)\,(a_3-\lambda_1)}\,d\lambda_1^2,\ \ldots,$$

so daß unter Benutzung dieser Werte die Gleichung des Kegelsystems jetzt einfach lautet:

$$\frac{d\sigma_1^2}{\lambda_1-\lambda}+\frac{d\sigma_2^2}{\lambda_2-\lambda}+\frac{d\sigma_3^2}{\lambda_3-\lambda}=0.$$

Nennen wir die Koordinaten für die Fortschreitungsrichtungen statt $d\sigma_1, d\sigma_2, d\sigma_3$ etwa ξ_1, ξ_2, ξ_3, so haben wir also die Gleichung

$$\frac{\xi_1^2}{\lambda_1-\lambda}+\frac{\xi_2^2}{\lambda_2-\lambda}+\frac{\xi_3^2}{\lambda_3-\lambda}=0.$$

Hiermit haben wir aber in der Tat die Gleichung eines Systems von konfokalen Kegeln zweiten Grades vor Augen. Daß sich je zwei Kegel desselben senkrecht schneiden, wird ebenso bewiesen wie früher die Orthogonalität zweier Flächen des allgemeinen Systems.

Der damit bestätigte Satz von der auch „scheinbaren" Orthogonalität der konfokalen Flächen, läßt sich auch auf etwas anderem Wege und da fast ohne Rechnung einsehen, worauf noch in Kürze hingewiesen sei, indem wir die später (§ 19) einzuführenden Ebenenkoordinaten hier vorwegnehmen. Stellt man eine Ebene durch die Gleichung

$$u_0+\sum_1^3 u_k\,x_k=0$$

dar, so kann man die u_k als „Ebenenkoordinaten" bezeichnen und findet in diesen für konfokale Flächen zweiten Grades bei beliebiger Lage des rechtwinkligen Achsenkreuzes die Gleichungsform

$$\sum_0^3 a_{ik}\,u_i\,u_k=\lambda\sum_1^3 u_k^2,$$

wie später **§ 43** näher ausgeführt wird. Betrachten wir nun alle Tangentenebenen durch den Ursprung $u_0=0$, so genügen diese der Gleichung

$$\sum_1^3 a_{ik}\,u_i\,u_k=\lambda\sum_1^3 u_k^2,$$

die bei besonderer Achsenwahl die einfachere Gestalt annimmt:

$$\sum_1^3 (\lambda_k - \lambda)\, u_k^2 = 0 .$$

Schreibt man jetzt diese Kegelgleichung wieder auf Punktkoordinaten um, so folgt wieder die frühere Formel

$$\sum_1^3 \frac{\xi_k^2}{\lambda_k - \lambda} = 0 ,$$

aus der wir die Richtigkeit unserer Behauptung abgelesen hatten.

Nach dem Beweise unseres Satzes gehen wir jetzt dazu über, die gemeinsamen Tangenten an zwei Flächen unseres Systems mit den Parametern λ und λ' zu betrachten. Von jedem Punkte des Raumes werden vier solche Tangenten ausgehen, da die Gleichungen

$$\frac{d\sigma_1^2}{\lambda_1 - \lambda} + \cdots = 0, \quad \frac{d\sigma_1^2}{\lambda_1 - \lambda'} + \cdots = 0$$

für die unbekannten Verhältnisse $d\sigma_1 : d\sigma_2 : d\sigma_3$ vier Wurzeln liefern. Im ganzen werden die gemeinsamen Tangenten von zwei Parametern abhängen. Man überlege nämlich: Von jedem Raumpunkte geht eine endliche Anzahl von solchen Tangenten aus, was eine dreiparametrige Mannigfaltigkeit zu geben scheint. Da aber auf jeder gemeinsamen Tangente Raumpunkte liegen, die noch von einer Konstanten abhängen, so bleibt eine zweifach ausgedehnte Mannigfaltigkeit übrig.

Eine solche von zwei Parametern abhängige Gesamtheit gerader Linien nennt man ein Strahlensystem (nach dem Sprachgebrauche der Optik) oder eine Linienkongruenz.

Wir führen zunächst einige Definitionen und Sätze aus der Lehre von den Strahlensystemen an: Bei einem Strahlensysteme spricht man im allgemeinen von einer Fläche, die von allen Strahlen des Systems berührt wird und nennt sie *Brennfläche.* Ein Strahl des Systems berührt die Brennfläche in der Regel zweimal, und dementsprechend unterscheidet man zwei „Mäntel" der Brennfläche, von denen der eine jedesmal den einen, der andere den anderen Berührungspunkt trägt. (Die beiden Mäntel können auch zusammenfallen). In unserem Falle werden die beiden Mäntel der Brennfläche von den beiden Flächen zweiten Grades gebildet, von denen wir ausgehen. —

Wir nehmen jetzt insbesondere an, daß unsere beiden Flächen ein Ellipsoid und ein einschaliges Hyperboloid seien, und gehen im folgenden darauf aus, die Umhüllungskurven unseres Strahlensystems auf dem Ellipsoid zu bestimmen, d. h. die Kurven, die in jedem ihrer Punkte von einem Systemstrahl berührt werden.

Beginnen wir mit einem beliebigen Punkte des Ellipsoids und suchen die Tangentenrichtung der Umhüllungskurve in diesem Punkte zu bestimmen. Diese Richtung muß zunächst in der Tangentenebene des Ellipsoids liegen und sodann auch das Hyperboloid berühren. Wir konstruieren daher in dem betreffenden Punkte des Ellipsoids die

Tangentenebene, bringen diese zum Schnitt mit dem Hyperboloid und erhalten dadurch einen Kegelschnitt, an den wir vom Ausgangspunkte die beiden Tangenten legen. Diese bestimmen uns zwei Richtungen, von denen wir eine nach Belieben als Tangentenrichtung für die gesuchte Umhüllungskurve auswählen können. Fahren wir so fort und konstruieren Punkt für Punkt die Umhüllungskurve, indem wir in jedem einzelnen Punkte die Tangentenrichtung bestimmen und dann auf dieser jedesmal ein Stück vorwärts gehen, was man am besten vermittelst eines gespannten Fadens oder Drahtes verwirklicht, so erkennt man ohne weiteres, daß die mittlere Zone des Ellipsoids doppelt überdeckt ist von Umhüllungskurven unserer Kongruenz, deren einzelne so verläuft, daß sie abwechselnd die beiden Linien berührt, in denen sich unsere Flächen zweiten Grades durchdringen.

Wir haben jetzt noch den Hauptschluß zu machen, *daß nämlich jede solche Umhüllungskurve eine geodätische Linie unseres Ellipsoids ist.* Das ist aber nicht schwer einzusehen. Denn die Schmiegebene unserer Umhüllungskurve berührt fortwährend das Hyperboloid, steht also nach dem Orthogonalitätstheorem über das von einem Punkte auslaufende System von Umhüllungskegeln auf der Tangentenebene des Ellipsoids senkrecht, und daraus folgt nach der früher gegebenen Erklärung, daß wir es in der Tat mit einer geodätischen Linie zu tun haben. Das einzelne einschalige oder zweischalige Hyperboloid liefert uns auf diese Weise für das Ellipsoid eine einparametrige Schar geodätischer Linien, die sämtlich ein und dieselbe Krümmungskurve berühren, und wenn man alle Hyperboloide der Reihe nach nimmt, bekommt man die von zwei Parametern abhängige Gesamtheit der geodätischen Linien auf dem Ellipsoid.

Wenn man insbesondere als Hyperboloid die Fokalhyperbel nimmt, so entstehen die von uns früher besonders genannten geodätischen Linien, die durch die Nabelpunkte des Ellipsoids hindurchlaufen.

Die geometrischen Überlegungen, die wir hier im Anschluß an *Chasles* ausgeführt haben, werden wir jetzt in die Sprache der Analysis übersetzen und gelangen so unmittelbar zu den Formeln *Jacobis*.

Wir hatten früher als Kegelgleichung gefunden:

$$\frac{(\lambda_1-\lambda_2)(\lambda_1-\lambda_3)}{(a_1-\lambda_1)(a_2-\lambda_1)(a_3-\lambda_1)}\cdot\frac{d\lambda_1^2}{\lambda_1-\lambda}+\frac{(\lambda_2-\lambda_1)(\lambda_2-\lambda_3)}{(a_1-\lambda_2)(a_2-\lambda_2)(a_2-\lambda_2)}\cdot\frac{d\lambda_2^2}{\lambda_2-\lambda}$$
$$+\frac{(\lambda_3-\lambda_1)(\lambda_3-\lambda_2)}{(a_1-\lambda_3)(a_2-\lambda_3)(a_3-\lambda_3)}\cdot\frac{d\lambda_3^2}{\lambda_3-\lambda}=0.$$

Dieser Kegel, der das Hyperboloid λ umhüllt, soll jetzt von einem Punkte des Ellipsoids λ' ausstrahlen und mit diesem zum Schnitt gebracht werden; wir haben daher $\lambda_3=\lambda'=$ konst. zu setzen, wodurch aus der obigen Gleichung einfach wird:

$$\frac{\lambda_1-\lambda_3}{(a_1-\lambda_1)(a_2-\lambda_1)(a_3-\lambda_1)}\cdot\frac{d\lambda_1^2}{\lambda_1-\lambda}=\frac{\lambda_2-\lambda_3}{(a_1-\lambda_2)(a_2-\lambda_2)(a_3-\lambda_2)}\cdot\frac{d\lambda_2^2}{\lambda_2-\lambda}$$

oder
$$d\lambda_1 \sqrt{\frac{\lambda_1-\lambda_3}{(a_1-\lambda_1)(a_2-\lambda_1)(a_3-\lambda_1)(\lambda_1-\lambda)}}$$
$$= \pm\, d\lambda_2 \sqrt{\frac{\lambda_2-\lambda_3}{(a_1-\lambda_2)(a_2-\lambda_2)(a_3-\lambda_2)(\lambda_2-\lambda)}}\,.$$

Das doppelte Vorzeichen entspricht darin dem Umstande, daß in jedem Punkte des Ellipsoids zwei Fortschreitungsrichtungen möglich sind.

Wir können unsere letzten Rechnungen kurz so zusammenfassen. Indem wir geometrisch das Problem der geodätischen Linien darauf zurückführen, die Umhüllungskurven einer einparametrigen Schar von Strahlensystemen zu bestimmen, haben wir die Differentialgleichung zweiter Ordnung für die geodätischen Linien auf eine Schar von Differentialgleichungen erster Ordnung zurückgebracht, nämlich auf die vorstehende Differentialgleichung, die die Größe λ als willkürliche Konstante enthält.

Merkwürdigerweise läßt sich nun die einzelne Differentialgleichung erster Ordnung ohne weiteres integrieren, da die Veränderlichen in ihr getrennt auftreten. Dabei entstehen hyperelliptische Integrale:
$$\int d\lambda_1 \sqrt{\frac{\lambda_1-\lambda_3}{(a_1-\lambda_1)(a_2-\lambda_1)(a_3-\lambda_1)(\lambda_1-\lambda)}}$$
$$= \text{konst.} \pm \int d\lambda_2 \sqrt{\frac{\lambda_2-\lambda_3}{(a_1-\lambda_2)(a_2-\lambda_2)(a_3-\lambda_2)(\lambda_2-\lambda)}}\,.$$

Eben dieses sind Jacobis Formeln für die geodätischen Linien auf dem Ellipsoid.

Wir haben uns bisher unter der Fläche $\lambda_3 =$ konst. immer ein Ellipsoid vorgestellt, was jedoch nur der Anschaulichkeit wegen geschehen ist. Es kann $\lambda_3 =$ konst. allgemein eine feste Fläche unseres Systems bedeuten. Nehmen wir insbesondere für $\lambda_3 =$ konst. ein einschaliges Hyperboloid und verstehen unter $\lambda =$ konst. dasselbe Hyperboloid, so geht unsere obige Differentialgleichung in die folgende einfachere über:
$$\frac{d\lambda_1}{\sqrt{(a_1-\lambda_1)(a_2-\lambda_1)(a_3-\lambda_1)}} = \pm \frac{d\lambda_2}{\sqrt{(a_1-\lambda_2)(a_2-\lambda_2)(a_3-\lambda_2)}}\,.$$

Diese bestimmt die Richtungen der *geradlinigen Erzeugenden* unserer Fläche $\lambda_3 =$ konst., wie geometrisch ohne weiteres einleuchtet. Denn die einzelne Gerade, deren Richtung durch diese Differentialgleichung festgelegt ist, soll die Fläche λ_3 an zwei Stellen berühren. Da eine Gerade eine Fläche zweiten Grades aber nur an einer Stelle berühren kann oder ganz auf ihr liegen muß, so kann in unserem Falle nur das letztere eintreten. Die gerade Linie wird also selbst Integralkurve. Im übrigen kann man sich auch leicht am Modell vorstellen, wie die geodätischen Linien auf einem einschaligen Hyperboloid allmählich in die Erzeugenden übergehen, wenn man von zwei einschaligen Hyperboloiden ausgeht, sich deren gemeinsame Tangenten vorstellt und dann die Hyperboloide immer näher aneinander bringt, bis sie schließlich zusammenfallen.

Um später noch einige weitere geometrische Folgerungen analytisch zu beweisen, stellen wir hier zunächst einige Formeln zusammen, die uns die *Längen der Bogenelemente* einiger bisher betrachteter Kurven angeben. In diesen Formeln können die auftretenden Quadratwurzeln mit irgendwelchem Zeichen genommen werden.

1. Bogenelement einer Tangente, welche die Flächen λ und λ' berührt:

$$d s_1 = \frac{d\lambda_1}{2}\sqrt{\frac{(\lambda-\lambda_1)\cdot(\lambda'-\lambda_1)}{(a_1-\lambda_1)(a_2-\lambda_1)(a_3-\lambda_1)}} + \frac{d\lambda_2}{2}\sqrt{\frac{(\lambda-\lambda_2)\cdot(\lambda'-\lambda_2)}{(a_1-\lambda_2)(a_2-\lambda_2)(a_3-\lambda_2)}}$$
$$+ \frac{d\lambda_3}{2}\sqrt{\frac{(\lambda-\lambda_3)\cdot(\lambda'-\lambda_3)}{(a_1-\lambda_3)(a_2-\lambda_3)(a_3-\lambda_3)}}.$$

2. Bogenelement einer geodätischen Linie auf der Fläche $\lambda' = \lambda_3 = \text{konst.}$, deren Tangenten die Fläche λ berühren:

$$d s_2 = \frac{d\lambda_1}{2}\sqrt{\frac{(\lambda-\lambda_1)\cdot(\lambda_3-\lambda_1)}{(a_1-\lambda_1)(a_2-\lambda_1)(a_3-\lambda_1)}} + \frac{d\lambda_2}{2}\sqrt{\frac{(\lambda-\lambda_2)\cdot(\lambda_3-\lambda_2)}{(a_1-\lambda_2)(a_2-\lambda_2)(a_3-\lambda_2)}}.$$

3. Bogenelement einer Krümmungskurve, die den Flächen $\lambda' = \lambda_3 = \text{konst.}$ und $\lambda = \lambda_2 = \text{konst.}$ gemeinsam angehört:

$$d s_3 = \frac{d\lambda_1}{2}\sqrt{\frac{(\lambda_2-\lambda_1)\cdot(\lambda_3-\lambda_1)}{(a_1-\lambda_1)(a_2-\lambda_1)(a_3-\lambda_1)}}.$$

Wir bemerken zu 1., daß die Formel aus dem allgemeinen Ausdruck für ds in elliptischen Koordinaten mit Hilfe der beiden Beziehungen

$$d\lambda_1^2 \frac{(\lambda_2-\lambda_1)\cdot(\lambda_3-\lambda_1)}{(a_1-\lambda_1)(a_2-\lambda_1)(a_3-\lambda_1)(\lambda-\lambda_1)} + \cdots = 0,$$
$$d\lambda_1^2 \frac{(\lambda_2-\lambda_1)\cdot(\lambda_3-\lambda_1)}{(a_1-\lambda_1)(a_2-\lambda_1)(a_3-\lambda_1)(\lambda'-\lambda_1)} + \cdots = 0$$

hergeleitet ist, die wir als Differentialgleichungen für die vom Punkte $\lambda_1, \lambda_2, \lambda_3$ an die Flächen λ und λ' gehenden Umhüllungskegel kennen gelernt haben. Die nähere Rechnung führen wir hier nicht durch.

Auch über die Formeln 2. und 3. brauchen wir wohl nicht näher anzugeben, wie sie aus 1. durch Spezialisierung entstanden sind, da die vorzunehmenden Spezialisierungen schon in den Überschriften zu den Formeln enthalten sind.

Wir gehen vielmehr jetzt gleich dazu über, geometrische Folgerungen aus unsern Formeln zu ziehen, und wollen

erstens das Theorem, auf dem Henricis bewegliches Hyperboloid beruht, rechnerisch bestätigen.

Das Theorem lautet ja:

Die entsprechenden Stücke geradliniger Erzeugenden auf zwei konfokalen einschaligen Hyperboloiden sind stets gleich lang.

Zum Beweise stellen wir uns unter $\lambda_3 = \text{konst.}$ ein einschaliges Hyperboloid vor und sehen λ_1, λ_2 als ein krummliniges Koordinatensystem auf diesem Hyperboloid an. Wir erhalten dann nach Formel 2. als Bogenelement einer geradlinigen Erzeugenden, indem wir $\lambda = \lambda_3$ setzen:

$$ds = \pm \frac{d\lambda_1}{2} \frac{\lambda_3 - \lambda_1}{\sqrt{(a_1 - \lambda_1)(a_2 - \lambda_1)(a_3 - \lambda_1)}} \pm \frac{d\lambda_2}{2} \frac{\lambda_3 - \lambda_2}{\sqrt{(a_1 - \lambda_2)(a_2 - \lambda_2)(a_3 - \lambda_2)}}.$$

Ich habe dabei die doppelten Vorzeichen, über die wir bisher noch nichts festgesetzt hatten, hervortreten lassen.

Um daraufhin die Länge s der geradlinigen Erzeugenden zwischen den beiden Punkten $\lambda_1^0\ \lambda_2^0$ und $\lambda_1'\ \lambda_2'$ zu ermitteln, haben wir einfach zwischen diesen Grenzen zu integrieren:

$$s = \pm \int_{\lambda_1^0}^{\lambda_1'} \frac{d\lambda_1}{2} \frac{\lambda_3 - \lambda_1}{\sqrt{(a_1 - \lambda_1)(a_2 - \lambda_1)(a_3 - \lambda_1)}}$$

$$\pm \int_{\lambda_2^0}^{\lambda_2'} \frac{d\lambda_2}{2} \frac{\lambda_3 - \lambda_2}{\sqrt{(a_1 - \lambda_2)(a_2 - \lambda_2)(a_3 - \lambda_2)}}.$$

In der letzten Gleichung heben sich nun infolge der oben mitgeteilten Differentialgleichung der geradlinigen Erzeugenden die Glieder mit λ_3 weg, was wir streng allerdings nur mit genauer Untersuchung der Wurzelvorzeichen schließen können, worauf wir jedoch nicht eingehen wollen. Genauer gesagt: Es handelte sich darum, festzulegen, wie in der Differentialgleichung der geradlinigen Erzeugenden einerseits, in der Formel für ihr Bogenelement andererseits die doppelten Vorzeichen zusammengehören. In der Unabhängigkeit von λ_3 liegt aber gerade das *Henrici*sche Theorem, denn sie bedeutet doch weiter nichts, als daß wir zwischen zwei entsprechenden Punkten stets dieselbe Länge erhalten werden, auf welchem Hyperboloid λ_3 wir auch messen mögen.

Zusammenfassend können wir daher sagen:

Indem in unserem Ausdruck für ds die Glieder mit λ_3 vermöge der Differentialgleichung der geradlinigen Erzeugenden herausfallen, wird die Länge eines Stückes s auf einer geradlinigen Erzeugenden, die von einem Punkte $\lambda_1^0\ \lambda_2^0$ zum Punkte $\lambda_1'\ \lambda_2'$ auf dem Hyperboloid λ_3 hinführt, von λ_3 ganz unabhängig, ist also für alle Hyperboloide $\lambda_3 =$ konst. dieselbe und eben dies war die Aussage des *Henrici*schen Satzes.

§ 7. Fadenkonstruktionen von Graves und Staude.

Als zweite geometrische Anwendung wollen wir eine *Fadenkonstruktion der Flächen zweiten Grades*, insbesondere des *Ellipsoids*, kennen lernen, die zuerst *Staude* gefunden und in den Math. Annalen Bd. 20, 1882 veröffentlicht hat. *Staude* war damals als junger Doktor Mitglied von *Kleins* Leipziger Seminar.

Wir erinnern zu dem Zwecke zunächst an eine Verallgemeinerung der gewöhnlichen Fadenkonstruktion der Ellipse, die *Graves*, Dublin

1850 (vgl. etwa *Salmon*: Kegelschnitte) angegeben hat. Er befestigt den Faden von fester Länge nicht in den beiden Brennpunkten der zu erzeugenden Ellipse, sondern legt ihn gespannt um eine Ellipse, wie es in der untenstehenden Abbildung 8 zu sehen ist, und erzeugt dann durch Bewegung des Stiftes eine zu der zugrunde gelegten konfokale Ellipse. Die gewöhnliche Konstruktion erhält man aus dieser allgemeineren, wenn man die zugrunde gelegte Ellipse in eine Strecke, man könnte sagen die „Fokalstrecke" zusammenschrumpfen läßt.

Diese Konstruktion hat *Staude* für den Raum verallgemeinert, indem er ein Ellipsoid und ein konfokales Hyperboloid zugrunde legte, um mit ihrer Hilfe ein konfokales Ellipsoid zu konstruieren. Er schlang einen Faden von konstanter Länge so um die Fläche, daß er, soweit er auf den Flächen liegt, stets auf einer „zugehörigen" geodätischen Linie oder der Krümmungskurve, in der sich beide durchdringen, verläuft. Weiterhin erstreckt sich im Raume der Faden geradlinig, natürlich so, daß er in seiner Richtung stets eine gemeinsame Tangente beider Flächen liefert. Knüpft man dann die Enden des Fadens an einem Stifte zusammen und bewegt den Stift unter Innehaltung der eben angegebenen Bedingungen, d. h. einfach unter Spannung des Fadens, im übrigen beliebig im Raume, so beschreibt er ein Ellipsoid, das mit den beiden Ausgangsflächen konfokal ist[1]).

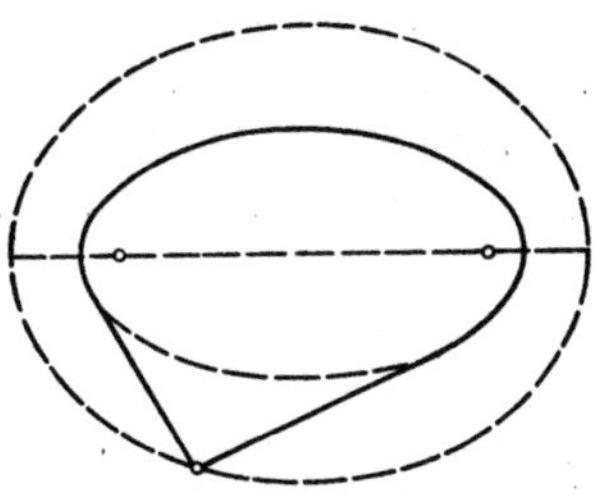

Abb. 8.

Die Konstruktion wird besonders einfach und anschaulich, wenn man ihr als konfokale Flächen die Fokalellipse und Fokalhyperbel zugrunde legt. Um übrigens die Verhältnisse ganz klar zu übersehen, muß man durchaus Modelle zur Hand haben, wie sie von *Staude* im *Brill*schen Verlag veröffentlicht sind. Andrerseits verweisen wir auf die sehr eingehende Darstellung *Staudes* in der bereits genannten Abhandlung (Annalen, Bd. **20**) oder in seinem Buch „die Fokaleigenschaften der Flächen zweiter Ordnung", Leipzig **1896**. Auch wegen des rechnerischen Beweises der allgemeinen *Staude*schen Fadenkonstruktion, der sich aus den früher mitgeteilten Bogenelementen unter gehöriger Berücksichtigung der Vorzeichen ergibt, müssen wir auf diese Stellen verweisen, während wir uns hier der Kürze halber auf den einfacheren, aber doch durchaus entsprechenden *Beweis des Theorems von Graves* beschränken.

Wir legen zu dem Zwecke ein System konfokaler Kegelschnitte

$$\frac{x_1^2}{a_1 - \lambda} + \frac{x_2^2}{a_2 - \lambda} = 1$$

[1]) Eine andre Übertragung der Konstruktion von *Graves* auf den Raum hat *F. Gonseth* gegeben, Darboux Bulletin 42 (1918), S. 193.

zugrunde, wobei wir die Annahme machen, daß

$$-\infty < a_2 < a_1$$

ist. Liegt dann λ zwischen $-\infty$ und a_2, so wollen wir es mit λ_2 bezeichnen, liegt es zwischen a_2 und a_1 mit λ_1, so daß also $\lambda_2 =$ konst. die Gleichung einer Ellipse, $\lambda_1 =$ konst. die Gleichung einer Hyperbel vorstellt. Das System konfokaler Kegelschnitte verläuft dann offenbar so, daß mit wachsendem λ_2 die Ellipsen sich immer mehr zusammenziehen, und daß mit wachsendem λ_1 die Hyperbeln immer steiler werden, d. h. immer mehr an die x_2-Achse herangehen. Für $\lambda = a_1$ erhält man als entartete Ellipse das Stück der x_1-Achse zwischen den beiden Brennpunkten und als entartete Hyperbel das Stück außerhalb dieser Strecke, für $\lambda = a_1$ sind die Hyperbeln in die x_2-Achse übergegangen.

Wir wählen nun zwei beliebige Ellipsen, $\lambda_2 = \lambda'$ und $\lambda_2 = \lambda < \lambda'$ aus der Schar aus und ziehen von einem Punkte λ_1^0, λ' der ersten die beiden Tangenten an die innere Ellipse, deren Längen wir mit s_1 und s_2 bezeichnen (s. Abbildung 9).

Durch den Punkt λ_1^0, λ' geht weiter eine Hyperbel $\lambda_1 = \lambda_1^0$, die die innere Ellipse im Punkte λ_1^0, λ schneidet. Durch diesen Schnittpunkt wird der Ellipsenbogen zwischen den Berührungspunkten der beiden vorher konstruierten Tangenten in zwei Teile zerlegt, deren Längen wir den geradlinigen Stücken s_1, s_2 entsprechend mit σ_1 und σ_2 bezeichnen. Ist nun L die Länge des Umfanges der inneren Ellipse, so kommt der Satz von *Graves* offenbar darauf hinaus, daß der Ausdruck

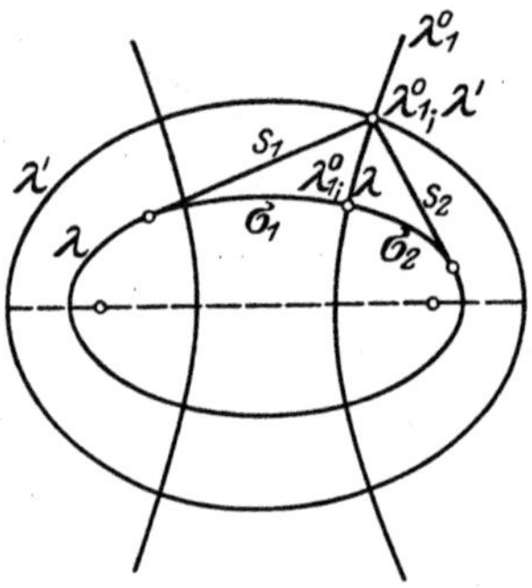

Abb. 9.

$$L + (s_1 - \sigma_1) + (s_2 - \sigma_2)$$

konstant bleiben muß, wie man auch den Anfangspunkt der Konstruktion auf der äußeren Ellipse wählen möge, d. h. daß der Ausdruck von λ_1^0 unabhängig sein muß. Wir haben also nur noch nachzuweisen, daß auch $s_1 - \sigma_1$ und $s_2 - \sigma_2$ nicht von λ_1^0 abhängen, und dazu müssen wir diese Längen berechnen.

Das Bogenelement der Tangente s_1 finden wir durch Spezialisierung unserer früheren Formeln:

$$d s_1 = \frac{d\lambda_1 \sqrt{\lambda - \lambda_1}}{2\sqrt{(a_1 - \lambda_1)(a_2 - \lambda_1)}} + \frac{d\lambda_2 \sqrt{\lambda - \lambda_2}}{2\sqrt{(a_1 - \lambda_2)(a_2 - \lambda_2)}}.$$

wo wir beiden Gliedern das positive Vorzeichen zu geben haben. Durch Integration erhalten wir dann:

$$s_1 = \int\limits_{\lambda_1^0}^{\lambda_1'} \frac{d\lambda_1 \sqrt{\lambda - \lambda_1}}{2\sqrt{(a_1 - \lambda_1)(a_2 - \lambda_1)}} + \int\limits_{\lambda'}^{\lambda} \frac{d\lambda_2 \sqrt{\lambda - \lambda_2}}{2\sqrt{(a_1 - \lambda_2)(a_2 - \lambda_2)}},$$

Weiter finden wir für das Bogenelement der Ellipse:

$$d\sigma_1 = \frac{d\lambda_1 \sqrt{\lambda - \lambda_1}}{2\sqrt{(a_1 - \lambda_1)(a_2 - \lambda_1)}},$$

also

$$\sigma_1 = \int_{\lambda_1^0}^{\lambda_1'} \frac{d\lambda_1 \sqrt{\lambda - \lambda_1}}{2\sqrt{(a_1 - \lambda_1)(a_2 - \lambda_1)}}$$

und daher

$$s_1 - \sigma_1 = \int_{\lambda'}^{\lambda} \frac{d\lambda_2}{2} \sqrt{\frac{\lambda - \lambda_2}{(a_1 - \lambda_2)\;(a_2 - \lambda_2)}}.$$

In ganz entsprechender Weise ergibt sich unter Berücksichtigung der Vorzeichen

$$s_2 - \sigma_2 = \int_{\lambda'}^{\lambda} \frac{d\lambda_2}{2} \sqrt{\frac{\lambda - \lambda_2}{(a_1 - \lambda_2)\;(a_2 - \lambda_2)}},$$

d. h. derselbe Betrag wie für $s_1 - \sigma_1$. Wir erkennen daher, daß $s_1 - \sigma_1$ und $s_2 - \sigma_2$ von λ_1^0 ganz unabhängig sind, und aus dieser Unabhängigkeit unserer Differenzen von λ_1^0 folgt jetzt, daß die gesamte Fadenlänge in der Tat konstant ist, wie es das Theorem von *Graves* behauptet.

An Stelle dieses Beweisganges, der sich im Gebiete der elliptischen Integrale bewegte, kann man auch folgenden anschaulichen treten lassen.

Für die Änderung des Umfangs der geknickten geschlossenen Kurve, die in der Abbildung **8** stark gezogen ist, ergibt sich, wenn der Knickpunkt P mit der Geschwindigkeit $dS:dt$ in einer Richtung fortrückt, die mit den Tangenten von P an die Ellipse die Winkel φ, ψ $(0 < \varphi < \pi$, $0 < \psi < \pi)$ einschließt:

$$\frac{dL}{dt} = \frac{dS}{dt} \cos\varphi - \frac{dS}{dt} \cos\psi.$$

Soll sich also P so bewegen, daß dabei L fest bleibt, so schneidet die Bahnkurve von P die Tangenten unter gleichen Winkeln $\varphi = \psi$. Daß aber die zur gegebenen konfokale Ellipse durch P durch diese Beziehung $\varphi = \psi$ gekennzeichnet ist, erkennt man so: Die Tangentenpaare aus P an die konfokalen Kegelschnitte bilden eine „Involution", deren Doppelgeraden die senkrechten Tangenten in P an die durch P laufenden Kegelschnitte des Systems sind, deren Geradenpaare also zu diesem Tangentenpaar symmetrisch liegen. Dieser Satz, der unsere Behauptung $\varphi = \psi$ enthält, ist das ebene Gegenstück zu dem vorhin bewiesenen Satz von der „scheinbaren" Orthogonalität der konfokalen Flächen und wir werden auf ihn später S. **180, 181**, Abbildung **66**, zurückkommen.

Auch dieser „elementare" Beweis läßt sich auf den Raum übertragen.

§ 8. Die Lehre von den Kreisen und Kugeln. Geschichtliches.

Wir wollen eine längere Einleitung voranschicken und gleich hervorheben, welch große Rolle diese Gebilde in der Entwicklung der neueren Geometrie gespielt haben. Man findet nämlich häufig die Ansicht, als ob nur die gerade Linie und die Ebene von wesentlicher Bedeutung für die Entwicklung der „neueren" Geometrie gewesen sei; demgegenüber möchten wir aber darauf hinweisen, daß seit Beginn des neunzehnten Jahrhunderts neben den Betrachtungen über Gerade und Ebene (also den projektiven Betrachtungen im engeren Sinne) Betrachtungen über Kreis und Kugel immer nebenhergelaufen sind.

Wir erinnern hier zunächst an ein Werk, das an der Schwelle dieses Jahrhunderts erschienen, heute vielfach in Vergessenheit geraten ist, nämlich *Mascheroni, La geometria del compasso, Pavia 1797*. Das Werk verfolgt die elementar-geometrische Absicht, alle Konstruktionen mit dem Zirkel allein auszuführen und das Lineal ganz zu verbannen. Den Verfasser leitet dabei ein praktischer Gesichtspunkt; er will den Mechanikern Vorschriften für ihre Konstruktionen, insbesondere für die Ausführung der Kreisteilung geben, weil er der Ansicht ist, daß jedenfalls bei Konstruktionen auf Metallplatten der Zirkel zuverlässiger arbeitet als das Lineal.

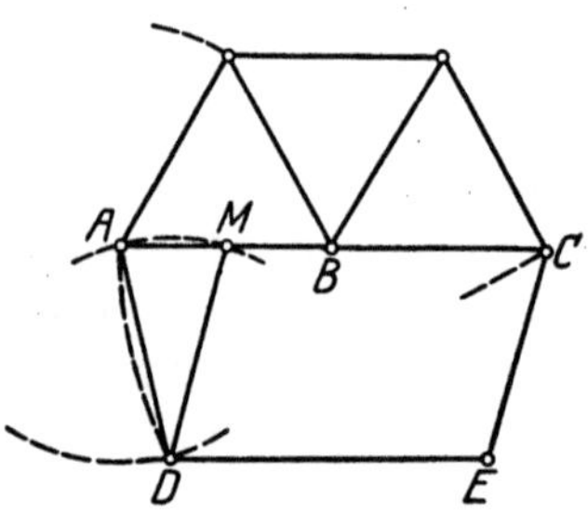

Abb. 10.

Um eine Vorstellung von *Mascheronis* Konstruktionen zu geben, zeigen wir etwa, wie man den Mittelpunkt M zweier gegebener Punkte A und B allein mit dem Zirkel finden kann. Man kann zunächst durch eine Kette von vier gleichseitigen Dreiecken wie in der Abb. 10 den Punkt C so bestimmen, daß B der Mittelpunkt der Strecke AC wird. Man bestimme dann die Punkte D und E, so daß $ACED$ ein Trapez wird mit $AD = CE = AB$ und $CD = AE = AC$. Dann liegt der gesuchte Mittelpunkt M so, daß $AD = MD$ und $DE = MC$ wird. Die Richtigkeit dieser Konstruktion ergibt sich aus der Ähnlichkeit der Dreiecke ACD und ADM.

Die eigentlich neue Entwicklung der Kreislehre, die hier für uns in Betracht kommt, wurde bald nach *Mascheroni* in Frankreich angebahnt, nämlich innerhalb der Schule von *Monge*. Ich erwähne hier beiläufig, daß *Monge* 1794 die Ecole polytechnique mit begründete und dann auch bis 1815 bis zur Restauration an ihr lehrte. *Monge*s Hauptarbeiten sind:

1. Die *Géométrie descriptive*, ein Werk, das der darstellenden Geometrie, die bis dahin nur eine Summe von praktischen Regeln war, den Rang einer Wissenschaft gegeben hat. Dann die schon früher von uns genannten

2. *Applications de l'Analyse à la Géométrie* (Differentialgeometrie).

Monges Verdienst liegt jedoch keineswegs allein in diesen wissenschaftlichen Werken, sondern er hat noch viel mehr indirekt durch seine Lehrtätigkeit gewirkt, aus der eine ganze Schule bedeutender Geometer hervorgegangen ist. Diese Schule, die von *Monge* hinterlassen wurde, schuf sich bald ein eigenes Publikationsorgan, die erste mathematische Zeitschrift, die überhaupt erschienen ist. Früher gab es nur Akademieschriften, und an diese schloß sich bei Begründung der polytechnischen Schule das Journal de l'Ecole Polytechnique, das jedoch auch nur in längeren Zeiträumen erschien. Bei der nun erwachenden vielseitigen mathematischen Produktion machte sich das Bedürfnis nach rascherer Veröffentlichung in einer nur für die Mathematik bestimmten Zeitschrift geltend, und so entstanden

1. *Gergonnes Annales de Mathématiques,*

die von 1810—1831 erschienen sind. An diese schlossen sich dann weiter an:

2. *Crelles Journal* für reine und angewandte Mathematik von 1826 an, und

3. *Liouvilles Journal* von 1836 an.

Die Arbeiten der Schüler von *Monge* sind zum Teil in *Gergonnes* Annalen erschienen. Für die Theorie der Kreise und Kugeln, die wir hier im Auge haben, sind besonders folgende Arbeiten von Bedeutung:

1. *Gaultier* 1812, im Journal de l'Ecole Polytechnique, wo insbesondere Orthogonalkreise untersucht werden.

2. *Gergonne* 1816, in den eigenen Annalen, Bd. 7, wo sich berührende Kreise behandelt werden.

In diesen beiden Arbeiten werden teils ganz neue Entwicklungen geliefert, teils bekannte Sätze mit neuen eleganten Beweisen versehen; so wird z. B. in der Arbeit von *Gergonne* das bekannte Berührungsproblem des *Apollonius* behandelt. Zehn Jahre später als in Frankreich, begann auch in Deutschland ein neuer Aufschwung, wie für geometrische Forschungen überhaupt, so insbesondere für unsere Theorie. Wir haben die beiden Arbeiten zu nennen:

Steiner 1826, Crelles Journal, Bd. 1, „Einige geometrische Betrachtungen“ und

Plücker 1827/28 in Bd. 1 der analytisch-geometrischen Entwicklungen.

Hier zunächst einiges Nähere über *Steiners* Untersuchungen und seine Persönlichkeit.

Steiner verallgemeinerte in seinen Untersuchungen die bisherige Theorie der Kreise dahin, daß er nicht, wie die Franzosen, nur sich senkrecht schneidende oder sich berührende Kreise betrachtete, sondern solche, die sich unter einem beliebig gegebenen Winkel schneiden. Es ist dabei seine Eigenart, daß er alle Aufgaben rein konstruktiv ohne jegliche Formeln behandelt, wobei er dann vielfach die Beweise unterdrückt, so daß das Prinzip, aus dem heraus er seine Entwicklungen genommen hat, nicht recht zutage tritt (vgl. was die Kreisuntersuchungen angeht, die Vorrede zu *Fiedler*, Zyklographie 1882). Die ausschließliche Vorliebe *Steiners* für das Anschauliche und seine Abneigung gegen alle analytischen Formeln wird uns erklärlich, wenn wir an seinen Bildungsgang denken, wenn wir uns erinnern, daß er aus der Schule des berühmten *Pestalozzi* hervorgegangen ist, der ja als Pädagog das Hauptgewicht auf Anschauung und anschauungsmäßigen Unterricht legte. Auch hat *Steiner* in seiner Jugend keine gründliche mathematische Bildung genossen, ist überhaupt Autodidakt gewesen, so daß er wohl in der Behandlung analytischer Formeln nicht sehr gewandt war. *Steiner* war von 1835—1865 Professor in Berlin und hat von dort durch seine Werke und seine Lehrtätigkeit das Interesse für reine Geometrie in Deutschland bedeutend gehoben. Insbesondere geht auf ihn die deutsche Schule der neueren Synthetiker zurück, deren Reste immer noch bestehen und die jede Bezugnahme auf analytische Formeln möglichst vermeidet. *Steiners* Hauptarbeiten sind die folgenden:

1832: Systematische Entwicklung der Abhängigkeit geometrischer Gestalten voneinander.

1833: Die geometrischen Konstruktionen, ausgeführt mittels der geraden Linie und Eines festen Kreises (Gegensatz zu *Mascheroni*).

1881/82: Steiners Werke, 2 Bde., herausgegeben von *Weierstraß*.

Ferner sind noch *Steiners Vorlesungen über synthetische Geometrie* herausgegeben, und zwar

Teil I von Geiser in Zürich. Die Theorie der Kegelschnitte in elementarer Darstellung. 3. Aufl. Leipzig 1887.

Teil II von Schröter in Breslau: Die Theorie der Kegelschnitte gestützt auf projektive Eigenschaften. 2. Aufl. Leipzig 1876. 3. Aufl., *R. Sturm*, Leipzig 1898 [1]).

§ 9. Elementare Kreisgeometrie.

Nach diesen historischen Angaben gehen wir dazu über, einige elementare Entwicklungen aus der Kreislehre mitzuteilen, wie sie z. B. bei *Plücker* in dem genannten Werke zu finden sind. Die Gleichung eines Kreises mit dem Mittelpunkt α, β und dem Radius r lautet in rechtwinkligen Koordinaten:

$$(x-\alpha)^2+(y-\beta)^2-r^2=0.$$

Die linke Seite dieser Gleichung, die wir abkürzend mit S bezeichnen wollen, läßt eine einfache geometrische Deutung zu, wenn man vom Punkte x, y die Tangente an den durch die Gleichung dargestellten Kreis zieht. *S ist nämlich das Quadrat der Länge dieser Tangente vom Punkte x, y bis zum Berührungspunkte.* Man kann diesen Ausdruck S,

[1]) Über *J. Steiners* Lebensgang und Persönlichkeit kann man sich aus der zierlichen Gedächtnisrede unterrichten, die sein Verwandter, Landsmann und Herausgeber *C. F. Geiser* vor der Schweizer naturforschenden Gesellschaft in Schaffhausen 1873 gehalten hat.

den *Steiner* als *die „Potenz" des Punktes x, y in bezug auf den Kreis* bezeichnete, auch in folgende Gestalt setzen:

$$S = x^2 + y^2 - 2\alpha x - 2\beta y + C,$$
$$C = \alpha^2 + \beta^2 - r^2.$$

Wir merken hier zunächst einige Formeln an, die wir im folgenden benutzen wollen:

1. Zwei Kreise $S = 0$ und $S' = 0$ schneiden einander rechtwinklig (Abb. 11), wenn

$$2\,\alpha\alpha' + 2\,\beta\beta' - C - C' = 0$$

ist.

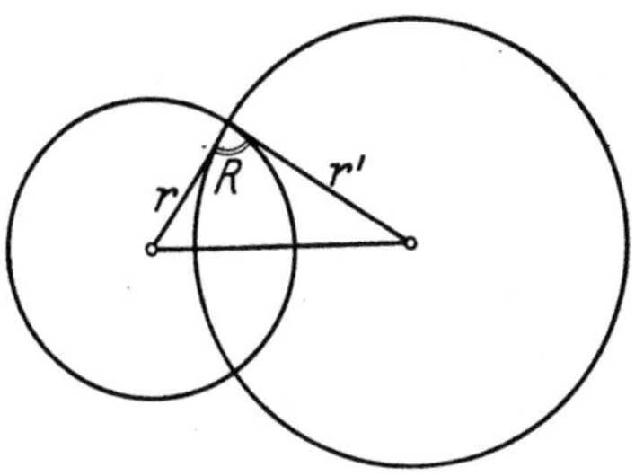

Abb. 11.

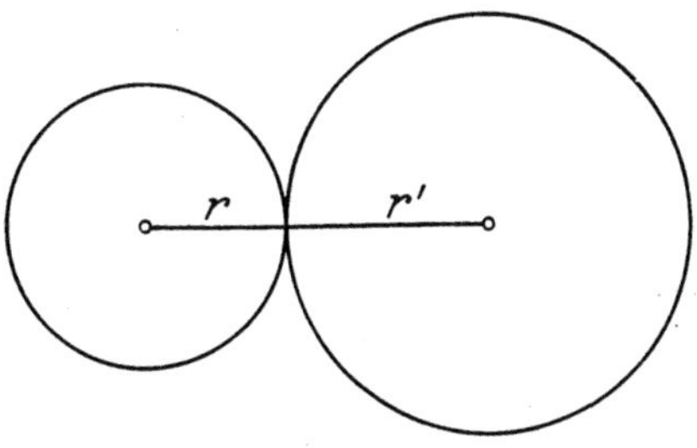

Abb. 12.

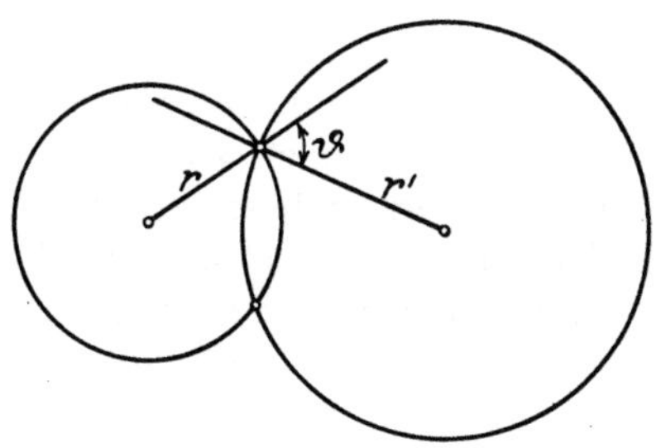

Abb. 13.

2. Zwei Kreise berühren sich (Abb. 12), wenn die Beziehung besteht

$$2\,\alpha\alpha' + 2\,\beta\beta' - C - C' \pm 2\,rr' = 0,$$
$$r^2 = \alpha^2 + \beta^2 - C,$$
$$r'^2 = \alpha'^2 + \beta'^2 - C'.$$

3. Zwei Kreise schneiden sich unter dem Winkel ϑ (Abb. 13), wenn

$$2\,\alpha\alpha' + 2\,\beta\beta' - C - C' \pm 2\,rr' \cos\vartheta = 0.$$

Die drei eben aufgestellten Bedingungen folgen aus den Gleichungen:

(1) $$(\alpha - \alpha')^2 + (\beta - \beta')^2 = r^2 + r'^2,$$

(2) $$(\alpha - \alpha')^2 + (\beta - \beta')^2 = (r \pm r')^2,$$

(3) $$(\alpha - \alpha')^2 + (\beta - \beta')^2 = r^2 + r'^2 \pm 2\,rr' \cos\vartheta,$$

deren Richtigkeit aus den obenstehenden Abbildungen und den dort auftretenden geradlinigen Dreiecken abzulesen ist. Im übrigen bemerken wir noch, daß die Formel (1), die Orthogonalitätsbedingung in den

Konstanten beider Kreise bilinear ist, und daß in der Formel (3) die ersten beiden für $\vartheta = \pi:2$ und $\vartheta = 0$, $\vartheta = \pi$ enthalten sind.

In den eben mitgeteilten Formeln aus der Theorie der Kreise tritt uns nun gleich eine Zweiteilung in analytischer Beziehung entgegen. Wir können die Formeln nämlich scheiden in

1. Elementare Formeln, die in α, β, C rational sind,
2. Höhere Formeln, die in α, β, C, r rational sind (in denen r in ungerader Potenz vorkommt)[1]).

Dementsprechend gibt es auch eine „niedere" Lehre vom Kreise, in der immer nur α, β, C vorkommen, und eine „höhere", in der α, β, C und r nebeneinander auftreten.

Wir werden Beispiele für beide Teile der Kreislehre geben und beginnen zunächst mit dem 1. niederen Teil der Kreislehre.

In diesem Teil spielt die *Chordale* (nach *Plücker*s Ausdrucksweise) oder *Radikalachse* (nach *Gaultier*) (man spricht auch von der ***Potenzlinie***) zweier Kreise eine hervorragende Rolle. Sie stellt den Ort gleicher Potenzen in bezug auf beide Kreise dar, ist also durch die Gleichung $S - S' = 0$ gegeben. Indem wir entwickeln, erhalten wir

$$2(\alpha' - \alpha)\,x + 2(\beta' - \beta)\,y + C - C' = 0,$$

woraus ersichtlich ist, daß es sich um eine gerade Linie handelt. Die Chordale geht andrerseits notwendig durch die beiden Schnittpunkte der Kreise, da hier für beide Kreise die Potenz Null ist. Man kann die Radikalachse zweier Kreise also auch als die Verbindungslinie ihrer Schnittpunkte erklären. Nur verliert diese scheinbar einfachere Definition ihre unmittelbare Bedeutung, wenn die Schnittpunkte imaginär werden.

Ein Hauptsatz der Chordalentheorie ist der folgende: *Konstruiert man zu je zweien von drei Kreisen die Radikalachse, so gehen diese durch einen Punkt,* das sog. „Radikalzentrum" („Potenzpunkt").

Der rechnerische Beweis dieses Satzes ist einfach der folgende:

Es seien die Gleichungen der drei Kreise:

$$S = 0, \quad S' = 0, \quad S'' = 0,$$

dann sind die Gleichungen zweier Chordalen

$$S = S', \quad S = S''.$$

Wo diese beiden Gleichungen gelten, d. h. im Schnittpunkt der beiden Radikalachsen, muß aber auch die Gleichung $S' = S''$ gelten, und das ist gerade die Gleichung der dritten Radikalachse, woraus man unmittelbar auf die Richtigkeit unseres Satzes schließt. Man sieht hier sehr deutlich, wie einfach die Methode der abgekürzten Bezeichnung sich gestaltet.

Aus unserem Hauptsatze kann man nun verschiedene schöne Folgerungen ziehen, z. B. die Konstruktion der Radikalachse zweier Kreise

---

[1]) Wie man die dabei durch doppelte Vorzeichen von r auftretenden Schwierigkeiten durch Einführung „gerichteter" oder „orientierter" Kreise umgeht, werden wir in §§ 25, 26 besprechen.

mit imaginärem Schnittpunkte daraus herleiten (Abb. 14). In diesem Falle zeichnet man nämlich einfach zwei Kreise, die die gegebenen Kreise in reellen Punkten schneiden, und zieht die Sehnen, die jeder der beiden Hilfskreise mit den gegebenen gemeinsam hat. Die beiden Schnittpunkte des ersten und zweiten Sehnenpaares liefern uns dann zwei Punkte, durch die die gesuchte Chordale hindurchgehen muß.

Auch der elementare Satz, daß die drei Mittelsenkrechten auf den Seiten eines Dreiecks sich in einen Punkte schneiden, ist ein Sonderfall unseres Satzes. Führt man nämlich den Null- oder Punktkreis mit dem Radius Null ein, der geometrisch auf einen Punkt zusammenschrumpft, so erkennt man leicht, daß die Radikalachse zweier Nullkreise die Mittelsenkrechte ist auf der Verbindungslinie der beiden Punkte, und damit ist ja die Beziehung des eben angeführten Satzes zum Hauptsatze klargelegt.

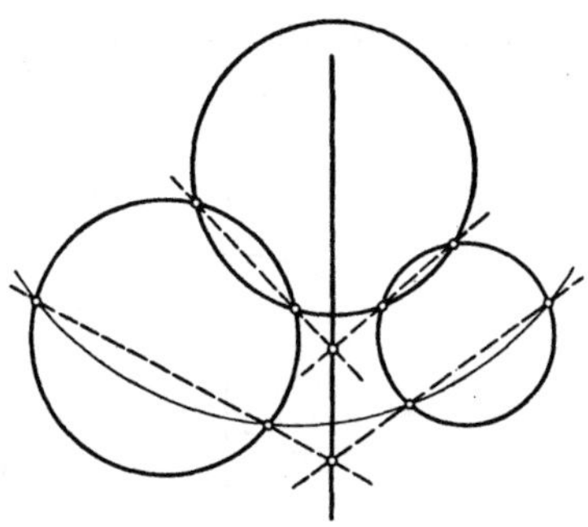

Abb. 14.

Wir müssen jetzt einen wichtigen Begriff in der Kreislehre, den *Begriff des Kreisbüschels* kennen lernen, den wir auf folgende Weise erhalten:

Sind $S' = 0$ und $S'' = 0$ die Gleichungen zweier Kreise, so bilden wir uns die Gleichung

$$S' - \varrho S'' = 0.$$

Diese lautet ausführlich geschrieben:

$$(1 - \varrho)(x^2 + y^2) - 2(\alpha' - \varrho\alpha'')x - 2(\beta' - \varrho\beta'')y + C' - \varrho C'' = 0,$$

woraus sich ergibt, daß sie für jeden Wert von $\varrho \neq 1$ einen Kreis darstellt, dessen Koordinaten

$$\bar{\alpha} = \frac{\alpha' - \varrho\alpha''}{1 - \varrho}, \quad \bar{\beta} = \frac{\beta' - \varrho\beta''}{1 - \varrho}, \quad \bar{C} = \frac{C' - \varrho C''}{1 - \varrho}$$

sind.

Das System aller Kreise, das man auf diese Weise erhält, nennt man ein Kreisbüschel. Aus seiner Gleichung folgt unmittelbar, daß alle seine Kreise durch die nämlichen zwei Schnittpunkte laufen, und daß sie infolgedessen auch dieselbe Radikalachse $S' - S'' = 0$ haben, die selbst ein „Kreis" des Büschels ist. Man kann geradezu ein Kreisbüschel, von Grenzfällen abgesehen, so erklären: *Unter einem Kreisbüschel versteht man das System aller der Kreise, die durch zwei reelle oder imaginäre (eigentliche) Punkte gemeinsam hindurchlaufen.*

Nachdem wir so das Kreisbüschel erklärt haben, wollen wir jetzt folgenden wichtigen Satz aus seiner Theorie beweisen:

Steht ein Kreis auf zwei Kreisen S' und *S'' senkrecht, so steht er auch auf allen Kreisen des Büschels $S' - \varrho S''$ senkrecht.*

Der Beweis ist ganz einfach:

Damit der Kreis S auf den beiden Kreisen S' und S'' senkrecht steht, müssen die beiden Bedingungen erfüllt sein:

$$C + C' - 2\,\alpha\alpha' - 2\,\beta\beta' = 0,$$
$$C + C'' - 2\,\alpha\alpha'' - 2\,\beta\beta'' = 0.$$

Aus diesen beiden folgt aber, wenn man die zweite mit ϱ multipliziert und von der ersten abzieht, nach Division durch $1 - \varrho$

$$C + \bar{C} - 2\,\alpha\bar{\alpha} - 2\,\beta\bar{\beta} = 0.$$

Die letzte Gleichung drückt aber gerade die Bedingung aus, daß der Kreis S den Kreis $S' - \varrho S'' = \bar{S}$ senkrecht schneidet. Das Wesen dieses ganzen Beweises liegt offenbar darin, daß die Orthogonalitätsbedingung in den Konstanten des Kreises *linear* ist. — Der Mittelpunkt eines solchen Orthogonalkreises liegt in irgendeinem Punkte der Radikalachse.

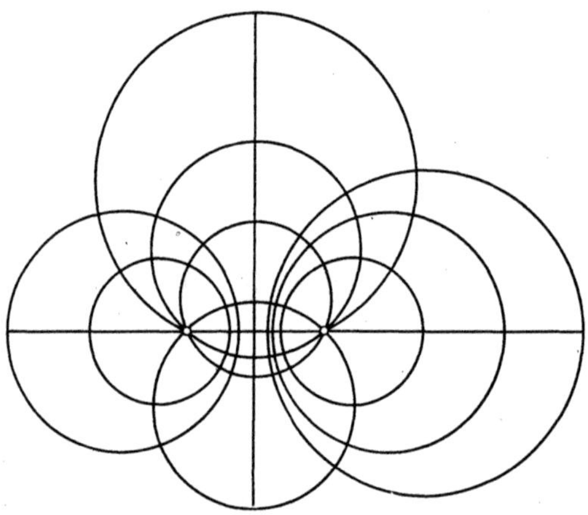

Abb. 15.

Wir können daraufhin eine ganze Schar von Kreisen konstruieren, die das erste Büschel orthogonal durchsetzen. Diese neue Schar von Kreisen bildet wieder ein Kreisbüschel in dem früher erklärten Sinne, wie wir jetzt beweisen wollen. Wir haben in dieser Hinsicht den Satz:

Zu einem ersten Büschel von Kreisen gehört (vgl. Abb. 15) *immer ein zweites Büschel von Orthogonalkreisen. Das eine dieser Büschel hat reelle Grundpunkte, das andere imaginäre.* (Als Grenzfall ergeben sich zwei Büschel berührender Kreise.)

Zum Beweise dieses Satzes fragen wir uns zunächst, ob es in dem ersten Büschel Nullkreise gibt. Die allgemeine Bedingung dafür, daß ein Kreis Nullkreis ist, ist offenbar:

$$r^2 = 0 \qquad \text{oder} \qquad a^2 + \beta^2 - C = 0.$$

Soll also der Kreis $S' - \varrho S'' = 0$ ein Nullkreis sein, so muß

$$(\alpha' - \varrho\alpha'')^2 + (\beta' - \varrho\beta'')^2 - (C' - \varrho C'')\,(1 - \varrho) = 0$$

sein. Dies ist eine quadratische Gleichung für ϱ, es gibt daher in unserem System stets zwei reelle oder imaginäre Nullkreise. Die Kreise des Orthogonalsystems müssen auch auf diesen beiden Nullkreisen senkrecht stehen, und wir fragen uns nun, was dies für eine geometrische Bedeutung hat.

Damit sich zwei Kreise S und S' orthogonal schneiden, muß

$$C + C' - 2\,\alpha\alpha' - 2\,\beta\beta' = 0$$

sein. Ist S' ein Nullkreis, so ist $C' = \alpha'^2 + \beta'^2$. Dies eingesetzt gibt:

$$\alpha'^2 + \beta'^2 - 2\,\alpha\alpha' - 2\,\beta\beta' + C = 0,$$

was nichts anderes heißt, als daß der den Nullkreis darstellende Punkt „auf" dem Orthogonalkreis liegt. Da nun im einzelnen Büschel zwei Nullkreise vorhanden sind, so werden alle Kreise des Orthogonalsystems durch diese beiden festen Punkte hindurchlaufen; das Orthogonalsystem hat also auch die kennzeichnende Eigenschaft des Kreisbüschels.

Damit ist der erste Teil des Satzes bewiesen, der zweite Teil wird unmittelbar klar, wenn man sich zwei solche Kreisbüschel zeichnet.

Wir verlassen damit diese Erläuterungen und bemerken nur noch, daß eine Reihe wohlbekannter Theorien: die Lehre von den Ähnlichkeitspunkten, von den gemeinsamen Tangenten zweier Kreise, die Aufgabe des *Apollonius* usw. in den vorhin bezeichneten „höheren" Teil der Kreislehre hineingehört; wirklich treten in die zugehörigen Formeln die Radien der beteiligten Kreise als solche ein.

§ 10. Die Transformation durch reziproke Radien (Inversion).

In Fortsetzung unserer elementaren Betrachtungen über den Kreis kommen wir jetzt zu der Lehre von den „reziproken Polen", die wir folgendermaßen erklären (Abb. 16):

Zwei Punkte ξ, η und ξ', η' *heißen reziprok in bezug auf einen Kreis, wenn sie, als Nullkreis betrachtet, demselben Büschel angehören, wie der Grundkreis.*

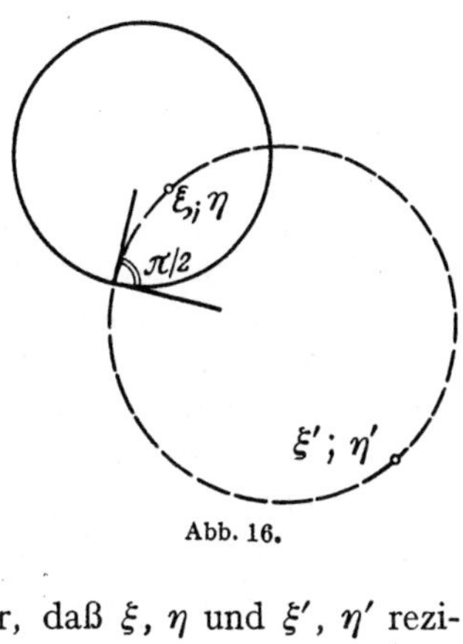

Abb. 16.

Ist

$$x^2 + y^2 - r^2 = 0$$

die Gleichung des Grundkreises, und sind

$$(x - \xi)^2 + (y - \eta)^2 = 0,$$
$$(x - \xi')^2 + (y - \eta')^2 = 0$$

die Gleichungen der beiden Pole als Nullkreise, so werden wir als Bedingungen dafür, daß ξ, η und ξ', η' reziprok sind, finden:

$$\xi' = r^2 \frac{\xi}{\xi^2 + \eta^2}, \quad \eta' = r^2 \frac{\eta}{\xi^2 + \eta^2}.$$

Daß die Bedingungen richtig sind, erkennt man aus folgender kleinen Rechnung:

Trägt man zunächst die Werte ξ' und η' in die Gleichung des Nullkreises ξ', η' ein, so ergibt sich:

$$\{x(\xi^2+\eta^2)-r^2\xi\}^2+\{y(\xi^2+\eta^2)-r^2\eta\}^2=0$$

oder nach Division durch $\xi^2+\eta^2$:

$$(x^2+y^2)(\xi^2+\eta^2)-2r^2x\xi-2r^2y\eta+r^4=0.$$

Die letztere Gleichung müssen wir nun als lineare Verbindung der ersten beiden Kreisgleichungen darstellen können, wenn die obigen Bedingungen richtig sein sollen. Dies gelingt aber sehr leicht, indem wir sie in folgende Form setzen:

$$(\xi^2+\eta^2-r^2)(x^2+y^2-r^2)+r^2(x^2+y^2-2\xi x-2\eta y+\xi^2+\eta^2)=0.$$

Aus unserer früher entwickelten Lehre von den Kreisbüscheln können wir jetzt sofort diesen Satz ableiten:

Jeder Kreis, der durch zwei reziproke Pole geht, schneidet den Grundkreis orthogonal (Abb. 16). Da nämlich der Kreis durch die beiden reziproken Pole geht, so schneidet er diese als Nullkreise betrachtet rechtwinklig. Er schneidet also zwei Kreise des Büschels, dem die reziproken Pole als Grundpunkte angehören, rechtwinklig und daher alle, also auch unsern Grundkreis.

Zu den Kreisen, die durch die reziproken Pole gehen, gehört natürlich auch ihre Verbindungsgerade, die infolge des eben ausgesprochenen Satzes ein Durchmesser des Grundkreises sein muß. Zwischen den Abschnitten dieser Geraden, die vom Mittelpunkt des Grundkreises einerseits und von den reziproken Polen anderseits begrenzt werden, besteht die einfache Beziehung, daß ihr Produkt konstant, und zwar r^2 ist:

$$(\xi^2+\eta^2)(\xi'^2+\eta'^2)=r^4.$$

Die Richtigkeit dieser Gleichung folgt ohne weiteres aus den Formeln, die die Beziehung zwischen ξ', η' und ξ, η vermittelten. Von hier aus schreibt sich auch die meistens gebräuchliche Redensart, daß man sagt: Unsere reziproken Pole seien nach dem „*Prinzip der reziproken Radien*" zusammengeordnet.

Die elementaren Betrachtungen der Kreistheorie haben einen besonderen Aufschwung genommen, seit man diese Zuordnung als Transformation aufgefaßt hat, seit man Untersuchungen angestellt hat darüber, wie sich etwa der eine der beiden Pole bewegt, wenn man den andern eine vorgeschriebene Kurve durchlaufen läßt. Diese Auffassung ist zuerst von *Plücker* in Crelles Journal, Bd. **11**, 1831 angewendet worden, dem dann andere Geometer nachfolgten. Sie wurden jedoch erst später, im Jahre 1845, allgemein beachtet, als *William Thomson (Lord Kelvin)* in Liouvilles Journal, Bd. **10**, auf die Wichtigkeit dieser Transformation für die Potentialtheorie hinwies.

Im folgenden wollen wir jetzt einige Haupteigenschaften dieser „Verwandtschaft" kennen lernen.

1. Zunächst erinnern wir daran, daß man diese Verwandtschaft auch als „involutorisch“ bezeichnet, was indessen nicht mehr und nicht weniger als „reziprok“ besagt. Es wird eben vermittelst dieser Verwandtschaft jedem Punkte der Ebene ein einziger anderer Punkt zugeordnet, dem durch dieselbe Abbildung wieder der erste entspricht. Dabei entspricht das Innere des Grundkreises dem Äußeren. Man spricht deshalb auch von der *Spiegelung* an dem Grundkreis.

Nur beim Mittelpunkt des Grundkreises versagt die Zuordnung. Lassen wir einen Punkt dem Mittelpunkt immer näher rücken, so rückt der Bildpunkt immer weiter und weiter weg und geht schließlich ins Unendliche, und zwar in verschiedener Richtung, entsprechend den verschiedenen Richtungen, in denen man den reziproken Punkt in den Mittelpunkt des Grundkreises rücken läßt. Der Mittelpunkt selbst erscheint als Bild des Unendlichweiten. Von hieraus hat sich die Ausdrucksweise gebildet, *daß es nur einen unendlich fernen (oder uneigentlichen) Punkt der Ebene gibt.* Hiermit soll aber durchaus keine Behauptung über die Natur des Unendlichen ausgesprochen sein, sondern es ist damit nur abkürzend gemeint, daß sich das Unendlichweite bei der Inversion so verhält, als ob es ein einzelner Punkt wäre. Vermöge dieser Ausdrucksweise ist dann die Transformation durch reziproke Radien *ausnahmslos* umkehrbar eindeutig. Genau denselben Wert einer abgekürzten Ausdrucksweise hat die Aussage der projektiven Geometrie, daß die unendlich fernen Punkte einer Ebene eine gerade Linie bilden. Sie liefern eine gerade Linie als Abbild, wenn man mit der Zentralprojektion arbeitet.

2. Eine zweite wesentliche Eigenschaft unserer Verwandtschaft ist die, daß ein Kreis durch sie wieder in einen Kreis transformiert wird, weshalb man sie auch als „Kreisverwandtschaft“ bezeichnet. Man überzeugt sich von der Richtigkeit dieser Behauptung einfach durch Ausrechnung.

Sind α, β, C die Konstanten des ursprünglichen Kreises, so haben die Konstanten des transformierten Kreises, wie man sofort findet, folgende Werte:

$$\alpha' = \frac{r^2 \alpha}{C}, \quad \beta' = \frac{r^2 \beta}{C}, \quad C' = \frac{r^4}{C},$$

worin r den Radius des Inversionskreises bedeutet und C und C' die Potenzen sind, die der Mittelpunkt der Inversion in bezug auf die beiden in Betracht kommenden Kreise hat. Zwischen den Radien der zugeordneten Kreise besteht die Beziehung

$$\varrho'^2 = \frac{r^4}{C^2} \varrho^2 .$$

3. Geht der Kreis durch den Mittelpunkt des Grundkreises, so wird er in eine gerade Linie transformiert, da die dritte Konstante, also auch der Radius des transformierten Kreises unendlich wird. Man kann also eine gerade Linie als einen Kreis erklären, der den uneigentlichen Punkt enthält, wodurch wieder bestätigt wird, daß man das Recht hat, in unserem Gebiete von „dem“ uneigentlichen Punkte zu reden.

4. Die Potenz S eines Punktes in bezug auf einen Kreis hängt mit der Potenz S' des transformierten Punktes in bezug auf den transformierten Kreis durch folgende Formel zusammen:

$$S' = \frac{r^4}{C(\xi^2 + \eta^2)} \cdot S,$$

wie man durch entsprechende Rechnung wie unter 2. findet. Man kann diese Beziehung auch so schreiben:

$$\frac{S'}{\varrho'} = \pm \frac{r^2}{\xi^2 + \eta^2} \frac{S}{\varrho},$$

woraus der Satz folgt:

Die Größe $S:\varrho$ erhält bei Inversion einen Faktor, der für alle Kreise der Ebene derselbe ist. Das doppelte Vorzeichen in unsrer Formel ist notwendig, sofern man ϱ und ϱ' in gewöhnlicher Weise beide als positiv ansehen will, denn S und S' haben unter Umständen verschiedene Vorzeichen. Für den Grundkreis selbst, der bei der Transformation in sich übergeführt wird, gilt die Beziehung:

$$S' = -\frac{r^2}{\xi^2 + \eta^2} S.$$

In diesem Falle hat stets das negative Zeichen zu stehen, da S für einen äußeren Punkt positiv, für einen innern negativ ist. Wir machen beiläufig darauf aufmerksam, daß eine reelle Kreisgleichung eventuell einen Kreis mit rein imaginärem Radius, also, wie wir sagen, einen „*nullteiligen*" Kreis vorstellt. Die zugehörige Transformation durch reziproke Radien bleibt dann trotzdem reell. So werden z. B. für den Kreis $x^2 + y^2 = -1$ die Zuordnungsformeln lauten:

$$\xi' = -\frac{\xi}{\xi^2 + \eta^2}, \quad \eta' = -\frac{\eta}{\xi^2 + \eta^2},$$

woraus man erkennt, daß sich diese Zuordnung von der durch den Kreis $x^2 + y^2 = 1$ vermittelten nur dadurch unterscheidet, daß die Koordinaten des zugeordneten Punktes das Zeichen gewechselt haben. Wir haben daher den Satz:

Auch nullteilige Kreise ergeben eine reelle Transformation durch reziproke Radien, nur daß der Bildpunkt gegen seine von den reellen Kreisen her bekannte Lage um das Zentrum der Inversion um π gedreht ist.

6. Endlich erwähnen wir noch die Eigenschaft der *Winkeltreue* unserer Abbildung, infolge deren man sie als eine *konforme* (oder *winkeltreue*) Abbildung bezeichnet. Eben hierin liegt die Wichtigkeit unserer Abbildung für die Funktionentheorie. Um diese Eigenschaft nachzuweisen, brauchen wir nicht von allgemeinen Kurven auszugehen, sondern können uns auf Kreise beschränken, da die allgemeinen sich doch im Schnittpunkte unter demselben Winkel schneiden, wie die dort sie berührenden Kreise.

Sind nun α_1, β_1, C_1 und α_2, β_2, C_2 die Konstanten zweier Kreise, ϱ_1, ϱ_2 ihre Radien, so werden die Kreise sich unter einem Winkel schneiden, dessen Kosinus nach § 9 (3) folgenden Wert hat:

$$\cos\varphi = \frac{2\,\alpha_1\,\alpha_2 + 2\,\beta_1\,\beta_2 - C_1 - C_2}{2\,\varrho_1\,\varrho_2},$$

setzt man in diese Formel für die Konstanten diejenigen der transformierten Kreise aus 2. ein, so zeigt sich, daß ebenfalls

$$\cos\varphi = \frac{2\,\alpha_1'\,\alpha_2' + 2\,\beta_1'\,\beta_2' - C_1' - C_2'}{2\,\varrho_1'\,\varrho_2'}$$

ist, wodurch die Richtigkeit unserer Behauptung erwiesen ist.

Wir gehen jetzt dazu über, einige Anwendungen der Lehre von den reziproken Polen zu geben. Zunächst ist es mit Hilfe dieser Theorie möglich, jeden Kreis einer Abbildung in eine gerade Linie zu transformieren und dadurch sehr oft Vereinfachungen zu erzielen. Man braucht zu diesem Zwecke nur das Inversionszentrum auf den Kreis selbst zu legen (vgl. Abb. 17). Reziproke Pole gehen dabei in solche Punkte über, die symmetrisch zu der Geraden liegen.

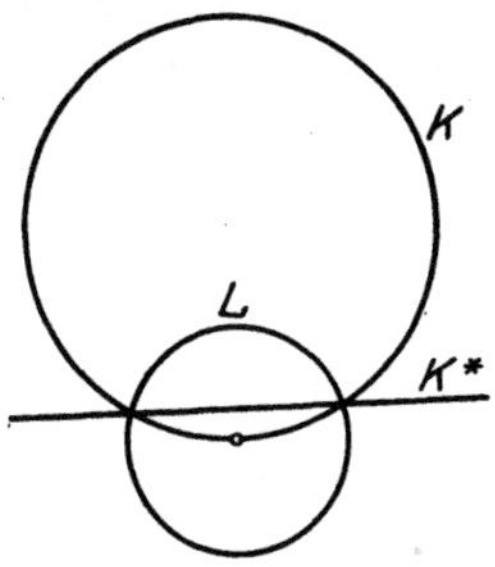

Abb. 17.

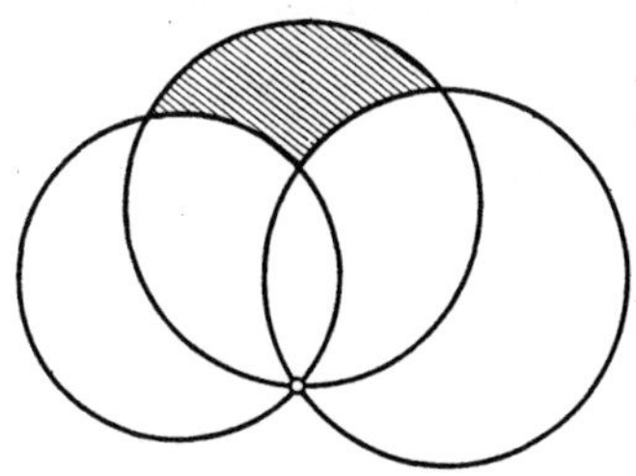

Abb. 18.

Insbesondere benutzt man diese Regel, wenn es sich um mehrere Kreise handelt, die durch einen Punkt laufen, wobei man natürlich diesen Punkt zum Inversionszentrum machen muß. So folgt z. B. nach dieser Methode ohne weiteres, daß ein Dreieck, welches von drei durch einen Punkt gehenden Kreisen begrenzt wird, die Winkelsumme π haben muß. In der Abb. 18 ist ein solches Dreieck schraffiert.

Eine zweite Anwendung, die wir jetzt erwähnen wollen, ist mehr auf das Praktische gerichtet, es ist: *Peaucelliers „Geradführung“*, die 1864 in den „Nouvelles Annales de mathématiques“ in Form einer Aufgabe veröffentlicht wurde. Im praktischen Maschinenwesen läßt sich am einfachsten die Kreisbewegung verwirklichen; da aber auch sehr häufig geradlinige Bewegungen benötigt werden, so ist in der Maschinenkinematik das „Problem der Geradführung“ wichtig, d. h. das Problem, geradlinige Bewegungen aus kreisförmigen zusammenzusetzen. In der Praxis hat man sich in dieser Hinsicht vielfach mit näherungsweiser Geradführung begnügt, z. B. beim *Wattschen Parallelogramm*, wo das Ende der Kolbenstange auf dem langgestreckten Stück einer

8-förmigen Kurve (viel sicherer) hin- und hergeführt wird. Dagegen hat der erwähnte *Peaucellier* die erste *genaue* Geradführung angegeben.

Den Hauptbestandteil seines Gerätes zur Verwirklichung der geradlinigen Bewegung nennt man „Inversor", weil er die Verwandtschaft der Inversion in einfachster Weise vermittelt. Der Inversor besteht aus zwei gleichlangen Stäben, die im Punkte O (siehe Abb. 19) miteinander verbunden sind, und zwischen die ein rautenförmiges Stabsystem eingeklemmt ist. An den Verbindungsstellen der Stäbe befinden sich überall Gelenke, so daß das ganze System beweglich ist. Hält man nun den Punkt O fest und bewegt die eine Rautenecke P beliebig, so wird die andere Ecke P' stets inverse Lage zu P inne haben. Wendet man nämlich die Bezeichnungen an, die in der Abbildung angegeben sind, so ist

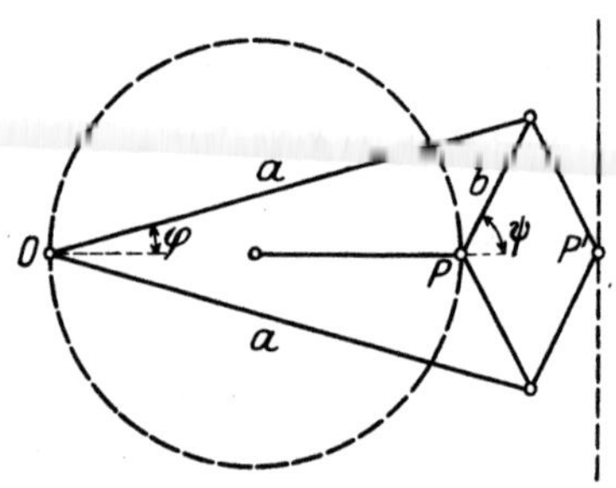

Abb. 19.

$$a \sin\varphi = b \sin\psi$$

und daraus

$$a^2 \sin^2\varphi - b^2 \sin^2\psi = 0.$$

Ferner ist:

$$OP = a \cos\varphi - b \cos\psi$$

$$OP' = a \cos\varphi + b \cos\psi$$

$$\overline{}$$

$$OP \cdot OP' = a^2 \cos^2\varphi - b^2 \cos^2\psi.$$

Addiert zur früheren Gleichung gibt das

$$OP \cdot OP' = a^2 - b^2.$$

Unser Inversor verwirklicht also die Transformation durch reziproke Radien in bezug auf einen Kreis, der um O mit dem Radius

$$\sqrt{a^2 - b^2}$$

beschrieben ist. Daraufhin ist es nun sehr leicht, eine geradlinige Bewegung zu erzeugen, denn wir brauchen nur dafür zu sorgen, daß P einen Kreis beschreibt, der durch O geht, dann wird P' eine gerade Linie beschreiben. Um dies zu erreichen, bringt man noch eine siebente Stange im Punkte P an, deren anderes Ende im Mittelpunkte von OP befestigt ist. Mit Hilfe dieser Vorrichtung wird sich offenbar P auf einem Kreise, der durch O geht, bewegen. Um keine falsche Vorstellung von dem Apparat hervorzurufen, bemerken wir noch, daß er so arbeitet, daß der Punkt P' nur auf einem Stücke seines Kreises und der Punkt P nur auf einem Stücke seiner geraden Linie hin- und hergeführt wird.

Außer dem *Peaucellier*schen Apparat gibt es noch manch andere, die dasselbe Problem lösen, worüber man bei *Kempe*, How to draw a straight line, London, Macmillan 1877, nachlesen kann[1]).

Nach dieser Einleitung gehen wir jetzt zu den sogenannten pentasphärischen Koordinaten über, die ihren Namen davon haben, daß fünf Kugeln der Koordinatenbestimmung zugrunde liegen. Die entsprechenden Kreiskoordinaten der Ebene heißen „tetrazyklisch".

§ 11. Pentasphärische Koordinaten.

Wir bemerken vorab, daß alles das, was wir bisher in bezug auf Kreise entwickelt haben, auch für Kugeln in ähnlicher Weise Gültigkeit hat. Um unsere Koordinaten zu erklären, legen wir fünf Kugeln zugrunde. Sind dann S_i $(i = 1, 2, 3, 4, 5)$ die fünf Potenzen eines Punktes in bezug auf die zugrunde gelegten Kugeln, so sind die pentasphärischen Koordinaten oder vielmehr ihre Verhältnisse (nur auf diese kommt es an) durch folgende Gleichungen festgelegt:

$$\sigma x_i = k_i S_i, \qquad (i = 1, 2, \ldots, 5)$$

wo die k_i willkürliche Konstante und σ den Proportionalitätsfaktor $(k_i \neq 0, \sigma \neq 0)$ bezeichnen.

Die pentasphärischen Koordinaten sind also *homogene* und gleichzeitig ihrer Fünfzahl entsprechend *überzählige* Koordinaten, die dementsprechend an eine homogene, später noch zu bestimmende Bedingungsgleichung $\Omega = 0$ gebunden erscheinen. Schreiben wir die Ausdrücke S_i ausführlich, so haben wir Gleichungen folgender Art:

$$\sigma x_i = a_i(x^2 + y^2 + z^2) + b_i x + c_i y + d_i z + e_i.$$

Hier werden wir nun voraussetzen, daß die Determinante $|abcde|$ von Null verschieden sei, daß also zwischen den Gleichungen der fünf Kugeln keine lineare Abhängigkeit bestehe. Unter dieser Voraussetzung können wir die fünf Gleichungen auflösen, indem wir σ, $x^2 + y^2 + z^2$, x, y, z als Unbekannte ansehen. Wir erhalten dann als Ergebnis:

$$x^2 + y^2 + z^2 = \frac{Z_1}{N}, \quad x = \frac{Z_2}{N}, \quad y = \frac{Z_3}{N}, \quad z = \frac{Z_4}{N},$$

wo Zähler und Nenner homogene lineare Funktionen der x_i sind. Zugleich ergibt sich aus diesen Auflösungen die erwähnte Beziehung $\Omega = 0$ in der Gestalt:

$$Z_2^2 + Z_3^2 + Z_4^2 - NZ_1 = 0.$$

Die pentasphärischen Koordinaten sind also an eine homogene Bedingungsgleichung zweiten Grades gebunden.

[1]) Eine neuere Arbeit über diesen Gegenstand: *G. Hessenberg*, Gelenkmechanismen zur Kreisverwandtschaft, Württembergische Gesellschaft 1924. *Hessenberg* ist 1874 in Frankfurt a. M. geboren und 1925 als Professor an der technischen Hochschule in Charlottenburg gestorben. Über Gelenksysteme vgl. *G. Koenigs*, Leçons de Cinématique, Paris 1897, Kap. 11.

Übrigens können wir jetzt überall statt der gewöhnlichen Koordinaten die pentasphärischen einführen, z. B. wird die Gleichung der Kugel

$$A(x^2 + y^2 + z^2) + Bx + Cy + Dz + E = 0$$

in pentasphärischen Koordinaten

$$AZ_1 + BZ_2 + CZ_3 + DZ_4 + EN = 0.$$

Jede Kugel wird also durch eine *lineare* Gleichung zwischen pentasphärischen Koordinaten dargestellt, wie umgekehrt auch jede lineare Gleichung zwischen pentasphärischen Koordinaten eine Kugel vorstellt, wobei Punkt und Ebene beide als Sonderfälle eingeschlossen sind, und zwar als Kugel mit den Radien 0 und ∞.

Sehr häufig legt man dem pentasphärischen Koordinatensystem fünf Kugeln zugrunde, die sich wechselseitig orthogonal durchsetzen. Wir müssen uns deshalb erst einmal vergegenwärtigen, wie solche fünf Orthogonalkugeln, die wir alle als reell voraussetzen, im Raum liegen, wie viele einen reellen, wie viele einen rein-imaginären Radius haben werden. Wir stellen in dieser Hinsicht gleich den Satz hin:

Von fünf reellen Orthogonalkugeln ist immer notwendig eine nullteilig und die vier anderen einteilig.

Ein Beweis dieses Satzes gliedert sich so: Zunächst ist es leicht nachzuweisen, *daß überhaupt niemals zwei verschiedene reelle nullteilige Kugeln aufeinander senkrecht stehen können.* Denn seien α, β, γ und ϱ resp. α', β', γ', ϱ' die Mittelpunktskoordinaten und Radien zweier Kugeln, so gilt als Bedingung ihrer senkrechten Durchdringung

$$(\alpha - \alpha')^2 + (\beta - \beta')^2 + (\gamma - \gamma')^2 = \varrho^2 + \varrho'^2.$$

Nun wäre für zwei nullteilige Kugeln die rechte Seite dieser Gleichung negativ, während die linke jedenfalls positiv bleibt, was sich nicht verträgt. Wir schließen so, daß unter unsern fünf Orthogonalkugeln sicher wenigstens vier einteilige vorhanden sein müssen.

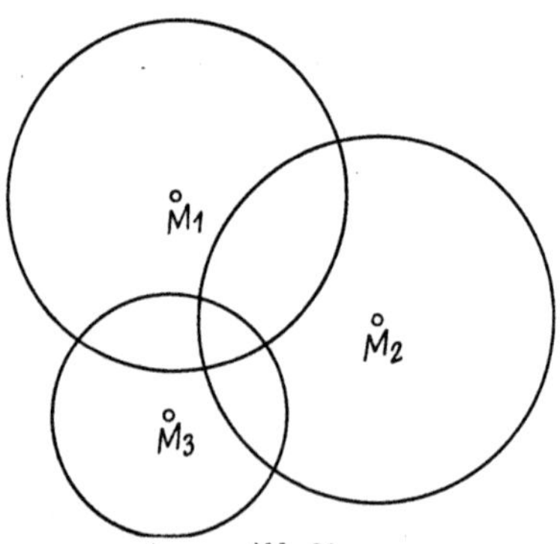

Abb. 20.

Es bleibt zu zeigen, daß andrerseits die fünfte Kugel notwendig nullteilig ist. Zu dem Zwecke denken wir uns durch die Mittelpunkte von dreien der einteiligen Kugeln eine Ebene gelegt, welche diese in drei wechselseitig aufeinander senkrecht stehenden größten Kreisen schneidet. Ein Blick auf die Abbildung 20 zeigt dann, daß die zugehörigen drei Kugeln sich in zwei reellen Punkten schneiden. Einen dieser Punkte wählen wir als Inversionszentrum und führen eine Transformation durch reziproke Radien aus; die drei Kugeln gehen hierdurch in drei aufeinander senkrecht stehende Ebenen über, die wir weiterhin als x, y, z-Koordinatensystem zugrunde legen. Die Gleichungen dieser Kugeln sind daher einfach $x = 0$; $y = 0$; $z = 0$. Wie stellen sich nun die weiteren zwei Kugeln unseres Systems nach der Transformation dar? Der Mittelpunkt der vierten und fünften Orthogonalkugel muß jedenfalls im Koordinatenanfangspunkt liegen; ihre Gleichungen lauten demnach:

$$x^2 + y^2 + z^2 = a^2,$$
$$x^2 + y^2 + z^2 = a'^2.$$

Sollen nun die beiden letzten Kugeln ebenfalls aufeinander senkrecht stehen, so ergibt sich aus der allgemeinen Bedingung hierfür die Gleichung

$$0 = a^2 + a'^2.$$

Wir werden a^2 als beliebige positive Größe annehmen dürfen. Die Gleichung der fünften Kugel lautet daher:

$$x^2 + y^2 + z^2 = - a^2,$$

stellt also tatsächlich eine nullteilige Kugel vor. *Aus diesem besonderen System von fünf Orthogonalkugeln erhält man dann zunächst durch Inversion das allgemeinste System,* für welches dadurch die Behauptung nachgewiesen ist, daß stets eine und nur eine der fünf reellen Kugeln nullteilig ist.

In bezug auf solche fünf Orthogonalkugeln wollen wir nun die pentasphärischen Koordinaten folgendermaßen erklären (ϱ_i Radien):

$$\sigma x_i = \frac{S_i}{\varrho_i}.$$

Die sich uns zunächst aufdrängende Frage wird dann die nach der Identität $\Omega = 0$ zwischen den fünf Koordinaten x_i sein. Um sie zu finden, gehen wir wieder zu unserer besonderen Form der fünf Orthogonalkugeln, die wir durch Inversion erhalten hatten, zurück, um an ihr die Frage zu erledigen, und machen uns zunächst klar, was wir unter dem Ausdruck $S:\varrho$ zu verstehen haben, wenn eine der Kugeln in eine Ebene ausartet. Wir werden dies nur durch einen Grenzübergang erkennen. Wir nehmen z. B. statt der yz-Ebene zunächst eine Kugel mit endlichem Radius, welche die yz-Ebene im Nullpunkt berührt, und deren Mittelpunkt daher auf der x-Achse und zwar etwa auf der positiven Seite liegt, bilden für sie den Ausdruck $S_i:\varrho_i$ und lassen dann den Radius ins Unendliche wachsen. Die Gleichung der Kugel ist:

$$x^2 + y^2 + z^2 - 2\varrho x = 0,$$

der Ausdruck $S:\varrho$ demnach gleich

$$\frac{x^2 + y^2 + z^2}{\varrho} = -2x.$$

Für $\lim \varrho = \infty$ ergibt sich aus ihm dann:

$$\lim \frac{S}{\varrho} = -2x$$

als Potenz für die yz-Ebene. In gleicher Weise hätten wir auch $+2x$ als Grenzwert erhalten können, wenn wir nämlich den Mittelpunkt der Hilfskugel auf der negativen Hälfte der x-Achse gewählt hätten und ihn auf ihr ins Unendliche hätten fliehen lassen. Das besagt also: *Wenn eine der Orthogonalkugeln zur Ebene wird, so geht die Größe $S:\varrho$ in den mit beliebigem Vorzeichen genommenen doppelten Abstand des Raumpunktes von der Ebene über.*

In unserm besonderen System der Orthogonalkugeln werden wir daher die pentasphärischen Koordinaten so einführen:

$$\sigma x_1 = \pm 2x,$$
$$\sigma x_2 = \pm 2y,$$
$$\sigma x_3 = \pm 2z,$$
$$\sigma x_4 = \frac{x^2 + y^2 + z^2 - a^2}{\pm a},$$
$$\sigma x_5 = \frac{x^2 + y^2 + z^2 + a^2}{\pm a\sqrt{-1}}.$$

Aus diesen Formeln entnehmen wir nun leicht das Ergebnis:

$$x_1{}^2 + x_2{}^2 + x_3{}^2 + x_4{}^2 + x_5{}^2 = 0.$$

Die pentasphärischen Koordinaten, die wir in unserm einfachen Fall eingeführt haben, befriedigen die Identität, daß die Summe der Quadrate gleich Null ist.

Wie stellt sich diese Identität nun für das allgemeine System der fünf Orthogonalkugeln dar? Auch in bezug darauf setzen wir unsere pentasphärischen Koordinaten proportional zu $S_i:\varrho_i$. Nun haben wir aber bei der Betrachtung der Transformation durch reziproke Radien gelernt, daß

$$\frac{S_i'}{\varrho_i'} = \frac{S_i}{\varrho_i} M$$

gesetzt werden kann, wo M einen Proportionalitätsfaktor bedeutet. Also olgt die einfache Beziehung:

$$x_1' : x_2' : x_3' : x_4' : x_5' = x_1 : x_2 : x_3 : x_4 : x_5.$$

Hieraus folgt sofort der Satz, daß die gefundene Identität

$$\sum_1^5 x_i^2 = 0$$

sich unverändert von unserem besondern Fünfkugelsystem auf das allgemeinste Fünfkugelsystem überträgt.

Um kurz zu wiederholen, gelten also in unserm Koordinatensystem der fünf Orthogonalkugeln die beiden Beziehungen für die Koordinaten:

(1) $$\sigma x_i = \frac{S_i}{\varrho_i}$$

und

(2) $$\sum_1^5 x_i^2 = 0.$$

§ 12. Anwendungen der pentasphärischen Koordinaten.

Die so eingeführten pentasphärischen Koordinaten sind bei den meisten Untersuchungen, die sich auf Kugeln beziehen, sehr zweckmäßig.

Wir wollen für einige der Grundaufgaben im folgenden die zugehörigen Formeln in Kürze zusammenstellen, die man sofort allgemein beweist, indem man auf jenes besondere Koordinatensystem zurückgeht und sich überzeugt, daß die Formeln unverändert richtig bleiben, auch wenn man eine beliebige Inversion anwendet.

1. Die Gleichung einer beliebigen Kugel lautet

$$\sum_1^5 \alpha_k x_k = 0,$$

sie ist also linear in den Koordinaten. Umgekehrt stellt jede solche Gleichung eine Kugel dar; natürlich dürfen nicht alle α_k Null werden.

2. Ist noch eine zweite Kugel

$$\sum_1^5 \alpha_k' x_k = 0$$

gegeben, so gibt die Formel

$$\sum_1^5 \alpha_k \alpha_k' = 0$$

die Bedingung für die orthogonale Durchdringung der beiden Kugeln an.

3. Eine Kugel ist in einem Punkt ausgeartet (Punktkugel), sobald

$$\sum \alpha_k^2 = 0$$

ist. Die Größen α_k sind dann geradezu die pentasphärischen Koordinaten des Punktes.

4. Es sei eine Kugel

$$\sum \alpha_k x_k = 0$$

sowie ein beliebiger Punkt x_i gegeben. Die Koordinaten x_i' des reziproken Poles zu x_i werden dann durch die Gleichungen geliefert:

$$\sigma x_i' = x_i \sum_1^5 \alpha_k^2 - 2\alpha_i \sum_1^5 \alpha_k x_k.$$

5. Wie gestalten sich die letzten Gleichungen insbesondere, wenn man den reziproken Pol eines Punktes x_i in bezug auf eine Kugel des Koordinatensystems bestimmen will? Wir haben in der vorstehenden Formel einfach eines der α_k gleich Eins, die andern gleich Null zu setzen. Man bekommt den Pol eines Punktes in bezug auf eine Kugel des Koordinatensystems, indem man das zugehörige x im Vorzeichen umkehrt.

6. Die weiteren Formeln gründen sich auf die Einführung des uneigentlichen Punktes, der die Koordinaten $1:\varrho_k$ bekommt, für die

$$\sum \left(\frac{1}{\varrho_k}\right)^2 = 0$$

ist. Hieraus folgt:

7. Eine Kugel ist eine Ebene, wenn

$$\sum \frac{\alpha_k}{\varrho_k} = 0$$

ist; d. h. wenn sie den uneigentlichen Punkt enthält.

8. Den Radius einer beliebigen Kugel $\sum \alpha_k x_k = 0$ liefert die Formel

$$\varrho^2 = \frac{\sum \alpha_k^2}{\left(\sum \frac{\alpha_k}{\varrho_k}\right)^2}.$$

Nach Satz 3. und 7. wird die rechte Seite wirklich gleich 0 oder ∞ je nachdem wir es mit einer Punktkugel oder einer Ebene zu tun haben.

Wir fügen wieder einige geschichtliche Bemerkungen hinzu. Die pentasphärischen Koordinaten sind hauptsächlich von *G. Darboux* im Jahre 1873 eingeführt worden in seiner Schrift: „*Sur une classe remarquable de courbes et de surfaces algébriques*...“ Seine Untersuchungen gehen jedoch bis auf die Jahre 1869—70 zurück, in welcher Zeit *Klein* und *Lie* mit *Darboux* vielfach in Beziehung traten. Demgemäß tritt auch bei den Untersuchungen von *Klein* und *Lie* aus dieser Zeit (wie in Math. Annalen, Bd. 5) öfter eine Bezugnahme auf pentasphärische Koordinaten ein.

Darboux (geb. Nîmes 1842) war seit 1878 professeur de la géométrie supérieure an der Sorbonne in Paris. Dieser Lehrstuhl war seinerzeit (1846) für M. *Chasles* gegründet, nach dessen Tod er 1880 auf *Darboux* überging. Ausgezeichnet an *Darboux'* Unterricht war insbesondere die große Vielseitigkeit, mit welcher er sämtliche Teile der Geometrie zur Geltung brachte. Zeugnis hiervon legt besonders auch sein wiederholt genanntes Werk der „theorie générale des surfaces“ ab, ferner aber die Arbeiten seiner zahlreichen Schüler, wie *Koenigs, Guichard, Cosserat* und *Demoulin*. 1917 ist *Darboux* gestorben[1]).

In seinem früher genannten Werke vom Jahre 1873 werden insbesondere behandelt: 1. die zyklischen Kurven, 2. die Zykliden.

Um nur von letzteren zu berichten — die zyklischen Kurven sind einfach das Analogon der Zykliden in der Ebene und werden dementsprechend am besten mit tetrazyklischen Koordinaten behandelt —, so kann man allgemein die Zykliden durch eine Gleichung zweiten Grades zwischen pentasphärischen Koordinaten bestimmen. Nun wissen wir, daß die pentasphärischen Koordinaten sich als lineare Formen der folgenden Größen darstellen lassen:

$$x^2 + y^2 + z^2, \quad x, y, z, \quad 1.$$

Folglich können wir die Zykliden auch ansehen als solche Flächen, die durch Gleichungen zweiten Grades zwischen diesen Größen dargestellt

[1]) Biographische Angaben in den Nachrufen von *Hilbert* (= *Carathéodory*) und *Eisenhart*, Acta mathematica, Bd. 42 (1920) und *Voss* im Jahrbuch der Bayrischen Akademie 1917.

werden, und ihre allgemeine Gleichungsform in gewöhnlichen Koordinaten lautet dementsprechend:

$$A(x^2+y^2+z^2)^2+B(x^2+y^2+z^2)\,x+\dots+E\,x^2+F\,xy$$
$$+\dots+N=0.$$

Wir sehen hieraus, daß die Zykliden im allgemeinen Flächen vierter Ordnung sind. In dem besonderen Fall, daß der Koeffzient A verschwindet, haben wir es mit einer Fläche dritter Ordnung zu tun; da jedoch auch noch die Koeffizienten der Glieder dritter Ordnung verschwinden können, gehören auch noch alle Flächen zweiter Ordnung als Sonderfälle zu den Zykliden. Neben die Definitionsgleichung zweiten Grades der Zykliden in pentasphärischen Koordinaten $F_2(x_1, x_2, x_3, x_4, x_5)=0$ stellt sich noch die ebenfalls quadratische Identität $\Omega(x_1, \dots, x_5)=0$, die zwischen ihnen ohnehin besteht. Es ist nun eine Aufgabe, die sich ähnlich immer darbietet, wenn zwei quadratische Gleichungen zwischen denselben übrigens beliebig vielen Variabeln vorliegen, durch geeignetes Einführen neuer Variabeln mittels linearer Substitution diese Gleichungen auf eine Normalform zurückzuführen. Als solche werden wir wählen dürfen:

$$F_2=\frac{y_1^2}{a_1}+\frac{y_2^2}{a_2}+\frac{y_3^2}{a_3}+\frac{y_4^2}{a_4}+\frac{y_5^2}{a_5}=0,$$
$$\Omega=y_1^2+y_2^2+y_3^2+y_4^2+y_5^2=0.$$

Doch müssen wir bemerken, daß diese Transformation nur „im allgemeinen" gilt; wie sie sich im besondern verhält, davon später S. **379** u. ff. Das dieser „kanonischen" Form der beiden Gleichungen zugrunde liegende pentasphärische Koordinatensystem ist dann gerade ein solches System von fünf Orthogonalkugeln, wie wir es kürzlich besonders besprochen haben.

Diese Transformation auf eine kanonische Form gestattet nun einmal, allgemein die Eigenschaften der einzelnen Zyklide bequem zu untersuchen; dann jedoch veranlaßt sie uns insbesondere, das folgende Flächensystem näher zu betrachten:

$$\sum_1^5 \frac{y_k^2}{\alpha_k-\lambda}=0.$$

Diese Gleichung erweist sich auf den ersten Blick ganz ähnlich der früher behandelten Gleichung der konfokalen Flächen zweiten Grades; dementsprechned werden wir die durch die letzte Gleichung bei veränderlichem λ erklärte Flächenschar als „konfokale" Zykliden benennen. Die nächste Frage wird die sein, wie viele dieser Flächen durch einen gegebenen Raumpunkt y hindurchgehen. Entwickelt man die Gleichung, indem man die Nenner fortschafft, so erhält man ein Polynom in λ, das mit dem Gliede

$$y_1^2(\alpha_2-\lambda)(\alpha_3-\lambda)(\alpha_4-\lambda)(\alpha_5-\lambda)$$

beginnt. Man erhält also dem ersten Anschein nach für λ eine Gleichung vierten Grades. Doch man erkennt, daß der Gesamtkoeffizient für λ^4 gerade $y_1^2 + y_2^2 + \ldots + y_5^2$ ist und der Bedingung $\Omega = 0$ gemäß fortfällt, so daß man nur eine Gleichung dritten Grades für λ behält. Wir entnehmen hieraus den Satz: *Im System der konfokalen Zykliden gehen durch jeden Raumpunkt geradeso drei Flächen, wie wir das für das System konfokaler F_2 kennen.*

Anschließend an die kanonische Form, auf die wir die Gleichung der Zykliden im allgemeinen gebracht haben, läßt sich nun mit Hilfe der für pentasphärische Koordinaten aufgestellten Formeln weiter nachweisen, *daß die konfokalen Zykliden sich gegenseitig rechtwinklig durchsetzen. Wir haben in der Schar der konfokalen Zykliden ein neues dreifaches Orthogonalsystem im Raum, dem das System der konfokalen F_2 als Sonderfall unterzuordnen ist.*

Dies neue Orthogonalsystem ist im Jahre 1864 gleichzeitig von *Moutard und Darboux* aufgefunden worden (vgl. Comptes rendus dieses Jahres).

Was die fernere Literatur dieses Gegenstandes anbetrifft, so wollen wir uns darauf beschränken, auf *Kleins* im W.-S. 1889/90 gehaltene Vorlesung über *Lamé*sche Funktionen sowie auf die Preisarbeit von *Bôcher*, Göttingen 1891, zu verweisen. Darin findet sich neben genauen Zitaten die ganze Theorie der konfokalen Zykliden mit allen Sonderfällen behandelt.

§ 13. Dupins Zykliden.

Unter den allgemeinen Zykliden, von denen wir bisher handelten, nehmen nun eine besondere Stellung die ein, die man als *Dupins Zykliden* bezeichnet, auf die sich auch die im Brillschen Verlag (Darmstadt) erschienenen Modelle beziehen. Von deren allgemeiner Erzeugung werden wir sofort sprechen, vorerst wollen wir uns nur von ihrer Gestalt eine klare Vorstellung zu verschaffen suchen. Man unterscheidet Zykliden *Dupins* mit zwei reellen Knotenpunkten und solche ohne reelle Knotenpunkte.

1. *Dupins Zykliden mit zwei reellen Knotenpunkten.*

Von diesen können wir uns leicht ein anschauliches Bild verschaffen, indem wir sie als durch Inversion aus einem gewöhnlichen geraden Kreiskegel entstanden denken. Die reellen Knotenpunkte ergeben sich ververmöge der Inversion insbesondere aus der Spitze des Kreiskegels (Doppelkegels) und dem uneigentlichen Punkt des Raumes. Je nachdem wir nun das Inversionszentrum im Innern, im Äußern oder auf dem Kreiskegel wählen, werden wir drei Unterarten zu unterscheiden haben, von denen die letzte ersichtlich den Übergangsfall der beiden anderen vorstellt. Im ersten Fall erhalten wir die sogenannte *Spindelzyklide*, die aus zwei ineinander liegenden Flächenmänteln besteht, die in den beiden Knotenpunkten zusammenstoßen. Im zweiten Falle ergibt sich die *Hornzyklide*, bei der die Flächenmäntel auseinander liegen. Der dritte Fall endlich stellt die *parabolische Hornzyklide* dar, die sich ins Unendliche erstreckt und übrigens nur vom dritten Grade ist.

Alle diese Flächen haben ihrer Entstehung aus dem Drehkegel gemäß eine besonders einfache Eigenschaft. Wenn wir nämlich unser Augenmerk zunächst auf die Tangentenebenen des Kreiskegels richten, die ihn umhüllen, so werden bei der Inversion aus diesen Kugeln entstehen, die den geradlinigen Erzeugenden des Kegels entsprechend die Zyklide nach Kreisen berühren. Alle diese Kreise und Kugeln müssen überdies durch die beiden Knotenpunkte gehen. Im Falle der Hornzyklide finden sich unter den genannten Kugeln zwei Ebenen, die bei der parabolischen Zyklide in eine Ebene zusammenfallen und bei der Spindelzyklide imaginär sind.

Doch ist dieses System der Kreise keineswegs das einzige auf der Zyklide *Dupin*s. Denken wir uns z. B. in die obere Öffnung des Kreiskegels eine Kugel von beliebigem Radius hineingebracht, so wird sie den Kreiskegel längs eines Kreises berühren, der die geradlinigen Erzeugenden rechtwinklig durchschneidet. Nach der Inversion wird aus dieser Kugel und ihrem Berührungskreis wieder eine die Zyklide *Dupin*s längs eines Kreises berührende Kugel geworden sein. Und indem wir den Radius der Kugel veränderlich denken, *erhalten wir so auf dem Kegel die bekannte Kreisschar, der dann auf der Zyklide Dupins eine zweite Kreisschar als ihre Berührungskurven mit einer zweiten Kugelschar entspricht. Und wie wir bereits andeuteten, wird diese zweite Kreisschar die erste rechtwinklig durchsetzen, so daß beide ein Orthogonalsystem auf derZyklide bilden. Wie leicht zu sehen und wie wir* (S. 112) *noch beweisen wollen, bilden beide Kreisscharen zugleich das System der Krümmungskurven der Fläche.*

Im Falle der Spindelzyklide finden sich unter den Kugeln dieses zweiten Schar zwei reelle Ebenen, die im Übergangsfalle wieder zusammenfallen und bei der Hornzyklide fehlen, oder besser imaginär sind.

2. *Dupin*s *Zyklide ohne reelle Doppelpunkte.* Diese Fläche hat im allgemeinen die Gestalt einer Ringfläche und kann im besondern durch entsprechende Inversion die parabolische Form erhalten (parabolische Ringzyklide), die sich ins Unendliche erstreckt. Die Eigenschaften, die wir bei der Zyklide mit zwei reellen Doppelpunkten fanden, sehen wir auch hier bei den Flächen mit nur imaginären Doppelpunkten erhalten. Es gibt wiederum die beiden Scharen von Kugeln, von denen jede die Zyklide längs eines Kreises berührt. Die eine Schar der Kugeln füllt hierbei gleichsam das Innere der Zyklide aus, während die andere ihr Äußeres überstreicht.

Wie kann man sich nun die gemeinsame Erzeugung aller dieser Zykliden vorstellen? Nehmen wir etwa drei Kugeln an, die auseinander liegen, so werden wir uns offenbar eine ganze Schar von Kugeln vorstellen können, die die gegebenen von außen berühren. Diese werden dann eine Ringfläche zur Hüllfläche haben, die mit der zweiten Art der Zyklide *Dupins* identisch ist. Diese Konstruktion, die den Ausgangspunkt der Untersuchung für *Dupin* bildet, gilt nun richtig verstanden ganz allgemein für alle Zykliden *Dupins*. Es kommt darauf an, alle Kugeln zu konstruieren, die drei feste Kugeln in geeigneter Weise berühren. *Dupin* beweist dann weiter, daß die nämliche Fläche auch umhüllt wird von einer zweiten Kugelschar, der die anfänglich gegebenen drei Kugeln selbst angehören.

Ganz allgemein nennt man eine Fläche, die als Umhüllungsgebilde einer Schar von Kugeln entsteht, eine „Röhrenfläche“ oder „Kanalfläche“, mag der Radius der Kugeln dabei fest sein, oder sich nach bestimmten Gesetzen ändern. *Die Zyklide Dupins, die von zwei Kugelscharen umhüllt wird, erweist sich daher in doppelter Hinsicht als Röhrenfläche.*

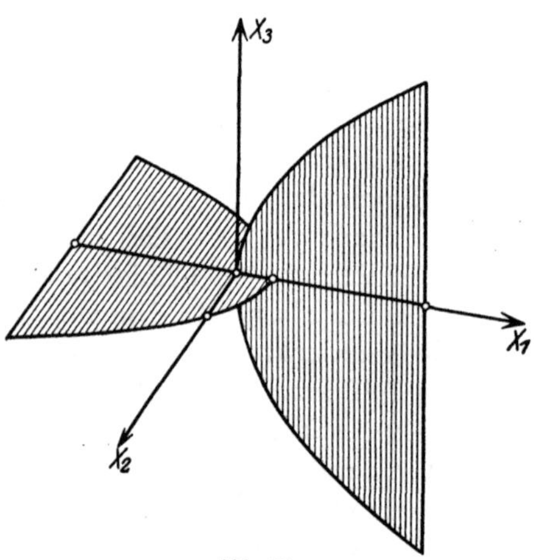

Abb. 21.

Wir werden nun weiter fragen dürfen, auf welcher Kurve die Mittelpunkte dieser Kugeln der einen und der anderen Schar liegen. Dies führt uns zu der Figur zurück, die wir im System der konfokalen Flächen zweiten Grades kennen gelernt haben (vgl. Abb. 5 auf S. 21). Wir hatten dort eine Ellipse und eine Hyperbel gefunden, die derart in zwei zueinander senkrechten Ebenen gelegen sind, daß die Brennpunkte der Ellipse die Scheitel der Hyperbel waren und umgekehrt. Im speziellen Falle arten die Ellipse und die Hyperbel in zwei Parabeln aus in ganz entsprechender Lage (vgl. Abb. 21). Wir haben nun als Antwort auf unsere Frage den Satz:

Bei den beiden Kugelscharen, die eine Zyklide Dupins umhüllen, werden die Mittelpunkte auf einer Fokalellipse und einer Fokalhyperbel gelegen sein, im Grenzfall aber auf zwei Fokalparabeln, wie früher beschrieben wurde.

Über die bisher behandelten elementaren Teile der Kugelgeometrie findet man Ausführliches in einem Werke von *J. L. Coolidge*: A treatise on the circle and the sphere, Oxford 1916. Schöne stereoskopische Bilder von *Dupins* Zykliden bei *Maxwell*, scientific papers Bd. 2, S. 158. Über *Dupins* Zykliden vgl. auch *E. Bompiani*, Instituto Lombardo 21 (1915).

§ 14. Einteilung der bisherigen Gegenstände der analytischen Geometrie.

Mit dem Bisherigen soll zugleich abgeschlossen sein, was allgemein über Punktkoordinaten zu sagen war. Wir wollen da noch die subjektive, d. h. nur zum Zwecke der Klassifikation gestellte Frage aufwerfen, *welche Kurven und Flächen überhaupt für die Behandlung durch Punktkoordinaten mathematisch interessant sind.* Wir haben wieder zu scheiden zwischen der Geometrie im Gesamtraum und der Geometrie im Kleinen.

I. Was die erstere anbetrifft, so wissen wir, daß ihr die *algebraischen Gebilde* angehören. Wir legen der Bequemlichkeit halber gleich Dreiecks- (oder Tetraeder-) Koordinaten zugrunde und wollen sie bei Beschränkung auf die Ebene mit x_1, x_2, x_3 bezeichnen. Es gibt dann zweierlei Ansätze zur Untersuchung bestimmter Kurven.

1. Man stellt die Kurve durch eine einfache Gleichung $f(x_1, x_2, x_3) = 0$ dar. Hier ordnet man nun nach dem *Grad* und untersucht dementsprechend die allgemeinen algebraischen Kurven ersten, zweiten, n-ten Grades,

2. Die Kurve wird nicht durch *eine* Gleichung dargestellt, sondern unter Einführung eines veränderlichen Parameters λ durch drei Gleichungen, indem man die Koordinaten x_1, x_2, x_3 Funktionen von λ proportional setzt, also

$$\sigma x_k = \varphi_k(\lambda).$$

Auch hier können wir dann eine weitere Klassifikation vornehmen. Wir werden die φ-Funktionen vielleicht zunächst als rationale Funktionen wählen und demgemäß von „*rationalen Kurven*" sprechen. Dies ergibt noch keineswegs die allgemeinen algebraischen Kurven. Wir werden dann weiter an den φ-Funktionen bestimmte Irrationalitäten zulassen, z. B. sie als rationale Funktionen in λ und $\omega_4(\lambda)$, d. h. einer Quadratwurzel aus einem Polynom vierten Grades annehmen. Das liefert uns dann zunächst die „*elliptischen Kurven*", die man so nennt, weil sie mit elliptischen Funktionen sich gut behandeln lassen. Fernerhin wird man noch beliebig höhere Irrationalitäten einführen können[1]).

Dies sind die beiden Hauptgesichtspunkte, nach denen man die algebraischen Kurven geordnet hat. Bei dieser Anordnung des Stoffes ist das oberste Prinzip die algebraische Begriffsbildung, der geometrischen Untersuchung kommt nur eine ausführende Rolle zu, indem man voraussetzt, daß jene alle die Fragen aufnimmt, die vom algebraischen Standpunkte aus wichtig sind.

II. Wie steht es nun mit der *Differentialgeometrie*? Nehmen wir z. B. das schon erwähnte Buch von *Monge* zur Hand. Wir werden dort weniger im allgemeinen von analytischen Kurven und Flächen gehandelt sehen, vielmehr aber von gewissen Flächenfamilien, die eine bestimmte

---

[1]) Einen Zusammenhang zwischen 1. und 2. gibt *P. Koebe*s Satz von der „*Uniformisierung*", der aussagt, daß man jede algebraische Kurve mittels eines Parameters λ durch *eindeutige* analytische Funktionen φ darstellen kann.

geometrische Erzeugung haben. Wir lernen von Zylinderflächen, Kegelflächen, Drehflächen, von Hüllflächen, die ganz besonders Gegenstand der Untersuchung in dem Werke von *Monge* sind. Diese entstehen z. B., wenn eine Ebene nach einem vorgeschriebenen Gesetz sich im Raum bewegt (etwa mit einem Freiheitsgrade); die dann von ihnen umhüllte Fläche ist insbesondere eine „abwickelbare" Fläche oder „*Torse*". Ein anderes Beispiel ist die Einhüllende einer Kugelschar (die schon erwähnte Gattung der Röhrenflächen). Weiter werden die geradlinigen Flächen behandelt, d. h. Flächen, die von geraden Linien erzeugt werden, dann wieder Flächen mit besondern Krümmungseigenschaften, z. B. Flächen mit ebenen Krümmungslinien usw.

In der Differentialgeometrie von Monge ist demnach das unmittelbare Interesse an der geometrischen Erzeugung der Fläche das Maßgebende für die Betrachtung.

Nun wird man doch darauf ausgehen können, beides miteinander zu vereinigen. Man kann sich z. B. fragen, was es für algebraische Linienflächen 1., 2. oder 3. Ordnung usw. gibt.

Insbesondere verfolgt die synthetische Geometrie eine Art mittlere Stellung, die beiderlei Gesichtspunkte zu verbinden sucht, indem sie darauf ausgeht, die algebraischen Gebilde, die sie von der analytischen Geometrie übernimmt, in bestimmter Weise rein geometrisch zu erzeugen.

Man hat sich nun aber weiterhin sowohl bei I. als II. veranlaßt gesehen, noch andere geometrische Gebilde in Betracht zu ziehen, Gebilde, die weder einfach Kurven noch Flächen sind, und hiervon wollen wir vor allen Dingen handeln.

§ 15. Bilineare Gleichungen und Dualität.

Was zunächst wieder die *algebraische Geometrie* betrifft, so hat man Gleichungen betrachtet, die nicht allein die Koordinaten eines Punktes, sondern die zweier Punkte enthalten. Wir nennen diese als Dreieckskoordinaten gewöhnlich x_1, x_2, x_3 oder y_1, y_2, y_3, als homogen geschriebene gewöhnliche Koordinaten dagegen x, y, t und x', y', t', so daß also $x:t$, $y:t$ gewöhnliche (unhomogene) rechtwinklige Koordinaten werden. Auf diese verschiedenartige Bezeichnung sei an dieser Stelle ausdrücklich aufmerksam gemacht, um späterhin, wenn sie immer wiederkehrt, Verwechselungen vorzubeugen. Die allgemeine Form unserer Gleichungen ist dann etwa:

$$\Omega(x_1, x_2, x_3; \quad y_1, y_2, y_3) = 0.$$

Ihre Bedeutung ist leicht zu erkennen, *sie stellt eine Beziehung zwischen zwei Punkten dar der Art, daß der eine Punkt immer auf eine Kurve eingeschränkt ist, sobald wir den andern Punkt festhalten.*

Den ersten Fall einer solchen Gleichung $\Omega = 0$ gab die Polarentheorie der Kegelschnitte. Schreibt man die Gleichung eines Kegel schnitts in der Form

$$\sum_1^3 a_{ik} x_i x_k = 0, \quad a_{ik} = a_{ki}, \quad |a_{ik}| \neq 0,$$

so wird die genannte Verwandtschaft durch die Gleichung

$$\sum_1^3 a_{ik} x_i y_k = 0$$

gegeben. Durch sie wird bekanntlich jedem Punkte x eine Gerade als „*Polare*" zugeordnet, die den Kegelschnitt in reellen oder imaginären Punkten schneidet, je nachdem der Punkt x außerhalb oder innerhalb des Kegelschnittes liegt. Diese Punkte sind die Berührungspunkte der von x an den Kegelschnitt gehenden Tangenten. Umgekehrt wird jeder Geraden auch ein Punkt als Pol entsprechen. Die Beziehung zwischen den Punkten x_i und y_i ist überdies gegenseitig; y_i liegt auf der Polaren von x_i, wenn x_i auf der Polaren von y_i liegt.

Es ist Ihnen allen wohl bekannt, wie aus dieser Theorie der Polaren bei Kegelschnitten zu Anfang des Jahrhunderts die *Lehre von der Dualität* zwischen Punkt und Gerade hervorgegangen ist. Denkt man sich irgendeine Figur gegeben, über die ein Satz ausgesagt ist, und konstruiert man dann zu jedem Punkte seine Polare und umgekehrt zu jeder Geraden ihren Pol, so erhalten wir eine neue Figur, die Polarfigur, über die dann ein entsprechender Satz gilt. Der erste, der dieses Verfahren angewandt hat, ist *Brianchon* im Jahre 1806 gewesen[1]. Er übertrug den bekannten Satz *Pascal*s, daß bei jedem einem Kegelschnitt einbeschriebenen Sechseck die Schnittpunkte der Gegenseitenpaare auf einer Geraden liegen, den *Pascal*, 16 Jahre alt, 1640 gefunden hat, in den nach seinem Namen genannten „Satz *Brianchons*". Setzt man nämlich statt der sechs Punkte, den Ecken des Sechsecks, ihre Polaren, die Tangenten des Kegelschnittes werden, so erhalten wir ein dem Kegelschnitt umschriebenes Sechsseit, und für dieses gilt dann ganz entsprechend, daß die Verbindungslinien der Gegenecken durch einen Punkt gehen.

Wie sich diese Untersuchungen weiter entwickelt haben, werden wir bald näher kennen lernen. Unsere Gleichung

$$\sum a_{ik} x_i y_k = 0$$

nimmt in entwickelter Form die Gestalt an:

$$\begin{aligned} & y_1(a_{11}x_1 + a_{12}x_2 + a_{13}x_3) \\ + & y_2(a_{21}x_1 + a_{22}x_2 + a_{23}x_3) \\ + & y_3(a_{31}x_1 + a_{32}x_2 + a_{33}x_3) = 0. \end{aligned}$$

Es ist jedoch in ihr $a_{ik} = a_{ki}$ zu setzen. Dementsprechend stellt diese Gleichung noch keineswegs die allgemeine bilineare Gleichung dar.

Weshalb sollte man aber nicht die Gleichung $\Sigma\, a_{ik} x_i y_k = 0$ betrachten, in der a_{ik} und a_{ki} nicht notwendig einander gleich sind? Dies ist zuerst

[1]) Journal de l'école polytechnique. Heft 13.

von *Plücker* in Bd. 2 seiner analytisch-geometrischen Entwicklungen geschehen (1831). Während aber damals *Plücker* diese allgemeinste bilineare Gleichung nur als ein Mittel der Transformation betrachtete, welche jedem Punkt eine gerade Linie in dualistischer Weise zuordnet, hat man immer mehr für die Gleichung selbst und für die Zuordnung, die sie geometrisch vorstellt, ein unmittelbares Interesse gewonnen und sie also als selbständiges Objekt in die geometrische Betrachtung eingeführt.

§ 16. Das Nullsystem.

Als Sonderfall dieser bilinearen Beziehung verdient neben dem symmetrischen Falle ($a_{ik} = a_{ki}$), d. h. der Polarenverwandtschaft in bezug auf einen Kegelschnitt (oder in bezug auf eine Fläche zweiten Grades), besondere Beachtung der „schiefsymmetrische" Fall, die sogenannte schiefe bilineare Gleichung (gauche, skew, gobbo), in der $a_{ik} = -a_{ki}$ ist. Die hierdurch vermittelte Beziehung müssen wir in der Ebene und im Raum jetzt näher betrachten. Wir werden erkennen, daß für die Ebene nichts Besonderes herauskommt, im Raume sich dagegen das sogenannte „*Nullsystem*" ergibt, das durchaus zu den Grundgebilden der neueren Geometrie zu zählen ist. Zunächst ergibt sich aus der Annahme, $a_{ik} = -a_{ki}$, daß $a_{kk} = 0$ zu setzen ist. Unsere Gleichung nimmt daher für die Ebene die folgende Gestalt an:

$$a_{23}(x_2 y_3 - x_3 y_2) + a_{31}(x_3 y_1 - x_1 y_3) + a_{12}(x_1 y_2 - x_2 y_1) = 0.$$

Man erkennt sofort, daß die linke Seite die ausgerechnete Form der Determinante darstellt:

$$\begin{vmatrix} a_{23} & a_{31} & a_{12} \\ x_1 & x_2 & x_3 \\ y_1 & y_2 & y_3 \end{vmatrix} = 0.$$

Die geometrische Bedeutung der Gleichung liegt dann auf der Hand; die Determinante verschwindet, wenn die Punkte x_i, y_i und a_{ik} auf einer geraden Linie liegen. *Die Gleichung hat daher eine triviale Bedeutung, da sie jedem Punkt x_i die Gerade zuordnet, die ihn mit dem festen Punkte a verbindet.*

Von dieser einfachen Beziehung redet man dann nicht weiter und sagt wohl, „in der Ebene gibt es kein Nullsystem".

Wie ist es nun im Raume? Wir haben es hier mit der Gleichung zu tun:

$$a_{12}(x_1 y_2 - x_2 y_1) + a_{13}(x_1 y_3 - x_3 y_1) + a_{14}(x_1 y_4 - x_4 y_1)$$
$$+ a_{34}(x_3 y_4 - x_4 y_3) + a_{42}(x_4 y_2 - x_2 y_4) + a_{23}(x_2 y_3 - x_3 y_2) = 0$$

oder abgekürzt geschrieben:

$$\tfrac{1}{2} \Sigma\, a_{ik}(x_i y_k - x_k y_i) = 0.$$

Diese Gleichung stellt das nämliche Nullsystem dar, wie es zuerst von *Möbius* 1833 in Crelles Journal Bd. 10 entwickelt ist. Doch hat es schon 1827 ein italienischer Geometer *Giorgini* betrachtet, Memorie società dei XL, 1828, Bd. 20.)

Geben wir über *Möbius* einige historische Angaben! *Möbius* wurde 1790 in Schulpforta als Sohn eines Tanzmeisters geboren und war von 1816—1868 Professor der Astronomie in Leipzig. Neben seinem baryzentrischen Kalkül (1827) haben wir von ihm eine Statik 1838 und eine elementare Behandlung der Mechanik des Himmels 1843. Seine Statik ist in geometrischer Hinsicht besonders interessant. Daneben eine Fülle der schönsten geometrischen Abhandlungen. Vgl. ges. Werke I—IV, Leipzig, 1885—1887.

Wir führen hier eine Reihe von Sätzen, die sich auf das Nullsystem beziehen, ohne Beweis an. Sie ergeben sich unmittelbar aus der allgemeinen Gleichungsform:

1. Jedem Punkt x_i entspricht eine Ebene, die durch den Punkt selbst hindurchgeht; umgekehrt jeder Ebene ein Punkt, der in ihr liegt.

2. Wenn x_i sich auf einer Geraden bewegt, so dreht sich die zugehörige Ebene um eine zweite Gerade.

3. Wenn y_i in der Ebene von x_i liegt, so liegt umgekehrt x_i in der Ebene von y_i.

4. Die unter 2. gefundene Beziehung zwischen Geraden ist wiederum gegenseitig; denn jedem Punkte y_i der zweiten Geraden muß doch umgekehrt eine Ebene entsprechen, die alle Punkte x_i der ersten Geraden enthält. Solche zwei gerade Linien nennt man nun *konjugierte Polaren.*

5. Die geraden Linien des Raumes ordnen sich also in bezug auf das Nullsystem paarweise zu konjugierten Polaren.

Dies sind die Grundsätze der allgemeinen Theorie. Wir sind aber mit diesen allgemeinen Sätzen nicht zufrieden, sondern wünschen möglichst anschaulich vor Augen zu haben, wie jedem Punkte eine Ebene wirklich zugeordnet ist. Dies werden wir besonders einfach erreichen, wenn wir ein besonderes Koordinatensystem einführen, ähnlich, wie man etwa die Flächen zweiten Grades auf ihre Symmetrieebenen bezieht. Wir wollen der Übersichtlichkeit wegen die einzelnen Punkte der Überlegung wieder numerieren:

1. Wir richten unser Augenmerk zunächst auf die uneigentlichen Punkte, die hier im Gebiete der projektiven Geometrie natürlich eine „Ebene" erfüllen. Es wird somit einen Punkt der uneigentlichen Ebene geben, der dieser Ebene im Nullsystem zugehört. Wir wollen nun den Gesamtraum so gedreht denken, daß dieser Punkt „vertikal" über uns zu liegen kommt. An dieser Lage des Nullsystems halten wir fortan fest.

2. Nun gibt es in der uneigentlichen Ebene eine „horizontale" gerade Linie, deren konjugierte Polare wir ins Auge fassen wollen. *Diese nennen wir die Achse des Nullsystems und behaupten, daß sie vertikal liegt.* Um dies zu erkennen, überlegen wir uns, wie wir die betreffende konjugierte Polare finden. Wir betrachten alle die Ebenen, die durch die horizontale uneigentliche Gerade gehen; dies werden sämtliche

Horizontalebenen sein, zu denen auch die uneigentliche Ebene selbst zu rechnen ist. Jeder dieser Ebenen gehört nun ein Punkt zu, der in ihr liegt, die Gesamtheit dieser Punkte bildet die gesuchte konjugierte Polare. Nun findet sich unter diesen Punkten auch der vertikal über uns liegende Punkt als der der uneigentlichen Ebene entsprechende Punkt, die Achse muß folglich eine Vertikallinie sein.

3. Diese ,,Achse" des Nullsystems machen wir nun zur z-Achse eines rechtwinkligen Achsenkreuzes, in dem wir die homogenen Koordinaten der Punkte in der bilinearen Grundgleichung mit x, y, z, t und x', y', z', t' bezeichnen. Diese Gleichung hat dann das Aussehen:

$$\begin{aligned} &a_{12}(xy' - yx') + a_{13}(xz' - zx') + a_{23}(yz' - zy') \\ &+ a_{14}(xt' - tx') + a_{24}(yt' - ty') + a_{34}(zt' - tz') = 0 \end{aligned}$$

oder, indem wir $t = t' = 1$ setzen:

$$\begin{aligned} &a_{12}(xy' - yx') + a_{13}(xz' - zx') + a_{23}(yz' - zy') \\ &+ a_{14}(x - x') + a_{24}(y - y') + a_{34}(z - z') = 0. \end{aligned}$$

Dies ist zunächst noch die allgemeine Gleichung unseres Nullsystems. Nun soll die z-Achse die Achse des Nullsystems sein, d. h. jedem Punkte der z-Achse eine horizontale Ebene entsprechen. Setzen wir daraufhin in die letzte Gleichung $x' = 0$, $y' = 0$ ein, während z' beliebig sein möge, so erhalten wir die Gleichungen der betreffenden Ebenen zunächst in der Gestalt:

$$(a_{13}z' + a_{14})x + (a_{23}z' + a_{24})y + a_{34}(z - z') = 0.$$

Damit diese Gleichung nun eine Horizontalebene darstellt, müssen die Glieder mit x und y fortfallen, d. h. es muß $a_{13} = a_{14} = a_{23} = a_{24} = 0$ sein. Führen wir dies in unsere allgemeine Gleichung ein, so nimmt sie die Gestalt an:

$$a_{12}(xy' - yx') + a_{34}(z - z') = 0$$

oder bei vereinfachter Koeffizientenbezeichnung

$$(xy' - x'y) + k(z - z') = 0.$$

Das besagt aber: *Beziehen wir unser Nullsystem auf irgendein rechtwinkliges Koordinatensystem, dessen z-Achse die Achse des Nullsystems ist, so bekommen wir die letzthin geschriebene einfache Gestalt der Gleichung.*

5. Die Größe k nennt man den *Parameter* des Nullsystems. Er drückt sich, wie wir nicht weiter beweisen wollen, durch die ursprünglichen Koeffizienten der allgemeinen Gleichung so aus:

$$k = \frac{a_{12}\,a_{34} + a_{13}\,a_{42} + a_{14}\,a_{23}}{a_{12}^2 + a_{13}^2 + a_{23}^2}.$$

Die rechte Seite ist dabei unter Benutzung der Beziehung $a_{ik} = -a_{ki}$ in symmetrischer Form geschrieben.

6. Wie ist nun die Zuordnung von Punkt und Ebene in diesem Nullsystem anschauungsmäßig zu erfassen? Wir betrachten zunächst die

Sonderfälle $k = 0$ und $k = \infty$, deren Bedeutung man sofort übersieht. Ist $k = 0$, so wird jedem Punkt x', y', z' die Ebene zugeordnet, die durch ihn selbst und die z-Achse hindurchgeht, d. h. seine Verbindungsebene mit der z-Achse. Ist $k = \infty$, so wird jedem Punkte x', y', z' die durch ihn hindurchgehende Horizontalebene, d. h. die Verbindungsebene des Punktes mit der uneigentlichen horizontalen Linie, zugeordnet. Das sind beides „triviale" Fälle.

7. Wie ist nun die Beziehung bei allgemeinen Werten von k?

a) Zunächst machen wir eine Bemerkung, die sich auf die Wahl unseres Achsenkreuzes bezieht. Wir können offenbar unser Nullsystem längs der z-Achse parallel verschieben und um die z-Achse drehen — oder, was dasselbe besagt, wir können unser Koordinatensystem in entgegengesetztem Sinne verschieben oder drehen —, ohne daß sich irgend etwas ändert: Unsere Gleichung

$$(xy' - x'y) + k(z - z') = 0$$

bleibt genau dieselbe. Wir erkennen hieraus, mit welchem Rechte wir die z-Achse die „Achse des Nullsystems" genannt haben. Der Vorteil, den diese Bemerkung für unsere Frage Stellung darbietet, ist leicht einzusehen. Um uns nämlich zu unterrichten, wie die Ebene im Raume liegt, die dem beliebigen Punkt x', y', z' zugeordnet ist, beantworten wir diese Frage zunächst für die Punkte $x', 0, 0$ der positiven Hälfte der x-Achse. Wir brauchen dann die Abbildung nur längs der z-Achse zu verschieben und um sie zu drehen, um das gefundene Ergebnis auf jeden beliebigen andern Punkt des Raumes zu übertragen.

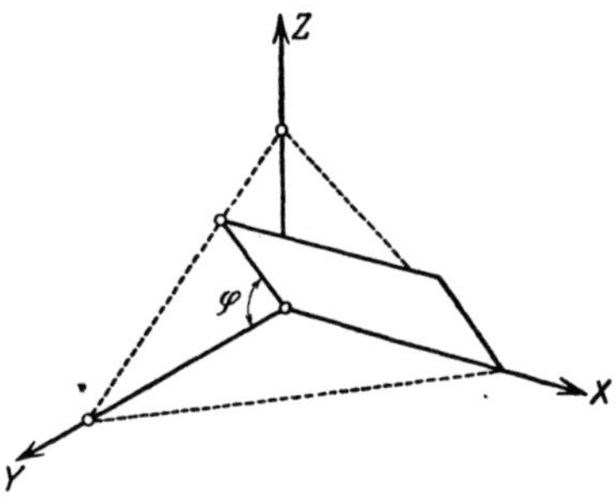

Abb. 22.

b) Nachdem wir derart unsere Aufgabe vereinfacht haben, gehen wir daran, uns von den Ebenen ein klares Bild zu schaffen, die zu den längs der positiven x-Achse sich bewegenden Punkten $x', 0, 0$ gehören. Für die letzten Werte der Koordinaten x', y', z' n mmt unsere Grundgleichung die einfache Form an:

$$-x'y + kz = 0 \quad \text{oder} \quad \frac{z}{y} = \frac{x'}{k}.$$

Ihr entnehmen wir nun in Beziehung auf die obenstehende Abbildung 22 sofort das Ergebnis: *Dem Punkte $x', 0, 0$ der x-Achse entspricht im Nullsystem eine Ebene, die durch die x-Achse selbst hindurchgeht und mit der Horizontalebene den Winkel φ bildet, wobei*

$$tg\,\varphi = \frac{z}{y} = \frac{x'}{k}$$

ist. Somit erkennt man: Für $x' = 0$ ist tg φ gleichfalls 0 und wächst mit x' ins Unendliche. Zieht man für jeden Wert von x' die zugehörige Senkrechte auf die x-Achse, deren Neigung gegen die Horizontalebene den Winkel φ angibt, so wird die entstehende Fläche in gewisser Weise ihrer Gestalt nach einem Windmühlenflügel vergleichbar (Abb. 23).

c) Allgemein gilt dann vermöge unserer Überlegung für einen beliebigen Raumpunkt: *Jedem Punkte des Raumes wird durch das Nullsystem eine Ebene zugeordnet, die das Lot enthält, das sich von dem Punkte auf die Achse des Nullsystems, die z-Achse, fällen läßt und dabei einen Winkel φ mit der Horizontalebene bildet, der gegeben ist durch*

$$tg\,\varphi = \frac{r'}{k},$$

unter r' den Abstand des Punktes von der z-Achse verstanden.

Dabei kommt noch wesentlich das Vorzeichen von k in Betracht; der Windmühlenflügel wird im Falle eines negativen k gerade umgekehrt

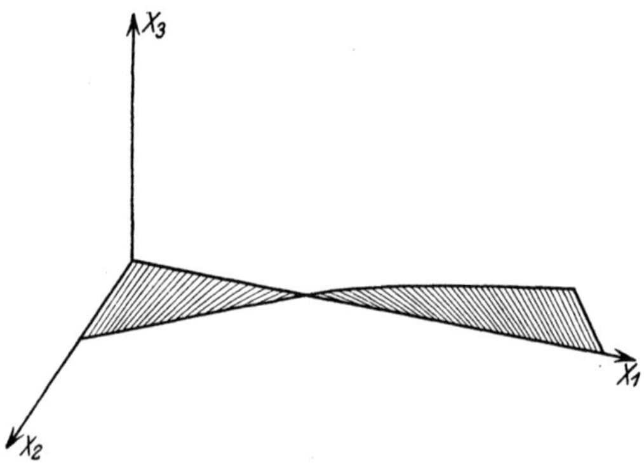

Abb. 23.

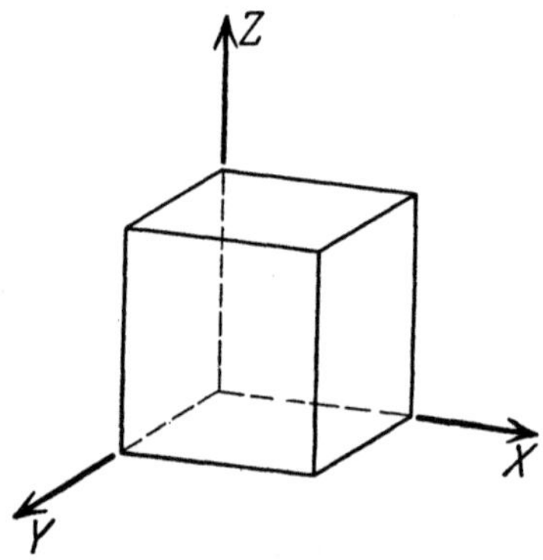

Abb. 24.

gedreht sein, wie im Falle eines positiven k, und man nennt dann bei geeignet gewähltem Achsenkreuz (Abb. 22, 24) das Nullsystem im letzten Fall $k > 0$ *rechtsgewunden*, im ersten *links gewunden* ($k < 0$).

§ 17. Anwendungen des Nullsystems.

Wir werden noch von einer anderen Seite her das Nullsystem anschaulich erfassen können. Es steht nämlich in Beziehung zu einer gewissen Schraubenbewegung, die man um die z-Achse des Nullsystems ausführen kann. Nehmen wir z. B. an, es soll eine rechtsläufige Schraubenbewegung, d. h. eine Schraubenbewegung im Sinne der Korkzieherwindungen betrachtet werden, die jeden Punkt des Raumes eine gewöhnliche Archimedische Schraubenlinie von gleicher „Ganghöhe" um die z-Achse beschreiben läßt. Streckt man den rechten Arm aus und macht man dabei eine naturgemäße Handbewegung, so ergibt sich eine rechtsgängige Schraubenbewegung. Diese Bewegung findet ihren

Ausdruck in den sich auf nebenstehendes Koordinatensystem (Abbildung 24) beziehenden Formeln:

$$X = x\cos\varphi - y\sin\varphi,$$
$$Y = x\sin\varphi + y\cos\varphi,$$
$$Z = z - \frac{h}{2\pi}\varphi.$$

In ihnen bezeichnen x, y, z die anfänglichen, X, Y, Z die neuen Koordinaten, während φ den Drehwinkel und h die Höhe des einzelnen Schraubenganges bedeutet. Wenn φ um 2π wächst, sind eben X und Y wieder gleich x und y geworden. Hier ist h natürlich positiv gedacht; nehmen wir es negativ, so haben wir die Formel für eine linksgewundene Bewegung.

Wenn wir nun von dieser Schraubenbewegung die Geschwindigkeitsvektoren konstruiert denken, so werden wir nach der Zeit t zu differenzieren haben. Das gibt für $\varphi = t$

$$\frac{dX}{dt} = -x\sin\varphi - y\cos\varphi,$$
$$\frac{dY}{dt} = +x\cos\varphi - y\sin\varphi,$$
$$\frac{dZ}{dt} = -\frac{h}{2\pi},$$

oder, indem wir $\varphi = 0$ setzen

$$\frac{dX}{dt} = -y, \quad \frac{dY}{dt} = +x, \quad \frac{dZ}{dt} = -\frac{h}{2\pi}.$$

Mit diesen Formeln für die Schraubenbewegung bringen wir die zusammen, die im Nullsystem einem Punkte seine Ebene zuordnet:

$$(xy' - x'y) + k(z - z') = 0.$$

Wir wollen festsetzen, daß die Koordinaten x, y, z den gegebenen Punkt bezeichnen, x', y', z' dagegen der laufende Punkt der Ebene sei. Nach diesen Koordinaten geordnet heißt dann unsere Gleichung:

$$(-y)\cdot x' + xy' - kz' + kz = 0.$$

Errichten wir nun im Punkte x, y, z die Normale zur Nullebene des Punktes, so finden wir für ihre Richtung:

$$-y : x : -k.$$

Wir erkennen sofort die Übereinstimmung dieser Richtung mit jener des Geschwindigkeitsvektors der Schraubenbewegung, sofern wir nur

$$k = \frac{h}{2\pi} \quad \text{oder} \quad h = 2\pi k$$

setzen, und wir erhalten demnach den Satz:

Wir werden die Zuordnung zwischen Punkt und Ebene im Nullsystem erhalten, wenn wir um die z-Achse herum eine Schraubenbewegung von der Ganghöhe $2\pi k$ einleiten und nun jedem Punkt die Normalebene der dabei durch ihn gehenden Schraubenlinie zuordnen.

Diese Beziehung läßt uns dann insbesondere anschaulich vor Augen treten, wie für Punkte nahe der Achse die entsprechende Ebene fast horizontal, für sehr weit entfernte Punkte dagegen fast vertikal gerichtet ist. Hiermit haben wir nun so deutlich als möglich uns das Nullsystem geometrisch klargemacht; wir werden nun dazu noch einige literarische Bemerkungen über die Anwendung des Nullsystems hinzufügen.

Das Nullsystem findet seine Anwendung insbesondre in der Mechanik fester Körper und in der Geometrie, und zwar beidemal in doppelter Hinsicht.

Was zunächst den ersten Punkt, *die Bedeutung des Nullsystems für die Mechanik fester Körper* betrifft, so liegt diese einmal gerade in der engen Beziehung begründet, die das Nullsystem mit einer bestimmten Schraubenbewegung verknüpft. Und die ganze Wichtigkeit dieser Beziehung wird klar, wenn man bedenkt, daß ja jede Bewegung eines starren Körpers in jedem Augenblick durch eine Schraubenbewegung ersetzt werden kann, so daß beide Bewegungen an jeder Stelle des starren Körpers denselben Geschwindigkeitsvektor haben. Man kann deshalb von der „tangierenden Schraubenbewegung" sprechen. Demnach spielt das Nullsystem in der Kinematik der starren Körper eine wesentliche Rolle. Besonders sind hier zu erwähnen die Untersuchungen des Astronomen *R. St. Ball* (früher in Dublin, später in Cambridge), der über dieses Gebiet neben zahlreichen Abhandlungen ein besonderes Werk veröffentlichte: Theory of screws (Dublin 1876) das in sehr erweiterter Gestalt 1900 unter dem Titel: „A treatise on the theorie of screws" in Cambridge neu erschienen ist. Das Wort „screw" (Schraube) bedeutet geradezu dasselbe was Nullsystem bedeutet. Auf die damit zusammenhängenden Untersuchungen von *E. Study*, Geometrie der Dynamen, Leipzig 1903, kommen wir später (S. 310 u. ff.) zurück.

Die zweite Bedeutung des Nullsystems in der Mechanik bezieht sich auf die Zusammensetzung beliebiger Kräfte, die an einem starren Körper angreifen. Ist der Angriffspunkt aller Kräfte derselbe, so ist es natürlich leicht, eine alle ersetzende Einzelkraft zu konstruieren. Wenn jedoch die Wirkungslinien der Kräfte zueinander windschief liegen, so ist eine höhere geometrische Theorie nötig. Es handelt sich hier etwa um die Frage, wie alle wirkenden Kräfte durch *eine Kraft und ein Kräftepaar* zu ersetzen sind. Auch hier spielt dann das Nullsystem eine wichtige Rolle, wie wir jedoch nicht weiter ausführen wollen. Man vergleiche zum näheren Studium etwa das Lehrbuch der Mechanik fester Körper von *Budde*, in dem besonders viel vom Nullsystem gehandelt wird, vielleicht sogar zu viel, d. h. auf Kosten anderer Gegenstände.

Auch in der Geometrie hat, wie gesagt, das Nullsystem in bestimmter Weise eine hervorragende Bedeutung, und zwar in zweifacher Hinsicht. Zunächst bestimmt das Nullsystem eine dreifach ausgedehnte

Mannigfaltigkeit gerader Linien, die man seine *Nullgeraden* nennt. Unter einer *„Nullgeraden" hat man jede gerade Linie zu verstehen, die irgendeinen Raumpunkt in der diesem Punkte zugehörigen Nullebene läuft.* Und nun sollte man meinen, daß diese Geraden im Raum von vier Parametern abhängen, da doch jedem der Raumpunkte in den zugehörigen Ebenen ein Strahlbüschel, also eine einfach ausgedehnte Mannigfaltigkeit gerader Linien zugehört. Doch kommt nur eine dreidimensionale Gesamtheit von Nullgeraden bei genauer Abzählung heraus, *weil jede Nullgerade für jeden ihrer Punkte Nullgerade ist,* da die Ebene, die einem Punkt im Nullsystem entspricht, sich um die Nullgerade dreht, wenn der Punkt auf dieser Nullgeraden fortschreitet. Es ist dies eine unmittelbare Folge des früher (S. **63**) unter 2. gegebenen Satzes: Liegt y in der Ebene von x, so liegt x in der Ebene von y. Wir werden uns bald mit der Liniengeometrie im Raum zu beschäftigen haben, d. h. der Geometrie, die mit den Geraden des Raumes als Element arbeitet. *In ihr nennt man den Inbegriff aller Nullgeraden eines Nullsystems einen linearen Linienkomplex oder ein „Gewinde"*; er ist unter allen Linienkomplexen, d. h. dreifach unendlichen Systemen von Geraden, die man betrachtet, der einfachste.

Wir kommen nun zu der *zweiten geometrischen Anwendung des Nullsystems. Diese bezieht sich auf die Theorie der Polyeder.* Bei jeder bilinearen Gleichung besteht zwischen den beiden Punkten x, y, z und x', y', z' eine einfache „Reziprozität" der folgenden Art: Wählen wir einen einzelnen Punkt x, y, z, so entspricht ihm eine Ebene, auf die der Punkt x', y', z' in seiner Lage eingeschränkt ist. Bewegt sich der Punkt x, y, z auf einer geraden Linie, so dreht sich die Ebene um eine gerade Linie. Bewegt sich der Punkt in einer Ebene, so dreht sich die Ebene um einen Punkt. Man wird diese Beziehung nach *Möbius* geradezu eine „Verwandtschaft" zwischen den Punkten x, y, z; x', y', z' nennen. Man kann z. B. den Punkt x, y, z einen gebrochenen geraden Linienzug durchlaufen lassen; dementsprechend werden wir eine Reihenfolge von Ebenen bekommen, die sich nacheinander um bestimmte Gerade drehen. Hierbei wird jeder Ecke des Linienzuges eine Ebene entsprechen, jeder Verbindungslinie des ersteren eine gemeinsame Schnittgerade von Ebenen; jeder Ebene durch drei Punkte des Linienzuges wird weiter eine dreiseitige Ecke korrespondieren usw. Wenn wir etwa den Punkt x, y, z ein Tetraeder beschreiben lassen, so wird auch ihm infolge der gleichen Zahl von Ecken und Seitenflächen gleichfalls ein neues Tetraeder entsprechen.

Allgemein werden wir den Satz haben:

Bei jeder bilinearen Gleichung zwischen zwei Punkten wird aus einem ersten Polyeder ein neues entstehen, indem den Ecken, Kanten und Seitenflächen des Polyeders die Seitenflächen, Kanten und Ecken des zweiten Polyeders entsprechen werden.

Im Nullsystem gewinnt nun die Beziehung zwischen den beiden Polyedern einen besonderen Charakter. Zuerst stellt das Nullsystem eine „involutorische" Verwandtschaft dar, d. h. seine Gleichung bleibt unverändert, wenn wir x, y, z mit x', y', z' vertauschen, wie wir Entsprechendes bei der Transformation durch reziproke Radien erkannt haben, und wie das auch für die Polarverwandtschaft bezüglich einer Fläche zweiten Grades gilt.

Doch merkwürdiger noch ist die gegenseitige Lage der beiden Polyeder. Da im Nullsystem jeder Punkt in der ihm entsprechenden Ebene gelegen ist, so wird auch hier jede Ecke des ersten Polyeders in einer Seitenfläche des zweiten Polyeders und umgekehrt jede Ecke des zweiten Polyeders in einer Seitenfläche des ersten Polyeders liegen. *Das besagt aber, daß die Polyeder, z. B. die beiden Tetraeder, sich wechselseitig einbeschrieben und umbeschrieben sind. Daß wir derartig gelegene Polyeder leicht konstruieren können, darin haben wir die andere geometrische Bedeutung des Nullsystems zu erblicken.*

Diese Theorie der „reziproken" Polyeder ist eine geometrisch sehr merkwürdige Sache, die ihrerseits wieder in einem Zweig der Mechanik von praktischer Bedeutung wird, nämlich in der *„graphischen Statik"*. Diese hat es mit solchen Problemen zu tun, wie sie im Brückenbau, Dachstuhlkonstruktionen usw. vorliegen. Ihre Aufgabe ist es, die Verteilung der Druckkräfte, der Spannungen in einem Gitterträger auf die einzelnen Stäbe, mit zeichnenden Mitteln zu behandeln, und hierbei spielen nun unsere einander ein- und umbeschriebenen Polyeder eine wesentliche Rolle, *so daß man auf Grund des Nullsystems eine besonders gute Einsicht in die graphische Statik bekommt.* („Reziproke Kräftepläne" von *Maxwell*, vgl. im folgenden § 53.)[1]).

Wir wollen diesem Überblick über Bilinearformen und das Nullsystem nun noch einige allgemeine Bemerkungen hinzufügen. Wie man Bilinearformen betrachtet, so kann man überhaupt homogene Gleichungen mit zwei Reihen von Punktkoordinaten $f(x_1, x_2, x_3, x_4;\ y_1, y_2, y_3, y_4) = 0$ in Betracht ziehen, die nicht gerade linear sind. Man kann ferner auch Gleichungen mit drei und mehr Punkten behandeln; hier würde dann die Trilinearform das einfachste Gebilde darstellen. Insbesondere können wir es z. B. bei den Gleichungen zwischen zwei Reihen von Punktkoordinaten so einrichten, daß diese linear in den y, aber nicht in den x sind, also etwa

$$X_1 y_1 + X_2 y_2 + X_3 y_3 + X_4 y_4 = 0$$

nehmen, wo die XFormen in den x von höherem als dem ersten Grad sind. Wir können es außerdem etwa so einrichten, daß ihre Gleichung identisch Null wird, wenn wir y und x zusammenfallen lassen. Wenn wir dann x fest sein lassen, so beschreibt y eine Ebene und gemäß unserer letzten Annahme geht diese durch den Punkt x selbst hindurch; doch

[1]) Über das Nullsystem vgl. auch: *E. Caporali*, *P. Del Pezzo*, Introduzione alla teoria dello spazio rigato, Neapel 1888; *C. Segre*, Atti Torino 19 (1883), S. 159—186.

wird sie nicht linear vom Punkte x abhängen, so daß die Wechselseitigkeit fehlt. Solche Beziehungen bezeichnet man dann als *höhere Nullsysteme.* Wir sehen so eine Menge von Möglichkeiten sich zum näheren Studium darbieten.

§ 18. Geometrische Deutung der Differentialgleichungen.

Wir gehen nun, wie wir bereits in Aussicht genommen, zu entsprechenden Betrachtungen in der *Differentialgeometrie* über. Wie die Gleichung zwischen zwei Reihen von Punktkoordinaten uns eine Erweiterung der gewöhnlichen algebraischen Geometrie bedeutet, werden wir in ähnlicher Weise auch die Differentialgeometrie ausdehnen können. Wir betrachten nicht nur Gleichungen zwischen den Koordinaten, sondern führen von vornherein die Ableitungen der x, y, z neben den Koordinaten ein. Mit anderen Worten: *Differentialgleichungen selbst bilden ein hervorragendes Objekt geometrischer Forschung in der Differentialgeometrie, indem man fragt, wie man sich geometrisch die Bedeutung einer Differentialgleichung klarmachen kann und insbesondere, was es geometrisch heißt, eine Differentialgleichung integrieren.*

Das ist die Auffassung, die schon *Monge* hatte und die dann besonders wieder von *Lie* vertreten wurde.

Gehen wir einmal die verschiedenen Gattungen solcher Differentialgleichungen, die man zu betrachten pflegt, durch.

1. Wir haben zunächst für die *Ebene* die Gleichung $f(x, y, y') = 0$. Was bedeutet sie geometrisch? Sobald x und y bestimmte Werte bekommen, erfahren wir aus der Gleichung $f(x, y, y') = 0$ einen oder mehrere Werte von y'. Jeder gibt uns aber die Richtung an, in der eine Kurve durch den Punkt x, y hindurchgehen soll. *Der geometrische Inhalt der Differentialgleichung $f(x, y, y') = 0$ ist also der, daß diese jedem Punkt x, y eine oder mehrere Fortschreitungsrichtungen zuordnet. Und die Gleichung integrieren heißt geometrisch, Kurven zu zeichnen, die in jedem ihrer Punkte die bestimmte Fortschreitungsrichtung zur Tangente haben; mit anderen Worten: die unendlich vielen Fortschreitungsrichtungen zu lauter zusammenhängenden Kurven zusammenzufassen.* In diesem Sinne wird also die Differentialgleichung $f(x, y, y') = 0$ Gegenstand geometrischer Betrachtung.

2. Was bedeutet weiter die Differentialgleichung $f(x, y, y', y'') = 0$? Wir können offenbar einen Punkt x, y sowie eine Fortschreitungsrichtung y' in ihm beliebig wählen. Unsere Gleichung liefert uns dann bestimmte Werte für y''. Nun ist die Formel für den Krümmungsradius einer ebenen Kurve bekanntlich

$$\varrho = \frac{(1 + y'^2)^{\frac{3}{2}}}{y''};$$

es ist also mit y' und y'' auch ϱ bekannt. *Eine Differentialgleichung zweiter Ordnung ordnet daher jedem Elemente x, y, y', d. h. jedem Punkte* *und einer Fortschreitungsrichtung in ihm einen bestimmten Krümmungsradius zu und die Aufgabe der Integration wird darin bestehen, alle diese gekrümmten Elemente zu Kurven zusammenzusetzen.*

Wir können auch sagen:

Durch x, y, y', y'' wird die Gleichung einer „*Schmiegparabel*"

$$\eta - y = y'(\xi - x) + \frac{1}{2} y''(\xi - x)^2$$

geliefert.

Unsere Differentialgleichung ordnet jedem Element x, y, y' eine bestimmte Schmiegparabel zu.

3. Gehen wir nun zum Raum mit seinen drei Koordinaten über, so tritt uns zunächst die Gleichungsform $f(x, y, z, y', z') = 0$ entgegen, worin

$$y' = \frac{dy}{dx}, \quad z' = \frac{dz}{dx}$$

ist. Solche Gleichungen, die man als *Gleichungen von Monge* zu benennen pflegt und auf die wir später (§ 94 u. ff.) noch zurückkommen werden, betrachtet man, allgemein zu reden, in den Lehrbüchern der Analysis weniger; sie sind ja keineswegs partielle Differentialgleichungen. Doch gibt es einen Sonderfall, der von alters her das Interesse lebhaft auf sich lenkte, wenn nämlich die Differentialquotienten y' und z' linear in der Gleichung vorkommen, wenn sie also die Form annimmt

$$X(x, y, z)\,dx + Y(x, y, z)\,dy + Z(x, y, z)\,dz = 0.$$

Solche besondere Gleichungen werden dann als *Pfaff*sche Probleme bezeichnet. *Pfaff* war zu Beginn des vorigen Jahrhunderts Professor in dem 1810 als Universität aufgehobenen Helmstedt und als solcher der Lehrer von *Gauß*. Seine hier in Betracht kommende Abhandlung findet sich in den Abhandlungen der Berliner Akademie 1814/15. *Pfaff* starb als Professor zu Halle 1825.

Wir fragen uns wieder nach der geometrischen Bedeutung der Gleichung: $f(x, y, z, y', z') = 0$. Das Verhältnis $dx : dy : dz = 1 : y' : z'$ legt doch eine bestimmte Fortschreitungsrichtung vom Punkte x, y, z aus fest. Haben wir daher eine Gleichung zwischen y' und z', so stellt uns diese einen Kegel dar, der von den Fortschreitungsrichtungen im Punkte x, y, z gebildet wird. *Unsere Gleichung ordnet demnach jedem Punkte im Raume einen Kegel von Fortschreitungsrichtungen zu, der insbesondere eine Ebene ist, wenn $f(x, y, z, y', z') = 0$ in ein Pfaffsches Problem übergeht.*

Wir erkennen zugleich den folgenden merkwürdigen Zusammenhang, daß nämlich in diesem Sinne jedes *Pfaff*sche Problem mit einem Nullsystem (im höheren Sinne) zusammengehört und umgekehrt. *Die Integrationsaufgabe aber ist diesmal in der Weise zu kennzeichnen, daß man allgemein Raumkurven sucht, die in jedem ihrer Punkte eine Tangente* *haben, die dem vom Punkte auslaufenden Kegel, oder im Sonderfalle eines Pfaffschen Problems: der vom Punkte auslaufenden Ebene angehört.*

Wie man die Integration jedoch ausführt, haben wir hier ebensowenig wie in den anderen Fällen zu untersuchen; uns kommt es eben zunächst nur auf die geometrische Bedeutung der Differentialgleichung an. Ein besonderer Fall des *Pfaff*schen Problems liegt vor, wenn $X dx + Y dy + Z dz = 0$ ein vollständiges Differential ist, oder durch einen Multiplikator in ein solches verwandelt werden kann. Dann kann man nach *Integralflächen* fragen.

4. Nun gibt es bei drei Veränderlichen noch die partiellen Differentialgleichungen, zuerst die der ersten Ordnung:

$$f(x, y, z; p, q) = 0; \quad p = \frac{\partial z}{\partial x}, \quad q = \frac{\partial z}{\partial y}.$$

Man denkt sich also z als Funktion von x und y. Nun wird bekanntlich durch die Größen p und q die Normale (und damit die Tangentenebene) einer Fläche in einem Punkte der Stellung nach festgelegt. Bezeichnet man etwa die Winkel der Normalen gegen die Koordinatenachsen mit α, β, γ, so gilt die Beziehung

$$\cos\alpha : \cos\beta : \cos\gamma = p : q : -1.$$

Haben wir daher für einen bestimmten Raumpunkt x, y, z nicht die Werte p und q selbst, wohl aber eine Gleichung $f(p, q) = 0$ zwischen ihnen gegeben, so wird die Normalenrichtung hierdurch auf einen bestimmten Kegel eingeschränkt, der sich vom Punkte x, y, z aus erstreckt. Wir erkennen daher:

Eine partielle Differentialgleichung zwischen drei Veränderlichen ordnet jedem Raumpunkt einen Kegel zu, auf dem die Normale jeder Fläche liegen muß, die als Integralfläche der Differentialgleichung erscheint, und die Gleichung integrieren heißt wieder, die allgemeinste so beschaffene Fläche finden.

5. Wie wir schon andeuteten, können wir natürlich eine partielle Differentialgleichung erster Ordnung auch so auffassen, daß sie ein Gesetz gibt *für die Stellung der Tangentenebene im Punkte* x, y, z. Die abkürzende Schreibweise $dz = p dx + q dy$ gibt uns geradezu in differentieller Form die Gleichung der Tangentenebene, d. h. durch p und q ist die Lage der Tangentenebene bestimmt.

Diese Bemerkung wird uns von Nutzen sein, wenn wir jetzt zu der partiellen Differentialgleichung zweiter Ordnung übergehen. Wir schreiben deren allgemeine Form:

$$f(x, y, z; p, q; r, s, t) = 0,$$

worin die neuen Bezeichnungen r, s, t durch die Gleichungen

$$r = \frac{\partial^2 z}{\partial x^2}, \quad s = \frac{\partial^2 z}{\partial x \, \partial y}, \quad t = \frac{\partial^2 z}{\partial y^2}$$

erklärt sind. Die allgemein üblichen Bezeichnungen p, q; r, s, t sind von *Monge* eingeführt. Wir werden jetzt nicht mehr bei $dz = p\,dx + q\,dy$ stehen bleiben, sondern die Entwicklung von dz noch weiter führen, also schreiben:

$$dz = p\,dx + q\,dy + \tfrac{1}{2}(r\,dx^2 + 2s\,dx\,dy + t\,dy^2).$$

Diese Gleichung stellt für die Fortschreitungsrichtungen eine Fläche zweiten Grades dar, und zwar ein Paraboloid. Es hat die gleiche Tangentenebene wie die Fläche selbst; doch schmiegt es sich noch sehr viel inniger an die Fläche an, als es bei der Tangentenebene der Fall ist, nämlich bis auf Größen zweiter Ordnung. Man spricht daher von dem „*Schmiegparaboloid*".

Wir nehmen nun x, y, z sowie p und q beliebig an, d. h. wir wählen einen Raumpunkt und eine Tangentenebene in ihm aus; dann können wir jedoch auch noch zwei der Größen r, s, t beliebig annehmen. Durch die gegebene Gleichung $f(x, y, z, p, q, r, s, t) = 0$ ist die dritte Größe bestimmt und damit sämtliche Koeffizienten der für dz gegebenen Gleichung.

Eine partielle Differentialgleichung zweiter Ordnung besagt, daß das Schmiegparaboloid irgendwelcher gesuchten Fläche in jedem Punkte x, y, z des Raumes der Beziehung

$$f(x, y, z: p, q; r, s, t) = 0$$

unterliegt. —

Der Kernpunkt aller dieser letzten Betrachtungen, wie wir nochmals zusammenfassend bemerken wollen, ist die Einsicht, daß die Differentialgleichungen als solche Objekt geometrischer Betrachtung sind. Und in der Tat ist die hier anknüpfende geometrische Theorie der Differentialgleichungen für ihre Integration von der größten Bedeutung.

Wechsel des Raumelementes.

§ 19. Plückers allgemeines Prinzip.

Die bisher angestellten Betrachtungen gruppierten sich um den Begriff der Punktkoordinaten. Wir wenden uns jetzt zu einem neuen Kapitel, dem wir die Überschrift „Wechsel des Raumelementes" geben können.

Wir legen jetzt nicht mehr einen Punkt durch Koordinaten fest, sondern irgendwelche andere geometrische Gebilde, und wir versuchen, die durch Gleichungen zwischen den Koordinaten dargestellten Beziehungen geometrisch zu deuten, und durch solche Gleichungen alle möglichen geometrischen Figuren zu beherrschen. Nächst den Punktkoordinaten sind am einfachsten im Raum die Ebenenkoordinaten, in der Ebene die Linienkoordinaten. Wir wollen im folgenden nur die Verhältnisse im *Raum* näher studieren, da sie sich in der Ebene ja ganz entsprechend gestalten. Wenn uns die Gleichung einer Ebene vorliegt:

$$u x + v y + w z + 1 = 0,$$

so ist man von alters her gewohnt, die Größen u, v, w als „Konstante" zu bezeichnen. Der Fortschritt der neuen Betrachtungsweise ist nun der, die Größen u, v, w als *Koordinaten der Ebene* zu betrachten, als veränderlich anzusehen und mit ihnen dann genau wie mit den Punktkoordinaten x, y, z zu arbeiten. Es ist bekannt, wie man die u, v, w elementargeometrisch deutet; sie sind die negativen reziproken Abschnitte, die die Ebene auf den drei Koordinatenachsen liefert. In ganz ähnlicher Weise können wir auch etwa von der Gleichung der Fläche zweiten Grades ausgehen

$$A x^2 + B x y + \ldots + 1 = 0$$

und ihre neun Koeffizienten als Koordinaten bezeichnen, so daß dann die F_2 als zugrunde liegendes Raumelement erscheint. In beiden Fällen werden wir irgendwelche Gleichungen zwischen den neuen Koordinaten aufstellen und nach ihrer geometrischen Bedeutung fragen können. *Bei dieser Auffassung hat unser empirisch gegebener Raum dann je nach der Wahl des Raumelementes eine kleine oder beliebig große Zahl von Dimensionen, gleich der Zahl der nötigen Koordinaten, um das einzelne Element festzulegen.*

Dieser Gedanke, den wir an unserm Beispiel klarzumachen suchen, stammt von *Plücker;* von dessen „analytisch-geometrischen Entwicklungen" an durchzieht er alle seine folgenden Werke. Später ist er von *Lie*, Math. Annalen Bd. 5, aufs neue aufgenommen worden.

Sehen wir nun, wie diese Überlegung sich im einzelnen entwickelt hat. Das erste Auftreten der neuen Idee haben wir in dem *Prinzip der Dualität* zu erblicken; d. h. der Gegenüberstellung von Punkt und Ebene im Raum und von Punkt und Gerade in der Ebene. Dieses wiederum hat sich aus der Polarenverwandtschaft bei einer Fläche oder Kurve zweiten Grades entwickelt, also aus der Gleichung:

$$\sum a_{ik} x_i y_k = 0 \qquad (\text{mit } a_{ik} = a_{ki}).$$

Brianchon hat nur ein Beispiel so behandelt. Der erste, der systematisch vorging, ist *Poncelet* gewesen; man betrachtet ihn mit Recht als den eigentlichen Begründer der „*projektiven Geometrie*", in der jenes Prinzip übrigens nur ein einzelnes, wenn auch besonders wertvolles Hilfsmittel bildet.

I. V. Poncelet (geb. in Metz 1788) war nicht nur Mathematiker, er war auch Offizier und Techniker. Sein Hauptwerk, das für uns in Betracht kommt, ist sein *Traité des propriétés projectives des figures.* Dieses Werk verdanken wir seinen unglücklichen Kriegserlebnissen. *Poncelet* ist 1812 in Rußland gefangen gewesen und hat so in Saratow an der Wolga unfreiwillige Muße gefunden, seine mathematischen Ideen zu ordnen. Dort ist der Traité entstanden, aber erst 1822 in Paris veröffentlicht. Als zweite Arbeit *Poncelet*s ist hier zu nennen *Théorie générale des polaires réciproques* in Crelles Journal, Bd. 4 (1829). Später hat sich *Poncelet* dem technischen Unterricht und mathematisch-technischen Untersuchungen zugewendet (in Metz), und wer jemals mit technischen Kreisen Beziehung gehabt hat, der weiß, wie hochangesehen in der Maschinenlehre noch heute *Poncelet*s Name ist. (Vgl. z. B. *Poncelet*s Wasserrad.) Gegen Ende seines Lebens (†1867), als er im Ruhestande zu Paris lebte, empfand er es als eine große Enttäuschung, daß andre die von ihm verlassenen rein mathematischen Arbeitsgebiete in der Zwischenzeit aufgegriffen hatten und dabei der Untersuchung vielfach andere Wendungen gaben, als er ursprünglich beabsichtigt hatte. Dieser Stimmung gibt er in seinen Büchern, die er damals hat erscheinen lassen, lebhaften Ausdruck, nämlich in den „Applications d'analyse et de géométrie . . .“ (1862, 64), sowie der zweiten Auflage des Traité (1865, 66). Es ist in psychologischer Hinsicht bemerkenswert, daß ein Mann, der in der Mitte seines Lebens nach den verschiedensten Richtungen, im Fortifikationswesen, wie in der Technik die größten Erfolge hatte, im Alter auf den rein wissenschaftlichen Ehrgeiz seiner Jugend zurückkommt und sein Leben beklagt, weil seine Gedanken nicht in der Form, die er ihnen gegeben, und nicht unter ausschließlicher Voranstellung seines Namens zur allgemeinen Herrschaft durchgedrungen sind.

Neben *Poncelet* ist hier *Gergonne* zu nennen; er war ein mehr philosophischer Kopf. Als solcher hat er insonderheit weiter ausgeprägt, was *Poncelet* in besonderer Form ersonnen, er hat z. B. auch das Wort *Dualität* geschaffen. Er stellt immer neben das eine Theorem das ihm dualistisch entsprechende und zeigt, wie in unserer Anschauung selbst auch ohne vermittelnden Kegelschnitt beide Sätze nebeneinander vorhanden sind. Solcherweise hat er auch das System der Parallelkolonnen eingeführt, das seitdem in vielen Lehrbüchern angewendet ist, ich meine jenes System, welches auf der geteilten Seite die einander entsprechenden Sätze direkt gegenüberstellt[1]). Seine grundlegende Arbeit findet sich im 16. Bd. seiner Annales (1825/26).

An ihn knüpfen von deutscher Seite dann *Möbius* und *Plücker* an, der letztere mit seinen analytisch-geometrischen Entwicklungen II von 1830/31. Hier erwächst der Begriff der Ebenenkoordinaten, wie wir ihn gerade besprechen. Aus der Gleichung:

$$ux + vy + wz + 1 = 0,$$

welche die vereinigte Lage von Punkt und Ebene aussagt, entspringt für *Plücker* das Prinzip der Dualität. Entweder hält man u, v, w fest, dann haben wir die Gleichung der Ebene in Punktkoordinaten vor

[1]) Vgl. im folgenden z. B. § 24 und 25.

uns, oder aber man hält x, y, z fest, dann haben wir die Gleichung des Punktes in Ebenenkoordinaten. Beide Auffassungen sind genau gleichberechtigt wegen der Symmetrie der Gleichung in den u, v, w und x, y, z. Homogen geschrieben heißt die Gleichung:

$$u_1 x_1 + u_2 x_2 + u_3 x_3 + u_4 x_4 = 0 .$$

Wie wir homogene Punktkoordinaten x_i haben, so gibt es auch vier homogene Ebenenkoordinaten u_i. Von hier aus ergibt sich dann die Entwicklung der analytischen Geometrie in zwei parallelen nebeneinander herlaufenden Koordinaten, wobei die Kurven n-ter Ordnung und n-ter Klasse einander gegenüber gestellt sind.

Wir wollen hier insbesondere darauf aufmerksam machen, wie sehr unsere Phantasie durch das Prinzip der Dualität belebt wird. Wie ein Punkt eine Kurve durchläuft, so umhüllen die Tangenten die Kurve. Dies führt sofort zu mancher neuen geometrischen Anschauung.

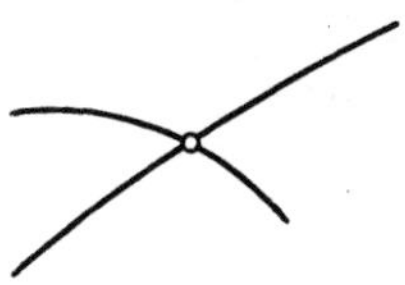

Abb. 25.

Abb. 26.

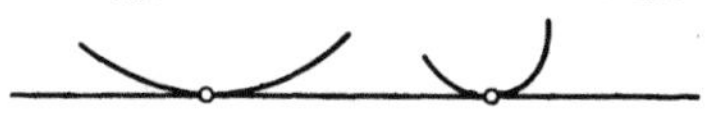

Abb. 27.

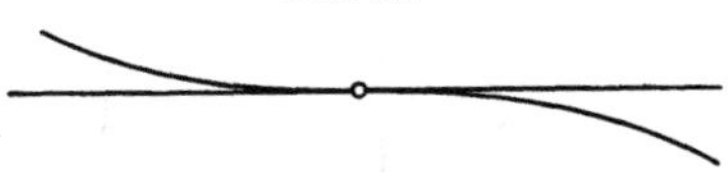

Abb. 28.

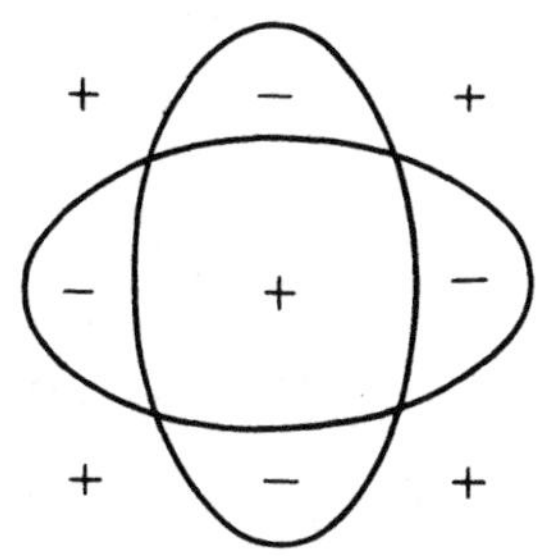

Abb. 29.

Wir können z. B. an den Doppelpunkt (Abb. 25) denken, durch den reelle, vielleicht auch imaginäre Äste der Kurve hindurchgehen — im letzteren Falle haben wir dann einen isolierten Doppelpunkt —, oder an eine Spitze (Abb. 26), die Frage ist dann, was diesen Vorkommnissen dualistisch entspricht. Natürlich eine singuläre Tangente, und zwar dem ersten Beispiel entsprechend eine Doppeltangente (Abb. 27), die entweder zwei reelle Kurvenzweige berührt, oder isoliert verläuft. Im Beispiel der Spitze erinnern wir uns, daß bei der Bewegung des Kurvenpunktes längs der Kurve dieser plötzlich stehen bleibt und seine Richtung ändert, während die zugehörige Tangente der Kurve ihren Drehsinn beibehält. Dem wird dann dualistisch entsprechen, daß die Tangente einer Kurve plötzlich ihren Drehsinn wechselt, der Kurvenpunkt selbst aber ruhig seine Richtung behält. Dies führt zum Wendepunkt (oder zur Wendetangente (Abb. 28).

Es ist nun eine sehr nützliche Übung, wenn man irgendwelche gestaltlichen Verhältnisse von Punktkoordinaten auf Linienkoordinaten in der Ebene überträgt. Sind uns z. B. zwei Ellipsen $f_1 = 0$ und $f_2 = 0$ gegeben, die sich in vier reellen Punkten schneiden. Das Produkt

$f_1 \cdot f_2$ wird dann (bei entsprechender Wahl der Zeichen) in dem Stück der Ebene, welches im Innern, wie im Äußern *beider* Ellipsen liegt, positiv, in den vier sichelförmigen Stücken aber, die dazwischen liegen, negativ sein (Abb. 29).

Wir setzen nun $f_1 f_2 = \varepsilon$, wo ε eine genügend kleine Größe ist. Diese Gleichung wird uns dann eine Kurve vierter Ordnung C_4 vorstellen, die ganz in der Nähe der Ellipsen verläuft, und zwar je nachdem $\varepsilon > 0$

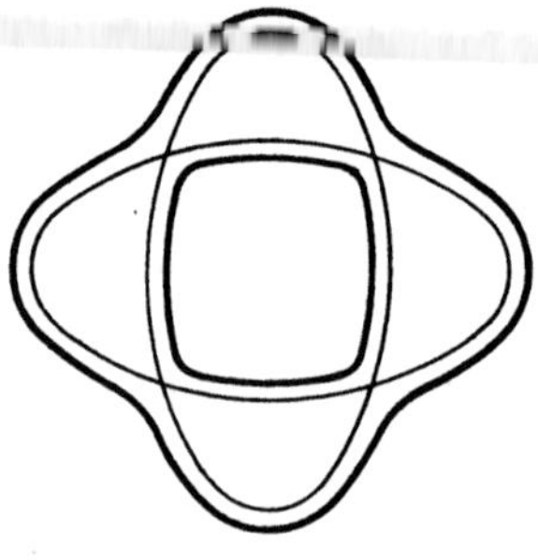

Abb. 30.

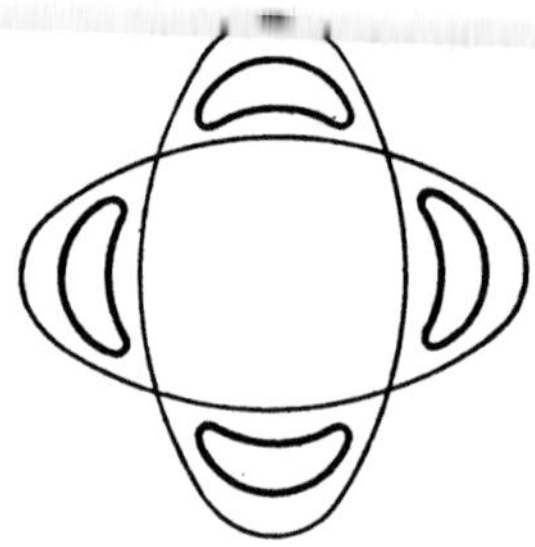

Abb. 31.

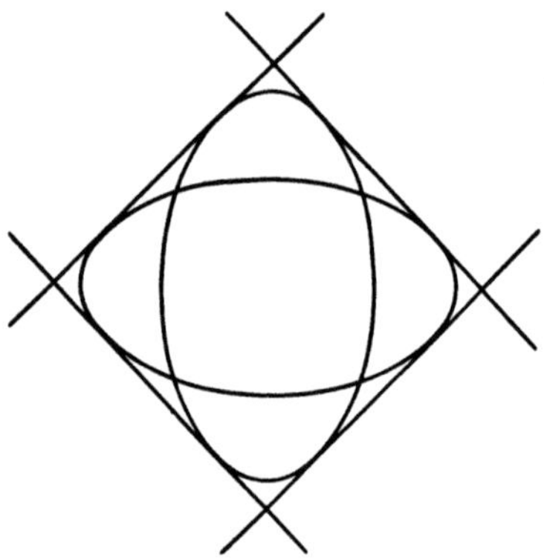

Abb. 32.

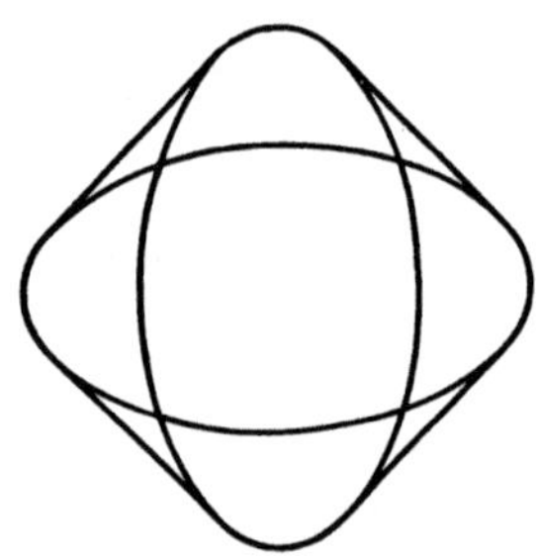

Abb. 33.

oder < 0 ist, in den positiven oder negativen Teilen der Ebene (Abb. 30, 31). Dieses ist eine beliebte Art, um sich Gestalten einer C_4 zu verschaffen[1]).

Nun wäre die Aufgabe, das Entsprechende dualistisch durchzuführen. Unserem Ellipsenpaar entspricht dualistisch wieder ein Ellipsenpaar $\varphi_1 = 0$ und $\varphi_2 = 0$ mit vier reellen gemeinsamen Tangenten. Wir können gleich an unserer ursprünglichen Abb. 32 festhalten. Wie finden wir nun die Kurve vierter Klasse? Zu dem Zweck gehen wir von den vier reellen „Doppeltangenten" des Ellipsenpaares aus, welche den vier „Doppelpunkten" unseres vorigen Falles dualistisch gegenüberstehen. Wir unterscheiden bei jeder von ihnen ein inneres

[1]) Über diese Methode der „Kleinen Abänderung" zahlreiche Arbeiten von *L. Brusotti*, Atti ist. Lombardo und Annali seit 1913.

und ein äußeres Segment. Das führt uns zu den beiden neuen Abb. 33, 34, wo wir das eine Mal nur die inneren, das andere Mal nur die äußeren Segmente markiert haben. Das Verfahren, durch das wir auf diese Art Kurven vierter Klasse erhalten (indem wir den früheren Übergang zu den Kurven vierter Ordnung genau übertragen) ist nun sehr merkwürdig. Die vier Doppeltangenten werden nämlich gespalten und setzen sich mit den Teilen der beiden Ellipsen zu eigenartigen Kurvenzweigen zusammen: Im ersten Falle erhalten wir einen ersten Kurvenzug mit 8 Spitzen und 4 Doppelpunkten, der von einem zweiten Kurvenzug eingeschlossen wird (Abb. 35); es entspricht dies genau der Abb. 30 der Kurve vierter Ordnung, die 4 Doppeltangenten und 8 Wendepunkte darbietet auf ihrem einen Zuge. Im andern Falle (Abb. 36)

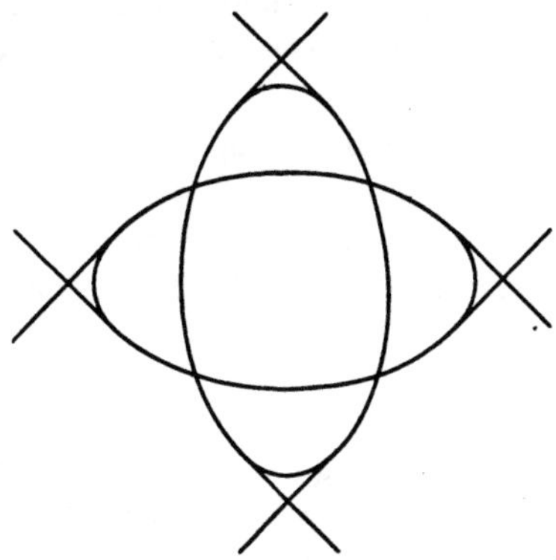

Abb. 34.

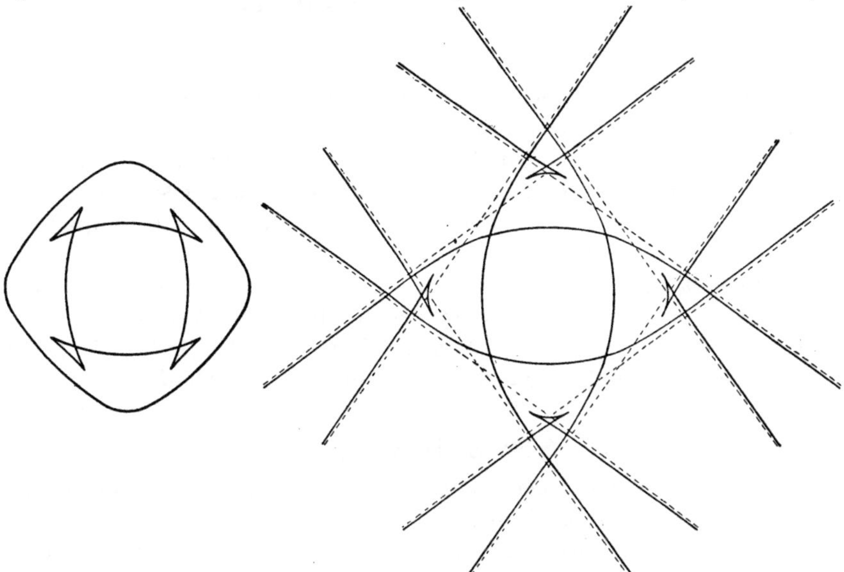

Abb. 35 u. 36.

bekommen wir eine noch etwas verwickeltere Gestalt, eine Kurve vierter Klasse, die aus vier einzelnen sich hyperbelartig durchs Unendliche ziehenden Zügen besteht, deren jeder zwei Spitzen und einen Doppelpunkt besitzt. Von den Zügen ist in der Abbildung einer mit Pfeilspitzen versehen. Die vier Züge durchsetzen sich wechselseitig noch in 24 Doppelpunkten.

Dies wäre ein Beispiel dafür, wie man Abbildungen dualistisch umgestaltet; zweifellos wird durch solche Umsetzung die geometrische Anschauung sehr geübt, so daß es sich empfiehlt, andere Kurven, auch transzendente, wie etwa die Sinuslinie in demselben Sinne einmal zu studieren. Wir beschränken uns aber nicht auf die Dualität im engern Sinne.

Die Auffassung *Plückers* sagt, man kann nicht nur die Ebene im Raum (oder die gerade Linie in der Ebene), sondern beliebige andere Gebilde als Element wählen und durch Koordinaten festlegen. Wir wählen z. B. Gebilde zweiten Grades

$$\sum a_{ik} x_i x_k = 0.$$

In der Ebene stellt diese Gleichung einen Kegelschnitt dar, der durch 5 unabhängige Konstante, im Raum eine Fläche zweiter Ordnung F_2, die durch 9 unabhängige Konstante bestimmt ist. *Dementsprechend redet man von einer Mannigfaltigkeit von 5 oder 9 Dimensionen.* Studieren wir dann irgendwelche Gleichung zwischen den a_{ik}, so vermögen wir sie als Gebilde zu deuten, die in dieser Mannigfaltigkeit aus Kegelschnitten in bestimmter, aber niedrigerer Mannigfaltigkeit bestehen. Genau so kann man bei Gebilden zweiter Klasse

$$\sum \alpha_{ik} u_i u_k = 0$$

verfahren, wieder werden wir Gleichungen zwischen den Größen α_{ik} aufstellen und geometrisch diskutieren.

Wir gehen hierauf nicht nähere in, erwähnen vielmehr nur historisch, daß Untersuchungen in dem hier bezeichneten Gebiet beispielsweise von *Reye*, dem Verfasser des bekannten Lehrbuches, in Crelles Journal, Bd. 82, veröffentlicht sind (1877): *Über lineare Systeme und Gewebe von Flächen zweiten Grades.* Wie dieser Titel sagt, beschränkt sich *Reye* auf lineare Gleichungen zwischen den Koeffizienten. Vgl. auch *C. Segre*, Studio sulle quadriche . . ., Memorie Torino (2) 36 (1883), S. 3—86 ferner ebenda, Sulla geometria della retta . . ., S. 87—157.

§ 20. Linienkoordinaten.

Wir gehen nun zu einem weiteren Beispiel über, das wir seiner Wichtigkeit wegen ausführlich behandeln müssen, nämlich *zur Liniengeometrie*, d. h. der Geometrie, *die mit der Geraden im Raum als Element arbeitet.* Es handelt sich hier um die Untersuchungen, die *Plücker* 1868/69 durch sein Werk „Neue Geometrie des Raumes gegründet auf die Betrachtung *der geraden Linie als Raumelement*" in die Wege geleitet hat. Übrigens gehen diese neueren Arbeiten *Plückers* auf die älteren Untersuchungen zurück, die im „System der Geometrie des Raumes" niedergelegt sind, 1846, vgl. z. B. Nr. 258. Hier spricht *Plücker* bereits den Gedanken aus, daß die Geraden von vier Konstanten abhängen, und wir Gleichungen zwischen vier Veränderlichen stets so deuten können, daß sie Beziehungen von Raumgeraden darstellen. Eine gerade Linie im Raum wird etwa gegeben sein, wenn man ihre Projektion auf zwei Koordinatenebenen, etwa auf die x, z- und y, z-Ebene kennt, also etwa

$$x = rz + \varrho, \qquad y = sz + \sigma.$$

Die Größen r, s, ϱ, σ wird man geradezu als Linienkoordinaten bezeichnen.

Man kann dann zunächst dreierlei Gebilde betrachten, je nachdem *eine, zwei* oder *drei* Gleichungen zwischen den Linienkoordinaten gegeben sind, Gebilde, die dementsprechend von 3, 2 oder einem Parameter abhängen. *Plücker* nennt sie entsprechend *Linienkomplexe, Linienkongruenzen* und *Linienflächen.* Ein erstes Beispiel für einen Linienkomplex bieten die Tangenten einer beliebigen Fläche, doch stellt dieses Beispiel nicht den allgemeinen Fall dar, wie wir schon erkennen, wenn wir an das zurückdenken, was über den linearen Linienkomplex gesagt wurde. Ein Beispiel für eine Linienkongruenz ist uns bereits begegnet; es wurde gebildet durch die gemeinsamen Tangenten zweier F_2. Hier bezeichneten wir insbesondere die Flächen zweiten Grades als die *Brennflächen* des Liniengebildes. Ein Beispiel für eine Linienfläche ist jedes einschalige Hyperboloid, und zwar in doppeltem Sinne, je nachdem wir auf die eine oder die andere Schar geradlinige Erzeugender unser Augenmerk richten.

Ein näheres Eindringen in diese Untersuchungen zeigt uns nun, daß es zweckmäßig sein wird, neben r, s, ϱ, σ noch

$$r\sigma - s\varrho = \eta$$

als gleichberechtigte fünfte Koordinate einzuführen. Bildet man nämlich die Projektion der Geraden auf die dritte Koordinatenebene, die x, y-Ebene, was durch einfache Elimination von z aus den angeführten Projektionen auf die x, z- und y, z-Ebene geschieht, so ergibt sich die Gleichung:

$$ry - sx = r\sigma - s\varrho.$$

Und wir sehen, daß mit Hinzunahme von η dann die nicht berechtigte Sonderstellung der dritten Koordinatenebene aufgehoben wird. Hat man so die fünf Linienkoordinaten $r, s, \varrho, \sigma, \eta$ mit der Bedingung

$$\eta = r\sigma - s\varrho$$

erklärt, so studiert man weiter lineare oder auch quadratische Gleichungen zwischen ihnen und nennt die hierdurch gegebenen Gebilde einen linearen Komplex, oder einen Komplex zweiten Grades usf.

Wir wollen jedoch gleich noch allgemein einen Schritt weiter gehen, indem wir *homogene* Veränderliche einführen. Zu dem Zwecke beginnen wir am besten folgendermaßen: Ist eine Gerade durch zwei ihrer Punkte

x, y, z und x', y', z' bestimmt gedacht, so drücken sich ihre fünf Linienkoordinaten so aus:

$$r = \frac{x - x'}{z - z'}, \qquad s = \frac{y - y'}{z - z'}, \qquad \eta = \frac{xy' - x'y}{z - z'},$$
$$\varrho = \frac{x'z - xz'}{z - z'}, \qquad \sigma = \frac{y'z - yz'}{z - z'},$$

wie leicht zu bestätigen ist. Statt unserer fünf Koordinaten $r, s, \varrho, \sigma, \eta$ werden wir nun zweckmäßig die Verhältnisse der folgenden Größen einführen:

$$r : s : 1 : -\sigma : \varrho : \eta,$$

die sich gleich den Verhältnissen:

$$(x - x') : (y - y') : (z - z') : (yz' - y'z) : (zx' - xz') : (xy' - yx')$$

ergeben.

Zwischen diesen sechs Größen, die wir jetzt als *homogene Koordinaten der Geraden* wählen, besteht dann die identische Beziehung $(x - x')(yz' - y'z) + (y - y')(zx' - z'x) + (z - z')(xy' - x'y) = 0.$ Um diese Verhältnisse leicht übersehen und behalten zu können, bilden wir die Matrix

$$\begin{vmatrix} x & y & z & 1 \\ x' & y' & z' & 1 \end{vmatrix}$$

Man erkennt, *daß die sechs Linienkoordinaten sich verhalten, wie die zweigliedrigen Unterdeterminanten,* die man aus dieser Matrix bilden kann. Wollen wir uns auch noch von dem rechtwinkligen Koordinatensystem frei machen, und ein Koordinatentetraeder zugrunde legen, so tritt an Stelle der letzthingeschriebenen Matrix die folgende:

$$\begin{vmatrix} x_1 & x_2 & x_3 & x_4 \\ y_1 & y_2 & y_3 & y_4 \end{vmatrix}$$

Aus ihr bilden wir wieder die zweigliedrigen Unterdeterminanten und erklären als homogene Koordinaten der geraden Linie unter Einführung des Proportionalitätsfaktors ϱ die folgenden Größen:

$$\varrho p_{12} = x_1 y_2 - x_2 y_1, \qquad \varrho p_{34} = x_3 y_4 - x_4 y_3,$$
$$\varrho p_{13} = x_1 y_3 - x_3 y_1, \qquad \varrho p_{42} = x_4 y_2 - x_2 y_4,$$
$$\varrho p_{14} = x_1 y_4 - x_4 y_1, \qquad \varrho p_{23} = x_2 y_3 - x_3 y_2$$

oder allgemein:

$$\varrho p_{ik} = x_i y_k - x_k y_i.$$

In Worten besagt unser Endergebnis: *Als Linienkoordinaten p_{ik} im Raum erklären wir sechs Größen, die sich verhalten wie die zweigliedrigen Unterdeterminanten, die man aus den Koordinaten zweier auf der geraden Linie gelegenen Punkte zusammensetzen kann.*

Zwischen ihnen besteht dann eine quadratische Beziehung:

$$P = p_{12}p_{34} + p_{13}p_{42} + p_{14}p_{23} = 0 .$$

Sie folgt ganz einfach aus der folgenden Determinantengleichung:

$$\begin{vmatrix} x_1 & x_2 & x_3 & x_4 \\ y_1 & y_2 & y_3 & y_4 \\ - & - & - & - \\ x_1 & x_2 & x_3 & x_4 \\ y_1 & y_2 & y_3 & y_4 \end{vmatrix} = 0 ,$$

deren linke Seite wir derart entwickeln, daß wir jede zweigliedrige Determinante der beiden ersten Zeilen mit ihrer adjungierten Determinante multiplizieren.

Dies ist die eine Art, Linienkoordinaten einzuführen; sie ging davon aus, daß jede gerade Linie durch zwei ihrer Punkte bestimmt ist. Insofern nennt *Plücker* die gerade Linie einen *Strahl* und die Koordinaten p „*Strahlenkoordinaten*". Demgegenüber läßt sich die Gerade auch dual als Schnitt zweier Ebenen auffassen; dann werden wir sie mit *Plücker* als eine *Achse* bezeichnen und von „*Achsenkoordinaten*" sprechen (eine Terminologie, die leider nicht in Aufnahme gekommen ist, die neueren Autoren bevorzugen einseitig das aus der Optik geläufige Wort Strahl). Wie werden nun die Achsenkoordinaten erklärt sein?

Wir bilden ganz entsprechend die Matrix aus den Koordinaten der beiden Ebenen:

$$\begin{Vmatrix} u_1 & u_2 & u_3 & u_4 \\ v_1 & v_2 & v_3 & v_4 \end{Vmatrix}$$

und deren zweigliedrige Determinanten. Dann setzen wir:

$$\sigma q_{ik} = u_i v_k - u_k v_i$$

und haben in diesen sechs Verhältnisgrößen die sechs Achsenkoordinaten der geraden Linie vor uns, in der sich die beiden Ebenen u, v schneiden. Zwischen ihnen besteht wieder eine quadratische Identität:

$$Q = q_{12}q_{34} + q_{13}q_{42} + q_{14}q_{23} = 0 .$$

Uns drängt sich nun von selbst die Frage auf, *wann sich die Koordinaten p_{ik}* und q_{ik} *auf dieselbe gerade Linie beziehen werden?*

Offenbar dann, wenn die zur Erklärung von p_{ik} benutzten Punkte x_i und y_i in den zur Erklärung von q_{ik} benutzten Ebenen u_i und v_i liegen, wenn also in naheliegender Schreibweise die vier Gleichungen bestehen $ux = 0$, $uy = 0$, $vx = 0$, $vy = 0$. Um die hieraus folgende Beziehung zwischen den Größen p_{ik} und q_{ik} aufzustellen, ist eine kleine Determinantenrechnung nötig, die wir nicht weiter ausführen wollen. Wir erhalten, daß die p_{ik} und q_{ik} proportional sind, jedoch mit einer gewissen Vertauschung der Indizes:

$$p_{12}:p_{13}:p_{14}:p_{34}:p_{42}:p_{23} = q_{34}:q_{42}:q_{23}:q_{12}:q_{13}:q_{14}.$$

Hierfür können wir auch einfach schreiben:

$$\varrho \cdot p_{ik} = \frac{\partial Q}{\partial q_{ik}} \qquad \text{oder} \qquad \sigma q_{ik} = \frac{\partial P}{\partial p_{ik}},$$

wo ϱ und σ Proportionalitätsfaktoren sind.

Wir werden nun noch in Linienkoordinaten die Bedingung dafür aufstellen, daß zwei gerade Linien sich schneiden. Wir werden offenbar vier Formeln erhalten müssen, je nachdem wir die eine oder die andere Gerade mit Strahlen- oder mit Achsenkoordinaten bezeichnen. Das Verfahren, diese Formeln abzuleiten, wird etwa von den Punktepaaren ausgehen, welche die beiden Geraden festlegen: x_i und y_i für die eine, x_i' und y_i' für die andere Gerade. Schneiden sich die beiden Geraden, so liegen die vier Punkte in einer Ebene, d. h. es gibt die Determinantengleichung

$$\begin{vmatrix} x_1 & x_2 & x_3 & x_4 \\ y_1 & y_2 & y_3 & y_4 \\ x_1' & x_2' & x_3' & x_4' \\ y_1' & y_2' & y_3' & y_4' \end{vmatrix} = 0.$$

Entwickeln wir die linke Seite wieder nach zweigliedrigen Unterdeterminanten, erhalten wir:

$$p_{12}p_{34}' + p_{13}p_{42}' + p_{14}p_{23}' + p_{34}p_{12}' + p_{42}p_{13}' + p_{23}p_{14}' = 0$$

oder unter Berücksichtigung der Beziehungen, welche die p_{ik} mit den q_{ik} derselben Geraden verknüpfen:

$$\sum p_{ik} q_{ik}' = \sum q_{ik} p_{ik}' = 0$$

oder auch

$$q_{12}q_{34}' + q_{13}q_{42}' + q_{14}q_{23}' + q_{34}q_{12}' + q_{42}q_{13}' + q_{23}q_{14}' = 0.$$

Jede dieser vier Gleichungen stellt uns also die Bedingung für das Schneiden der beiden Geraden in Linienkoordinaten dar; wir sehen insbesondere, *daß diese Bedingung in den Koordinaten jeder Geraden linear ist.*

Wir hatten zuletzt die geraden Linien des Raumes durch Koordinaten p_{ik} und q_{ik} festgelegt, die den Bedingungen $P=0$ und $Q=0$ zu genügen hatten. Indem nun die Größen r, s, ϱ, σ eindeutig durch die Koordinaten p_{ik} bestimmt sind, können wir umgekehrt den Satz aussprechen:

Wenn sechs Verhältnisgrößen p_{ik} die Bedingung $P = 0$ befriedigen, dann werden sie allemal als Koordinaten einer geraden Linie angesehen werden dürfen. Entsprechend bei den q_{ik}.

§ 21. Die linearen Mannigfaltigkeiten der Liniengeometrie.

Wir wenden uns nun zu der neuen Aufgabe, lineare Gleichungen zwischen den Koordinaten p_{ik} oder q_{ik} in Betracht zu ziehen. Und zwar fragen wir uns zunächst, was *eine* Gleichung, dann was *zwei* Gleichungen, schließlich was *drei* Gleichungen zwischen ihnen geometrisch bedeuten werden.

1. Gegeben sei eine Gleichung zwischen den Größen p_{ik} oder den Größen q_{ik}. Es ist bequem, in unsern Entwicklungen sogleich beide Fälle nebeneinander zu behandeln. Es sei etwa eine der Gleichungen gegeben:

$$\sum a_{ik} p_{ik} = 0 \quad \text{oder} \quad \sum b_{ik} q_{ik} = 0 .$$

Diese Größen a sollen mit den b entsprechend den zwischen den Koordinaten p_{ik} und q_{ik} bestehenden Beziehungen insofern geradezu übereinstimmen, als je zwei von ihnen mit „komplementären Indizes" dasselbe bedeuten. Unsere Gleichung stellt uns einen *linearen Linienkomplex* vor; wir nennen ihn linear, weil eben *die eine vorliegende Gleichung vom ersten Grade ist.*

Was stellt sie nun geometrisch dar? Es gibt einen Sonderfall, in dem wir über die Bedeutung sofort anschaulich im klaren sind, wenn nämlich der Ausdruck

$$A = a_{12}a_{34} + a_{13}a_{42} + a_{14}a_{23} \quad \text{oder} \quad B = b_{12}b_{34} + b_{13}b_{42} + b_{14}b_{23}$$

verschwindet. Dann können wir die Größen a_{ik} und b_{ik} selbst als Linienkoordinaten deuten; wir werden etwa setzen dürfen:

$$a_{ik} = q'_{ik}, \quad b_{ik} = p'_{ik},$$

um der gewohnten Bezeichnungsweise uns anzuschließen. Unsere ursprüngliche Gleichung geht dann über in

$$\sum q'_{ik} p_{ik} = 0 \quad \text{oder aber} \quad \sum p'_{ik} q_{ik} = 0.$$

Hieraus ergibt sich mit Rücksicht auf die Endformeln von § 20 der Satz:

Wenn $A = B = 0$ ist, so haben wir einen speziellen linearen Komplex vor uns, dessen sämtliche gerade Linien eine feste Gerade schneiden, deren Koordinaten $q'_{ik} = a_{ik}$ und $p'_{ik} = b_{ik}$ sind.

Von diesem Falle aus können wir leicht auf eine Eigenschaft des Ausdruckes A oder B schließen. Wir haben hier eine *Invariante* unseres linearen Komplexes vor uns. Wir können als eine vorläufige Definition, mehr zur Orientierung als zur Festlegung des Begriffes etwa folgendes sagen:

Unter einer Invariante eines geometrischen Gebildes versteht man einen Ausdruck, gebildet aus den Koeffizienten der Gleichung des Gebildes, dessen Verschwinden etwas aussagt, was vom Koordinatensystem unabhängige Bedeutung hat. Infolgedessen wird ein solcher Ausdruck sich bei Koordinatenverwandlung, allgemein zu reden, nur um einen nicht verschwindenden Faktor ändern.

Ein derartiger Ausdruck ist nun in A (oder B) gegeben: deshalb nennen wir ihn schlechtweg „*Invariante des Komplexes*"

Was besagt nun der allgemeine Fall der Gleichung

$$\sum a_{ik} p_{ik} = 0 \quad \text{und} \quad \sum b_{ik} q_{ik} = 0$$

geometrisch? Wir können an Stelle der ersten Gleichung auch schreiben: $\sum a_{ik}(x_i y_k - x_k y_i) = 0$; diese Gleichung stellt uns dann alle Geraden dar, die irgend zwei ihr genügende Punkte x, y verbinden. Doch die letzte Gleichung ist uns von früher her bekannt. Sie bestimmt uns ein Nullsystem, die in Betracht kommenden geraden Linien haben wir seine „Nullgeraden" genannt. Damit haben wir sofort die in Aussicht genommene Erklärung des linearen Komplexes:

Die geraden Linien eines linearen Komplexes sind die Nullgeraden eines Nullsystems, das in trivialer Weise ausartet, wenn der Komplex speziell wird.

Wir können diesen Satz sofort auf einen Linienkomplex n-ten Grades ausdehnen, der durch die Gleichung $f_n\ (p_{ik}) = 0$ definiert sein möge. Halten wir dann z. B. den Punkt x fest, so beschreibt der Punkt y eine Kegelfläche n-ter Ordnung, deren Spitze eben der Punkt x ist. *Überhaupt bilden daher bei einem Linienkomplex n-ten Grades die geraden Linien, die durch einen festen Punkt x laufen, einen Kegel n-ter Ordnung.*

Es ist nun das Schöne dieser Betrachtung, daß sie sich sofort auf die Koordinaten q_{ik} und ihre Gleichung

$$\sum b_{ik} q_{ik} = 0$$

übertragen lassen. Wir können die letzte Gleichung jetzt schreiben

$$\sum b_{ik}(u_i v_k - v_i u_k) = 0,$$

indem jetzt die gerade Linie als Schnitt zweier Ebenen aufgefaßt wird. *Dualistisch bekommen wir dann bei festgehaltenen u_i die Gleichung des Punktes, welcher dieser Ebene im Nullsystem entspricht.* Die Gesamtheit unserer geraden Linien werden wieder durch die Nullgeraden des Nullsystems gegeben. *Allgemein erhalten wir bei gegebener Gleichung $f_n'\ (q_{ik})$ für $q_{ik} = u_i v_k - v_i u_k$ bei festgehaltenen u in laufenden Ebenenkoordinaten v die Gleichung der Kurve, welche innerhalb der Ebene u von den Komplexgeraden umhüllt wird; die Kurve ist aber von der n-ten Klasse.*

2. Wir gehen nun dazu über, zwei lineare Gleichungen für die Linienkoordinaten an die Spitze zu stellen:

$$\sum a_{ik} p_{ik} = 0 \quad \text{und} \quad \sum a'_{ik} p_{ik} = 0,$$

die gleichzeitig erfüllt sein sollen. Wir nennen das hierdurch erklärte geometrische Gebilde eine *lineare Kongruenz.*

Wie viele ihrer Geraden laufen durch einen beliebigen Raumpunkt? Im ersten Komplex

$$\sum a_{ik} p_{ik} = 0$$

wird dem beliebigen Punkt x eine Ebene zugeordnet, ebenso im zweiten Komplex. Die Schnittgerade beider Ebenen stellt die einzige durch den Raumpunkt gehende Gerade unseres Systems dar. Ein entsprechender Satz ergibt sich als Beantwortung der Frage, wie viele Geraden in einer Ebene liegen.

Unsere lineare Kongruenz ist demnach von der ersten Ordnung und der ersten Klasse, weil durch einen Raumpunkt im allgemeinen nur ein Strahl läuft und in einer Ebene im allgemeinen nur eine Achse liegt.

Alle geraden Linien der Kongruenz gehören auch dem Komplex an

$$\sum (a_{ik} + \lambda a'_{ik})\, p_{ik} = 0.$$

Der letzte Ausdruck gibt uns nun bei variablem λ ein ganzes „*Büschel von linearen Komplexen*“. Wir werden uns daher fragen dürfen, ob unter ihnen nicht spezielle Komplexe enthalten sind, d. h. ob wir dem λ nicht solche Werte erteilen können, daß die Größen $a_{ik} + \lambda a'_{ik}$ selbst als Linienkoordinaten zu deuten sind. Dann muß folgende Gleichung bestehen:

$$(a_{12} + \lambda a'_{12})(a_{34} + \lambda a'_{34}) + (a_{13} + \lambda a'_{13})(a_{42} + \lambda a'_{42}) \\ + (a_{14} + \lambda a'_{14})(a_{23} + \lambda a'_{23}) = 0.$$

Dies aber ist eine quadratische Gleichung für λ.

Im allgemeinen gibt es daher im Büschel dieser Komplexe zwei spezielle, so daß also die Kongruenz aus allen geraden Linien besteht, die zwei feste Geraden, ihre „Leitlinien“ treffen.

Diese können reell oder konjugiert imaginär sein. Doch gibt es auch den Sonderfall, daß die quadratische Gleichung eine Doppelwurzel für λ besitzt. Alsdann haben wir nur eine doppeltzählende Leitlinie oder Direktrix. Endlich aber kann unsere Gleichung auch identisch erfüllt sein. Als Bedingung hierfür findet sich:

$$A = a_{12} a_{34} + a_{13} a_{42} + a_{14} a_{23} = 0,$$
$$A' = a'_{12} a'_{34} + a'_{13} a'_{42} + a'_{14} a'_{23} = 0$$

und

$$a_{12} a'_{34} + a_{34} a'_{12} + a_{13} a'_{42} + a_{42} a'_{13} + a_{14} a'_{23} + a_{23} a'_{14} = 0.$$

Die erste Gleichung aber besagt, daß der erste Komplex speziell ist, also aus allen Geraden besteht, die eine feste Gerade treffen. Dasselbe gilt gemäß der zweiten Gleichung für den zweiten Komplex. Die dritte Gleichung endlich gibt an, daß diese beiden festen Geraden sich selbst wechselseitig schneiden. In diesem Falle (in dem die Gleichung für λ identisch erfüllt ist) haben wir es daher mit einer „*zerfallenden*“ Kongruenz zu tun. *Sie besteht aus einer Kongruenz erster Ordnung, nullter Klasse, deren sämtliche geraden Linien durch einen festen Raumpunkt gehen, und einer Kongruenz nullter Ordnung, erster Klasse, deren sämtliche gerade Linien eine Ebene ausfüllen.*

Die Kongruenz hat unendlich viele Leitlinien

$$q_{ik} = a_{ik} + \lambda a'_{ik},$$

nämlich alle die Geraden, die dem durch a_{ik} und a'_{ik} bestimmten Geradenbüschel angehören.

Was nun diese Lehre von den Kongruenzen angeht, so gibt es ganz allgemein *ein Gebiet der Anwendung* ähnlich wie die linearen Komplexe als Nullsysteme in der Mechanik vorkommen. Wir meinen *die geometrische Optik*. Sie nennt die Kongruenzen „*Strahlensysteme*". Man betrachte etwa zuerst einen Lichtpunkt, der nach allen Seiten Strahlen aussendet; sie werden eine Kongruenz erster Ordnung nullter Klasse vorstellen. Diese Strahlen mögen etwa auf Linsen fallen, die wir uns übrigens ganz beliebig (nicht sphärisch) begrenzt denken mögen, vielleicht weiterhin noch an irgendwelchen Spiegeln reflektiert werden. Schließlich werden die Endstrahlen immer wieder eine von zwei Parametern abhängige Schar gerader Linien bilden, d. h. wir werden auf *alle Fälle eine Linienkongruenz* vor uns haben. Es seien hier die Namen *Euler*, *Monge* (1781), *Malus*, *Hamilton* und *Kummer* genannt, als die Forscher, die dieses Gebiet zuerst bearbeitet haben.

Diese optischen Strahlensysteme sind natürlich, allgemein zu reden, keineswegs *lineare* Kongruenzen. Aber sie können in der Nähe jedes einzelnen ihrer Strahlen mit Annäherung so behandelt werden, als wenn sie lineare Kongruenzen wären, entsprechend, wie man eine Fläche in einem Punkte durch ihre Tangentenebene ersetzt. Auf diese Vorstellungsweise beziehen sich nun die Modelle, die *Kummer* ausgeführt hat[1]). Sie geben alle Strahlen einer linearen Kongruenz, die durch die Punkte eines kleinen Kreises laufen, der in einer, zu einem ausgewählten Strahle senkrechten Ebene, um den Schnittpunkt von Strahl und Ebene herum gelegt ist. Im einzelnen sind die drei Fälle dargestellt, daß die beiden Leitlinien der Kongruenz reell oder imaginär sind oder in eine zusammenfallen.

Es ist sehr lehrreich, sich auch die *Gesamtheit* der Strahlen vorzustellen, die eine lineare Kongruenz ausmachen. Solange die Leitlinien reell sind, hat dies natürlich keine Schwierigkeit. Dagegen wird man im Falle imaginärer oder zusammenfallender Leitlinien wohl nicht ohne Modell durchkommen.

3. Es seien drei lineare Gleichungen der Linienkoordinaten gegeben:

$$\sum a_{ik} p_{ik} = 0, \quad \sum a'_{ik} p_{ik} = 0, \quad \sum a''_{ik} p_{ik} = 0;$$

sie stellen eine einparametrige Mannigfaltigkeit gerader Linien dar, d. h. eine *Linienfläche*. Wir fragen uns nun, von welchem Grade diese Fläche sein wird? Zu dem Zwecke werden wir die Zahl ihrer Schnitt-

[1]) Vgl. Katalog mathem. Modelle ... von *W. Dyck*, München 1892.

punkte mit einer geraden Linie q'_{ik} abzählen, d. h. die Zahl der Linien, welche außer den gegebenen Gleichungen noch die folgende

$$\sum q'_{ik} p_{ik} = 0$$

befriedigen. Erinnern wir uns, daß noch die quadratische Gleichung $P(p_{ik}) = 0$ zwischen den Koordinaten gilt, so erkennen wir, daß die Zahl der Lösungen aller unserer Gleichungen mit den sechs homogenen Veränderlichen p_{ik} gerade zwei beträgt. Es gibt demnach allgemein zu reden auf unserer Linienfläche zwei gerade Linien, die die Gerade q'_{ik} treffen. In leicht verständlicher Verallgemeinerung lautet der hierin sich ausdrückende Satz:

Drei Komplexe von der Ordnung l, m und n haben eine Linienfläche der Ordnung $2 \cdot l \cdot m \cdot n$ gemein.

Wir bekommen in unserm Sonderfall der *linearen* Komplexe als das Gebilde der ihnen gemeinsamen geraden Linien eine Linienfläche zweiter Ordnung, d. h. ein einschaliges Hyperboloid, das natürlich im besonderen in ein hyperbolisches Paraboloid übergehen kann.

Nun trägt ein einschaliges Hyperboloid neben der ersten Schar Erzeugender noch eine zweite; es drängt sich daher die Frage auf, welche Rolle diese letztere bei unserem Ansatze spielt. Zunächst ist einleuchtend, daß die Fläche zweiter Ordnung nicht nur den drei gegebenen Komplexen, sondern der ganzen dreigliedrigen Schar gemeinsam angehört:

$$\lambda \sum a_{ik} p_{ik} + \lambda' \sum a'_{ik} p_{ik} + \lambda'' \sum a''_{ik} p_{ik} = 0$$

oder anders geordnet:

$$\sum (\lambda a_{ik} + \lambda' a'_{ik} + \lambda'' a''_{ik}) p_{ik} = 0.$$

In ihr suchen wir wieder die speziellen Komplexe zu bestimmen.

Wir haben zu diesem Zwecke einfach die Invariante des Komplexes gleich Null zu setzen, d. h.

$$(\lambda a_{12} + \lambda' a'_{12} + \lambda'' a''_{12})(\lambda a_{34} + \lambda' a'_{34} + \lambda'' a''_{34})$$
$$+ (\lambda a_{13} + \lambda' a'_{13} + \lambda'' a''_{13})(\lambda a_{42} + \lambda' a'_{42} + \lambda'' a''_{42})$$
$$+ (\lambda a_{14} + \lambda' a'_{14} + \lambda'' a''_{14})(\lambda a_{23} + \lambda' a'_{23} + \lambda'' a''_{23}) = 0.$$

Dies ist aber eine quadratische Gleichung für das Verhältnis $\lambda : \lambda' : \lambda''$, liefert also eine einparametrige Schar von Lösungssystemen. *Die Leitgeraden dieser in unserer Schar enthaltenen speziellen linearen Komplexe sind die Linien zweiter Erzeugung unseres Hyperboloids.*

Wir nennen übrigens eine solche Schar linearer Komplexe, wie sie die obige Summenformel darstellt, je nachdem *eine dreigliedrige lineare Schar oder eine zweiparametrige lineare Schar,* wie leicht verständlich ist. Diese Bezeichnungen werden wir bald öfter anzuwenden Gelegenheit haben. Wir könnten nun noch die speziellen Fälle erörtern, welche eine dreigliedrige lineare Schar linearer Komplexe darbieten kann, doch wollen wir darüber hinweg gehen und weitergehend uns fragen:

4. Was bedeuten vier lineare Gleichungen zwischen den p_{ik}?

$$\sum a_{ik} p_{ik} = 0, \quad \sum a'_{ik} p_{ik} = 0, \quad \sum a''_{ik} p_{ik} = 0, \quad \sum a'''_{ik} p_{ik} = 0.$$

Da wiederum noch außerdem die quadratische Gleichung $P = 0$ besteht, so liefern uns die Gleichungen zwei Lösungen, d. h.:

Vier lineare Komplexe haben im allgemeinen zwei gerade Linien gemein.

Allgemein ausgesprochen lautet dieser Satz: *Haben wir vier Komplexe von den Ordnungen l, m, n, o, so haben sie allgemein zu reden $2 \cdot l \cdot m \cdot n \cdot o$ gerade Linien gemein, natürlich besondere Fälle vorbehalten, die wir hier nicht näher besprechen.*

§ 22. Der lineare Komplex als Raumelement.

Wir gehen nun dazu über, die Erweiterung der liniengeometrischen Ansätze vorzutragen, die in *Kleins* Arbeiten, Math. Annalen Bd. 2, 1869, entwickelt ist[1]). Sie beruhen darauf, daß wir nicht die gerade Linie als Raumelement betrachten, sondern *den allgemeinen linearen Linienkomplex,* den wir durch die Gleichung

$$\sum a_{ik} p_{ik} = 0$$

erklärt haben, d. h. *wir studieren Gleichungen zwischen den Koeffizienten a_{ik} des Komplexes.*

Mit diesem Gedanken stimmen sehr gut die Ziele überein, die *Ball* in seiner bereits von uns erwähnten Schraubentheorie verfolgt hat. Er betrachtet dort die Schraube als Raumelement; ausführlicher können wir leider hierauf nicht eingehen[2]). Wir deuten also die Größen a_{ik} als *Koordinaten,* die wir unter Umständen auch b_{ik} schreiben, wobei stets auf die uns bekannte Regel, die Vertauschung der Indizes betreffend, Rücksicht zu nehmen ist.

Es seien zwei Systeme der neuen Koordinaten a_{ik} und a'_{ik} (oder auch b_{ik}, b'_{ik}) gegeben. Wir bilden aus ihnen die lineare Schar $\lambda a_{ik} + \lambda' a'_{ik}$. Dieser zweigliedrigen, d. h. einparametrigen Schar entspricht, wie wir wissen, *ein Büschel linearer Komplexe.* Wir bilden uns nach dem bekannten Schema für den einzelnen Komplex dieses Büschels die Invariante:

$$(\lambda a_{12} + \lambda' a'_{12})(\lambda a_{34} + \lambda' a'_{34}) + \cdots + \cdots$$

oder

$$\lambda^2 A + \lambda'^2 A' \\ + \lambda\lambda' (a_{12} a'_{34} + a_{34} a'_{12} + a_{14} a'_{23} + a_{23} a'_{14} + a_{13} a'_{42} + a_{42} a'_{13}),$$

worin wir A und A' als Abkürzungen für $a_{12} a_{34} + a_{13} a_{42} + a_{14} a_{23}$ und

[1]) Zur Theorie der Linienkomplexe ersten und zweiten Grades. — Die allgemeine lineare Transformation der Linienkoordinaten. Gesammelte Abhandlungen Bd. 1 S. 53, S. 81.

[2]) Vgl. auch *F. Kleins* Werke Bd. 1, S. 503, wo ein Bericht über *Balls* Schraubentheorie gegeben ist.

$a'_{12}a'_{34} + a'_{13}a'_{42} + a'_{14}a'_{23}$ eingeführt haben. A, A' sind die „Invarianten" der Komplexe a_{ik}, a'_{ik}. Es handelt sich für uns jetzt insbesondere um den Klammerausdruck, den wir abkürzend schreiben können:

$$\sum a_{ik}\, b'_{ik} \quad \text{oder} \quad \sum a'_{ik}\, b_{ik}.$$

Wir nennen ihn die simultane Invariante zweier Komplexe. Die nächste Frage wird wieder sein, *was das Verschwinden der simultanen Invariante bedeutet.* Da die b_{ik} ganz beliebig gegeben werden können, stellt die Gleichung

$$\sum a_{ik}\, b'_{ik} = 0$$

bei veränderlichen a_{ik} zugleich die allgemeine lineare Gleichung dar, die man in Komplexkoordinaten bilden kann. *Mit unserer letzten Frage fällt daher die nach der Bedeutung der allgemeinen linearen Gleichung zwischen Komplexkoordinaten zusammen.*

Wie liegen nun zwei Komplexe gegeneinander, für die die Gleichung

$$\sum a_{ik}\, b'_{ik} = 0$$

gilt? Die Beantwortung dieser Frage ist für viele der folgenden Untersuchungen von Wichtigkeit. Man bezeichnet diese Lage der beiden Komplexe gegeneinander als *involutorische Lage. Ball* nennt zwei in derselben Beziehung stehende Schrauben „Korreziprokalschrauben".

Zum vollen Verständnis dieser Beziehung müssen wir auf den Begriff der „Involution" zurückgehen, wie er in der niederen projektiven Geometrie entwickelt wird. Man nennt dort bekanntlich im einfachsten Fall Involution die Beziehung der Punkte einer Geraden zueinander, welche die zu zwei bestimmten reellen oder imaginären Punkten d_1 und d_2 dieser Geraden harmonisch liegenden Punkte, z. B. p und p', zu Paaren zusammenfaßt. Wir haben den Ausdruck „*involutorische Verwandtschaft*" übrigens ja schon in der Theorie der reziproken Radien und beim Nullsystem gebraucht. In Übereinstimmung mit dem damaligen Sprachgebrauch ist die Beziehung der Punkte eines Paares auf unserer geraden Linie ja in der Tat gegenseitig, reziprok.

Doch gehen wir zu dem linearen Komplex zurück! Wir wählen irgendeine Ebene des Raumes aus; in ihr wird durch den Komplex a_{ik} ein bestimmter Punkt x_i ausgezeichnet, ebenso durch den zweiten Komplex a'_{ik} ein zweiter Punkt x_i' als Träger der Komplexstrahlen in dieser Ebene (vgl. Abb. 37). Die Verbindungsgerade dieser Punkte gehört beiden Komplexen zugleich an und stellt den Kongruenzstrahl in der ausgewählten Ebene dar. Nun gehört offen-

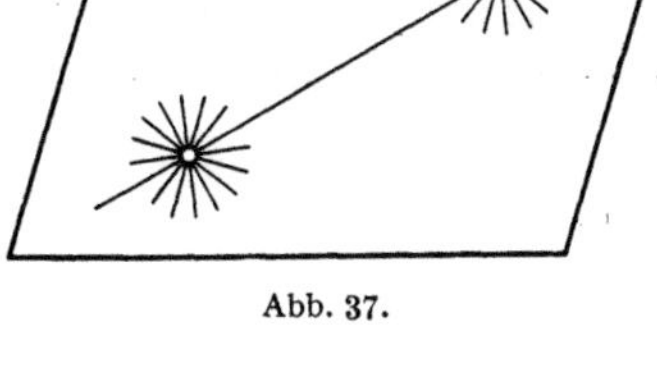

Abb. 37.

bar zu dem Komplex $\lambda a_{ik} + \lambda' a'_{ik}$ in unsrer Ebene ein Punkt desselben Kongruenzstrahles (da dieser Strahl allen Komplexen der Schar gemeinsam ist), und zwar sind die homogenen Koordinaten dieses Punktes durch den Ausdruck $\lambda x_i + \lambda' x_i'$ gegeben, wie wir nicht weiter beweisen wollen. Um die Leitlinien der Komplexschar $\lambda a_{ik} + \lambda' a'_{ik}$ zu finden, hatten wir die Gleichung:

$$A\lambda^2 + A'\lambda'^2 + \lambda\lambda'\{\cdots\} = 0$$

aufgestellt. Verschwindet die simultane Invariante der beiden Komplexe, so geht diese Gleichung über in:

$$A\lambda^2 + A'\lambda'^2 = 0$$

oder

$$\frac{\lambda}{\lambda'} = \pm\sqrt{-\frac{A'}{A}}.$$

Es ergeben sich daher unter unserer Voraussetzung die Gleichungen der Leitlinien in der Form:

$$\sqrt{-A'}\sum a_{ik} p_{ik} + \sqrt{A}\sum a'_{ik} p_{ik} = 0$$

und

$$\sqrt{-A'}\sum a_{ik} p_{ik} - \sqrt{A}\sum a'_{ik} p_{ik} = 0,$$

wo nun die Koeffizienten der p_{ik} mit richtigen Indizes genommen die Koordinaten der Leitlinien sind. Diese Leitlinien müssen offenbar den in der Abbildung gezeichneten Kongruenzstrahl in zwei Punkten d_1 und d_2 treffen, da dieser ja auch den durch die Leitlinien bestimmten speziellen Komplexen angehört. Als Koordinaten dieser Schnittpunkte ergeben sich dem Vorstehenden gemäß:

$$\text{für } d_1: \quad \sqrt{-A'}\,x_i + \sqrt{A}\,x'_i,$$
$$\text{für } d_2: \quad \sqrt{-A'}\,x_i - \sqrt{A}\,x'_i.$$

Wie man sofort erkennt, liegen diese Punkte zu den Punkten x_i und x_i' harmonisch, so daß wir als schließliches Ergebnis den Satz erhalten:

Zwei lineare Komplexe in Involution liefern in einer beliebigen Ebene des Raumes auf dem dieser Ebene zugehörigen Kongruenzstrahl zwei Punkte, die jedesmal harmonisch liegen zu den beiden Punkten, in denen der Kongruenzstrahl den beiden Leitlinien begegnet.

In diesem Satz kann man die Worte Ebene und Punkt vertauschen, d. h. die involutorische Lage zweier linearer Komplexe ist etwas sich selbst Duales. Wenn wir nun annehmen, daß einer von den zwei Komplexen, die involutorisch liegen, speziell wird, so können wir etwa $b'_{ik} = p'_{ik}$ setzen, und unsere Bedingungsgleichung

$$\sum a_{ik} b'_{ik} = 0$$

geht über in

$$\sum a_{ik} p'_{ik} = 0.$$

Es besagt daher die involutorische Lage dann einfach, daß die Leitlinie dieses speziellen Komplexes dem andern Komplex angehört.

Wenn wir endlich annehmen, daß beide Komplexe speziell sind, so setzen wir $b'_{ik} = p'_{ik}$, $a_{ik} = q_{ik}$ und erhalten die Gleichung

$$\sum q_{ik} p'_{ik} = 0.$$

Es besagt daher die involutorische Lage dann, daß die beiden Leitgeraden sich schneiden. Beide Vorkommnisse können wir natürlich unter die allgemeine Definition unterbegreifen.

Wir hatten in der linearen Gleichung

$$\sum a_{ik} b'_{ik} = 0$$

allgemein die *Bedingung für die involutorische Lage* der beiden Komplexe a_{ik}, b'_{ik} erkannt. An eine solche lineare Gleichung kann man nun immer eine *Theorie der Reziprozität anknüpfen.* Da ein linearer Komplex

$$\sum a_{ik} p_{ik} = 0$$

von fünf wesentlichen Konstanten abhängt, so werden wir überhaupt mit einer fünffach ausgedehnten Mannigfaltigkeit linearer Komplexe zu tun haben. Sind irgend sechs lineare Komplexe gegeben

$$\sum a_{ik} p_{ik} = 0, \quad \sum a'_{ik} p_{ik} = 0, \cdots$$

die linear unabhängig voneinander sind, d. h. deren Koeffizienten eine nicht verschwindende Determinante besitzen, so können wir den allgemeinen linearen Komplex aus ihnen mit Hilfe von sechs Parametern zusammensetzen, also:

$$\lambda \sum a_{ik} p_{ik} + \lambda' \sum a'_{ik} p_{ik} + \cdots + \lambda^{\mathrm{V}} \sum a^{\mathrm{V}}_{ik} p_{ik},$$

wovon man sich leicht mittelst der Methode der Koeffizientenvergleichung überzeugt. Da diese Gleichung auf der linken Seite aus sechs Gliedern besteht, werden wir die Mannigfaltigkeit der linearen Komplexe ebensowohl eine *sechsgliedrige lineare Schar* nennen können.

1. Nun wollen wir zuerst eine weitere Gleichung hinzunehmen:

$$\sum a_{ik} B_{ik} = 0,$$

die unserer früheren Gleichung

$$\sum a_{ik} b'_{ik} = 0$$

entspricht; nur daß wir für b'_{ik} die Bezeichnung B_{ik} gewählt haben, um eine größere Freiheit der Bezeichnung zur Verfügung zu haben. Wir betrachten die Größen a_{ik} als bestimmt gegebene Konstanten. Dem Komplex mit den Koeffizienten a_{ik} tritt dann eine vierparametrige Schar von Komplexen B_{ik} gegenüber, die mit dem ersten die hingeschriebene Bedingung erfüllen, d. h. mit ihm in Involution stehen. Wir behaupten nun, daß die Komplexe B_{ik} zugleich eine fünfgliedrige lineare Schar bilden. Es ist dies leicht einzusehen. Der allgemeine

Komplex setzt sich aus sechs Komplexen mit ebensoviel Parametern λ zusammen. Ordnet man die Form nach den Koordinaten p_{ik} und setzt ihre Koeffizienten für B_{ik} in die obige Gleichung

$$\sum a_{ik} B_{ik} = 0$$

ein, so erhält man eine Gleichung mit den sechs Parametern λ, die gestattet, einen davon durch die übrigen auszudrücken. Hieraus folgt unmittelbar, daß der allgemeinste lineare Komplex, der die Bedingung erfüllt, sich durch fünf Komplexe B_{ik} mit fünf Parametern Λ zusammensetzen läßt:

$$\Lambda B_{ik} + \Lambda' B'_{ik} + \cdots + \Lambda^{\mathrm{IV}} B^{\mathrm{IV}}_{ik}.$$

Natürlich müssen diese Komplexe $B_{ik}, B'_{ik} \ldots B^{\mathrm{IV}}_{ik}$ dabei linear unabhängig genommen werden, d. h. so, daß nicht alle fünfgliedrigen Determinanten, die man aus ihren Koordinaten bilden kann, verschwinden.

Wir fassen nun die gegebenen Größen a_{ik}, die wir doch unbeschadet der geometrischen Bedeutung in λa_{ik} verwandeln können, alle als eine eingliedrige Schar linearer Komplexe auf. Ihr wird dann vermittels der Gleichung

$$\sum a_{ik} B_{ik} = 0$$

eine fünfgliedrige Schar linearer Komplexe zugeordnet, die sämtlich mit der ersten in Involution liegen.

2. Nun nehmen wir an, es seien zwei Gleichungen gegeben:

$$\sum a_{ik} B_{ik} = 0, \quad \sum a'_{ik} B_{ik} = 0,$$

in denen die Größen a_{ik} und a'_{ik} als Konstante gelten. Diese beiden Gleichungen können wir mit zwei Parametern λ in eine zusammenfassen:

$$\sum (\lambda a_{ik} + \lambda' a'_{ik}) B_{ik} = 0,$$

die uns besagt, daß der Komplex B_{ik} zu der ganzen zweigliedrigen Schar $\lambda a_{ik} + \lambda' a'_{ik}$ in Involution stehen soll. Wir überlegen, daß die Gesamtheit der Komplexe B_{ik}, welche dieser Forderung genügen, eine dreifach unendliche Mannigfaltigkeit oder eine viergliedrige lineare Schar bilden werden. Haben wir daher vier Komplexe $B_{ik}, B'_{ik}, B''_{ik}, B'''_{ik}$ dieser Art gefunden, die linear unabhängig sind, so drückt sich der allgemeinste wieder in der Formel aus:

$$\Lambda B_{ik} + \Lambda' B'_{ik} + \Lambda'' B''_{ik} + \Lambda''' B'''_{ik}.$$

3. Endlich können wir drei Gleichungen als gegeben annehmen.

$$\sum a_{ik} B_{ik} = 0, \quad \sum a'_{ik} B_{ik} = 0, \quad \sum a''_{ik} B_{ik} = 0.$$

Dann wird der dreigliedrigen Schar auf der einen Seite, die sich aus den drei Komplexen $a_{ik}, a'_{ik}, a''_{ik}$, bilden läßt, auch auf der andern Seite eine dreigliedrige Schar entsprechen, deren einzelne Komplexe mit allen Komplexen der ersten Schar in Involution stehen. Alle diese Fälle zusammenfassend werden wir daher sagen dürfen:

Insofern unsere Involutionsbedingung in den Koordinaten der beiden in Betracht kommenden linearen Komplexe linear ist, wird durch sie jeder ν-gliedrigen linearen Schar linearer Komplexe eine $(6-\nu)$ gliedrige lineare Schar linearer Komplexe zugeordnet, die mit sämtlichen Komplexen der ersten Schar in Involution liegen $(\nu = 0, 1, 2, \ldots, 6)$.

In diesem Satz spricht sich die von uns gemeinte Wechselseitigkeit aus.

Wir können nun weiter auf die speziellen Komplexe achten, die in diesen zusammengehörigen Scharen enthalten sind. Nehmen wir z. B. eine dreigliedrige Schar linearer Komplexe, so bekommen wir, wie wir von früher wissen, in ihr eine einparametrige Schar spezieller Komplexe. Sie bilden die Erzeugenden der einen Art bei einem einschaligen Hyperboloid.

Die soeben betrachtete Wechselseitigkeit zwischen zwei dreigliedrigen, d. h. zweiparametrigen Systemen linearer Komplexe tritt hier besonders deutlich hervor. Die speziellen Komplexe der beiden Scharen sind einfach die beiden Systeme geradliniger Erzeugender eines Hyperboloids. Die involutorische Lage der beiden Scharen aber tritt darin hervor, daß alle Erzeugenden der eineu Art alle Erzeugenden der andern Art schneiden.

Mit diesen Erörterungen sind wir einer ferneren Betrachtungsweise nahe gekommen, die die Einführung einer neuen allgemeineren Koordinatenbestimmung des linearen Komplexes zum Gegenstand hat. *Wir erklären die neuen Koordinaten y_l als irgendwelche lineare Formen der bisherigen Koordinaten a_{ik}* (unter Einführung eines Proportionalitätsfaktors σ, da es ja nur auf das Verhältnis ankommt):

$$\sigma y_l = \sum_{ik} C_{ikl}\, a_{ik}.$$

Bedingung ist natürlich, daß die Determinante $|C_{ikl}|$ der Koeffizienten von Null verschieden ist. Dann können wir die Gleichungen nach den Größen a_{ik} auflösen und erhalten etwa:

$$\tau \cdot a_{ik} = \sum_{l} \gamma_{ikl}\, y_l.$$

Wie wir sogleich erkennen, bedeutet jede einzelne der verallgemeinerten Koordinaten y_l die linke Seite der auf einen festen Komplex C_l bezüglichen Involutionsbedingung.

Wie werden wir nun mit diesen verallgemeinerten Koordinaten y_l operieren? Als Bedingung für einen speziellen Komplex hatten wir früher das Verschwinden des Ausdruckes

$$a_{12}a_{34} + a_{13}a_{42} + a_{14}a_{23}$$

gefunden. Tragen wir für die a_{ik} die Werte der letzten Gleichung ein, so geht die Bedingungsgleichung über in:

$$\sum \gamma_{12l}\, y_l \cdot \sum \gamma_{34l}\, y_l + \cdots = 0,$$

was wir abkürzend mit $\Omega = 0$ bezeichnen, d. h.:

Sollen die neuen Koordinaten sich auf einen speziellen Komplex beziehen, also Linienkoordinaten vorstellen, so muß eine bestimmte quadratische Gleichung $\Omega = 0$ zwischen ihnen bestehen.

§ 23. Heranziehung von Hilfsmitteln aus der Theorie der quadratischen Formen.

Das algebraische Gebiet, in das wir hier notwendig hineingeführt worden, *ist die Lehre von den quadratischen Formen,* insbesondere ihr Verhalten bei linearen Substitutionen. Wir werden daher eine kleine Betrachtung solcher Formen einzuschalten haben, die mehr auf eine Zusammenstellung der wichtigsten Sätze als auf ihre Ableitung und Begründung hinauslaufen kann.

1. Es seien $x_1, \ldots x_n$ die ursprünglichen Koordinaten und

$$Q = \sum k_{\alpha\beta}\, x_\alpha\, x_\beta$$

die vorliegende quadratische Form. Nun führen wir durch eine ganz beliebige lineare Substitution mit nicht verschwindender Determinante neue Veränderliche $y_1, \ldots, y_n$ in die quadratische Form ein; sie möge übergehen in

$$Q = \sum l_{\alpha\beta}\, y_\alpha\, y_\beta .$$

Was hat diese letztere Form nun mit der Ausgangsform gemein? *Da zeigt sich zunächst, daß die Determinante der $k_{\alpha\beta}$ eine Invariante der quadratischen Form ist, die nach der Transformation verschwindet, wenn sie zu Anfang gleich Null war, aber übrigens sich nur um einen nicht verschwindenden Faktor ändert. Umgekehrt wird man zwei quadratische Formen von nicht verschwindender Determinante auch immer durch lineare Substitution, die eine aus der andern ableiten können, wenn man zuläßt, daß die Koeffizienten der Substitution auch komplexe Zahlen sein dürfen.*

Von diesem Satze sei doch sogleich die Anwendung auf unsere quadratische Form, die Invariante des linearen Komplexes, $a_{12}a_{34} + a_{13}a_{42} + a_{14}a_{23}$ gemacht, die wir gemäß der neuen Bezeichnung der Variabeln jetzt als $x_1x_2 + x_3x_4 + x_5x_6$ schreiben werden. Ihre Determinante ergibt sich gleich:

$$\begin{vmatrix} 0 & 1 & 0 & 0 & 0 & 0 \\ 1 & 0 & 0 & 0 & 0 & 0 \\ 0 & 0 & 0 & 1 & 0 & 0 \\ 0 & 0 & 1 & 0 & 0 & 0 \\ 0 & 0 & 0 & 0 & 0 & 1 \\ 0 & 0 & 0 & 0 & 1 & 0 \end{vmatrix} = -1.$$

Der Ausdruck $a_{12}a_{34} + a_{13}a_{42} + a_{14}a_{23}$ aufgefaßt als quadratische Form von sechs Veränderlichen hat daher jedenfalls eine nicht verschwindende Determinante. Nun soll sich aus ihr durch lineare Substitution der Größen a_{ik} die Form Ω ergeben. Wir schließen, *daß das Ω auch* *eine nicht verschwindende Determinante hat, und daß weiter jede Form Ω, die eine nicht verschwindende Determinante besitzt, durch eine geeignete Wahl der Komplexkoordinaten y hergestellt werden kann.*

2. Kehren wir zu der allgemeinen Betrachtung der quadratischen Formen zurück. Wenn wir verlangen, es sollen imaginäre Größen überhaupt ausgeschlossen sein, beschränken wir uns also auf *reelle* quadratische Formen und *reelle* lineare Substitutionen, so kommt neben dem bis jetzt gesagten auch noch das *Trägheitsgesetz der quadratischen Formen in Betracht*. Es besteht in folgendem:

Nehmen wir an, es gelingt uns irgendwie die gegebene quadratische Form

$$Q = \sum k_{\alpha\beta}\, x_\alpha\, x_\beta$$

durch lineare Substitution der x_i umzuwandeln in die Form:

$$m_1 z_1^2 + m_2 z_2^2 + \cdots m_n z_n^2,$$

d. h. in eine Summe von n rein quadratischen Gliedern, was auf mannigfachste Weise möglich sein wird.

Die Determinante der neuen Form ist dann:

$$\begin{vmatrix} m_1 & 0 & 0 & \cdot & 0 \\ 0 & m_2 & 0 & \cdot & 0 \\ 0 & 0 & m_3 & \cdot & 0 \\ \cdot & \cdot & \cdot & \cdot & \cdot \\ 0 & 0 & 0 & \cdot & m_n \end{vmatrix} = m_1 \cdot m_2 \cdots m_n.$$

Infolge unseres früheren Satzes wird also keine dieser Größen m verschwinden, wenn die Determinante der gegebenen Form, wie wir hier voraussetzen wollen, nicht verschwindet. Das Trägheitsgesetz bezieht sich nun auf die Frage, wie viele dieser m positiv und wie viele negativ sein werden. *Es besagt, daß bei jeder reellen quadratischen Form mit nicht verschwindender Determinante notwendig eine ganz bestimmte Anzahl positiver und negativer Koeffizienten m herauskommen muß, wie immer man auch die z einführt.*

Angenommen nämlich, wir könnten unsre quadratische Form Q auf verschiedene Normalformen bringen, nämlich etwa

$$Q = z_1^2 + z_2^2 + \cdots + z_p^2 - z_{p+1}^2 - z_{p+2}^2 - \cdots,$$

$$Q = z_1'^2 + z_2'^2 + \cdots + z_{p'}^2 - z_{p'+1}^2 - z_{p'+2}^2 - \cdots$$

mit $p < p'$, so würde es ein nicht triviales Lösungssystem x_k der linearen Gleichungen geben

$$z_1 = 0, \quad z_2 = 0, \cdots \quad z_p = 0; \quad z'_{p'+1} = 0, \quad z'_{p'+2} = 0, \cdots,$$

da deren Anzahl $< n$ ist. Für diese x_k sei etwa $z_{p+1} \neq 0$, dann wäre nach der ersten Normalform $Q < 0$ und nach der zweiten $Q \geqq 0$. Aus diesem Widerspruch folgt $p = p'$, die Richtigkeit des Trägheitsgesetzes.

Wir machen die Anwendung des Trägheitsgesetzes auf die uns vorliegende quadratische Form der Liniengeometrie $x_1 x_2 + x_3 x_4 + x_5 x_6$, indem wir uns fragen, wie viele Glieder bei einer Transformation in eine Form mit nur quadratischen Gliedern positiv, wie viele negativ sein werden. Es ist leicht, eine Substitution, die das Gewünschte leistet, hinzuschreiben. Es sei gesetzt:

$$x_1 = y_1 + y_2, \quad x_3 = y_3 + y_4, \quad x_5 = y_5 + y_6$$
$$x_2 = y_1 - y_2, \quad x_4 = y_3 - y_4, \quad x_6 = y_5 - y_6.$$

Wir erhalten dann als Form:

$$\Omega = y_1^2 - y_2^2 + y_3^2 - y_4^2 + y_5^2 - y_6^2,$$

d. h. die quadratische Form Ω, die der Liniengeometrie zugrunde liegt, gehört im Sinne des Trägheitsgesetzes zu denen, die gleich viel positive und negative Vorzeichen aufweisen.

Wollen wir uns auf reelle lineare Substitution bei der Einführung der neuen Koordinaten beschränken, so werden wir demnach von Ω ausgehend auf keine Weise eine Form erreichen können, die sich etwa nur aus positiven Quadraten zusammensetzt. Anders ist es bei Zulassung von imaginären Substitutionen. Setzen wir z. B. nachträglich

$$z_1 = y_1, \quad z_3 = y_3, \quad z_5 = y_5,$$
$$z_2 = i y_2, \quad z_4 = i y_4, \quad z_6 = i y_6,$$

mit $i^2 = -1$, so erhalten wir in der Tat die Gestalt $z_1^2 + z_2^2 + \cdots + z_6^2$.

Denken wir uns jetzt, daß wir für den linearen Komplex irgendwelche $y_1, \ldots, y_6$ als Koordinaten eingeführt haben; wie werden wir in ihnen nun weiter arbeiten? Wir haben wieder die quadratische Form $\Omega(y_1, \ldots, y_6)$ als „*Invariante*" zu betrachten. Ihr Verschwinden gibt die Bedingung für einen speziellen Komplex an.

Wie bilden wir uns aber die *simultane Invariante zweier Komplexe* in den neuen Koordinaten? Hatten wir sie früher eingeführt, indem wir in der Entwicklung von $\Omega(\lambda a_{ik} + \lambda' a'_{ik})$ den Koeffizienten von $\lambda\lambda'$ ins Auge faßten, so werden wir jetzt entsprechend vorgehen und schreiben:

$$\Omega(\lambda y + \lambda' y') = \lambda^2 \Omega(y) + \lambda\lambda' \sum_1^6 \frac{\partial \Omega}{\partial y_\alpha} y'_\alpha + \lambda'^2 \Omega(y').$$

Der Koeffizient von $2\lambda\lambda'$

$$\frac{1}{2} \sum_1^6 \frac{\partial \Omega}{\partial y_\alpha} y'_\alpha$$

gibt uns dann den Ausdruck für die gesuchte simultane Invariante; sein Verschwinden bedeutet wie früher die involutorische Lage beider Komplexe. Hat Ω insbesondere die Gestalt

$$y_1^2 - y_2^2 + y_3^2 - y_4^2 + y_5^2 - y_6^2,$$

so wird die simultane Invariante die Gestalt

$$y_1 y'_1 - \cdots + \cdots - y_6 y'_6$$

haben. Anknüpfend an die besondere Form von Ω wollen wir jetzt folgende Komplexe Grundkomplexe nennen:

$$
\begin{array}{llll}
1. & y_1 = 1, & y_2 = 0, & y_3 = 0 \ldots y_6 = 0 \\
2. & y_1 = 0, & y_2 = 1, & y_3 = 0 \ldots y_6 = 0 \\
\cdot & \cdot\ \cdot\ \cdot & \cdot\ \cdot\ \cdot & \cdot\ \cdot\ \cdot\ \cdot\ \cdot\ \cdot \\
6. & y_1 = 0, & y_2 = 0, & y_3 = 0 \ldots y_6 = 1.
\end{array}
$$

Man übersieht leicht die Invarianten dieser sechs Grundkomplexe; wir können sie zweckmäßig mit $\Omega(ii)$ und $\Omega(ik)$ bezeichnen, wobei durch die gleichen Indizes (ii) die Invariante des $i$ten Komplexes, durch die Indizes (ik) die simultane Invariante des $i$ten und $k$ten Komplexes bezeichnet sein möge. Durch einfache Ausrechnung ergibt sich sofort:

$$\Omega(1,1) = 1, \quad \Omega(2,2) = -1, \ldots, \Omega(6,6) = -1,$$
$$\Omega(1,2) = \Omega(1,3) = \ldots = \Omega(5,6) = 0.$$

In Worten: *Die Invariante der sechs Fundamentalkomplexe sind abwechselnd* $+1$ *und* -1, *die simultanen Invarianten dagegen sämtlich* 0. Es leuchtet sofort die geometrische Bedeutung dieses Ergebnisses ein, wenn man sich nur erinnert, daß das Vorzeichen der Invariante eines Komplexes angibt, ob er rechts oder links gewunden ist. *Drei von unseren Komplexen sind rechts gewunden, drei links gewunden und je zwei liegen miteinander in Involution.*

Damit haben wir eine merkwürdige Konfiguration getroffen, über die seither viel gearbeitet ist. Neben *Kleins* Abhandlung in Math. Annalen, Bd. 2, sei wieder das Werk von *Ball* genannt, wo sehr viel mit sechs „Korreziprokalschrauben" operiert wird, die durchaus unsern sechs Grundkomplexen entsprechen.

In der Arbeit *Kleins* in Bd. 2 der Math. Annalen wurde übrigens wesentlich mit der Form

$$z_1^2 + z_2^2 + z_3^2 + z_4^2 + z_5^2 + z_6^2$$

gearbeitet, d. h. der Summe von nur positiven Quadraten, die, wie bereits bemerkt wurde, durch eine imaginäre Substitution aus der ursprünglichen hervorgeht. Die Voraussetzungen sind dort noch nach anderer Seite allgemeiner. Wir haben hier in der Vorlesung immer angenommen, daß wenigstens die Gleichungen der Komplexe immer reell sind. Doch wird man bei Konstruktion unseres Koordinatensystems auch solche Komplexe zulassen können, die imaginär sind, und wird dann jeweils die konjugiert imaginären Komplexe hinzunehmen.

Von den sechs Komplexen wird dann noch immer gelten, daß sie paarweise in Involution liegen, und insbesondere ist von den *reellen* Komplexen, die unter ihnen enthalten sind, die Hälfte rechts, die Hälfte links gewunden[1]).

---

[1] Über lineare Komplexe in Involution vgl. vier Noten von *L. Berzolari*, Rend. Lindei 1922.

Wir wenden uns dazu, über den *Komplex zweiten Grades* einige Angaben zu machen. Er wird gegeben durch die Gleichung

$$F_2 = \sum b_{ik} b_{i'k'} p_{ik} p_{i'k'} = 0,$$

die 21 Glieder enthält. Hierzu tritt dann die Bedingung:

$$\Omega = p_{12}p_{34} + p_{13}p_{42} + p_{14}p_{23} = 0.$$

Wir haben also zwei quadratische Formen gleichzeitig vor uns, und wieder greift die Aufgabe Platz, die wir in § 12 schon bei der Betrachtung der Zykliden behandelt haben, beide Formen durch dieselbe lineare Substitution der Koordinaten auf Summen rein quadratischer Glieder zurückzuführen:

$$F_2' = \frac{z_1^2}{k_1} + \frac{z_2^2}{k_2} + \cdots + \frac{z_6^2}{k_6},$$

$$\Omega' = z_1^2 + z_2^2 + \cdots + z_6^2,$$

worin die Größen k_i geeignete Konstanten darstellen. Es zeigt sich, daß man die Formen Ω und F unter geeigneten Annahmen, wie wir später § 99 nachweisen wollen, in der Tat in diese Gestalt bringen kann; die Größen k_i ergeben sich als die reellen oder imaginären Wurzeln der Gleichung sechsten Grades, die man durch Nullsetzen der Determinante von $\Omega - kF$ erhält. Wir können nun wieder sehr einfach sechs Grundkomplexe einführen durch die Gleichungen $z_1 = 0, \ldots z_6 = 0$. *Hiernach kommt auch in der Theorie der Komplexe zweiten Grades ein System von sechs reellen oder imaginären linearen Grundkomplexen der betrachteten Art zur Geltung.*

Die nähere Ausführung dieser Ansätze ist in *Kleins* Arbeit selbst nachzulesen. Er betrachtet dort insbesondere eine Schar von Komplexen zweiten Grades, wie sie die folgende Gleichung mit dem Parameter λ ergibt:

$$\sum \frac{z_i^2}{k_i - \lambda} = 0.$$

Diese Gleichungsform erinnert uns sofort an die Theorie der konfokalen Flächen zweiten Grades, wie die der konfokalen Zykliden. *Dementsprechend werden auch diese Komplexe konfokal genannt.*

Als Lehrbuch der Liniengeometrie, in dem auch manche Untersuchungen *Kleins* wiedergegeben sind, sei genannt: *K. Zindler*, Liniengeometrie mit Anwendungen, Bd. 1 Leipzig 1902, Bd. 2 Leipzig 1906. Auf neuere liniengeometrische Untersuchungen werden wir in §§ 77—80 zurückkommen.

§ 24. Vergleich mit den pentasphärischen Koordinaten.

Wir wollen nun weiterhin nicht die Liniengeometrie als solche im einzelnen entwickeln, sondern gehen dazu über, *einen Vergleich anzustellen zwischen der Liniengeometrie und der Punktgeometrie der penta-*

sphärischen Punktkoordinaten. In der Tat fordern unsere letzten Formeln zu einem solchen Vergleich auf. Wir wollen die einzelnen Sätze, die sich hier entsprechen, einander gegenüber stellen.

Liniengeometrie:

1. Einführung der 6 Linienkoordinaten

$$x_1 \ldots x_6$$

mit der Bedingung

$$\Sigma x_i^2 = 0$$

2. $$\sum_1^6 a_i x_i = 0.$$

gibt den linearen Komplex; der Komplex ist speziell für

$$\sum_1^6 a_i^2 = 0.$$

3. Zwei lineare Komplexe liegen in Involution, wenn

$$\sum_1^6 a_i a_i' = 0$$

ist.

Spezieller Fall: zwei Gerade schneiden sich.

4. Dem Koordinatensystem liegen 6 Grundkomplexe zugrunde.

5. Konfokale Komplexe zweiten Grades.

Pentasphärische Punktkoordinaten:

1. Einführung der 5 pentasphärischen Punktkoordinaten

$$x_1 \ldots x_5$$

mit der Bedingung

$$\Sigma x_i^2 = 0.$$

2. $$\sum_1^5 a_i x_i = 0$$

bedeutet hier eine Kugel; ist

$$\sum_1^5 a_i^2 = 0,$$

so haben wir eine Punktkugel.

3. Die Gleichung

$$\sum_1^5 a_i a_i' = 0$$

bedeutet für zwei Kugeln, daß sie sich orthogonal durchdringen.

Spezieller Fall: Zwei Punkte haben verschwindende Entfernung[1]).

4. Hier dagegen 5 Orthogonalkugeln.

5. Konfokale Zykliden nach *Darboux*.

Liniengeometrie und Punktgeometrie bei Zugrundelegung der pentasphärischen Koordinaten arbeiten daher mit denselben Formeln; nur hat man das eine Mal sechs Koordinaten, das andere Mal fünf. Die hiermit berührte Gegenüberstellung ist jedoch unvollständig, soweit die *Realitätsverhältnisse* in Frage kommen, wie wir jetzt näher beleuchten wollen.

Wir hatten insbesondre die orthogonalen pentasphärischen Punktkoordinaten erklärt durch die Gleichung

$$\sigma x_i = \frac{S_i}{\varrho_i},$$

in denen S_i die Potenz des Punktes in bezug auf die i-te Kugel und ϱ_i den zugehörigen Radius bedeutet, und hatten überdies erkannt, daß notwendig eine der fünf orthogonalen Kugeln (die wir sämtlich als reell voraussetzen) nullteilig ist. Das heißt aber, daß z. B. ϱ_5 und damit auch x_5 rein imaginär ist. Um reelle Koordinaten zu haben, werden wir daher iy_5 statt x_5 einführen und der gleichmäßigen Bezeichnung wegen y_1,

[1]) Daraus folgt nur für reelle Punkte ihr Zusammenfallen.

y_2, y_3, y_4, für x_1, x_2, x_3, x_4 schreiben. Die quadratische Identitätsgleichung lautet dann:

$$y_1^2 + y_2^2 + y_3^2 + y_4^2 - y_5^2 = 0.$$

Ihr steht die Bedingungsgleichung der Liniengeometrie:

$$y_1^2 - y_2^2 + y_3^2 - y_4^2 + y_5^2 - y_6^2 = 0$$

gegenüber bei Einführung reeller Koordinaten. Der fragliche Unterschied in den Realitätsverhältnissen zeigt sich demnach darin, daß im *letzten Falle im Sinne des Trägheitsgesetzes gleich viel positive wie negative Quadrate in der Normalform vorhanden sind, im ersteren Falle dagegen drei positive Quadrate mehr als negative.*

Dies ist jedoch keineswegs als ein Nachteil des Vergleiches zu betrachten, im Gegenteil besteht in dieser Hinsicht geradezu der Vorzug der Gegenüberstellung darin, daß häufig auf der einen Seite reell wird, was auf der anderen imaginär ist. So wird man der geometrischen Anschauung hier zugänglich machen können, was dort nicht möglich ist und umgekehrt.

Wir wollen nun unsere Vergleichstafel noch weiter ausführen, indem wir die einander entsprechenden geometrischen Gebilde mit einem Stichwort gegenüberstellen.

Liniengeometrie.	*Pentasphärsiche Punktkoordinaten.*
Linearer Komplex.	Kugel.
Spezieller linearer Komplex.	Punktkugel.
Lineare Kongruenz.	Kreis.
Regelschar (auf dem Hyperboloid).	Punktepaare als Schnitt dreier Kugeln.
Geradenpaar (als die 4 Komplexen gemeinsamen Linien).	Das Gegenstück fehlt, da wir eine Koordinate weniger haben als in der Liniengeometrie.

Um dem wahren Ursprung der hier erkannten Gegenüberstellung nachzugehen, wird es zweckmäßig sein, auf die *elementare* Einführung der Liniengeometrie und der pentasphärischen Koordinaten zurückzugehen.

Was die erste betrifft, so erteilten wir der geraden Linie zunächst vier Koordinaten r, s, ϱ, σ, denen wir als gleichberechtigte fünfte Koordinate $\eta = r\sigma - s\varrho$ hinzufügten. Endlich führten wir sechs homogene Koordinaten ein durch die Gleichungen

$$r = \frac{x_1}{x_6}, \quad \sigma = \frac{-x_2}{x_6}, \quad \varrho = \frac{x_4}{x_6}, \quad \eta = \frac{x_5}{x_6}, \quad s = \frac{x_3}{x_6}.$$

Die identische Relation nimmt hiernach die Gestalt an:

$$\Omega = x_1 x_2 + x_3 x_4 + x_5 x_6 = 0.$$

Die Liniengeometrie bekommt ihren besonderen Charakter nun dadurch, daß die wichtige geometrische Beziehung zwischen zwei geraden

Linien, die Bedingung des Schneidens, sich in der Polarengleichung ausdrückt

$$\sum \frac{\partial \Omega}{\partial x_i} x'_i = 0 .$$

Genau entsprechend ist die Einführung der pentasphärischen Punktkoordinaten. Zunächst hatten wir dem Raumpunkte drei Koordinaten x, y, z erteilt. Zu ihnen nehmen wir aus Zweckmäßigkeitsgründen als vierte Koordinate

$$p = x^2 + y^2 + z^2$$

hinzu. Zugleich ist uns hiermit eine Bedingungsgleichung zwischen den vier Koordinaten gegeben. Nun gehen wir wieder zur homogenen Schreibweise über, indem wir setzen

$$x = \frac{y_1}{y_5}, \quad y = \frac{y_2}{y_5}, \quad z = \frac{y_3}{y_5}, \quad p = \frac{y_4}{y_5}.$$

Die quadratische Beziehung $p = x^2 + y^2 + z^2$ geht dann über in die folgende:

$$\Omega = y_1^2 + y_2^2 + y_3^2 - y_4 y_5 = 0 .$$

Hier stellen uns die Koordinaten $y_1, \ldots, y_5$ noch keineswegs *orthogonale* pentasphärische Koordinaten dar, diese selbst erwachsen aus unseren y erst durch geeignete lineare Substitution. Aber wir wollen jetzt gar nicht auf die orthogonalen Koordinaten hinaus, sondern zusehen, wie man mit den y, so wie sie vorliegen, operiert. Zu dem Zwecke bilden wir uns wieder die Polargleichung der Identität $\Omega = 0$ also:

$$\sum \frac{\partial \Omega}{\partial y} y'_i = 2 y_1 y'_1 + 2 y_2 y'_2 + 2 y_3 y'_3 - y_4 y'_5 - y_5 y'_4 . = 0 .$$

Diese Gleichung geht, indem wir für die Größen y_i ihre ursprünglichen Werte einsetzen, über in

$$2\,x x' + 2\,y y' + 2\,z z' - (x^2 + y^2 + z^2) - (x'^2 + y'^2 + z'^2) = 0$$

oder:

$$(x - x')^2 + (y - y')^2 + (z - z')^2 = 0 .$$

Auch beim Gebrauche pentasphärischer Koordinaten bedeutet also die Polargleichung

$$\sum \frac{\partial \Omega}{\partial y_i} y'_i = 0$$

wieder geometrisch etwas durchaus Wesentliches, nämlich, daß die Punkte y und y' verschwindende Entfernung haben.

Wenn wir jetzt beides miteinander vergleichen, so finden wir:

Die Analogie zwischen Liniengeometrie und Punktgeometrie der pentasphärischen Koordinaten liegt darin begründet, daß man beide Male eine quadratische Gleichung von nicht verschwindender Determinante zwischen homogenen Koordinaten zu betrachten hat, und daß die aus dieser

Gleichung abzuleitende Polargleichung jedesmal ihre gute und einfache geometrische Bedeutung besitzt.

Nun haben wir uns doch eine erweiterte Liniengeometrie gebildet, indem wir den linearen Komplex als Raumelement wählten. *Dementsprechend werden wir uns jetzt eine erweiterte Punktgeometrie der pentasphärischen Koordinaten schaffen, in der die Kugel das Element wird.*

Der involutorischen Lage zweier linearer Komplexe dort wird dann die Orthogonalität der Kugeln hier entsprechen. Auf der ersten Eigenschaft linearer Komplexe baute sich uns weiter das Reziprozitätsgesetz auf, demzufolge einer eingliedrigen Schar linearer Komplexe eine fünfgliedrige Schar entsprach usw., und zwar so, daß die entsprechenden Scharen angehörenden linearen Komplexe allemal zueinander involutorisch gelegen waren. Diesem Gesetze wird auch in der erweiterten Punktgeometrie der pentasphärischen Koordinaten ein entsprechendes Reziprozitätsgesetz gegenüberstehen: Jeder einzelnen Kugel, die wir als eine eingliedrige Kugelschar auffassen können, wird eine viergliedrige Schar, die Gesamtheit aller die erste orthogonal schneidenden Kugeln entsprechen. Jeder zweigliedrigen Schar oder jedem Kugelbüschel, d. h. der Mannigfaltigkeit aller der Kugeln, die einen Kreis gemein haben, wird eine dreigliedrige Schar, oder eine zweiparametrige Mannigfaltigkeit von Kugeln, die zu allen Kugeln der ersten Schar orthogonal sind, ein sogenanntes „Kugelnetz" entsprechen. Wir haben hier natürlich nur diese zwei Arten reziproker Gebilde, da wir nur mit fünf homogenen Koordinaten zu tun haben.

Gemäß unseren früheren Betrachtungen der Kugel (und des Kreises) werden wir, falls wir überhaupt von Kugelgeometrie sprechen, zwischen einer „elementaren" und einer „höheren" Kugelgeometrie unterscheiden können, je nachdem wir bloß solche Beziehungen betrachten, in denen das Quadrat des Radius vorkommt, wie die Bedingung der Orthogonalität zweier Kugeln, und solche Beziehungen, in denen der Radius selbst auftritt, wie z. B. die Bedingung für die Berührung zweier Kugeln oder das Schneiden unter beliebigem Winkel.

Die Kugelgeometrie, auf die wir hier geführt werden, ist die elementare Kugelgeometrie.

Wir können daher zusammenfassend sagen:

Die Liniengeometrie entspricht der Punktgeometrie der pentasphärischen Koordinaten im dreidimensionalen Raum. Erweiterte Liniengeometrie entspricht der elementaren Kugelgeometrie im dreidimensionalen Raum.

Die Beziehungen zwischen beiden Geometrien können wir nun noch klarer zum Ausdruck bringen, wenn wir nun einen *vierdimensionalen* Punktraum heranziehen und in ihm eine Kugelgeometrie konstruieren. Alsdann werden wir für die Festlegung des Grundgebildes, des Elements in beiden Fällen, die gleiche Zahl der Koordinaten nötig haben, und die Gegenüberstellung verwandelt sich infolgedessen, von den Realitätsverhältnissen abgesehen, in eine volle Identität. Wir sagen demnach:

Die Liniengeometrie ist identisch mit der Punktgeometrie im vierdimensionalen Raume beim Gebrauche hexasphärischer Koordinaten; erweiterte Liniengeometrie ist identisch mit der hier anschließenden elementaren Kugelgeometrie des vierdimensionalen Raumes.

Diese Art der Gegenüberstellung ist die Grundlage, von der *Klein* in Math. Annalen, Bd. 5 (1871), in seiner Arbeit: „*Über Liniengeometrie und metrische Geometrie*" ausgegangen ist. In dieser Schrift werden beispielsweise auch Orthogonalsysteme des vierdimensionalen Raumes betrachtet und ihr liniengeometrisches Gegenstück gesucht. Man kann sagen, daß es sich darum handelt, zwischen *Kleins* liniengeometrischen Untersuchungen von 1869 und *Darboux*' Untersuchungen die Verbindung herzustellen.

Nun hatte aber vorher *S. Lie* diesen Beziehungen eine andere Seite abgewonnen, die er ebenfalls in Bd. 5 der Math. Annalen in einer Arbeit veröffentlicht hat, die im folgenden noch oft zu nennen sein wird: *Über Komplexe, insbesondere Linien- und Kugelkomplexe, mit Anwendung auf die Theorie partieller Differentialgleichungen.*

Hier entwickelt *Lie* seine „höhere Kugelgeometrie des dreidimensionalen Raumes", in deren Aufgaben der Radius selbst vorkommt, nicht nur sein Quadrat.

Ist bei Klein die Liniengeometrie in Parallele gestellt mit der Punktgeometrie des R_4, so zeigt Lie, daß Liniengeometrie ebensowohl mit der höheren Kugelgeometrie des R_3 verglichen werden kann.

Die naturgemäße Verbindung zwischen der *Lie*schen Auffassung und der *Kleins* ist dann die, daß die Punktgeometrie des R_4 und die höhere Kugelgeometrie des R_3 unmittelbar in Verbindung gesetzt werden können, wie wir bald noch näher ausführen. — Wir wollen also jetzt die *Lie*sche Kugelgeometrie kennen lernen, wobei wir unseren Ausgangspunkt wieder durchaus elementar wählen.

§ 25. Lies Kugelgeometrie.

Die Gleichung der Kugel lautet in gewöhnlichen rechtwinkligen Koordinaten bekanntlich:

$$x^2 + y^2 + z^2 - 2\alpha x - 2\beta y - 2\gamma z + C = 0.$$

Die Kugel ist daher bestimmt durch die Größen α, β, γ, C. Wir nehmen als fünfte Größe noch den Radius r hinzu, der die Beziehung liefert:

$$r^2 = \alpha^2 + \beta^2 + \gamma^2 - C.$$

Der Grundgedanke ist nun, diese fünf Größen α, β, γ, C, r nebeneinander als Koordinaten der Kugel anzusehen. Sie sind nicht unabhängig voneinander, sondern an die eben genannte quadratische Gleichung gebunden. Um nun homogene Schreibweise einzuführen, setzen wir:

$$\alpha = \frac{\xi}{\nu}, \quad \beta = \frac{\eta}{\nu}, \quad \gamma = \frac{\zeta}{\nu}, \quad r = \frac{\lambda}{\nu}, \quad C = \frac{\mu}{\nu},$$

so daß jetzt ξ, η, ζ, λ, μ, ν *die homogenen Koordinaten der Kugel sind.* Zwischen ihnen besteht dann gemäß der Gleichung

$$r^2 = \alpha^2 + \beta^2 + \gamma^2 - C$$

die quadratische Bedingungsgleichung:

$$\Phi = \xi^2 + \eta^2 + \zeta^2 - \lambda^2 - \mu\nu = 0.$$

Es wird nach den letzten Erläuterungen zunächst unsere Aufgabe sein, diese Form im Sinne der allgemeinen Theorie der quadratischen Formen, insbesondere des Trägheitsgesetzes, zu untersuchen. Ihre Determinante ergibt sich als:

$$\begin{vmatrix} 1 & 0 & 0 & 0 & 0 & 0 \\ 0 & 1 & 0 & 0 & 0 & 0 \\ 0 & 0 & 1 & 0 & 0 & 0 \\ 0 & 0 & 0 & -1 & 0 & 0 \\ 0 & 0 & 0 & 0 & 0 & -\frac{1}{2} \\ 0 & 0 & 0 & 0 & -\frac{1}{2} & 0 \end{vmatrix} = -\frac{1}{4},$$

d. h. unsere quadratische Form hat eine nicht verschwindende Determinante.

Wir setzen nun weiter:

$$\mu = \mu^* + \nu^*, \qquad \nu = \mu^* - \nu^*,$$

während wir die ersten vier Veränderlichen unverändert beibehalten. Dann geht die fragliche Form über in

$$\xi^2 + \eta^2 + \zeta^2 - \lambda^2 - \mu^{*2} + \nu^{*2}.$$

Dies besagt: die *Vorzeichen der einen Art sind um zwei zahlreicher als die der anderen Art;* es kommt nämlich nicht darauf an, ob wir vier positive und zwei negative Glieder oder umgekehrt zählen, da wir die Form $= 0$ zu setzen haben. Lassen Sie uns des besseren Überblicks wegen die verschiedenen quadratischen Formen mit sechs Veränderlichen, mit denen wir bisher zu tun hatten, in Rücksicht auf das Trägheitsgesetz überblicken.

In der Liniengeometrie bestand die nur aus quadratischen Gliedern zusammengesetzte Form aus drei positiven und drei negativen Gliedern (natürlich bei Beschränkung auf reelle Substitutionen). *In der Punktgeometrie des vierdimensionalen Raumes,* der wir hexasphärische Koordinaten zugrunde legen, haben wir eine Form mit fünf positiven und *einem* negativen Gliede (indem auch hier wie in der pentasphärischen Geometrie des R_3 nur eine der sechs reell vorausgesetzten Fundamentalkugeln nullteilig ist).

In Lies Kugelgeometrie des R_3 dagegen hat die Form, wie wir soeben sahen, vier positive und zwei negative Glieder. *Diese drei Arten von Geometrie, die im algebraischen Sinne darin übereinstimmen, daß ihnen sechs homogene Veränderliche und eine quadratische Gleichung zwischen ihnen mit nicht verschwindender Determinante zugrunde liegen, unterscheiden sich also, was Realität angeht, darin, daß die quadratischen Gleichungen im Sinne des Trägheitsgesetzes zu drei verschiedenen Typen gehören.*

Der vierte denkbare Typus (eine quadratische Form mit sechs übereinstimmenden Zeichen) fehlt, würde man auch für ihn eine geeignete geometrische Deutung finden können?

Wir müssen nun bemerken, daß es bei der Wahl der Koordinaten $\alpha, \beta, \gamma, C, r$ für die Kugel gleichgültig ist, ob wir das positive oder negative Vorzeichen dem Radius r beilegen; beidemal werden wir auf dieselbe Kugel geführt. Da es nun unzweckmäßig sein würde, dem Radius etwa die Beschränkung größer als Null zu sein aufzuerlegen, so erscheint in der *Lie*schen Kugelgeometrie jede Kugel doppelt, für positiven wie negativen Wert des r. Wir werden eine Kugel mit bestimmt herausgegriffenem Vorzeichen von r als „*gerichtete*" oder „*orientierte*" Kugel bezeichnen und können uns etwa denken, daß Kugeln mit $r > 0$ außen, Kugeln mit $r < 0$ von innen rot bemalt sind.

Diese Idee, die gewöhnlichen Kugeln doppelt zu überdecken, so daß jede gewöhnliche zwei gerichtete trägt (für $r \neq 0$) ist zuerst von *Laguerre* in Arbeiten aus dem Jahre 1880 ausgeführt worden, auf die wir in § 67 zurückkommen werden. Vgl. *Laguerre*, Oevres 2 (1905), S. 592—684.

Erinnern wir uns nun der gewöhnlichen Bedingungen für die Beziehung zweier Kugeln, für die senkrechte Durchdringung oder das Schneiden unter beliebigem Winkel.

1. Indem wir r und r' mit einem bestimmten Vorzeichen versehen, können wir die gleichsinnige Berührung zweier gerichteter Kugeln durch die Formel erklären:

$$(\alpha - \alpha')^2 + (\beta - \beta')^2 + (\gamma - \gamma')^2 = (r - r')^2.$$

Dabei heißt die Berührung *gleichsinnig*, wenn die Kugeln an der Berührungsstelle auf der gleichen Seite rot bemalt sind.

2. Die Bedingung, daß zwei Kugeln sich senkrecht durchdringen, lauten einfach:

$$(\alpha - \alpha')^2 + (\beta - \beta')^2 + (\gamma - \gamma')^2 = r^2 + r'^2.$$

Diese Bedingung hat „elementaren Charakter", so daß man von dem Vorzeichen der Radien gar nicht zu sprechen braucht.

3. Die Bedingung, daß zwei Kugeln den Winkel φ einschließen, können wir so fassen:

$$(\alpha - \alpha')^2 + (\beta - \beta')^2 + (\gamma - \gamma')^2 = r^2 + r'^2 - 2\, r r' \cos \varphi.$$

Das Schöne dieser Bedingungen beruht nun wieder darin, daß man sie zu der Bedingungsgleichung der homogenen Kugelkoordinaten in einfache Beziehung setzen kann.

Zu 1. Die Bedingung der (gleichsinnigen) Berührung zweier Kugeln können wir umformen in:

$$2\,\alpha\alpha' + 2\,\beta\beta' + 2\,\gamma\gamma' - 2\,r r' - (\alpha^2 + \beta^2 + \gamma^2 - r^2)$$
$$- (\alpha'^2 + \beta'^2 + \gamma'^2 - r'^2) = 0,$$

worin wir für die Klammerausdrücke die Größen C und C' einführen. Wenden wir dann noch die homogene Schreibweise an, so ergibt sich die Form:

$$2\,\xi\xi' + 2\,\eta\eta' + 2\,\zeta\zeta' - 2\,\lambda\lambda' - \mu\nu' - \mu'\nu = 0.$$

Nun sehen wir hierin die Polarenbildung unserer quadratischen Form Φ:

$$\frac{\partial \Phi}{\partial \xi}\,\xi' + \cdots + \frac{\partial \Phi}{\partial \nu}\,\nu' = 0.$$

In Worten besagt dies Ergebnis:

Das Verschwinden der in bezug auf die Fundamentalform Φ genommenen Polare besagt, daß die beiden Kugeln sich berühren.

Denken wir an die entsprechenden Verhältnisse der Liniengeometrie zurück, so zeigt sich, daß die Berührung zweier Kugeln in der Kugelgeometrie *Lie*s für die analytische Behandlung genau dieselbe wesentliche Stelle einnimmt, wie in der Liniengeometrie das Schneiden zweier geraden Linien.

Zu 3. Nehmen wir den dritten Fall vorweg, die Bedingungsgleichung für das Schneiden zweier Kugeln unter bestimmten Winkeln, so bekommen wir bei Einführung homogener Koordinaten aus:

$$2\,\alpha\alpha' + 2\,\beta\beta' + 2\,\gamma\gamma' - 2\,r r' \cos\varphi - C - C' = 0$$

die Gleichung

$$(2\,\xi')\,\xi + (2\,\eta')\,\eta + (2\,\zeta')\,\zeta - (2\,\lambda' \cos\varphi)\,\lambda - (\nu')\,\mu - (\mu')\,\nu = 0.$$

Da die sechs Koeffizienten dieser linearen Gleichung zwischen den sechs homogenen Koordinaten voneinander völlig unabhängig sind, entnehmen wir hieraus den Satz: *Die Bedingung, daß zwei Kugeln sich unter einem Winkel φ schneiden, gibt für die einzelne Kugel die allgemeine lineare Gleichung zwischen ihren sechs Koordinaten.*

Zu 2. Die Bedingung, daß zwei Kugeln sich rechtwinklig schneiden, geht aus der letzten hervor, indem wir $\cos\varphi = 0$ setzen. Es ändert sich alsdann in der linearen Gleichung nichts Wesentliches; es fällt nur das eine Glied fort. Wir müssen dieses ausdrücklich hervorheben, da ja in der „elementaren" Kugelgeometrie des R_3 die genannte Bedingung von grundlegender Bedeutung war, was hier nicht mehr der Fall ist.

Haben wir uns so über die Elementaraufgaben Klarheit verschafft, so können wir nunmehr mit *Lie* nach dem Vorbild der Liniengeometrie von linearen Komplexen und Kongruenzen usw. der Kugelgeometrie sprechen. Wir werden sehen, daß wir in neuer Auffassung gerade auf die Abbildungen geführt werden, die, wie wir früher gelernt hatten, von den Geometern in den ersten Jahrzehnten des 19. Jahrhunderts betrachtet worden sind. Stellen wir die Ergebnisse der Liniengeometrie und der Kugelgeometrie geradezu wieder einander gegenüber. Dabei ist rechts unter „Kugel" immer *gerichtete* Kugel und unter „Berührung" immer *gleichsinnige* Berührung gemeint.

Liniengeometrie.	*Kugelgeometrie.*
1. Unter einem *linearen Linienkomplex* haben wir von drei Parametern abhängige Nullinien eines Nullsystems zu verstehen. Als Unterart ergab sich der *spezielle Linienkomplex*, als die Treffgeraden einer festen Geraden.	1. Dem tritt gegenüber der *lineare Kugelkomplex* als die Gesamtheit aller Kugeln, die eine feste Kugel unter gegebenem Winkel schneiden. Als *spezieller Kugelkomplex* sind die *Berührungskugeln einer festen Kugel* anzusehen.
2. *Die lineare Kongruenz* besteht aus der Gesamtheit aller geraden Linien, die zwei feste Gerade treffen, mögen diese reell oder imaginär sein, in eine Leitlinie zusammenfallen oder gar unbestimmt werden.	2. Die *lineare Kugelkongruenz* besteht aus den Berührungskugeln zweier Leitkugeln. Ihre Kugeln hängen wieder von zwei wesentlichen Parametern ab.
3. *Als die drei linearen Komplexen* gemeinsamen Geraden haben wir die Regelschar erkannt, welche die eine Erzeugung eines einschaligen Hyperboloids bildet. Die Linien der anderen Erzeugung des Hyperboloids bilden die Schar der „Leitlinien", und zwar schneiden sämtliche Geraden der ersten Art sämtliche Geraden der zweiten Art.	3. *Drei lineare Gleichungen* der Kugelgeometrie geben eine *Kugelschar* als einfach unendliche Mannigfaltigkeit aller der Kugeln, die eine ebenfalls einfach unendliche Mannigfaltigkeit von Leitkugeln berühren. Wählt man drei Leitkugeln aus, so ist durch sie das ganze Gebilde eindeutig bestimmt. Die erste Kugelschar hat nun eine Röhrenfläche zur Hüllfläche, die auch von der zweiten Schar umhüllt wird. Man sieht leicht, daß wir zu der doppelten Erzeugung von „*Dupins* Zykliden" geführt werden.

In dieser Gegenüberstellung von Hyperboloid und „Dupinscher Zyklide" findet der Übergang von der Liniengeometrie zu Lies Kugelgeometrie seinen deutlichsten Ausdruck!

Wir könnten nun auch von quadratischen Komplexen in der Kugelgeometrie sprechen, könnten den linearen Kugelkomplex als Raumelement einführen und uns fragen, was es heißt, wenn zwei lineare Kugelkomplexe involutorisch liegen usw. Wir übergehen dies und wenden uns vielmehr zu der überaus interessanten und wichtigen Anwendung, die *Lie* von seiner Kugelgeometrie auf die Differentialgeometrie der Flächen gemacht hat.

§ 26. Beziehungen zwischen Asymptotenlinien und Krümmungslinien.

In der Flächengeometrie haben wir seinerzeit die *Asymptotenlinien* und *Krümmungskurven* erwähnt. Der Gedanke *Lies*, den wir meinen, läßt sich nun kurz so angeben, *daß die beiden Arten der Kurven auf den Flächen ganz mit denselben Formeln behandelt werden können, nur sind sie das eine Mal in der Liniengeometrie, das andere Mal in der Kugelgeometrie zu deuten.*

Dieser Satz ist als eine der glänzendsten Entdeckungen der Differentialgeometrie in neuerer Zeit anzusehen. Um diese Beziehung einsehen zu können, werden wir uns zunächst mit den Krümmungslinien auf den Flächen etwas vertrauter machen müssen, als es bisher geschehen ist.

Wir haben bisher die Krümmungsrichtungen in einem Punkte der Fläche von den Krümmungen der Normalschnitte der Fläche aus erklärt, für die jene Richtungen ein Maximum und Minimum der Krümmung bedeuten. Nun gibt es jedoch noch eine andere Erklärung der Krümmungsrichtungen, die sich auf die Konstruktion der Normalen in den Nachbarpunkten stützt. Die Normale in einem Nachbarpunkte wird im allgemeinen zu der ursprünglichen Normalen windschief verlaufen; wir können jedoch die Forderung aufstellen, daß wir zu einem solchen Nachbarpunkte übergehen sollen, dessen Normale die ursprüngliche Normale trifft.

Da zeigt sich dann, daß dies nur bei den Nachbarpunkten auf den Krümmungslinien eintritt.

Lassen Sie uns dies durch Rechnung näher ausführen! Wir nehmen den ausgewählten Flächenpunkt zum Anfangspunkt eines Koordinatenkreuzes und legen es so, daß die x- und y-Achsen mit den Richtungen der Krümmungslinien des Flächenpunktes zusammenfallen. Denken wir uns dann die z-Koordinate der Fläche nach Potenzen von x und y entwickelt, so wird die Reihe beginnen müssen mit:

$$z = ax^2 + cy^2 + \cdots \text{ Glieder höherer Ordnung.}$$

Das Glied mit xy wird darin ebenso wie die Glieder erster Ordnung fortfallen, da ja die x- und y-Achsen die Symmetrieachsen von *Dupins* Indikatrix sind. Ist nun die Flächengleichung in der Gestalt $f(x, y, z) = 0$ gegeben, so lautet die Gleichung der Normalen in einem beliebigen Punkte x', y', z':

$$\frac{x - x'}{\frac{\partial f}{\partial x}} = \frac{y - y'}{\frac{\partial f}{\partial y}} = \frac{z - z'}{\frac{\partial f}{\partial z}},$$

wobei nach Ausführung der Differentiation im Nenner für x, y, z die Koordinaten des Punktes x', y', z' einzusetzen sind. Wenden wir auf diese Gleichungen die Entwicklung für z an, so ergibt sich:

$$\frac{x - x'}{2ax' + \cdots} = \frac{y - y'}{2cy' + \cdots} = z' - z.$$

Wenn wir nun jetzt den Punkt x', y', z' als einen Nachbarpunkt zu dem ausgewählten Flächenpunkt wählen, so können wir versuchsweise die Glieder höherer Ordnung vernachlässigen, und unsere Gleichungen lauten demnach einfach:

$$\frac{x - x'}{2ax'} = \frac{y - y'}{2cy'} = z' - z.$$

Nun ist die Frage, unter welcher Bedingung diese Normale die z-Achse d. h. die ursprüngliche Normale trifft. Setzen wir $x = y = 0$ ein (und auch $z' = 0$), so erhalten wir:

$$z = \frac{x'}{2ax'} = \frac{y'}{2cy'}.$$

Diese Gleichungen können, da a und c im Allgemeinen voneinander verschieden sind, nur bestehen, wenn entweder $x' = 0$ ist, dann wird

$$z = \frac{1}{2c},$$

oder wenn $y' = 0$ ist, dann wird

$$z = \frac{1}{2a}.$$

Es wird daher die ursprüngliche Normale nur geschnitten, wenn wir zu einem Nachbarpunkte in der Richtung der Krümmungslinien übergehen; als Schnitt ergibt sich entweder der Punkt $z = 1:2c$ oder der Punkt $z = 1:2a$, die die Krümmungsmittelpunkte der zugehörigen Normalschnitte genannt werden.

Haben wir so unsere früheren Angaben bestätigt, so können wir jetzt leicht die Konstruktion der Krümmungslinien angeben. Im allgemeinen werden die Normalen der Fläche längs einer beliebigen Kurve eine windschiefe geradlinige Fläche bilden. *Die Krümmungskurven auf einer Fläche haben aber die kennzeichnende Eigenschaft, daß die in ihren Punkten errichteten Flächennormalen eine „Torse" bilden, da zwei benachbarte Erzeugende sich in höherer Annäherung schneiden.*

Dabei war immer die Rede davon, daß zwei „benachbarte" Erzeugende einer Torse — d. h. im allgemeinen der Tangentenfläche einer Kurve — „sich schneiden". Das bedeutet genau: Rücken zwei Erzeugende einer Torse zusammen, so wird der kürzeste Abstand in höherer als erster Ordnung unendlich klein.

Hieran knüpfen wir noch vorab einige weitere Bemerkungen:

1. *Auf der Kugel ist offenbar jede beliebige Kurve eine Krümmungslinie*, oder anders ausgedrückt, *die Krümmungslinien auf der Kugel sind unbestimmt.* In der Tat bilden ja die Normalen längs einer beliebigen Kurve stets eine Kegelfläche, d. h. also eine Torse.

2. Sie werden sich erinnern, daß wir die Röhrenflächen durch Bewegung einer Kugel erzeugt hatten. Die Kugel berührt die Röhrenfläche jedesmal längs des Kreises, in dem sie ihre Nachbarkugel durch-

setzt, d. h. genauer: in der Grenzlage des Schnittkreises mit der benachbarten Kugel. Hieraus aber ergibt sich folgender Satz:

Auf einer Röhrenfläche, d. h. einer Fläche, die von einer einparametrigen Schar von Kugeln umhüllt wird, gibt es eine einparametrige Schar kreisförmiger Krümmungslinien, nämlich die Kreise, in denen sich die benachbarten Kugeln der Schar durchdringen und längs deren die Röhrenfläche von der einzelnen Kugel berührt wird. Da nun, wie wir wissen, die Zyklide Dupins im doppelten Sinne Röhrenfläche ist, so erkennen wir, daß auf ihr beide Scharen von Krümmungslinien Kreise sind, wie wir S. 57 ohne Beweis angeführt hatten.

Diese neue Erklärung der Krümmungslinien müssen wir nun kugelgeometrisch auffassen. Wie gehen wieder davon aus, daß wir die z-Koordinaten der Fläche im Anfangspunkt o unter Zugrundelegung eines besonderen Achsenkreuzes in die Reihe entwickeln konnten:

$$z = a x^2 + c y^2 + \text{Glieder höherer Ordnung.}$$

Wir wollen nun sämtliche Kugeln betrachten, die im Nullpunkt die Fläche berühren. Ihre Gleichung wird sein:

$$x^2 + y^2 + (z - r)^2 = r^2 \quad \text{oder} \quad x^2 + y^2 + z^2 - 2 r z = 0.$$

Entwickeln wir auch in dieser Gleichung z nach Potenzen von x und y, so erhalten wir

$$z = \frac{x^2 + y^2}{2r} + \text{Glieder höherer Ordnung,}$$

und wenn wir beide Reihen für z einander gleich setzen, so ergibt sich:

$$0 = (2\,ar - 1)\,x^2 + (2\,cr - 1)\,y^2 + \text{Glieder höherer Ordnung.}$$

Diese Gleichung stellt uns die Projektion der Schnittkurve unserer Fläche mit der Kugel auf die xy-Ebene, d. h. die Tangentenebene der Fläche im Nullpunkt dar, und wir sehen:

Eine jede dieser Berührungskugeln schneidet die Fläche in der Nähe des Punktes o in einer Kurve, die im Punkte o einen Doppelpunkt hat, dessen beide Äste symmetrisch gegen die Richtungen der Krümmungskurven liegen.

Natürlich können diese beiden Äste reell oder konjugiert imaginär sein, so daß wir einen gewöhnlichen Doppelpunkt oder einen isolierten Doppelpunkt vor uns haben können. Nun wollen wir als Mittelpunkt der Berührungskugeln insbesondere die Krümmungsmittelpunkte wählen und dementsprechend

$$r = \frac{1}{2a} \text{ oder } \frac{1}{2c}$$

setzen. Die Projektionskurve wird dann

$$\text{für } r = \frac{1}{2a} : 0 = \left(\frac{c}{a} - 1\right) y^2 + \cdots,$$

entsprechend ergibt sich

$$\text{für } r = \frac{1}{2c} : 0 = \left(\frac{a}{c} - 1\right) x^2 + \cdots .$$

Diese Gleichungsform läßt aber auf das Auftreten einer Spitze im Punkt o für die Kurven schließen, die Spitzentangente ist die x- oder y-Achse. Das ergibt uns den Satz, daß diese speziellen Kugeln die Fläche in einer Kurve mit Spitze schneiden. Hiermit tritt hervor, daß unsere Kugeln die Fläche längs einer Hauptkrümmungsrichtung in innigerer Weise berühren, wie dies auch schon unser Satz von der Normale des Nachbarpunktes verlangt[1]). Unsere so bestimmten Kugeln wollen wir in der Folge *die Schmiegkugeln* für unseren Flächenpunkt nennen.

Betrachten wir nun die Aufeinanderfolge der Punkte einer Krümmungslinie und konstruieren in jedem die zu dieser Krümmungslinie gehörige Schmiegkugel, so wird in der ganzen Reihe dieser Kugeln jede die benachbarte in dem zugehörigen Flächenpunkte berühren. Wir haben hier ein geometrisches Gebilde vor uns, das in der Kugelgeometrie dieselbe Bedeutung hat, wie die Torsen in der Liniengeometrie: *Sowie die benachbarten Erzeugenden einer Linienfläche im allgemeinen windschief gegeneinander stehen, es aber eine besondere Gattung von Linienflächen gibt, bei denen sie sich „schneiden", nämlich die Torsen, so schneiden sich benachbarte Kugeln einer Kugelreihe im allgemeinen längs eines Kreises, können sich aber im besonderen Falle in stetiger Aufeinanderfolge berühren.*

Wir verabreden für unsere Betrachtungen, eine solche Kugelreihe eine *Berührungsreihe* zu nennen[2]). (Man denke etwa an die entsprechenden Verhältnisse bei Kreisen einer Ebene. Die aufeinander folgenden Krümmungskreise irgendwelcher Kurve bilden eine Berührungsreihe.)

Hieran knüpft die kugelgeometrische Auffassung der Krümmungskurven an:

Das Problem der Krümmungskurven einer gegebenen Fläche wird man so auffassen können, daß man erstens die zweiparametrige Schar der Schmiegkugeln ermittelt, die zu den verschiedenen Punkten der gegebenen Fläche gehören, und zweitens innerhalb der Mannigfaltigkeit der Schmiegkugeln Berührungsreihen sucht.

Man kann indessen auch die Aufsuchung der Schmiegkugeln vermeidend so vorgehen: Man sucht innerhalb der dreiparametrigen Ge-

[1]) Es ist nicht angängig zu sagen, daß eine Schmiegkugel die Fläche längs einer Krümmungslinie „in zwei benachbarten Punkten berührt". Sollte nämlich diese Behauptung sich streng fassen lassen, so müßte es möglich sein, die Schmiegkugel als Grenzlage einer Kugel aufzufassen, die die Fläche in zwei verschiedenen Punkten berührt, indem man die Berührungspunkte zusammenrücken ließe. Es ist aber im allgemeinen unmöglich, die Berührungspunkte einer doppelt berührenden Kugel an einer vorgeschriebenen Flächenstelle zusammenrücken zu lassen. Die Stellen nämlich, an denen dies möglich ist, sind z. B. auf einem Ellipsoid nur auf den Schnittlinien mit den Symmetrieebenen gelegen.

[2]) Vgl. dazu auch *E. Bompiani*, Rend. Lincei (5) 21 (1912), S. 697—704.

samtheit der Berührungskugeln einer Fläche die Berührungsreihen auf, von denen sich zwei benachbarte Kugeln im zugehörigen Flächenpunkt berühren. Schalten wir daraus die trivialen Lösungen aus, die aus allen Kugeln bestehen, die sich an derselben Flächenstelle berühren, so bleiben die Berührungsreihen übrig, die aus den Schmiegkugeln einer Krümmungslinie bestehen.

Von hier aus ist es dann ganz einfach, die Analogie zum Problem der Schmiegtangentenkurven zu überblicken:

Krümmungskurven.	*Asymptotenlinien.*
Aus den Berührungskugeln einer Fläche die Berührungsreihen auszuwählen mit der Eigenschaft, daß zwei benachbarte Kugeln der Reihe sich in dem zugehörigen Flächenpunkt berühren.	Aus den Tangenten einer Fläche die Torsen auszuwählen mit der Eigenschaft, daß zwei benachbarte Geraden der Torse sich in dem zugehörigen Flächenpunkt schneiden.
Neben den die Fläche berührenden Kugelbüscheln ergeben sich die Berührungsreihen aus den Schmiegkugeln längs der Krümmungslinien.	Neben den die Fläche berührenden Strahlenbüscheln ergeben sich als Lösungen die Torsen aus den Tangenten längs einer Asymptotenlinie.

Wir sehen, rechts ist ganz derselbe Schritt liniengeometrisch getan, der links kugelgeometrisch ausgeführt ist.

Hiermit erkennen wir also: Die Aufsuchung der Krümmungslinien nimmt in der Kugelgeometrie dieselbe Stellung ein, wie die Ermittlung der Asymptotenlinien in der Liniengeometrie. Erst im weiteren Verlaufe dieser Vorlesung werden wir Gelegenheit nehmen, den so in seinem geometrischen Grundgedanken gefaßten *Lie*schen Satz in bestimmten Formeln rechnerisch auszugestalten.

Wir führen noch kurz den bereits ausgesprochenen Gedanken aus, daß zwischen der höheren Kugelgeometrie des R_3 und der Euklidischen Punktgeometrie des R_4 eine unmittelbare Beziehung bestehen muß. Die Sache ist ganz einfach. Bezeichnen wir mit α, β, γ, r und $\alpha', \beta', \gamma', r'$ Mittelpunkt und Radius zweier Kugeln im R_3, so lautet die Bedingung für die Berührung beider Kugeln:

$$(\alpha - \alpha')^2 + (\beta - \beta')^2 + (\gamma - \gamma')^2 = (r - r')^2.$$

Wählen wir nun als Abbild dieser Kugeln die Punkte des R_4, die die rechtwinkligen Koordinaten

$$\alpha, \beta, \gamma, ir \quad \text{und} \quad \alpha', \beta', \gamma', ir'$$

haben, so wird der Zusammenhang beider Geometrien sich darin äußern, daß die Berührungsbedingung, der wir die Form

$$(\alpha - \alpha')^2 + (\beta - \beta')^2 + (\gamma - \gamma')^2 + (ri - r'i)^2 = 0$$

erteilen, auch in der metrischen Punktgeometrie des R_4 nicht minder wie in der Kugelgeometrie des R_3 ihre gute geometrische Bedeutung hat; *sie drückt nämlich aus, daß die beiden Punkte eine verschwindende Entfernung haben.*

Der entsprechende Übergang kann natürlich auch von den Kreisen der Ebene zu den Punkten des R_3 gemacht werden. Wir lassen dem Kreis, dessen Mittelpunkt und Radius durch die Größen α, β, r gegeben sein möge, im R_3 den Punkt mit den Koordinaten α, β, ir entsprechen. Um uns diesen Übergang anschaulich vorzustellen, denken wir uns im Mittelpunkte des Kreises auf seiner Ebene, der xy-Ebene, das Lot errichtet und vom Fußpunkt aus die Strecke ir abgetragen; der Endpunkt dieser Abtragung stellt dann den unserem Kreise entsprechenden Raumpunkt vor. Wenn wir die Abbildung, die man als *isotrope Projektion* bezeichnet, eindeutig machen wollen, müssen wir in der Ebene *gerichtete* Kreise betrachten, also dem r ein bestimmtes Vorzeichen geben. *Diese Abbildung der Kreise einer Ebene auf die Punkte des R_3 haben schon Chasles und Möbius benutzt (in den fünfziger Jahren), um reelle Kreise mit imaginären Radien der anschaulichen Behandlung zu unterwerfen.*

Doch können wir ja auch dem Kreise α, β, r der Ebene den Raumpunkt mit den rechtwinkligen Koordinaten α, β, r entsprechen lassen. Die fundamentale Bedingung

$$(*) \qquad (\alpha - \alpha')^2 + (\beta - \beta')^2 - (r - r')^2 = 0$$

drückt dann wieder aus, daß die Raumpunkte eine verschwindende Entfernung haben, wenn wir die Euklidische Maßbestimmung so abändern, daß wir die Entfernung zweier Punkte durch den indefiniten Ausdruck (*) erklären. Die zu den beiden Punkten α, β, r und α', β', r' gehörigen isotropen Kegel berühren sich, wie es in der Abb. 38 angedeutet ist. Ein verwandter Gedanke ist von *W. Fiedler* seinem Buche über „Zyklographie" (Leipzig 1882) zu konstruktiven Zwecken zugrunde gelegt.

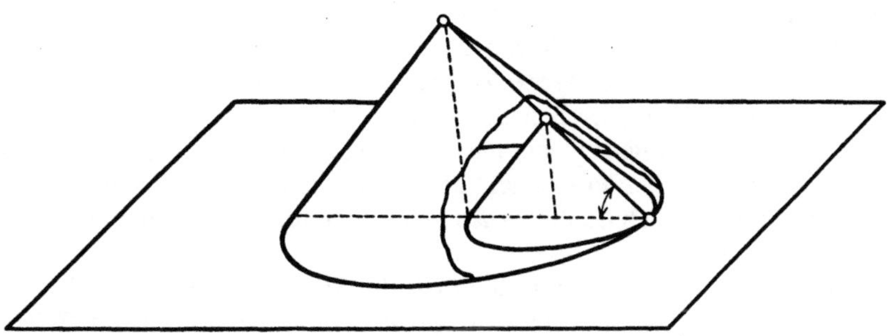

Abb. 38.

§ 27. Geschichtliche Bemerkungen zur Kugelgeometrie.

Nun haben wir noch einiges darüber zu sagen, wie *Lies* Kugelgeometrie im geometrischen Publikum aufgenommen ist. Wir müssen leider die Tatsache feststellen, daß sie zwar bei den französischen und italienischen Geometern Anklang gefunden hat, daß dagegen die deutschen Geometer lange Zeit an ihr vorbeigegangen sind. Insbesondere sind von ihnen die wichtigen Entwicklungen zur Differentialgeometrie, die sich an *Lie*s Kugelgeometrie knüpfen, wie die Beziehung zwischen Asymptoten- und Krümmungskurven durchaus beiseite gelassen worden.

Die deutschen Geometer haben unter Führung von *Reye* meist nur die *elementare* Kugelgeometrie bearbeitet. *Reye* hat nämlich 1879 eine kleine Schrift erscheinen lassen: „Synthetische Geometrie der Kugeln und linearen Kugelsysteme", der er dann noch verschiedene Abhandlungen hat folgen lassen, z. B. Crelles Journal, Bd. 99 (1886), wo er sich gleichfalls rein synthetisch, d. h. ohne Formeln mit quadratischen Kugelkomplexen beschäftigt. Aber diese quadratischen Kugelkomplexe sind nicht die von *Lie*, sondern nur besondere Fälle davon. Sie sind, wenn wir bei unseren elementaren Koordinatenbestimmungen bleiben wollen, durch Gleichungen zweiten Grades zwischen α, β, γ, C, aber nicht durch solche zwischen α, β, γ, C, r gegeben.

Wir müssen hier ein Urteil über die sogenannte *Steiner*sche Schule abgeben. *Steiner* selbst ist in gewissem Sinne gar nicht als Vertreter dieser Schule zu betrachten; hat er sich doch in Crelles Journal, Bd. 1, zur Aufgabe gemacht, alle Sätze, die man für sich rechtwinklig schneidende Kreise gefunden hat, auf Kreise, die sich unter beliebigem Winkel schneiden, zu übertragen, und damit den richtigen Anlauf zu den höheren Problemen genommen. Die Schüler von *Steiner* aber sind nicht etwa mit diesen Ansätzen weitergegangen, mit denen *Steiner* begonnen hat, sondern haben einseitig die systematischen Gesichtspunkte des alternden *Steiner* bearbeitet unter grundsätzlicher Vermeidung neuer Gedanken. Diese Richtung hat die Entwicklung der Geometrie in Deutschland auf die Dauer entschieden gehemmt. Da ist denn wohl von den linearen Gebilden der elementaren Kugelgeometrie die Rede, aber nur so, wie man auch von linearen Systemen von Kegelschnitten sprechen kann; daß *interessanten* Dingen in der Liniengeometrie auch *interessante* Dinge in der Kugelgeometrie entsprechen, wie die *Lie*schen Untersuchungen zeigen; daß hier ein überraschender Zusammenhang zwischen berühmten Problemen hervortritt, die in verschiedenen Gebieten der Wissenschaft ihre Ausbildung gefunden haben, davon findet sich nichts erwähnt.

Man könnte diese Bemerkung über die *Steiner*sche Schule noch sehr ausdehnen. Eine besondere hierher gehörige Frage betrifft z. B. das Zeichnen geometrischer Abbildungen. Wir werden in ihm ein gutes Mittel, die Anschauung zu üben, erblicken können. Dem entgegen vermeidet die Schule *Steiner*s alle Abbildungen, man vergleiche nur z. B. *Schröter*s Schriften — und doch hat *Steiner* im Anfange seiner Laufbahn sehr viel gezeichnet!

Wir überblicken noch einmal die in diesem Kapitel entwickelte Auffassung *Plücker*s. Ihr Grundgedanke findet seinen Ausdruck darin, bei der Behandlung der Raumgeometrie *irgendein geometrisch erklärtes Gebilde als Raumelement zu wählen und durch Koordinaten festzulegen.* Wählen wir den Punkt oder die Ebene als Raumelement, so stellt unser Raum eine Mannigfaltigkeit von drei Dimensionen vor, wählen wir die Geraden oder die Kugeln als Raumelement, eine Mannigfaltigkeit von vier Dimensionen, wählen wir die linearen Komplexe oder die *Ball*sche Schraube, was ja dasselbe ist, als Raumelement, eine Mannigfaltigkeit von fünf Dimensionen; wählen wir endlich die Fläche zweiten Grades als Raumelement, eine Mannigfaltigkeit von neun Dimensionen.

Neben der Zahl der Dimensionen, die unserem Raume je nach der Wahl des Elementes beizulegen ist, werden wir bei diesem Rückblick noch unterscheiden, ob wir es beim Gesamtraum mit einer *linearen* Mannigfaltigkeit oder einer *quadratischen* Mannigfaltigkeit zu tun haben. Eine lineare Mannigfaltigkeit liegt der elementaren Punkt- und Ebenen geometrie, der elementaren Kugelgeometrie und schließlich auch der Schraubengeometrie zugrunde, da die zur Bestimmung des Elements in ihnen angewandten Koordinaten ja voneinander völlig unabhängig sind. Dagegen die Punktgeometrie der pentasphärischen Koordinaten, die höhere Kugelgeometrie und die Liniengeometrie mit ihren sechs homogenen Koordinaten benutzen sämtliche überzählige Koordinaten, die eine quadratische Bedingungsgleichung zu erfüllen haben. Dementsprechend werden wir bei ihnen den Raum als eine quadratische Mannigfaltigkeit bezeichnen müssen.

§ 28. Heranziehung mehrdimensionaler Räume durch Graßmann und Cayley.

Neben der Auffassung *Plücker*s tritt nun in der Entwicklung der Geometrie noch eine zweite Richtung in den Vordergrund, die darauf hinauskommt, die n homogenen Veränderlichen $x_1, x_2, \ldots, x_n$ *als Punktkoordinaten in einem entsprechend ausgedehnten „projektiven" Raume von* $n - 1$ *Dimensionen zu deuten.* Dieser Gedanke, den wir schon gelegentlich berührt haben, behält also den Punkt als Raumelement bei und setzt nur für unseren R_3 ein höheres Gegenstück, in dem nun *projektive* Konstruktionen vorgenommen werden. Die hiermit bezeichnete Auffassung geht auf die beiden berühmten Mathematiker *Graßmann* und *Cayley* zurück, über die wir zunächst einiges Persönliche mitteilen wollen.

H. G. Graßmann (1809—77) ist einer der wenigen Gymnasiallehrer, die auf den Fortschritt der Mathematik bedeutenden Einfluß gehabt haben. Der Wirkungskreis seines Lebens ist ausschließlich in Stettin gewesen. 1844 erschien in erster Auflage sein Hauptwerk, die *Ausdehnungslehre,* Diesen Namen hat er sich gebildet, weil es ihm unbequem war, von einer Geometrie im „Raume von n Dimensionen" zu sprechen. Übrigens arbeitet er darin ausschließlich mit geometrischen Analogien und ist darum sehr schwer verständlich. Im Jahre 1862 hat er sein Werk in zweiter Auflage neu herausgegeben, in der er weit weniger abstrakt ist und die Darstellung mit Formeln gibt. Immerhin weicht seine Formelsprache von der gewöhnlichen ab. Diese Werke haben äußerst langsam bei den Mathematikern Eingang gefunden, sind jedoch von um so nachhaltigerem Einfluß gewesen[1].

Später haben insbesondere englische und amerikanische Forscher sich an *Graßmann* angeschlossen, z. B. hat sich *Gibbs* in seinen Entwicklungen über die Planetenbahnen der Methoden *Graßmanns* bedient.

A. Cayley (1821—95) lenkte zugleich mit *J. J. Sylvester* (1814—97) um 1850 die Aufmerksamkeit der Mathematiker nach England, indem sie in glänzenden Arbeiten den Teil der Algebra entwickelten, den man die *Invariantentheorie* der algebraischen Formen nennt. Während aber *Sylvester* diese Disziplin mehr abstrakt behandelte, hat *Cayley* die *geometrische Interpretation* hinzugefügt und damit die Richtung innerhalb der analytischen Geometrie zur Herrschaft gebracht, die von *Hesse* im Anschluß an *Jacobi* in Deutschland begonnen war. *Cayley* hat in Cambridge gewirkt, *Sylvester* in Oxford. *Sylvester* hat noch 1874 als 60jähriger Mann den Mut gehabt, an die John Hopkins University in Baltimore überzusiedeln und durch eine ganz spezifische durch zehn Jahre fortgesetzte Lehrtätigkeit höhere mathematische Studien auf amerikanischen Boden zu verpflanzen[2].

Wir handeln also von der Auffassung, die homogenen Veränderlichen $x_1, x_2, \ldots, x_n$ als Punkte eines $(n-1)$fach ausgedehnten „projektiven" Raumes zu deuten. In ihm wollen wir nun *lineare Scharen* von Punkten betrachten; und zwar werden wir da zunächst die eingliedrige Schar durch $\lambda x_1, \lambda x_2, \ldots, \lambda x_n$ festlegen, sie stellt, da es nur auf das Verhältnis der Koordinaten ankommt, den Punkt x_i selbst dar. Die zweigliedrige Schar werde durch die linearen Verbindungen der Koordinaten zweier Punkte:

$$\lambda x_1 + \lambda' x_1', \quad \lambda x_2 + \lambda' x_2', \quad \lambda x_3 + \lambda' x_3', \ldots, \lambda x_n + \lambda' x_n',$$

die dreigliedrige Schar durch die lineare Verbindung der Koordinaten dreier Punkte:

$$\lambda x_k + \lambda' x_k' + \lambda'' x_k'',$$

schließlich die $(n-1)$gliedrige Schar entsprechend durch die Ausdrücke

$$\lambda x_k + \lambda' x_k' + \cdots + \lambda^{(n-2)} x_k^{(n-2)}$$
$$k = 1, 2, \ldots, n.$$

---

[1]) *Graßmanns* Mathematische Werke wurden in 3 Bänden, Leipzig 1894 bis 1911 von *F. Engel* herausgegeben. Darin auch ein ausführliches Leben *Graßmanns* von *F. Engel*.

[2]) Eine Würdigung von *Cayleys* Leben und Leistungen durch *M. Noether* in Math. Annalen Bd. 46 (1895). *Noethers* Nachruf auf *Sylvester* in Math. Annalen Bd. 50 (1898).

erklärt. Diese linearen Punktscharen werden völlig dem Punkt, der geraden Linie, der Ebene des R_3 entsprechen.

Wie werden wir die durch sie dargestellten geometrischen Gebilde des R_{n-1} nun durch *Koordinaten* festgelegt denken? Wir bilden einfach die *Unterdeterminanten gewisser Matrizen.* Bei der eingliedrigen Schar ist die Matrix $|\, x_1 x_2 \ldots x_n \,|$, deren n einzelne Glieder die homogenen Koordinaten p_i des Punktes sind. Dieser Fall ist natürlich selbstverständlich. Bei der zweigliedrigen Schar bilden wir die Matrix aus den Koordinaten zweier Punkte

$$\left| \begin{matrix} x_1, & x_2, & \ldots, & x_n \\ x_1', & x_2', & \ldots, & x_n' \end{matrix} \right|$$

die Verhältnisse der $n \cdot (n-1):2$ Unterdeterminanten stellen uns die homogenen Koordinaten p_{ik} des Gebildes dar. In derselben Weise haben wir in den

$$\frac{n\,(n-1)\,(n-2)}{1 \cdot 2 \cdot 3}$$

Unterdeterminanten der Matrix

$$\left| \begin{matrix} x_1, & x_2, & \ldots, & x_n \\ x_1', & x_2', & \ldots, & x_n' \\ x_1'', & x_2'', & \ldots, & x_n'' \end{matrix} \right|$$

die homogenen Koordinaten p_{ikl} des Gebildes der dreigliedrigen Schar zu sehen und so fort bis zur $(n-1)$gliedrigen Schar. Und wir erkennen leicht, daß z. B. jede Unterdeterminante der Matrix:

$$\left| \begin{matrix} \lambda x_1 + \lambda' x_1', & \lambda x_2 + \lambda' x_2', & \ldots, & \lambda x_n + \lambda' x_n' \\ \mu x_1 + \mu' x_1', & \mu x_2 + \mu' x_2', & \ldots, & \mu x_n + \mu' x_n' \end{matrix} \right|$$

in der wir den Größen λ, λ', μ, μ' irgend welche bestimmte Werte beigelegt denken können, sich von der entsprechenden Determinante der Matrix

$$\left| \begin{matrix} x_1, & x_2, & \ldots, & x_n \\ x_1', & x_2', & \ldots, & x_n' \end{matrix} \right|$$

nur um den Faktor

$$\left| \begin{matrix} \lambda & \lambda' \\ \mu & \mu' \end{matrix} \right|$$

unterscheidet.

Dies rechtfertigt die Einführung der Koordinaten p_{ik} als der Verhältnisse der Unterdeterminanten der letzten Matrix, weil diese Verhältnisse sich nicht ändern, wenn man für x und x' irgend zwei andere Punkte unseres Gebildes $\lambda x_i + \lambda' x_i'$ in die Matrix einführt. Entsprechendes gilt für die Einführung der Koordinaten drei und mehrgliedriger Scharen.

Neben diese erste Theorie des linearen Gebildes im R_{n-1}, stellt sich dualistisch eine zweite, die sich so aufbaut: Wir knüpfen an die Gleichung

$$u_1 x_1 + u_2 x_2 + \cdots + u_n x_n = 0$$

an und erklären ein eingliedriges lineares Gebilde, das wir eine *Ebene* (man sagt auch „*Überebene*" oder „*Hyperebene*") im R_{n-1} nennen können, durch die Koordinaten

$$u_1 : u_2 : u_3 : \ldots : u_n.$$

Mit diesen „Ebenenkoordinaten" können wir dann genau so arbeiten wie soeben mit den Punktkoordinaten. Wir bilden uns zweigliedrige, dreigliedrige Gebilde, deren Koordinaten wir entsprechend durch die Unterdeterminanten der Matrix

$$\left\| \begin{matrix} u_1 u_2 \cdots u_n \\ u_1' u_2' \cdots u_n' \end{matrix} \right\| \quad \text{oder} \quad \left\| \begin{matrix} u_1 u_2 \cdots u_n \\ u_1' u_2' \cdots u_n' \\ u_1'' u_2'' \cdots u_n'' \end{matrix} \right\|$$

einführen und mit q_{ik} oder q_{ikl} bezeichnen. Und in gleicher Weise können wir zu noch höhergliedrigen Gebilden weitergehen.

Nun zeigt sich sofort das schöne Ergebnis, daß die Gebilde q_{ikl} hier den Gebilden p_{ikl} durchaus entsprechend sind, und zwar in dem Sinne, daß z. B. das $(n-1)$ gliedrige Gebilde der u-Koordinaten dem eingliedrigen Gebilde der x-Koordinaten, das $(n-2)$gliedrige Gebilde der u-Koordinaten dem zweigliedrigen Gebilde der x-Koordinaten, *allgemein das $(n-\nu)$gliedrige Gebilde der Ebenenkoordinaten dem ν-gliedrigen Gebilde der Punktkoordinaten geometrisch genau gleich ist.* Das ist genau dieselbe Reziprozität, welche vorhin im Falle $n = 6$ unserer Untersuchung der linearen Scharen linearer Linienkomplexe zugrunde lag. Die Gebilde der zweiten Reihe sind demnach in umgekehrter Richtung dieselben wie die Gebilde der ersten. Man macht sich diesen Satz am besten an den Verhältnissen unseres gewöhnlichen Raumes anschaulich klar.

Doch geht die Übereinstimmung bei näherer Betrachtung noch weiter: *Des näheren ist nämlich die Sache so, daß die aus ν Reihen von Punktkoordinaten zusammengesetzten Koordinaten p eines Gebildes sich geradezu genau so verhalten wie die aus $(n-\nu)$ Reihen von Ebenenkoordinaten in komplementärer Weise zusammengesetzten Koordinaten q desselben Gebildes.*

Der Beweis dieses Reziprozitätsgesetzes kommt auf einen allgemeinen Determinantensatz hinaus, der aussagt, daß „komplementäre" Minoren zweier „reziproker" Determinanten bis auf Potenzen der Ausgangs-Determinante übereinstimmen; *C. G. J. Jacobi*, Crelles Journal **22** (1841), S. **304**.

Wir gehen auf diese Ableitung nicht näher ein, sondern wenden uns sogleich zu den Folgerungen unseres Satzes, die in der Frage gipfeln: Was für Gleichungen wir nun in der Theorie des R_{n-1} studieren werden? *Offenbar wird jedes Gebilde in dem Graßmann-Cayleyschen Raume*

Objekt der geometrischen Untersuchungen sein können, das durch eine oder mehrere Gleichungen zwischen verschiedenen Reihen von p_i, p_{ik}, p_{ikl}, ... *oder entsprechend zwischen verschiedenen* ..., q_{ikl}, q_{ik}, q_i *dargestellt wird*[1]).

Wir können nun die *Graßmann*schen und *Plücker*schen Ideen miteinander in Verbindung zu bringen suchen. Haben wir z. B. auf der einen Seite *Plückers* Liniengeometrie des R_3 mit den homogenen Koordinaten $x_1, x_2, \ldots, x_6$ und der quadratischen Bedingungsgleichung $\Omega(x) = 0$, so können wir andererseits die sechs Koordinaten auch im Sinne *Graßmanns* zur Festlegung der Punkte eines R_5 deuten. $\Omega(x) = 0$ stellt dann in ihm eine Fläche zweiten Grades dar, zu der jedes weitere durch irgendwelche Gleichungen zwischen den x gegebene Gebilde in Beziehung gesetzt wird. Oder haben wir im Sinne *Plückers* z. B. den linearen Komplex als Raumelement eingeführt und durch sechs unabhängige Koordinaten festgelegt, so werden wir dieser Geometrie die gewöhnliche des R_5 gegenüberstellen können. Beide Ansätze gebraucht *Klein* viel in seinen wiederholt genannten Arbeiten in den Math. Annalen, Bd. 2 und 5. Allgemein werden wir sagen: Wir können die Untersuchungen über höhere Elemente eines niederen Raumes immer auf die Punkte eines höheren Raumes beziehen.

Doch können wir natürlich auch noch von anderer Seite die Verknüpfung der Anschauungen *Graßmanns* und *Plückers* bewirken. Haben wir uns z. B. entschlossen, im Raume *Graßmanns* von beliebig hohen Dimensionen zu arbeiten, so können wir doch in ihm auch etwa von einer Kugelgeometrie sprechen, kurz *statt der Punkte irgendein anderes Gebilde im Sinne Plückers als Raumelement einführen.*

Daß man, wenn irgendwelche Veränderliche zu deuten sind, wechselnd bald diese bald jene Anschauungsweise gebrauchen kann, das ist das Wesentliche.

§ 29. Kreise im Raume, das Pentazykel von Stephanos.

Wir wollen nun in diesem Abschnitt noch einen letzten Punkt zur Sprache bringen, mit dem die Geometer nach 1880 sich mannigfach beschäftigt haben. Er betrifft *die elementare Kreisgeometrie in unserem gewöhnlichen Raum.* Ein Kreis in der Ebene hängt von drei Konstanten ab, aber die Ebene, die ihn trägt, erfordert gleichfalls drei Konstante zu ihrer Bestimmung. Wir sehen, ein Kreis im R_3 besitzt also *sechs* Konstante. Wir wollen ihn nun folgendermaßen durch Koordinaten festlegen: Eine Kugel legen wir in der elementaren Kugelgeometrie, von der wir hier ausgehen, bekanntlich durch fünf homogene Koordinaten fest, die wir hier $x_1, x_2, \ldots, x_5$ nennen wollen. Da sich

[1]) Vgl. auch *E. Bertini*, Geometria projettiva degli iperspazi, Messina 1923; ferner Enzyklopädieartikel von *C. Segre*, III 2, Heft 7.

der Kreis als Schnitt zweier Kugeln ergibt und somit den Kugeln eines ganzen Büschels angehört, so werden wir uns die folgende Matrix bilden:

$$\begin{vmatrix} x_1 & x_2 & x_3 & x_4 & x_5 \\ x_1' & x_2' & x_3' & x_4' & x_5' \end{vmatrix}$$

und aus ihr die 10 „verschiedenen" Unterdeterminanten p_{ik} bilden. Diese Größen wählen wir als *homogene Koordinaten des Kreises im Raume.*

Zwischen diesen p_{ik} müssen offenbar drei unabhängige Beziehungen bestehen, da doch der Kreis im Raume nur von sechs Konstanten abhängen soll. Nun können wir sehr leicht fünf der Form nach verschiedene Gleichungen finden, indem wir die beiden Zeilen der obigen Matrix noch einmal darunter setzen und nun allemal eine Spalte der neuen Matrix fortlassen. Die so entstehenden Determinanten ergeben, gleich Null gesetzt und in bekannter Weise nach Unterdeterminanten entwickelt, die gewünschten Gleichungen, die vom zweiten Grade in den p_{ik} sind. Um nur ein Beispiel anzuführen, erhalten wir solcherweise etwa die Gleichung

$$P = p_{12}p_{34} + p_{13}p_{42} + p_{14}p_{23} = 0.$$

Von diesen fünf Bedingungsgleichungen können nur drei unabhängig sein.

Haben wir uns so über die Wahl der Koordinaten eines Kreises im R_3 verständigt, so werden wir nunmehr Gleichungen zwischen ihnen studieren. Zunächst bietet sich wieder die lineare Gleichung

$$\sum a_{ik} p_{ik} = 0$$

dar, die ausführlich geschrieben aus zehn Gliedern bestehen wird. Da wir sechs Konstante als wesentlich zur Bestimmung eines Kreises erkannt haben, so können wir auch sechs lineare Gleichungen der genannten Form nebeneinander betrachten; diese werden in der Regel nur eine *endliche* Zahl von Kreisen festlegen. Es ist sehr merkwürdig, daß sich da genau fünf Kreise ergeben, die in bestimmter Weise gegeneinander im Raume liegen. Der griechische Geometer *C. Stephanos,* der dieses Gebilde 1881 entdeckt hat, nannte es ein „Pentazykel". *Wenn wir daher den Kreis im Raume durch die Verhältnisse in den zehn Koordinaten p_{ik} festlegen, erscheint die Mannigfaltigkeit der Kreise als ein sechsfach ausgedehntes Gebiet fünfter Ordnung im Raume von neun Dimensionen.*

Anderseits können wir auch sagen: Unsere Kreisgeometrie ist ein Abbild der „Liniengeometrie des vierdimensionalen Raumes".

Als Literatur sei neben den Noten von *C. Stephanos* in Comtes Rendus Paris, Bd. 93 (1881), S. 578—580, 633—636 eine zusammenfassende Arbeit von *E. Cosserat* im 3. Bande der Annales de Toulouse genannt (1889). Weitere Arbeiten: *C. Segre,* Rend. Palermo 1888, Atti Torino 22 (1887); *G. Castelnuovo,* Atti ist. Veneto 1888, 1891. Ferner *J. L. Coolidge,* A treatise on the circle and the sphere, S. 482ff. Oxford 1916.

Im übrigen sind hier noch manche Fragen aufgeworfen, die ihrer Erledigung harren. Eine gründliche und systematische Behandlung dieser Kreisgeometrie, die etwa nacheinander eine lineare Gleichung, zwei lineare Gleichungen usw. zwischen den Koordinaten betrachtet, steht eben noch aus. Ein Gleiches gilt übrigens auch von der *Lie*schen Kugelgeometrie, so daß hier eine Stelle ist, wo ohne besondere Erfindung nützliche Arbeit geleistet werden kann.

§ 30. Die Konnexe von Clebsch.

Wir kehren nun noch zu einer Aufgabenstellung zurück, die wir bereits früher gelegentlich der Betrachtung der gewöhnlichen Punktkoordinaten behandelt haben. Sie betrifft die geometrische Auffassung der Differentialgleichungen, die wir nun von unserem Standpunkte aus, zu dem uns die Linienkoordinaten der Ebene und die Ebenenkoordinaten des Raumes geführt haben, beleuchten wollen. Wir sprechen zunächst von Differentialgleichungen erster Ordnung.

Ich darf sogleich an die drei verschiedenen Arten der Differentialgleichungen erinnern, die sich in den Bedingungen darstellen:

$$1.)\qquad f(x, y, y') = 0,$$

$$2.)\qquad f\left(x, y, z, \frac{dx}{dz}, \frac{dy}{dz}\right) = 0,$$

$$3.)\qquad f(x, y, z, p, q) = 0.$$

Mit jeder dieser Gleichungen hatten wir bereits eine bestimmte geometrische Auffassung verbunden. Die erste ordnete jedem Punkte der Ebene eine bestimmte Fortschreitungsrichtung in der Ebene zu, die zweite lieferte für jeden Raumpunkt einen Kegel von Fortschreitungsrichtungen im Raume, die dritte endlich schrieb für die Tangentenebene der Integralflächen in ihrem Berührungspunkte je einen bestimmten Kegel vor. Die Fälle zwei und drei stehen daher in demselben dualistischen Gegensatz, wie etwa Punkt- und Ebenenkoordinaten im Raume.

Wir wollen nun die Bezeichnung „*inzident*" einführen für den Fall, daß irgend zwei Gebilde wie Punkt und Linie, Linie und Ebene oder Ebene und Punkt ineinander liegen. Wir können daher auch sagen: *Einem beliebigen Punkte ordnet die erste Gleichung eine inzidente Gerade, die zweite eine inzidente Schar von Geraden, die dritte eine inzidente Schar von Ebenen zu.*

Dieser Auffassungsweise geht nun eine analytische Behandlung der Differentialgleichungen erster Ordnung parallel, die *Clebsch* in seinen letzten Arbeiten 1871—72 begründet hat. Wir können sie kurz als *die homogene Formulierung unserer Differentialgleichungen* bezeichnen. Bleiben wir zunächst bei dem Typus 1.) der Gleichung[1]). *Clebsch* bildet

[1]) Man vgl. hierzu das Schlußkapitel von Band I der Vorlesungen über Geometrie von *Clebsch-Lindemann* (1876).

sich eine Gleichung, die eine Reihe Punktkoordinaten und eine Reihe Geradenkoordinaten nebeneinander, jede homogen, enthält, etwa

$$f(x_1, x_2, x_3;\ u_1, u_2, u_3) = 0,$$

und fügt als Bedingung hinzu, daß x_i und u_i inzident zueinander sein sollen, d. h. es soll gelten

$$u_1 x_1 + u_2 x_2 + u_3 x_3 = 0.$$

Diese beiden Gleichungen zusammen werden dann gerade die Differentialgleichung $f(x, y, y')$ ersetzen.

Für feste Werte der x_i gibt die Gleichung $f(x_i, u_i) = 0$ zunächst als Umhüllungsgebilde der Geraden u_i eine bestimmte Kurve; da aber außerdem die Bedingung der Inzidenz für Punkt und Gerade gilt, kommen nur die Tangenten der Kurve in Betracht, die durch die Punkte x_i gehen. Die Aufgabe der Integration ist, aus den so bestimmten Geraden u_i und zugehörigen Punkten x_i Kurven zusammenzusetzen, für welche diese zusammengehörige Tangenten und Kurvenpunkte sind.

Clebsch hat auch eine besondere Benennung für diese Betrachtungen eingeführt. Eine Gleichung wie $f(x_i, u_i) = 0$ nennt er einen *Konnex*, d. h. eine Verknüpfung von Punkt und Linie; was zwei Konnexe gemein haben, ist nach ihm eine *Koinzidenz*. Auch die Gleichung

$$\sum u_i x_i = 0$$

stellt einen Konnex vor, wir wollen ihn insbesondere den Hauptkonnex nennen. Für uns handelt es sich dann um die Koinzidenz, die dem erstgegebenen Konnex und dem Hauptkonnex gemeinsam ist, und diese nennt *Clebsch* eine *Hauptkoinzidenz. Die Differentialgleichung $f(x, y, y') = 0$ wird demnach jetzt gegeben durch die Hauptkoinzidenz eines Konnexes $f(x \mid u) = 0$.*

Im übrigen können wir dieses Formelsystem noch auf verschiedene gleichberechtigte Weisen schreiben:

1. Lassen wir z. B. y_i einen Punkt der Geraden u_i sein, die mit dem Punkte x_i inzident liegt, so können wir die Koordinaten u_i durch die zweigliedrigen Unterdeterminanten der Matrix

$$\begin{vmatrix} x_1 & x_2 & x_3 \\ y_1 & y_2 & y_3 \end{vmatrix}$$

ersetzen, die wir mit $(xy)_{23}$, $(xy)_{31}$, $(xy)_{12}$ bezeichnen wollen. Setzen wir diese Werte für u_i in unsere Gleichung ein, so nimmt sie die Gestalt an:

$$f(x_1, x_2, x_3;\ (xy)_{23}, (xy)_{31}, (xy)_{12}) = 0.$$

2. Wählen wir den Punkt y_i insbesondere in der Nachbarschaft des Punktes x_i, so können wir $y_i = x_i + dx_i$ setzen und die Determinanten $(xy)_{23}$, $(xy)_{31}$, $(xy)_{12}$ werden dann gleich $(x\,dx)_{23}$, $(x\,dx)_{31}$, $(x\,dx)_{12}$, so daß unsere Gleichung jetzt die Form

$$f(x_1, x_2, x_3;\ (x\,dx)_{23}, (x\,dx)_{31}, (x\,dx)_{12}) = 0$$

bekommt.

3. Endlich hat man noch eine letzte Schreibweise. Denken wir uns unsere Differentialgleichung $f(x, y, y') = 0$ integriert und sei

$$\Phi(x_1, x_2, x_3) = \text{konst.}$$

ihr Integralkurvensystem (wo wir in Φ eine Form nullter Dimension zu sehen haben), so stellt sich die Tangente x_i dar durch die Gleichung:

$$\frac{\partial \Phi}{\partial x_1} x_1 + \frac{\partial \Phi}{\partial x_2} x_2 + \frac{\partial \Phi}{\partial x_3} x_3 = 0,$$

dies ergibt, daß unsere Koordinaten u_i den partiellen Ableitungen $\partial \Phi : \partial x_i$ proportional zu setzen sind, und demnach unserer Gleichung auch die Gestalt:

$$f\left(x_1, x_2, x_3; \frac{\partial \Phi}{\partial x_1}, \frac{\partial \Phi}{\partial x_2}, \frac{\partial \Phi}{\partial x_3}\right) = 0$$

erteilt werden kann.

Alle diese drei neuen Formen der Gleichung von *Clebsch* sind gleichwertig und drücken immer aus, daß es sich bei der Hauptgleichung um die Hauptkoinzidenz eines Konnexes handelt.

Nun ist die Frage, was wir mit dieser Formulierung der Integralaufgabe gewonnen haben? Es ist durch diesen Ansatz und durch dieses Heranziehen von Gesichtspunkten der projektiven Geometrie ein *zweifacher Fortschritt in der Theorie der Differentialgleichungen angebahnt worden.*

1. Zunächst haben wir ein *Prinzip zur Aufzählung aller möglichen Differentialgleichungen* $f = 0$ gewonnen, das sich darauf stützt, daß die Größen x_i und u_i gleichwertig nebeneinander vorkommen. Ausgehend von der gewöhnlichen Gleichungsform $f(x, y, y') = 0$ klassizifiert man herkömmlicherweise nur nach dem Grade des y', und unterscheidet so Differentialgleichungen ersten, zweiten, n-ten Grades, kümmert sich aber nicht darum, in welchem Grade x und y vorkommen, ja diese können sogar in transzendenten Verbindungen erscheinen. Wenn wir jetzt schreiben $f(x_1, x_2, x_3; u_1, u_2, u_3) = 0$, so werden wir ganz von selbst dazu geführt, *nach zwei Zahlen die Gleichungen einzuteilen, sowohl nach der Ordnung, in der die x_i vorkommen, wie nach der Klasse, in der die u_i auftreten.* Wir werden ferner auch den Größen u_i nicht minder wie den Größen x_i gestatten, transzendent in der Gleichung vorzukommen. Der einfachste Fall wird dann der Fall $(1, 1)$ sein, wofür die Größen x_i und u_i beide linear in der Gleichung auftreten (bilineare Gleichungsform), dann folgen die Fälle $(1, 2)$ und $(2, 1)$, ferner der Fall $(2, 2)$ und so fort. Es ist solcherweise ganz neues Prinzip gewonnen, diese Differentialgleichungen $f = 0$ hintereinander aufzuzählen.

2. Der zweite Punkt betrifft noch direkter die Gleichberechtigung von x_i und u_i. Wie wir neben der Gleichungsform $f(x_i, u_i) = 0$ die anderen Formen:

$$f(x; (x\,dx)) = 0 \quad \text{und} \quad f\left(x; \frac{\partial \Phi}{\partial x}\right) = 0$$

einführten, können wir auch schreiben

$$f(u;\ (du, u)) = 0 \quad \text{oder} \quad f\left(u, \frac{\partial \psi}{\partial u}\right) = 0.$$

Die Formulierung von *Clebsch* belehrt uns eben, daß bei den vorliegenden Differentialgleichungen Punkt und gerade Linie *gleichberechtigte* Elemente sind, und zeigt uns damit, daß man die u gerade so als unabhängige Koordinaten betrachten kann, wie man es sonst mit den x macht. So ist z. B. der Fall (1, 2) der Differentialgleichung völlig gleichwertig mit dem Falle (2, 1); kann ich den einen Fall integrieren, so vermag ich es auch im anderen Falle.

Sie werden nun wünschen, die besprochene geometrische Auffassung an einem Beispiel durchgeführt zu sehen; wir wählen als solches den einfachsten Fall (1, 1) der Differentialgleichung aus. Wir gehen aus von der allgemeinen bilinearen Gleichung:

$$\sum a_{ik} x_i u_k = 0,$$

oder

$$u_1(a_{11}x_1 + a_{21}x_2 + a_{31}x_3) + u_2(a_{12}x_1 + a_{22}x_2 + a_{32}x_3) + u_3(a_{13}x_1 + a_{23}x_2 + a_{33}x_3) = 0.$$

Wenn wir hier für u_i die Determinante einführen, so bekommen wir

$$(x_2\,dx_3 - x_3\,dx_2)(a_{11}x_1 + a_{21}x_2 + a_{31}x_3) + (x_3\,dx_1 - x_1\,dx_3)(a_{12}x_1 + a_{22}x_2 + a_{32}x_3) + (x_1\,dx_2 - x_2\,dx_1)(a_{13}x_1 + a_{23}x_2 + a_{33}x_3) = 0.$$

Diese Differentialgleichung kommt nun von alters her in der Literatur vor; so hat sich insbesondere *Jacobi* mit ihr beschäftigt in Crelles Journal, Bd. 24 (1842), andererseits haben *Lie* und *Klein* sie in den Comptes rendus von 1870 und in Annalen Bd. 4 (1871)[1] wieder aufgenommen. Dort wurden insbesondere ihre Integralkurven, die *W*-Kurven genannt werden, nach ihren geometrischen Eigenschaften studiert. Um *Jacobis* Arbeit mit den vorliegenden Fragestellungen zu vergleichen, haben wir zur unhomogenen Schreibweise überzugehen und demgemäß $x_3 = 1$, $dx_3 = 0$ zu setzen, so daß die Gestalt unserer Gleichung lautet:

$$-dx_2(a_{11}x_1 + a_{21}x_2 + a_{31}) + dx_1(a_{12}x_1 + a_{22}x_2 + a_{32}) + (x_1\,dx_2 - x_2\,dx_1)(a_{13}x_1 + a_{23}x_2 + a_{33}) = 0.$$

Man sieht, wie in dieser unhomogenen Form die schöne Symmetrie der ursprünglichen Gestalt ganz verloren gegangen ist.

Wir gehen nun auf die geometrische Bedeutung der ursprünglichen Gestalt der Differentialgleichung:

$$u_1(a_{11}x_1 + a_{21}x_2 + a_{31}x_3) + \cdots = 0$$

näher ein. Sie stellt bei festen Werten der x_i die Gleichung eines Punktes

[1]) *F. Klein*: Gesammelte Abhandlungen Bd. 1, S. 415 und S. 424.

in Ebenenkoordinaten dar; seine Punktkoordinaten werden unter Einführung des Proportionalitätsfaktors ϱ durch die Gleichungen gegeben sein

$$\begin{aligned}\varrho y_1 &= a_{11}x_1 + a_{21}x_2 + a_{31}x_3,\\ \varrho y_2 &= a_{12}x_1 + a_{22}x_2 + a_{32}x_3,\\ \varrho y_3 &= a_{13}x_1 + a_{23}x_2 + a_{33}x_3.\end{aligned}$$

Einem jeden Punkt x wird demnach hier durch eine bestimmte lineare Transformation ein Punkt y zugeordnet, und man wird nun nach Kurven suchen, die in jedem ihrer Punkte x_i die Verbindungslinie des Punktes x_i mit dem zugehörigen y_i zur Tangente haben.

Will man daher die Differentialgleichungen integrieren, so hat man vor allen Dingen diese linearen Substitutionen — die man nach ihrer geometrischen Bedeutung Kollineationen nennt —, näher zu studieren. Es ist zunächst die Frage, ob es möglich ist, Punkte x zu finden, die mit den ihnen entsprechenden y zusammenfallen. Dies führt auf die Gleichungen:

$$\begin{aligned}\varrho x_1 &= a_{11}x_1 + a_{21}x_2 + a_{31}x_3,\\ \varrho x_2 &= a_{12}x_1 + a_{22}x_2 + a_{32}x_3,\\ \varrho x_3 &= a_{13}x_1 + a_{23}x_2 + a_{33}x_3,\end{aligned}$$

die bekanntlich nur dann Lösungen zulassen, wenn die Determinante der Koeffizienten:

$$\begin{vmatrix} a_{11}-\varrho & a_{21} & a_{31}\\ a_{12} & a_{22}-\varrho & a_{32}\\ a_{13} & a_{23} & a_{33}-\varrho \end{vmatrix} = 0$$

ist.

Wir wollen annehmen, daß diese kubische Gleichung drei getrennte Wurzeln ϱ_1, ϱ_2, ϱ_3 für ϱ liefert. Wie die Betrachtung abzuändern ist, wenn zwei oder gar drei der Wurzeln zusammenfallen, wollen wir nicht weiter untersuchen. Es gibt also dann drei verschiedene Punkte der Ebene, die bei der Kollineation festbleiben. Sie führen wir nun weiterhin als Ecken eines neuen Koordinatendreiecks ein, dann gehen unsere Substitutionsformeln, wie wir gleichfalls nicht näher nachweisen wollen, über in die folgenden:

$$\begin{aligned}\varrho y_1' &= \varrho_1 x_1',\\ \varrho y_2' &= \varrho_2 x_2',\\ \varrho y_3' &= \varrho_3 x_3',\end{aligned}$$

worin der Strich eben auf das neue Koordinatensystem hinweisen soll.

Bezogen auf dieses neue Koordinatendreieck nimmt unser Konnex nun die Gleichungsform an:

$$\varrho_1 u_1' x_1' + \varrho_2 u_2' x_2' + \varrho_3 u_3' x_3' = 0.$$

Um diese Gleichung als Differentialgleichung zu schreiben, führen wir jetzt statt u'_1, u_2', u_3' die partiellen Ableitungen der gesuchten Integralfunktion

$$\Phi\,(x_1', x_2', x_3') = \text{konst.}$$

ein. Wir erhalten dann (indem wir die Striche wieder fortlassen):

$$\varrho_1 x_1 \frac{\partial \Phi}{\partial x_1} + \varrho_2 x_2 \frac{\partial \Phi}{\partial x_2} + \varrho_3 x_3 \frac{\partial \Phi}{\partial x_3} = 0.$$

Diese Gleichung läßt sich aber leicht integrieren und liefert uns:

$$\Psi = x_1^{\varrho_2-\varrho_3} \cdot x_2^{\varrho_3-\varrho_1} \cdot x_3^{\varrho_1-\varrho_2} = \text{konst.}$$

Dies sind eben die Kurven, die von *Klein* und *Lie* in der genannten Arbeit als W-Kurven bezeichnet worden sind.

Die hier gegebene geometrische Theorie der Integration stimmt sachlich genau mit dem rechnerischen Verfahren *Jacobis* überein. *Wir legen aber Gewicht darauf, jeden einzelnen Schritt geometrisch zu verstehen.* Wir wiederholen in dieser Hinsicht, daß wir die Differentialgleichung zunächst als Konnex auffassen, diesen Konnex durch eine Kollineation deuten, die festbleibenden Punkte dieser Kollineation suchen und endlich das von diesen gebildete Dreieck als neues Koordinatendreieck einführen.

Diese Erläuterungen bezogen sich erst auf die Differentialgleichungen $f(x, y, y') = 0$. Ähnliche Betrachtungen werden wir jetzt an $f(x, y, z; p, q) = 0$, wie an

$$f\left(x, y, z; \frac{dx}{dz}, \frac{dy}{dz}\right) = 0$$

anknüpfen können. Wir schreiben das erstemal einen *Konnex im Raume*

$$f(x_1, x_2, x_3, x_4 \mid u_1, u_2, u_3, u_4) = 0,$$

neben den wir die Gleichung des Hauptkonnexes stellen:

$$u_1 x_1 + u_2 x_2 + u_3 x_3 + u_4 x_4 = 0.$$

Das zweitemal haben wir eine *Gleichung mit Punkt- und Linienkoordinaten*:

$$f(x_1, x_2, x_3, x_4 \mid p_{12}, p_{13}, \ldots p_{23}) = 0$$

und neben ihr die Bedingungen für die Inzidenz von Punkt und Gerade

$$x_\alpha p_{\beta\gamma} + x_\beta p_{\gamma\alpha} + x_\gamma p_{\alpha\beta} = 0$$

(unter α, β, γ irgend drei Zahlen aus der Reihe 1, 2, 3, 4 verstanden).

Hier entstünde die Frage: Welches Integrationsproblem kann man an eine Gleichung $f(x_i \mid u_i \mid p_{ik}) = 0$ anknüpfen, vorausgesetzt, daß man x_i, u_i, p_{ik}, alle drei wechselseitig inzident sein läßt?

Wir könnten ferner die *Differentialgleichungen zweiter Ordnung* gleicherweise behandeln. In ihnen kommen, wenn wir uns auf den Fall dreier Veränderlicher beschränken, die Größen x, y, z; p, q; r, s, t vor, die wir früher als Bestimmungsstücke eines Schmiegparaboloids bezeichneten, jetzt aber als seine *Koordinaten* ansehen. Wir gehen nicht weiter darauf ein zu untersuchen, wie sich diese sieben Größen bei Koordinatentransformation umsetzten, und wie man schließlich eine symmetrische, homogene Bezeichnung für sie einführen könnte. Es würde dies immerhin einige Rechnung erfordern; uns genügt es, auf diese Fragen hingewiesen zu haben, die ja ein Gegenstück zu dem von uns erledigten Fall der Differentialgleichung erster Ordnung bilden.

Es sei nur noch erwähnt, daß *E. Study* eine projektive Geometrie der Elemente zweiter Ordnung in der Ebene aufgestellt hat, die zur Liniengeometrie des R_3 in Beziehung steht, Leipziger Berichte Bd. **53** (1901), S. 338. Auf die Gleichungen vom Typ 2 kommen wir später §§ 94, 95 zurück.

§ 31. Die Grundformeln für die Krümmung der Flächen.

Wir wollen vielmehr dazu übergehen, ganz elementar *die Formeln der Flächenkrümmung* abzuleiten, da diese von zu großer Bedeutung sind, als daß wir sie nicht ausdrücklich anführen sollten, und dann diese Formeln von Punktkoordinaten in Ebenenkoordinaten umsetzen. Wir denken uns wieder die Fläche in der Gleichungsform $z = f(x, y)$ gegeben. Der einzelne ausgewählte Flächenpunkt habe die Koordinaten x_0, y_0, z_0. Die Fortschreitungsrichtung von dem Flächenpunkt aus, die keineswegs an die Fläche gebunden zu sein braucht, bezeichnen wir mit δx, δy, δz. Die Entwicklung der z-Koordinaten der Fläche $z = f(x, y)$ nach dem Satz *Taylors* ergibt die Formel:

$$\delta z = p\,\delta x + q\,\delta y + \tfrac{1}{2}\{r\,\delta x^2 + 2s\,\delta x\,\delta y + t\,\delta y^2\} + \cdots,$$

worin wir für $z - z_0$, $x - x_0$, $y - y_0$ entsprechend δz, δx, δy gesetzt haben. Die Tangentenebene der Fläche in unserem Punkte wird in denselben Koordinaten δx, δy, δz gegeben durch die Gleichung

$$\delta z = p\,\delta x + q\,\delta y,$$

in der für p und q ihre Werte aus der Gleichung $z = f(x, y)$ einzutragen sind. Aus den beiden letzten Gleichungen ergibt sich nach Elimination von δz:

$$0 = r\,\delta x^2 + 2s\,\delta x\,\delta y + t\,\delta y^2 + \text{Glieder 3. Ordnung.}$$

Diese Gleichung stellt uns den Normalriß der Schnittkurve der Fläche mit der Tangentenebene auf die x, y-Ebene dar. Wie wir schon früher bemerkten, und wie sich ohne weiteres aus dieser Gleichung ergibt, besitzt diese Schnittlinie im Punkt z_0, x_0, y_0 einen Doppelpunkt. Die Richtungen ihrer Äste bekommen wir, wenn wir uns in der letzten Gleichung auf die Glieder zweiter Ordnung beschränken:

$$0 = r\,\delta x^2 + 2s\,\delta x\,\delta y + t\,\delta y^2.$$

Die so festgesetzten Fortschreitungsrichtungen sind aber identisch mit denen der Asymptotenlinien. *Die Differentialgleichung der Asymptoten-*

linien oder der Kurven in der x, y-Ebene, die den Normalriß der Asymptotenlinien bilden, ist demnach die folgende:

$$0 = r\,\delta x^2 + 2s\,\delta x\,\delta y + t\,\delta y^2.$$

Entsprechend werden wir nun die Differentialgleichungen der Krümmungskurven abzuleiten wünschen. Dazu brauchen wir nur hinzuschreiben, daß die Normalen längs der Kurve eine Torse bilden sollen, d. h. im allgemeinen die Tangentenfläche der vom zugehörigen Krümmungsmittelpunkt

(1) $$\{x + \lambda p,\ y + \lambda q,\ z - \lambda\}$$

beschriebenen Kurve. Dann muß also, wenn wir drei Formeln gleichsam in eine zusammenziehen,

$$d\{x + \lambda p,\ y + \lambda q,\ z - \lambda\} = \varrho\,\{p, q, -1\}$$

sein oder

(2) $$d\{x, y, z\} + \lambda d\{p, q, -1\} = \sigma\{p, q, -1\},$$

worin $\sigma = \varrho - d\lambda$ ist. Hieraus folgt

$$\begin{vmatrix} dx & dp & p \\ dy & dq & q \\ dz & 0 & -1 \end{vmatrix} = 0$$

oder

$$dp\,(dy + q\,dz) = dq\,(dx + p\,dz)$$

als die *Differentialgleichung der Krümmungskurven.* Setzen wir noch

(3) $$\begin{aligned} dz &= p\,dx + q\,dy, \\ dp &= r\,dx + s\,dy, \\ dq &= s\,dx + t\,dy, \end{aligned}$$

in die letzte Gleichung ein, so erhalten wir schließlich nach leichter Umformung:

$$\{pqr - (1 + p^2)\,s\}\,dx^2 + \{(1 + q^2)\,r - (1 + p^2)\,t\}\,dx\,dy + \{(1 + q^2)\,s - pqt\}\,dy^2 = 0$$

als Differentialgleichung der Krümmungskurven, oder ihres Risses auf die x, y-Ebene, ganz entsprechend der Gleichung für die Schmiegtangentenkurven.

Da ist nun zunächst gar nicht zu erkennen, daß zur Differentialgleichung der Schmiegtangentenkurven eine enge Beziehung besteht!

Nun müssen wir noch die *Schmiegkugeln* aufsuchen. Dazu brauchen wir nur aus (2) uns das λ berechnen, denn dann kennen wir aus (1) die Schmiegkugeln. Zur Berechnung von λ aus (2) wollen wir aus diesen drei formal zusammengefaßten Gleichungen dx, dy, σ eliminieren, indem wir die Formeln (3) benutzen. Wir finden so

$$\begin{vmatrix} 1+\lambda r & \lambda s & p \\ \lambda s & 1+\lambda t & q \\ p & q & -1 \end{vmatrix} = 0$$

oder

$$(s^2 - rt)\lambda^2 + \{2pqs - r(1+q^2) - t(1+p^2)\}\lambda - (1+p^2+q^2) = 0 .$$

Diese quadratische Gleichung in λ liefert uns die beiden Schmiegkugeln. Wenn wir statt in λ die Gleichung im Radius ϱ der Schmiegkugeln schreiben, für den aus (1) folgt

$$\varrho = \lambda\sqrt{1+p^2+q^2},$$

so finden wir als *Bestimmungsgleichung für die beiden Hauptkrümmungsradien*

$$\varrho^2(s^2 - rt) + \varrho\,(2pqs - r(1+q^2) - t(1+p^2))\sqrt{1+p^2+q^2} \\ - (1+p^2+q^2)^2 = 0.$$

Wir wollen noch die Formeln hinzufügen, die sich hieraus für das Krümmungsmaß

$$\frac{1}{\varrho_1\varrho_2}$$

und die mittlere Krümmung

$$\frac{1}{\varrho_1} + \frac{1}{\varrho_2}$$

ergeben. Die Werte ϱ_1 und ϱ_2 sind die Wurzeln unserer letzten Gleichung, demnach folgt einfach:

$$\frac{1}{\varrho_1\varrho_2} = \frac{rt - s^2}{(1+p^2+q^2)^2}$$

und

$$\frac{1}{\varrho_1} + \frac{1}{\varrho_2} = -\frac{2pqs - r(1+q^2) - t(1+p^2)}{(1+p^2+q^2)^{3/2}} .$$

Soll das Krümmungsmaß für alle Flächenpunkte verschwinden, so haben wir es mit den sogenannten „*abwickelbaren Flächen*" oder „*Torsen*" zu tun, d. h. mit den Flächen, die sich auf die Ebene ohne Änderung der Längen der auf der Fläche gezogenen Kurven ausbreiten lassen. Als Bedingung erhalten wir die Differentialgleichung $rt - s^2 = 0$.

Gleicherweise können wir alle Flächen betrachten, deren mittlere Krümmung verschwindet; es sind dies bekanntlich die *Minimalflächen*. Ihre Differentialgleichung wird dann sein:

$$2pqs - r(1+q^2) - t(1+p^2) = 0 .$$

Wir sind nun bisher von der Flächengleichung $z = f(x, y)$ ausgegangen; es ist natürlich, daß wir auch die Gleichung $\varphi(x, y, z) = 0$ oder homogen geschrieben $\varphi(x_1, x_2, x_3, x_4) = 0$ zugrunde legen können. Ferner kann man auch die Parameterdarstellung der Flächen als Ausgangspunkt wählen, man hat dann etwa die Gleichungen

$$x = X_1(u, v), \quad y = X_2(u, v), \quad z = X_3(u, v)$$

als gegeben anzusehen. Die sich anschließende Aufgabe würde sein, für alle diese Darstellungsformen der Fläche unsere aufgestellten Differentialformeln umzugestalten. Doch wollen wir hierauf nicht weiter eingehen.

Eine eingehendere Darstellung der Elemente der Flächentheorie findet sich etwa bei *W. Blaschke*, Differentialgeometrie 1. Bd. 1924 in dieser Sammlung.

§ 32. Einführung von Ebenenkoordinaten in Differentialgleichungen.

Wir wenden uns vielmehr gleich zu dem zweiten in Aussicht gestellten Punkte, der sich auf die *Einführung der Ebenenkoordinaten an Stelle der Punktkoordinaten* beziehen sollte. Wir wollen die Ebenenkoordinaten, die wir gleich näher beschreiben werden, mit X, Y, Z bezeichnen, und es habe demnach die Gleichung der Fläche die Gestalt $Z = F(X, Y)$, ein Gesetz nämlich, nach dem eine Ebene eine Fläche „umhüllt". Unsere Aufgabe wird es sein, in die vorhin gefundenen Formeln die partiellen Differentialquotienten $P, Q, \ldots$ dieses Z einzuführen.

Bekanntlich erklärt man die homogenen Ebenenkoordinaten u_i am einfachsten als die Koeffizienten der homogenen Gleichung einer Ebene in Punktkoordinaten:

$$u_1 x_1 + u_2 x_2 + u_3 x_3 + u_4 x_4 = 0.$$

Da wir hier nicht homogen operieren, so werden wir die letzte Gleichung durch jene eine der Größen u und x dividieren. Dies läßt eine gewisse Willkür zu. Wir wollen die Gleichung der Ebene insbesondere in der einigermaßen symmetrischen Gestalt schreiben:

$$z - Xx - Yy - Z = 0.$$

Die hier auftretenden Konstanten X, Y, Z mögen dann fortan als „Koordinaten" der Ebene bezeichnet werden. Es ist dieses die Art und Weise, von der *Plücker* in seiner Raumgeometrie (1846) Gebrauch macht.

Wir nehmen nun an, daß die durch die Gleichung $Z = F(X, Y)$ dargestellte Fläche in Punktkoordinaten durch die frühere Gleichung $z = f(x, y)$ gegeben wird, und untersuchen, wie die verschiedenen partiellen Differentialquotienten beider Gleichungen miteinander zusammenhängen. Wie wir bereits angedeutet haben, werden wir hierbei die partiellen Differentialquotienten der Gleichung in Ebenenkoordinaten in entsprechender Weise mit großen Buchstaben bezeichnen, wie die der Gleichung in Punktkoordinaten. Die Gleichung der Tangentenebene im Punkte x_0, y_0, z_0 lautet in Punktkoordinaten bekanntlich:

$$z - z_0 = p_0(x - x_0) + q_0(y - y_0)$$

oder

$$z - p_0 x - q_0 y - (z_0 - p_0 x_0 - q_0 y_0) = 0.$$

Soll dies aber die Gleichung der Ebene sein, deren Koordinaten X, Y, Z sind, dann muß

(1) $$X = p, \quad Y = q, \quad Z = z - px - qy$$

sein, was unsere ersten Beziehungen sind. Wir lassen hier den Index 0 fort, da diese Beziehungen ja für jeden Flächenpunkt gelten.

Wir können nun aber in gleicher Weise ausgehen von der Gleichung $Z = F(X, Y)$ und die Gleichung des Berührungspunktes x_0, y_0, z_0 der Ebene X_0, Y_0, Z_0 bilden. Sie wird gemäß des Prinzipes der Dualität ganz entsprechend wie die Gleichung der Tangentenebene gebaut sein und also lauten:

$$(Z - Z_0) = P_0(X - X_0) + Q_0(Y - Y_0)$$

oder

$$Z - P_0 X - Q_0 Y - (Z_0 - P_0 X_0 - Q_0 Y_0) = 0.$$

Es folgt daher die zweite Formelgruppe:

(2) $$x = -P, \quad y = -Q, \quad z = Z - PX - QY,$$

wo wir wieder den Index 0 fortgelassen haben.

Indem wir daher die Ebenenkoordinaten X, Y, Z und die zugehörigen Differentialquotienten P, Q einführen, ergeben sich zwischen ihnen und den entsprechenden Größen x, y, z, p, q, die in den Gleichungen (1), (2) *ausgedrückten Beziehungen. Durch sie können wir dann jede partielle Differentialgleichung erster Ordnung in Punktkoordinaten sofort in eine partielle Differentialgleichung zwischen Ebenenkoordinaten umsetzen.*

Zugleich zeigt sich aus den Transformationsgleichungen, wie durch einfaches Einsetzen zu bestätigen ist, die merkwürdige Beziehung

$$dZ - P\,dX - Q\,dY = dz - p\,dx - q\,dy.$$

Wir kommen später unter allgemeineren Gesichtspunkten auf diese Beziehung zurück.

Nun gehen wir zu den zweiten Differentialquotienten über. Es gelten zunächst die beiden Doppelgleichungen:

$$dp = r\,dx + s\,dy, \qquad dP = R\,dX + S\,dY,$$
$$dq = s\,dx + t\,dy, \qquad dQ = S\,dX + T\,dY.$$

Setzen wir nun z. B. in die rechten Gleichungen für P, Q, X und Y aus den früheren Gleichungen ihre Werte ein, so gehen diese Gleichungen über in:

$$-dx = R\,dp + S\,dq,$$
$$-dy = S\,dp + T\,dq.$$

Aus dem ersten Gleichungspaar dagegen ergibt sich durch Auflösung nach dx und dy:

$$-dx = \frac{-t\,dp + s\,dq}{rt - s^2},$$

$$-dy = \frac{+s\,dp - r\,dq}{rt - s^2}.$$

Durch Vergleich folgt demnach:

$$R = \frac{t}{s^2 - rt}, \quad S = \frac{-s}{s^2 - rt}, \quad T = \frac{r}{s^2 - rt}$$

und hieraus noch

$$S^2 - RT = \frac{1}{s^2 - rt}.$$

In entsprechender Weise oder auch direkte Auflösung der letzthingeschriebenen Gleichungen erhält man daraus die dualistischen Formeln:

$$r = \frac{T}{S^2 - RT}, \quad s = \frac{-S}{S^2 - RT}, \quad t = \frac{R}{S^2 - RT}.$$

Damit haben wir aber bereits die gesuchten Transformationsformeln für die Differentialquotienten zweiter Ordnung erhalten.

Wir wollen nun noch zwei Beispiele durchführen über die Umsetzung partieller Differentialgleichungen von Punktkoordinaten auf Ebenenkoordinaten.

Als erstes sei die *Gleichung der Minimalflächen gewählt*:

$$0 = 2pqs - (1 + q^2)\,r - (1 + p^2)\,t.$$

Sie geht durch die Substitution in die einfache Form über:

$$0 = 2XYS + (1 + Y^2)\,T + (1 + X^2)\,R.$$

Indem hier nur die Differentialquotienten S, T, R und zwar in jedem Gliede einmal auftreten, haben wir es mit einer *linearen partiellen Differentialgleichung zweiter Ordnung* zu tun. Hierin liegt für die Theorie der Minimalflächen ein bemerkenswerter Ansatz.

Das zweite Beispiel sei die allgemeine sogenannte *Monge-Ampèresche Gleichung*, die uns später noch beschäftigen wird. Sie lautet:

$$Ar + Bs + Ct + D(s^2 - rt) + E = 0,$$

wo die Koeffizienten A, B, C usw. abkürzend Ausdrücke der Größen x, y, z, p, q bezeichnen. Es ist wesentlich hervorzuheben, daß die Größen r, s, t gerade in der charakteristischen Einfachheit vorkommen, wie sie aus der Formel hervorleuchtet. Durch Einsetzen der Ebenenkoordinaten geht die Gleichung dann über in:

$$A'T + B'S + C'R + D' + E'(S^2 - RT) = 0,$$

worin wieder die Bezeichnungen A', B', C' usw. als Abkürzung für Ausdrücke der Größen X, Y, Z, P, Q eingeführt sind.

Jede Monge-Ampèresche Gleichung geht daher bei unserer Transformation wieder in eine Monge-Ampèresche Gleichung über.

Nun noch einige Worte über die weitere Ausdehnung der hiermit angebahnten Untersuchungen, die auf der Einführung der Ebenenkoordinaten an Stelle der Punktkoordinaten beruhen.

Wir können doch die Größen X, Y, Z auch als Parameter einer dreifach unendlichen Flächenmannigfaltigkeit deuten, die etwa durch die Gleichung

$$\Omega(x, y, z;\ X, Y, Z) = 0$$

gegeben sein kann, in der X, Y, Z als Parameter auftreten. Diese Gleichung braucht keineswegs, wie in dem von uns behandelten Falle, bilinear zu sein. Es entsteht die Frage: Wie transformieren sich dann die Koordinaten, ihre ersten und zweiten Differentialquotienten und dementsprechend die Differentialgleichungen? Die Vorstellung ist dabei die, daß man irgendwelche Fläche immer durch eine Gleichung $Z = F(X, Y)$ „darstellen" soll, der die Flächen X, Y, Z genügen, welche die darzustellende Fläche „umhüllen". Mit dieser Frage hat sich bereits *Plücker* beschäftigt.

Man könnte weiter X, Y, Z mit *Lie* auch als Parameter einer von drei Parametern abhängigen Kurvenschar deuten, die wir, mit *Lie*, einen Kurvenkomplex nennen können. Man sehe *Lie*s Arbeit in den Math. Annalen, Bd. 5 (1871). Eine Gleichung $Z = F(X, Y)$ hebt dann aus der dreifach unendlichen Kurvenschar des Komplexes eine *Kongruenz* heraus, die eine Brennfläche besitzt, und von dieser Brennfläche sagen wir dann, sie sei eben durch die Gleichung $Z = F(X, Y)$ als Umhüllungsgebilde „dargestellt". Dieselbe Fläche denken wir uns nun wieder in gewöhnlichen Punktkoordinaten gegeben. Die Frage ist nun, wie bei ihr die Größen $x, y;\ z, p;\ q, r, s, t$ mit den zu derselben Flächenstelle gehörigen Größen $X, Y, Z;\ P, Q;\ R, S, T$ zusammenhängen mögen.

Wir sehen allgemein:

Indem wir wie Plücker und Lie an Stelle der Punkte irgendwelche andere von drei Parametern abhängende Gebilde als Raumelement einführen, haben wir eine große Reihe von Transformationen für die Differentialgleichungen der Raumgeometrie an der Hand.

Eine letzte Verallgemeinerung würde sein, daß wir solche Flächen- oder Kurvenscharen einführen, die von mehr als drei Parametern abhängen. Die Kugeln der Kugelgeometrie und die Geraden der Liniengeometrie geben dafür das nächstliegende Beispiel. Auch mit ihrer Hilfe können wir andere Flächen „darstellen", indem wir nach allen „Umhüllungskugeln" oder „Umhüllungslinien" fragen. Wie werden sich nun mit Hilfe der bezeichneten neuen Koordinaten die $x, y, z;\ p, q;\ r, s, t$ darstellen? Allgemein ist diese Frage von *Koenigs* untersucht worden, vgl. dessen Abhandlung in Acta mathematica, Bd. 10 (1887): „Sur une classe de formes differentielles et sur la théorie des systèmes d'éléments".

Zweiter Hauptteil.

Lehre von den Transformationen.

Die „*Lehre von den Transformationen*", die wir in der Überschrift als den Inhalt des zweiten Teiles der Vorlesung hinstellen, tritt zwar, wie wir sogleich zeigen werden, unseren bisherigen Betrachtungen gegenüber, die sich mit dem „Wechsel des Koordinatensystems" befassen, doch ist die innige Durchdringung beider Gebiete nicht zu verkennen und die Trennung im vorhergehenden auch nicht immer scharf durchgeführt worden. Wir haben als Grundlage der Untersuchung auf der einen Seite die geometrische Figur, auf der anderen Seite den analytischen Apparat eines bestimmten Koordinatensystems. Bisher herrscht die Absicht vor, eine und dieselbe Figur mit verschiedenen rechnerischen Hilfsmitteln zu behandeln, sei es unter Benutzung verschiedener Punktkoordinaten, sei es von Ebenenkoordinaten, Kugelkoordinaten usw. Wir werden so zu verschiedenen Gleichungen für dieselbe Figur geführt. Jetzt jedoch wollen wir dieselbe Formel $f(x, y, z, \ldots) = 0$ auf verschiedene Art geometrisch deuten, indem wir die Größen $x, y, z, \ldots$ bald als gewöhnliche Punktkoordinaten, bald als höhere Punktkoordinaten usw. ansehen. Dadurch werden wir verschiedene geometrische Figuren in einer Gleichung dargestellt finden. *Den Übergang von der ersten Figur zu der zweiten nennen wir dann eine „Transformation". Unsere Aufgabe ist es, sie geometrisch aufzufassen.*

Dabei beschränken wir uns, um uns bestimmt ausdrücken zu können, zunächst auf gewöhnliche Punktkoordinaten und betrachten demnach zuerst allein die:

Punkttransformationen des Raumes.

Es seien die Koordinaten wie gewöhnlich bezeichnet mit x, y, z, und es mögen die folgenden Beziehungen bestehen, die die Koordinaten x, y, z und x', y', z' verbinden:

$$x' = \varphi(x, y, z), \qquad y' = \psi(x, y, z), \qquad z' = \chi(x, y, z).$$

Während wir früher diese drei Formeln so gedeutet haben, daß wir sagten, sie ordnen dem Punkt x, y, z die neuen Koordinaten x', y', z' zu, werden wir jetzt sagen, sie ordnen dem Punkte x, y, z einen neuen Punkt mit den Koordinaten x', y', z' im ursprünglichen System von Koordinaten zu. *Jetzt wird daher das Koordinatensystem als unverändert gewählt und der Punkt „transformiert", früher war der Punkt fest, und das Koordinatensystem wurde transformiert.* In den angegebenen Formeln steckt somit die allgemeinste Form der Punkttransformation.

§ 33. Lineare Transformationen.

Die erste besondere Art von Punkttransformationen, die wir genauer betrachten müssen, ist die *lineare Transformation*, die durch die Gleichung gegeben wird:

$$x' = \frac{a x + b y + c z + d}{a''' x + b''' y + c''' z + d'''},$$
$$y' = \frac{a' x + b' y + c' z + d'}{a''' x + b''' y + c''' z + d'''},$$
$$z' = \frac{a'' x + b'' y + c'' z + d''}{a''' x + b''' y + c''' z + d'''}.$$

Man bemerkt: Der Nenner ist in allen drei Ausdrücken derselbe. Hierin liegt gerade die große Zweckmäßigkeit und Einfachheit der durch die Formeln gegebenen Beziehung.

Führen wir homogene Koordinaten ein, indem wir statt x, y, z; x', y', z' die Verhältnisse

$$\frac{x}{t}, \frac{y}{t}, \frac{z}{t}; \frac{x'}{t'}, \frac{y'}{t'}, \frac{z'}{t'}$$

setzen, so können wir die gegebenen Formeln unter Benutzung des Proportionalfaktors ϱ auch schreiben:

$$\begin{aligned} \varrho x' &= a x + b y + c z + d t, \\ \varrho y' &= a' x + b' y + c' z + d' t, \\ \varrho z' &= a'' x + b'' y + c'' z + d'' t, \\ \varrho t' &= a''' x + b''' y + c''' z + d''' t. \end{aligned}$$

Es springt jetzt die Symmetrie der Formeln unmittelbar in die Augen. *Die neuen homogenen Veränderlichen werden einfach Linearformen der alten homogenen Veränderlichen proportional gesetzt.*

Wenden wir die oft bequeme Schreibweise an, die verschiedenen Koordinaten durch Fußmarken zu unterscheiden, so können wir die sämtlichen Formeln in der einen zusammenfassen:

$$\varrho x_i' = \sum_{k=1}^{4} a_{ik} x_k,$$

die für $i = 1, 2, 3, 4$ gilt.

Nun wird offenbar der Wert, den die *Determinante der Koeffizienten* a_{ik} *dieser Gleichungen* annimmt, wesentlich sein. *Wir nehmen ihn zunächst immer von Null verschieden, damit sich die Koordinaten* x_k *umgekehrt aus den* x_i' *eindeutig in ihren Verhältnissen berechnen lassen.* Doch wollen wir schon jetzt vormerken, daß wir später auch gelegentlich solche Transformationen betrachten werden, die einer verschwindenden Determinante entsprechen (§ 35).

Was bedeutet nun unsere Transformation geometrisch? Diese Frage hat in ganz allgemeiner Form *Möbius* zuerst in seinem schon oft von uns genannten *baryzentrischen Kalkül* (1827) aufgeworfen und behandelt. Er sprach darin statt von „*Transformationen*“ von „*Verwandtschaften*“, indem er überhaupt zwei durch irgendwelche Gleichungen aufeinander bezogenen Gebiete miteinander „*verwandt*“ nennt. In unserem besonderen Falle linearer Gleichungen zwischen homogenen Punktkoordinaten nennt *Möbius* eine Verwandtschaft der beiden Punkträume insbesondere eine „*Kollineation*“. Diese Bezeichnung ist später von *Chasles* in *Homographie* umgeändert worden. Dieser Ausdruck von *Möbius* wird sofort verständlich, wenn wir mit *Möbius* solche Punkte „*kollinear*“ nennen, die auf derselben Geraden liegen. *Möbius*' Bezeichnung will aussagen: Punkte, die kollinear sind, gehen bei unserer Verwandtschaft wieder in kollineare Punkte über, oder in gewöhnlicher Ausdrucksweise: Gerade Linien bleiben gerade Linien.

Um dies ins einzelne nachzuweisen, stellen wir folgende Betrachtung an: Zunächst folgt nach der Determinantentheorie aus den Gleichungen

$$\varrho\, x_i' = \sum_1^4 a_{ik}\, x_k$$

mit der Bedingung: $|a_{ik}| \neq 0$ das Bestehen der umgekehrten Beziehungen:

$$\sigma\, x_i = \sum_1^4 A_{ik}\, x_k',$$

in denen σ wieder ein Proportionalitätsfaktor ist. Darin soll A_{ik} die zum Elemente a_{ki} in der Determinante der $|a_{ik}|$ zugehörige Unterdeterminante bedeuten. Damit ist gezeigt:

Jedem Punkt x entspricht e i n *Punkt x' und jedem Punkt x'* e i n *Punkt x.*

Sind nun irgend zwei Punkte x_i und y_i gegeben, so hat ein beliebiger Punkt ihrer Verbindungslinie die Koordinaten $\lambda x_i + \mu y_i$. Aus den Gleichungen

$$\varrho\, x_i' = \sum a_{ik} x_k \quad \text{und} \quad \varrho\, y_i' = \sum a_{ik} y_k$$

folgen aber sofort durch Zusammenfassung mit den Multiplikatoren λ und μ die neuen Gleichungen:

$$\varrho(\lambda x_i' + \mu y_i') = \sum a_{ik}(\lambda x_k + \mu y_k).$$

Dem Punkte $(\lambda x_i + \mu y_i)$ entspricht also gerade der Punkt $(\lambda x_i' + \mu y_i')$. Da nun $\lambda x_i' + \mu y_i'$ wieder auf der Verbindungsgeraden von x_i' und y_i' liegt, so haben wir den Satz: *Jedem Punkte auf der Verbindungsgeraden von x und y entspricht wieder ein Punkt, der mit x'* und

y' auf gerader Linie liegt, und umgekehrt. Dies ist aber unsere frühere Behauptung (in verschärfter Form).

Offenbar können wir den Satz und seinen Beweis noch leicht erweitern, indem wir die Punkte $\lambda x_i + \mu y_i + \nu z_i$ betrachten, die mit den drei Punkten x_i, y_i, z_i in einer Ebene liegen. Es ergibt sich: *Vier Punkte, die in einer Ebene liegen, ergeben bei der Transformation wieder vier Punkte, die in einer Ebene liegen und umgekehrt.*

In diesen Sätzen sehen wir die Haupteigenschaften der „Kollineation" vor uns. Wir wollen insbesondere noch von den *unendlich weiten oder uneigentlichen Punkten* reden. Ein Punkt liegt im Unendlichweiten oder ist uneigentlich, wenn bei gewöhnlicher Koordinatenbezeichnung eine der Koordinaten unendlich wird, oder besser, wenn bei der von uns benutzten homogenen Schreibweise $x_4 = 0$ oder $x_4' = 0$ ist. Setzen wir $x_4 = 0$, so ergibt unsere Transformationsformel die Gleichung:

$$A_{14} x_1' + A_{24} x_2' + A_{34} x_3' + A_{44} x_4' = 0$$

und setzen wir $x_4' = 0$, so erhält man entsprechend:

$$a_{14} x_1 + a_{24} x_2 + a_{34} x_3 + a_{44} x_4 = 0,$$

d. h. in beiden Fällen die Gleichung einer Ebene. *Bei der Kollineation verwandeln sich also die uneigentlichen Punkte in eine Ebene, und da im allgemeinen bei einer Kollineation aus einer Ebene eine Ebene wird, so ist es bequem, die Ausdrucksweise zu wählen, daß die uneigentlichen Punkte selbst eine Ebene, die uneigentliche Ebene, bilden.*

Die Punkte mit $x_4 \neq 0$ wird man dann *eigentliche* Punkte nennen können.

Es gibt natürlich besondere Arten der Kollineation, bei der diese letzte Verabredung nicht nötig ist, wenn nämlich dem Werte $x_4 = 0$ der Wert $x_4' = 0$ entspricht. Unsere Gleichungen lauten dann:

$$\begin{aligned}
\varrho x_1' &= a_{11} x_1 + a_{12} x_2 + a_{13} x_3 + a_{14} x_4,\\
\varrho x_2' &= a_{21} x_1 + a_{22} x_2 + a_{23} x_3 + a_{24} x_4,\\
\varrho x_3' &= a_{31} x_1 + a_{32} x_2 + a_{33} x_3 + a_{34} x_4,\\
\varrho x_4' &= x_4,
\end{aligned}$$

indem wir den Koeffizienten der letzten Gleichung sogleich in ϱ hineinziehen. Hier brauchen wir in der Tat nicht darum zu sorgen, ob das Unendlichweite des Raumes eine Ebene bildet oder nicht, wir können uns auf die Betrachtung der eigentlichen Punkte beschränken.

Möbius bezeichnet eine solche Kollineation, bei der die uneigentliche Ebene uneigentlich bleibt, insbesondere als „affine" Verwandtschaft (Affinität).

Wie leicht zu sehen, sind die Affinitäten dadurch ausgezeichnet, daß beim Gebrauche nicht homogener Parallelkoordinaten die Nenner in den Beziehungen fortfallen.

Nun ist es eine sehr interessante Frage, mit der auch *Möbius* sich bereits beschäftigt hat, *die allgemeinste Kollineation geometrisch zu konstruieren.*

Sie hängt von 15 Konstanten ab, da es nur auf die Verhältnisse der 16 Koeffizienten a_{ik} in den Substitutionsgleichungen ankommt. Wenn wir nun einem bestimmten Punkt x_i einen bestimmten Punkt x_i' zuordnen, so erhalten wir offenbar drei lineare Bedingungen für die a_{ik}. Da wir nun 15 Bedingungen zur Bestimmung der 15 Konstanten nötig haben, so erhalten wir den Satz: *Eine Kollineation ist eindeutig bestimmt, sofern man irgend fünf Punkten, von denen keine vier in einer Ebene liegen, die ihnen entsprechenden Punkte, von denen natürlich wieder niemals vier in einer Ebene liegen dürfen, zugeordnet hat.*

Die hinzugefügten Bedingungen finden ihre analytische Begründung darin, daß bei der Berechnung der a_{ik} keine der viergliedrigen Determinanten aus den Koeffizienten von vier Punkten verschwinden dürfen. Ihre Notwendigkeit erhellt andererseits, wenn wir dazu übergehen, uns rein geometrisch ein Bild von der gegebenen Beziehung beider Punktgebilde zu verschaffen. Wir fragen uns:

Wie werden wir zu jenen fünf Punktepaaren beliebig viele weitere sich entsprechende Punkte hinzukonstruieren können? Diese Frage beantwortet die sogenannte *Netzkonstruktion von Möbius.* Sie legt nämlich durch je drei von den fünf Grundpunkten des einen Raumes ihre Ebenen; diese werden sich zu dreien in bestimmten neuen Punkten schneiden. Diese neuen Punkte werden nun in Verbindung mit den alten genau so verwendet. Wieder werden die sämtlichen Punkte zu je dreien durch Ebenen verbunden gedacht, die zu weiteren Schnittpunkten führen und so fort. Ganz der entsprechende Prozeß wird mit den Punkten des anderen Raumes ausgeführt, indem man von den dort gegebenen fünf Grundpunkten ausgeht. So entsteht in beiden Räumen ein eigenartiges Netzwerk, und nun ist das Wesentliche, daß die Maschen des letzteren schließlich jenen Raum „überall dicht“ ausfüllen. Dies wird von *Möbius* streng nachgewiesen. Nun ist die Sache die, *daß entsprechende Punkte der beiden Netze sich bei der Kollineation notwendig entsprechen müssen.* Daher ist durch die beiderseitige Netzkonstruktion die Verwandtschaft der beiden Räume, sobald wir noch hinzufügen, daß es sich um eine *stetige* Beziehung handeln soll, vollkommen festgelegt.

Wir wollen uns die Verhältnisse noch etwas näher führen, indem wir uns einmal den entsprechenden geometrischen Vorgang in der Ebene, d. h. bei der Beschränkung auf drei homogene Veränderliche, klarmachen. Dann können wir die einzelnen Schritte mit der Zeichnung leicht verfolgen. Wir haben jetzt von vier Grundpunkten auszugehen, von denen keine drei einer Geraden angehören, in der Abbildung 39 sind sie mit 1, 2, 3, 4 bezeichnet. Ihre Verbindungslinien führen uns sogleich zu den Punkten 5, 6 und 7. Diese können wir weiter unten einander durch neue Geraden verbinden, die zu neuen Schnittpunkten führen. Und so fahren wir fort:

Wir wollen nun das Dreieck der Punkte 1, 2, 3 als Koordinatendreieck zugrunde legen und den Punkt 4 als Einheitspunkt wählen. Dann ergibt eine nähere Betrachtung zunächst den Satz: *Alle Netzpunkte sind rationale Punkte in diesem Koordinatensystem,* d. h. ihre Koordinaten werden durch die Verhältnisse ganzer Zahlen gegeben.

Wichtiger ist jedoch noch die Umkehrung, auf deren übrigens nicht ganz einfachen Beweis wir leider nicht eingehen können: *Jeder Punkt,*

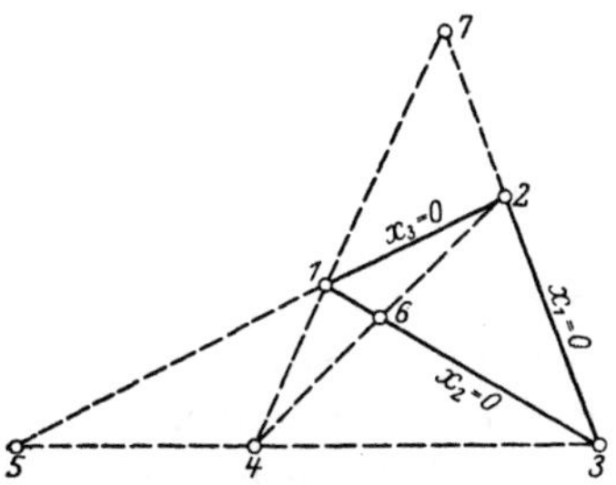

Abb. 39.

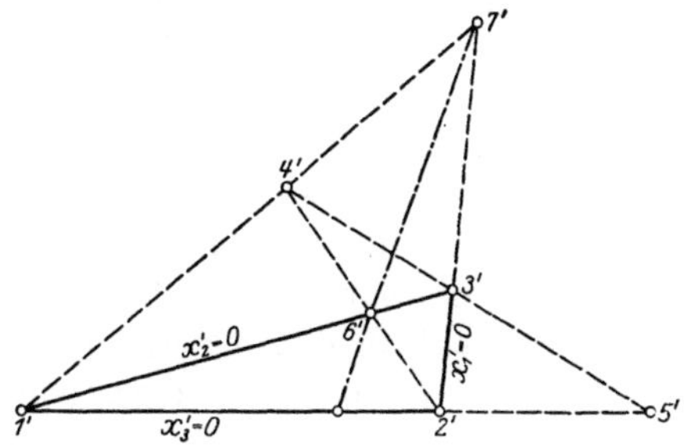

Abb. 40.

der in unserem Koordinatensystem rational ist, ist ein Netzpunkt. Aus diesen Sätzen folgt dann unmittelbar, daß die Netzpunkte in der Ebene überall dicht liegen.

Zwischen den rationalen Punkten liegen nun die irrationalen, die nicht durch endlich viele Verbindungen geliefert werden. Ihnen wird man jedoch durch Netzpunkte beliebig nahe kommen und sie selbst daher durch einen Grenzübergang erreichen.

Nun werden wir noch in unserer zweiten Ebene (Abb. 40) dieselbe Konstruktion ausführen, ausgehend von vier Punkten $1'$, $2'$, $3'$, $4'$. Läßt man dann allemal die beiden rationalen Punkte einander entsprechen, zu denen man in entsprechender Weise in beiden Ebenen gelangt ist, während man die irrationalen Punkte einander zuweist, die beiderseits durch den gleichen Grenzübergang gewonnen werden können, so hat man anschaulich die Kollineation vor Augen, die zwischen den beiden Ebenen festgelegt ist.

Bei der *Möbius*schen Netzkonstruktion haben wir — was man wohl beachten mag, von einer linearen Beziehung zwischen den Koordinaten beider Ebenen noch gar nicht gesprochen; indem wir nun aber bemerken, daß eine solche durch das Entsprechen der vier Punktepaare eindeutig festgelegt wird und darauf als Kollineation die beiderseitigen Netzpunkte genau so zuordnet, wie unsere geometrischen Konstruktionen, so folgt: *daß jede Kollineation zweier Ebenen umgekehrt mit einer linearen Substitution der Koordinaten zusammenhängt, daß also die lineare Trans-*

formation geometrisch völlig charakterisiert ist, wenn wir sagen, sie sei eine Kollineation. Bei dieser Beweisskizze haben wir vorausgesetzt, daß dem Grenzpunkte einer konvergenten Folge rationaler Punkte durch eine Kollineation wieder der Grenzpunkt entsprechen möge, d. h. wir haben die *Stetigkeit* der Transformation gefordert. Es läßt sich aber die Stetigkeit als notwendige Folgerung herleiten, d. h. es gilt der Satz: *Jede eindeutige Punkttransformation, die gerade Linien in gerade Linien überführt, ist notwendig stetig.*

Wir wollen kurz andeuten, wie man diesen wichtigen Nachweis nach *Darboux* einfach erledigen kann, den *Beweis* nämlich, *daß jede Kollineation in der als stetig vorausgesetzten projektiven Ebene stetig ist.* Erinnern wir uns: Zu drei Punkten A, B, C einer Geraden kann man den vierten harmonischen D linear konstruieren, d. h. mittels des Lineals allein (vgl. Abb. 40, in der z. B. die vier Punkte auf der Geraden $1'$ $2'$ harmonisch liegen) wegen einer bekannten Eigenschaft des vollständigen Vierecks. Daraus folgt, daß jede Kollineation in der Ebene auf den Geraden der Ebene die harmonische Lage von vier Punkten erhält. Daraus kann man aber schließen, daß die „Anordnung" zweier Punktepaare einer Geraden erhalten bleibt, d. h. die Eigenschaft der Paare sich zu trennen oder nicht zu trennen. Es gibt nämlich nur zu zwei sich nicht trennenden Paaren ein drittes, das beide gleichzeitig harmonisch trennt. Hieraus, aus der Erhaltung der Anordnung auf der Geraden, schließt man leicht, daß jede Gerade auf ihr Bild bei einer Kollineation stetig bezogen wird und daraus weiter auf Grund der Haupteigenschaft (kollineare Punkte zu erhalten) auf die Stetigkeit der Kollineation in der Ebene.

Dieser Nachweis gilt offenbar nur bei der Beschränkung auf reelle Elemente.

Ganz genau entsprechend wie hier in der Ebene liegen die Verhältnisse im Raume, wie leicht zu übersehen ist, oder überhaupt bei linearen mehrdimensionalen Mannigfaltigkeiten (Räumen). Wie sich die Sache für eindimensionale Mannigfaltigkeiten stellt, werden wir später (S. 153) erörtern.

§ 34. Perspektograph und Storchschnabel.

Nun wollen wir uns doch auch eine unmittelbare lebendige Anschauung verschaffen, wie die kollineare Beziehung zwischen zwei Ebenen aussieht. Wir betrachten ein Beispiel, das in den Anwendungen immer wieder hervortritt, indem wir zeigen: *Jede „Perspektive", durch die zwei Ebenen aufeinander bezogen werden, liefert eine Kollineation dieser Ebenen.*

Wir haben uns dabei zu denken, daß allemal die Punkte der Ebenen einander zugeordnet sind, in denen ein beliebiger Strahl von einem festen Augenpunkt O aus die Ebenen durchdringt (Abb. 41). Daß dies in der Tat eine Kollineation gibt, leuchtet ein. Diese Art der Transformation spielt bekanntlich eine große Rolle in der darstellenden Geometrie

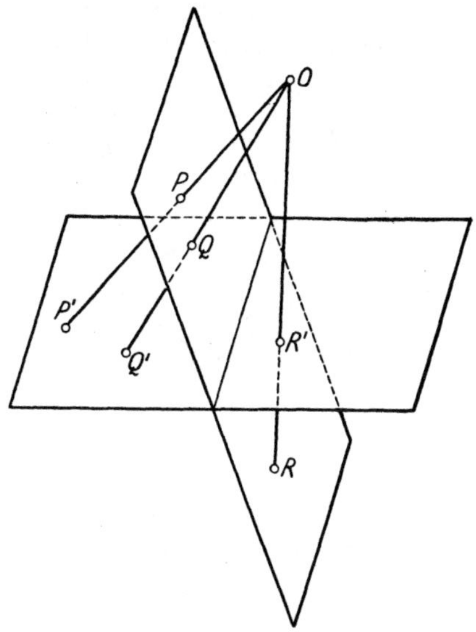

Abb. 41.

Wir können uns nun fragen, wie die Formeln heißen, die die Beziehung der beiden Ebenen in diesem Sonderfall angeben, wie weit diese sich noch von den Formeln der allgemeinen Kollineation unterscheiden usf. Dann wieder, wie man, wenn die beiden Zeichenebenen nebeneinanderliegen, die perspektive Abbildung zu einer gegebenen konstruieren kann usw.

Indem wir wegen aller dieser Fragen auf ausführliche Darstellungen verweisen[1]), wollen wir hier sogleich ein Gerät kennen lernen, das in einfachster Weise aus einer vorgelegten Zeichnung eine perspektive zu entwerfen gestattet. Man nennt solche Apparate dementsprechend „*Perspektographen*". Der von uns zu erklärende ist von einem Ingenieur *C. Ritter* in Frankfurt a. M. konstruiert worden, und dürfte in seiner Ausführung einer der einfachsten Apparate sein. Um das ihm zugrundeliegende Prinzip zu erkennen, wollen wir vorerst einen seiner Teile in seiner mechanischen Konstruktion für sich betrachten.

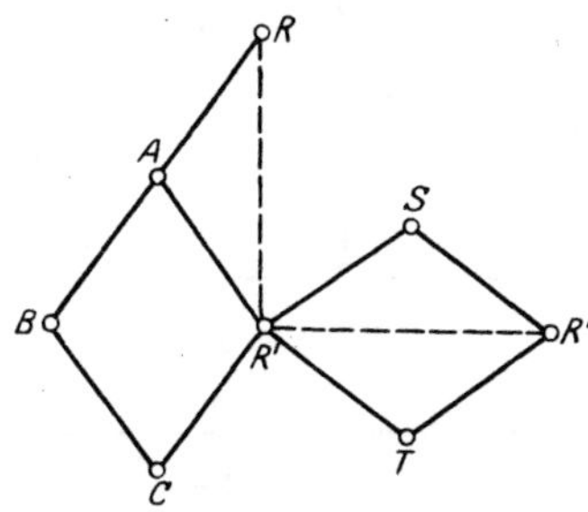

Abb. 42.

Er besteht aus einem sogenannten „*Froschschenkelsystem*" (Abb. 42). Es zeigt aus Holzstäben zusammengefügt zwei Rhombengelenksysteme, die gleiche Seitenlängen haben. Diese Systeme sind jedoch so miteinander fest verbunden, daß zwei aufeinanderfolgende Seiten des einen Rhombus senkrecht stehen auf zwei Seiten des anderen, wie die Abbildung es zeigt. Die Seite AB ist außerdem über A hinaus um sich selbst verlängert. Im übrigen befinden sich in sämtlichen Eckpunkten Gelenke, die dem System gestatten, sich zusammenzuziehen oder auszudehnen. Nun ist leicht zu sehen, daß die punktierten Linien RR' und $R'R''$ bei jeder Stellung der Rhomben einander gleich sind und aufeinander senkrecht stehen. In der Tat sind unsere beiden Rhomben immer kongruent und zueinander senkrecht gelegen.

[1]) Wie zum Beispiel *F. Enriques*: Vorlesungen über projektive Geometrie. 2. Aufl. Leipzig. 1915.

Die Punkte R' und R'' sind nun in dem Gerät gezwungen, sich auf einer geraden Linie PQ zu bewegen, indem sich das Froschschenkelsystem in zwei gleichlange im Punkte R' und R'' befestigte Stäbe fortsetzt ($R'P'$ und $R''P''$), die gegeneinander beweglich, als längs PQ fahrbare Schlitten befestigt sind (Abb. 43). Es ist daher insbesondere $P'P''$ stets $= R'R''$, das heißt ebenfalls $= RR'$. Die einfache Bedeutung der Hinzufügung der beiden Leitstangen $R'P'$ und $R''P''$ werden wir sogleich erkennen.

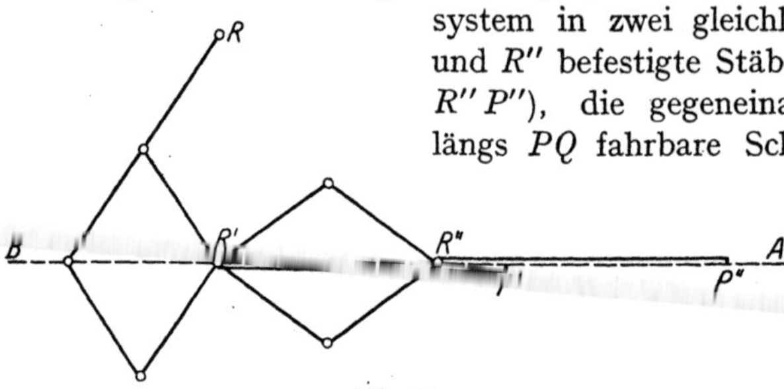

Abb. 43.

Machen wir nach dieser Vorbemerkung uns nun die Theorie des Gerätes klar. Man denke sich, es sei von einer gegebenen Figur der Ebene I das perspektive Bild vom festen Punkte O aus auf die zu ersterer senkrechte Ebene II zu entwerfen (Abb. 44). Ein beliebiger Punkt M möge seinen Bildpunkt in P^* haben. Man fälle die Lote OO' und P^*P' auf die Grundebene I, und denke darauf die Dreiecksfläche MOO', die auch die Punkte P^*, P' enthält, um die Linie MO', in O'' vielleicht nach vorn umgeklappt[1]), wobei P^* in P'', O in O'' übergehen soll. Andererseits klappe man die Ebene II um AB nach rechts hin in die Ebene I um und verschiebe sie dann längs AB noch um ein beliebiges Stück, so daß die in ihr enthaltenen Punkte P^* und P' in die Punkte R und R' zu liegen kommen (Abb. 45).

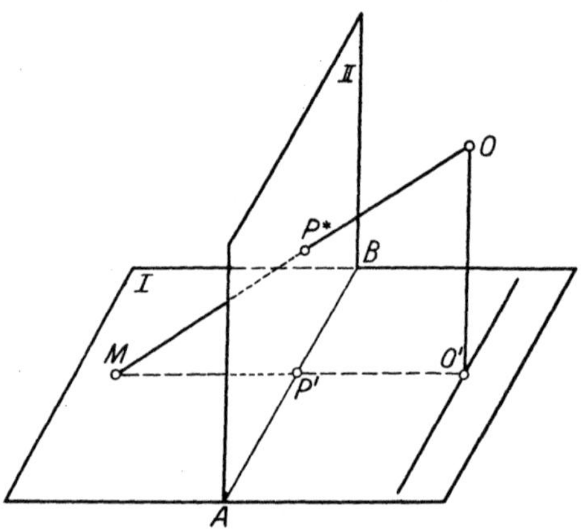

Abb. 44.

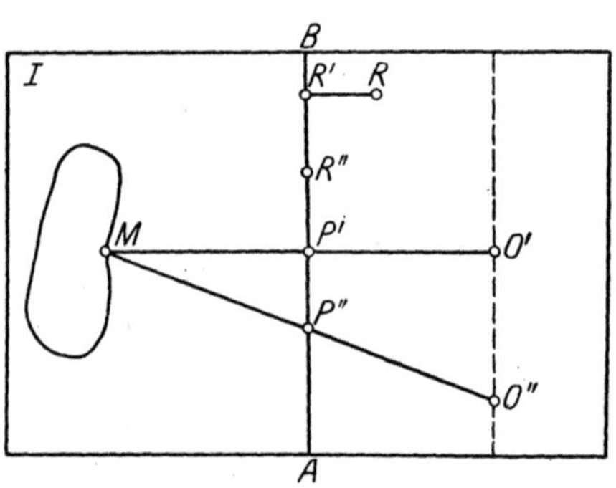

Abb. 45.

Nun sind wir sogleich am Ziel. Es ist $R'R = P'P''$. Wir nehmen noch einen zweiten Punkt R'' auf der Geraden AB

[1]) D. h. im allgemeinen affin transformiert, so daß $OO' = O''O'$ wird und die Spurpunkte wie O' in sich übergehen.

hinzu, so daß $P'P'' = R'R''$ wird. Die Punkte O' und O'' sind in der Ebene I als fest anzusehen, die Punkte P' und P'' werden bei der Bewegung des Punktes M stets durch zwei Strahlen MO' und MO'' auf AB gegeben und hierdurch werden auch die Punkte R', R'', R bestimmt. Beschreibt daher der Punkt M die gegebene Figur, so beschreibt der Punkt R die gesuchte perspektive Abbildung.

Nun kommt, wie wir sofort verstehen können, zur mechanischen Verwirklichung dieses Vorganges das beschriebene Froschschenkelsystem in Anwendung, dessen Bezeichnung mit der unserer Abbildung 43 übereinstimmt. Wir haben nur noch ein Wort zu sagen, wie die Punkte P' und P'' mechanisch festgelegt werden. Zu dem Zweck dienen zwei Gleitlineale, die die Schenkel eines Winkels mit dem Scheitel im beweglichen Punkte M bilden und mittels geeigneter Führungen stets durch die Punkte O'' und O' hindurchgehen. In den Punkten P' und P'' fassen diese Gleitlineale die beiden auf PO beweglichen Schlitten. Ersichtlich haben die Leitstangen $P'R'$ und $P''R''$ den Zweck, die einzelnen Teile des Apparates bequem auseinanderzulegen, um so für die Führung des Zeichenstiftes R geeignet Raum zu schaffen. Die Handhabung des Apparates ergibt sich hiernach von selbst.

Handelt es sich soeben um die durch Raumkonstruktion vermittelte perspektivische Beziehung zweier Ebenen aufeinander, so wollen wir jetzt eine neue Perspektive kennen lernen, die jedem Punkte einer Ebene einen anderen Punkt der Ebene zuordnet, ohne aus der Ebene selbst herauszugehen. Wir legen ein gewöhnliches Koordinatendreieck mit den Ecken O, P, Q zugrunde (Abb. 46) und wollen der einfacheren Ausdrucksweise halber die Koordinaten x_1, x_2, x_3 eines Punktes als den Abständen von den Dreiecksseiten proportional einführen.

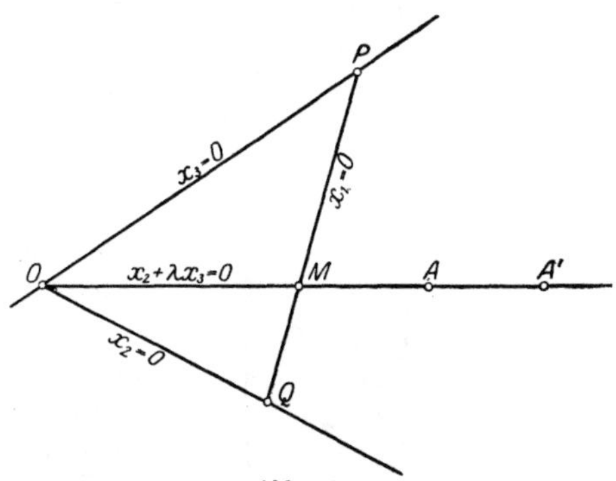

Abb. 46.

Wir betrachten nun die durch folgende Gleichungen vermittelte Punktbeziehung:

$$\varrho x_1' = k x_1, \quad \varrho x_2' = x_2, \quad \varrho x_3' = x_3$$

unter $k \neq 0$ eine beliebige Konstante verstanden.

Wir erkennen sofort die folgenden Beziehungen: Der Eckpunkt $O(x_2 = x_3 = 0)$ des Dreiecks entspricht sich selbst, ebenso sämtliche Punkte der gegenüberliegenden Seite. Ein beliebiger durch den Punkt O gelegter Strahl $x_2 + \lambda x_3 = 0$ geht gleichfalls in sich über, doch unter bestimmter Vertauschung seiner Punkte. Wir werden sogleich sehen, wie wir auf ihm die einander entsprechenden Punkte konstruieren.

Man bezeichnet die so festgelegte einfache Beziehung als *ebene Perspektive.* Den Punkt O nennen wir ihr *Zentrum*, die Gerade $x_1 = 0$ ihre *Achse*. Um nun zu einem Punkte $\{x_i\} = A$ den zugehörigen Punkt $\{x_i'\} = A'$ zu finden, verbinden wir ihn mit O und stellen die einfachen Beziehungen auf:

$$x_3 : x_3' = OA : OA',$$
$$x_1 : x_1' = MA : MA',$$

aus denen unter Benutzung unserer Ausgangsgleichungen folgt:

$$\frac{MA'}{OA'} = k \cdot \frac{MA}{OA}.$$

Diese Gleichung aber gestattet in einfachster Weise die gewünschte Konstruktion. Wir erkennen zugleich: in der ebenen Perspektive ist nur das Zentrum O und die Achse wesentlich, die Strahlen $x_2 = 0$ und $x_3 = 0$ sind mit allen anderen Strahlen durch O gleich berechtigt.

Wir können nun mit leichter Mühe erkennen, wie sich eine Figur, die der Punkt x beschreibt, in die entsprechende Figur des Punktes x' umsetzt. Betrachten wir einmal die ganze Halbebene rechts von der Achse (Abb. 47). Nehmen wir, um einen bestimmten Fall vor Augen zu haben, den Wert von k als echten Bruch, etwa $^1/_2$, so wird der genannten Halbebene vom Punkt x beschrieben nur ein Parallelstreifen entsprechen, dessen Breite für $k = {}^1/_2$ beispielsweise gerade halb so groß ist, wie der Abstand des Zentrums von der Achse (Abb. 48).

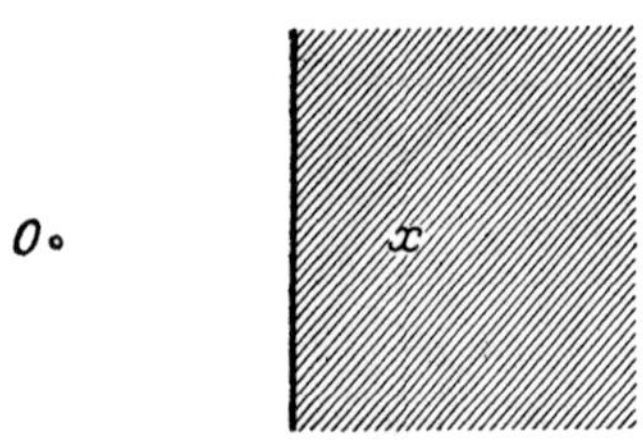

Abb. 47.

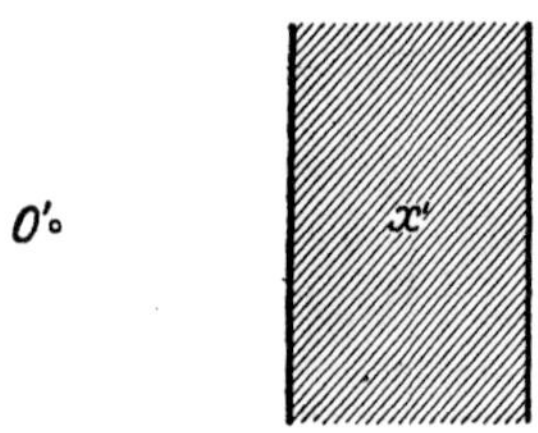

Abb. 48.

Die zur Achse parallele Begrenzungsgerade des Streifens nennt man die „Fluchtgerade", da der zu einem beliebigen ihrer Punkte x' gehörende Urpunkt x in der ersten Figur gleichsam ins Unendliche geflohen ist. Wird k größer als $^1/_2$ (bleibt aber noch < 1), so nimmt die Breite des Streifens zu, wird umgekehrt $k < \frac{1}{2}$, so nimmt sie ab. Wie im Falle $k > 1$ die Perspektive sich verhält, ergibt sich unmittelbar aus den bisherigen Beispielen nach Vertauschung von x' und x.

Um die Umformung einer einfachen Figur (für $k < 1$) zu zeigen, bemerken wir: Beispielsweise gibt ein Kreis der Ebene x', der entweder ganz in unserm Streifen liegt, oder die Fluchtgerade berührt oder sie trifft, in dem schraffierten Teile der x-Ebene eine Ellipse, eine Parabel oder einen Hyperbelbogen (dessen ergänzender Zweig in dem nichtschraffierten Teil der x-Ebene verlaufen wird).

Nun können wir offenbar auch die Umgebungen der Punkte O und O' miteinander vergleichen. Dies wird ganz besonders in Frage kommen in dem Sonderfall, daß die Achse der Perspektive ins Unendliche fällt. Wir erhalten dann einfach eine sogenannte *Ähnlichkeitstransformation*, wie wir sofort aus unseren Formeln ablesen können, indem jetzt an die Stelle der soeben betrachteten Dreieckskoordinaten gewöhnliche Parallelkoordinaten

$$x = \frac{x_2}{x_1}, \quad y = \frac{x_3}{x_1}$$

treten. Unsere Formeln ergeben nämlich

$$x' = \frac{x}{k}, \quad y' = \frac{y}{k},$$

d. h.: *Alle durch O hindurchlaufenden Geraden behalten ihre Lage, die Entfernungen von O aus aber werden mit einer bestimmten Konstanten multipliziert.*

Diese Beziehung wird mechanisch durch ein sehr einfaches Gerät, den *Storchschnabel* oder *Pantographen* vermittelt, der praktisch dazu dient, irgendwelche vorgelegte Zeichnungen zu vergrößern oder zu verkleinern (Abb. 49). Der Storchschnabel besteht aus einem Parallelogrammgelenksystem mit Verlängerung zweier Seiten derart, daß die Punkte O, O', O'' in gerade Linie zu liegen kommen. Wird dann einer dieser Punkte festgehalten und der zweite auf einer Zeichnung entlang geführt, so beschreibt der dritte Punkt eine zum ersten Punkt „ähnliche und ähnlich gelegene Zeichnung".

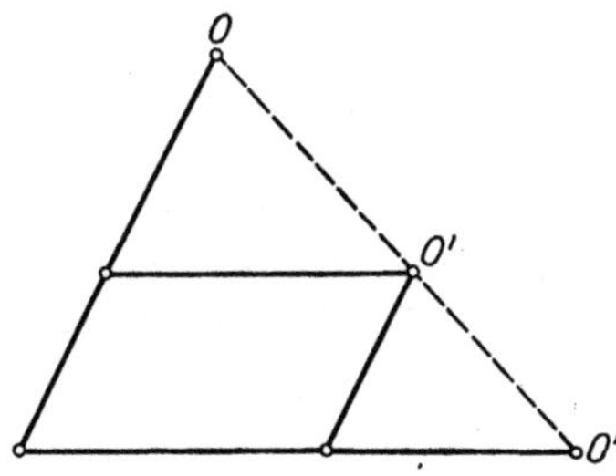

Abb. 49.

§ 35. Reliefperspektive und malerische Perspektive.

Was wir nun soeben in der Ebene ausführten, läßt sich auf verschiedene Art auch auf den Raum übertragen, etwa durch den Ansatz:

$$\varrho x_1' = k x_1, \quad \varrho x_2' = x_2,$$
$$\varrho x_3' = x_3, \quad \varrho x_4' = x_4.$$

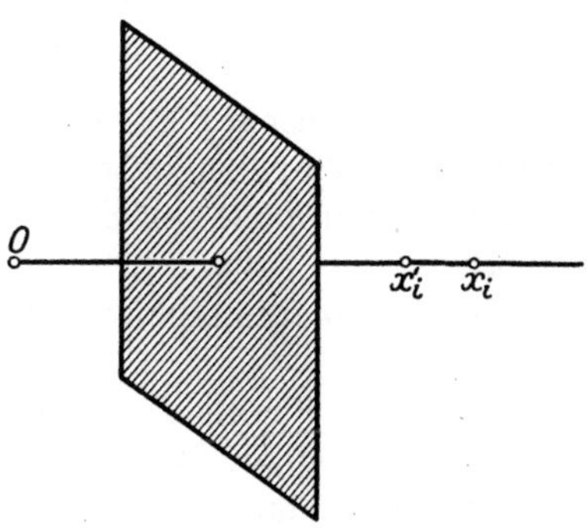

Abb. 50.

Wir reden wieder von einem *Zentrum* ($x_2 = x_3 = x_4 = 0$) und einer *ausgezeichneten Ebene* ($x_1 = 0$) *der Perspektive.* Diese Ebene ist dadurch festgelegt, daß alle ihre Punkte ebenso wie das Zentrum sich selbst entsprechen (Abb. 50).

Der ganze x-Halbraum rechts von dieser Ebene wird sich jetzt wieder für $k < 1$, auf eine Schicht x' von bestimmter Dicke abbilden. Jeder Strahl durch das Zentrum geht gleichfalls, unter Vertauschung seiner Punkte, in sich über. Man nennt diese besondere Kollineation des Raumes die *Reliefperspektive;* man spricht von einem Hochrelief und einem Flachrelief als Abbild einer körperlichen Figur, je nachdem die Schicht einigermaßen dick oder nur dünn ist. Angewandt wird diese Perspektive übrigens nicht nur in der Bildhauerkunst, sondern auch im Theater zur Bühnendarstellung. Dabei wird allerdings in beiden Anwendungen von der theoretischen Transformation meist mehr oder weniger stark abgewichen, insbesondere bei Herstellung der Bühnenbilder, die nach verschiedenen Beschauern hin wirksam sein sollen. Es ist anziehend, an einem bestimmten Modell, z. B. an der im Brillschen Verlage erschienenen Reliefperspektive eines Kegels, eines Würfels mit einer Kugel, und eines Hohlzylinders sich der optischen Täuschung bewußt zu werden, die uns die dargestellten Dinge unmittelbar in ihren richtigen Dimensionen sichtbar macht. Als Beispiel sei noch die Transformation eines hyperbolischen Paraboloids in ein einschaliges Hyperboloid (oder umgekehrt) erwähnt.

Die gewöhnliche Arbeit des Bildhauers benutzt wieder den Sonderfall der einfachen Ähnlichkeitstransformation. Doch wie verhält sich im Gegensatz hierzu die Darstellungsweise des Malers? Er bildet alle Gegenstände des Raumes, die er wiedergibt, perspektiv auf einer Ebene ab. Die formelle Darstellung und die Gesetze dieser „*malerischen Perspektive*" erhalten wir sehr einfach aus unsern allgemeinen Formeln, wenn wir $k = 0$ setzen; es wird dann:

$$\varrho x_1' = 0, \qquad \varrho x_2' = x_2,$$
$$\varrho x_3' = x_3, \qquad \varrho x_4' = x_4.$$

Dies hat aber zur Folge, daß die Determinante unserer Substitution Null wird. Wir haben daher das Beispiel einer *Kollineation mit verschwindender Determinante*, auf deren Möglichkeit wir schon früher hingewiesen haben.

Die Haupteigenschaften dieser ausgearteten Kollineation sind die folgenden:

1. Jedem Punkte x_i entspricht im allgemeinen ein Punkt x_i'. Nur das Zentrum O der Perspektive bildet eine Ausnahme, sein Abbild ist völlig unbestimmt. Umgekehrt entsprechen jedem Punkte x_i' der ausgezeichneten Ebene alle Punkte x_i, die auf dem zugehörigen Strahl durch O liegen; jedem andern Punkte x_i' entspricht immer nur das Zentrum O selbst.

2. Einer vom Punkte x_i beschriebenen Geraden entspricht eine Gerade der Punkte x_i'. Eine Ausnahme bilden nur die Geraden durch O, da ihre sämtlichen von O verschiedenen Punkte sich in denselben Punkt

x_i' abbilden. Umgekehrt entsprechen einer Geraden der Punkte x_i' der ausgezeichneten Ebene unendlich viele Gerade x, die eine durch O gehende Ebene erfüllen usf. Diese Bemerkungen, die wir leicht noch vervollständigen können, lassen erkennen, wie das Wesen der linearen Transformation durchaus verändert wird, sobald ihre Determinante verschwindet.

§ 36. Newtons Einteilung der Kurven dritter Ordnung.

Sprechen wir nun insbesondere von dem *Nutzen dieser Betrachtungen für die Geometrie.* Wir können doch eine vorliegende Gleichung $f(x_1', x_2', x_3', \ldots) = 0$ mittels der linearen Substitutionen der Veränderlichen in manche andere Gestalt transformieren, die uns dann ein mit dem Gebilde der ersten Gleichung gleichwertiges Gebilde vorstellt. Die kollineare Umformung auf der einen Seite, die lineare Transformation auf der anderen Seite gestatten uns also, die geometrischen Abbildungen oder ihre Gleichungen gruppenweise zusammenzufassen und alle die Eigenschaften, die den Gebilden der Gruppe gemeinsam sein mögen, am einfachsten Vertreter der Gruppe zu studieren. So sind für uns die Kurven zweiten Grades: Ellipse, Hyperbel, Parabel und Kreis gleichwertig (wie dies durch ihre Bezeichnung als „Kegelschnitte" ausgedrückt wird), und dementsprechend können wir am Kreis oder an der Parabel die allen diesen Gebilden gemeinsamen projektiven Eigenschaften studieren. Entsprechend sind im Raum die Flächen: Ellipsoid, zweischaliges Hyperboloid, elliptisches Paraboloid und Kugel einerseits und die geradlinigen Flächen zweiten Grades: einschaliges Hyperboloid und hyperbolisches Paraboloid andererseits unter sich (reell) kollinear verwandt und also zusammengehörig. Dies sind allbekannte elementare Beispiele.

Sprechen wir doch im gleichen Sinne noch kurz von den *Kurven dritter Ordnung in der Ebene.* Sie lassen sich durch kollineare Umformung auf fünf Typen zurückführen. Wir wollen diese zusammenstellen, indem wir mit dem analytischen Ansatz beginnen: Alle Fälle lassen sich durch geeignete lineare Umformungen auf die folgende Gestalt der Gleichung bringen:

$$y^2 = (x - e_1)(x - e_2)(x - e_3),$$

in der die Symmetrie der Kurvengestalt zur x-Achse hervortritt. Des Näheren gliedert sich die Sache nun so:

1. Zwei der Werte e_i sind konjugiert imaginär, der dritte natürlich reell (Abb. 51). Dann hat man die *einteilige Kurve dritter Ordnung* vor sich.

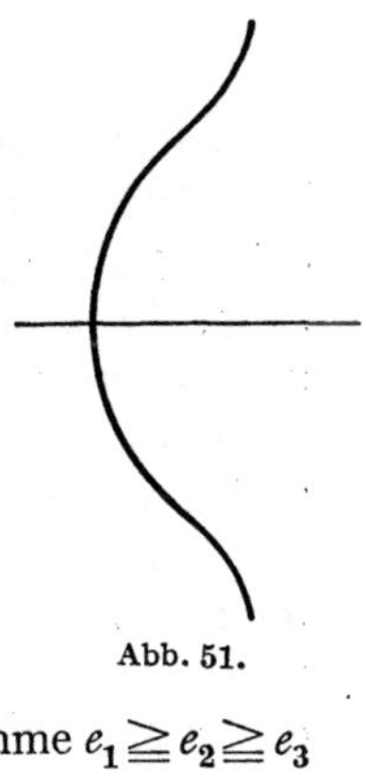

Abb. 51.

2. Alle Werte e_i sind reell. Dies ergibt unter der Annahme $e_1 \geqq e_2 \geqq e_3$ die folgenden Unterfälle:

a) $e_1 > e_2 > e_3$, d. h.: Alle e_i voneinander verschieden. Er ergibt die *zweiteiligen Kurven dritter Ordnung* (Abb. 52).

b) Es sei $e_1 = e_2$, doch verschieden von e_3. Dann erhält man die *Kurve dritter Ordnung mit Doppelpunkt im eigentlichen Sinn* (Abb. 53).

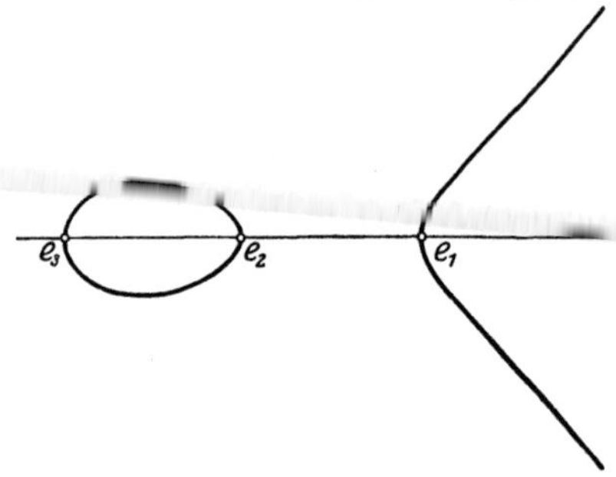

Abb. 52.

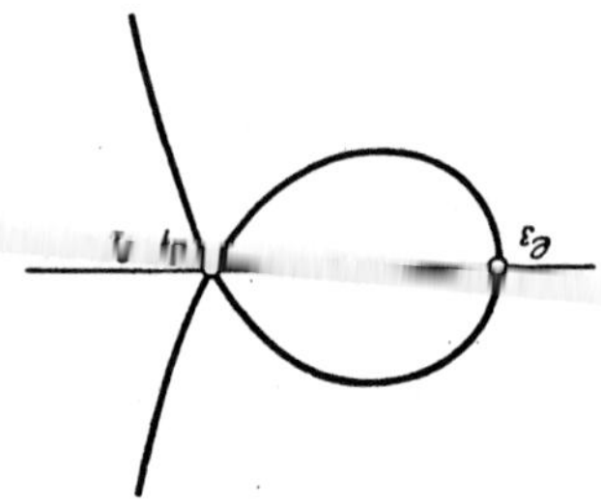

Abb 53.

c) Es sei $e_2 = e_3$, doch verschieden von e_1. So findet sich die *Kurve dritter Ordnung mit isoliertem Doppelpunkt* (Abb. 54).

d) Es sei endlich $e_1 = e_2 = e_3$, was der *Kurve dritter Ordnung mit Spitze* entspricht (Abb. 55).

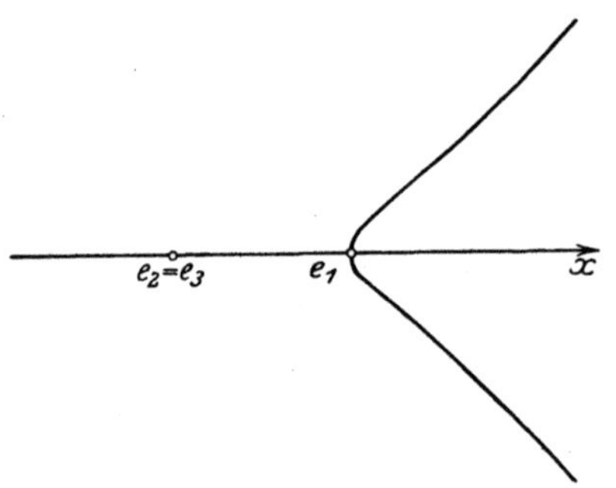

Abb. 54.

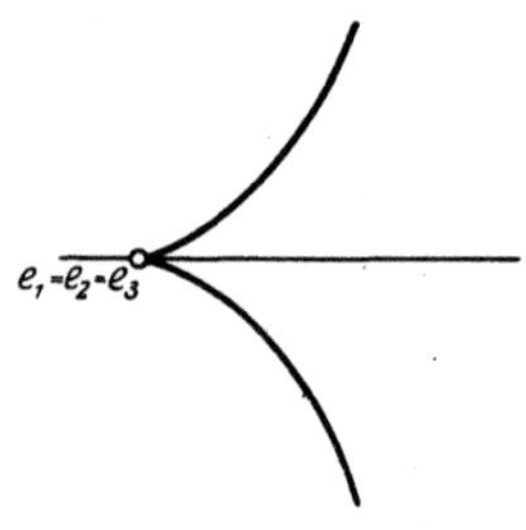

Abb. 55.

Jede C_3 der Ebene läßt sich durch Kollineation, also etwa durch Perspektive, in einen dieser fünf Typen verwandeln, oder anders ausgedrückt: *Alle C_3 erscheinen als ebene Schnitte von fünf Kegeln dritter Ordnung, die man erhält, wenn man von einem beliebigen Augpunkt aus nach unseren Abbildungen die Verbindungsstrahlen legt.*

Dieses Ergebnis der Einteilung der C_3 geht bereits bis auf *Newton* zurück in dessen Schrift: *Enumeratio linearum tertii ordinis* (1711); man sehe dort insbesondere das Kapitel „de generatione curvarum per umbras". Man muß also nicht meinen, daß die projektiven Betrachtungen etwas ausschließlich Modernes sind. Es gibt im Gegenteil schon bei den alten Griechen projektive Untersuchungen, wovon wir gleich im folgenden § 37 ein Beispiel im Satz von *Pappus* kennen lernen werden.

§ 37. Poncelet und die Lehre vom Doppelverhältnis.

Wir wollen nun in der Weise weitergehen, daß wir weniger die Theorie der projektiven Geometrie ausführlich entwickeln, als die Hauptstufen ihrer Entwicklung nach ihrer historischen Aufeinanderfolge besprechen. Da ist gleich als erste Stufe zu nennen:

Poncelets Werk von 1822. Dort wird zwischen den Eigenschaften der „Lage" und des „Maßes" bei geometrischen Gebilden unterschieden. Die ersteren sind dadurch gekennzeichnet, daß sie bei irgendwelchen projektiven Umformungen der Figur unverändert erhalten bleiben, was für die letzteren nicht gilt. Solcherweise wird die Geometrie in zwei Gebiete geteilt, die wir als projektive Geometrie und Elementargeometrie einander gegenüber stellen können.

Nun hat es offenbar ein ganz besonderes Interesse, aus Maßzahlen der geometrischen Gebilde solche Ausdrücke zusammenzusetzen, die bei Kollineationen unverändert bleiben, die demnach projektive Eigenschaften bezeichnen. Das einfachste Beispiel dieser Art bildet das *Doppelverhältnis von vier kollinearen Punkten.* Sind vier Punkte $ABCD$ einer Geraden gegeben (Abb. 56), so bezeichnet man als ihr Doppelverhältnis das Streckenverhältnis:

$$\frac{AC}{AD} : \frac{BC}{BD} = \frac{AC \cdot BD}{AD \cdot BC}.$$

Abb. 56.

Es drückt sich in den Koordinaten x, y, z, t der Punkte, die wir als Abszissen auf der geraden Linie selbst messen, aus als:

$$\frac{x-z}{x-t} : \frac{y-t}{y-z}$$

oder bei homogener Schreibweise

$$\frac{(x_1 z_2 - x_2 z_1)(y_1 t_2 - y_2 t_1)}{(x_1 t_2 - x_2 t_1)(y_1 z_2 - y_2 z_1)},$$

was wir in leicht verständlicher Abkürzung:

$$\frac{(xz)(yt)}{(xt)(yz)}$$

schreiben wollen.

Daß dieser Ausdruck bei projektiver Umformung unverändert bleibt, wollen wir zunächst für die lineare Transformation der Geraden in sich zeigen, die durch die Gleichung

$$x = \frac{\alpha x' + \beta}{\gamma x' + \delta}$$

oder in homogener Form:

$$x_1 = \alpha x_1' + \beta x_2',$$
$$x_2 = \gamma x_1' + \delta x_2',$$

(unter Fortlassung des Proportionalitätsfaktors) gegeben sein möge.

Die entsprechenden Transformationsgleichungen sollen natürlich für die Punkte x, y und t gelten. Setzen wir diese Werte in den soeben mitgeteilten Ausdruck des Doppelverhältnisses ein, so geht z. B. der Faktor (x, z) über in:

$$\begin{vmatrix} \alpha x_1' + \beta x_2' & \gamma x_1' + \delta x_2' \\ \alpha z_1' + \beta z_2' & \gamma z_1' + \delta z_2' \end{vmatrix} = \begin{vmatrix} \alpha \beta \\ \gamma \delta \end{vmatrix} (x' z').$$

Im Zähler und Nenner hebt sich dann die je zweimal auftretende Determinante der Substitution fort. *Die Unveränderlichkeit des Doppelverhältnisses bei linearer Transformation der Geraden in sich ist daher Folge des Determinantenmultiplikationssatzes.*

Andererseits bleibt das Doppelverhältnis auch erhalten, wenn man eines der Koordinatenpaare, etwa x_i mit einem gemeinsamen Faktor ϱ multipliziert.

Wenn wir nun aber eine lineare Transformation nicht bloß in der Geraden selbst, sondern in der Ebene oder im Raume betrachten, so zeigen wir die Invarianz des Doppelverhältnisses so:

Die Punkte z_i und t_i können wir bekanntlich darstellen als $x_i + \lambda y_i$ und $x_i + \mu y_i$, worauf eine einfache Berechnung des Doppelverhältnisses als seinen Wert $\lambda : \mu$ ergibt (Abb. 57). Lassen wir nun eine Kollineation eintreten

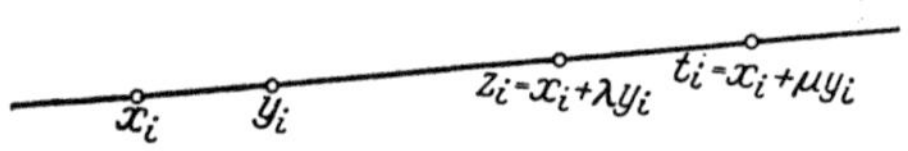

Abb. 57.

$$x_i' = \sum a_{ik} x_k,$$

so gehen aus den Punkten x_i, y_i, $x_i + \lambda y_i$, $x_i + \mu y_i$ entsprechend die kollinearen Punkte

$$x_i', \quad y_i', \quad x_i' + \lambda y_i', \quad x_i' + \mu y_i'$$

hervor. Deren Doppelverhältnis ist aber ersichtlich wieder gleich $\lambda : \mu$, wie behauptet war.

Diese Eigenschaft des Doppelverhältnisses ist ja allbekannt und in jedem Lehrbuch der analytischen oder synthetischen Geometrie enthalten. Doch können wir nicht noch andere Ausdrücke konstruieren, die gleichfalls gegenüber linearer Transformation der Veränderlichen unverändert bleiben? Es seien z. B. die fünf Punkte x_i, y_i, z_i, t_i, u_i in einer Ebene gegeben. Aus ihren Koordinaten setzen wir dreigliedrige Determinanten zusammen und fassen etwa insbesondere den Ausdruck

$$\frac{(x\,y\,z)\,(x\,t\,u)}{(x\,t\,z)\,(x\,y\,u)}$$

ins Auge, in dem der Punkt x_i eine ausgezeichnete Rolle bekommen hat. Auch diese Form wird bei linearer Transformation der Ebene, wie sofort zu übersehen ist, unverändert bleiben; entsprechendes gilt bei einer Raumkollineation. Der Ausdruck ist in dieser Eigenschaft bereits von *Möbius* in seinem baryzentrischen Kalkül angeführt worden. Man sieht leicht, daß man noch zu weiteren Ausdrücken der gleichen Eigenschaft übergehen kann.

Die so angeführten einfachen Beispiele eröffnen uns einen ersten Blick in das Gebiet der Invariantentheorie. Bei der Ausgestaltung der projektiven Geometrie hat man ganz besonders an der Betrachtung des Doppelverhältnisses festzuhalten. Wir müssen kurz lernen, wie man es dual übertragen hat.

Es gelten in dieser Hinsicht die folgenden drei Sätze, die wir der Kürze halber ohne Beweis anführen.

1. *Eine lineare Transformation der Punktkoordinaten x ist geometrisch gleichwertig einer linearen Transformation der Ebenenkoordinaten im Raum oder Linienkoordinaten in der Ebene und umgekehrt.*

2. *Vier Ebenen eines Büschels (d. h. der Gesamtheit aller durch dieselbe Gerade gehenden Ebenen), sowie vier Geraden eines Büschels (d. h. der Gesamtheit aller Strahlen durch denselben Punkt in einer Ebene) haben ein bestimmtes Doppelverhältnis, das sich durch die Koordinaten der Ebenen oder Geraden genau in derselben Weise ausdrückt, wie das Doppelverhältnis von vier kollinearen Punkten durch deren Koordinaten.*

3. *Wenn diese vier Ebenen oder Geraden eines Büschels durch vier Punkte einer Punktreihe hindurchgehen, so haben sie dasselbe Doppelverhältnis wie die vier Punkte.* (Satz des *Pappus* von Alexandria, etwa **350** nach Christus.)

Wir wollen ferner noch eine in unserer bisherigen Darstellung vorhandene Lücke ergänzen. Im Raume und in der Ebene haben wir die lineare Transformation uns geometrisch als Kollineation anschaulich vor Augen geführt. Wie werden wir jedoch die lineare Transformation einer Mannigfaltigkeit erster Dimension, speziell einer Geraden geometrisch fassen können, bei der das Wort „Kollineation" seine Bedeutung verliert?

Die lineare Beziehung zwischen den zwei Geraden I und II (Abb. 58):

$$x' = \frac{\alpha x + \beta}{\gamma x + \delta}$$

ist festgelegt, sobald wir drei beliebigen Punkten der Geraden I drei beliebige Punkte der Geraden II entsprechen lassen. *Um nun die hierdurch vermittelte Verwandtschaft geometrisch zu bestimmen, werden wir den Begriff des Doppelverhältnisses heranziehen und sagen, daß jedem Punkte D ein Punkt D' entspricht, für den die Gleichheit der Doppelverhältnisse: $DV(ABCD) = DV(A'B'C'D')$ besteht.*

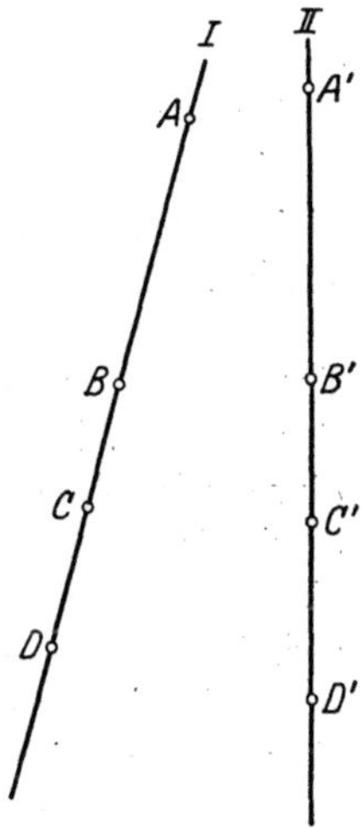

Abb. 58.

Diese an sich triviale Sache wird nun dadurch anziehend, daß man in früherer Zeit häufig glaubte, diese projektive Verwandtschaft zwischen

„einstufigen" Gebilden einfacher festlegen zu können. Man findet in alten Lehrbüchern die Behauptung: *Wenn zwei Gerade eindeutig und stetig aufeinander bezogen sind, so werden entsprechende Punkte durch eine lineare Substitution einander zugeordnet.*

Dieser Satz ist jedoch nur richtig, wenn er richtig gedeutet wird; fügt man keine weitere Erklärung hinzu, so ist er unrichtig. Denken wir z. B. an ein Oval (eine Eilinie) in zwei beliebigen Punkten die Tangenten konstruiert und allemal zwei solche Punkte auf diesen einander zugeordnet, in denen eine veränderliche dritte Tangente sie trifft, so haben wir in der Tat eine eindeutige, stetige Beziehung zwischen den beiden ersten Geraden festgelegt.

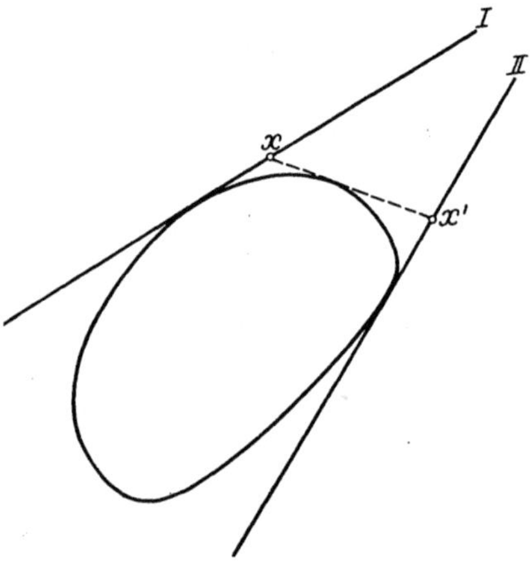

Abb. 59.

Doch stellt dieselbe gewiß nicht allgemein zu reden eine lineare Beziehung vor. Wäre sie nämlich linear, so würden unsere Tangenten nach bekannten Sätzen nicht eine beliebige Eilinie (Abb. 59), sondern eine Ellipse umhüllen. Sonach ist unser obiger Satz zunächst falsch.

Ganz anders wird jedoch seine Auffassung, wenn man ihn auch auf komplexe Werte der Veränderlichen x und x' ausgedehnt wissen will, und wenn man zufügt, daß in der Formel $x' = \varphi(x)$ das $\varphi(x)$ eine *analytische* Funktion vorstellen soll. *Sollen die komplexen Veränderlichen x und x' durch eine ausnahmslos eineindeutige Beziehung* a n a l y t i s c h *verbunden sein, dann ist sie in der Tat notwendig linear, wie man in der Funktionentheorie in strenger Weise ableitet.* (Satz von *Liouville*).

Von hieraus erkennt man auch, daß der anfänglich falsche Satz richtig wird, wenn man die Eilinie als Kurve zweiter Klasse, d.h. als Ellipse nimmt. Denn von jedem Punkte der einen Tangente geht nur noch *eine* zweite Tangente an die Kurve, und da sich diese Beziehung in einer *algebraischen* Gleichung ausdrückt, so gilt sie für komplexe Werte der Veränderlichen so gut wie für reelle Werte. Demnach ist die Beziehung zwischen den Größen x und x' dann nicht mehr nur im Reellen für das Auge ein-eindeutig, sondern sie ist im algebraischen Gebiete ein-eindeutig und analytisch, und damit sind die Voraussetzungen für die funktionentheoretische Schlußweise gegeben.

§ 38. Steiner und Chasles.

Wir gehen nun zu der *zweiten Stufe* der Entwicklung der projektiven Geometrie über, die durch die Namen: *Steiner* und *Chasles* bezeichnet ist. Über *Steiner* haben wir bereits früher (in § 8) Näheres erfahren. *M. Chasles*

(1793—1880) hat von 1846 bis 1878 eine eigene Lehrstelle in der Faculté des Sciences zu Paris für Géométrie supérieure innegehabt und dort eine ausgezeichnete Lehrtätigkeit entwickelt. Zu nennen sind von seinen Werken hier insbesondere sein: „Aperçu historique sur l'origine et le développement des méthodes en géométrie" (1837, 3. Aufl. 1889), in dessen Noten sich neben der historischen Darstellung auch viel selbständige Ideen zur projektiven Geometrie finden, ferner der „traité de géométrie supérieure" (1852), in zweiter Auflage 1880), endlich der „traité des sections coniques" (1865), von dem indes nur *ein* Band erschienen ist. *Chasles* hat hierüber hinaus sehr zahlreiche Untersuchungen veröffentlicht, von denen wir jedoch an dieser Stelle nicht zu sprechen haben[1]).

In den elementaren Betrachtungen hat *Chasles* wenig Eigenes hinzugefügt, sondern sich durchaus an *Möbius* und *Steiner* angeschlossen, obwohl er von sich behauptete, kein Deutsch lesen zu können. Doch braucht er andere Bezeichnungen, statt Kollineation sagt er Homographie, statt Dualität Korrelation, statt Doppelverhältnis rapport anharmonique. (Das Wort „anharmonique" bedeutet soviel wie „überharmonisch", da man den besonderen Wert — 1 des Doppelverhältnisses als *harmonisches* Doppelverhältnis zu bezeichnen pflegt.)

Hatten wir früher zwischen elementaren und projektiven Eigenschaften der Gebilde unterschieden, so ist die zweite Stufe der projektiven Geometrie, von der wir jetzt reden, durch das völlige Zurücktreten der elementargeometrischen Betrachtung gekennzeichnet. Insbesondere tritt *Steiners Grundgedanke der projektiven Erzeugung* in den Vordergrund. Wir werden ihn an einzelnen Beispielen leicht verstehen.

1. Es seien $p + \lambda q = 0$ und $p' + \lambda q' = 0$ zwei Büschel gerader Linien derselben Ebene in bekannter abgekürzter Bezeichnungsweise (§ 3). Indem wir nun die Geraden, die dasselbe λ besitzen, zuordnen, beziehen wir die Büschel projektiv aufeinander. Als Schnitt der jedesmal sich entsprechenden Strahlen ergibt sich das Eliminationsergebnis von λ, nämlich $pq' - p'q = 0$, d. h. ein *Kegelschnitt.*

Der Kegelschnitt wird also durch den Schnitt entsprechender Strahlen zweier projektiv aufeinander bezogenen Geradenbüschel erzeugt.

Der Kegelschnitt zerfällt in ein Geradenpaar, wenn der den beiden Büscheln gemeinsame Strahl sich selbst entspricht.

2. *In ganz entsprechender Weise erzeugen im Raum zwei projektive Ebenenbüschel* $p + \lambda q = 0$ *und* $p' + \lambda q' = 0$ *mit windschiefen Achsen ein einschaliges Hyperboloid, dessen Gleichung wieder durch* $pq' - p'q = 0$ *gegeben wird.*

3. Es seien endlich drei „Ebenenbündel" gegeben. Unter einem Ebenenbündel haben wir die Gesamtheit der durch einen festen Punkt gehenden Ebenen zu verstehen. Ihre Gleichungen mögen sein:

[1]) Man vergleiche *Chasles* „Rapport sur les progrès de la géométrie" Paris **1871**, der auch sonst als Nachschlagebuch nützlich zu brauchen ist.

$$\begin{aligned} p + \lambda q + \mu r &= 0, \\ p' + \lambda q' + \mu r' &= 0, \\ p'' + \lambda q'' + \mu r'' &= 0. \end{aligned}$$

Sie sollen wieder in der Art aufeinander bezogen werden, daß sich die gleichen Werten von λ, μ zugehörigen Ebenen entsprechen. Dies besagt wieder eine projektive Beziehung der drei Bündel aufeinander. Je drei zusammengehörige Ebenen schneiden sich nun in der Regel in einem Punkte. Er beschreibt bei veränderlichen λ und μ dann eine Fläche, deren Gleichung wir durch Elimination aus den vorstehenden Gleichungen in der Determinantenform

$$\begin{vmatrix} p & q & r \\ p' & q' & r' \\ p'' & q'' & r'' \end{vmatrix} = 0$$

erhalten.

Wir sehen, wir erhalten eine *Fläche dritter Ordnung*. Deren hier gegebene projektive Erzeugung ist insbesondere von *Graßmann* entwickelt worden.

4. Ein ebenes Gebilde dritter Ordnung erhalten wir aus der projektiven Beziehung eines Büschels von Kegelschnitten $\varphi + \lambda \psi = 0$ auf ein Geradenbüschel $p + \lambda q = 0$. Die Elimination von λ ergibt in der Gleichung

$$\begin{vmatrix} p & q \\ \varphi & \psi \end{vmatrix} = 0$$

eine *ebene Kurve dritter Ordnung*. Analog eine ebene Kurve vierter Ordnung als Schnitt zweier projektiver Kegelschnittbüschel. Beidemal erhält man zugleich die allgemeinste Kurve der betreffenden Ordnung.

Der diesen Beispielen zugrunde liegende Gedanke *Steiners*, höhere geometrische Gebilde aus niederen durch projektive Beziehung zu erzeugen, ist vor allem in *Reyes* „Geometrie der Lage" (3. Aufl. 1886—92) systematisch zugrunde gelegt und durchgeführt. Man vergleiche auch *F. Schur* im Band 18 der Math. Annalen, sowie die Abhandlung von *Reye* in den Bänden 74 und dem folgenden von Crelles Journal. Ferner *E. Kötter*, Die Entwicklung der synthetischen Geometrie von Monge bis auf Staudt, Jahresbericht der Deutschen Math.-Vereinigung Bd. 5 (1901). Endlich *A. Schönflies*, Projektive Geometrie, Enzyklopädie der Math. III, 1. 1. 5.

Was wird nun von der Tragweite dieser Methode zu sagen sein? Die projektive Erzeugung der algebraischen Gebilde ist ja selbstverständlich sehr einfach und schön; sie entspricht dem Umsetzen der algebraischen Gleichungen in eine Determinantenform. Indes ist doch nicht außer acht zu lassen, daß es einmal daneben durchaus andere ebenfalls schöne geometrische Erzeugungsarten von Kurven, etwa durch Gelenkmechanismen gibt, andererseits die projektive Erzeugung auch keine allgemeine Definition dessen, was wir ein algebraisches Gebilde nennen, vermittelt.

In der Tat sind Steiner und Chasles in ihren späteren Arbeiten auch von dem ausschließlich synthetischen, d. h. konstruktiven Prinzip abgegangen und haben den allgemeinen Begriff des algebraischen Gebildes und der algebraischen Konstruktion aus der Analysis entnommen. So ist denn die sogenannte „méthode mixte" entstanden, die zwar die Erklärung des Gebildes der analytischen Gleichung entlehnt, dann aber weiterhin die Formeln zurückdrängt.

Sie ist beispielsweise in *Cremonas Lehrbüchern* zugrunde gelegt: „Höhere ebene Kurven" und „Oberflächen" (die beide in deutscher Übersetzung erschienen sind). Wir verweisen übrigens auf *Kleins* Vorlesung über *Riemann*sche Flächen (den historischen Bericht über die Theorie der algebraischen Kurven). Dieses Verfahren wurde insbesondere von *Cremonas* Schülern in Italien gepflegt und zur Untersuchung der algebraischen Kurven und Flächen verwendet. Vgl. etwa das bedeutende Buch: *F. Severi*, Vorlesungen über algebraische Geometrie, Leipzig 1921.

§ 39. Cayley und Staudt.

Wir kommen nun zur *dritten Stufe der projektiven Geometrie*, die darauf ausgeht, die elementargeometrische Längenmessung aus der projektiven Geometrie heraus zu *beherrschen*.

Der erste Ansatz ist bereits von *Poncelet* gegeben, indem er in bestimmter Weise die Kugel von den übrigen Flächen zweiten Grades unterschied. Es sei die Gleichung der Kugel gegeben:

$$(x^2 + y^2 + z^2) + 2\,\alpha x + 2\,\beta y + 2\,\gamma z + \delta = 0$$

oder homogen geschrieben

$$(x^2 + y^2 + z^2) + 2\,\alpha x t + 2\,\beta y t + 2\gamma z t + \delta t^2 = 0.$$

Als Schnitt mit der uneigentlichen Ebene $t = 0$ ergibt sich die Kurve:

$$x^2 + y^2 + z^2 = 0, \qquad t = 0,$$

die ersichtlich allen Kugeln gemeinsam ist. Man nennt sie den imaginären „*Kugelkreis*" oder wohl besser den „*absoluten Kegelschnitt*". Umgekehrt lassen sich die Kugeln nun durch die Bedingung, diesen Kegelschnitt zu enthalten, unter den Flächen zweiten Grades kennzeichnen.

Das Entsprechende für die Ebene ist der Satz, daß alle Kreise durch die beiden „*Kreispunkte*" oder „*absoluten Punkte*"

$$x^2 + y^2 = 0, \qquad t = 0$$

hindurchgehen. Nun hat diese Erklärung der Kugeln (oder Kreise) insofern projektiven Charakter, als sie uns erkennen läßt, welche Flächen zweiten Grades aus den Kugeln des Raumes bei beliebiger linearer

Transformation hervorgehen, nämlich *die Flächen, die den Kegelschnitt enthalten, der bei den linearen Transformationen aus dem absoluten entsteht.*

Der allgemein angestrebte Gedanke ist nun, alle elementargeometrischen Eigenschaften der Gebilde als projektive Beziehungen zum absoluten Kegelschnitt aufzufassen.

Chasles und seine Schule haben in dieser Richtung die ersten erfolgreichen Schritte getan. Insbesondere ist ein kleiner Aufsatz des jungen *F. Laguerre* zu nennen in den Nouvelles Annales von **1853**. In ihm ist der Winkel φ zweier Strahlen t und u in einer ganz neuen Weise projektiv aufgefaßt. *Laguerre* zieht von dem Scheitel des Winkels die Verbindungslinien v, w nach den beiden absoluten Punkten der Ebene und betrachtet das Doppelverhältnis $(t\ u\ v\ w)$ der vier Geraden. *Er stellt dann die Formel auf*

$$\varphi = \frac{1}{2i} \log DV(t\,u\,v\,w)$$

und gibt in solcher Weise den Winkel der beiden Strahlen als eine projektive Beziehung zu den beiden absoluten Punkten. (*Laguerre*, Oevres **2**, 1905, S. 9—13).

Ganz entsprechend ist der Winkel zweier Ebenen im Raume einzuführen. Wir wissen: bei beliebiger linearer Transformation bleibt dieses Doppelverhältnis ungeändert; es bezieht sich jedoch dann auf die Geraden, die von dem Scheitel des neuen Winkels nach den aus den absoluten Punkten entstandenen Punkten hinlaufen. Der Winkel im gewöhnlichen Sinne wird also nur ungeändert bleiben, wenn diese Punkte zufälligerweise selbst die absoluten sind, d. h. wenn die absoluten Punkte bei der linearen Transformation in sich selbst übergegangen sind. Hierdurch eben werden unter der Gesamtheit der Kollineationen die „Bewegungen, Umlegungen (Umlegung nennt man eine Transformation, die man in der Ebene aus einer ungeraden Zahl von Spiegelungen an Geraden zusammensetzen kann) und die Ähnlichkeitstransformationen" gekennzeichnet sein.

Die Auffassung *Laguerre*s hat eine wesentliche Erweiterung erfahren durch *Cayley* (1859) in einer Abhandlung der Londoner Philosophical Transactions. Sie ist die sechste in einer Reihe von Abhandlungen, die unter dem Titel „upon Quantics" (d. h. „Formen") von Invariantentheorie und projektiver Geometrie handeln. *Cayley entwickelt dort auf projektiver Grundlage eine allgemeine Lehre der Metrik oder Maßbestimmung, indem er nämlich die projektive Beziehung der räumlichen Figur zu einer beliebigen Fläche zweiten Grades in solcher Form entwickelt, daß die Formeln der gewöhnlichen Maßbestimmung herauskommen, sobald man die Fläche zweiten Grades in den absoluten Kegelschnitt ausarten läßt.*

Alle diese Dinge sind ausführlich von *Klein* in seinen Vorlesungen über Nichteuklidische Geometrie behandelt worden, die auch in dieser

Sammlung erscheinen. Es wird also nicht nötig sein, auf sie hier noch genauer einzugehen.

4. Wir wenden uns jetzt zu der vierten Stufe der projektiven Geometrie, die *als ihre prinzipielle Grundlegung* zu überschreiben ist. Bei der zweiten und dritten Stufe findet gewissermaßen ein Zirkel im Denken statt. Um nämlich den Zahlenwert eines Doppelverhältnisses festzulegen, muß man Strecken messen, um Koordinaten einzuführen, Abstände messen u. dgl. *So steckt die Elementargeometrie, die man durch die projektive beherrschen will, selbst bereits in den Grundlagen der projektiven Geometrie drin.*

Wir werden uns daher fragen, können wir nicht ganz unabhängig von jeglicher Anwendung der Elementargeometrie, vielleicht allein durch Ziehen von geraden Linien, die Zahl einführen, die wir das Doppelverhältnis von vier Punkten einer Geraden nennen? Können wir ferner nicht auch die homogenen Koordinaten x_i der Ebene oder des Raumes als bestimmte Zahlen ohne Maßbegriff festlegen?

Der Geometer, der in dieser Hinsicht im wesentlichen Klarheit geschaffen hat, ist *Ch. von Staudt* (1798—1867), ein Süddeutscher aus Rothenburg ob der Tauber, der während seiner ganzen Lehrtätigkeit in Erlangen (1835 bis 1867) lebte. Sein Hauptwerk ist *die „Geometrie der Lage“* (1847), der er 1856—1860 *die „Beiträge zur Geometrie der Lage“* folgen ließ. Dies sind außerordentlich inhaltreiche Bücher, wie jedenfalls *v. Staudt* einer der am tiefsten eindringenden Geometer gewesen ist, die je gelebt haben. Seine Schriften sind wegen ihres knappen und etwas schwer lesbaren Stiles bisher leider wenig bekannt geworden.

Zwei Aufgaben kommen für uns besonders in Betracht, die dort ihre Lösung finden. *Einmal gibt Staudt die Mittel, um vier Punkten einer geraden Linie, ohne den Zirkel zu gebrauchen, eine Zahl zuzuordnen, die er den „Wurf“ ABCD nennt, nämlich vermöge der Möbiusschen Netzkonstruktion, und diese Zahl erweist sich genau identisch mit der, die man von der Elementargeometrie aus als das Doppelverhältnis der vier Punkte einführt*[1]).

Zweitens führt er auf solche „Würfe“ die Erklärung der Dreieckskoordinaten der Ebene, der Tetraederkoordinaten im Raum zurück.

Diesen letzten Punkt können wir uns leicht klarmachen, wenn wir zeigen, wie wir die betreffenden Koordinaten als Doppelverhältnisse einführen können. Bleiben wir der Einfachheit halber bei den Punktkoordinaten in der Ebene. In Beziehung auf das Koordinatendreieck

---

[1]) *v. Staudt* vermeidet den Ausdruck: Doppelverhältnis; in der Tat bezieht sich dieser ja darauf, daß man den „Wurf“ als Quotienten von Strecken erklärt, während doch hier von allem Messen abgesehen werden soll. Die erste Durchführung von *Staudts* Ansätzen findet sich bei *M. Pasch*: Vorlesungen über neuere Geometrie 1882.

ABC (Abb. 60) gilt für einen beliebigen Punkt P, daß seine Koordinaten sich wie die mit beliebigen Konstanten multiplizierten Abstände von den Seiten des Dreiecks verhalten. Also z. B.

$$x_1 : x_3 = c_1\, PP_1 : c_3\, PP_3.$$

Wir müssen nun mit *Staudt* den Einheitspunkt E der Ebene hinzunehmen, d. h. den Punkt, dessen Koordinaten 1, 1, 1 sind. Dann gilt weiter in unserer Abbildung

$$c_1\, EE_1 : c_3\, EE_3 = 1 : 1.$$

Wir können daher setzen:

$$c_1 = \frac{1}{EE_1}, \quad c_3 = \frac{1}{EE_3}.$$

Dann folgt:

$$x_1 : x_3 = \frac{PP_1}{EE_1} \cdot \frac{EE_3}{PP_3}.$$

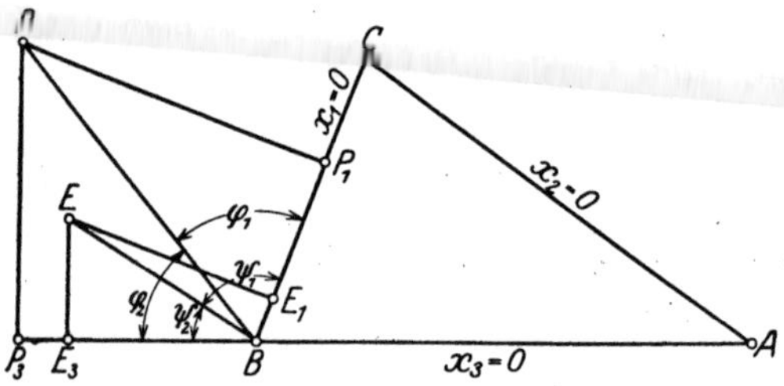

Abb. 60.

Bezeichnen wir die Winkel der Verbindungslinien EB und PB mit den Seiten $x_1 = 0$ und $x_3 = 0$ entsprechend mit ψ_1, ψ_2, φ_1, φ_2, so ergibt sich aus der letzten Gleichung:

$$x_1 : x_3 = \frac{\sin \varphi_1}{\sin \psi_1} \cdot \frac{\sin \psi_2}{\sin \varphi_2}.$$

Die rechte Seite stellt aber die elementare Definition des Doppelverhältnisses der vier Strahlen von B nach den Punkten P, E, C, A dar.

Aus dieser Hilfsbetrachtung geht nun allgemein hervor, daß sich die Dreieckskoordinaten unter Zuhilfenahme des Einheitspunktes durch gewisse Doppelverhältnisse einführen lassen, und man hat also alle Mittel, Dreieckskoordinaten durch bloße projektive Konstruktionen einzuführen, sobald man in der Lage ist, Doppelverhältnisse rein projektiv zahlenmäßig festzulegen, wozu v. Staudt die Mittel angegeben hat.

Weiter als hiermit geschildert ist, ist *v. Staudt* nicht gegangen; er hat sich darauf beschränkt, für die projektive Geometrie als solche eine prinzipielle Grundlage zu schaffen. Es hat aber keine Schwierigkeit, die Entwicklungen von *Cayley* nun heranzuziehen und so ein einheitliches Lehrgebäude zu errichten, das auf projektiver Grundlage auch die Elementargeometrie umspannt. Dies hat *Klein* in seinen Arbeiten zur „Nichteuklidischen Geometrie" in Band 4 und 6 der Mathematischen Annalen (1871/72) getan. Wegen der näheren Ausführung sei wieder auf *Kleins* Nichteuklidische Vorlesung verwiesen.

§ 40. Stellung zur Invariantentheorie.

Jetzt wenden wir uns dem Untersuchungsgebiete der englischen Mathematiker *Cayley* und *Sylvester* zu, nämlich der *Invariantentheorie*, und haben deren Beziehung zur projektiven Geometrie darzulegen.

Beide Gegenstände stehen einander nahe und sind doch voneinander verschieden.

Erklären wir zunächst den Inhalt der *projektiven Geometrie* in rechnerischer Form. Es sei (um bei drei Veränderlichen zu bleiben) die Kurve $f(x_1, x_2, x_3) = 0$ gegeben. Wir wollen sie der Kollineation

$$\varrho x_i' = \sum a_{ik} x_k$$

unterwerfen und uns fragen, welche Eigenschaften dabei unverändert bleiben. Diese Frage suchen wir in der Weise in Angriff zu nehmen, daß wir Funktionen der Koeffizienten von $f = 0$, vielleicht insbesondere rationale Funktionen, aufsuchen, die bei linearer Substitution erhalten bleiben. Funktionen der Koeffizienten mit dieser Eigenschaft nennen wir „*absolute Invarianten*" oder Invarianten schlechtweg. Das einfachste Beispiel einer absoluten Invariante bietet wieder das Doppelverhältnis von vier auf einer Geraden gelegenen Punkten, deren Koordinaten mit

$$\frac{x_1}{x_2}, \frac{y_1}{y_2}, \frac{z_1}{z_2}, \frac{t_1}{t_2}$$

bezeichnet seien. Die letzten Größen stellen vier Reihen binärer Veränderlicher vor, die „*kongruente*" oder „*kogrediente*" *lineare Substitutionen* erleiden, so daß immer gleichzeitig gesetzt wird:

$$\varrho x_i' = \sum a_{ik} x_k,$$
$$\varrho y_i' = \sum a_{ik} y_k, \ldots$$

Aus ihnen bildet sich dann der invariante Ausdruck des Doppelverhältnisses

$$\frac{(xz)(yt)}{(xt)(yz)}$$

der als Form nullten Grades in jeder Reihe von Veränderlichen seine unmittelbare geometrische Bedeutung als Streckenverhältnis hat. Unser Beispiel geht ja in dieser Beziehung über das soeben allgemein Gesagte hinaus, insofern wir mehrere Reihen Variabler „*simultan*" verändern.

Neben den so erklärten invarianten *Ausdrücken* (absoluten Invarianten) stellen sich dann noch invariante *Gleichungen*, deren linke Seiten in der Art aus den Koeffizienten der vorgelegten Gebilde zusammengesetzt sind, daß sie sich bei linearer Transformation nur um einen Faktor ändern. Wir erinnern dabei an die Gleichung, welche in der Theorie des Nullsystems aussagte, daß man es mit einem speziellen Nullsystem zu tun habe (S. 85). Diese etwas unbestimmten Erklärungen verschärfen sich nun beim Übergang zur eigentlichen Invariantentheorie.

Die *Invariantentheorie* verfährt nämlich folgendermaßen: *Zunächst ist ihr Gegenstand nicht sowohl die homogene Gleichung* $f = 0$ *selbst als die homogene Form* $f(x_1, x_2, x_3)$, *die linke Seite der Gleichung*. In den Substitutionen der Variablen wollen wir dementsprechend auch nicht einen Proportionalitätsfaktor ϱ einführen, sondern einfach setzen:

$$x_i' = \sum a_{ik} x_k.$$

Die Determinante a_{ik} der Substitution, die jetzt einen bestimmten Zahlenwert hat, sei $= r \neq 0$ gesetzt. Denken wir uns nun aus der ursprünglichen Form $f(x_1, x_2, x_3)$ mit den Koeffizienten c die neue Form $f'(x_1', x_2', x_3')$ mit dem Koeffizienten c' erhalten, so können wir von der neuen zur alten zurückgehen, indem wir für die x_i' ihre Werte in den x_i einsetzen. Zunächst ergibt sich so die Form:

$$f'(a_{11}x_1 + a_{12}x_2 + a_{13}x_3,\ a_{21}x_1 + a_{22}x_2 + a_{23}x_3,\ a_{31}x_1 + a_{32}x_2 + a_{33}x_3),$$

und ihr Vergleich mit der Form $f(x_1, x_2, x_3)$ führt zu dem Ergebnis: *Die Koeffizienten c sind lineare Formen der Koeffizienten c', die von den Substitutionskoeffizienten a_{ik} im m-ten Grade abhängen, wenn m die Ordnung von f ist.*

Es handelt sich nun darum, eine Invariante von f zu bilden.

Unter einer Invariante versteht man jetzt eine Funktion dieser Koeffizienten $J(c)$, die die Eigenschaft hat, von derselben Funktion der Koeffizienten c' nur um einen Faktor abzuweichen, der eine Potenz von r ist. Diese Forderung drückt sich durch die Gleichung aus:

$$J(c) = r^\lambda \cdot J(c').$$

Ist $\lambda \neq 0$, so spricht man von einer *relativen Invariante* oder einer Invariante schlechtweg. Ist dagegen $\lambda = 0$, so hat man insbesondere eine *absolute Invariante* vor sich. Man erkennt sofort: *Man kann sich absolute Invarianten immer verschaffen, indem man zwei relative Invarianten mit demselben λ durch einander dividiert.* Andererseits: Man erhält „invariante Gleichungen", indem man irgendwelche relative Invarianten gleich Null setzt.

Auch hier können wir wieder zu dem Beispiel des Doppelverhältnisses zurückgreifen, wobei wir dann freilich wieder mit mehreren Reihen Veränderlicher zu tun haben, die kongruente Substitutionen erfahren. Aus den zwei Reihen binärer Veränderlicher bilden wir zunächst die Determinante (x, z), die bei linearer Substitution übergeht in $(x', z') = r \cdot (x, z)$. Demnach ist beispielsweise bereits die Determinante (x, z) eine *relative* Invariante. In der Tat hat $(x, z) = 0$ eine bleibende geometrische Bedeutung. Es besagt nämlich, daß die Punkte x, z zusammenfallen. Aus verschiedenen solchen relativen Invarianten setzt sich dann das Doppelverhältnis

$$\frac{(xz)\,(yt)}{(xt)\,(yz)}$$

als absolute Invariante zusammen. Schon der einfache Quotient

$$\frac{(xz)}{(xt)}$$

wäre eine absolute Invariante. Er kommt aber geometrisch nicht in Betracht, weil er in den z und t nicht von nullter Dimension ist.

Wir werden uns nun fragen, welchen Vorteil es bietet, die Theorie der absoluten Invarianten an die der relativen anzuschließen. Dies ist leicht zu beantworten. Wir wollen hier nur von rationalen Invarianten reden. Die zugehörigen absoluten Invarianten müssen offenbar immer rationale gebrochene Formen der Koeffizienten sein, da in ganzen Funktionen von ihnen bei Anwendung der Substitution $x_i' = \lambda \cdot x_i$ sicher ein Faktor aus allen Gliedern heraustreten muß. Relative Invarianten kann man dagegen sehr wohl als rationale *ganze* Formen der Koeffizienten konstruieren. Der Fortschritt, der hier vorliegt, ist in dem ganz allgemein in der Mathematik geltenden Grundsatz zu suchen, *daß es immer viel besser ist, sich im Gebiete der ganzen Funktionen zu bewegen als im Gebiet der gebrochenen*[1]).

Im übrigen tritt die Invariantentheorie in Beziehung zu einem andern wichtigen Gegenstand, zur Zahlentheorie. Auch hier betrachtet man Formen f, deren Veränderliche man linearen Substitutionen unterwirft; nur wird jetzt allemal die Bedingung der Ganzzahligkeit hinzugenommen. *Die Aufgabe der Invariantentheorie, wie wir sie bezeichneten, bildet demnach zugleich die Grundlage für die zahlentheoretische Betrachtung der Formen.*

Als Unterschied gegenüber der projektiven Geometrie wollen wir doch insbesondere hervorheben, *daß zwei Formen, die sich nur durch einen festen Faktor unterscheiden, in der Zahlentheorie sehr verschieden, in der Kurvenlehre dagegen gleichbedeutend sind* (insofern man ja nur das Gebilde betrachtet, das durch Nullsetzen der Formen vorgestellt wird).

Um etwas ins Konkrete zu gehen, wollen wir einige einfache Beispiele anschließen: Es sei die Form gegeben: $f_2 = a x_1^2 + 2 b x_1 x_2 + c x_2^2 x$. Der Ausdruck $b^2 - ac$, die sogenannte „*Determinante oder Diskriminante der Form*“ gibt uns dann das einfachste Beispiel einer Invariante. Ihr Verschwinden gibt bekanntlich an, daß die Gleichung $f_2 = 0$ eine Doppelwurzel besitzt.

Wir können eine erste Verallgemeinerung bilden, indem wir zu einer binären Form n-ten Grades

$$f_n = a x_1^n + b x_1^{n-1} x_2 + \dots + p\, x_1\, x_2^{n-1} + q \cdot x_2^n$$

übergehen. Hier gibt allemal die „Diskriminante“ der Gleichung $f_n = 0$, d. h. diejenige ganze Form der Koeffizienten, deren Verschwinden auf eine Doppelwurzel schließen läßt, ein neues Beispiel einer Invariante.

Eine andere Verallgemeinerung der Form f_2 entsteht, wenn wir zu

---

[1]) Man vergleiche z. B. die Darstellung der elliptischen Funktionen durch Quotienten von ϑ-Produkten; die Lehre von den ϑ-Produkten ist die naturgemäße Basis, auf die man die Theorie der elliptischen Funktionen zu gründen hat.

einer größeren Zahl Veränderlicher übergehen. Da haben wir zunächst die ternäre Form zweiten Grades:

$$f_2 = k_{11} x_1^2 + 2 k_{12} x_1 x_2 + \cdots + k_{33} x_3^2,$$

die gleich Null gesetzt einen Kegelschnitt ergibt. Die Determinante ihrer Koeffizienten:

$$\begin{vmatrix} k_{11} & k_{12} & k_{13} \\ k_{21} & k_{22} & k_{23} \\ k_{31} & k_{32} & k_{33} \end{vmatrix}$$

(mit der Bedingung $k_{il} = k_{li}$) liefert uns dann wieder eine zugehörige Invariante. Aus der analytischen Geometrie wissen wir, daß das Verschwinden dieser Determinante ein Zerfallen des Kegelschnittes in gerade Linien anzeigt.

Ferner wählen wir, um noch ein besonderes Beispiel näher auszuführen, eine binäre Form vierten Grades:

$$f_4 = a x_1^4 + 4 b x_1^3 x_2 + 6 c x_1^2 x_2^2 + 4 d x_1 x_2^3 + e x_2^4.$$

Man hat gefunden, daß hier bei Beschränkung auf rationale Invarianten zwei einfachste Invarianten bestehen, nämlich: eine ganze Funktion zweiten Grades:

$$ae - 4bd + 3c^2 = g_2$$

und eine ganze Funktion dritten Grades:

$$ace + 2bcd - ad^2 - b^2 e - c^3 = g_3.$$

Und zwar gilt gegenüber linearen Substitutionen

$$g_2 = r^4 g_2', \qquad g_3 = r^6 g_3'.$$

Aus g_2 und g_3 setzen sich alle anderen ganzen rationalen relativen Invarianten rational und ganz zusammen. Die Determinante $\triangle$ von f_4 erweist sich z. B. als

$$g_2^3 - 27 g_3^2 = \triangle.$$

Wir können nun hier, wo wir zwei Invarianten gegeben sehen, leicht eine absolute Invariante bilden, etwa

$$J = \frac{g_2^3}{\triangle}.$$

Sie ist wieder eine *gebrochene* rationale Funktion der Koeffizienten, und aus ihr setzen sich wieder alle rationalen absoluten Invarianten von f_4 rational (aber nicht ganz) zusammen. Wir benutzen hier die Bezeichnungen, die in *Weierstraß'* Theorie der elliptischen Funktionen und in der Theorie der elliptischen Modulfunktionen üblich sind. Mit dem Doppelverhältnis λ der vier Punkte $f_4 = 0$, das eine irrationale, absolute Invariante von f_4 ist und immer auf sechs Arten gebildet werden kann, hängt das J durch die Gleichung sechsten Grades zusammen:

$$J = \frac{4}{27} \cdot \frac{(\lambda^2 - \lambda + 1)^3}{\lambda^2 (\lambda - 1)^2}.$$

Eine nähere Ausführung aller dieser Dinge ist hier unmöglich, wir müssen uns hier auf diesen kleinen Bericht beschränken, der nur den Ansatz zum Studium der Invariantentheorie geben soll[1]). Doch wollen wir sogleich noch einzelne Fachausdrücke kennen lernen. Unter einer *simultanen Invariante* versteht man eine Funktion, die von den Koeffizienten zweier oder mehrerer Formen abhängt und sich nur um den Faktor r^λ bei einer linearen Substitution ändert, unter einer *Kovariante* eine Funktion, die außer den Koeffizienten auch die Veränderlichen x_i enthält und sich bei einer linearen Substitution wieder nur um den Faktor r^λ ändert, unter einer *Kontravariante* schließlich eine Funktion, die auch die „kontragredienten" oder „kontravarianten" Veränderlichen u_i enthält.

Ein Beispiel einer simultanen Invariante ist die Resultante zweier binärer Formen. Ein Beispiel einer Kovariante: die *Hesse*sche Determinante einer binären Form f:

$$\begin{vmatrix} \frac{\partial^2 f}{\partial x_1^2} & \frac{\partial^2 f}{\partial x_1 \partial x_2} \\ \frac{\partial^2 f}{\partial x_1 \partial x_2} & \frac{\partial^2 f}{\partial x_2^2} \end{vmatrix}$$

Sie läßt sich sofort auf ternäre Formen übertragen. Eine Kontravariante ist die „Adjunkte" einer ternären quadratischen Form:

$$\begin{vmatrix} a_{11} & a_{12} & a_{13} & u_1 \\ a_{21} & a_{22} & a_{23} & u_2 \\ a_{31} & a_{32} & a_{33} & u_3 \\ u_1 & u_2 & u_3 & 0 \end{vmatrix}$$

Sie gibt gleich Null gesetzt in Linienkoordinaten die Gleichung des Kegelschnittes, der in Punktkoordinaten durch

$$\sum a_{ik} x_i x_k = 0$$

gegeben ist.

Gehen wir nun zu dem Ausgangspunkt unserer jetzigen Betrachtung zurück, zu der Frage nach dem Verhältnis der projektiven Geometrie zur Invariantentheorie, so sehen wir: *Die Invariantentheorie greift über die projektive Geometrie hinaus, indem sie eben die Formen f selbst, nicht nur die Gleichung $f = 0$ studiert; wir können auch sagen, indem sie die Variablen $x_1, x_2, \ldots$ selbst, nicht nur ihr Verhältnis ins Auge faßt.*

Dennoch kann der Gesamtinhalt der Invariantentheorie geometrisch einfach gedeutet werden. Wir brauchen z. B. bei den binären Formen x_1 und x_2 nur als gewöhnliche Koordinaten der Ebene, nicht mehr als

[1]) Ein gehaltvolles neueres Lehrbuch dieses Gegenstands ist *R. Weitzenböcks* Invariantentheorie, Groningen 1923.

homogene Koordinaten auf der Geraden anzusehen. Die Gleichung

$$f_n = a x_1^n + \dots + q x_2^n$$

stellt dann eine Fläche im Raume dar. Soll f_n insbesondere = konstant sein, so haben wir eine bestimmte „horizontale" Schnittkurve dieser Fläche vor uns. Entsprechend wird man bei mehr als zwei Veränderlichen x_i verfahren, indem man einfach in einen höheren Raum geht. *Nur haben wir so nicht mehr die Deutung der gewöhnlichen projektiven Geometrie.*

Wir wollen nun einmal im Zusammenhang von der *Bedeutung der projektiven Geometrie* sprechen. Wir sagen zunächst: Die projektive Anschauung in Räumen von beliebig vielen Dimensionen in Verbindung mit der Invariantentheorie ist nicht nur für die Geometrie, sondern für die meisten Teile der reinen Mathematik, insbesondere für die Funktionentheorie, von durchschlagender Bedeutung. Wie könnte ohne sie z. B. von einem eingehenden Studium der elliptischen Funktionen, *Abel*schen Funktionen und dergleichen, die Rede sein?

Andererseits aber ist klar, daß neben der projektiven Geometrie eine ganze Zahl selbständiger geometrischer Ansätze bestehen, die dieselbe Existenzberechtigung besitzen wie sie. Man wird keineswegs z. B. immer die Kreise (oder Kugeln) nur als einen Sonderfall der Kegelschnitte (oder der Flächen zweiten Grades) einführen wollen, dazu haben sie doch zu viel Anziehendes vor den allgemeinen Gebilden voraus, ebenso würde es verkehrt sein, die Verwandtschaft der reziproken Radien nur auf projektive Beziehungen aufbauen zu wollen. Schließlich behält doch insbesondere auch die elementare Geometrie selbst ihre gute, eigene Bedeutung.

Es entsteht daher die Frage nach einem allgemeinen Prinzip, unter das sich die verschiedenen nebeneinander stehenden Arten der Geometrie gemeinsam unterbegreifen und in ihrer wechselseitigen Beziehung verstehen lassen. Hierauf eine Antwort zu geben, war die Absicht von *Kleins* Erlanger Programm.

Das gesuchte Prinzip liegt in der Gruppentheorie; neben der Gruppe aller linearen Transformationen werden noch andere Arten von Transformationsgruppen zu betrachten sein. Jede Gruppe hat ihre eigene Invariantentheorie. Es wird die Hauptaufgabe des Folgenden sein, über alle diese Gesichtspunkte Klarheit zu schaffen. Hier können sie nur erst ganz vorläufig berührt werden.

§ 41. W-Kurven von Klein und Lie.

Wir müssen nun noch einige weitere Ausführungen zur projektiven Geometrie hinzufügen, und zwar wollen wir unsere Aufmerksamkeit zunächst auf Gebilde mit einer stetigen Schar linearer Transformationen in sich lenken. Gerade diese Gebilde werden besondere Aufmerksamkeit verdienen. Der hierin angedeutete Gedanke liegt unausgesprochen schon manchen elementaren Betrachtungen zugrunde. Um gar nicht von der Kugel zu sprechen, so geht z. B. eine Drehfläche durch eine stetige Schar von Drehungen um ihre Achse in sich über. Etwas Entsprechendes gilt für die Schraubenflächen. Wegen dieser besonderen Eigenschaften zieht man diese Flächen immer als Beispiele in der gewöhnlichen Flächentheorie heran.

Ferner ist hier *die logarithmische Spirale* zu nennen. Es ist bekannt, daß außerordentlich viele Umformungen immer wieder zu logarithmischen Spiralen führen. Es sei nur an den Satz erinnert, daß die Evolute einer logarithmischen Spirale wieder eine logarithmische Spirale (und zwar eine zur ursprünglichen kongruente Spirale) ist, eine Eigenschaft, die *Jacob Bernoulli* zu dem Ausspruch veranlaßte: „iterum renata resurgo". Im übrigen erschien die Entdeckung dieser Eigenschaft so bemerkenswert, daß auf seinem Grabstein in Basel darauf hingewiesen wurde.

Wir können alle diese Eigenschaften an die linearen Transformationen anknüpfen, die die logarithmische Spirale in sich überführen. Wenn wir in der Ebene um den Anfangspunkt O eine Drehung ausführen und sogleich eine ihr „proportionale" Ähnlichkeitstransformation vom Punkte O aus hinzunehmen, die je nachdem eine Verkleinerung oder eine Vergrößerung darstellt, so werden wir als Bahn des einzelnen Punktes der Ebene eine logarithmische Spirale erhalten, die im ersten Fall sich zusammenzieht, im letzten Fall sich öffnet. Je nach dem Verhältnis der Drehung zur Verkleinerung oder Vergrößerung erhalten wir Spiralen von verschiedener Steilheit. In diesem Sinne stellt die logarithmische Spirale die Verbindung dar zwischen den Kreisen um O, die bei bloßer Drehung und den Strahlen durch O, die bei bloßer Ähnlichkeitstransformation als Bahnkurven entstehen. Die aus der Drehung und der gleichzeitigen Ähnlichkeitstransformation sich zusammensetzenden Kollineationen geben dann die „einfach unendlich vielen" Transformationen der logarithmischen Spirale in sich an. In der Existenz dieser unendlich vielen linearen Transformationen erblicken wir aber, wie schon angedeutet, den eigentlichen Grund für alle weiteren schönen Eigenschaften der logarithmischen Spirale.

Unser Augenmerk wenden wir nun wieder den Kegelschnitten und Flächen zweiten Grades zu. Der einzelne Kegelschnitt in der Ebene ist durch fünf Konstante bestimmt, andererseits enthalten die Kollineationen acht. Beachtet man, daß jede Kollineation einen regulären Kegelschnitt wieder in einen solchen, und zwar in einen beliebigen, überführt, so wird es demnach Kollineationen geben, die einen bestimmten Kegelschnitt in sich selbst überführen und sie werden von $8 - 5 = 3$ Konstanten abhängen. Entsprechend hängen im Raume die Flächen zweiter Ordnung von 9, die Kollineationen von 15 Konstanten ab. Demnach hängen die linearen Transformationen einer bestimmten (regulären) Fläche zweiter Ordnung in sich von sechs Konstanten ab.

Nehmen wir in gleicher Weise noch den linearen Komplex des Nullsystems hinzu, der fünf Konstanten enthält. Ein Nullsystem geht also durch Kollineationen in sich über, die noch von zehn Konstanten abhängen. Wenn wir die Anteilnahme, die ein Gebilde verdient, nach der Konstantenzahl seiner linearen Transformationen in sich abschätzen, was seine gute Berechtigung hat, so ist also das Nullsystem noch viel schöner als die Flächen zweiten Grades.

Wir hatten nun schon einmal (in § 30) von den W-Kurven gesprochen, die sich als Integralkurven eines (bilinearen) Konnexes (1, 1) darboten. Wir wollen, ohne alle Sonderfälle erschöpfend zu behandeln, nur den allgemeinen Fall noch näher ins Auge fassen. Die Gleichung der W-Kurven werde in bezug auf ein bestimmtes Koordinatendreieck gegeben durch:

$$x_1^a\, x_2^b\, x_3^c = \text{konst.}$$

mit der Bedingung $a + b + c = 0$. Diese Gleichung mögen wir geradezu als Definition an die Spitze stellen. (Im Raume sind entsprechend die W-Flächen[1]) durch die Gleichung $x_1^a\, x_2^b\, x_3^c\, x_4^d = \text{konst}$ mit der Bedingung $a + b + c + d = 0$ erklärt.) Nun sehen wir sofort: Setzen wir nun eine lineare Transformation, die die W-Kurven in sich überführen soll, versuchsweise in der Gestalt an:

$$\varrho x_1' = \lambda x_1, \quad \varrho x_2' = \mu x_2, \quad \varrho x_3' = \nu x_3,$$

dann geht $x_1'^a\, x_2'^b\, x_3'^c$ über in $(\lambda^a \mu^b \nu^c)\, x_1^a\, x_2^b\, x_3^c$ da der Exponent von ϱ wegen $a + b + c = 0$ zu Null wird. Dies ergibt sofort den Satz: *Unsere W-Kurven gehen durch alle Kollineationen* der genannten Form in sich über, die der Bedingung genügen: $\lambda^a \cdot \mu^b \nu^c = 1$. Hiermit ist dann eine einparametrige Schar solcher linearer Transformationen bestimmt, weil man unbeschadet der Allgemeinheit im geometrischen Sinne eine der Größen λ, μ, ν oder auch die Substitutionsdeterminante $\lambda\ \mu\ \nu$ gleich Eins nehmen kann.

Nun wollen wir vor allem einige besondere Arten der W-Kurven betrachten, nämlich die Kegelschnitte:

$$x_1 \cdot x_2 = C \cdot x_3^2 \qquad \text{oder} \qquad x_1 \cdot x_2 \cdot x_3^{-2} = C,$$

deren Koordinatendreieck ein Tangentendreieck ist (Abb. 61). Dann können wir auch leicht zeigen, daß die Kreise in demselben Sinne wie hier die allgemeinen Kegelschnitte zu den W-Kurven zu rechnen sind. Gehen wir aus von der Gleichung $x^2 + y^2 = r^2$, oder homogen geschrieben,

---

[1]) Die Bezeichnung W-Flächen wird auch in ganz anderem Sinne gebraucht, nämlich als Flächen mit einer Abhängigkeit der Hauptkrümmungen $f(\varrho, \varrho') = 0$. Während bei *Klein* und *Lie* das W an „Wurf“ erinnern soll, ist die erwähnte Flächenklasse nach *I. Weingarten* (1836—1910), einem bedeutenden Differentialgeometer benannt.

$x^2 + y^2 = r^2 t^2$, so können wir sie umformen in $(x + iy)(x - iy)t^{-2} = r^2$, und nun brauchen wir nur $x_1 = x + iy$, $x_2 = x - iy$, $x_3 = t$ zu setzen, um die Gleichungsform der W-Kurven zu erhalten. *Die Kreise ordnen sich daher in der Weise in die gerade betrachteten W-Kurven ein, daß man etwa die beiden absoluten Punkte* $(x + iy = 0, t = 0)$ und $(x - iy = 0,\ t = 0)$ *und den Mittelpunkt des Kreises* $x \pm iy = 0$ *als Ecken des Koordinatendreiecks wählt.*

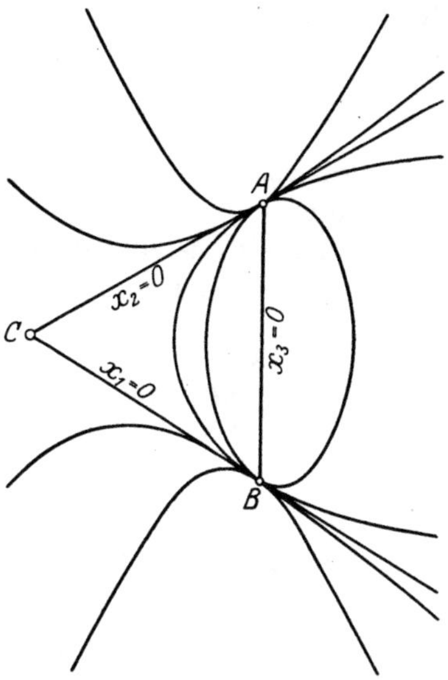

Abb. 61.

Nun gehen wir zur logarithmischen Spirale über; auch sie gehört hierher, wie jetzt nachgewiesen werden soll. Ihre Gleichung in Polarkoordinaten ist bekanntlich:

$$r = C \cdot e^{\varkappa\varphi} \qquad \text{oder} \qquad (x + iy)^{\frac{1}{2}}(x - iy)^{\frac{1}{2}} = Ce^{\varkappa\varphi}.$$

Da nun allgemein

$$x + iy = r \cdot e^{i\varphi} \qquad \text{und} \qquad x - iy = r \cdot e^{-i\varphi}$$

ist, so folgt

$$\frac{x + iy}{x - iy} = e^{2i\varphi} \qquad \text{oder} \qquad \left(\frac{x + iy}{x - iy}\right)^{-\frac{\varkappa i}{2}} = e^{\varkappa\varphi}.$$

Setzen wir das in unsere zweite Gleichung ein, so finden wir homogen geschrieben:

$$(x + iy)^{\frac{1+\varkappa i}{2}} \cdot (x - iy)^{\frac{1-\varkappa i}{2}} \cdot t^{-1} = C$$

oder für $x_1 = x + iy$, $x_2 = x - iy$, $x_3 = t$

$$x_1^{\frac{1+\varkappa i}{2}} \cdot x_2^{\frac{1-\varkappa i}{2}} \cdot x_3^{-1} = C,$$

d. h. die gewünschte Form der W-Kurven-Gleichung. *Auch die logarithmische Spirale ist also eine W-Kurve. Das zugrunde liegende Koordinatendreieck ist dasselbe, wie soeben beim Kreise. Nur haben die Exponenten* a, b, c *der Gleichungsform zum Teil komplexe Werte.*

Nun ist nur noch die Frage, wie der Name W-Kurve zu verstehen ist. Das W bezieht sich auf *Staudts* Bezeichnung des Doppelverhältnisses als „Wurf". *W-Kurve heißt soviel wie Doppelverhältniskurve, d. h. eine Kurve, die durch ein ausgezeichnetes Doppelverhältnis bestimmt ist.* Als solches ergibt sich das Doppelverhältnis der vier Punkte, das die drei Schnittpunkte jeder Tangente mit den Seiten des Koordinatendreiecks und der zugehörige Berührungspunkt miteinander bilden. Wir behaupten, dieses Doppelverhältnis hat längs jeder Kurve einen festen Wert, und umgekehrt kann die ganze Schar von W-Kurven

$$x_1^a x_2^b x_3^c = C,$$

zu der die vorgelegte gehört, durch dieses Doppelverhältnis gekennzeichnet werden.

Der Beweis dieses Satzes ist besonders einfach. Denken wir in der Abb. 62 das Koordinatendreieck ABC und ein Stück der vorliegenden W-Kurve gezeichnet. Konstruieren wir dann in einem beliebigen Punkte O der Kurve die Tangente, so schneidet diese auf den Seiten des Koordinatendreiecks die drei Punkte P, Q, R ab, die mit O in beliebiger Reihenfolge genommen ein Doppelverhältnis bilden. Wir wissen überdies, daß wir durch verschiedene Wahl der Reihenfolge der Punkte ($O\,P\,Q\,R$) sechs Werte des Doppelverhältnisses erhalten, die in bestimmter Weise zueinander in Beziehung stehen. Nun geht das Koordinatendreieck, sowie die W-Kurve, durch die Gesamtheit der gefundenen linearen Transformationen in sich über. Bei jeder einzelnen verschiebt sich daher der Punkt O und mithin dessen Tangente längs der Kurve, während die Punkte P, Q, R längs der Dreiecksseiten hinwandern, d. h. die Schnittpunkte der Tangente mit den Dreiecksseiten bleiben. Daraus aber folgt unmittelbar die behauptete Konstanz des Doppelverhältnisses.

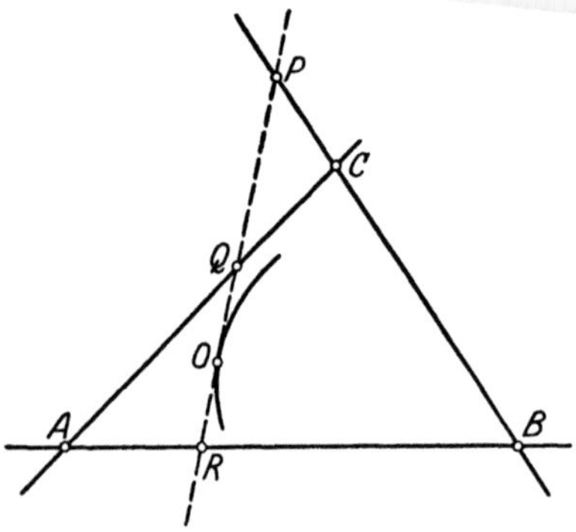

Abb. 62.

Doch läßt sich sein Wert einfach berechnen. Die Tangente der W-Kurve

$$f = x_1^a x_2^b x_3^c = \text{konst.}$$

im Punkte x_1^0, x_2^0, x_3^0 wird durch die Gleichung:

$$\left(\frac{\partial f}{\partial x_1}\right)_0 \cdot x_1 + \left(\frac{\partial f}{\partial x_2}\right)_0 \cdot x_2 + \left(\frac{\partial f}{\partial x_3}\right)_0 \cdot x_3 = 0$$

gegeben. Setzen wir für die Differentialquotienten ihre Werte ein, so ergibt sich nach einfacher Umformung die Gleichung:

$$\frac{a\,x_1}{x_1{}^0} + \frac{b\,x_2}{x_2{}^0} + \frac{c\,x_3}{x_3{}^0} = 0.$$

Nun wollen wir in einer kleinen Tafel die aus dieser Gleichung folgenden Koordinaten der Schnittpunkte P, Q, R sowie die des Punktes O eintragen:

	x_1	x_2	x_3
O	x_1^0	x_2^0	x_3^0
P	0	$c\,x_2^0$	$-b\,x_3^0$
Q	$-c\,x_1^0$	0	$a\,x_3^0$
R	$b\,x_1^0$	$-a\,x_2^0$	0

Hier erkennt man leicht, daß die Koordinaten der Punkte Q und R sich aus denen der Punkte O und P so zusammensetzen:

$$(Q) = -c\,(O) + (P),$$
$$(R) = \quad b\,(O) + (P),$$

wenn wir uns der Bedingung $a + b + c = 0$ erinnern. Die in Klammern geschriebenen Buchstaben sollen allemal die Koordinaten des betreffenden Punktes bezeichnen. Aus den letzten beiden Gleichungen folgt dann sofort für das Doppelverhältnis $(O\,P\,Q\,R)$ der konstante Wert

$$\lambda = -\frac{b}{c}.$$

Hätten wir die Punkte in anderer Reihenfolge genommen, so würden wir noch die fünf anderen Werte für ihr Doppelverhältnis haben:

$$-\frac{c}{b}, \quad -\frac{c}{a}, \quad -\frac{a}{c}, \quad -\frac{a}{b}, \quad -\frac{b}{a}.$$

Nun können wir aus dem Wert des Doppelverhältnisses noch den Wert der rationalen Invariante J berechnen, die durch die Formel:

$$J = \frac{4}{27}\,\frac{(\lambda^2 - \lambda + 1)^3}{\lambda^2\,(\lambda - 1)^2}$$

gegeben wird. Es ergibt sich, wenn wir für λ seinen Wert setzen, die symmetrische Form:

$$J = \frac{4}{27}\,\frac{(a\,b + b\,c + c\,a)^3}{a^2 \cdot b^2 \cdot c^2}.$$

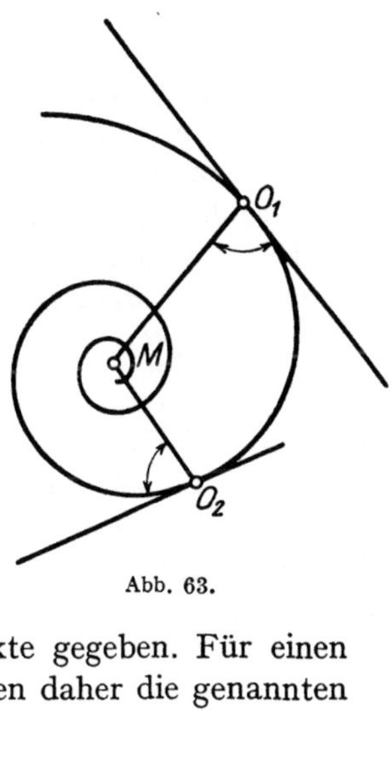

Abb. 63.

In derselben Weise wie soeben für das Doppelverhältnis der vier Punkte (O, P, Q, R) können wir auch den Beweis des folgenden dualen Satzes führen. *Die Tangente in einem beliebigen Punkte O einer W-Kurve bildet zusammen mit den drei Geraden, die von O nach den Ecken des Koordinatendreiecks laufen, wieder ein festes Doppelverhältnis.*

Von diesem Satze wollen wir die Anwendung auf die logarithmische Spirale machen. Die Ecken des zugehörigen Koordinatendreiecks werden in diesem Falle durch den Asymptotenpunkt M und die beiden absoluten Punkte gegeben. Für einen beliebigen Punkt O der Spirale (Abb. 63) werden daher die genannten

Geraden durch die Tangente, den Radius nach dem Punkte M, sowie die Strahlen nach den Kreispunkten gegeben. Nun wissen wir aber (§ 39), daß nach *Laguerre* das Doppelverhältnis dieser vier Geraden mit dem Winkel ω der ersten beiden in der Beziehung steht:

$$\omega = \frac{1}{2i} \log \text{Doppelverhältnis}.$$

Nun ist nach unserem Satze der Wert des Doppelverhältnisses fest, also ergibt sich das bekannte Ergebnis, *daß die logarithmische Spirale die vom Anfangspunkt auslaufenden Radien unter festem Winkel trifft.*

In dem genannten Aufsatz von *Klein* und *Lie* finden Sie noch eine ganze Reihe ähnlicher Sätze. Der Ausgangspunkt dieser Untersuchung sind dabei die Betrachtungen, die *Lie* vorher in den Göttinger Nachrichten vom Januar 1870 über einen besonderen Linienkomplex entwickelt hat. Was *Lie* hier an dem Raumgebilde entdeckt hat, ist von *Lie* und *Klein* zusammen dann auf die W-Kurven der Ebene und entsprechende Flächen des Raumes angewandt worden.

Der betreffende Linienkomplex führt den Namen „*tetraedaler Komplex*", unter dem er von *Reye* in seiner Geometrie der Lage besonders behandelt wird. *Unter einem tetraedalen Komplex versteht man den Linienkomplex, dessen sämtliche Geraden die Ebenen eines festen Tetraeder nach festen Doppelverhältnissen schneiden.* Er ist vom zweiten Grade und wird analytisch durch die einfache Gleichung gegeben:

$$a p_{12} p_{34} + b p_{13} p_{42} + c p_{14} p_{23} = 0,$$

wenn sein festes Tetraeder als Koordinatentetraeder eingeführt wird. Wir wollen uns erinnern, daß zugleich zwischen den p_{ik} die Abhängigkeit besteht:

$$p_{12} p_{34} + p_{13} p_{42} + p_{14} p_{23} = 0,$$

so daß man immer eines der Glieder der vorstehenden Gleichung fortschaffen kann. *Lie* hat nun diesen Komplex in neuer Weise untersucht, indem er davon ausging, daß er durch die von drei Parametern abhängigen Kollineationen in sich übergeht, die die Seitenflächen des Tetraeders in sich selbst überführen. Diese Kollineationen werden in den Gleichungen dargestellt:

$$\varrho x_1' = \lambda x_1, \quad \varrho x_2' = \mu x_2, \quad \varrho x_3' = \nu x_3, \quad \varrho x_4' = \sigma x_4.$$

In der Tat wird ja jede gerade Linie, die das Tetraeder unter einem Doppelverhältnis trifft, bei jeder einzelnen dieser Kollineationen immer in eine gerade Linie transformiert werden, die das Tetraeder unter demselben Doppelverhältnis trifft. *Lie* erzeugt geradezu den tetraedalen Komplex, indem er sich denkt, daß man auf eine gegebene Raumgerade die genannten Kollineationen anwendet. Von hieraus leitet *Lie* nun, wie ich in Kürze bemerken will, eine ganze Reihe geometrischer Operationen ab, bei denen der Komplex immer wieder erhalten bleibt.

Der angeführte Ausspruch „iterum renata resurgo“ gilt daher von manchen allgemeineren Gebilden als der logarithmischen Spirale, und für diese selbst in viel allgemeinerem Sinne als *J. Bernoulli* es wußte. Als ein Beispiel wollen wir einen interessanten Satz für diese Spirale anführen, der sich in der genannten Arbeit findet. Zeichnen wir zu einer logarithmischen Spirale irgendein rechtwinkliges Achsenkreuz durch den Anfangspunkt und zu ihm als Asymptotenpaar eine gleichseitige Hyperbel, die die Spirale berührt. Fassen wir dann die Gesamtheit der Polaren für alle Kurvenpunkte der Spirale in bezug auf die Hyperbel ins Auge, so werden wir nach ihrer Umhüllungskurve fragen können. Wir finden das Ergebnis, daß hierbei unsere logarithmische Spirale selbst hervorgeht. Anders ausgesprochen:

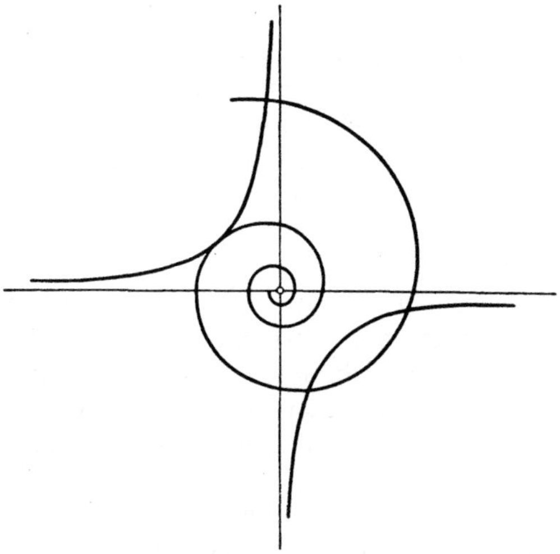

Abb. 64.

Die logarithmische Spirale ist ihre eigene reziproke Polare in bezug auf jede gleichseitige Hyperbel, die ihren Asymptotenpunkt als Mittelpunkt hat und von der sie berührt wird (Abb. 64).

§ 42. Projektive Differentialgeometrie.

Soviel über die *W*-Kurven und überhaupt über die Gebilde mit linearen Transformationen in sich. Wir gehen dazu über, das Verhältnis der projektiven Anschauungen zu einem anderen Gegenstand zu erläutern, nämlich zur *Differentialgeometrie.* Es ist von vornherein klar, daß die Auffassung der projektiven Geometrie ebensosehr in den Betrachtungen der Differentialgeometrie zur Geltung zu bringen ist, wie in der algebraischen Geometrie.

Sowie man allgemein zwischen projektiver Geometrie und Elementargeometrie unterscheidet, so kann man auch innerhalb der Differentialgeometrie eine projektive und eine elementare Auffassung auseinanderhalten.

Vermöge der projektiven Auffassung erscheinen die Maßverhältnisse dann hinterher als Beziehungen zum absoluten Kegelschnitt oder den absoluten Punkten der Ebene. Es ist nur das allgemeine Gesetz, an dem Althergebrachten mit einer gewissen Trägheit festzuhalten, demzufolge die hiermit bezeichnete Auffassung erst neuerdings in die

Lehrbücher und die Universitätsvorlesungen über Differentialgeometrie eindringt.

Betrachten wir etwa den Differentialausdruck des Krümmungsradius der ebenen Kurve $y = f(x)$, wie er durch die Formel:

$$\varrho = \frac{(1 + y'^2)^{\frac{3}{2}}}{y''}$$

in bekannter Weise gegeben wird. Wir wollen nun die projektive Auffassung insofern einführen, daß wir uns fragen, was das Verschwinden des Zählers oder des Nenners geometrisch bedeutet. Die Gleichung $y'' = 0$ besagt, daß ein Wendepunkt der Kurve vorliegt. Dies ist aber offenbar eine projektive Eigenschaft, d. h. eine Eigenschaft, die bei Kollineation der Ebene erhalten bleibt. Die Gleichung $1 + y'^2 = 0$ oder $y' = \pm i$ andererseits besagt, daß die Tangente des betreffenden Kurvenpunktes durch einen der absoluten Punkte geht. Sie bezeichnet also keine projektive Eigenschaft der Kurve an sich, sondern des von ihr und den absoluten Punkten gebildeten Systems.

Man sollte nun offenbar systematisch vorgehen, nämlich erstens alle Verbindungen der $y, y', \ldots$ bilden, die gleich Null gesetzt eine projektive Bedeutung haben, dann alle Verbindungen, die sich in entsprechendem Sinne auf das von der Kurve mit den absoluten Punkten gebildete System beziehen. *Alle Formeln der Differentialgeometrie müßten sich hernach aus den so gewonnenen Ausdrücken zusammensetzen lassen.*

Ersetzen wir bei der vorstehenden Formulierung die Gruppe der projektiven Umformungen durch irgendeine stetige Gruppe von Transformationen, so wird die Theorie, die wir fordern, keine andere sein, als die *allgemeine Theorie der Differentialinvarianten*, wie *Lie* sie entwickelt. Die besondere Theorie der projektiven Differentialinvarianten ist zuerst von *G. H. Halphen* in seiner Thése von 1878 zu entwickeln begonnen worden[1]).

Wir gehen nun näher auf die *projektiven Differentialinvarianten ein.* Indem wir der Einfachheit der Schreibweise wegen die aufeinanderfolgenden Differentialquotienten durch die Variable y mit unterem Index bezeichnen, genauer

$$y_k = \frac{1}{k!} \frac{d^k y}{d x^k}$$

setzen, werden wir diese Differentialinvarianten in der allgemeinen Form aufsuchen: $G(y, y_1, y_2, \ldots, y_n, x)$, d. h. als ganz rationale Funktion der Abhängigen und ihrer n ersten Ableitungen, sowie der Unabhängigen x. Ihre wesentliche Eigenschaft besteht, wie wir nochmals wiederholen wollen, darin, daß sie *bei beliebigen Kollineationen sich nur um einen Faktor ändern sollen.* Die Hauptaufgabe in dieser Untersuchung be-

[1]) Oeuvres de *G. H. Halphen*: Bd. 2, S. 197—253 (1918).

steht natürlich darin, alle projektiven Differentialinvarianten für steigende Werte von n aufzusuchen, d. h. alle die, aus denen sich die übrigen rational und ganz zusammensetzen. Diese Aufgabe bildet gerade den Inhalt der genannten Arbeit von *Halphen*, der in strenger Entwicklung die Invarianten bis zu dem Werte $n = 7$ aufstellt. Wir wollen, ohne auf die Beweise einzugehen, die von ihm gefundenen Ergebnisse in kurzem Bericht zusammenstellen.

Es zeigt sich, daß innerhalb der bezeichneten Grenze vier wesentliche Invarianten vorhanden sind, die wir der Reihe nach anführen wollen.

1. Die einfachste Differentialinvariante gibt der Ausdruck $U = y_2$. Gleich Null gesetzt liefert sie die Differentialgleichung der geraden Linie.

2. Die letzte Bemerkung führt uns sofort zu der nächsten Differentialinvariante, welche, gleich Null gesetzt, die Differentialgleichung der Kurven zweiter Ordnung darstellt. Die Gleichung eines Kegelschnitts können wir im allgemeinen auf die Form bringen

$$y = ax + b + \sqrt{A x^2 + 2Bx + C}$$

und daraus ist

$$y'' = \frac{AC - B^2}{(Ax^2 + 2Bx + C)^{3/2}},$$

also wird

$$\frac{d^3}{dx^3}\left\{y''^{-2/3}\right\} = 0$$

die Differentialgleichung der Kegelschnitte, die schon *Monge* (1810) ausgerechnet hat. Sie lautet in geordneter Form:

$$40\,y'''^3 - 45\,y''y'''\,y^{\mathrm{IV}} + 9\,y''^2 y^{\mathrm{V}} = 0$$

oder unter Verwendung der y_k

$$V = y_2^2 \cdot y_5 - 3y_2y_3y_4 + 2y_3^3 = 0.$$

Die linke Seite dieser Gleichung stellt also nach U die nächst höhere Differentialinvariante dar, die wir mit V bezeichnen wollen.

3. Weiter ergibt sich als dritte Invariante der Differentialausdruck siebenter Ordnung

$$\triangle = \begin{vmatrix} y_3 & y_4 & y_5 & y_6 & y_7 \\ y_2 & y_3 & y_4 & y_5 & y_6 \\ -y_2^2 & 0 & y_3^2 & 2\,y_3y_4 & 2\,y_3y_5 + y_4^2 \\ 0 & y_2^2 & 2\,y_2y_3 & 2\,y_2y_4 + y_3^2 & 2\,y_2y_5 + 2\,y_3y_4 \\ 0 & 0 & y_2^2 & 3\,y_2y_3 & 3\,y_3^2 + 3\,y_2y_4 \end{vmatrix},$$

4. und als vierte Invariante ein Ausdruck, der sich aus der vorhergehenden in der Form zusammensetzt:

$$H = \frac{256\,\triangle^3 - 27\,V^8}{U^4},$$

worin der Zähler sich durch den Nenner teilbar erweist.

Ferner wollen wir sogleich bemerken, *daß der Ausdruck* $\triangle^3 : V^8$ *die niedrigste absolute Invariante darstellt. Alle rationalen ganzen Differentialinvarianten bis zur siebenten Ordnung einschließlich* (d. h. solche, die keine höheren Differentialquotienten als den siebenten enthalten) *setzen sich nun aus diesen vier Invarianten* U, V, $\triangle$ *und* H *rational und ganz zusammen, alle rationalen absoluten Invarianten rational aus der einen* $\triangle^3 : V^8$.

Nun werden wir nach der geometrischen Bedeutung der vier Invarianten $U, V, \triangle, H$ zu fragen haben. Natürlich wird eine solche nur bei dem Nullsetzen der gegebenen Ausdrücke zu erwarten sein. Dabei werden wir durchgehend zwei Auffassungen nebeneinander halten müssen. Einmal werden wir betrachten, was es für eine bestimmt gegebene Kurve bedeutet, wenn einer ihrer Punkte die betreffende Differentialgleichung erfüllt; andererseits aber fragen, was es für Kurven sind, für deren *sämtliche* Punkte unsere Differentialinvarianten verschwinden. Beide Auffassungen hängen natürlich auf das engste zusammen.

Gehen wir nun die einzelnen Ausdrücke durch:

Zu 1. Wird die Gleichung $U = 0$ von einem einzelnen Punkte einer vorgegebenen Kurve befriedigt, so besagt das bekanntlich, daß dieser Punkt ein *Wendepunkt der Kurve ist,* d. h. daß drei aufeinanderfolgende Kurvenpunkte an dieser Stelle in gerader Linie liegen. Andererseits ist $U = 0$, wie wir bereits sagten, *die Differentialgleichung der geraden Linie* und drückt als solche aus, daß ihre sämtlichen Punkte Wendepunkte sind.

Zu 2. Die Gleichung $V = 0$ gibt entsprechend für eine beliebige Kurve die Bedingung, daß sechs aufeinanderfolgende Punkte der Kurve auf einem Kegelschnitt liegen; solche Punkte nennt man *sextaktische Punkte.* Eben deshalb ist $V = 0$ wie erwähnt zugleich die Differentialgleichung der Kegelschnitte. In entsprechender Weise führen uns nun die folgenden Invarianten $\triangle$, H zu den *W-Kurven* zurück, so daß wir so an die früheren Entwicklungen Anschluß finden.

Zu 3. $\triangle = 0$ ist nämlich die Differentialgleichung der W-Kurven deren Vertreter im projektiven Sinne eine logarithmische Spirale ist, die die Radien unter dem Winkel $\pi : 6$ schneidet. Ist dagegen wieder in einem einzelnen Punkte einer beliebigen Kurve $\triangle = 0$, so besagt dies, daß dort acht benachbarte Punkte auf einer logarithmischen Spirale der genannten Art liegen, da die Gleichung $\triangle = 0$ eine Differentialgleichung siebenter Ordnung ist.

Zu 4. Die Differentialgleichung $H = 0$ gibt uns die Kurven, die bei Zugrundelegung eines geeigneten Koordinatensystems durch

$$x_1 \cdot x_2^2 \cdot x_3^{-3} = C \quad \text{oder} \quad x_1 \cdot x_2^2 = C \cdot x_3^3$$

gegeben sind, d. h. wieder eine besondere Art von W-Kurven, die *Kurven dritter Ordnung mit Spitze.* Wenn in einem einzelnen Kurvenpunkt einer beliebigen Kurve die Gleichung $H = 0$ erfüllt ist, so liegen dort wieder acht aufeinanderfolgende Punkte auf einer Kurve der genannten Art.

Nun haben wir uns noch um die geometrische Bedeutung der *absoluten* Invariante $\triangle^3 : V^8$ zu kümmern. Dieselbe ergibt sich offenbar, wenn wir $\triangle^3 : V^8$ gleich einer beliebigen Konstante k setzen, und dementsprechend die Gleichung $\triangle^3 - kV^8 = 0$ anschreiben.

Diese Differentialgleichung siebenter Ordnung $\triangle^3 - kV^8 = 0$ *ergibt allgemein die W-Kurven, deren Doppelverhältnis* λ *zu dem Werte der Konstanten* k *durch die folgende Gleichung in Beziehung gesetzt wird*:

$$k = \frac{25 \cdot 27}{16 \cdot 343} \cdot \frac{(\lambda^2 - \lambda + 1)^2}{\{(\lambda - 2)(\lambda + 1)(2\lambda - 1)\}^2}.$$

Führen wir statt λ die absolute Invariante J oder die relativen Invarianten g_2 und g_3 ein, so gelten die Gleichungen:

$$J = \frac{64 \cdot 343\, k}{64 \cdot 343\, k - 25 \cdot 27}$$

und

$$\frac{g_2^3}{g_3^2} = \frac{64 \cdot 343}{25} \cdot k.$$

Gehen wir weiter zu Differentialinvarianten von höherer als der siebenten Ordnung, so führen uns die Differentialinvarianten achter Ordnung z. B. auf die Differentialgleichungen der Kurven dritter Ordnnng, die eine gegebene absolute Invariante haben. — Die näheren Entwicklungen müssen bei *Halphen* nachgesehen werden.

Man sieht aber schon aus diesem Bericht, wie verwickelt die Untersuchung *Halphens* sich gestaltet, was damit zusammenhängt, daß so unsymmetrisch gerechnet wird. Man kann diese Untersuchung aber schon dadurch viel durchsichtiger gestalten, daß man mit *E. Study* (Leipziger Berichte Bd. 53, 1905) eine „Integralinvariante", das Gegenstück zur Bogenlänge, einführt durch die Formel

$$ds = \frac{\sqrt[3]{V}}{U}\, dx.$$

Mittels dieses Parameters läßt sich zum Beispiel, wie *W. Wirtinger* (Wiener Monatshefte Bd. **34** S. 37—40, 1926) gezeigt hat, die Theorie der singularitätenfreien ebenen Kurven dritter Ordnung besonders schön gestalten.

Es ist hier der Ort, um einiges darüber zu sagen, wie sich in den letzten Jahrzehnten die „projektive Differentialgeometrie" weiterentwickelt hat. Der Fall von *Kurven*, der von *Halphen* ausschließlich betrachtet wurde, ist verhältnismäßig langweilig im Vergleich zur Untersuchung der *Flächen*, genau so wie das auch schon in der elementaren Differentialgeometrie der Fall ist.

Die erste gehaltvolle Arbeit über projektive Flächentheorie (und anderes) stammt von *G. Darboux* im Bulletin des sciences mathématiques (2) Bd. 4 (1880) I, S. 348—384. Später hat die projektive Flächentheorie meist unter Benutzung der Asymptotenlinien als Parameterkurven *E. J. Wilczynski* (geb. Hamburg 1876) mit seinen amerikanischen Schülern systematisch untersucht, vgl. etwa American Mathematical Society Transactions Bd. 8 (1907), Bd. 9 (1908) und Bd. 10 (1909).

Ein neuer Anstoß ging dann von dem Italiener *G. Fubini* (geb. Venedig 1879) auf diesem Gebiete aus, der vor allem die invarianten Differentialformen einführte und die Beschränkung auf besondere Parameter beseitigte. Man vergleiche etwa seine zusammenfassende Arbeit in den Rendiconti del Circolo di Palermo Bd. 43 (1919). An *Fubini* haben sich dann mehrere andere, besonders italienische Geometer angeschlossen und es ist jetzt ein Buch von *G. Fubini* und *E. Čech* im Druck, das eine zusammenfassende Darstellung dieses jungen Zweiges der Differentialgeometrie bringt (1. Bd. Bologna 1926). Es liegt auch hier immer die Gefahr nahe, daß die geometrischen Probleme schließlich von einem Gestrüpp von Formeln verdeckt werden und so ist es zu begrüßen, daß neuere italienische Untersuchungen, wie die von *E. Bompiani* (geb. Rom 1889), das Hauptgewicht auf die geometrische Anschaulichkeit legen. Man sehe insbesondere *Bompiani*s Vortrag über die Entwicklung der projektiven Flächentheorie, Seminario matematico Roma 1923—1924, (2), II. Eine der bedeutendsten Arbeiten über projektive Flächentheorie ist die von *E. Cartan*, Sur la déformation projective des surfaces, Annales l'école normale (3), Bd. **37**, S. 259—365 (1920). Von der Liniengeometrie aus hat *G. Thomsen* die projektive Flächentheorie aufgebaut, Abhandlungen, Hamburg, Bd. **4**, S. 232—266, (1925). Vgl. auch *E. Bompiani*, Accad. Lincei (6) 3 (1926).

Nahe verwandt mit der projektiven ist die *affine* Flächentheorie, die im zweiten Bande der Vorlesungen über Differentialgeometrie von *W. Blaschke*, Berlin 1923, in dieser Sammlung behandelt ist.

Wir wenden uns nun zu einer neuen Seite der projektiven Geometrie, *zu der Lehre von den imaginären Elementen.*

§ 43. Imaginärtheorie der konfokalen Kegelschnitte.

Wir haben bisher schon gelegentlich vom Imaginären gehandelt, in der unbefangenen Weise, daß wir z. B. imaginäre Punkte, Geraden usw. schlechtweg behandelten, als wenn sie reelle Punkte oder Gerade wären, ohne uns über ihre geometrische Bedeutung irgendwelche Skrupel zu machen. Gerade diese naive Art ist für die projektive Auffassung der metrischen Geometrie sehr nützlich. Wir wollen dies hier zunächst durch ein Beispiel belegen. Wir wählen als solches die Lehre von den konfokalen Kegelschnitten. Sie wurden früher von uns durch die Gleichung eingeführt:

$$\frac{x^2}{a_1 - \lambda} + \frac{y^2}{a_2 - \lambda} = 1 .$$

Wir wollen sie hier zunächst in Linienkoordinaten u, v umsetzen, die wir in der üblichen Weise einführen, daß die Bedingung der vereinigten Lage von Punkt und Linie durch

$$ux + vy + 1 = 0$$

gegeben ist. Indem wir in bekannter Weise die Gleichung der Tangente des Kegelschnitts benutzen, finden wir

$$(a_1 - \lambda)\, u^2 + (a_2 - \lambda)\, v^2 = 1,$$

oder indem wir nach λ ordnen:

$$(a_1 u^2 + a_2 v^2 - 1) - \lambda \cdot (u^2 + v^2) = 0.$$

Wir haben nun schon öfter eine ähnliche Gestalt einer Gleichung in Punktkoordinaten gehabt, etwa $\varphi_2 - \lambda \psi_2 = 0$ und diese geometrisch als ein *Büschel* aller der Kurven zweiten Grades gedeutet, die durch die vier Schnittpunkte von $\varphi_2 = 0$ und $\psi_2 = 0$ hindurchgehen. Ebenso reden wir hier von einer *linearen Schar von Kurven zweiter Klasse.* Da die Kurven

$$a_1 u^2 + a_2 v^2 - 1 = 0 \qquad \text{und} \qquad u^2 + v^2 = 0$$

vier Tangenten gemeinsam haben, wird sich die Schar geometrisch bestimmen lassen als die Gesamtheit aller der Kegelschnitte, die jene vier Tangenten gleichfalls berühren. *Wir schließen daher hieraus, daß alle Kegelschnitte der konfokalen Schar vier gemeinsame Tangenten besitzen, d. h. einem gemeinsamen Vierseit einbeschrieben sind.*

Natürlich zeigt die unmittelbare Anschauung, daß diese vier Tangenten keineswegs reell sind, womit wir dann eben in das Gebiet des Imaginären kommen. Wir werden etwas Bestimmteres aussagen, wenn wir uns die zweite Kurve $u^2 + v^2 = 0$ näher betrachten. Diese stellt uns einfach das System der beiden absoluten Punkte dar, das daher eine ausgeartete Kurve unter den konfokalen C_2 bildet. *Das genannte Vierseit besteht daher aus den vier imaginären Tangenten, die man von den beiden absoluten Punkten aus an irgendeine Kurve der Schar legen kann.*

Um uns nun eine nähere Vorstellung zu bilden, wollen wir uns zunächst einmal klarmachen, wie das System der Kegelschnitte beschaffen ist, die vier reelle gerade Linien berühren (Abb. 65), um dann von hier aus die Ergebnisse auf das Imaginäre zu übertragen.

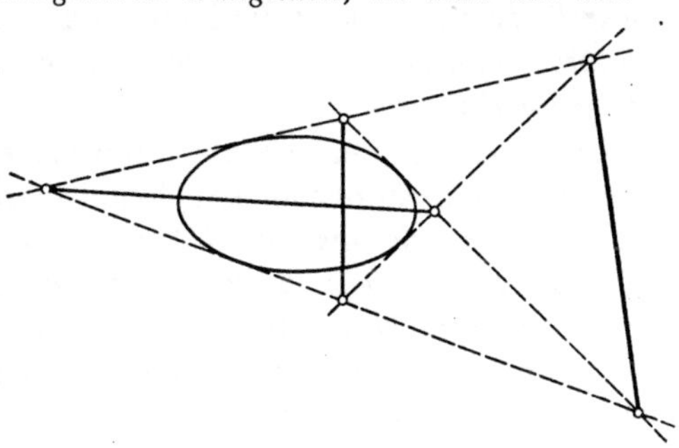

Abb. 65.

Insbesondere finden wir in der linearen Schar der Kurven zweiter Klasse, die vier gegebene gerade Linien berühren, drei ausgezeichnete

Kurven, die in Punktepaare ausarten. Ihre Verbindungslinien AA', BB', CC', die die Grenzlagen von Ellipsen angeben, sind in der Abbildung ausgezogen. Es ist leicht, diesen Satz aus unserer Gleichungsform

$$(a_1 u^2 + a_2 v^2 - 1) - \lambda (u^2 + v^2) = 0$$

abzulesen. Wir erhalten nämlich für $\lambda = \infty$ die Gleichung:

$$u^2 + v^2 = 0,$$

d. h. die beiden absoluten Punkte. Für $\lambda = a_2$ die Gleichung:

$$(a_1 - a_2) u^2 - 1 = 0.$$

d. h. zwei auf der x-Achse gelegene reelle Punkte ($a_1 > a_2$ angenommen), die sich als die „*Brennpunkte*" der Kurven zweiten Grades erweisen. Für $\lambda = a_1$ die Gleichung:

$$(a_2 - a_1) v^2 - 1 = 0,$$

d. h. zwei imaginäre Brennpunkte auf der y-Achse. Von diesen spricht man gewöhnlich nicht, eben weil sie imaginär sind.

Wir können nun dieses Ergebnis, soweit es unsere konfokale Kegelschnittschar betrifft, geometrisch noch etwas weiter führen, indem wir von den absoluten Punkten die beiden Paare gemeinsamer Tangenten, die natürlich nicht reell sind, gezogen denken. Man beachte, daß diese zu je zweien konjugiert imaginär sind. Daher müssen zwei reelle Schnittpunkte vorhanden sein, die uns die reellen Brennpunkte liefern, während andererseits das Zusammenfassen der nicht zueinander konjugierten imaginären Tangenten zu zwei weiteren imaginären Schnittpunkten führt. Insbesondere werden wir uns die hierin liegende projektive Auffassung der Brennpunkte merken, die wir bisher aus der Elementargeometrie übernommen hatten. *Als Brennpunkte eines Kegelschnitts bezeichnet man die beiden reellen Punkte, in denen sich die imaginären Tangenten treffen, die man von den absoluten Punkten an den Kegelschnitt legen kann.*

Von unserem neuen Standpunkt aus können wir nun auch leicht zeigen, daß die konfokalen Kegelschnitte ein *orthogonales Kurvennetz* bilden. *Denken wir uns zunächst von einem beliebigen Punkte P aus an alle Kegelschnitte mit vier gemeinsamen Tangenten, d. h. an die Kegelschnitte einer linearen Schar, die Tangentenpaare gelegt, so bilden diese ein involutorisches Strahlenbüschel.* Es ist dies nicht schwer nachzuweisen, doch wollen wir nicht auf den Beweis näher eingehen. Zur Erklärung sei nur bemerkt, daß das kennzeichnende Merkmal einer Involution darin liegt, daß die beiden Strahlen jedes Paares harmonisch liegen zu zwei festen Richtungen, den Doppelelementen, die ihrerseits reell oder konjugiert imaginär sein können. Betrachten wir nun in diesem

Sinne unser konfokales System, wie es die Abb. **66** wiedergeben möge. Die von einem beliebigen Punkte gezogenen Strahlenpaare **11′**, **22′**, **33′** usw. liegen dann harmonisch zu den Tangenten, die man im Punkte P an die hindurchgehende Ellipse und Hyperbel konstruieren kann, da diese die Doppelstrahlen der Involution darstellen werden. Nun sind unter den Kegelschnitten des Systems, wie wir früher bemerkt haben, auch das Paar der absoluten Punkte enthalten. Wir können daher insbesondere auch von P die beiden Tangenten nach diesen

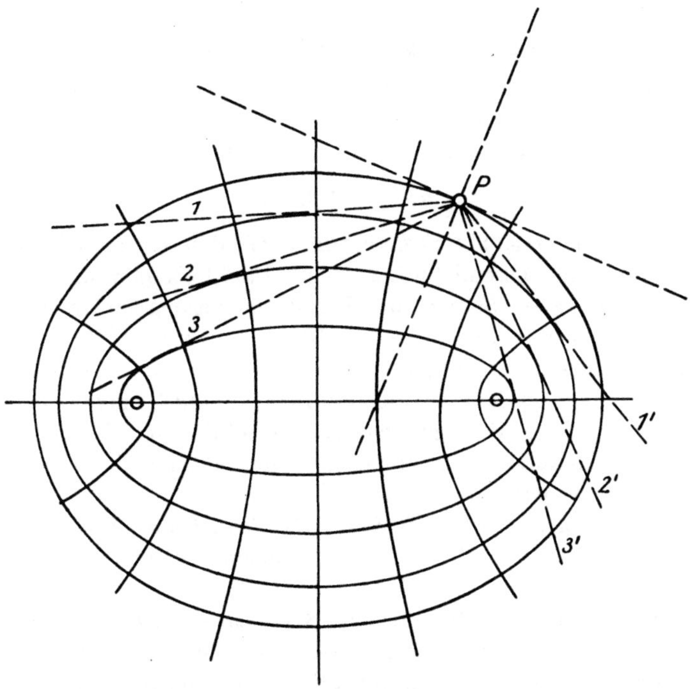

Abb. 66.

gezogen denken, und da diese zu den beiden festen Richtungen harmonisch liegen müssen, so stehen die festen Richtungen aufeinander senkrecht, was zu beweisen war. Es ist das derselbe Gedanke, den wir früher (§ 7) bei der Fadenkonstruktion von *Graves* schon angedeutet hatten.

Wir können bei diesen Einzelheiten, die in der Hauptsache bereits von *Poncelet* entwickelt sind, nicht länger verweilen. Die Berechtigung der hier im Beispiel gegebenen Behandlung des Imaginären liegt darin, *daß alle unsere Konstruktionen eine algebraische Bedeutung haben, und diese ganz unabhängig davon gilt, ob wir es mit reellen oder komplexen Werten der Veränderlichen zu tun haben.*

Eine vollständige reell-geometrische Deutung dieser Konstruktionen ist dann in höchst interessanter Weise von *Staudt* gegeben worden in seinen

„*Beiträgen zur Geometrie der Lage*" 1856—1860[1]). Doch wollen wir nicht näher darauf eingehen, zumal sie in *Kleins* Vorlesungen über nichteuklidische Geometrie ausführlich behandelt ist. Wir bemerken indessen: so wichtig die Theorie ist, so umständlich und schwerfällig ist sie in ihrer Anwendung und gerade die Leichtigkeit, mit der man vom analytischen Standpunkt aus vorgeht, und auf die wir besonderen Wert legen, geht dabei völlig verloren. Wir werden darum in der Folge auch nicht weiter auf sie zurückkommen.

§ 44. Imaginäre Kollineationen.

Wir wollen nun nach einer allgemeineren Richtung hin das Auftreten des Imaginären in der projektiven Geometrie verfolgen. Die allgemeine Beziehung der *Kollineation*, die sich in der Gleichung

$$\varrho x_i' = \sum a_{ik} x_k$$

ausdrückt, ordnet jedem Punkte x einen andern Punkt x' zu, jedoch haben wir uns bisher fast ausschließlich auf reelle Punkte beschränkt. Wir werden jetzt nach zwei Seiten eine Verallgemeinerung eintreten lassen. *Zunächst werden wir auch komplexe Werte von x und x' in Betracht ziehen.* Für diese Ausdehnung der linearen Transformationen bleibt die Bezeichnung als Kollineation selbstverständlich unverändert gültig, denn der Satz, daß geraden Linien wieder gerade Linien entsprechen, behält auch im Komplexen seine Geltung, da er eine algebraische Aussage enthält.

Weiter erteilen wir jedoch auch den Koeffizienten a_{ik} komplexe Werte Mit diesem Schritt wird es im allgemeinen eintreten, daß reellen x komplexe x' entsprechen und umgekehrt. Doch ändert auch dies den Charakter der Transformation als einer Kollineation nicht, wie man leicht überlegt. Nun haben wir früher gelernt, auf Grund der *Möbius*schen Netzkonstruktion, daß jede Kollineation eine lineare Transformation sei und umgekehrt. Das ist jedoch nicht mehr richtig.

Neben die gewöhnliche Kollineation stellt sich nämlich eine zweite Art von Transformation

$$\varrho x_i' = \sum a_{ik} \overline{x}_k,$$

wo $\overline{x}_k$ den zu x_k konjugierten Wert bezeichnet. Diese „Antikollineationen" (*C. Segre*) sind vielfach übersehen worden. Während bei der gewöhnlichen Kollineation alle Doppelverhältnisse von vier kollinearen Punkten, d. h. auch die komplexen Doppelverhältnisse, völlig ungeändert blieben, gehen hier die Doppelverhältnisse in ihre *konjugiert imaginären Werte über.* Bei

[1]) Neuere derartige reelle Darstellungen imaginärer Gebilde findet man behandelt bei *E. Study*: Ebene analytische Kurven und zu ihnen gehörige Abbildungen, Leipzig 1911 und *J. L. Coolidge*: The geometry of the complex domain, Oxford 1924.

Beschränkung auf reelle Werte ist natürlich gegen früher nichts geändert. Das einfachste Beispiel dieser neuen Transformation gibt das „*Konjugium*", die Ersetzung jedes Raumpunktes durch seinen konjugiert imaginären, wie sie durch die Formeln dargestellt wird:

$$\varrho x_1' = \bar{x}_1, \quad \varrho x_2' = \bar{x}_2, \quad \varrho x_3' = \bar{x}_3, \quad \varrho x_4' = \bar{x}_4.$$

Was gewinnen wir nun, wenn wir die genannten Begriffserweiterungen einführen, für die projektive Geometrie und die Invariantentheorie? Es werden vor allem verschiedene Gebilde linear verwandt werden, die es bisher nicht waren. Nach unseren bisherigen Begriffen haben wir z. B. zwei wesentlich verschiedene nicht zerfallende Arten von Kegelschnitten unterschieden, die *einteiligen* C_2 (Ellipse, Hyperbel, Parabel), gegeben durch die Gleichung $x_1^2 + x_2^2 - x_3^2 = 0$ (bezogen auf ein reelles Koordinatensystem!), und die *nullteiligen* C_2 gegeben durch die Gleichung $x_1^2 + x_2^2 + x_3^2 = 0$. Diese lassen sich nun in einfachster Weise durch imaginäre Kollineationen, z. B. wenn wir $\varrho x_1' = x_1$, $\varrho x'_2 = x_2$, $\varrho x_3' = i x_3$ setzen, ineinander überführen ($i^2 = -1$). Das genau entsprechende Verhalten zeigen die Flächen zweiten Grades, die wir bisher einzuteilen gewohnt sind in

nullteilige F_2: $\qquad x_1^2 + x_2^2 + x_3^2 + x_4^2 = 0$

ovale F_2: $\qquad x_1^2 + x_2^2 + x_3^2 - x_4^2 = 0,$

d. h. Ellipsoid, zweischaliges Hyperboloid, elliptisches Paraboloid und endlich

ringförmige (= geradlinige) F_2: $\quad x_1^2 + x_2^2 - x_3^2 - x_4^2 = 0,$

d. h. einschaliges Hyperboloid, hyperbolisches Paraboloid. Vom Standpunkt der imaginären Kollineation aus verschwinden wieder die Unterschiede dieser Flächentypen.

Indem wir noch allgemeiner vorgehen wollen, können wir die Frage aufwerfen nach Einteilung der quadratischen Formen für n homogene Veränderliche vom Standpunkt einerseits der allgemeinen linearen Transformationen, andererseits der reellen linearen Transformationen. Es sei allgemein die Form gegeben:

$$\sum a_{ik} x_i x_k.$$

Wir unterscheiden dann zunächst solche Formen, für die die Determinante D der Koeffizienten von Null verschieden ist und solche, für die sie verschwindet. Letztere teilen wir nach dem Rang der Koeffizientenmatrix weiter ein, d. h. je nachdem nicht sämtliche ersten Unterdeterminanten D_{ik} oder alle verschwinden, weiter ob im letzten Falle nicht sämtliche zweiten Unterdeterminanten D_{iklm} verschwinden oder doch usf. Diese Einteilung möge in Kürze das folgende Schema wiedergeben.

Es sei:

$$\begin{array}{lll} 0.) & D \neq 0; & \\ 1.) & D = 0, & D_{ik} \neq 0; \\ 2.) & D_{ik} = 0, & D_{iklm} \neq 0; \\ 3.) & D_{iklm} = 0, & \text{usf.} \end{array}$$

Alle Formen derselben Art sind miteinander linear verwandt. Insbesondere zeigt es sich, daß man die quadratische Form in allen Fällen auf eine Summe von Quadraten zurückführen kann.

Die verschiedenen Arten kennzeichnen sich dabei in der Weise, daß wir als kanonische Typen im Falle 0.) eine Summe von n Quadraten, im Falle 1.) von n — 1 Quadraten, im Falle 2.) von n — 2 Quadraten usw. bekommen, also r Quadrate, wenn r der Rang der Matrix ist.

Stellen wir uns jetzt aber auf den engeren Standpunkt der reellen linearen Transformationen, so greifen alle die Unterscheidungen Platz, die mit dem Trägheitsgesetz der quadratischen Formen zusammenhängen, d. h. wir unterscheiden im Falle 0.) je nach der Wahl der Vorzeichen $(n + 1)$ Unterarten

$$\sum_1^n \pm x_i^2,$$

entsprechend im Falle 1.) n Unterarten, im Falle 2.) $(n - 1)$ Unterarten usf. Dies ist die ganze in Betracht kommende Einteilung.

Wenn man systematische Geometrie im komplexen Gebiet treibt, kann man neben den quadratischen Formen auch *Hermite*sche einführen, also Gebilde von der Form

$$\Sigma a_{ik} x_i \bar{x}_k = 0, \qquad a_{ik} = \bar{a}_{ki},$$

wobei der Querstrich den Übergang zu konjugiert komplexen Werten andeutet. Wie *Cayley* die quadratischen Formen zur Einführung der „Metrik" benutzt hat, so kann man mittels der *Hermite*schen Formen zu neuen Arten „nicht-Euklidischer" Geometrie gelangen. Vgl. *C. Segre*: Un nuovo campo di ricerche geometriche, Atti di Torino Bd. **26**, S. 40 (1890); *G. Fubini*: Sulle metriche definite da una forma Hermitiana, Istituto Veneto Bd. **63**, 2, 1904 und *E. Study*: Kürzeste Wege im komplexen Gebiet, Mathem. Annalen Bd. **60**, S. 321—378 (1905). Vgl. auch das am Ende von § 43 genannte Buch von *Coolidge*.

§ 45. Stereographische Projektion.

Den besonderen Fall der Flächen zweiten Grades wollen wir nun nach seiner geometrischen Seite hin weiter verfolgen, *indem wir das einschalige Hyperboloid und die Kugel nebeneinander stellen.* Da wir wissen, daß beide Flächen, allerdings nur durch imaginäre Kollineation, ineinander übergeführt werden können, so werden wir auch alle projektiven Sätze, die wir von der einen Fläche erkannt haben, auf die andere übertragen können. Betrachten wir nun das einschalige Hyperboloid genauer, indem wir es von einem beliebigen Punkte O auf ihm auf eine „Grundebene" projiziert denken.

Man bezeichnet diese Beziehung von alters her als *stereographische Projektion.*

Durch den Punkt O gehen zwei Erzeugende des Hyperboloids, eine der einen und eine der anderen Art; sie mögen die Ebene in den Punkten O' und O'' durchstoßen, deren Verbindungslinie mit der Spur der Tangentenebene in O auf der Grundebene zusammenfällt. Es gelten dann die folgenden Beziehungen (Abb. 67): Den Punkten O' und O'', die wir die *Grundpunkte* nennen, entsprechen auf dem Hyperboloid die sämtlichen Punkte der beiden Erzeugenden, die durch O laufen. Andererseits entsprechen dem Punkte O selbst unendlich viele Punkte der Ebene, nämlich alle Punkte der Verbindungslinie $O'O''$. *Sonst aber ist die Beziehung zwischen den Punkten des Hyperboloids und der Ebene ein-eindeutig.*

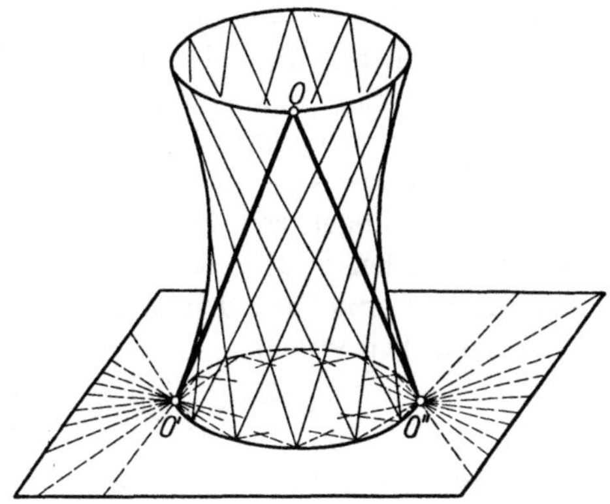

Abb. 67.

Alle nicht durch O laufenden Erzeugenden erster Art projizieren sich als Strahlenbüschel durch O'', alle nicht durch O laufenden Erzeugenden der zweiten Art als Strahlenbüschel durch O'. Da ein beliebiger ebener Schnitt auch die beiden Erzeugenden durch O trifft, projiziert er sich in der Ebene als Kegelschnitt durch O' und O''.

Diese Bemerkungen über die stereographische Projektion des Hyperboloids wollen wir nun auf die Kugel übertragen, wobei natürlich manches imaginär wird, was dort reell war. Zunächst wird auch die Kugel zwei Scharen gerader Linien tragen, die konjugiert imaginär sind. Konstruiert man in einem beliebigen Punkte O der Kugel eine Tangentenebene, so schneidet diese zwei konjugiert imaginäre Erzeugende der Kugel aus, eine Erzeugende der ersten Art und eine Erzeugende der zweiten Art. Da die Tangentenebene auch den zu der Kugel gehörigen absoluten Kegelschnitt in zwei Punkten trifft, so müssen die genannten Erzeugenden diesen Kegelschnitt schneiden. Gerade Linien dieser letzten Eigenschaft nennen wir nun *isotrop*. *Lie* nennt sie „Minimalgeraden".

Wir können daher unsere bisherige Überlegung in dem Satze zusammenfassen: *Die geradlinigen Erzeugenden der Kugel sind isotrop.*

Wir wollen hier eine kleine *Betrachtung über die isotropen Geraden* einschalten. Wir stellen, wie leicht zu sehen, alle durch den Anfangspunkt laufenden isotropen Geraden dar in der Gleichung

$$x:y:z = \lambda:\mu:\nu,$$

indem wir zugleich

$$\lambda^2 + \mu^2 + \nu^2 = 0$$

nehmen. Diese Geraden haben einige merkwürdige, im Vergleich zu dem Verhalten reeller Geraden paradoxe Eigenschaften. Da zunächst stets $x^2 + y^2 + z^2 = 0$ ist, so folgt, daß die Entfernung zweier beliebiger eigentlicher Punkte einer isotropen Geraden voneinander gleich Null ist. Ferner pflegt man gewöhnlich zu sagen, jede isotrope Gerade steht auf sich selbst senkrecht. Doch ist dies nicht ganz stichhaltig. Zwar wird die Bedingung $xx' + yy' + zz' = 0$, die wir für das Senkrechtstehen zweier Richtungen vom Nullpunkt aus erhalten, von der einzelnen isotropen Geraden erfüllt, da $x^2 + y^2 + z^2 = 0$ ist. Doch wenn wir die allgemeine Formel für den Winkel zwischen zwei Strahlen durch den Nullpunkt betrachten

$$\cos\vartheta = \frac{xx' + yy' + zz'}{\sqrt{(x^2 + y^2 + z^2)(x'^2 + y'^2 + z'^2)}},$$

so erhalten wir, indem wir die beiden Strahlen mit einer isotropen Geraden zusammenfallen lassen,

$$\frac{x^2 + y^2 + z^2}{x^2 + y^2 + z^2} = \frac{0}{0}.$$

Wir werden daher richtiger sagen, nicht; jede isotrope Gerade steht auf sich selbst senkrecht, sondern sie schließt mit sich selbst einen unbestimmten Winkel ein. Jedenfalls ein überraschendes Ergebnis.

Ebenso können wir feststellen: *Ein eigentlicher Punkt einer isotropen Geraden hat von ihrem uneigentlichen Punkt eine unbestimmte Entfernung.* Hier zeigt sich ein gewisser Vorteil der Benennung „uneigentlich" gegenüber „unendlich fern". Der „absolute Kegelschnitt" ist weder unendlich fern noch (im üblichen Sinn) ein Kreis. Deshalb vermeiden wir die Benennung „unendlich ferner Kugelkreis".

Wir gehen nun zu der in Angriff genommenen stereographischen Projektion zurück, indem wir die Ergebnisse weiter auf die Kugel übertragen. Wir wollen hier die Grundebene insbesondere so wählen, daß sie zur Tangentenebene der Kugel im Punkt O parallel läuft (Abb. 68). *Bei dieser Anordnung fallen die Grundpunkte O' und O'' der Abbildung als Schnitte der erzeugenden isotropen Geraden durch O in die beiden absoluten Punkte der Bildebene.* Ferner verwandeln sich die isotropen geradlinigen Erzeugenden der Kugel in die beiden Büschel isotroper Geraden, die in der Grundebene liegen.

Nun sind für diese stereographische Projektion der Kugel schon vom Altertum her (*Ptolemäus* und die Geographen von Alexandria) zwei

Sätze bekannt, *daß nämlich jeder Kreis der Kugel in einen Kreis der Ebene übergeht und zudem die Abbildung konform (winkeltreu) ist.* Wir erhalten die Sätze von unserem Standpunkte aus folgendermaßen: Jeder ebene Schnitt der Kugel muß ein Kreis werden, weil er nach unserem entsprechenden Satze beim Hyperboloid einen Kegelschnitt geben wird, der die Punkte O' und O'' enthält. Was den zweiten Satz betrifft, so erklären wir mit *Laguerre* den Winkel zweier Richtungen auf der Kugel als

$$\frac{1}{2i} \cdot \log DV,$$

wo DV das Doppelverhältnis der Richtungen mit den zugehörigen auf der Kugel vom Scheitel des Winkels auslaufenden isotropen Geraden

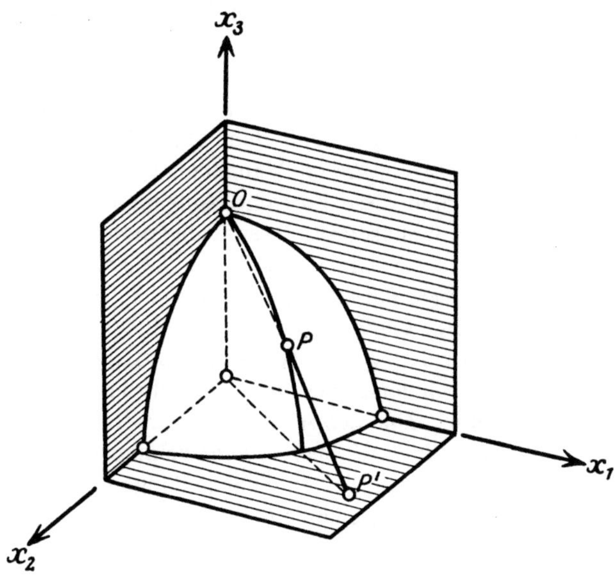

Abb. 68.

darstellt. Nun aber überträgt sich dieses Doppelverhältnis ungeändert auf die vier entsprechenden Richtungen in der Grundebene. Von denen sind zwei Gerade wieder isotrope in der Ebene, so daß wir zur Berechnung des entsprechenden Winkels in der Ebene den mit $1:2i$ multiplizierten Logarithmus desselben Doppelverhältnisses zu nehmen haben.

Hier haben wir ein Beispiel gegeben, wie die Schlußweise, die sich auf Anwendung komplexer Kollineationen stützt, manche Sätze direkt aus der Anschauung abzulesen gestattet, die in anderer Weise einige Rechnung oder besondere Überlegung erfordert. Da die Sätze hier ganz selbstverständlich herauskommen, hat die Methode für den, der zum ersten Male von ihr Kenntnis nimmt, etwas Geheimnisvolles; sie öffnet sozusagen den Blick hinter den Schleier, der uns sonst den inneren Zusammenhang der Dinge verbirgt.

§ 46. Isotrope Kurven und winkeltreue Abbildung von Flächen.

Wir müssen jetzt zunächst von dem allgemeinen Begriff der *isotropen Kurven* oder, wie man nach *Lie* auch sagt, der *Minimalkurven* sprechen. So bezeichnen wir allgemein die Kurven, deren Bogendifferential $dx^2 + dy^2 + dz^2$ (in rechtwinkligen Koordinaten) verschwindet. Dies aber besagt geometrisch, *daß die Tangenten der Kurve den absoluten Kegelschnitt treffen*, daß dieser also auf der Tangentenfläche der Kurve liegt. Die Bogenlänge einer solchen isotropen Kurve ist ihrer Erklärung gemäß natürlich gleich Null. Da ferner die Schmiegebene zwei benachbarte Tangenten der Kurve enthält, wird sie zugleich stets eine Tangentenebene des absoluten Kegelschnitts sein. Das einfachste Beispiel der isotropen Kurven bilden die *isotropen Geraden*, bei denen der Begriff „Schmiegebene" versagt.

Es sei nun eine beliebige (vielleicht reelle) Fläche gegeben. In einer jeden ihrer Tangentenebenen werden wir vom Berührungspunkt aus zwei Fortschreitungsrichtungen auf den absoluten Kegelschnitt zu, sagen wir zwei *„isotrope Richtungen"* angeben können. Indem wir in jeder weitergehen, werden diese Fortschreitungsrichtungen sich zu bestimmten Kurven zusammensetzen, deren Tangenten stets isotrop sind. *Eine Fläche ist daher im allgemeinen von zwei Scharen isotroper Kurven überdeckt, die durch Integration einer Differentialgleichung erster Ordnung zweiten Grades gefunden werden müssen.*

Ein Beispiel solcher Kurvenscharen geben uns die geradlinigen Erzeugenden der Kugel, von denen wir zuletzt ausführlich gehandelt haben.

Wir behaupten nun: *Die isotropen Kurven auf einer Fläche bilden eine besondere Art geodätischer Linien.* Die gewöhnliche Erklärung einer geodätischen Linie, nach welcher ihre Bogenlänge ein Extremum ist, wie es sich in der Bedingungsgleichung

$$\delta \int ds = 0$$

ausdrückt, können wir hier nicht ohne weiteres heranziehen. Denn sie hat offenbar nur im Reellen Bedeutung, da man im Imaginären erst die Begriffe Maximum und Minimum festlegen müßte. Somit müssen wir auf die Differentialgleichung der geodätischen Linien zurückgehen, oder auf den Satz, nach dem eine geodätische Linie dadurch bestimmt ist, daß ihre Schmiegebenen Normalebenen der Fläche sind.

Um dies durchzuführen, merken wir uns vorerst die *projektive Erklärung dafür, daß zwei Ebenen im Raume aufeinander senkrecht stehen.* Indem wir die Spuren auf der uneigentlichen Ebene in Betracht ziehen, finden wir die Beziehung: *Zwei Ebenen nennen wir aufeinander senkrecht, wenn die genannten Spuren zum absoluten Kegelschnitt konjugiert sind, d. h. wenn die eine Spur durch den Pol der anderen läuft.*

Nun wollen wir uns überzeugen, daß dies in der Tat für die Schmiegebene und die Tangentenebene im zugehörigen Flächenpunkte stimmt.

Die Schnittgerade der beiden Ebenen wird offenbar isotrop sein, d. h. den absoluten Kegelschnitt treffen. Da nun dieser nach dem Früheren von der Schmiegebene eben im Treffpunkte berührt wird, so sind die Spuren beider Ebenen in der uneigentlichen Ebene wirklich in bezug auf den absoluten Kegelschnitt konjugiert, d. h. die beiden Ebenen stehen aufeinander senkrecht. Damit ist unser Beweis geführt. Man nehme als Beispiel unsere früheren Entwicklungen über die geodätischen Linien der Flächen zweiten Grades (vgl. § 6).

Die isotropen Kurven auf einer beliebigen Fläche werden insbesondere benutzt, um den Winkel φ festzulegen, unter dem sich zwei Kurven auf ihr schneiden.

Wir werden nämlich sagen, daß

$$\varphi = \frac{1}{2i} \log DV$$

ist, unter DV das Doppelverhältnis verstanden, das die Fortschreitungsrichtungen der beiden Kurven mit den Fortschreitungsrichtungen der von ihrem Schnittpunkte auslaufenden isotropen Kurven einschließen.

Auf Grund dieser Winkelerklärung verstehen wir auch leicht, ***was es mit der konformen (= winkeltreuen) Abbildung zweier Flächen aufeinander für eine geometrische Bewandtnis hat.*** Die Aufgabe der konformen Abbildung spielt ja in den Anwendungen wie insbesondere in der Funktionentheorie eine hervorragende Rolle, und zwar handelt es sich dabei immer um solche besondere Abbildungen, die durch irgendwelche Nebenbedingungen festgelegt sind. Wir sprechen hier natürlich nur von den konformen Abbildungen im allgemeinen. Da zeigt sich nun folgendes Ergebnis: Zwei Flächen werden vermöge irgendwelcher (analytischer) *Punkttransformation* dann und nur dann aufeinander konform abgebildet heißen, wenn bei der Transformation die isotropen Kurven der einen Fläche in die isotropen Kurven der anderen Fläche übergegangen sind. Denn da jede Transformation bei geeigneten Regularitätsannahmen im „Unendlichkleinen" *linear* ist, so wird das Doppelverhältnis von vier Fortschreitungsrichtungen auf der einen Fläche sich bei jeder Punkttransformation in das Doppelverhältnis der vier entsprechenden Fortschreitungsrichtungen der anderen Fläche verwandeln, der Winkel φ zweier Richtungen also, den wir unter Heranziehung der isotropen Kurven durch $(1:2i)\log DV$ festlegen, unter der angegebenen (notwendigen und hinreichenden) Bedingung unverändert bleiben.

In Formeln drückt sich die konforme Abbildung der Fläche nun folgendermaßen aus. Es seien

$$u = C_1, \quad v = C_2, \qquad \text{und} \qquad u' = C_1', \quad v' = C_2'$$

die beiden Scharen der isotropen Kurven auf jeder der abzubildenden

Flächen, indem wir annehmen, es sei gelungen, die Integrale der Differentialgleichungen in dieser Form aufzustellen. Setzen wir dann

$$u = f_1(u'), \qquad v = f_2(v'),$$

so werden diese Gleichungen in allgemeinster Weise eine konforme Abbildung vermitteln, wenn die f_k analytische Funktionen bedeuten. Denn mit $u' =$ konst (oder $v' =$ konst) wird auch $u =$ konst (oder $v =$ konst) werden. Andererseits geben auch die Gleichungen: $u = f_1(v')$, $v = f_2(u')$ eine konforme Abbildung, nur sind die beiden isotropen Kurvenscharen jetzt miteinander gegen vorhin vertauscht. *Wollen wir insbesondere eine reelle konforme Abbildung zweier reellen Flächen aufeinander haben, so werden wir u und v, u' und v' zueinander konjugiert nehmen und dann unter f_1 und f_2 ebenfalls konjugierte Funktionen verstehen.*

Diese vielleicht zuerst ungewohnte Ausdrucksweise ist Ihnen doch in der Ebene bekannt, sofern wir nur die hier benutzte geometrische Ausdrucksweise abstreifen. Es seien die beiden Ebenen mit den rechtwinkligen Koordinaten x, y, bzw. x', y' ausgestattet, dann sind doch die isotropen Kurven auf ihnen gegeben durch

$$u = x + iy = C_1, \qquad u' = x' + iy' = C_1',$$
$$v = x - iy = C_2; \qquad v' = x' - iy' = C_2'.$$

Es soll nun

$$x = + iy\, f(x' + iy')$$

sein, daneben gilt, falls reellen Werten x, y wieder reelle Werte x', y' entsprechen sollen und umgekehrt,

$$x - iy = \overline{f}(x' - iy').$$

Dies ist die eine Art der Beziehung. Die andere ist

$$x + iy = \varphi\,(x' - iy'),$$
$$x - iy = \overline{\varphi}\,(x' + iy').$$

Diese Formeln der konformen Abbildung zweier Ebenen aufeinander sind aus der Funktionentheorie her ganz bekannt, sie unterscheiden sich dadurch, daß im letzten Fall noch eine Umlegung der Winkel, wie sie die Spiegelung liefert, eingetreten ist. So viel über das Problem der konformen Abbildung.

Was nun diese ganze „pseudogeometrische" Ausdrucksweise betreffend Versinnlichung des Imaginären angeht, so ist sie insbesondere von *Chasles und seiner Schule*, etwa in den Jahren 1860—1870, entwikkelt worden. In Deutschland hat sie, wenigstens in der Differentialgeometrie, zuerst nicht recht Fuß zu fassen vermocht. Neuerdings hat man sie aber sehr ausführlich benutzt, z. B. in dem Lehrbuch von *G. Scheffers* (einem Schüler *Lies*) über Differentialgeometrie.

§ 47. Lies Lehre von den Minimalflächen.

Als einen ergänzenden Beleg für die Nützlichkeit dieser Methode wollen wir in den Grundzügen *Lies Theorie der Minimalflächen* vortragen, die völlig auf diesen Vorstellungen beruht. Sie findet sich in den Bänden 14, 15 der Math. Annalen (1878, 79) entwickelt und knüpft an die alten Formeln an, die *Monge* in seinen Applications de l'analyse und *Weierstraß* in den Berliner Monatsberichten 1866 abgeleitet hat, indem sie im eben besprochenen Sinne geometrisch aufgefaßt werden. Daß hiermit ein ganz neues Leben in die Theorie der Minimalflächen hineingetragen wird, liegt auf der Hand. Man vergleiche nur die neuen Ergebnisse, zu denen *Lie* gelangt ist.

Indem wir die Formeln von *Monge* beiseite lassen, die minder einfach gebaut sind, *schließen wir uns sogleich an die folgenden Formeln von Weierstraß an;*

$$\begin{aligned} X &= \Re[(1-s^2)F''(s) + 2sF'(s) - 2F(s)] &&= \Re[2A(s)], \\ Y &= \Re[i(1+s^2)F''(s) - 2isF'(s) + 2iF(s)] &&= \Re[2B(s)], \\ Z &= \Re[2sF''(s) - F(s)] &&= \Re[2C(s)]. \end{aligned}$$

in denen X, Y, Z die Koordinaten des einzelnen Flächenpunktes und $\Re$ den reellen Teil der in Klammern beigefügten Funktionen bezeichnen. Für diese haben wir sogleich zweckmäßige Abkürzungen eingeführt. Die Funktion $F(s)$ soll eine beliebige analytische Funktion der komplexen Veränderlichen s sein mit $F'''(s) = d^3F:ds^3 \neq 0$.

Lie führt nun Veränderliche x, y, z ein, die er den komplexen Funktionen der Klammerausdrücke selbst gleichsetzt, also

$$x = A(s), \quad y = B(s), \quad z = C(s)$$

und fügt eine zweite entsprechende Formelgruppe für Veränderliche x', y', z' hinzu:

$$x' = A'(s'), \quad y' = B'(s'), \quad z' = C'(s'),$$

in denen s' irgendwelche komplexe Veränderliche und A', B', C' Funktionen bezeichnen, die aus irgendwelcher Funktion $F_1(s')$ in derselben Weise zusammengesetzt sind, wie A, B, C aus $F(s)$. *Die Weierstraßschen Formeln kommen dann darauf hinaus, daß man allemal eine Minimalfläche hat, wenn man $X = x + x'$, $Y = y + y'$, $Z = z + z'$ setzt. Nur dann, wenn man darauf ausgeht, eine reelle Minimalfläche zu haben, wird man die Größen s und s', A und A', B und B', C und C' konjugiert imaginär nehmen müssen.*

Wir wollen nun mit *Lie* näher auf den geometrischen Inhalt dieses Satzes eingehen:

Durch einfache Ausrechnung finden wir die Formeln:

$$\begin{aligned} dx &= (1-s^2)F'''(s)\,ds, \\ dy &= i(1-s^2)F'''(s)\,ds, \\ dz &= 2sF'''(s)\,ds \end{aligned}$$

und entsprechende Formeln für dx', dy', dz'. Da sonach $dx^2 + dy^2 + dz^2 = 0$ (bzw. $dx'^2 + dy'^2 + dz'^2 = 0$) wird, so haben wir das Ergebnis: *Der Punkt* x, y, z (*oder* x', y', z') *beschreibt, wenn sich* s *oder* s' *bewegt, eine erste oder zweite isotrope Kurve.* Aus diesen beiden Kurven setzt sich nun die Fläche zusammen, vermöge der Gleichungen

$$X = A(s) + A'(s'), \quad Y = B(s) + B'(s'), \quad Z = C(s) + C'(s').$$

Es handelt sich nun um die Bedeutung dieser Gleichungen. *Lie bemerkt, daß jede solche Formelgruppe für* X, Y, Z *ganz allgemein (abgesehen von der besonderen Form der Funktionen* A, B, C *usw.) eine Fläche bestimmt, die in doppelter Weise durch Schiebung einer Kurve erzeugt werden kann und deshalb Schiebfläche oder Translationsfläche genannt wird.*

Setzen wir nämlich s' zunächst gleich einem festen Wert, so erkennen wir, daß die ursprüngliche Kurve

$$x = A(s), \quad y = B(s), \quad z = C(s)$$

auf unserer Fläche in bestimmter Weise mit sich selbst parallel verschoben erscheint, da jede der Koordinaten um einen festen Wert vermehrt ist. Wenn nun aber s' veränderlich wird, so ändern sich die hinzugefügten Werte, d. h. die Kurve der x, y, z wird in bestimmter Weise längs der Kurve der x', y', z' entlang verschoben, d. h. in Translationsbewegung entlang geführt. Andererseits kann man auch die Kurve der x', y', z' an der Kurve der x, y, z entlang schieben; beide Male kommt man, wie leicht zu sehen ist, zu derselben Fläche.

Es ist nun eine Eigenschaft der allgemeinen Schiebflächen (deren Leitkurven keineswegs isotrop zu sein brauchen), *daß in jedem ihrer Punkte die beiden Schmiegtangenten harmonisch zu den beiden erzeugenden Kurven liegen.* Man beweist dies sofort, indem man die dX, dY, dZ nach Potenzen von ds, ds' entwickelt. Hiervon ist es eine bloße Folgerung, daß in unserem Falle, wo die beiden Erzeugenden isotrop sind, eine Minimalfläche entsteht. Denn die Schmiegtangenten werden bei uns in einem beliebigen Flächenpunkt zu den isotropen Kurven harmonisch liegen, sie stehen demnach aufeinander senkrecht und dieses ist die bekannte Kennzeichnung der Minimalflächen.

Wir fassen so zusammen:

Als geometrischer Inhalt der Formeln von Monge und Weierstraß erscheint, daß die Minimalflächen der besondere Fall der Schiebflächen sind, der entsteht, wenn man eine isotrope Kurve an einer anderen isotropen Kurve verschiebt.

Durch die jetzt aufgedeckte innige Beziehung zwischen isotropen Kurven und Minimalflächen, erfährt *Lie*s Benennung „Minimalkurven" (an Stelle von isotropen Kurven) nachträglich eine Rechtfertigung.

Etwa gleichzeitig mit *Lie* hat *A. Ribaucour* eine geometrische Theorie der Minimalflächen entwickelt in Zusammenhang mit gewissen Untersuchungen der Liniengeometrie, Bruxelles Mém. cour, Bd. **44** (1880).

§ 48. Erneute Betrachtung der stereographischen Projektion und der tetrazyklischen Koordinaten.

Wir wollen zunächst die *stereographische Projektion* der Kugel auf die Ebene noch näher untersuchen, um diese Betrachtungen dann auf höhere Dimensionenzahlen zu verallgemeinern, und zwar ist unser Zweck, sie mit den Entwickelungen über die tetrazyklischen Punktkoordinaten der Ebene, wie wir sie in § 11 erklärt haben, in Beziehung zu setzen.

Die Gleichung der Kugel in homogen geschriebenen rechtwinkligen Koordinaten sei gegeben durch

$$x_1^2 + x_2^2 + x_3^2 - x_4^2 = 0.$$

Wir wählen die x, y-Ebene als Projektionsebene und den Punkt $x = 0$, $y = 0$, $z = 1$ als Zentrum der Projektion, wobei $x:y:z:1 = x_1 : x_2 : x_3 : x_4$ gesetzt ist. Dann gelten die Formeln:

$$\begin{aligned} \varrho x_1 &= x, \\ \varrho x_2 &= y, \\ \varrho x_3 &= \frac{x^2 + y^2 - 1}{2}, \\ \varrho x_4 &= \frac{x^2 + y^2 + 1}{2}, \end{aligned}$$

die die Beziehung von Kugel und Ebene analytisch wiedergeben. Denken wir nun daran zurück, daß wir die tetrazyklischen Punktkoordinaten in der Ebene als den linken Seiten von Kreisgleichungen (die auch gerade Linien vorstellen konnten) proportionale Größen eingeführt hatten.

Unsere letzten Formeln zeigen dann unmittelbar, daß die x_1, x_2, x_3, x_4 der Kugelpunkte geradezu tetrazyklische Koordinaten für die entsprechenden Punkte der Ebene sind, deren Beziehung durch die Kugelgleichung gegeben wird.

Nun hatten sich aus irgendwelchem besonderen System der tetrazyklischen Koordinaten die allgemeinen als lineare Verbindungen ergeben, zwischen denen dann immer wieder eine quadratische Bedingungsgleichung $\Omega(x_i) = 0$ bestand. Führen wir die gleiche Transformation im Raume aus, so besagt dieses nur, daß wir die Kugel auf ein neues Koordinatentetraeder beziehen.

Die allgemeinen tetrazyklischen Koordinaten x_i eines Punktes der Ebene werden wir daher immer als die homogenen Koordinaten des entsprechenden Kugelpunktes auffassen können, wobei die Identität $\Omega(x_1, x_2, x_3, x_4) = 0$ die Gleichung der Kugel in dem betreffenden Koordinatensystem ist. Tetrazyklische Koordinaten in der Ebene einführen heißt daher die Ebene als stereographisches Bild einer Kugel ansehen, die auf irgendein Koordinatentetraeder bezogen ist.

Mit dieser Auffassung haben wir dann in das Wesen der tetrazyklischen Koordinaten, sowie in die Entwickelungen, die sich auf sie gründen, eine weit bessere und klarere Einsicht gewonnen, als es früher möglich war. Beispielsweise wird jetzt ganz klar, *warum das unendlich Weite der Ebene beim Gebrauche tetrazyklischer Koordinaten als ein Punkt auftritt,* denn das unendlich Weite entspricht bei der stereographischen Projektion einem einzelnen Kugelpunkte, dem Projektionszentrum.

Doch wollen wir uns sogleich einen weniger einfachen Gegenstand in der neuen Beleuchtung ansehen, nämlich die Theorie der konfokalen zyklischen Kurven. Wir wollen die Gleichung der Kugel in der Gestalt

$$\sum x_i^2 = 0$$

gegeben denken, was natürlich nur unter Zulassung einer imaginären Transformation möglich ist. Das Orthogonalsystem der zyklischen Kurven der Ebene wird dann gegeben durch die Gleichung

$$\sum \frac{x_i^2}{a_i - \lambda} = 0 \, .$$

Da diese Gleichung im Raume eine Schar von Flächen zweiten Grades darstellt, erscheinen die konfokalen zyklischen Kurven jetzt als die Schnittkurven unserer Kugel mit dieser bestimmten Schar von F_2. Um diese Schar geometrisch zu erfassen, werden wir wieder Ebenenkoordinaten einführen, also Koordinaten u_1, u_2, u_3, u_4, der Gleichung $\Sigma u_i x_i = 0$ entsprechend, die die vereinigte Lage von Punkt und Ebene ausdrückt. Die Gleichung der Kugel geht dann in $\Sigma u_i^2 = 0$ über, während die Flächenschar durch die Gleichung

$$\sum (a_i - \lambda)\, u_i^2 = \sum (a_i u_i^2) - \lambda \left(\sum u_i^2\right) = 0$$

gegeben wird. Diese Schar der Flächen zweiter Klasse enthält für $\lambda = \infty$ und $\lambda = 0$ die beiden besonderen Flächen

$$\sum u_i^2 = 0 \quad \text{und} \quad \sum a_i u_i^2 = 0 \, ,$$

von denen die erstere unsere Kugel selbst darstellt, und ist im übrigen als lineare Schar dadurch festgelegt, daß die Flächen der Schar von einer gemeinsam umschriebenen Torse umhüllt werden.

Wir haben jetzt das folgende Ergebnis gewonnen:

Man stelle neben die Kugel eine erste beliebige Fläche zweiter Klasse $\sum a_i u_i^2 = 0$, konstruiere die Torse, die ihr und der Kugel gemeinsam umbeschrieben ist, und suche dann alle anderen Flächen zweiter Klasse, die dieser Torse einbeschrieben sind. Sie schneiden dann aus der Kugel ein Kurvensystem aus, das stereographisch projiziert die konfokalen zyklischen Kurven der Ebene liefert.

Man erkennt, wie in solcher Weise die zyklischen Kurven uns viel zugänglicher werden als früher.

Wir wollen nun die stereographische Projektion der Kugel auf die Ebene nach einer bestimmten Richtung weiter verwenden. Die Kreise in der Ebene werden in tetrazyklischen Koordinaten doch durch die *lineare* Gleichung $\Sigma a_i x_i = 0$ gegeben. Da diese Gleichung für den

Raum eine beliebige Ebene darstellt, haben wir das einfache Ergebnis: *Die Kreise der Ebene entsprechen den ebenen Schnitten der Kugel.* Weiter ergibt sich als Bedingung für die senkrechte Durchdringung zweier Kreise $\sum a_i x_i = 0$ und $\sum b_i x_i = 0$ die Gleichung $\sum a_i b_i = 0$. D. h. wieder auf den Raum übertragen: *Die Kreise stehen aufeinander senkrecht, wenn die beiden Schnittebenen in Bezug auf die Kugel konjugiert sind.*

Was bedeutet nun die Inversion in der Ebene für die Kugel im R_3? Wir wissen, zwei Punkte P und P' der Ebene (Abb. 69) sind durch die Transformation der reziproken Radien in bezug auf einen Kreis einander zugeordnet, wenn die durch die Punkte gehende Kreisschar den Kreis rechtwinklig schneidet.

Diese Beziehung gestattet uns sogleich den letzten Satz anzuwenden. Indem wir dann berücksichtigen, daß die räumliche Verbindungslinie PP'

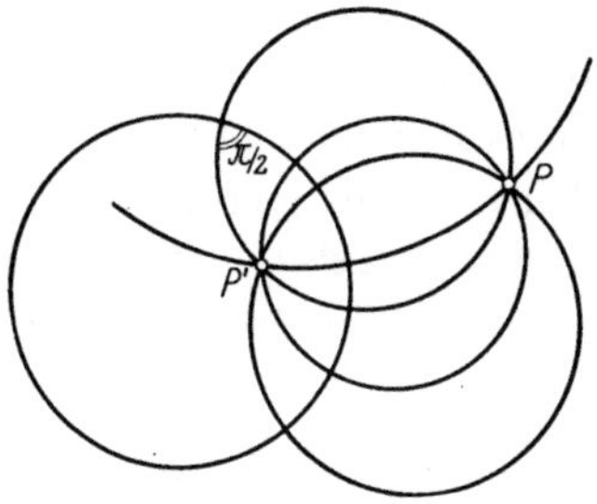

Abb. 69.

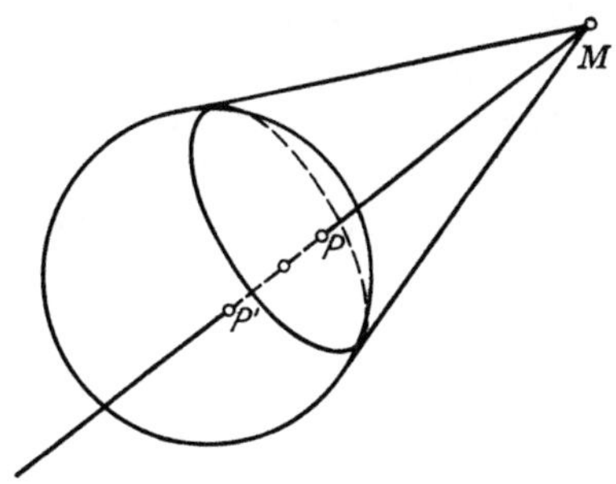

Abb. 70.

(Abb. 70) der auf die Kugel übertragenen Zeichnung sich als Schnitt zweier Ebenen, die beide zu der Schnittebene des Grundkreises konjugiert sein müssen, darstellt, ergibt sich der neue Satz:

Zwei reziproke Pole in bezug auf einen Kreis der Ebene liefern auf der Kugel zwei Punkte, deren Verbindungsgerade durch den Pol M des ebenen Schnittes der Kugel läuft, der dem gegebenen Kreise der Ebene entspricht. Die Umformung der Ebene durch reziproke Radien liefert daher auf der Kugel die einfache Umformung durch Zentralprojektion vom Punkt M aus. Daß diese aber eine lineare Transformation der Koordinaten x_1, x_2, x_3, x_4 darstellt, liegt auf der Hand.

§ 49. Die Gruppe der Kreisverwandtschaften von Möbius.

Wir wollen nun unseren Standpunkt noch allgemeiner wählen, indem wir geradezu von einer *projektiven Geometrie auf der Kugel* sprechen. Die projektive Geometrie der Ebene behandelt, wie wir wissen, alle die Eigenschaften der Figuren, die bei den linearen Transformationen der Ebene in sich unverändert bleiben. Diese Transformationen bilden als Gesamtheit der ternären Substitutionen eine Mannigfaltigkeit mit acht wesentlichen Parametern. Demgegenüber steht der Satz, daß die Kugel bei den Kollineationen einer sechsgliedrigen Gruppe des Raumes in sich übergeht, wie wir früher bereits einmal abgezählt haben. *Wir stellen daher der projektiven Geometrie der Ebene eine projektive Geometrie auf der Kugel gegenüber, die von allen den Eigenschaften der sphärischen Figuren handelt, die bei den genannten Kollineationen der Kugel in sich ungeändert bleiben.*

In dieser Geometrie bilden die ebenen Schnitte der Kugel und insbesondere ihre isotropen Erzeugenden die wichtigsten Elemente. Vor allen Dingen ist auch der Winkel zweier Richtungen etwas Bleibendes, da er mit Hilfe dieser isotropen Geraden projektiv erklärbar ist. Indem wir jetzt die Kugel stereographisch auf die Ebene projizieren, erhalten wir in der Ebene eine sechsgliedrige Gruppe von Umformungen, die wir die *Gruppe der reziproken Radien* nennen, weil sie neben den gewöhnlichen Bewegungen und Ähnlichkeitstransformationen der Ebene insbesondere alle Transformationen der Ebene durch reziproke Radien umfaßt.

Als Gegenstück der projektiven Geometrie auf der Kugel bekommen wir so eine Geometrie der Ebene, die wir die Geometrie der reziproken Radien nennen; bei ihr sind die Kreise der Ebene, ihre isotropen Geraden und die Winkel zweier Richtungen die einfachsten invarianten Elemente.

Diese Geometrie der reziproken Radien wird nun in vielen Teilen der *mathematischen Physik*, insbesondere aber in der *Funktionentheorie* zugrunde gelegt, *da die reellen Transformationen der Gruppe der reziproken Radien durch die allgemeinen Formeln gegeben werden*

$$z' = \frac{\alpha z + \beta}{\gamma z + \delta} \quad \text{und} \quad z' = \frac{\alpha \bar{z} + \beta}{\gamma \bar{z} + \delta} \qquad (\alpha\delta - \beta\gamma \neq 0)$$

unter z, $\bar{z}$ konjugiert komplexe Veränderliche, unter α, β, γ, δ komplexe Koeffizienten verstanden.

Diese Geometrie der reziproken Radien mit den Punkten, Kreisen und Winkeln als bleibenden Elementen stellt sich hier neben die projektive Geometrie der Ebene, die die Punkte und geraden Linien als Elemente betrachtet. Man hat diese, besonders in elementaren Lehrbüchern, wohl als die „absolute Geometrie" hingestellt, d. h. als die einzige, die sich aus dem Wesen der Sache aufbaut. Dem gegenüber ist ausdrücklich zu betonen, daß die beiden genannten ebenen Geometrien gleiche Berechtigung haben.

Doch wollen wir andrerseits bedenken, daß die Geometrie der reziproken Radien sich analytisch als quaternäre Invariantentheorie linearer Substitutionen bei ein für allemal zugrunde gelegter Gleichung zweiten Grades darstellt, während die projektive Geometrie ihr Gegenbild in der ternären linearen Invariantentheorie findet.

Beide Geometrien sind also unterbegriffen unter die allgemeine lineare Invariantentheorie, oder wenn wir wollen, unter die projektive Geometrie hinreichend ausgedehnter Räume; insofern hat hier die projektive Geometrie, wenn wir sie nicht auf die Betrachtung der Ebene einschränken, doch eine beherrschende Stellung.

§ 50. Liouvilles Satz über die winkeltreuen Abbildungen des Raumes.

Nun wollen wir dazu übergehen, die entsprechenden Entwickelungen im Raume höherer Dimensionen durchzuführen, und zwar werden wir uns der Analogieschlüsse bedienen, die aber ihre volle Berechtigung haben, da ihnen die analytischen Entwickelungen jederzeit zur Seite stehen. Wir denken uns etwa eine Kugel im Raume von vier Dimensionen gegeben. Sie werden wir stereographisch auf den dreidimensionalen Punktraum bezogen denken. Indem wir die Kugel mit irgendwelchen fünf homogenen Linearkoordinaten x_1, x_2, x_3, x_4, x_5 behandeln, sehen wir in ihnen dann gerade jene pentasphärischen Koordinaten des R_3, die wir in § 11 in anderer Weise eingeführt hatten.

Allgemein gilt der Satz:

Die Behandlung des Raumes von n Dimensionen mit $n + 2$ polysphärischen Koordinaten mit einer quadratischen Bedingung kommt darauf hinaus, den Raum von n Dimensionen als stereographische Projektion einer Kugel im Raum von $n + 1$ Dimensionen anzusehen, die man ihrerseits mit gewöhnlichen homogenen Koordinaten behandelt.

Bei $n + 2$ homogenen Veränderlichen enthält aber die allgemeine lineare Substitution $(n + 2)^2$ Koeffizienten; andrerseits besitzt eine Form zweiten Grades dieser Veränderlichen

$$\frac{(n+2)(n+3)}{2}$$

Koeffizienten. Die Differenz der beiden Zahlen, nämlich

$$\frac{(n+2)(n+1)}{2}$$

gibt daher die Dimensionenzahl der Mannigfaltigkeit der linearen Transformationen an, die eine einzelne Form zweiten Grades (mit nicht verschwindender Determinante), die in unserem Falle die Kugel des R_{n+1} darstellt, in sich selbst überführen. Die Parameterzahl der Umformungen, die bei der projektiven Geometrie unserer Kugel im R_{n+1} oder bei der Geometrie der reziproken Radien im R_n zugrunde liegen, beträgt daher für $n = 2, 3, 4$ entsprechend 6, 10, 15, allgemein

$$\frac{(n+1)(n+2)}{2}.$$

Eine besondere Beachtung verdienen *in der Geometrie der reziproken Radien die geradlinigen Erzeugenden* unserer mehrdimensionalen Kugeln, die sich im R_n als isotrope Geraden projizieren. Bei allen unseren Umformungen müssen sicher die geradlinigen Erzeugenden der Kugel ihre Eigenschaft behalten, d. h. geradlinige Erzeugende der Kugel bleiben und *also die isotropen Geraden des R_n wieder in die isotropen Geraden übergehen. Demzufolge sind alle unsere Umformungen im Raume von n Dimensionen konform, d. h. sie erhalten die Winkel.*

Nun zeigt sich ein wichtiger Lehrsatz, der für $n = 2$ noch nicht gilt, wohl aber für $n \geqq 3$. Wenn wir nämlich von der konformen Abbildung in der Ebene sprechen, so wissen wir, daß es neben der linearen Substitution der komplexen Veränderlichen z oder $\bar{z}$, die diese Eigenschaft haben, noch andere Transformationen gibt, die gleichfalls winkeltreu sind. Wir haben diese noch neulich aufgezählt. Wollen wir ganz allgemein sein, so müssen wir die beiden Formelpaare nebeneinander stellen:

$$z' = f_1(z), \quad \bar{z}' = f_2(\bar{z}),$$
$$z' = f_1(\bar{z}), \quad \bar{z}' = f_2(z).$$

Wollen wir aber, wie das in der gewöhnlichen Funktionentheorie geschieht, uns auf reelle Transformationen beschränken, so werden wir f_1 und f_2 als konjugierte Funktionen nehmen müssen und brauchen dann nur die einzelnen Formeln

$$z' = f_1(z), \quad z' = f_2(\bar{z})$$

zu schreiben.

Dementgegen gilt für $n \geqq 3$ der Satz, daß es neben den uns jetzt bekannten Transformationen keine anderen winkeltreuen Transformationen gibt.

Dieser Satz ist von *Liouville* aufgestellt worden; vgl. die Ergänzungen in der Ausgabe von *Monges* „Applications de l'analyse" vom Jahre 1850.

Wir wollen nun versuchen, uns diesen Satz geometrisch klarzumachen. Wir beschränken uns jedoch auf den Raum von drei Dimensionen ($n = 3$). Wir wollen unsere Betrachtung in einzelne Sätze gliedern, die wir aneinander reihen.

1. Wenn eine Punkttransformation winkeltreu und analytisch sein soll, so muß sie, wie man gern zugeben wird, jeder isotropen Richtung wieder eine solche zuordnen.

2. Jede isotrope Kurve wird dann in eine ebensolche übergehen.

3. Jetzt müssen wir unsere Aufmerksamkeit auf die Torsen richten, welche von den Tangenten der isotropen Kurven gebildet werden. Jede isotrope Torse muß gleichfalls wieder in eine solche übergehen; denn diese Flächen haben die sie vor anderen Flächen auszeichnende Eigenschaft, nur *eine* Schar isotroper Kurven zu tragen.

4. Betrachten wir nun einmal zwei sich berührende isotrope Kurven und die zu ihnen gehörenden Tangentenflächen. Diese werden sich dann längs der ganzen Erstreckung der gemeinsamen Tangente, d. h. längs einer isotropen Geraden, berühren. Bei der Transformation müssen sie wieder in zwei solche Torsen übergehen, die sich längs einer Erzeugenden berühren. Hieraus folgt: *Die winkeltreuen Abbildungen vertauschen die isotropen Geraden unter sich.* Dies ist wesentlich mehr als die Aussage unter 2.

5. Nun betrachten wir die Kugeln unseres R_3. Sie sind unter allen übrigen Flächen dadurch gekennzeichnet, daß sie *zwei Scharen von isotropen Geraden tragen. Demnach müssen in Rücksicht auf den Punkt 4. die Kugeln wieder in Kugeln übergehen*, wobei die Ebene natürlich als Sonderfall der Kugel angesehen wird.

6. Da nun die Abbildung winkeltreu sein soll, so liefern Orthogonalkugeln wieder Orthogonalkugeln. Soweit bewegt sich unsere Betrachtung im R_3.

7. Jetzt gehen wir zu der Kugel im R_4 über. Da die Kugeln des R_3 sich als ebene Schnitte der Kugel des R_4 projizieren, haben wir also eine Punkttransformation dieser Kugel in sich zu suchen, bei der jeder ebene Schnitt wieder einen ebenen Schnitt liefert und insbesondere konjugierte Ebenen zufolge von 6. wieder in konjugierte Ebenen übergehen.

8. Betrachten wir der Einfachheit halber für einen Augenblick die entsprechende Transformation der Kugel im R_3 in sich selbst. Alle Ebenen, die bezüglich dieser Kugel zu einer festen Ebene konjugiert sind, laufen durch einen bestimmten Raumpunkt (den Pol der festen Ebene). Es wird sich also um eine Ebenentransformation des Raumes handeln, bei der alle Punkte in Punkte übergehen.

9. Genau so werden wir auch jetzt auf eine Transformation des ganzen R_4 schließen, bei der jede Ebene in eine Ebene, jeder Punkt in einen Punkt übergeht.

10. Eine Transformation mit solchen Eigenschaften ist aber notwendig eine Kollineation. Wir brauchen, um dies zu beweisen, nur die gerade Linie als Schnitt zweier Ebenen anzusehen. Eine Kollineation aber ist gemäß *Möbius'* Netzkonstruktion immer eine lineare Transformation.

Wir haben daher das Ergebnis:

Jede winkeltreue Punkttransformation des R_3 wird durch eine solche lineare Transformation des R_4 geliefert, bei der die Kugel des R_4, auf die wir den R_3 stereographisch bezogen haben, in sich selbst übergeht. So erhalten wir die zehngliedrige Gruppe der konformen Transformationen, die wir von Anfang an kannten.

Nun ist es besonders anziehend, sich klarzumachen, warum dieser Beweisgang für $n = 2$ versagt. Man erkennt sofort, daß der Übertragung der vier ersten Punkte nichts im Wege steht, wohl ist aber der Punkt fünf bei zwei Dimensionen hinfällig, weil der Kugel kein entsprechendes Gebilde von gleicher Kennzeichnung in der Ebene gegenübersteht. Dies also ist der springende Punkt. Andrerseits gilt der Beweis um so mehr für eine erhöhte Dimensionenzahl. Nun hatten wir ja in der Ebene die fragliche Geometrie als die Geometrie der reziproken Radien bezeichnet. Bei drei und mehr Dimensionen können wir auf Grund des geführten Beweises unsere Geometrie der polysphärischen Koordinaten geradezu *konforme Geometrie* nennen, ein Ausdruck, dessen Übertragung auf zwei Dimensionen natürlich nicht zulässig ist.

Wir wollen noch kurz einen zweiten Beweis für *Liouville*s Satz im R_3 andeuten, der ganz im Reellen verläuft. Mittels des Satzes von *Dupin* über dreifache Orthogonalsysteme (§ 1, 3), die bei winkeltreuen Abbildungen erhalten bleiben, erkennt man, daß jede solche Abbildung auch die Krümmungslinien erhalten muß und damit auch die Kugeln als einzige Flächen mit unbestimmten Krümmungslinien. Das ist aber der wesentliche Inhalt von *Liouvilles* Satz.

§ 51. Hesses Übertragungsprinzip.

Wir wollen jetzt den Gedanken, der den letzten Betrachtungen zugrunde liegt, in allgemeiner Weise betrachten, indem wir uns fragen, *inwiefern das Heranziehen höherer Räume auch abgesehen von dem besonderen Falle der stereographischen Projektion ein besseres Verständnis für die geometrischen Verhältnisse in niedereren Räumen gewähren kann.* Und zwar wollen wir diese Frage nach drei Richtungen hin durch Beispiele zu beantworten suchen. Zunächst kommen die Betrachtungen zur Besprechung, die sich auf Punktepaare, Punkttripel, kurz auf Mengen von n Punkten der geraden Linie beziehen, zu denen die binäre Invariantentheorie Anlaß gibt. Wir werden sehen, daß es sich dabei als nützlich erweisen wird, die gerade Linie als Projektion einer Kurve n-ter Ordnung im R_n aufzufassen. Das zweite Beispiel (§ 52) wird sich auf die Theorie der „Konfigurationen" in der Ebene beziehen. Unter ihnen haben wir geometrische Gebilde von Punkten und Geraden zu verstehen, die bestimmte ausgezeichnete Eigenschaften in ihrer Lage darbieten. Endlich werden wir in § 53 einen Blick auf die graphische Statik werfen, in der sich gewisse reziproke Figuren als Projektionen räumlicher Polyeder beim Nullsystem darstellen lassen. Gehen wir nun sogleich zu dem ersten Punkt über!

Als Literatur ist besonders zu nennen ein Aufsatz von *Hesse* in Crelles Journal Bd. 66 (1866) „*Über ein Übertragungsprinzip*" betitelt, in dem der Gedanke für $n = 2$ entwickelt wird, sowie die allgemeine Darstellung (für beliebiges n) von *Franz Meyer* (1883) in seinem Buche „*Apolarität und rationale Kurven*".

Der Ansatz *Hesses* ist nun der folgende: Es seien die Verhältnisse $\lambda_1 : \lambda_2$ als Abszissen auf der geraden Linie gedeutet. Die Gleichung $f_n(\lambda_1, \lambda_2) = 0$ stellt, wenn f_n eine Form n-ten Grades ist, n Punkte auf ihr dar, die reell oder auch imaginär sein können. Man wird sich mit solchen Punktgruppen besonders beschäftigen, wenn man allgemein binäre Formen

$$f_n(\lambda_1, \lambda_2) = a\lambda_1^n + b\lambda_1^{n-1}\lambda_2 + \cdots + q\lambda_2^n$$

studiert.

Nun besteht der wesentliche Gedanke der weiteren Untersuchung darin, daß man in einen Raum von n Dimensionen aufsteigt, und in ihm die Raumpunkte betrachtet, deren Koordinaten x_i den einzelnen Potenzen von $\lambda_1 : \lambda_2$ proportional sind:

$$(*) \qquad \begin{aligned} \varrho x_0 &= \lambda_1^n, \\ \varrho x_1 &= \lambda_1^{n-1}\lambda_2, \\ &\vdots \\ \varrho x_n &= \lambda_2^n. \end{aligned}$$

Man sieht, wenn der Punkt λ die ganze gerade Linie durchläuft, so beschreibt der Punkt x_i im R_n eine bestimmte Kurve n-ter Ordnung. Da sie sich rational durch einen Parameter $\lambda_1 : \lambda_2$ ausdrückt, nennt man sie eine *rationale Kurve* oder mit speziellerer Bezeichnung die „*Normkurve des* R_n“. Diese rationale Kurve n-ter Ordnung erscheint daher als Bild der geraden Linie. In dieser Weise bezieht *Hesse* die gerade Linie auf den Kegelschnitt.

Wenn wir nun $f = 0$ setzen, so kommt dieses darauf hinaus, die Gleichung $a x_0 + b x_1 + \cdots + q x_n = 0$ anzunehmen, die eine Ebene im R_n darstellt. *Jede Menge von n Punkten der geraden Linie erscheint daher als Schnitt unserer Normkurve mit einer Ebene des* R_n.

Wenn man sich nun mit der Theorie der binären Formen in der Invariantentheorie beschäftigt, so wird man doch alle Substitutionen der folgenden Art betrachten:

$$\begin{aligned} \sigma\lambda_1' &= \alpha\lambda_1 + \beta\lambda_2, \\ \sigma\lambda_2' &= \gamma\lambda_1 + \delta\lambda_2. \end{aligned} \qquad (\alpha\delta - \beta\gamma \neq 0)$$

Sie stellen eine dreigliedrige Gruppe dar, und zwar die Gesamtheit der linearen Transformationen der geraden Linie in sich. *Beim Studium der Formen f_n wird man dann gerade alle die Eigenschaften der Punktmenge $f_n = 0$ aufsuchen, die gegenüber beliebigen linearen Transformationen dieser dreifach unendlichen Gruppe invariant sind.*

Nun ergibt sich eine einfache Übertragung dieser linearen Transformationen auf die Normkurve des R_n. Es sei der neue Raumpunkt derselben gegeben durch:

$$\begin{aligned} \varrho x_0' &= \lambda_1'^n, \\ \varrho x_1' &= \lambda_1'^{n-1}\lambda_2', \\ &\cdots\cdots \\ \varrho x_n' &= \lambda_2'^n. \end{aligned}$$

Für die Größen λ_1' und λ_2' können wir dann ihre Ausdrücke aus den Substitutionsformeln einsetzen und darauf die Klammerausdrücke entwikkeln. So ergibt sich z. B.

$$\varrho x_0' = \lambda_1'^n = \left(\frac{\alpha\lambda_1 + \beta\lambda_2}{\sigma}\right)^n = \frac{\varrho}{\sigma^n}(\alpha^n x_0 + n\alpha^{n-1}\beta x_1 + \cdots + \beta^n x_n),$$

indem wir zugleich die alten Veränderlichen x_i wieder einführen. Wir sehen, x_0' ist eine lineare Form der x_i geworden.

Dasselbe gilt natürlich auch für alle andern x_i'. *Der dreigliedrigen Gruppe der linearen Transformationen der geraden Linie entspricht daher eine dreigliedrige Gruppe von Kollineationen des R_n, bei denen unsere Normkurve unter Vertauschung ihrer Punkte in sich übergeht.*

Dies ist nun an sich ein sehr bemerkenswertes Ergebnis, da diese Gruppen von Kollineationen in der Gruppentheorie außerordentlich wichtig sind. Es gibt also nicht nur in der Ebene eine dreigliedrige Gruppe linearer Transformationen, die einen Kegelschnitt in sich überführen, was wir von früher wissen, sondern ebenso im Raum eine dreifach unendliche Gruppe in bezug auf die C_3, und s. f. *Lie* bezeichnet im Hinblick auf den Fall $n = 2$ diese Gruppen allgemein als *Kegelschnittgruppen*.

Nun kann man bereits überschauen, wie des näheren die weitere Ausführung sich gestaltet. *Das invariantentheoretische oder projektive Studium der Punktmenge $f_n = 0$ auf der geraden Linie kommt jetzt darauf hinaus, die projektiven Beziehungen zu untersuchen, die zwischen der Normkurve und der schneidenden Ebene bestehen*[1]).

§ 52. Ebene Konfigurationen.

Wir gehen nun zu unserem zweiten in Aussicht genommenen Punkte über. Es handelt sich hier um einen Gedanken, der bereits 1846 von *Cayley* in Crelles Journal Bd. 31 („Sur quelques théoremes de la géométrie de position") ausgesprochen und seither vielfach aufgenommen ist, z. B. von *Veronese* in Math. Annalen Bd. 19 (1881) „Prinzip des Projizierens und Schneidens"[2]).

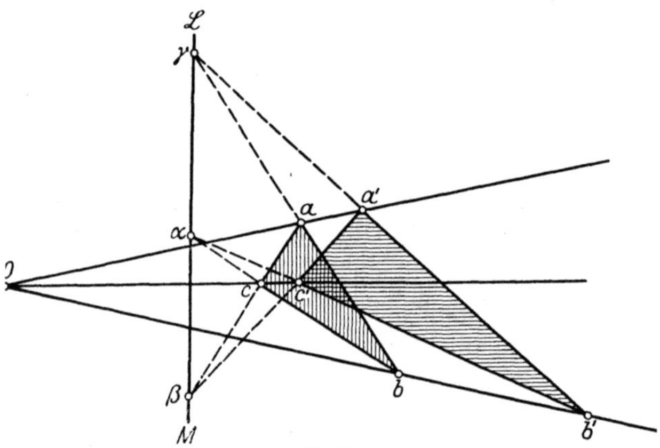

Abb. 71.

Wir wollen sogleich an einer besonderen Figur, die in der synthetischen Geometrie (Satz von *Desargues*) vielfach behandelt wird, uns die Sache klarmachen. Diese Figur wird, kurz gesagt, durch zwei perspektiv gelegene Dreiecke in der Ebene gegeben. Sei O das Zentrum der Perspektive und LM ihre Achse (vgl. Abb. 71). Wir ziehen dann durch O drei Projektionsstrahlen, und ordnen, da wir noch einen Parameter zur

[1]) Vgl. auch *A. Comessatti*, Math. Annalen 89, 90, (1923). Eine Verallgemeinerung des Ansatzes (*) auf S. 200 liefert etwa der folgende:

$$\varrho x_1 = \lambda_1\lambda_1, \quad \varrho x_2 = \lambda_2\lambda_2, \quad \varrho x_3 = \lambda_3\lambda_3,$$
$$\varrho x_4 = \lambda_2\lambda_3, \quad \varrho x_5 = \lambda_3\lambda_1, \quad \varrho x_6 = \lambda_1\lambda_2.$$

Man erhält so die Parameterdarstellung einer Fläche im R_5 mit der kennzeichnenden Eigenschaft, eine zweiparametrige Schar von Kegelschnitten zu enthalten. Diese Fläche ist 1868 von *Cayley*, 1883—84 von *Veronese*, Accademia Lincei 19 (3), und 1885 von *Segre* (Atti Torino 20) betrachtet worden und wird als *Fläche Veroneses* bezeichnet. Vgl. etwa *E. Bertini*, Geometria projettiva degli iperspazi, Messina 1923; deutsch von *A. Duschek*, Winn 1924.

[2]) Weitere Literatur bei *E. Steinitz*, Konfigurationen der projektiven Geometrie. Enzyklopädie III, 1, 1, 5a.

Verfügung haben, auf einem von ihnen dem Punkte a einen beliebigen anderen Punkt a' zu. Nun zeichnen wir uns ein erstes Dreieck mit den Ecken a, b, c auf den drei Projektionsstrahlen. Da die Schnittpunkte α, β, γ der Seiten des Dreiecks mit der Achse der Perspektive bei ihr unverändert bleiben, läßt sich leicht, wie die Abbildung es angibt, das entsprechende Dreieck a', b', c' finden, das aus unserem ersten Dreieck a, b, c bei der Perspektive hervorgeht. Wenn wir nun die ganze Figur betrachten, so sehen wir:

Von zwei perspektiven Dreiecken beginnend, die wir in Abb. 71 durch Schraffierung kenntlich gemacht haben, *sind wir zu einer Figur von zehn Punkten und zehn geraden Linien gekommen, in der immer drei Punkte auf einer geraden Linie liegen und drei gerade Linien durch einen Punkt gehen.*

Nun zeigt eine aufmerksame Betrachtung der Figur, *daß sie nicht bloß auf eine Weise, sondern auf zehn Weisen aus zwei perspektiven Dreiecken zusammensetzbar ist.* Um dies nun in übersichtlicher Weise zu erkennen, ziehen wir mit *Cayley* die räumliche Betrachtung heran. *Cayley* beweist nämlich diese und alle sonstigen Behauptungen über die Figur in einfachster Weise, indem er bemerkt, *daß unsere Figur der ebene Schnitt einer ganz einfachen Raumfigur ist, nämlich derjenigen, die aus fünf beliebigen Punkten (von denen keine vier in einer Ebene liegen), ihren zehn Verbindungsgeraden und ihren zehn Verbindungsebenen besteht.*

Diese Raumfigur ist in der Tat aus unserer ebenen Figur sehr leicht herzuleiten. Man nehme im Raume zwei beliebige Punkte D und E an, die mit O auf einer geraden Linie liegen, und ziehe die Strahlen von D nach den Punkten a, b, c und von E nach den Punkten a', b', c'. Dann werden die Strahlenpaare Da und Ea', Db und Eb', Dc und Ec' sich entsprechend in drei weiteren Raumpunkten A, B, C schneiden. *So haben wir fünf Raumpunkte A, B, C, D, E gewonnen.* Und wie man bei der Betrachtung der Raumfigur erkennt, sind nun die zehn Punkte und die zehn Geraden unserer ebenen Konfiguration wirklich die Schnitte unserer Ebene mit den zehn Verbindungsgeraden und den zehn Verbindungsebenen der genannten Punkte A, B, C, D, E. Der Punkt O unserer Figur zeigt sich dann als Schnitt mit der Kante DE und ist daher in keiner Weise vor den anderen Schnittpunkten ausgezeichnet. *Wenn es daher möglich ist, vom Punkte O aus die Figur als Abbildung zweier perspektiver Dreiecke aufzufassen, so können wir ganz ohne weiteres jetzt behaupten, daß die gleiche Möglichkeit für jeden der anderen neun Punkte ebenfalls vorliegt.*

§ 53. Die reziproken Kräftepläne der graphischen Statik.

Wie verhält sich nun die Sache in unserem dritten Beispiel, die *graphische Statik* betreffend? Man betrachtet in der graphischen Statik sogenannte „*Fachwerke*“, d. h. starre aus einzelnen Stäben zusammengesetzte etwa ebene Systeme, wie die untenstehende Abb. 72 in einem einfachen Falle zeigen soll. Wenn wir in dem Fachwerk n *Knotenpunkte* haben, in denen man sich die Stäbe gelenkig verbunden denkt, so werden diese Knoten durch $2\,n$ Koordinaten festgelegt sein.

Soll nun das System nur als Ganzes in seiner Ebene beweglich sein, also nur drei Grade der Freiheit besitzen, so werden offenbar $2n - 3$ Bedingungen für die Koordinaten vorgeschrieben sein müssen. *Dies besagt, daß $2n - 3$ Kanten oder Stäbe vorhanden sein müssen, wenn das Fachwerk bestimmt sein soll.*

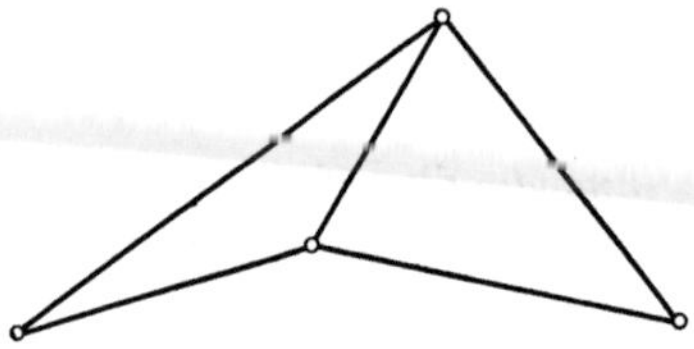

Abb. 72.

Werden außerdem noch andere Kanten angewandt, so ist das Fachwerk, allgemein zu reden, „überbestimmt". Es ist wohl kaum nötig, darauf hinzuweisen, daß ein Fachwerk auch mit mehr als $2n - 3$ Kanten noch unbestimmt sein kann, falls auf einen Teil vielleicht mehr Kanten als nötig aufgewendet worden sind, auf einen anderen Teil dagegen weniger. Wir können hier auf solche Einzelheiten, die man leicht mathematisch streng fassen kann, nicht eingehen.

Nun nehmen wir an, daß auf die einzelnen Knotenpunkte in unserer Ebene Kräfte wirken. Sie sollen insgesamt am starren System sich im Gleichgewicht halten, d. h. sie haben drei wohlbekannte Bedingungsgleichungen zu erfüllen. Nun ist die Frage, welche *Spannungen* werden in den einzelnen Stangen des Systems herrschen? Indem wir die Spannungen als Unbekannte einführen, wobei wir durch das Vorzeichen unterscheiden, ob die zugehörige Stange auf Zug oder Druck in Anspruch genommen ist, erhalten wir, wie leicht zu sehen, gerade $2n - 3$ lineare Gleichungen für die $2n - 3$ unbekannten Spannungen.

Nun ist es reizvoll, den Unterschied der reinen und der angewandten Mathematik diesem Gleichungssystem gegenüber zu erkennen. Während der Theoretiker sich mit der Angabe begnügt, wie sich die Unbekannten mit Hilfe von Determinanten ausdrücken lassen, hat der Praktiker die weit schwierigere Aufgabe vor sich, die Unbekannte im gegebenen Falle zahlenmäßig zu berechnen. Und daß hier, sobald $2n - 3$ hinreichend groß ist, die allgemeine Ausrechnung nicht durchgeführt werden kann, liegt auf der Hand.

Für die Praxis ist es daher erforderlich, ein Verfahren zu haben, das diese $2n - 3$ Gleichungen in bequemer Weise zahlenmäßig aufzulösen gestattet. Das Gleichungssystem wird natürlich von der Bauart des Fachwerkes abhängen. In vielen praktischen Fällen ist es beispielsweise möglich, die Berechnung der Unbekannten so zu leiten, daß man immer nur drei Unbekannte hintereinander aus drei linearen Gleichungen zu berechnen braucht (*Ritters* Verfahren).

Daneben hat sich nun aber in der Praxis die Gewöhnung entwickelt, diese Spannungen statt durch Rechnung vielmehr durch *Zeichnung* zu ermitteln. So ist denn der besondere Zweig der *graphischen Statik* entstanden. Man kann sie danach geradezu als die Lehre von der graphischen Auflösung von $2n - 3$ linearen Gleichungen mit ebensoviel Unbekannten auffassen, insbesondere als die Lehre von den Vereinfachungen, die die graphische Auflösung je nach der Bauart der linearen Gleichungen darbietet.

Dies Verfahren ist vor allem von *J. C. Maxwell* (1831—79) 1864 in dem Philosophical Magazine sowie 1870 in den Edinburgh Transactions entwickelt worden. Später haben sich viele Techniker damit befaßt, wie denn ja auch an den technischen Hochschulen für graphische Statik eigene Lehrstühle bestehen. Es sei insbesondere aus der zahlreichen Literatur noch das Werk von *Culmann* in Zürich: „Lehrbuch der graphischen Statik" (1866) genannt, sowie ein geometrischer Aufsatz von *L. Cremona* (1830—1903): „Le figure reciproche nella statica grafica", der zuerst 1872 in einer Festschrift gelegentlich der Hochzeit der Tochter von *Brioschi* erschienen ist[1]). Diese Arbeit *Cremona*s ist sehr bekannt geworden wegen der besonderen Eleganz der Darstellung. Es gibt dazu auch eine französische Übersetzung mit Ergänzungen von *Saviotti*, die auch recht lesenswert sind.

Die Arbeit *Cremona*s stützt sich nun auf eine Anwendung des Nullsystems, ohne daß freilich die allgemeine Aufgabe der graphischen Statik sich mit diesem lösen ließe. In der Tat ist man mit Hilfe des Nullsystems in der Lage, für gewisse einfache Fälle von Fachwerken in bequemster Weise die Spannungen zu konstruieren.

Wir wählen dazu die Ebene unseres Fachwerks als xy-Ebene und schreiben die Gleichung des Nullsystems dann so, daß seine Achse zur z-Achse wird: $(xy' - yx') + k(z - z') = 0$. Nun sei ein gewöhnliches Polyeder im Raume gegeben mit einer bestimmten Anzahl Ecken, Kanten und Seitenflächen. Dasselbe denken wir dann auf die xy-Ebene orthogonal projiziert. Diesen „Normalriß" des räumlichen Polyeders bezeichnen wir als *ebenes Diagramm.* Es wird keine Schwierigkeiten haben, auch bei ihm noch von Seitenflächen zu sprechen. Nun wollen wir zu dem Polyeder das reziproke Polyeder im Nullsystem bilden. Wir wissen, aus jeder Ecke wird eine Seitenfläche, aus jeder Seitenfläche eine Ecke, aus jeder Kante wieder eine Kante. Aus einem Tetraeder wird auf diese Weise wieder ein Tetraeder entstehen, aus einem Würfel dagegen ein Oktaeder. Das reziproke Polyeder projizieren wir nun ebenfalls senkrecht auf die x, y-Ebene und nennen seinen Normalriß das *reziproke Diagramm* des früheren. Jeder Kante des ersten Diagramms wird dann eine Kante des zweiten Diagramms entsprechen. *Kanten, die bei dem einen Diagramm in einer Ecke zusammenlaufen, umschließen in dem anderen Diagramm eine Seitenfläche und umgekehrt.*

---

[1]) *L. Cremona*: Opere matematiche 1—3 (Milano 1914—17), 3. Bd. S. 336.

Wir behaupten nun, daß die einander entsprechenden Kanten in den beiden Diagrammen einander parallel sind. Es sei eine Kante mit den Endpunkten x, y und x_1, y_1 in der ersten Abbildung gegeben, sie mögen die Projektionen der Raumpunkte x, y, z und x_1, y_1, z_1 sein. Der Ecke x, y, z entspricht nun die Ebene $(xy' - x'y) + k(z - z') = 0$, der Ecke x_1, y_1, z_1 ebenso $(x_1 y' - x' y_1) + k(z_1 - z') = 0$ (wo wir x', y', z' als laufende Koordinaten ansehen). Diese beiden Ebenen schneiden sich in der entsprechenden Kante des reziproken Polyeders, und deren Projektion auf die x, y-Ebene ergibt sich also leicht durch Elimination von z' aus den beiden letzten Gleichungen in der neuen Gleichung:

$$(x - x_1)y' - (y - y_1)x' + k(z - z_1) = 0.$$

Die ursprüngliche Verbindungslinie der Punkte x, y und x_1, y_1 ist dagegen durch die Gleichung:

$$(x - x_1)y' - (y - y_1)x' + (x'y - xy') = 0$$

gegeben. Aus den beiden letzten Gleichungsformen ersieht man die Richtigkeit der Behauptung, daß zwei reziproke Kanten der x, y-Ebene einander parallel laufen. *So oft daher bei einer Figur drei Kanten in einer Ecke zusammenlaufen, laufen die drei Parallelkanten der anderen Figur um eine Seitenfläche herum und umgekehrt.*

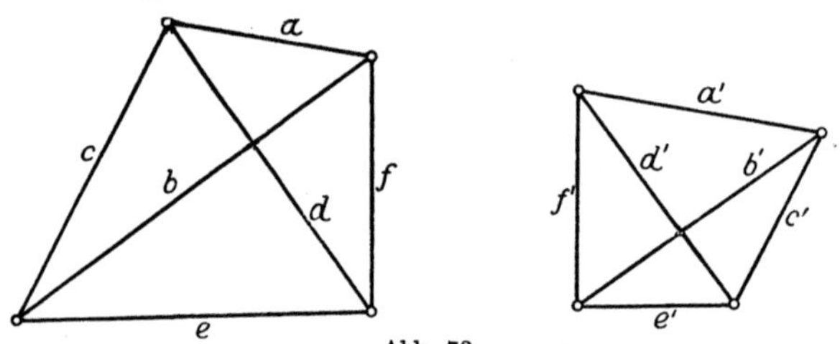

Abb. 73.

Diese Beziehung möge durch die Diagramme eines Tetraeders und eines reziproken Tetraeders in ihrer Lage zueinander veranschaulicht werden (Abb. 73).

Nun ist bekannt, daß n (z. B. drei) in einem Punkte angreifende Kräfte sich Gleichgewicht halten, wenn sich aus den sie darstellenden Strecken ein geschlossenes Polygon (ein Dreieck) zeichnen läßt, dessen Seiten den genannnten Strecken gleichsinnig parallel und gleich sind. Es ist dies der sogenannte Satz vom Kräftepolygon.

Wenn wir daher jetzt längs der Kante des einen Diagrammes (*I*) *Spannungen wirken lassen, die ihrer Größe nach durch die Längen der entsprechenden Kanten des anderen Diagramms* (*II*) *gegeben sind, dann wird unser erstes Diagramm unter dem Einfluß dieser Spannungen im Gleichgewicht sein.* Denn die Kräfte, die an der einzelnen Ecke des ersten Diagramms angreifen, halten sich immer das Gleichgewicht, weil die entsprechenden Stücke im zweiten Diagramm ein geschlossenes Polygon bilden.

Nur muß man stets auf das *Vorzeichen* der Spannung, d. h. auf die Richtung der Strecken in Abb. 73, II Rücksicht nehmen, was jedoch weiter keine Schwierigkeit bereitet.

Das Diagramm I in unserem Beispiel ist nun ein überbestimmtes Fachwerk; wir können uns jedoch etwa die Kante *d* fortdenken und dann die Spannung in ihr durch äußere Kräfte, die in den Endpunkten angreifen, ersetzen. *Haben wir daher für ein überbestimmtes Fachwerk einen Zustand der Selbstspannung gefunden, bei dem es im Gleichgewicht ist, so wird man hieraus, indem man einige Stäbe des überbestimmten Fachwerks wegläßt, den Schluß ziehen auf Gleichgewichtsspannungen in einem bestimmten Fachwerk, auf das bestimmte äußere Kräfte wirken.*

Dies ist das Verfahren der aus dem Nullsystem entstehenden reziproken Diagramme in der graphischen Statik. Wie diese Methode sich nun im einzelnen an bestimmte Beispiele anschmiegt, können wir hier natürlich nicht näher betrachten. Als ein neueres Lehrbuch über diesen Zweig der Statik sei genannt *F. Schur*: Vorlesungen über graphische Statik, Leipzig 1915.

Diese ganze Theorie soll uns hier nur ein Beispiel dafür sein, daß man Figuren in der Ebene unter Umständen besser überblickt, wenn man sie als Projektion räumlicher Figuren betrachtet.

Wir haben bisher von *linearen Punkttransformationen* gesprochen und gesehen, wie verschiedene Gebilde durch sie ineinander übergeführt werden können; wir haben ferner von der „linearen Invariantentheorie" gesprochen, deren Aufgabe es ist, solche Eigenschaften aufzusuchen, die bei den linearen Substitutionen unverändert bleiben. In dem gleichen Sinne wenden wir uns jetzt zu allgemeineren Abbildungen.

§ 54. Allgemeine analytische Punkttransformationen.

Wir betrachten jetzt Abbildungen, die durch die Formeln:

$$x' = \varphi(x, y, z),$$
$$y' = \psi(x, y, z),$$
$$z' = \chi(x, y, z)$$

gegeben seien. Die Funktionen φ, ψ, χ wollen wir zunächst als beliebige *analytische* Funktionen voraussetzen, *die in dem Raumstück, das wir gerade betrachten, regulär sind.* Später werden wir insbesondere *algebraische* und *rationale* Substitutionen betrachten und uns dann natürlich nicht mehr auf einen Teil des Raumes beschränken, sondern die Transformation des Gesamtraumes heranziehen. Durch Differentiation unserer Formeln erhalten wir nun die folgenden Gleichungen:

$$dx' = \frac{\partial\varphi}{\partial x}dx + \frac{\partial\varphi}{\partial y}dy + \frac{\partial\varphi}{\partial z}dz,$$

$$dy' = \frac{\partial\psi}{\partial x}dx + \frac{\partial\psi}{\partial y}dy + \frac{\partial\psi}{\partial z}dz,$$

$$dz' = \frac{\partial\chi}{\partial x}dx + \frac{\partial\chi}{\partial y}dy + \frac{\partial\chi}{\partial z}dz.$$

Wenn wir den Punkt x, y, z als fest ansehen und unser Augenmerk auf die Richtungskonstanten dx, dy, dz richten, so erkennen wir, *daß diese sich linear substituieren.* Diesen letzteren Satz hatten wir bereits früher in der Form ausgesprochen: *Im unendlich Kleinen ist jede analytische Substitution linear.* Dieser Satz ist natürlich nur mit Einschränkungen richtig. Man wird auf den Rang der Substitutionsdeterminante achten müssen, ob also die Substitutionsdeterminante des letzten Gleichungssystems von Null verschieden ist, oder doch eine oder mehrere ihrer ersten Unterdeterminanten oder ihre zweiten Unterdeterminanten, oder endlich, ob wenigstens die Elemente selbst nicht verschwinden. Im letzteren Falle, wenn alle Ableitungen wie $\partial\varphi : \partial x$ verschwinden, hat es dann überhaupt keinen Sinn, *Taylor*sche Entwicklungen mit den ersten Gliedern abzubrechen, sondern man wird zu höheren Gliedern gehen müssen. Da wird dann der Satz von der linearen Transformation im unendlich Kleinen bedeutungslos.

Die Substitutionsdeterminante der letzten Formeln (deren Elemente die partiellen Differentialquotienten der Funktionen φ, ψ, χ sind) pflegt man als *Funktionaldeterminante* oder auch als *Jacobische Determinante* der Funktionen φ, ψ, χ zu bezeichnen und wir werden in der Regel nur solche Stellen betrachten, an denen diese Funktionaldeterminante von Null verschieden ist.

Durch die Substitutionsformeln unsrer allgemeinen Gestalt für x', y', z' kann man offenbar im kleinen jede (reguläre) Fläche in jede andere, sowie jede (reguläre) Kurve in jede andere verwandeln. Man hat nur die Funktionen φ, ψ, χ entsprechend auszuwählen. Gibt es auch Gebilde, die schon im kleinen irgendwelche invariante Eigenschaften gegenüber solchen allgemeinen Substitutionen darbieten? Wir brauchen nur einen Blick auf die Differentialgleichungen und Differentialausdrücke zu werfen, um diese Frage bejahend zu beantworten.

Als die einfachsten Differentialausdrücke bieten sich die *linearen* dar, wie sie durch die Formel

$$\sum_1^n X_i\, dx_i$$

für n Veränderliche x_i gegeben werden, in der die X_i Funktionen der Veränderlichen x_i sein mögen.

Einen solchen linearen Differentialausdruck nennen wir schlechtweg einen Pfaffschen Ausdruck, weil er gleich Null gesetzt ein sogenanntes Pfaffsches Problem ergibt.

Die Gleichung

$$\sum_1^n X_i\, dx_i = 0$$

bezeichnen wir dementsprechend als *Pfaffsche Gleichung.*

Wir werden jetzt unsere Aufmerksamkeit insbesondre darauf richten, *welche Eigenschaften der Pfaffschen Ausdrücke gegenüber der Gesamtheit der Punkttransformationen invariant bleiben.*

Wie wir sogleich hier einfügen wollen, werden uns ein zweites, sehr wichtiges Beispiel die quadratischen Differentialausdrücke

$$\sum_{i,k} a_{ik}\, d x_i\, d x_k$$

geben, in denen die a_{ik} wieder Funktionen der x_i sind. Diese spielen eine hervorragende Rolle in sehr vielen Gebieten der Mathematik, wie in der Theorie der Flächenkrümmung, in der nicht-euklidischen Geometrie, endlich in der Mechanik und neuerdings in *Einsteins* Relativitätstheorie. Wir werden uns wieder zu fragen haben, was für invariante Eigenschaften solche Ausdrücke bei beliebiger Punkttransformation darbieten.

Um ganz allgemein zu sprechen, werden wir in solcher Weise eine *höhere Invariantentheorie* bekommen, in dieser können wir dann gerade so, wie in der gewöhnlichen Invariantentheorie der linearen Substitutionen, *Kovarianten, Invarianten schlechtweg, Kontravarianten* unterscheiden. Die Veränderlichen, die linear substituiert werden, sind jetzt die Differentiale $d x_i$. *Als Kovarianten bezeichnen wir demnach hier die Differentialausdrücke mit einer oder mehreren Reihen von Differentialen, etwa* $d x_1, d x_2, \ldots d x_n;\ \delta x_1, \delta x_2, \ldots \delta x_n$ *usw., die zu dem gegebenen Ausdruck in einer durch beliebige Punkttransformation unzerstörbaren Beziehung stehen. Invarianten dagegen sind Ausdrücke, die nur noch von den Veränderlichen* x_i *selbst abhängen und die Invarianzeigenschaft darbieten. Kontravarianten schließlich sind Ausdrücke dieser Eigenschaft, in denen die partiellen Differentialquotienten* $\partial \varphi : \partial x_i,\ \partial \psi : \partial x_i$ *usw. vorkommen.* Diese treten nämlich bei dem Vergleich mit den Kontravarianten der gewöhnlichen Invariantentheorie an die Stelle der Ebenenkoordinaten u_i.

§ 55. Klassifikation der Ausdrücke Pfaffs.

Wir beginnen jetzt mit dem *Pfaff*schen Ausdruck

$$\sum_1^n X_i\, d x_i\,,$$

wir können uns da sehr leicht eine Kovariante bilden. Wir gehen aus von der „Variation“

$$\delta\left(\sum X_i\, d x_i\right) = \sum\sum \frac{\partial X_i}{\partial x_k}\, d x_i\, \delta x_k + \sum X_i\, \delta d x_i\,,$$

der wir die andere Gleichung hinzufügen, die sich durch Vertauschung der d- und δ-Operation ergibt:

$$d\left(\sum X_k\, \delta x_k\right) = \sum_{i,k} \frac{\partial X_k}{\partial x_i}\, d x_i\, \delta x_k + \sum X_i\, d\, \delta x_i\,.$$

Durch Subtraktion beider Gleichungen erhalten wir, wenn die Operationen d und δ miteinander vertauschbar sind[1]):

$$\delta\left(\sum X_i\, dx_i\right) - d\left(\sum X_k\, \delta x_k\right) = \sum_{i,k} [ik]\, dx_i\, \delta x_k,$$

wo

$$[i,k] = \frac{\partial X_i}{\partial x_k} - \frac{\partial X_k}{\partial x_i}$$

gesetzt ist. Dieser Ausdruck

$$\sum_{i,k} [i,k]\, dx_i\, \delta x_k$$

ist dann eine Kovariante des Pfaffschen Ausdrucks, und zwar werden wir ihn als eine „*bilineare*", „*schiefe*" Kovariante bezeichnen, da einerseits die Differentiale dx_i und δx_k als unabhängige Veränderliche zu gelten haben und andererseits für die Koeffizienten die Bedingung $[i, k] = -[k, i]$ besteht. Seine Invarianz folgt unmittelbar daraus, daß unser neuer Ausdruck aus dem *Pfaff*schen Ausdruck durch Variation (Differentiation) gewonnen wird, und weil Variation etwas ist, was unabhängig vom Koordinatensystem seine Bedeutung hat.

An dieser Kovariante wollen wir uns nun gleich klarmachen, daß keineswegs alle *Pfaff*schen Ausdrücke durch Punkttransformationen ineinander übergeführt werden können, daß es vielmehr invariante Unterschiede für sie gibt. Soll etwa $\Sigma X_i dx_i$ das vollständige Differential dF einer Funktion F sein, so muß

$$\frac{\partial X_i}{\partial x_k} - \frac{\partial X_k}{\partial x_i} = 0$$

sein für alle Kombinationen i, k; andererseits ist diese Bedingung zugleich auch hinreichend, um auf ein vollständiges Differential zu schließen. Dies besagt aber für unsere Kovariante ihr identisches Verschwinden. Dies braucht nun offenbar keineswegs stets einzutreten. *Die Pfaffschen Ausdrücke gliedern sich dementsprechend je nach dem Verschwinden unserer Kovariante in solche, die vollständige Differentiale sind, und solche, die es nicht sind.*

Wie steht es aber mit der weiteren Einteilung der Pfaffschen Ausdrücke? Was die allgemeine Theorie betrifft, so sind die fast gleichzeitigen Arbeiten von *Lie* und *Frobenius* zu nennen. Die Arbeit von *Lie* befindet sich in Bd. 2 des norwegischen Archivs für Math. und Naturw. (1877), die Arbeit von *Frobenius* dagegen in Crelles Journal Bd. 82. Wir wollen die Ergebnisse, die dort abgeleitet werden, in der Fassung von *Frobenius* anführen, ohne auf ihren Beweis einzugehen. Sie kommen darauf hinaus, den *Pfaff*schen Ausdruck und seine Kovariante kurzweg so zu untersuchen, als ob die Differentiale darin die Veränderlichen und ihre Koeffizienten konstant wären. Dann hat man genau zu verfahren, als ob man

---

[1]) Man kann nämlich die x_i und damit auch die X_i als Funktionen zweier Veränderlicher u, v ansehen und mit d die Teilableitung nach u, mit δ die nach v bezeichnen.

algebraische Formen vor sich hätte. *Und diese Frage, wann zwei Pfaffsche Ausdrücke durch Punkttransformationen ineinander überführt werden können, kommt darauf hinaus, daß man untersucht, wann eine schiefe bilineare Form und eine lineare Form mit konstanten Koeffizienten durch lineare Transformation der Veränderlichen ineinander übergeführt werden können.*

Auch hier ist also die lineare Invariantentheorie das schließlich Ausschlaggebende.

Die algebraische Frage führt nun zu folgendem Kriterium:

Man bilde sich zuerst die *Matrix der bilinearen Form*:

$$\left|\begin{matrix} 0 & [1,2] & [1,3]\dots[1,n] \\ [2,1] & 0 & [2,3]\dots[2,n] \\ [3,1] & [3,2] & 0 \quad \dots\dots\dots \\ \dots & \dots & \dots \\ [n,1] & \dots\dots & 0 \end{matrix}\right|,$$

die wir mit A bezeichnen. Sie ist *schief*, da die zur Diagonale symmetrischen Glieder entgegengesetzt gleich und die Diagonalglieder Null sind. Dann rändere man diese Matrix mit den Koeffizienten X_i, ohne ihren schiefen Charakter aufzugeben. Man erhält so die zweite Matrix:

$$\left|\begin{matrix} 0 & [1,2] & \dots & [1,n] & X_1 \\ [2,1] & 0 & \dots & \dots & X_2 \\ \vdots & & & & \\ [n,1] & \dots & \dots & 0 & X_n \\ -X_1 & -X_2 & \dots & -X_n & 0 \end{matrix}\right|,$$

die wir B nennen wollen. Nun kommt es auf den Rang dieser Matrizen A und B an. Wir haben uns nämlich zu fragen, ob die Determinanten identisch verschwinden, im bejahenden Falle, ob auch ihre sämtlichen ersten Unterdeterminanten identisch verschwinden, usw. in der bekannten Weise. Dabei gilt der Satz der Determinantentheorie, *daß bei einer schiefen Matrix die höchsten nicht verschwindenden Unterdeterminanten sicher von einem geraden Grade sind.* Den Grad der höchsten nicht verschwindenden Unterdeterminanten, also den Rang der Matrix, bezeichnen wir jetzt bei A mit $2r$, wobei $2r \leqq n$ ist. Dann zeigt nun die nähere Untersuchung, daß bei B der Rang gleich $2r$ oder gleich $2r + 2$ ist. Wir bilden uns nun aus diesen beiden für A und B kennzeichnenden Zahlen das arithmetische Mittel, das gleich $2r$ oder $2r + 1$ wird.

Es zeigt sich nun, daß ein Pfaffscher Ausdruck in seinem Verhalten gegen Punkttransformationen durch den Charakter $2r$ oder $2r + 1$ vollkommen festgelegt ist, so daß Ausdrücke von demselben Charakter ineinander transformierbar sind, zwei Ausdrücke von verschiedenem Charakter aber niemals.

Man hat nun für die Pfaffschen Ausdrücke von bestimmtem Charakter Normalformen aufgestellt, und zwar hat man für den *Charakter $2r$ als Normalform*:

$$z_{r+1}\,dz_1 + \cdots + z_{2r}\,dz_r$$

und für den *Charakter* $2r+1$ *als Normalform*:

$$dz_0 + z_{r+1}\,dz_1 + \cdots + z_{2r}\,dz_r$$

gewählt, wo also $2r$ *und* $2r+1$ *Veränderliche auftreten.*

Um dies etwas auszuführen:

Der niedrigste Charakter, den es überhaupt gibt, ist *der Charakter 1,* er liefert die *Normalform* dz_0, entspricht also dem Falle, in dem der *Pfaff*sche Ausdruck ein vollständiges Differential ist. Nun kommt der Charakter 2: für ihn findet sich als *Normalform* $z_2\,dz_1$, die mit $1 : z_2$ multipliziert in die Form des vorhergehenden Falles übergeht. Der Charakter 2 bezieht sich also darauf, daß der *Pfaff*sche Ausdruck durch einen geeigneten Multiplikator in ein vollständiges Differential umgewandelt werden kann. Dies läßt sich nun sofort verallgemeinern:

Der Charakter $2r$ *besagt immer, daß der Pfaffsche Ausdruck durch einen geeigneten Multiplikator in einen andern Pfaffschen Ausdruck verwandelt werden kann, der zum Charakter* $2r-1$ *gehört.*

Gehen wir von dem *Pfaff*schen Ausdrucke zu der *Pfaff*schen Gleichung über, so ändert ein hinzugefügter Faktor nichts: *es fallen daher, was die Pfaffschen Gleichungen angeht, die Charaktere* $2r$ und $2r-1$ *zusammen.*

Nehmen wir ferner das folgende Beispiel. Man erinnere sich, daß der gewöhnliche lineare Komplex des Nullsystems durch die Gleichung gegeben wird:

$$xy' - x'y + k(z - z') = 0.$$

Durch sie wird jedem Punkte eine Ebene zugeordnet, die den Punkt selbst enthält. Nun setzen wir $x' = x + dx$, $y' = y + dy$, $z' = z + dz$, indem wir uns auf die Umgebung des Punktes x, y, z beschränken. Dann erhalten wir die Gleichung $x\,dy - y\,dx - k\,dz = 0$ oder, indem wir statt x, y, z jetzt x_1, x_2, x_3 schreiben, $(-x_2)\,dx_1 + x_1 dx_2 - k\,dx_3 = 0$. Dies ist eine *Pfaff*sche Gleichung, wie wir schon früher bemerkt haben. In ihr entsprechen die Koeffizienten $-x_2, x_1, -k$ unserer früheren Bezeichnung X_1, X_2, X_3. Wir bilden uns nun für diesen Fall die Matrizen A und B. Zunächst wird

$$A = \begin{vmatrix} 0 & -2 & 0 \\ +2 & 0 & 0 \\ 0 & 0 & 0 \end{vmatrix}$$

Die Determinante wird selbst gleich 0; doch haben wir die zweigliedrige Unterdeterminante

$$\begin{vmatrix} 0 & -2 \\ +2 & 0 \end{vmatrix} = 4,$$

so daß der Rang gleich zwei ist. Die Determinante von B dagegen wird gleich

$$|B| = \begin{vmatrix} 0 & -2 & 0 & -x_2 \\ +2 & 0 & 0 & +x_1 \\ 0 & 0 & 0 & +k \\ +x_2 & -x_1 & -k & 0 \end{vmatrix} = 4k^2,$$

d. h. $|B|$ ist selbst von 0 verschieden und demnach der Rang $2r + 2 = 4$, in Übereinstimmung mit unseren früheren Angaben. Bilden wir aus beiden Werten das arithmetische Mittel, so finden wir, die linke Seite unserer *Pfaff*schen Gleichung hat den Charakter Drei. Hieraus folgt aber, daß sie sich in die Normalform setzen lassen muß $dz_0 + z_2\,dz_1$, und wirklich gelingt dies leicht, wenn wir schreiben:

$$d(-x_1x_2 - kx_3) + 2x_1\,dx_2$$

und dann für $d(-x_1x_2 - kx_3)$, $2x_1$, dx_2 entsprechend dz_0, z_2, dz_1 setzen.

Was wir hier für den *Pfaff*schen Ausdruck vom Charakter 3 im Nullsystem anschaulich vor Augen sehen, ist leider nicht in gleicher Weise für *Pfaff*sche Gleichungen von höherem Charakter mit der gewöhnlichen Punktgeometrie unseres Raumes zu erreichen, vielmehr werden wir zu dem Zweck in höhere Räume gehen oder an Stelle der Punkte als Element höhere Gebilde wählen müssen. Hierzu wird sich später Anlaß bieten.

§ 56. Das Problem von Pfaff.

Was ist nun das *Pfaff*sche *Problem?* Wir haben in ihm eine Aufgabe der Integralrechnung zu sehen, die sich an die *Pfaff*sche Gleichung $\Sigma X_i\,dx_i = 0$ anschließt. Der geometrische Sinn dieser Gleichung ist doch, daß jedem Punkte des Raumes eine durch ihn gehende Ebene zugeordnet wird. Es kommt nun darauf an, die Punkte des Raumes so zu bestimmten Mannigfaltigkeiten zusammenzufassen, zu Kurven, Flächen usw., daß diese in jedem ihrer Punkte von der zugehörigen Ebene berührt werden. *Das Pfaffsche Problem insbesondere verlangt, wenn wir es in einer alle Fälle umfassenden Weise bestimmen wollen, die höchst ausgedehnten Mannigfaltigkeiten zu bestimmen, die sich mit dieser Eigenschaft durch den n-dimensionalen Raum hindurchziehen.*

Nun will ich wieder historisch anführen, wie groß denn die Maximaldimension dieser zu suchenden Mannigfaltigkeiten, die wir als „Integralmannigfaltigkeiten" bezeichnen können, sein wird.

Sie beträgt für einen geraden Charakter $2r$ wie für den ungeraden $2r - 1$ stets $n - r$. (Beispielsweise können wir daher beim linearen Komplex des dreidimensionalen Raumes nur eindimensionale Mannigfaltigkeiten verlangen, d. h. Integralkurven).

Nun will ich Ihnen an den Normalformen der *Pfaff*schen Ausdrücke zeigen, daß in der Tat solche Integralmannigfaltigkeiten vorhanden sind, mich jedoch hierbei auf gerade Charaktere beschränken. Der Fall eines ungeraden Charakters $2r - 1$ ist ja implizite gleich mit erledigt, da sich ein *Pfaff*scher Ausdruck von dem für $2r$ auftretenden nur um einen Multiplikator unterscheidet. Wir haben die Gleichung

$$z_{r+1}\, dz_1 + \cdots + z_{2r}\, dz_r = 0$$

vorliegen. Es gibt nun verschiedene Serien von Integralmannigfaltigkeiten, die wir der Reihe nach anführen wollen.

1. Wir gehen aus von der Gleichung $f_1(z_1, z_2, \cdots z_r) = 0$, worin f_1 eine willkürliche Funktion ist. Die höheren Veränderlichen sollen sich nun verhalten wie die partiellen Ableitungen von f_1, d. h.

$$z_{r+1} : z_{r+2} : \cdots : z_{2r} = \frac{\partial f_1}{\partial z_1} : \frac{\partial f_1}{\partial z_2} : \cdots : \frac{\partial f_1}{\partial z_r}.$$

Diese r Gleichungen befriedigen offenbar die *Pfaff*sche Gleichung. Sie legen uns im R_n eine Mannigfaltigkeit von $n - r$ Dimensionen fest.

2. Wir können aber auch von zwei Gleichungen ausgehen:

$$f_1(z_1, z_2, \cdots z_r) = 0,$$
$$f_2(z_1, z_2, \cdots z_r) = 0$$

und dann

$$\varrho\, z_{r+\nu} = \frac{\partial f_1}{\partial z_\nu} + \lambda \frac{\partial f_2}{\partial z_\nu}$$

setzen, wo λ ein neuer willkürlicher Parameter sein soll. Auch diese Gleichungen ergeben ein Gebilde von $n - r$ Dimensionen, das der *Pfaff*schen Gleichung genügt, d. h. eine Integralmannigfaltigkeit.

3. So können wir nun fortfahren und schließlich r Gleichungen voranstellen:

$$f_1(z_1, \cdots z_r) = 0; \quad f_2(z_1, \cdots z_r) = 0; \quad \cdots f_r(z_1, \cdots z_r) = 0$$

und dann

$$\varrho\, z_{r+\nu} = \frac{\partial f_1}{\partial z_\nu} + \lambda \frac{\partial f_2}{\partial z_\nu} + \mu \frac{\partial f_3}{\partial z_\nu} + \cdots$$

setzen, worin die $\lambda, \mu, \ldots$ wieder Parameter bezeichnen.

Die sämtlichen Integralmannigfaltigkeiten von der Dimension $n - r$, die es beim Charakter $2r$ gibt, erscheinen so, wenn man die Normalform des Pfaffschen Ausdrucks zugrunde legt, auf diese r verschiedenen Formelgruppen verteilt.

Man muß sich vorstellen, daß alle diese Integralmannigfaltigkeiten an sich gleichberechtigt sind und nur gegen die Veränderlichen der zugrunde gelegten Normalform verschieden orientiert sind.

Ein neueres Werk, in dem man sich über das besprochene Problem und seine Weiterbildungen unterrichten kann, stammt von *E. Goursat*: Leçons sur le problème de Pfaff, Paris 1922. Vgl. auch *E. Cartan*: Leçons sur les invariants intégraux, Paris 1922.

§ 57. Einführung quadratischer Differentialformen durch Gauß.

Wir wenden uns jetzt zu den *quadratischen Differentialformen*

$$\Sigma a_{ik}\, d x_i\, d x_k,$$

und zwar wollen wir ihre Theorie in ihrer allmählichen geschichtlichen Entwicklung schildern.

Ihren Ursprung nimmt sie für den Fall zweier Veränderlichen in den „Disquisitiones generales circa superficies curvas" 1827 von *Gauß*. Die Art der Einführung der quadratischen Differentialausdrücke darin ist leicht zu verstehen. *Gauß* setzt die Koordinaten einer Fläche gleich Funktionen zweier Parameter u, v, also

$$x = \varphi(u, v),$$
$$y = \psi(u, v),$$
$$z = \chi(u, v).$$

Wenn wir nun die Differentiale dx, dy, dz bilden und dann aus ihnen das Quadrat des Bogenelementes auf der Fläche zusammensetzen, so erhalten wir:

$$ds^2 = dx^2 + dy^2 + dz^2 = E du^2 + 2F du dv + G dv^2,$$

wo E, F, G die bekannten Abkürzungen sind:

$$E = \left(\frac{\partial x}{\partial u}\right)^2 + \left(\frac{\partial y}{\partial u}\right)^2 + \left(\frac{\partial z}{\partial u}\right)^2,$$

$$F = \frac{\partial x}{\partial u}\cdot\frac{\partial x}{\partial v} + \frac{\partial y}{\partial u}\cdot\frac{\partial y}{\partial v} + \frac{\partial z}{\partial u}\cdot\frac{\partial z}{\partial v},$$

$$G = \left(\frac{\partial x}{\partial v}\right)^2 + \left(\frac{\partial y}{\partial v}\right)^2 + \left(\frac{\partial z}{\partial v}\right)^2.$$

Das Quadrat des Bogenelementes wird also eine quadratische Form der Differentiale du, dv. Im reellen und regulären Fall wird sie positiv definit sein. Die Differentialgleichung $ds^2 = 0$ bestimmt die auf der Fläche verlaufenden *isotropen' Linien.*

Hieran knüpft nun die weitere Untersuchung in doppelter Richtung an.

a) Man kann einmal dieselbe Fläche doch auch noch auf unendlich viele andere Arten durch zwei Parameter darstellen. Man braucht nur zu setzen $u_1 = f_1(u, v)$, $v_1 = f_2(u, v)$ und dann die Koordinaten x, y, z durch die neuen Parameter u_1, v_1 auszudrücken. Hierbei geht der Ausdruck für ds^2 über in $E_1 du^2_1 + 2F_1 du_1 dv_1 + G_1 dv_1{}^2$. Nun wird die Frage sein, was haben die beiden Formen für ds^2 gemein, mit anderen Worten, welches sind die Eigenschaften des einzelnen ds^2, die bei einer solchen Transformation invariant bleiben? Wie kann man insbesondere umgekehrt an zwei solchen quadratischen Formen sehen, daß sie durch eine geeignete „Punkttransformation" $u_1 = f_1$, $v_1 = f_2$ ineinander übergeführt werden können?

b) Die zweite Untersuchungsrichtung behandelt die Frage, wie viele Flächen es für dasselbe Bogenelement ds^2 gibt. Solche Flächen nennt man dann aufeinander *abwickelbar*; die eine entsteht aus der anderen durch einfache *Biegung*.

Während daher unter a) die Fläche unverändert bleibt und die Parameter u, v transformiert werden, hält man hier unter b) den Ausdruck für das Bogenelement fest und die Fläche wird durch Biegung in ihrer Gestalt geändert. Wir hier interessieren uns natürlich insbesondere für die Fragestellung a).

Die Invarianten und Kovarianten, die diese quadratische Differentialform $E\,du^2 + 2F\,du\,dv + G\,dv^2$ gegenüber beliebiger Transformation der u, v besitzen mag, nennt man übrigens geradezu *Biegungsinvarianten* und *Biegungskovarianten*, weil sie ja für alle Biegungsflächen dieselbe Bedeutung haben wie für die ursprüngliche Fläche.

Das Ergebnis der Gaußschen Arbeit besteht nun, was die Fragestellung a) angeht, darin, daß er eine erste wichtige Biegungsinvariante gefunden hat, indem er zeigt, daß das Krümmungsmaß $K = 1 : \varrho_1 \varrho_2$ *aus den Größen* E, F, G *und ihren Differentialquotienten erster und zweiter Ordnung nach den* u, v *berechnet werden kann.*

Daß dieser Ausdruck in der Tat eine Invariante darstellt, folgt bei dieser Ableitung unmittelbar daraus, daß er unabhängig von den Parametern u, v seine geometrische Bedeutung besitzt. Wenn man eine Fläche biegt, ohne sie zu dehnen, dann wird also das Krümmungsmaß K für alle Punkte ungeändert bleiben. Man kann an einfachen Flächenmodellen aus Papier oder dünnem Blech sich leicht diese Verhältnisse anschaulich vorführen[1]).

Wie das Krümmungsmaß K sich aus den E, F, G und ihren Ableitungen aufbaut, wollen wir später anführen. Doch sei kurz auf die Flächen hingewiesen, die in allen ihren Punkten dasselbe Krümmungsmaß darbieten. *Es zeigt sich, daß alle Flächen desselben festen Krümmungsmaßes im Kleinen aufeinander abwickelbar sind, und daß insbesondere jede Fläche festen Krümmungsmaßes auf sich selbst (mit drei Freiheitsgraden) verbiegbar ist,* so wie wir dies von der Ebene und der Kugel, die uns einfache Beispiele für solche Flächen bieten, von Haus aus wissen. Selbstverständlich ist die Konstanz des Krümmungsmaßes auch eine *notwendige* Bedingung für diese Verbiegbarkeit in sich.

§ 58. Beltramis Differentiatoren.

Wir haben nun von einfachen Biegungsgrößen zu sprechen, die *E. Beltrami* (geb. 1835 in Cremona, gest. Rom 1900)[2]) in die Wissenschaft

---

[1]) Über die Entdeckung der Invarianz von K, des „theorema egregium" vergleiche man *P. Stäckel:* C. F. Gauß als Geometer, Leipzig 1918.

[2]) Vgl. *E. Beltrami*: Opere matematiche, Bd. 1—3, Milano 1902—1911, *Cremonas* Nachruf in Bd. 1.

eingeführt hat, zuerst in der vielgenannten Arbeit: „*Ricerche di analisi applicata alla geometria*" in dem Giornale di Matematiche Bd. 2, 3 (1864, 65); Opere I, S. 107. Über diese Untersuchungen hat *Beltrami* selbst bei Gelegenheit in den Math. Annalen Bd. 1 (1869) einen zusammenfassenden Bericht erstattet, „Zur Theorie des Krümmungsmaßes" überschrieben.

Beltrami stellt vor allem zwei Biegungskontravarianten auf, die er Differentialparameter nennt (vielleicht sagt man besser „*Differentiatoren*"), d.h. Ausdrücke, in denen die partiellen Differentialquotienten einer Funktion $\Phi(u, v)$ vorkommen. Er schließt sich dabei an *Lamé* an, der diese Größen vorher im Falle des dreidimensionalen Bogenelements $dx^2 + dy^2 + dz^2$ schon besessen hatte, wie wir sogleich noch anführen werden.

Diese beiden Differentiatoren *Beltramis*, die er mit $\Delta_1\Phi$ und $\Delta_2\Phi$ bezeichnet, wo Φ irgendeine Funktion der Parameter u, v ist, werden so erklärt:

$$\Delta_1 \Phi(u, v) = -\frac{\begin{vmatrix} E & F & \Phi_u \\ F & G & \Phi_v \\ \Phi_u & \Phi_v & 0 \end{vmatrix}}{\begin{vmatrix} E & F \\ F & G \end{vmatrix}}$$

und

$$\Delta_2\Phi(u, v) = \frac{1}{\sqrt{EG - F^2}}\left\{\frac{\partial}{\partial u}\left(\frac{G\Phi_u - F\Phi_v}{\sqrt{EG - F^2}}\right) + \frac{\partial}{\partial v}\left(\frac{E\Phi_v - F\Phi_u}{\sqrt{EG - F^2}}\right)\right\}.$$

Darin bedeutet z. B. $\Phi_u = \partial\Phi : \partial u$. Die erste Gleichung unterliegt ja einem einfach zu erkennenden Bildungsgesetz, während die zweite Gleichung weniger leicht zu übersehen ist. Die Behauptung ist, daß diese beiden Ausdrücke Δ_1 und Δ_2 Kontravarianten sind, d. h. eine von der Auswahl der Parameter u, v unabhängige Bedeutung darbieten.

Wir denken den Invarianzbeweis geführt und fragen uns nach dieser Bedeutung. Was $\Delta_1\Phi$ betrifft, so wollen wir das Kurvensystem auf der Fläche betrachten, das durch die Bedingung $\Phi =$ konst. geliefert wird. Indem wir dann diese Konstante als einen Parameter und die Bogenlänge auf den Kurven als zweiten Parameter an Stelle von u, v eingeführt denken, geht die Definitionsgleichung für $\Delta_1\Phi(u, v)$, wie sich durch eine einfache Rechnung ergibt, über in $\Delta_1\Phi = \Phi_n{}^2$, wo unter $\Phi_n = \partial\Phi : \partial n$ die Ableitung in der Richtung der Normalen der Kurven $\Phi =$ konst. auf der Fläche verstanden ist.

Der erste Differentiator gibt daher das Quadrat der Größe an, die man als das „Gefälle" der Funktion Φ an der betreffenden Stelle bezeichnen kann.

Setzen wir $\Delta_1\Phi = 1$, so erhalten wir insbesondere solche Kurvenscharen, die überall das Gefälle Eins haben; solche Kurven nennt man *Parallel-Kurven*, da je zwei benachbarte Kurven $\Phi = C$ und $\Phi = C + dC$ längs ihrer ganzen Erstreckung die feste Entfernung dC voneinander haben.

Nicht so einfach ist die Bedeutung des Differentiators $\Delta_2\Phi$. Wir wollen daher auch nicht im einzelnen darauf eingehen, uns vielmehr mit dem bestimmten Satz begnügen: $\Delta_2 \Phi = 0$ *ist die partielle Differentialgleichung der Potentialfunktionen auf der Fläche*[1]).

Mit den Differentiatoren $\Delta_1 \Phi$ und $\Delta_2 \Phi$ beherrscht nun *Beltrami* die ganze Geometrie auf den krummen Flächen, soweit sie allein von ds^2 abhängt, d. h. allen Biegungsflächen gemeinsam ist. Wir wollen hierfür einige Beispiele anführen.

a) Es sei angenommen, daß wir eine Lösung der Gleichung $\Delta_1 \Phi = 1$ mit einem willkürlichen Parameter λ, also $\Phi(u, v; \lambda)$, gefunden hätten. Wir geben dann dem Parameter die beiden benachbarten Werte λ und $\lambda + d\lambda$ und betrachten die beiden Kurvenscharen $\Phi(\lambda) = C$ und $\Phi(\lambda + d\lambda) = C + dC$, deren einzelne Kurven natürlich nur unendlich wenig voneinander verschieden verlaufen. Wenn wir $\Phi(\lambda + d\lambda) = C + dC$ nach Potenzen von $d\lambda$ entwickelt denken und mit dem Gliede $d\lambda$ abbrechen, so treten an Stelle der eben genannten die folgenden beiden Gleichungen: $\Phi = C$ und $\delta\Phi : \delta\lambda = C_\lambda$, wo C_λ eine neue Konstante bedeuten wird. Der geometrische Ort für die Schnittpunkte entsprechender Kurven aus den beiden Scharen $\Phi(\lambda) = C$ und $\Phi(\lambda + d\lambda) = C + dC$ ist hier durch die letztere Gleichung $\partial\Phi : \partial\lambda = C_\lambda$ gegeben. Die Behauptung ist: *Dieser geometrische Ort ist eine geodätische Linie und man kann durch Abänderung der beiden Parameter λ und C_λ alle genügend benachbarten geodätischen Linien der Fläche erhalten.* Dabei ist natürlich vorauszusetzen, daß $\Phi(u, v; \lambda)$ den Parameter λ nicht additiv enthält, also nicht die Gestalt hat $\Phi = \Phi(u, v) + g(\lambda)$.

Wir wollen für diesen wichtigen Satz, der insbesondere in der Mechanik seine allgemeine Anwendung findet, einen Beweis skizzieren.

Wir haben also zu zeigen, daß die Kurven, die die Gleichung $\Phi_\lambda(u, v; \lambda) = \text{konst.}$ befriedigen, geodätisch sind. Greifen wir einen festen Wert von λ heraus und zeigen wir zunächst, daß die Kurven $\Phi_\lambda = \partial\Phi : \partial\lambda = \text{konst.}$ die Schar der Parallelkurven $\Phi = \text{konst.}$, die zu demselben Wert von λ gehört, senkrecht durchschneidet. Nach Voraussetzung ist

$$\Delta_1 \Phi(u, v; \lambda) = -\frac{\begin{vmatrix} E & F & \Phi_u \\ F & G & \Phi_v \\ \Phi_u & \Phi_v & 0 \end{vmatrix}}{\begin{vmatrix} E & F \\ F & G \end{vmatrix}} = 1$$

und daraus folgt durch Teilableitung nach λ

$$-\frac{\begin{vmatrix} E & F & \Phi_{\lambda u} \\ F & G & \Phi_{\lambda v} \\ \Phi_u & \Phi_v & 0 \end{vmatrix}}{\begin{vmatrix} E & F \\ F & G \end{vmatrix}} = \Delta_1(\Phi, \Phi_\lambda) = 0 .$$

---

[1]) Vgl. etwa *W. Blaschke*: Differentialgeometrie Bd. **1**, 2. Aufl. (1924), §§ **66**, **67**.

Die Bedeutung dieser invarianten Beziehung ist aber gerade die Orthogonalität der Kurvenscharen $\Phi =$ konst. und $\Phi_\lambda =$ konst. Zunächst nämlich folgt die Invarianz der Beziehung $\Delta_1(\Phi, \Phi_\lambda) = 0$ einfach daraus, daß die „gemischte Differentiation" $\Delta_1(\Phi, \Phi_\lambda)$ die Polarenbildung von $\Delta_1(\Phi)$ ist. Führt man ferner für den Augenblick etwa orthogonale Parameter Φ, Ψ an Stelle von u, v ein, so folgt aus unsrer Gleichung, wenn wir $ds^2 = E^* d\Phi^2 + G^* d\Psi^2$ setzen,

$$\begin{vmatrix} E^* & 0 & \Phi_{\lambda\Phi} \\ 0 & G^* & \Phi_{\lambda\Psi} \\ 1 & 0 & 0 \end{vmatrix} = 0$$

oder $\Phi_{\lambda\Phi} = 0$ oder endlich $\Phi_\lambda = f(\Psi)$, worin die behauptete Orthogonalität liegt. In den neuen Parametern Φ, Ψ bekommt die invariante Gleichung $\Delta_1 \Phi = 1$ die Gestalt $E^* = 1$, d. h. unser Bogenelement hat die Form von *Gauß* $ds^2 = d\Phi^2 + G^* d\Psi^2$, aus der man die Parameterlinien $\Psi =$ konst, oder, was dasselbe ist, $\Phi_\lambda =$ konst. als geodätisch erkennt.

b) Eine weitere Anwendung der Differentiatoren ist die folgende: Wenn eine beliebige Kurve auf der Fläche gegeben ist, so spricht man von der „*geodätischen Krümmung*" in einem beliebigen Punkte der Kurve. Man versteht darunter die gewöhnliche Krümmung der ebenen Kurve, die durch senkrechte Projektion der Flächenkurve auf die Tangentenebene an der betreffenden Stelle entsteht. Für diese geodätische Krümmung der Kurven $\Phi =$ konst. findet *Beltrami*:

$$\frac{1}{\Gamma} = -\frac{\Delta_2 \Phi}{\sqrt{\Delta_1 \Phi}} - \Delta_1\left(\Phi, \frac{1}{\sqrt{\Delta_1 \Phi}}\right)$$

Darin bedeutet

$$\Delta_1(\Phi, \Psi) = -\frac{\begin{vmatrix} E & F & \Phi_u \\ F & G & \Phi_v \\ \Psi_u & \Psi_v & 0 \end{vmatrix}}{\begin{vmatrix} E & F \\ F & G \end{vmatrix}}$$

wieder den „gemischten" ersten Differentiator, der durch Polarenbildung aus dem ersten entsteht.

c) Ferner findet sich als Formel für das *Gauß*ische Krümmungsmaß in einem Punkte der Fläche:

$$K = 3\,(\Delta_2 \log \varrho)_{\varrho=0},$$

wo unter ϱ die geodätische Entfernung, die von dem Punkte der Fläche aus gemessen wird, zu verstehen ist.

Auf solche Weise beherrscht man mit Hilfe der Differentiatoren die verschiedenen Biegungsgrößen der Fläche. Wirklich sind ja die von uns betrachteten Ausdrücke bei beliebiger Biegung invariant, weil sie auf invariante Art berechnet sind.

Wir werden nun die Differentiatoren Δ_1 und Δ_2 auf mehr als zwei Dimensionen übertragen. An Stelle der Parameter u, v mögen die n Veränderlichen x_i treten. Wenn dann

$$ds^2 = \sum_{i,k} a_{ik}\, d x_i\, d x_k$$

ist, dann wird $\Delta_1 \Phi$ sich so erklären lassen

$$\Delta_1 \Phi = -\frac{\begin{vmatrix} a_{ik} & \frac{\partial \Phi}{\partial x_i} \\ \frac{\partial \Phi}{\partial x_k} & 0 \end{vmatrix}}{|a_{ik}|}$$

d. h. im Nenner des Ausdrucks steht die Determinante der Koeffizienten unserer quadratischen Form, während sie im Zähler mit den partiellen Ableitungen der Funktion Φ gerändert zu denken ist. Wie sich der Differentiator Δ_2 verallgemeinert, wollen wir hier beiseite lassen, da die Formeln verwickelt ausfallen. Dafür geben wir einige historische Bemerkungen.

Wir haben da zunächst von *Lamés* „*Coordonnées curvilignes*“ zu sprechen, woselbst der gewöhnliche Raum mit seinen Geraden als geodätischen Linien untersucht wird. *Lamé* führt da für x, y, z beliebige krummlinige Koordinaten ein, ersetzt also: $x = \varphi(u, v, w)$, $y = \psi(u, v, w)$, $z = \chi(u, v, w)$ wobei übrigens *Lamé* durchweg Orthogonalkoordinaten bevorzugt. Das Quadrat des Bogenelementes $ds^2 = dx^2 + dy^2 + dz^2$ verwandelt sich dann in eine quadratische Form der du, dv, dw. In bezug auf diese stellt er dann die Differentiatoren Δ_1 und Δ_2 auf. *Die Untersuchungen Lamés gehen zwar denen von Beltrami voran, doch sind sie minder allgemein, weil seine quadratischen Formen nach ihrem Ursprunge eben ganz speziell sind, nämlich durch Wiedereinführung der* x, y, z *in die Gestalt* $dx^2 + dy^2 + dz^2$ *gebracht werden können.* Die völlig allgemeinen Betrachtungen mit n Veränderlichen hat *Beltrami* 1868 ausgeführt in den Memorie di Bologna 2. serie, 8. Bd. in der Arbeit „Sulla teorica generale dei parametri differenziali“; Opere II, S. 74.

Beltrami bemerkt dabei, daß die so erweiterte Theorie in der Mechanik ganz unmittelbar bei der sogenannten *Hamiltonschen Theorie* zur Geltung kommt. Wir wollen, was diesen Zusammenhang angeht, die Hauptpunkte doch durch bestimmte Sätze festlegen.

Es zeigt sich nämlich, daß bei den gewöhnlichen Aufgaben der Mechanik eine quadratische Form von n Veränderlichen im Mittelpunkte steht. n bedeutet dabei die Anzahl der Grade der Freiheit, die das mechanische System besitzt. Denken wir diese quadratische Form als das Quadrat ds^2 des Bogenelements eines n-fach ausgedehnten Raumes, so zeigt sich, daß die geodätischen Linien dieses Raumes das Abbild der Bewegung unseres mechanischen Systems sind, d. h. der verschiedenen Zustände, die unser System im Laufe der Zeit durchläuft. Die partielle

Differentialgleichung $\Delta_1 \Phi = 1$, durch die man die in Rede stehenden geodätischen Linien in der früher angedeuteten Weise bestimmen kann, ist gerade die partielle Differentialgleichung, die in die Mechanik von *Hamilton* eingeführt ist.

Nun wollen wir doch noch einige hierauf bezügliche Formeln anführen: Es seien $q_1, q_2, \ldots q_n$ die allgemeinen oder, wie man in der Mechanik auch sagt, „generalisierten" Koordinaten des Systems. Die lebendige Kraft T wird dann gleich

$$T = \sum c_{ik}\, q_i' q_k' .$$

d. h. eine quadratische Form der Ableitungen der q_i nach der Zeit. Nun sei die Gültigkeit des Energiesatzes für das System vorausgesetzt, den wir in der Form nehmen, kinetische + potentielle Energie = konst. oder in Zeichen: $T + U = h$. Dann wird die quadratische Form, die wir als ds^2 interpretieren, folgendermaßen lauten[1]):

$$ds^2 = \sqrt{h-U}\,\left(\sum c_{ik}\, dq_i\, dq_k\right) = \sum\left(\sqrt{h-U}\; c_{ik}\, dq_i\, dq_k\right).$$

Wir fassen unsere letzten Betrachtungen nochmals zusammen:

Die Theorie der quadratischen Differentialformen durchzieht nach dem Vorstehenden drei Gebiete der Anwendung:

a) Die Lehre von den Biegungsinvarianten der Flächen.

b) Die Lehre von den krummlinigen Koordinaten in Ebene und Raum, wie sie in der mathematischen Physik gebraucht wird.

c) Die Mechanik, die dabei als Geometrie in einem n-fach ausgedehnten Raume aufgefaßt werden kann.

§ 59. Riemanns Raum.

Wir wenden uns zu einem weiteren Gegenstand, nähmlich zur *Übertragung der Theorie des Krümmungsmaßes auf Mannigfaltigkeiten von n Veränderlichen.* In dieser Richtung liegen die beiden Arbeiten von *B. Riemann* (1826—66) vor, die erst nach seinem Tode veröffentlicht wurden. Diese Arbeiten sind heute wieder besonders wichtig geworden, da sie die geometrische Grundlage für *Einsteins* Gravitationstheorie bilden.

a) Die Habilitationsschrift: Über die Hypothesen, welche der Geometrie zugrunde liegen. Ges. Werke, Nr. XIII: Sie stammt aus dem Jahre 1854 und ist zuerst in den Göttinger Abhandlungen Bd. 13 (1867) veröffentlicht[2]). Hier gibt *Riemann* nur erst allgemeine Betrachtungen, aber noch keine expliziten Formeln.

b) Ausgeführt ist diese Untersuchung dann in der sogenannten „Pariser Preisaufgabe", die aus dem Jahre 1861 stammt und in die Ges. Werke unter Nr. XXII, von einer längeren Erklärung von *H. Weber* be-

---

[1]) Man findet die Prinzipien der Mechanik z. B. in dem in derselben Sammlung erschienenen Lehrbuch von *Whittaker*: Analytische Dynamik, Berlin 1924.

[2]) Neu herausgegeben und erläutert von *H. Weyl*, Berlin 1919.

gleitet, aufgenommen ist. Die Pariser Akademie hatte 1858 eine Frage der Wärmeleitung zur Bearbeitung gestellt. *Riemann* zeigte, daß es sich bei der Lösung dieser Aufgabe um gewisse Fälle der quadratischen Differentialformen von drei Veränderlichen handele und entwarf darauf eine allgemeine Theorie dieser Differentialformen. Da er jedoch die Ergebnisse ohne genaue Angabe ihrer Ableitung zusammengestellt hatte, so war ihm von der Pariser Fakultät der Preis nicht zuerkannt worden.

Um nun darzulegen, wie *Riemann* das *Gauß*sche Krümmungsmaß auf beliebige quadratische Differentialformen $\Sigma a_{ik} dx_i dx_k$ überträgt, haben wir zunächst von gewissen Differentialkovarianten zu berichten, die *Riemann* bildet. Sie sind Funktionen zweiten Grades der kleinen Determinanten $(dx_i \delta x_k - \delta x_i dx_k)$, worin dx und δx zwei beliebige Fortschreitungsrichtungen von einem Punkte des R_n aus bezeichnen. Wir wollen uns erinnern, daß wir Formen ersten Grades solcher Determinanten bereits bei den linearen Differentialausdrücken $\Sigma x_i dx_i$ d. h. in der Theorie des *Pfaff*schen Problems gehabt haben. Dort bildeten wir die Kovariante

$$\sum\left(\frac{\partial X_i}{\partial x_k} - \frac{\partial X_k}{\partial x_i}\right) dx_i \delta x_k,$$

in der wir den Klammerausdruck mit $[i, k]$ bezeichneten. Nun können wir hier doch die beiden Glieder $[i, k]$ und $[k, i]$ zusammenfassen, dann erhalten wir die Form:

$$\Sigma[ik]\,(dx_i\,\delta x_k - \delta x_i\,dx_k).$$

Was bedeuten nun geometrisch die kleinen Determinanten $dx_i \delta x_k - \delta x_i dx_k$? Wir haben früher im gewöhnlichen Raume aus den homogenen Koordinaten zweier Punkte x_1, x_2, x_3, x_4 und y_1, y_2, y_3, y_4 uns eine Matrix gebildet und die zweigliedrigen Unterdeterminanten als Koordinaten der Verbindungslinie eingeführt; auch haben wir im Anschlusse an *Graßmann* die Methode auf beliebige Räume ausgedehnt. Hier gehen wir entsprechend vor. Es sind uns die beiden Fortschreitungsrichtungen

$$dx_1, dx_2, \ldots dx_n \text{ und } \delta x_1, \delta x_2 \ldots \delta x_n$$

gegeben. Das lineare Gebilde, das beide verbindet, ist hier ein ebenes „Büschel" von Fortschreitungsrichtungen, dessen homogene Koordinaten dann gerade die Determinanten $dx_i \delta x_k - \delta x_i dx_k$ sind. Wir wollen daher weiterhin die $(d\delta)_{ik}$ als „*Büschelkoordinaten*" und die sich aus solchen Determinanten aufbauenden Kovarianten als „*Büschelkovarianten*" bezeichnen.

Riemann konstruiert nun zunächst zwei solche Büschelkovarianten zu der gegebenen quadratischen Form. Die erste wird gegeben durch:

$$B = \Sigma a_{ik}\,dx_i\,dx_k \cdot \Sigma a_{ik}\,\delta x_i\,\delta x_k - (\Sigma a_{ik}\,dx_i\,\delta x_k)^2$$

oder anders geordnet, um die kleinen Determinanten hervortreten zu lassen:

$$B = \Sigma(a_{ik}a_{i'k'} - a_{ik'}a_{i'k})\,(dx_i\,\delta x_{i'} - \delta x_i\,dx_{i'}) \cdot (dx_k\,\delta x_{k'} - \delta x_k dx_{k'}).$$

Um die zweite Kovariante aufzustellen, wollen wir vorerst die folgenden Abkürzungen einführen:

$$p_{ikl} = \frac{\partial a_{kl}}{\partial x_i} + \frac{\partial a_{li}}{\partial x_k} + \frac{\partial a_{ik}}{\partial x_l}$$

und

$$[ik, lm] = \tfrac{1}{2} \sum_{\mu,\nu} (p_{\mu k m} p_{\nu i l} - p_{\mu i m} \cdot p_{\nu k l}) \frac{\Delta_{\mu\nu}}{\Delta}$$

$$+ \frac{\partial^2 a_{il}}{\partial x_k \partial x_m} + \frac{\partial^2 a_{km}}{\partial x_i\,\partial x_l} - \frac{\partial^2 a_{im}}{\partial x_k\,\partial x_l} - \frac{\partial^2 a_{kl}}{\partial x_i\,\partial x_m},$$

wo Δ die Determinante $|\,a_{ik}\,|$ der Koeffizienten unserer quadratischen Form, $\Delta_{\mu\nu}$ die zu $a_{\mu\nu}$ gehörende Unterdeterminante bezeichnet. Dann ist die zweite Büschelkovariante *Riemann*s:

$$A = -\tfrac{1}{2}\Sigma[ik, lm]\,(d\delta)_{ik} \cdot (d\delta)_{lm}$$

wo $(d\delta)$ die kleinen Determinanten der dx und δx bezeichnen.

Riemann betrachtet schließlich als Gegenstück des bei Gauß auftretenden Krümmungsmaßes den Quotienten der beiden Büschelkovarianten A und B:

$$K = \frac{A}{B}.$$

Wir wollen uns doch zunächst überlegen: Was wird aus diesem Ausdrucke $A : B$ für $n = 2$? Dann haben wir nur eine einzige Determinante $(d\delta)_{12}$, A und B schrumpfen je auf ein Glied zusammen, das das Quadrat dieses $(d\delta)_{12}$ als Faktor enthält. In ihrem Quotienten hebt sich daher dieses Quadrat fort, und es reduziert sich in der Tat der Ausdruck $A : B$ auf eine *reine Invariante. Diese Invariante fällt nun, wenn man die Formel vergleicht, gerade mit der Gaußischen Formel des Krümmungsmaßes zusammen.*

Es wird nun interessant sein, näher zu verfolgen, auf welche Weise *Riemann* sich die allgemeine Formel des Krümmungsmaßes gebildet hat. Von dem Punkte x des R_n haben wir zwei Fortschreitungsrichtungen dx und δx gezogen, die uns ein ebenes Büschel von Fortschreitungsrichtungen bestimmten. Nun denkt sich *Riemann* zu jedem solchen Büschel eine zweifach ausgedehnte Mannigfaltigkeit konstruiert, die aus den geodätischen Linien besteht, die durch die Fortschreitungsrichtung des Büschels in ihrem ersten Element bestimmt sind. Die geodätischen Linien selbst sind dabei allgemein durch die Bedingung zu erklären, daß die erste Variation des Wegintegrals $\int ds$ für sie verschwinden soll. *Das Riemannsche Krümmungsmaß K, das von den Büschelkoordinaten im nullten Grade abhängt (im Zähler und Nenner im zweiten Grade) ist nun gar nichts anderes als das Gaußische Krümmungsmaß K, berechnet im Punkte x für die zweifach ausgedehnte geodätische Mannigfaltigkeit, die wir hiermit eingeführt haben.*

Man überblickt sogleich, daß dieses K von dem Koordinatensystem völlig unabhängig sein muß. Die wirkliche Berechnung, die schließlich zu dem vorhin angegebenen Ergebnis führt, ist dann freilich umständlich. Wir kommen später (S. 331) auf die neue Wendung zu sprechen, die *Levi-Civita* dieser Theorie gegeben hat.

Wir wollen hier aber noch lernen, welche spezielle Diskussion *Riemann* an seine Formel geknüpft hat. *Unter einer Mannigfaltigkeit festen Krümmungsmaßes versteht man mit Riemann eine solche, für welche die von einem beliebigen Punkte x des R_n in beliebiger Richtung auslaufende geodätische Mannigfaltigkeit stets dasselbe Gaußische Krümmungsmaß besitzt, wofür also die Kovarianten A und B proportional ausfallen.* Unter diesen Begriff der Mannigfaltigkeit festen Krümmungsmaßes fällt insbesondere die *Mannigfaltigkeit verschwindenden Krümmungsmaßes.* Ein Beispiel für sie ist der *gewöhnliche Euklidische Raum* von drei und mehr Dimensionen, wo dem ds^2 die Gestalt erteilt werden kann:

$$ds^2 = dx_1^2 + dx_2^2 + \cdots + dx_n^2.$$

Umgekehrt kann man zeigen: Sobald $K = 0$, d. h. A identisch Null ist, kann dem ds^2 immer diese Form erteilt werden, so daß also im Falle verschwindenden Krümmungsmaßes im Kleinen immer ein Euklidischer Raum vorliegt.

Weiter zeigt sich, daß eine Mannigfaltigkeit festen Krümmungsmaßes überhaupt durch den Wert von K im Kleinen vollständig bestimmt ist, d. h. man kann in dem Falle durch geeignete Koordinatenwahl dem Bogenelement eine Gestalt erteilen, in welcher außer Zahlenkoeffizienten nur noch der Wert von K vorkommt. Wie man nun eine Fläche festen Krümmungsmaßes in sich selbst „verschieben" kann, so wird überhaupt eine Mannigfaltigkeit fester Krümmung sowohl, wie insbesondere ein Euklidischer Raum von n Dimensionen, d. h. eine Mannigfaltigkeit verschwindenden Krümmungsmaßes in sich „bewegt" werden können, ohne daß sich die Maßverhältnisse ändern, wobei diese „Bewegung" noch von $n(n+1):2$ wesentlichen Parametern abhängt, da ein allgemeiner Punkt und n paarweis orthogonale Richtungen durch ihn in jede vorgeschriebene Lage gebracht werden kann. Der Unterschied der Fälle $K = 0$ und $K \neq 0$ ist ganz ähnlich wie zwischen der Kugel und der Ebene, die auch beide dieselbe Beweglichkeit darbieten. Mit diesen Bemerkungen haben wir den Anschluß an *Kleins* Vorlesung über Nicht-Euklidische Geometrie, die ebenfalls in dieser Sammlung erscheint.

§ 60. Weitere Literatur über quadratische Differentialformen.

Wir haben jetzt zunächst noch von den Arbeiten von *Christoffel* und *Lipschitz* zu berichten, die sich auf quadratische Differentialformen beziehen. *Christoffel* hat seine Untersuchung in Crelles Journal Bd. 70 (1869), *Lipschitz* in demselben Journal Bd. 70, 71, 72, 74, 78 veröffentlicht.

Christoffel und Lipschitz haben hier die damals nur erst mangelhaft bekannten Riemannschen Untersuchungen von ihrer Seite aufgenommen und einmal die *Riemann*schen Ergebnisse bestätigt, andererseits neue Differentiatoren usw. von sich aus hinzugefügt. Insbesondere hat *Christoffel die Frage untersucht, wann zwei quadratische Differentialformen äquivalent sind,* und gefunden, daß sie darauf zurückkommt, die Äquivalenz gewisser algebraischer Formen im Sinne der linearen Invariantentheorie zu prüfen. Wir haben ein entsprechendes Ergebnis ja schon bei den *Pfaff*schen Ausdrücken erwähnt. *An beiden Beispielen* (*den Pfaffschen Ausdrücken und den quadratischen Differentialformen*) *zeigt sich also, daß schließlich die Invariantentheorie der Gruppe aller analytischen Punkttransformationen doch wieder zurückkommt auf Probleme der linearen Invariantentheorie.*

Über die neuere Weiterentwicklung der geometrischen Ideen *Riemanns* vergleiche man im folgenden S. 331 u. ff.

Wir wollen nun noch einige *Bemerkungen zur gewöhnlichen Flächentheorie* hinzufügen:

Wir hatten gesetzt $x = \varphi(u, v)$, $y = \psi(u, v)$, $z = \chi(u, v)$ und $ds^2 = E\,du^2 + 2F\,du\,dv + G\,dv^2$ berechnet, wo E, F, G die angegebenen Abkürzungen darstellen. Man nennt E, F, G auch, da sie sich aus den ersten Differentialquotienten zusammensetzen, *die fundamentalen Größen erster Ordnung der Flächentheorie. Die Diskussion der Differentialform für ds^2 gibt jedoch nur erst einen Ausschnitt aus der ganzen Flächentheorie, nämlich die Gesamtheit der Eigenschaften, die der gegebenen Fläche mit allen ihren Biegungsflächen gemeinsam sind.*

Was muß nun noch hinzukommen, damit man die gesamte Theorie, d. h. alle Eigentümlichkeiten der einzelnen Fläche beherrscht? Es ist in dieser Hinsicht schon seit *Gauß* üblich, die Fundamentalgrößen zweiter Ordnung zu betrachten:

$$D = A\frac{\partial^2 x}{\partial u^2} + B\frac{\partial^2 y}{\partial u^2} + C\frac{\partial^2 z}{\partial u^2},$$

$$D' = A\frac{\partial^2 x}{\partial u\,\partial v} + B\frac{\partial^2 y}{\partial u\,\partial v} + C\frac{\partial^2 z}{\partial u\,\partial v},$$

$$D'' = A\frac{\partial^2 x}{\partial v^2} + B\frac{\partial^2 y}{\partial v^2} + C\frac{\partial^2 z}{d v^2}.$$

Hierbei bezeichnen A, B, C die Kosinus der Winkel, die die Flächennormale mit den Koordinatenachsen bildet, also ist:

$$A = \frac{\frac{\partial y}{\partial u}\cdot\frac{\partial z}{\partial v} - \frac{\partial y}{\partial v}\cdot\frac{\partial z}{\partial u}}{\sqrt{EG - F^2}},$$

und entsprechend B und C.

Man bilde sich nun die neue Differentialform:

$$D\,du^2 + 2D'\,du\,dv + D''\,dv^2 = d\sigma^2.$$

Sie erweist sich gleich $(ds : \varrho)^2$, wo ϱ der Krümmungsradius des Normalschnitts in dem Flächenpunkte u, v ist, der durch die Differentiale du, dv gegeben wird.

Wann wird nun $d\sigma = 0$? Die Gleichung $d\sigma = 0$ gibt die Asymptotenkurven, da für die zugehörigen Fortschreitungsrichtungen $\varrho = \infty$ wird. Man könnte nun glauben, daß $d\sigma = ds : \varrho$ auch für $ds = 0$, d. h. für die isotropen Kurven auf der Fläche gleich Null würde, doch ist dies nicht richtig, da für sie auch $\varrho = 0$ wird, wie man leicht nachrechnet.

Es hat sich nun gezeigt, daß man durch die beiden Differentialformen ds^2 und $d\sigma^2$ nebeneinander die volle Gestalt der Fläche beherrscht, wobei indes ds^2 und $d\sigma^2$ nicht unabhängig voneinander angenommen werden können, sondern durch die Differentialgleichungen von Mainardi und Codazzi verbunden sind.

In diesen Tatsachen haben Sie die Grundlage, auf der sich die meisten neueren Darstellungen der Flächentheorie aufbauen. Sie fragen mehr oder minder explizit nach den Eigenschaften der simultanen Differentialformen ds^2 und $d\sigma^2$, die bei irgendwelchen Punkttransformationen der u, v ungeändert bleiben. Mit diesem Ausgangspunkte hängt es vielleicht zusammen, daß in den meisten dieser Bücher die Ideen *Lie*s wenig Berücksichtigung finden, die wir in dieser Vorlesung in erster Linie entwickeln, wir meinen solche Dinge, wie die Beziehung zwischen Liniengeometrie und Kugelgeometrie und die allgemeine Theorie der Berührungstransformationen, gar nicht zu sprechen von der Theorie der Transformationsgruppen.

Zum Schluß darf noch angeführt werden, daß die Lehre von den quadratischen Differentialausdrücken eine eigenartige geometrische Deutung in den *liniengeometrischen Untersuchungen* von *Koenigs* gefunden hat. Vgl. *G. Koenigs'* thèse von 1882: Sur les propriétés infinitésimales de l'espace réglé; ferner: *G. Koenigs* La géométrie réglée et ses applications, Paris 1895. *Koenigs* geht davon aus, daß das infinitesimale „Moment" zweier benachbarter Geraden r, s, ϱ, σ und $r + dr, s + ds, \varrho + d\varrho, \sigma + d\sigma$ (um die gewöhnlichen unhomogenen Koordinaten *Plücker*s zu gebrauchen) durch

$$\frac{dr \cdot d\sigma - ds\, d\varrho}{1 + r^2 + s^2}$$

gegeben ist, und wendet dann auf diesen Ausdruck die allgemeine Theorie der quadratischen Differentialformen an. Übrigens sind seine Ergebnisse zum Teil bereits vorweggenommen durch *A. Voß* in den Göttinger Nachrichten von 1875. Weitere geometrische Anwendungen quadratischer und auch kubischer Differentialformen findet man z. B. in der auf S. 178 genannten Literatur über projektive und affine Differentialgeometrie.

Hiermit schließen wir unsere Erläuterungen über Punkttransformationen von beliebigem analytischen Charakter und müssen nun noch insbesondere *algebraische* Punkttransformationen betrachten.

§ 61. Cremonatransformationen.

Wie wir schon früher sagten, werden wir jetzt bei den *algebraischen* Punkttransformationen die Transformationen des *Gesamt*raumes in Betracht ziehen. Die besonders behandelte Frage ist in Übereinstimmung hiermit die, ob es solche Transformationen gibt, durch die jedem Punkt des einen Raumes (von n Dimensionen) *im allgemeinen ein und nur ein* Punkt des anderen Raumes zugeordnet wird und umgekehrt. Natürlich bieten uns die linearen Transformationen sofort ein Beispiel dieser Forderung. Es sei allgemein

$$x' = \varphi(x, y, z),$$
$$y' = \psi(x, y, z),$$
$$z' = \chi(x, y, z).$$

Sollen nun φ, ψ, χ eindeutige und algebraische Funktionen sein und ebenso die durch Auflösung nach x, y, z entstehenden Funktionen, die die Abhängigkeit der Veränderlichen x, y, z von x', y', z' ergeben, so werden wir es überhaupt mit „rationalen" Funktionen zu tun haben, und dementsprechend wollen wir solche Transformationen *birational* nennen. *Gibt es nun noch andere birationale Transformationen im R_n außer den linearen Transformationen?*

Nehmen wir zunächst $n = 1$, dann sehen wir sofort: *Im Raum von einer Dimension gibt es nach funktionen-theoretischen Grundsätzen noch keine anderen birationalen Transformationen als die linearen,* wie wir früher (S. 154) schon erwähnt haben.

Anders ist es für $n = 2$. Wir haben da vor allem zwei Arbeiten von *Cremona* zu nennen, die sich allgemein mit den birationalen Transformationen in der Ebene beschäftigt haben, in Bd. 2 und 5 der 2. Serie der Memorie di Bologna (1863 und 1865)[1]. Nach diesen Untersuchungen nennt man die in Betracht kommenden Transformationen auch *Cremonatransformationen.* Wegen einer näheren Ausführung der Dinge, von denen wir jetzt berichten, sei etwa auf die Darstellung in *Clebsch-Lindemann* Bd. I (1876), S. 474ff. verwiesen. Natürlich hat man auch schon vor *Cremona* Beispiele solcher Transformationen betrachtet. Das erste solche Beispiel ist wohl die *quadratische Transformation in der Ebene,* wie sie *Plücker* in Crelles Journal Bd. 5 (1830) behandelt, vgl. *Plücker*s Abhandlungen (1895), S. 132. Dieser Fall wird durch die folgenden Formeln gegeben, denen ein beliebiges Koordinatendreieck zugrunde liegt.

$$x_1' : x_2' : x_3' = \frac{1}{x_1} : \frac{1}{x_2} : \frac{1}{x_3}.$$

Man übersieht sofort, daß umgekehrt gilt:

$$x_1 : x_2 : x_3 = \frac{1}{x_1'} : \frac{1}{x_2'} : \frac{1}{x_3'},$$

[1]) *L. Cremona,* Opere Bd. 2, S. 54 und 193.

daß die Transformation also wirklich birational ist und dabei *involutorischen* Charakter trägt, da je zwei Punkte der Ebene sich wechselseitig entsprechen. Wir können nun die Transformation auch in folgende Form setzen:

$$\begin{aligned} \varrho x_1' &= x_2 x_3, & \sigma x_1 &= x_2' x_3', \\ \varrho x_2' &= x_3 x_1, \quad \text{und} & \sigma x_2 &= x_3' x_1', \\ \varrho x_3' &= x_1 x_2 & \sigma x_3 &= x_1' x_2', \end{aligned}$$

worin ϱ und σ Proportionalitätsfaktoren sind. Wegen dieser Darstellung gerade spricht man von *quadratischen Transformationen*, da die x' quadratischen Verbindungen der x proportional gesetzt werden und umgekehrt. Nun müssen wir sehen, was aus den Ecken des Koordinatendreiecks wird. Ist z. B. $x_1 = 0$, so wird auch $x_2' = 0$ und $x_3' = 0$, d. h. jedem Punkte der Seite $x_1 = 0$ wird die gegenüberliegende Koordinatenecke entsprechen und umgekehrt. Bei dieser Transformation, die im allgemeinen eindeutig ist, gibt es also *drei „Fundamentalpunkte" und drei „Fundamentalgeraden"*, nämlich die Ecken und Seiten des Koordinatendreiecks. *Jeder Ecke entsprechen sämtliche Punkte der gegenüberliegenden Seite und umgekehrt.* Ein gleiches Vorkommnis, daß einem einzelnen Punkte unendlich viele Punkte entsprechen können, ist uns ja bereits bei der stereographischen Projektion des Hyperboloids auf die Ebene entgegengetreten, so daß der Gedanke uns keineswegs neu ist. Wenn es neben den linearen Transformationen jetzt noch andere birationale Transformationen gibt, so wird dies nur durch das in Rede stehende Vorkommnis ermöglicht.

Wir betrachten jetzt irgendeine gerade Linie $u_1 x_1 + u_2 x_2 + u_3 x_3 = 0$. Da sie jede Seite des Koordinatendreiecks schneidet, muß die transformierte Kurve durch seine drei Ecken hindurchgehen. Tatsächlich folgt dies aus der Gleichung der transformierten Kurve $u_1 x_2' x_3' + u_2 x_3' x_1' + u_3 x_1' x_2' = 0$, die einen durch jene Ecken gehenden Kegelschnitt darstellt. Entsprechendes gilt für die *Kurve n-ter Ordnung. Sie wird allgemein in eine C_{2n} mit drei n-fachen Punkten in den Ecken des Koordinatendreiecks übergehen.*

Wenn wir nun diese C_{2n} erneut der Transformation unterwerfen, so muß sich doch die ursprüngliche Kurve wieder ergeben. Wie kommt es nun, daß nicht eine Kurve $4n$-ter Ordnung entsteht? *Es sei eine Kurve n-ter Ordnung gegeben, die entsprechend α_1, α_2, α_3 mal durch die drei Koordinatenecken hindurch geht.* Sie wird dann wirklich zunächst eine Kurve $2 \cdot n$-ter Ordnung bei der Transformation liefern. Doch die Ecke A des Dreiecks liefert uns die Gegenseite $x_1 = 0$, und zwar α_1 mal und Entsprechendes gilt für die Ecken B und C. Diese Geraden werden wir natürlich bei der transformierten Kurve nicht mitzählen wollen. Wenn wir daher von dieser die drei Dreieckseiten selbst mit den Vielfachheiten α_1, α_2, α_3 absondern, hat die bleibende transformierte Kurve die Ordnung $n' = 2n - \alpha_1 - \alpha_2 - \alpha_3$. Wie oft wird umgekehrt die transformierte Kurve durch die Ecken A, B, C gehen? Indem wir wieder bedenken, daß z. B. die von den n Schnittpunkten der Geraden $x_1 = 0$ mit der gegebenen C_n, die in die Ecken B und C fallen, in dem gegebenen Sinne bei der transformierten Kurve nicht mitzuzählen sind, so finden wir für die Zahlen, wie oft die Kurve durch die Ecken A, B, C geht, die folgenden Formeln:

$$\alpha_1' = n - \alpha_2 - \alpha_3,$$
$$\alpha_2' = n - \alpha_3 - \alpha_1,$$
$$\alpha_3' = n - \alpha_1 - \alpha_2.$$

Der involutorische Charakter der Verwandtschaft der beiden Kurven C_n und C_n' drückt sich, wie es sein muß, in dem Bau der gewonnenen Formeln aus, da sie in den gestrichenen und ungestrichenen Buchstaben symmetrisch sind.

Es ist eine gute Übung, die quadratische Transformation an Beispielen zu verfolgen, z. B. gibt ein Kegelschnitt eine C_4 usf. Doch verbietet uns die Zeit, hierbei zu verweilen. Noch sei auf die enge Beziehung hingewiesen, die zwischen der quadratischen Transformation und der Transformation durch reziproke Radien besteht. Diese wird in rechtwinkligen Koordinaten gegeben durch die Formeln

$$x' = \frac{x}{x^2+y^2}, \quad y' = \frac{y}{x^2+y^2}.$$

Wir wollen an ihnen noch die kleine Änderung vornehmen, daß wir y mit $-y$ vertauschen; dies bedeutet eine einfache Spiegelung der Ebene an der y-Achse. Aus diesen Formeln lassen sich dann die folgenden bilden:

$$x' + iy' = \frac{1}{x+iy} \quad \text{und} \quad x' - iy' = \frac{1}{x-iy}.$$

Nun setzen wir

$$x = \frac{\xi}{\tau}, \quad y = \frac{\eta}{\tau},$$

ebenso

$$x' = \frac{\xi'}{\tau'} \quad \text{und} \quad y' = \frac{\eta'}{\tau'},$$

dann erhalten wir

$$\frac{\xi' + i\eta'}{\tau'} = \frac{\tau}{\xi + i\eta} \quad \text{und} \quad \frac{\xi' - i\eta'}{\tau} = \frac{\tau'}{\xi - i\eta}$$

oder in Proportion geschrieben:

$$\xi' + i\eta' : \xi' - i\eta' : \tau' = \frac{1}{\xi + i\eta} : \frac{1}{\xi - i\eta} : \frac{1}{\tau}.$$

Dies aber sind genau die Formeln der quadratischen Transformation; wir brauchen nur für $\xi' \pm i\eta'$, τ' und $\xi \pm i\eta, \tau$ die Bezeichnung x_i' und x_i einzuführen. Da nun $\xi \pm i\eta = 0$ die Geraden sind, die von dem Nullpunkte nach den beiden absoluten Punkten laufen, und $\tau = 0$ die uneigentliche Gerade bedeutet, so haben wir das Schlußergebnis:

Verbindet man die Transformation durch reziproke Radien mit einem Zeichenwechsel des y, d. h. einer Spiegelung an der x-Achse, so haben wir einen Sonderfall unserer quadratischen Transformation vor uns, der dadurch ausgezeichnet ist, daß zwei Ecken des Fundamentaldreiecks in die absoluten Punkte fallen.

Wir wollen doch diese besondere Transformation auf die früher erwähnten zyklischen Kurven vierter Ordnung anwenden, d. h. auf die Kurven vierter Ordnung, für die die beiden absoluten Punkte Doppelpunkte sind. Für sie ist $n = 4$, $\alpha_2 = \alpha_3 = 2$ zu setzen, α_1 jedoch $= 1$ oder $= 0$, je nachdem man den Koordinatenanfangspunkt auf der Kurve wählt oder nicht. Durch die Transformation entsteht dann eine C_n', für die

$$n' = 4 - 0 \text{ oder } 4 - 1, \; \alpha_1' = 0, \; \alpha_2' = \alpha_3' = 2 - 0 \text{ oder } 2 - 1$$

ist. D. h. *wenn das Inversionszentrum nicht auf der zyklischen Kurve liegt, dann bekommen wir bei der Inversion wieder eine zyklische Kurve vierter Ordnung. Wenn dagegen die gegebene zyklische Kurve durch das Inversionszentrum hindurchgeht, so bekommen wir eine C_3, die einmal durch die beiden absoluten Punkte läuft.*

Schließlich können wir noch den besonderen Fall betrachten, daß die zyklische Kurve vierter Ordnung im *Inversionszentrum sogar einen Doppelpunkt* hat, dann ist $\alpha_1 = 2$, und es wird $n' = 2$ und $\alpha_1' = \alpha_2' = \alpha_3' = 0$, d. h. die transformierte Kurve ist ein Kegelschnitt, der nicht durch die absoluten Punkte geht.

Was die *Cremona*transformation betrifft, so haben wir noch einen wichtigen Satz zu erwähnen, der gleichzeitig von *Clifford* (nach persönlicher Mitteilung an *Klein*), *Noether* (Annalen Bd. 3) und *Rosanes* (Crelle Bd. 73) gefunden ist (1870/71). Es handelt sich um folgendes: Wenn wir eine erste quadratische Transformation mit einer beliebigen zweiten zusammensetzen, so bekommen wir offenbar eine Transformation vierten Grades, die wieder birational ist. Die genannten Mathematiker haben nun gefunden, *daß man durch Aneinanderreihen verschiedener quadratischer Transformationen nicht nur Beispiele höherer Cremonatransformationen erhält, sondern überhaupt alle ebenen Cremonatransformationen.*

Indessen sind hierbei Grenzfälle der quadratischen Transformation mitgenommen, bei denen zwei oder alle Fundamentalpunkte zusammenfallen[1]).

Was nun weiter die birationalen Transformationen des R_3 (allgemein des R_n) betrifft, so hat man bisher meist nur einzelne Beispiele behandelt. Wir wollen die folgenden anführen:

---

[1]) Über einen bei den genannten Beweisen übersehenen Ausnahmefall vgl. *C. Segre* und *G. Castelnuovo*, Atti Torino 36 (1901).

a) Es sei wieder

$$\varrho\, x_i' = \frac{1}{x_i}.$$

Dies gibt uns für den R_n eine Transformation n-ten Grades, für den gewöhnlichen Raum also eine *Transformation dritten Grades*, entsprechend der quadratischen Transformation der Ebene.

b) Ein zweites Beispiel, das ebenfalls eine Verallgemeinerung der quadratischen Transformation der Ebene ist, gibt die *Transformation durch reziproke Radien* oder die Inversion:

$$\begin{aligned} \varrho x' &= x t, \\ \varrho y' &= y t, \\ \varrho z' &= z t, \\ \varrho t' &= x^2 + y^2 + z^2. \end{aligned}$$

Setzen wir $t = 0$, so bekommen wir $x' = y' = z' = 0$. Dies besagt: Der ganzen uneigentlichen Ebene entspricht der Koordinatenanfangspunkt, das Inversionszentrum. Dementsprechend nennen wir die uneigentliche Ebene eine Fundamentalebene, das Inversionszentrum einen *Fundamentalpunkt zweiter Stufe. Außerdem sind alle Punkte des absoluten Kegelschnitts Fundamentalpunkte erster Stufe,* und zwar entspricht dem einzelnen Punkte dieses Kegelschnitts die isotrope Gerade, die ihn mit dem Anfangspunkte verbindet. Wir sehen dies am einfachsten, wenn wir die letzten Gleichungen so schreiben:

$$\begin{aligned} \varrho x' &= x, \\ \varrho y' &= y, \\ \varrho z' &= z, \\ \varrho t' &= \frac{x^2 + y^2 + z^2}{t} \end{aligned}$$

Für einen absoluten Punkt ist dann $t = 0$ und $x^2 + y^2 + z^2 = 0$. Es wird daher für ihn $\varrho t' = 0 : 0$, d. h. unbestimmt, worin die Richtigkeit unserer Behauptung liegt.

Nun können wir für diese Inversion im Raume dieselben Betrachtungen anstellen, wie soeben bei der quadratischen Transformation in der Ebene. Es sei eine Fläche n-ter Ordnung gegeben, die α mal durch den Anfangspunkt geht und β mal den absoluten Kegelschnitt enthält. Sie wird durch die Transformation zu einer Fläche n'-ter Ordnung werden, für die $n' = 2n - \alpha - 2\beta$ ist, und die den Anfangspunkt $\alpha' = n - 2\beta$ mal und den absoluten Kegelschnitt $\beta' = n - \alpha - \beta$ mal enthält.

Wir wenden uns sogleich zu den neuen Fragen, die die *Invariantentheorie der birationalen Transformationen betreffen,* und zwar wollen wir uns zunächst auf die Ebene beschränken, indem wir fragen: *Gibt es eine Invariantentheorie der Cremonatransformationen?* Es sei die Kurve gegeben $f(x_1, x_2, x_3) = 0$. Was hat sie für Eigenschaften, die unzerstörbar sind bei Anwendung der sämtlichen *Cremona*-Transformationen? Man hat in der *Riemann*schen Funktionentheorie und den an sie anknüpfenden geometrischen Untersuchungen der algebraischen Kurven allgemein die Eigenschaften der Kurven untersucht bei solchen Transformationen, die für die einzelne Kurve eindeutig sind, und erkannt, daß die einzelne Kurve diesen Transformationen gegenüber ein bestimmtes *Geschlecht* p besitzt und außerdem eine Anzahl Konstanten, absolute Invarianten, die man die *Moduln* der Kurve nennt. Es sei an die Theorie der *Abel*schen Integrale erinnert, in der diese Zahlen von grundlegender Bedeutung sind. Die hier gemeinten eindeutigen Transformationen einer Kurve $f = 0$ sind nun aber keineswegs notwendig *Cremona*transformationen, d. h. eindeutige Transformationen der ganzen Ebene.

Es folgt hieraus einmal, daß die Zahl p und die Moduln der *Riemann*schen Theorie selbstverständlich auch bei allen *Cremona*transformationen invariant sind; es wird aber darüber hinaus noch Eigenschaften der Kurve geben, die bei dem *Riemann*schen Standpunkte nicht in Betracht kommen, aber Invarianten der *Cremona*transformationen sind. Systematische Untersuchungen hierüber sind indes wohl noch nicht angestellt worden.

Ganz ähnlich werden die Verhältnisse auch im Raume liegen. Es sei die Fläche $f(x_1, x_2, x_3, x_4) = 0$ gegeben; sie hat zwei Geschlechtszahlen p_1 und p_2 und eine Reihe von Moduln. Nähere Angaben findet man z. B. in den Artikeln in Bd. 3 der mathematischen Enzyklopädie von *Castelnuovo* und *Enriques*. *Diese Geschlechtszahlen und Moduln bleiben natürlich bei birationalen Transformationen des Gesamtraumes ebenfalls ungeändert, erschöpfen aber nicht die Gesamtheit der birationalen Invarianten überhaupt.*

Nun kommen wir schließlich noch zu der *Invariantentheorie der Differentialformen* gegenüber birationalen Transformationen, doch wollen wir uns darauf beschränken, allein von den *Pfaff*schen Ausdrücken $\Sigma X_i \cdot dx_i$ zu sprechen. Wir haben einen solchen Ausdruck bisher beliebigen Punkttransformationen unterworfen, und dementsprechend haben wir von den X_i nur verlangt, daß sie in dem betrachteten Raumstück analytisch seien. Wenn wir jetzt jedoch ein- eindeutige Transformationen des Gesamtraumes anwenden, werden wir zweckmäßigerweise die Koeffizienten X_i als *algebraisch* oder *rational* und demnach im ganzen Raume zugänglich voraussetzen. *Hinsichtlich dieser speziellen Pfaffschen Ausdrücke verlangen wir dann eine Invariantentheorie einmal bei beliebiger projektiver Umformung, dann aber bei beliebigen birationalen Umformungen.* Wir sagen in dieser Richtung: *Ganz gewiß besitzt eine solche Pfaffsche Gleichung $\Sigma X_i \cdot dx_i = 0$ gegenüber beliebigen eindeutigen Transformationen der X_i eine Reihe unzerstörbarer Geschlechtszahlen $p_1, p_2 \ldots$* Denn sehen wir einmal die dx_i neben den x_i selbst als unabhängige Veränderliche an und betrachten die Gleichung $\Sigma X_i dx_i = 0$ als eine algebraische Gleichung zwischen $2n$ Veränderlichen, so hat diese doch gegenüber eindeutigen Transformationen im Raume der $2n$ Veränderlichen nach *M. Noether* ihre Geschlechtszahlen, die bei den Umformungen im Raume von n Dimensionen um so mehr unveränderlich sind.

Fragen wir nun nach dem *Werte* dieser letzten Betrachtungen, die ja beide gar nicht durchgeführt sind, so ist darauf zu antworten, daß sie von besonders hoher Bedeutung sein müssen. Es ist eine große Aufgabe für die Mathematik, die transzendenten Funktionen, die bei der Integration der algebraischen Differentialgleichungen entstehen, in ganz entsprechender Weise zu klassifizieren, wie man dies bei den *Abel*schen Integralen, die zu den algebraischen Kurven gehören, seit langem tut. Dabei ist nun gerade dies die Grundlage, daß man sich über die Eigenschaften der algebraischen Kurven klar wird, die bei beliebigen eindeutigen Transformationen bestehen bleiben. *Genau so würden bei den Transzendenten, die etwa aus den algebraischen Pfaffschen Problemen erwachsen, die Eigenschaften der Pfaffschen Ausdrücke grundlegend sein, die bei beliebiger eindeutiger Transformation der Veränderlichen x erhalten bleiben und wenn wir gerade von einer Anzahl Geschlechtszahlen* $p_1, p_2, \ldots$ *sprechen, die ein solches Pfaffsches Problem gegenüber beliebigen eindeutigen Transformationen der x als bleibende Charaktere besitzt, so werden wir damit ebenso viele wesentliche Charaktere haben, die für jene Transzendenten in Betracht kommen.*

Es wird für diese Betrachtung der *Pfaff*schen Probleme nützlich sein, homogene Schreibweise anzuwenden. Wir setzen

$$x_i = \frac{y_i}{y_{n+2}}$$

und erhalten aus der Gleichung $\Sigma X_i d x_i = 0$ die neue aus $n + 1$ Gliedern bestehende Gleichung $\Sigma Y_i d y_i = 0$, worin Y_i homogene Funktionen gleichen Grades in den y_i sind, die der Identität $\Sigma Y_i y_i = 0$ genügen.

Es ist die Arbeit zu nennen, die von *A. Voß* in den Mathematischen Annalen Bd. 23 (1884) veröffentlicht ist. *Diese Untersuchungen von Voß betreffen die projektiven Eigenschaften der rationalen Pfaffschen Probleme, — der „Punktebenensysteme"*, wie sie *Voß* nennt, indem durch die *Pfaff*sche Gleichung jedem Punkte eine bestimmte Ebene von Fortschreitungsrichtungen zugeordnet wird — *und sind also eine Vorarbeit in der von uns bezeichneten Richtung.* Das allgemeine Programm für das Studium der Transzendenten, wie wir es eben forderten, ist wesentlich dasselbe, welches *Clebsch* im Jahre 1872, seinem letzten Lebensjahre, für die gewöhnlichen Differentialgleichungen erster Ordnung entwickelt hat in seiner Theorie der „Konnexe". Daß in den letzten Jahrzehnten wenig an der Verwirklichung dieses Programms gearbeitet wurde, hat seinen natürlichen Grund darin, daß diese Arbeit eine große Kenntnis von verschiedenen Gebieten der Mathematik voraussetzt. Nur wer in projektiver Geometrie, Invariantentheorie und Funktionentheorie gut zu Hause ist, wird es unternehmen können, in dieser Richtung einen Schritt vorwärts zu tun. Es ist überhaupt ein Fehler in der heutigen Entwicklung der Mathematik, daß sie zu sehr in verschiedene Gebiete zerfällt, die ohne wechselseitige Bezugnahme nebeneinander von verschiedenen Fachmännern behandelt werden. Neben Geometrie und Funktionentheorie spielt z. B. insbesondere die Zahlentheorie eine Rolle für sich. Das Streben muß natürlich sein, die einzelnen Gebiete möglichst miteinander in Beziehung zu setzen, da nur so ein wirklich großer Fortschritt zu erreichen sein wird.

Wir wenden uns jetzt zu einem neuen Gegenstand unserer Vorlesung, der sich mit Transformation unter

Wechsel des Raumelementes

zu befassen hat. Wir werden drei Dinge besonders zu behandeln haben:

a) *Die dualistische Transformation,* die in der Ebene Punkt und Gerade, im Raume Punkt und Ebene einander gegenüberstellt.

b) Dann werden wir auf die *Kugel- und Liniengeometrie* zurückzukommen haben, deren verschiedene Beziehungen wir erst jetzt völlig zu verstehen in der Lage sein werden.

c) Schließlich werden wir überhaupt von den *Lie*schen *Berührungstransformationen* sprechen, die alles Bisherige umfassen.

§ 62. Die dualistische Transformation als Berührungstransformation.

Was die *dualistische Transformation* betrifft, so wollen wir uns auf den gewöhnlichen, d. h. den projektiven, dreidimensionalen Raum beschränken. Wir bezeichnen die Punktkoordinaten wie bisher mit x_1, x_2, x_3, x_4, die Ebenenkoordinaten mit u_1, u_2, u_3, u_4. Dann gehen wir etwa von den allgemeinen Substitutionen aus:

$$\varrho u_i = \varphi_i(x_1, x_2, x_3, x_4).$$

Unter diesen allgemeinen Transformationen werden wieder insbesondere die linearen

$$\varrho u_i = \sum_{k=1}^{4} a_{ik} x_k$$

unsere Aufmerksamkeit fesseln. Einer linearen Verbindung der x_i entspricht im letzten Falle wieder eine lineare Verbindung der u_i und umgekehrt. Dies entspricht den folgenden Sätzen: Wie dem Punkte x_i eine Ebene u_i zugeordnet wird, so dreht sich die Ebene insbesondere um eine Gerade, wenn der Punkt x_i sich auf einer anderen Geraden bewegt. Demgemäß entspricht einer Geraden stets wieder eine Gerade. Ferner dreht sich die Ebene u_i um einen Punkt, wenn der Punkt x_i sich beliebig auf einer Ebene bewegt. Indem so ein wechselseitiges Entsprechen zwischen beiden Räumen eintritt, so hat man diese Transformation auch als Reziprozität der beiden Räume bezeichnet. Von *Chasles* stammt der Ausdruck „*Korrelation*". Unter den Reziprozitäten besonders bemerkenswert ist der Fall $a_{ik} = a_{ki}$. Diese spezielle lineare Beziehung stimmt überein mit der Polarverwandtschaft an der Fläche zweiten Grades

$$\sum_{i,k} a_{ik} x_i x_k = 0 .$$

Der einfachste Fall ist natürlich gegeben durch $\varrho u_i = x_i$; dann sind alle a_{ik} für $i \neq k$ gleich Null und alle $a_{ii} = 1$. Diese Formeln liefern die Polarenverwandtschaft in bezug auf die nullteilige Fläche zweiten Grades

$$x_1^2 + x_2^2 + x_3^2 + x_4^2 = 0 .$$

Es gibt nun eine Reihe einfacher Folgerungen, die wir hier nur in Kürze anschließen wollen, da sie in allen geeigneten Lehrbüchern der projektiven Geometrie ohnehin ausgeführt sind:

a) Der erste Punkt betrifft die dualistische Umformung gegebener Figuren. Besonders bemerkenswert ist z. B., daß ein Kegel bei beliebiger dualistischer Umformung eine ebene Kurve, allgemein jede Torse als Ort ihrer Tangentenebenen eine Raumkurve liefert. Derartige Umsetzungen sind eine vortreffliche Übung der Raumanschauung.

b) Was die Stellung der Koordinaten u_i in der Invariantentheorie betrifft, so sind sie dadurch mit den x_i verknüpft, daß wir die Bedingung der vereinigten Lage

$$\sum_1^4 x_i u_i = 0$$

festhalten. Durch die Substitution

$$x_i = \sum a_{ik} y_k$$

geht die linke Seite dieser Bedingung über in

$$\sum_{i,k} a_{ik} u_i y_k ,$$

und wenn wir diese wieder gleich

$$\sum_k v_k y_k$$

setzen, so sehen wir, daß

$$v_k = \sum_i a_{ik} u_i$$

sein muß. Während wir bei der Substitution der x_i über den Index k zu summieren hatten, haben wir jetzt über den Index i zu summieren. Mit anderen Worten: In der Koeffizientenanordnung der beiden Substitutionen sind die Zeilen und Spalten miteinander vertauscht. Wegen dieser Eigenschaft nennt man die neue Substitution die zu der ersten *transponierte*. Übrigens aber nennt man die Koordinaten u_i zu den Koordinaten x_i *kontragredient,* und findet die Erklärung dieser Bemerkung in dem Satze: *Während sich die alten x durch die neuen y vermöge einer ersten linearen Substitution ausdrücken, drücken sich die neuen v durch die alten u vermöge der transponierten Substitution aus.*

c) Endlich sei noch darauf hingewiesen, welche Rolle die dualistischen Umformungen in der synthetischen Geometrie spielen, wo sie neben den projektiven Beziehungen zur Erzeugung höherer algebraischer Gebilde aus niederen dienen.

Wir wollen nun ausführlich davon sprechen, *welche Bedeutung die Transformation*

$$u_i = \sum_k a_{ik} x_k$$

für die Differentialgleichungen hat. Wir haben ja schon einmal (§ 32) diese Gedanken eingeleitet mit unhomogener Schreibweise der Formeln. Wir hatten damals statt der Punktkoordinaten x, y, z Ebenenkoordinaten X, Y, Z eingeführt, die durch die folgende Bedingung der vereinigten Lage erklärt waren:

$$z - Xx - Yy - Z = 0.$$

Dann sollte uns irgendeine Fläche gegeben sein in Punktkoordinaten x, y, z, zu denen wir die partiellen Ableitungen erster und zweiter Ordnung $p, q; r, s, t$ hinzunahmen. Wir bezeichnen dann die Koordinaten der zugehörigen Tangentenebene mit X, Y, Z und die entsprechenden partiellen Ableitungen mit $P, Q; R, S, T$ und berechneten, wie sich diese neuen Größen durch die $x, y, z; p, q; r, s, t$ ausdrücken.

Diese Formeln können wir jetzt auf eine zweite Weise auffassen. Wir denken uns die dualistische Transformation ausgeführt, daß wir jedem *Punkt* x, y, z die *Ebene* mit den Koordinaten x, y, z, jeder *Ebene* X, Y, Z den *Punkt* mit den Koordinaten X, Y, Z zuordnen. So entsteht aus der gegebenen Fläche mit den Stücken $x, y, z; p, q; r, s, t$ eine transformierte Fläche, eine Reziprokalfläche, deren Punktkoordinaten und zugehörige Ableitungen die $X, Y, Z; P, Q; R, S, T$ sind.

Wir haben bereits damals die folgende Tafel berechnet, in der die untereinander stehenden Ausdrücke allemal gleich zu setzen sind:

x	y	z	p	q	$z-px-qy$	r	s	t	s^2-rt
$-P$	$-Q$	$Z-PX-QY$	X	Y	Z	$\frac{T}{S^2-RT}$	$\frac{-S}{S^2-RT}$	$\frac{R}{S^2-RT}$	$\frac{1}{S^2-RT}$

Insbesondere folgt hier aus der linken Formelgruppe, daß

$$dZ - PdX - QdY = dz - pdx - qdy$$

ist. Wir bemerken vor allem, daß durch $x, y, z; p, q$ zusammen ein Punkt der Fläche mit seiner Tangentenebene bestimmt ist, und daß die $X, Y, Z; P, Q$ nur von den $x, y, z; p, q$ abhängen.

Welche geometrischen Folgerungen lassen sich an diesen Umstand anknüpfen? Es ergibt sich: *Zwei Flächen, die sich in einem Punkte berühren, welche also das nämliche Wertsystem $x, y, z; p, q$ aufweisen, gehen in zwei Flächen über, die sich wieder berühren, d. h. in solche, die dasselbe Wertsystem $X, Y, Z; P, Q$ aufweisen.* Es ist dies so zu verstehen: Wenn aus einem Punkte einer Fläche die Tangentenebene der Reziprokalfläche wird, dann wird gleichzeitig aus der Tangentenebene der Fläche der zugehörige Berührungspunkt der Reziprokalfläche.

Wir könnten jetzt, wenn wir die zweiten Ableitungen hinzunehmen, einen entsprechenden Satz aufstellen für Flächen, die sich anschmiegen, (Berührung zweiter Ordnung), doch wollen wir bei dem Satz von der Berührung stehen bleiben.

An ihn knüpft sich nämlich *die allgemeine Idee der Berührungstransformation an.*

§ 63. Erste Einführung der allgemeinen Berührungstransformationen.

Fragen wir gleich nach ihrer allgemeinen Bedeutung, wenn wir auch die weitere Ausführung erst später geben! Wir beginnen mit den Größen $x, y, z; p, q$, als ob sie beliebige Veränderliche wären. Daß p und q die partiellen Differentialquotienten sind, drückt sich darin aus, daß $dz - p\,dx - q\,dy = 0$ ist. Wir werden darum diese Differentialbeziehung immer festhalten müssen. Nun wollen wir fünf neue Größen einführen durch die Gleichungen

$$\begin{aligned} X &= \varphi_1(x, y, z; p, q), \\ Y &= \varphi_2(x, y, z; p, q); \\ Z &= \varphi_3(x, y, z; p, q), \\ P &= \varphi_4(x, y, z; p, q), \\ Q &= \varphi_5(x, y, z; p, q), \end{aligned}$$

worin die φ_i bis auf weiteres irgendwelche analytische Funktionen bezeichnen mögen, die innerhalb des für uns in Betracht kommenden Raumstücks regulär sind und von Null verschiedene Funktionaldeterminante besitzen. Diese Substitutionen sollen dabei so beschaffen sein, daß aus ihnen identisch folgt:

$$dZ - P\,dX - Q\,dY = \varrho(dz - p\,dx - q\,dy)$$

wird, worin $\varrho = \varrho(x, y, z; p, q)$ irgend ein Faktor ist.

Eine solche Transformation heißt nach Lie eine Berührungstransformation. Die Bezeichnung ist natürlich der Eigenschaft entnommen, daß aus zwei sich berührenden „Flächen" stets wieder zwei sich berührende „Flächen" werden.

Offenbar ist jede Punkttransformation eine Berührungstransformation. Sie wird allgemein durch die Formeln gegeben:

$$X = \varphi(x, y, z), \quad Y = \psi(x, y, z), \quad Z = Z(x, y, z)$$

aus denen sich die beiden weiteren Formeln für P und Q ableiten lassen.

Ein zweites Beispiel gibt uns die dualistische Transformation, mit der wir in § 62 gerade begonnen haben. Um den allgemeinen Umfang der Berührungstransformationen zu verstehen, wird es nötig sein, mit *Lie* eine allgemeinere geometrische Auffassung einzuführen. Den Inbegriff der Größen $x, y, z; p, q$, den Punkt und seine Tangentenebene oder überhaupt den Punkt und eine durch ihn hindurchgehende Ebene, wollen wir als *Flächenelement* benennen, und zwar ist es bequem, von der Tangentenebene sich nur ein kleines Stück, eine Schuppe, um den Berührungspunkt herum vorzustellen. Diese Flächenelemente, die von fünf Parametern abhängen, *wollen wir fortan als Raumelemente betrachten*, so daß unser Raum dann eine Mannigfaltigkeit von fünf Dimensionen darstellt. Wir werden lernen müssen, wie wir uns in dieser M_5 zu bewegen haben. Da ist es nun eine bequeme Hilfsvorstellung, daß wir andererseits unsere Größen $x, y, z; p, q$ als gewöhnliche Punktkoordinaten im Raume von fünf Dimensionen deuten. Die Gleichung $dz - p\,dx - q\,dy = 0$ stellt dann für diesen R_5 eine *Pfaff*sche Gleichung dar, und zwar vom Charakter fünf in der Normalform, wie wir sie vorhin (§ 55) kennen gelernt haben. *In diesem R_5 erscheinen daher die Berührungstransformationen als Punkttransformationen, die die Pfaffsche Gleichung $dz - p\,dx - q\,dy = 0$ in sich selbst überführen.*

Wir werden uns jetzt mit der Gleichung $dz - p\,dx - q\,dy = 0$ näher zu beschäftigen haben. Betrachten wir zwei benachbarte Elemente einer Fläche $x, y, z; p, q$ und $x + dx, y + dy, z + dz; p + dp, q + dq$ so wird zwischen ihnen gerade diese Beziehung bestehen. Demgemäß bezeichnen wir die Differentialgleichung als die *Bedingung der vereinigten Lage der beiden Elemente.* In der Tat kann man sagen, daß „der Punkt des ersten Elements in der Ebene des zweiten Elementes liegt" und umgekehrt. In laufenden Koordinaten ist die Ebene des ersten Elementes

$$z' - z = p(x' - x) + q(y' - y),$$

und setzen wir in deren Gleichung $z' = z + dz, x' = x + dx, y' = y + dy$, d. h. den Punkt des zweiten Elements ein, so erhalten wir $dz = p\,dx + q\,dy$, also unsere obige Gleichung. Umgekehrt lautet die Gleichung der Ebene des zweiten Elementes:

$$(z' - z - dz) = (p + dp)(x' - x - dx) + (q + dq)(y' - y - dy)$$

und setzen wir jetzt $z' = z, x' = x, y' = y$, so bekommen wir wieder bei Beschränkung auf die Glieder erster Ordnung die Gleichung

$$dz = p\,dx + q\,dy.$$

Doch müssen wir, um einem Mißverständnisse vorzubeugen, ausdrücklich hinzufügen: Diese Aussage, daß der zweite Punkt in der Ebene des ersten Elements und der erste Punkt in der Ebene des zweiten Elements liegt, ist nur zu verstehen bis auf Größen zweiter Ordnung, d. h. der zweite Punkt liegt von der Ebene des ersten Elements um eine Größe zweiter Ordnung entfernt und umgekehrt. Dieser Umstand kommt bei folgender Überlegung zur Geltung. Man möchte meinen, daß die Schnittgerade der beiden Ebenen zugleich die Verbindungslinie der beiden Punkte sein müßte, wie es gewiß für zwei Punkte der Fall ist, deren Ebene genau durch den jedesmaligen anderen Punkt gehen. Dies ist jedoch keineswegs hier der Fall: vielmehr kann die Schnittgerade einen beliebigen endlichen Winkel mit der Verbindungslinie einschließen. Es ist in relativen Koordinaten in bezug auf den Punkt x, y, z die Gleichung der ersten Ebene $\zeta = p\xi + q\eta$ und die Gleichung einer zur zweiten Ebene parallelen Ebene durch denselben Punkt x, y, z

$$\zeta = (p + dp)\,\xi + (q + dq)\,\eta.$$

Aus beiden Gleichungen findet sich:

$$\xi : \eta : \zeta = dq : -dp : p\,dq - q\,dp$$

als die Richtung der Schnittgeraden. Diese Richtung fällt nun nicht notwendig mit $dx : dy : dz$ zusammen. *Vielmehr zeigen unsere Formeln, daß die beiden Richtungen nur dann übereinstimmen, d. h., daß die Schnittgerade der beiden Ebenen mit der Verbindungslinie der beiden Punkte nur dann zusammenfällt, wenn $dq \cdot dy + dp \cdot dx = 0$ ist.* In diesem Falle sagen wir, die beiden Elemente befinden sich in *Schmieglage.* Dies ist dann freilich nicht bei beliebiger Berührungstransformationen invariant, wohl aber bei projektiver und dualistischer Umformung.

Wir wollen nun genauer $dz - p\,dx - q\,dy = 0$ als ein *Pfaffsches Problem* bezeichnen, und uns *die Aufgabe stellen, solche Integralmannigfaltigkeiten zu suchen, die diese Beziehung erfüllen.* Wir können Integralmannigfaltigkeiten *erster* und solche *zweiter Dimension suchen,* diese werden dann (nach der allgemeinen Theorie § 56 des *Pfaff*schen Problems) die meistausgedehnten Mannigfaltigkeiten sein, die unsere *Pfaff*sche Gleichung erfüllen.

Um zunächst von der Integral-M_1 zu sprechen, so erfüllen wir sicher die Gleichung $dz - p\,dx - q\,dy = 0$, indem wir $dx = dy = dz = 0$ setzen. Dieser Ansatz liefert uns als erstes Beispiel einer Integral-M_1 die Elemente, die sich an irgendwelche Kegelspitze anschmiegen, oder, wie ein Ebenenbüschel, bei festgehaltenem Punkte x, y, z eine gemeinsame Schnittgerade haben. Ein zweites Beispiel einer Integral-M_1 gewinnen wir, wenn wir von einer beliebigen Raumkurve ausgehen und nach irgendeinem stetigen Gesetz eine Aufeinanderfolge von Tangentenebenen längs der Kurve betrachten, die dann eine Torse umhüllen. *Die zu diesen Tangentenebenen gehörigen Elemente bilden gleichfalls eine Integral-M_1;* wir nennen sie einen *Streifen.* Diesen Namen dehnen wir übrigens gelegentlich auf die zuerst angeführten Beispiele von Integral-M_1 mit aus.

Wann wird nun die Integral-M_1 im besonderen eine Schmieg-M_1 sein? Offenbar muß dann für je zwei benachbarte Elemente die Bedingung

$dq \cdot dy + dp \cdot dx = 0$ erfüllt werden: *Wir sehen, daß einmal jede Kegelspitze (wie jedes Elementenbüschel) eine Schmieg-*M_1 *ist; andererseits bekommen wir eine solche, wenn wir den Punkten einer Raumkurve ihre Schmiegebenen zuordnen.* Insbesondere ist jeder geradlinige Streifen ein Schmiegstreifen; insofern doch bei der geraden Linie jede Tangentenebene auch Schmiegebene ist.

Nun gehen wir zu den *Integral-*M_2 über, indem wir fragen:

Gibt es Mannigfaltigkeiten von zwei Dimensionen, gebildet aus Flächenelementen, so daß jedes Element sich in vereinigter Lage mit jedem Nachbarelement findet? Das nächstliegende Beispiel einer Integral-M_2 bilden alle Elemente, die durch einen festen Punkt gehen; wir sagen: der Punkt x, y, z selbst. Das zweite Beispiel liefern alle Elemente, die eine feste Raumkurve berühren. Schließlich haben wir den Inbegriff aller Elemente, die eine feste Fläche berühren, als Integral-M_2 anzusehen. *In solcher Weise erscheinen Punkt, Kurve und Fläche, d. h. die Grundgebilde der alten Geometrie hier in der neuen Geometrie der Flächenelemente gleichberechtigt.*

Tatsächlich kommen wir auf diese drei Gebilde, wenn wir unser *Pfaff*sches Problem $dz - pdx - qdy = 0$ in der in § 56 angegebenen Weise behandeln, um die meist ausgedehnten Mannigfaltigkeiten zu finden:

a) Wir gehen zuerst aus von einer beliebigen Gleichung $\varphi(x, y, z) = 0$ und setzen

$$p = -\frac{\frac{\partial \varphi}{\partial x}}{\frac{\partial \varphi}{\partial z}} \quad \text{und} \quad q = -\frac{\frac{\partial \varphi}{\partial y}}{\frac{\partial \varphi}{\partial z}}.$$

Diese Gleichungen ergeben dann eine erste Schar von Integralmannigfaltigkeiten.

b) Oder wir stellen zwei Gleichungen an die Spitze $\varphi(x, y, z) = 0$ und $\psi(x, y, z) = 0$ und setzen:

$$p = -\frac{\frac{\partial \varphi}{\partial x} + \lambda \frac{\partial \psi}{\partial x}}{\frac{\partial \varphi}{\partial z} + \lambda \frac{\partial \psi}{\partial z}} \quad \text{und} \quad q = -\frac{\frac{\partial \varphi}{\partial y} + \lambda \frac{\partial \psi}{\partial y}}{\frac{\partial \varphi}{\partial z} + \lambda \frac{\partial \psi}{\partial z}},$$

wo λ einen frei veränderlichen Parameter bedeuten soll.

c) Oder endlich wir stellen drei Gleichungen zusammen:

$$\varphi(x, y, z) = 0, \quad \psi(x, y, z) = 0, \quad \chi(x, y, z) = 0$$

und setzen

$$p = -\frac{\frac{\partial \varphi}{\partial x} + \lambda \frac{\partial \psi}{\partial x} + \mu \frac{\partial \chi}{\partial x}}{\frac{\partial \varphi}{\partial z} + \lambda \frac{\partial \psi}{\partial z} + \mu \frac{\partial \chi}{\partial z}} \quad \text{und} \quad q = -\frac{\frac{\partial \varphi}{\partial y} + \lambda \frac{\partial \psi}{\partial y} + \mu \frac{\partial \chi}{\partial y}}{\frac{\partial \varphi}{\partial z} + \lambda \frac{\partial \psi}{\partial z} + \mu \frac{\partial \chi}{\partial z}}$$

unter λ und μ Parameter verstanden.

Nun gibt uns die Integralmannigfaltigkeit unter a), die sich aus einer Gleichung $\varphi(x, y, z) = 0$ aufbaut, die sich an eine gegebene Fläche anschließenden Elemente. Der Fall b) dagegen liefert uns die Flächenelemente einer Raumkurve, da wir in jedem Punkte der Kurve $\varphi = 0$, $\psi = 0$ entsprechend der Einführung des willkürlichen Parameters λ ein Elementenbüschel haben. Der Fall c) endlich liefert uns einen oder mehrere Punkte mit allen ihren Flächenelementen. Die Unterscheidung von Punkt, Kurve und Fläche als verschiedener Formen von Integralmannigfaltigkeiten von zwei Dimensionen läuft daher genau parallel mit der Unterscheidung der verschiedenen Integrale, die wir überhaupt beim *Pfaff*schen Problem von der Normalform aus gemacht haben. *Umgekehrt dürfen wir sagen, daß die Lehre von der Integration der Pfaffschen Probleme hier im R_3 durch die Betrachtung der Punkte, Kurven und Flächen unter Zugrundelegung der Flächenelemente als Raumelemente ihre gute geometrische Erläuterung findet, weit ausgedehnter, als es bei Zugrundelegung allein der Punkte als Raumelemente möglich war.*

Wir bemerken andererseits, daß diese Einteilung der Integral-M_2 in Punkte, Kurven und Flächen darin begründet liegt, daß wir die Punkte als Grundlage betrachten. *Nehmen wir einmal die Ebene als Grundlage unserer Raumanschauung, dann würden wir auch wieder drei Arten von Integral-M_2 zu untersuchen gehabt haben, die den früheren Reihen aber nicht gleich, sondern nur verwandt sind, nämlich*:

a) Alle Elemente, die sich an eine Fläche anschmiegen, die keine Torse ist, b) alle Flächenelemente einer Torse, c) alle Elemente, die sich an eine feste Ebene anschmiegen.

Nun können wir sogleich einen Blick darauf werfen, was *Berührungstransformationen* sein werden. Aus jeder Integral-M_1 soll wieder eine Integral-M_1, aus einer Integral-M_2 wieder eine Integral-M_2 werden. Von dem gewonnenen Standpunkte aus erkennen wir schon jetzt, daß es, sofern man den Punkt als Raumelement wählt, *drei Arten von Berührungstransformationen* geben muß:

1. *Solche, die Punkte in Punkte überführen.* Das sind die allbekannten Punkttransformationen.

2. *Solche, die Punkte in Kurven überführen.* Dies ist etwas für uns ganz Neues.

3. *Solche, die Punkte in Flächen überführen,* und dafür geben die dualistischen Transformationen ein erstes Beispiel. Hätten wir wieder die Ebenen ursprünglich als Raumelemente gewählt, so wäre eine entsprechende Dreiteilung der Berührungstransformationen entstanden, die aber mit der Dreiteilung vom „Punktstandpunkte" aus keineswegs zusammenfällt.

Daß man statt der Punkte und Ebenen auch Geraden, Kugeln oder dergleichen als Raumelemente einführt und dadurch dem Raume eine höhere Dimension beilegt, ist ja schon lange bekannt und angewandt.

Hiervon ist ja nur ein besonderer Fall, daß wir den Raum als eine M_5 von Flächenelementen ansehen. Aber dieser besondere Fäll hat eine ganz besondere Bedeutung, indem wir damit Punkte, Kurven und Flächen als gleichwertige Gebilde zusammenordnen. Dies ist eben der von *Lie* entwickelte Gedanke. Wir werden bald sehen, wie von dieser neuen Seite betrachtet sich alles zweckmäßig ordnet, z. B. was sich auf die partiellen Differentialgleichungen bezieht, usw. Wir fügen jetzt unserer bisherigen Betrachtung noch einige Ergänzungen hinzu.

Zunächst: Wir wollen jede Integral-M_1 überhaupt einen Streifen nennen und speziell die Schmiegstreifen in dem angegebenen Sinne unter ihnen aussuchen. Offenbar ist jede M_1, die auf einer Integral-M_2 verläuft, ein Streifen. Doch verlaufen insbesondere auf der einzelnen Integral-M_2 Schmiegstreifen. *Wenn die Integral-M_2 ein Punkt ist, so ist jeder Streifen ein Schmiegstreifen. Wenn die Integrale M_2 eine Kurve ist, so gibt es nur den einen Schmiegstreifen, der von den Schmiegebenen geliefert wird. Auf einer beliebigen Fläche liegen endlich zwei Scharen von Schmiegstreifen, nämlich die Streifen, die sich an die Asymptotenlinien anschließen*; dies entspricht eben der Tatsache, daß die Tangentenebenen zweier benachbarter Punkte einer Asymptotenlinie sich in ihrer Tangentenrichtung durchschneiden.

Ferner haben wir noch von der *homogenen Formulierung* zu sprechen. Sie wird immer dann sich zweckmäßig erweisen, wenn wir algebraische Funktionen oder Operationen vor uns haben, für die wir den ganzen Raum heranziehen. Wir sagen:

a) *Das einzelne Element bekommt acht homogene Koordinaten, vier Verhältnisgrößen x_1, x_2, x_3, x_4 und vier Verhältnisgrößen u_1, u_2, u_3, u_4* mit *der Bedingung $\Sigma u_i x_i = ux = 0$,* die den Punkt und die Ebene des Elementes festlegen.

b) Wenn wir zu einem Nachbarelement übergehen, so wird für dieses die Bedingung $ux = 0$ übergehen in $udx + xdu = 0$, d. h. ausführlich geschrieben:

$$\begin{gathered} u_1 \cdot dx_1 + u_2 \cdot dx_2 + u_3 \cdot dx_3 + u_4 \cdot dx_4 \\ + du_1 \cdot x_1 + du_2 \cdot x_2 + du_3 \cdot x_3 + du_4 \cdot x_4 = 0. \end{gathered}$$

c) Die Nachbarelemente befinden sich in vereinigter Lage, wenn sich die vorstehende Gleichung in zwei spaltet, wenn nämlich $udx = xdu = 0$ ist. Diese Gleichung, bei der immer $ux = 0$ festgehalten ist, tritt jetzt an die Stelle der *Pfaff*schen Gleichung $dz - pdx - qdy = 0$.

d) Demgegenüber erhält man als Bedingung der Schmieglage zweier benachbarter Elemente: $du \cdot dx = 0$. Wir sehen, wie alle diese Gleichungen sich übersichtlich und einfach gestalten.

e) Wie stellt sich jetzt eine Berührungstransformation dar? Es sei:

$$\begin{aligned} \varrho x_i' &= \varphi_i (x_1 \cdots x_4; u_1 \cdots u_4), \\ \sigma u_i' &= \psi_i (x_1 \cdots x_4; u_1 \cdots u_4) \end{aligned}$$

gesetzt. Diese Funktionen φ_i und ψ_i müssen natürlich in den x_i und u_i einzeln genommen homogen sein. Dann müssen sie zunächst die Bedingung erfüllen, daß

$$\varrho\sigma \cdot u' x' = M \cdot ux$$

wird, indem wir sonst überhaupt keine Elemententransformationen vor uns haben. Ferner muß sein:

$$\varrho\sigma \cdot u' d x' = m \cdot u d x.$$

Dann werden wir eine Berührungstransformation haben. Bei näherer Untersuchung wird man sich z. B. wieder fragen können, ob es eineindeutige Berührungstransformationen (*Cremona*transformationen) gibt, usf.

§ 64. Die beiden kugelgeometrischen Transformationsgruppen.

Wir wenden uns nun zu dem schon früher in Aussicht genommenen Abschnitt, der eine *erneute Betrachtung der Kugelgeometrie und der Liniengeometrie* zum Gegenstand haben soll. In der Tat haben wir ja schon früher über beide Gebiete manches gesagt. Doch werdenwir jetzt zu einer tiefern Auffassung durchdringen können, indem wir über die Begriffe der Transformation, der Gruppe von Transformationen, der Invarianten, und ganz besonders über den Begriff der Berührungstransformation verfügen. Wir werden uns der besondern Anschaulichkeit wegen fast ganz auf den gewöhnlichen R_3 beschränken; doch sind unsere Betrachtungen fast ausnahmslos auf den R_n übertragbar.

Wir werden uns zunächst dessen erinnern, was wir in § 50 über die Einführung der pentasphärischen Koordinaten $x_1, x_2, \ldots x_5$ mit der Bedingung $\Omega(x) = 0$ gesagt haben. Unsere Überlegung kam darauf hinaus, den Punktraum von drei Dimensionen als stereographische Projektion der Kugel des R_4 zu betrachten und diese dann mit projektiven Mitteln zu behandeln. Von dieser Auffassung ausgehend haben wir insbesondere die zehngliedrige Gruppe der konformen Transformationen im R_3 gefunden, mit dem Satze von *Liouville*, daß es keine andern gibt. Es waren das einfach die linearen Transformationen der x, die die quadratische Gleichung $\Omega = 0$ in sich transformieren.

Nun möchten wir im Anschluß hieran Ihre Aufmerksamkeit zunächst auf die *elementare* Kugelgeometrie richten, indem wir uns die *höhere* Kugelgeometrie für später vorbehalten. Die Gleichung der Kugel in pentasphärischen Koordinaten war linear: $\Sigma u_i x_i = 0$. *Wir erhielten die elementare Kugelgeometrie, wenn wir die hier auftretenden Koeffizienten u_i als die homogenen Koordinaten der Kugel betrachteten.* Die elementare Kugelgeometrie kommt daher darauf hinaus, neben den Koordinaten x_i kontragrediente u_i einzuführen, d. h. auch im Gebiete der pentasphärischen x_i *das Prinzip der Dualität* zur Geltung zu bringen. Wir können natürlich auch sagen, *daß die Kugeln im R_3 die stereographischen Bilder sind für die „ebenen" Schnitte der im R_4 gelegenen Grundkugel.*

Wir werden nun leicht den Hauptansatz zum Gebrauch der Koordinaten u erhalten, wenn wir uns fragen, wann sich die Kugel u_i im R_3 auf einen Punkt zusammenzieht? Offenbar wird dies dann der Fall sein, wenn die Schnittebene des R_4 seine Grundkugel berührt. Da nun die Gleichung der Grundkugel im R_4 durch

$$\Omega = \Sigma a_{ik} x_i x_k = 0$$

gegeben wird, wobei wir ein ganz beliebiges Koordinatensystem zugrunde gelegt denken, erhalten wir die Bedingung für die Punktkugeln des R_3 durch das Nullsetzen der geränderten Determinante:

$$\Phi = \begin{vmatrix} a_{11} \dots a_{15} \; u_1 \\ \dots\dots\dots\dots \\ a_{51} \dots a_{55} \; u_5 \\ u_1 \;\dots\; u_5 \quad 0 \end{vmatrix} = 0.$$

Denn diese Gleichung stellt uns die Grundkugel in Ebenenkoordinaten dar. Diese Gleichung steht im Mittelpunkte der elementaren Kugelgeometrie, wir hatten sie früher in dem Sonderfall kennen gelernt, daß nur die Quadrate in der Gleichung $\Omega = 0$ vorkamen: $\Sigma u_i^2 = 0$.

Da nun die Koordinaten u_i sich linear substitutieren, wenn ein Gleiches für die x_i der Fall ist, so haben wir weiter den Satz: *Die konformen Transformationen des R_3 erscheinen als die linearen Transformationen der u_i, die die Gleichung $\Phi = 0$ in sich selbst überführen. Hieraus gewinnen wir die schärfere Erklärung der elementaren Kugelgeometrie als der Lehre von solchen Eigenschaften der aus Kugeln gebildeten Abbildungen, die bei der zehngliedrigen Gruppe der genannten linearen Transformation invariant sind.*

Wir werden jetzt die entsprechenden Formulierungen für die *höhere Kugelgeometrie* zu behandeln haben. Wir wollen sie zunächst in der elementaren Weise einführen, wie wir es früher getan haben. In **§ 25** gingen wir von der Gleichung der Kugel in rechtwinkligen Koordinaten aus:

$$(x^2 + y^2 + z^2) - 2\alpha x - 2\beta y - 2\gamma z + C = 0$$

und es ergab sich der Radius der Kugel gleich

$$\pm\sqrt{\alpha^2 + \beta^2 + \gamma^2 - C}.$$

Wir machen ausdrücklich wiederholt auf das doppelte Vorzeichen darin aufmerksam; diese Zweideutigkeit hatten wir durch die „Orientierung“ der Kugeln beseitigt. *Kugelkoordinaten sollten nun nicht mehr α, β, γ und C, sondern α, β, γ, C und r sein, wobei zwischen ihnen die Beziehung $\alpha^2 + \beta^2 + \gamma^2 - r^2 - C = 0$ besteht.* Gerade in der Hinzunahme des r als weiterer Koordinate ist der höhere Standpunkt gekennzeichnet. Wir haben dann noch die homogene Form eingeführt, indem wir setzen:

$$a = \frac{\xi}{\nu}, \; \beta = \frac{\eta}{\nu}, \; \gamma = \frac{\zeta}{\nu}, \; r = \frac{\lambda}{\nu}, \; C = \frac{\mu}{\nu},$$

worauf wir $\xi : \eta : \zeta : \lambda : \mu : \nu$ *als homogene Koordinaten der Kugel in der höheren Kugelgeometrie ansahen, die an die Bedingungsgleichung zweiten Grades geknüpft sind:*

$$\psi = \xi^2 + \eta^2 + \zeta^2 - \lambda^2 - \mu\nu = 0.$$

An diese Gleichung schloß sich dann, wie wir auch bereits lernten, das Operieren mit unseren Kugelkoordinaten an. So ergibt z. B. die *Polarengleichung*:

$$2\xi\xi' + 2\eta\eta' + 2\zeta\zeta' - \lambda\lambda' - \mu\nu' - \mu'\nu = 0$$

die Bedingung für die (gleichsinnige) Berührung zweier Kugeln. Diese Polarengleichung steht zu $\psi = 0$ in einer durch lineare Transformation unzerstörbaren Beziehung.

Von unserem erweiterten Standpunkte, der sich auf dem Begriff der Gruppe und Invarianten aufbaut, werden wir jetzt überhaupt die folgende Erklärung an die Spitze stellen können.

Die höhere Kugelgeometrie beschäftigt sich mit den Eigenschaften irgendwelcher aus Kugeln gebildeter Abbildungen, die invariant bleiben bei der fünfzehngliedrigen Gruppe linearer Transformationen der sechs homogenen Veränderlichen $\xi, \eta, \zeta, \lambda, \mu, \nu$, *bei denen die Gleichung* $\psi = 0$ *in sich übergeht.*

Neben die so geschilderte Einführung der höheren Kugelgeometrie von den gewöhnlichen rechtwinkeligen Punktkoordinaten aus stellt sich die allgemeinere, die gleich von beliebigen pentasphärischen Punktkoordinaten beginnt. Die Gleichung der Kugel ist doch in ihnen gegeben durch $u_1 x_1 + u_2 x_2 + \ldots + u_5 x_5 = 0$. Die Koeffizienten u_i haben wir dann geradezu als Koordinaten der Kugel eingeführt und so die niedere Kugelgeometrie gewonnen. Nun ergibt sich der Radius der Kugel

$$r = \pm \frac{\sqrt{\Phi(u_1, \cdots u_5)}}{\Sigma C_i u_i},$$

worin $\Phi = 0$ die Bedingung für die Punktkugel ist, $\Sigma C_i u_i = 0$ dagegen die Bedingung, daß die Kugel den uneigentlichen Punkt enthält, d. h. in eine Ebene übergeht. Wir werden nun einfach eine sechste homogene Veränderliche einführen können, indem wir setzen:

$$u_6 = \sqrt{\Phi(u_1) \cdots u_5)},$$

so daß

$$r = \frac{u_6}{\Sigma C_i u_i}$$

wird. Dadurch, daß wir diese sechste Koordinate zu den Kugelkoordinaten $u_1, \ldots u_5$ der niederen Kugelgeometrie hinzunehmen, steigen wir zur höheren Kugelgeometrie auf. Dabei besteht als Bedingungsgleichung zwischen den sechs Koordinaten die Beziehung:

$$\Psi = \{ u_6{}^2 - \Phi(u_1, \cdots u_5) \} = 0.$$

Das eigentliche Wesen der höheren Kugelgeometrie besteht im Zusammenhange hiermit darin, daß wir eine größere Mannigfaltigkeit von Umformungen in Betracht ziehen. *Die Gruppe der höheren Kugelgeometrie besteht jetzt nämlich aus allen linearen Substitutionen der Veränderlichen* $u_1, \dots u_6$, die $\Psi = 0$ *in sich überführen.*

Während die Gruppe der niederen Kugelgeometrie zehngliedrig war, enthält die Gruppe der höheren Kugelgeometrie fünfzehn wesentliche Konstante. Und zwar ist die niedere in der höheren als *Untergruppe* enthalten, wie man aus der Gegenüberstellung der Gleichungen $\Phi = 0$ und $\Psi = 0$ erkennt.

§ 65. Die isotrope Projektion des R_{n+1} auf den R_n.

Nun wollen wir sehen, mit welchen geometrischen Vorstellungen wir diese rechnerische Einführung der höheren Kugelgeometrie begleiten können. Wir knüpfen wieder an einen früher entwickelten Gedanken an. Wir sagten damals, wir wollen der Kugel mit den Mittelpunktkoordinaten α, β, γ und dem Radius r einen Punkt im R_4 gegenüberstellen mit den rechtwinkligen Koordinaten $x = \alpha$, $y = \beta$, $z = \gamma$ und $t = ir$. Diese Beziehung, die sogenannte „*isotrope Projektion*" zwischen den Kugeln des R_3 und den Punkten des R_4, die eine Transformation mit Wechsel des Raumelementes ist, wollen wir jetzt etwas weiter verfolgen. Die Bedingung für zwei sich (gleichsinnig) berührende Kugeln ist bekanntlich

$$(\alpha - \alpha')^2 + (\beta - \beta')^2 + (\gamma - \gamma')^2 - (r - r')^2 = 0.$$

Dies besagt für die entsprechenden Punkte im vierdimensionalen Raume:

$$(x - x')^2 + (y - y')^2 + (z - z')^2 + (t - t')^2 = 0.$$

Wir finden daher (wie wir ebenfalls schon früher ausgeführt haben), daß zwei Kugeln, die sich berühren, zwei Punkte liefern, die eine verschwindende Entfernung haben, d. h. auf einer isotropen Geraden liegen.

Wir wollen diese Beziehung zwischen beiden Räumen jetzt noch unmittelbar geometrisch auffassen. Wir können doch von einem beliebigen Punkte P im R_4 den isotropen Kegel ziehen, dessen Erzeugende isotrope Geraden sind, und diesen wollen wir dann mit dem R_3 schneiden. *Wir behaupten dann über die Zuordnung der Punkte des* R_4 *zu den Kugeln im* R_3, *wie sie durch unsere Formel gegeben wird, daß die Kugel des* R_3 *der Schnitt ist, den der* R_3 *mit dem isotropen Kegel gemein hat, der vom Punkte des* R_4 *ausläuft.* Diese Behauptung ist sofort rechnerisch nachzuweisen. Die Gleichung des isotropen Kegels vom Punkte x, y, z, t des R_4 ist in laufenden Koordinaten x', y', z', t':

$$(x' - x)^2 + (y' - y)^2 + (z' - z)^2 + (t' - t)^2 = 0.$$

Diesen Kegel schneiden wir mit unserem R_3, der durch die Gleichung $t' = 0$ gegeben ist. Dann erhalten wir:

$$(x'-x)^2+(y'-y)^2+(z'-z)^2+t^2=0$$

oder

$$(x'-\alpha)^2+(y'-\beta)^2+(z'-\gamma)^2-r^2=0,$$

wie behauptet wurde.

Den so gefundenen Zusammenhang zwischen den Punkten des R_4 und den Kugeln des R_3 wollen wir weiterhin die *isotrope Projektion* des R_4 auf den R_3 nennen, um eine kurze Bezeichnung zur Verfügung zu haben.

Nun gehen wir weiter: Wir haben doch neben α, β, γ, r noch die Koordinate C mit der Identität $C=\alpha^2+\beta^2+\gamma^2-r^2$ hinzugenommen und dann homogen gesetzt:

$$\alpha=\frac{\xi}{\nu}, \quad \beta=\frac{\eta}{\nu}, \quad \gamma=\frac{\zeta}{\nu}, \quad r=\frac{\lambda}{\nu}, \quad C=\frac{\mu}{\nu}.$$

Das Entsprechende wollen wir jetzt für die Punktkoordinaten des R_4 ausführen und uns fragen, was die sechs homogenen Koordinaten der Kugel im R_3 für den zugehörigen Punkt des R_4 bedeuten. Wir hatten

$$\alpha=x, \quad \beta=y, \quad \gamma=z, \quad r=\frac{t}{i}$$

gesetzt und nehmen nun noch

$$C=x^2+y^2+z^2+t^2.$$

hinzu. Dann sei, indem wir homogen machen:

$$x=\frac{x_1}{x_6}, \quad y=\frac{x_2}{x_6}, \quad z=\frac{x_3}{x_6}, \quad t=\frac{x_4}{x_6} \quad \text{und} \quad x^2+y^2+z^2+t^2=\frac{x_5}{x_6}.$$

Die Bedingungsgleichung zwischen den sechs homogenen Koordinaten nimmt dann die Form an:

$$x_5 x_6=x_1^2+x_2^2+x_3^2+x_4^2.$$

Nun zeigt sich sofort, daß die homogenen Koordinaten $x_1, \dots x_6$ mit der letzten Bedingung sich als „*hexasphärische Koordinaten*" erweisen, das heißt als das Gegenstück im R_4 zu den pentasphärischen Koordinaten des R_3. Aus unseren $\xi, \eta, \zeta, \lambda, \mu, \nu$ ergeben sich die allgemeinen Koordinaten $u_1, \dots u_6$ der höheren Kugelgeometrie durch beliebige lineare Substitution und ebenso finden wir aus den $x_1, \dots x_6$ die allgemeinsten hexasphärischen Punktkoordinaten des R_4 durch beliebige lineare Substitution. Somit sehen wir: *Die Einführung der sechs homogenen Koordinaten für die Kugeln des R_3 kommt darauf hinaus, die Punkte im R_4 durch hexasphärische Koordinaten festzulegen und dann diese Punkte durch isotrope Projektion auf die orientierten Kugeln des R_3 zu beziehen.*

Da ferner beidemal die quadratische Beziehung $\psi=0$ bei den linearen Substitutionen der sechs homogenen Koordinaten unverändert bleiben soll, so ergibt sich wieder der Satz: *Die fünfzehngliedrige Gruppe der linearen Transformationen der sechs homogenen Koordinaten, die wir bei der höheren Kugelgeometrie des R_3 zugrunde legen wollen, er-*

scheint einfach als Abbild der Gruppe der konformen Transformationen, die der Punkt-Raum von vier Dimensionen gestattet.

Man erinnere sich endlich, daß die Punkte des R_4 beim Gebrauch hexasphärischer Koordinaten als stereographisches Bild der Punkte einer Kugel im R_5 zu gelten haben. Daraufhin werden wir jetzt folgenden Satz aufstellen können: *Die höhere Kugelgeometrie im R_3 kommt darauf hinaus, die Kugeln des R_3 als das Abbild der Punkte einer im R_5 gelegenen Kugel aufzufassen und diese letztere Kugel in gewöhnlichem projektiven Sinne zu studieren.*

Wir wollen dieses Schlußergebnis ganz allgemein für höhere Räume noch einmal wiederholen. Im R_{n+2} sei eine feste Kugel gegeben; diese behandeln wir projektiv und bekommen so eine Gruppe linearer Umformungen mit

$$\frac{(n+2)(n+3)}{2}$$

Parametern in $n+3$ homogenen Koordinaten. Diese Kugel wird dann stereographisch auf die Punkte des R_{n+1} bezogen, den wir weiter durch isotrope Projektion auf die Kugeln des R_n beziehen. Wir haben dann im R_{n+1} $(n+3)$ polysphärische Punktkoordinaten und die zugehörige Gruppe konformer Transformationen. Im R_n aber haben wir $(n+3)$ Kugelkoordinaten und die Kugeltransformationen, deren geometrische Bedeutung noch näher darzulegen bleibt.

Wir wollen uns den Zusammenhang zwischen der höheren Kugelgeometrie des R_n und der konformen Punktgeometrie des R_{n+1} jetzt noch näher führen, indem wir entsprechende Gebilde in beiden Räumen einander gegenüber stellen. Und zwar beschränken wir uns auf die niedrigsten Fälle des n, für die unsere Raumanschauung wenigstens, was die Kugelgeometrie betrifft, noch ausreicht.

§ 66. Die isotrope Projektion des R_3 auf den R_2.

Es sei also zunächst $n = 2$; wir haben dann die gerichteten oder orientierten Kreise der Ebene (als die Kugeln des R_2) den Punkten des gewöhnlichen Raumes in der isotropen Projektion entsprechen zu lassen. Im Raume haben wir die zehngliedrige Gruppe der konformen Punkttransformationen, die sich auf die Ebene als vorläufig ihrem Wesen nach noch unbekannte Transformationen gerichteter Kreise übertragen. Wir wollen im einzelnen die Beziehung durch einige Gegenüberstellungen beleuchten.

Zunächst erkennen wir:

Den Flächen des R_3 werden „Kreiskomplexe" des R_2, den Kurven des R_3 „Kreisreihen" des R_2 entsprechen. Dabei soll durch die Ausdrücke „Komplex" und „Reihe" von Kreisen hier auf die Dimensionenzahlen Zwei und Eins hingewiesen werden. Insbesondere wird eine *Kugel des R_3* sich als *linearer Kreiskomplex des* R_2 abbilden. Wir fanden schon früher, daß dies die Kreisschar ist, deren Kreise einen festen Grundkreis unter gegebenem festen Winkel schneiden. Geht insbesondere die Kugel des R_3 in eine *Punktkugel* über, so bekommen wir im R_2 einen „*speziellen*" linearen Kreiskomplex, d. h. die *Berührungskreise* eines Grundkreises. Durch einen Kreis im R_3 gehen (in der Regel) zwei Punktkugeln, den Punkten des Kreises entsprechen also alle Kreise des R_2, die zwei Grundkreise berühren. Nebenbei bemerken wir den Grenzfall der „parabolischen Kreise" dem in der Ebene R_2 entspricht, daß einer der Grundkreise in eine Gerade übergeht.

Aus einer isotropen Geraden des R_3 erhalten wir ein Kreisbüschel des R_2 mit gemeinsamem gerichteten Kurvenelement, d. h. die Schar aller sich in dem gleichen Punkte gleichsinnig berührenden Kreise. Umgekehrt können wir geradezu sagen, daß *jedem gerichteten Kurvenelement des* R_2 *eine isotrope Gerade des* R_3 *entspricht.* Diesem Satze haben wir unsere Aufmerksamkeit, der späteren Anwendung wegen, zuzuwenden.

Nebenbei bemerken wir: Hier tritt deutlich hervor, daß unsere Zuordnung mit Ausnahmen behaftet ist, wenn man die Bedeutung der geometrischen Gebilde, wie z. B. „Kurvenelement", nicht in geeigneter Weise abändert. Den isotropen Geraden des R_3 nämlich, die schon in unserer Ebene R_2 liegen, entspricht kein gerichtetes Linienelement im üblichen Sinne. Wie man die Begriffe zu umgrenzen hat, damit man die Ausnahmen vermeidet, und wie man *Lie*s Kugelgeometrie dann in dem gewöhnlichen projektiven Raum „einzubauen" hat, das hat eingehend *E. Study* neben anderen Dingen in einer Reihe von Arbeiten untersucht, die in den Bänden 86 (1922)—91 (1924) der Mathematischen Annalen erschienen sind unter dem Titel: „Über *S. Lie*s Geometrie der Kreise und Kugeln."

Nun möge in R_3 eine *isotrope Kurve* vorliegen, die dadurch erklärt ist, daß zwei benachbarte ihrer Punkte verschwindende Entfernung haben. Ihr steht im R_2 eine Kreisreihe gegenüber, mit der besonderen Eigenschaft, daß benachbarte ihrer Kreise sich berühren. Wir wollen dementsprechend von einer *Berührungsreihe von Kreisen des* R_2 sprechen. Wir erhalten eine solche Berührungsreihe, wenn wir die Krümmungskreise einer Kurve des R_2 konstruieren. Wir haben daher hier ein überzeugendes Beispiel, wie bei dieser Übertragung der Gebilde des R_3 auf den R_2 im R_2 sich in der Geometrie wichtige Gebilde ergeben.

Nun gehört weiter zu jeder isotropen Kurve des R_3 eine *isotrope Torse,* die aus ihren Tangenten gebildet wird. Sie ergibt offenbar einen *speziellen Kreiskomplex, der aus der Gesamtheit der Berührungskreise einer ebenen Kurve besteht.* Die Rückkehrkante dieser Torse gibt daher insbesondere die Reihe der Krümmungskreise.

Wir wollen des ferneren den Normalriß oder die orthogonale Projektion der isotropen Kurve des R_3 auf die xy-Ebene betrachten. Jeder Punkt der Kurve liefert uns gerade den Mittelpunkt des zugehörigen

Kreises, des Krümmungskreises der ebenen Kurve. Dies ergibt den Satz: *Der Normalriß der isotropen Kurve auf die Ebene* $z = 0$ *gibt die Evolute der ebenen Kurve.*

Nun können wir offenbar die isotrope Kurve auf ihrem vertikalen Zylinder beliebig verschieben, „vertikal", wenn wir uns die Ebene $z = 0$ horizontal denken. Den unendlich vielen Lagen der zugehörigen isotropen Torse entsprechen dann unendlich viele, untereinander „parallele" Kurven der Ebene, die dieselbe Evolute haben, d. h. die unendliche Schar der Evolventen der nämlichen Evolute.

Ferner sei eine beliebige Fläche im R_3 gegeben, die keine isotrope Torse ist. Auf ihr verlaufen dann *zwei Scharen isotroper Kurven.* Dem Problem ihrer Bestimmung entspricht in der Ebene die Aufgabe, *die beiden Kurvenscharen zu finden, deren Krümmungskreise dem ebenen Kreiskomplex angehören,* der durch die Fläche im R_3 bestimmt wird.

Nun gibt es auf der Fläche *besondere Punkte, in denen ihre isotropen Richtungen zusammenfallen.* Man kann ja um den absoluten Kegelschnitt und die gegebene Fläche eine gemeinsam umschriebene Torse legen, die auf der Fläche eine Berührungskurve gibt. Deren Punkte sind offenbar die Punkte der genannten Eigenschaft. *Nun gilt der merkwürdige Satz,* den *Darboux* zuerst ausgesprochen hat, *daß diese Berührungskurve eine Krümmungskurve ist,* da die zugehörigen Flächennormalen mit den Erzeugenden der Torse zusammenfallen und daher gewiß eine Torse bilden.

Was entspricht dieser Kurve aber im R_2? Im allgemeinen hat jeder Kreis eines ebenen Komplexes zwei berührende Nachbarkreise. Die den Punkten dieser Berührungskurve entsprechenden Kreise haben jedoch nur *einen* berührenden Nachbarkreis im Komplex. Diese besonderen Kreise pflegt man als *singuläre Kreise* des Komplexes zu bezeichnen. Das Element, in dem ein solcher Kreis von einem Nachbarkreise des Komplexes berührt wird, nennen wir das *zugehörige singuläre Element.* Diesem Elemente entspricht in dem früher auseinandergesetzten Sinne die Erzeugende unserer isotropen Torse. Da diese Erzeugenden die Torse bilden, werden sich die singulären Elemente zu einer Kurve zusammenschließen, die man die *singuläre Kurve des Komplexes nennt.* Die singulären Kreise des Komplexes berühren sie je in ihrem singulären Element.

In entsprechender Weise können wir auch an eine gegebene Raumkurve anknüpfen, die nicht die Länge Null hat. Durch dieselbe kann man immer eine isotrope Torse legen, die die Kurve zur Doppelkurve hat: man braucht nur eine isotrope Ebene sich so bewegen zu lassen, daß sie die Raumkurve berührt, dann umhüllt sie diese isotrope Torse. Hieraus folgt: *Eine Kreisreihe des* R_2 *hat im allgemeinen eine Umhüllungskurve, die von den Kreisen der Reihe zweimal berührt wird.* Wieder wird man fragen, wann die beiden Berührungspunkte des einzelnen Kreises zusammenfallen, usf.

Diese Beispiele, die sich auf die Kreiskomplexe und Kreisreihen der Ebene beziehen, lassen sich nun leicht noch beliebig fortsetzen, indem man irgendwelche geometrische Verhältnisse von Kurven und Flächen des R_3 als Ausgangspunkt nimmt, die sich bei der Gruppe der konformen Transformationen nicht ändern und sie auf den R_2 überträgt. So kann man z. B. die *Krümmungslinien auf den Flächen* wählen, oder *orthogonale Systeme von Flächen*, für die dann das Theorem *Dupins* gilt, daß die Flächen sich in ihren Krümmungskurven durchdringen. Das allgemeinste System dieser Art, das wir kennen lernten, waren die konfokalen Zykliden. Stets können wir uns fragen, was entspricht diesen Gebilden im R_2? Wir können das hier leider hier nicht ausführen, werden aber auf verwandte Dinge im nächsten Abschnitt (§ 67) zurückkommen.

Wir wenden uns jetzt vielmehr dazu, die Gruppe der hier in Betracht kommenden *Transformationen* zu betrachten. Im R_3 haben wir eine zehngliedrige Gruppe von Transformationen, die jeden Punkt wieder in einen Punkt überführen. Entsprechende Transformationen haben wir also im R_2, die jeden Kreis wieder in einen Kreis überführen. Da die Raumtransformationen zugleich konform sind, gehen isotrope Gerade des R_3 wieder in solche über. Dies besagt in der Ebene, daß Kreise, die sich in einem Element gleichsinnig berühren, diese Eigenschaft bei der Transformation behalten. Mit anderen Worten: Aus jedem (gerichteten) Kurvenelement entsteht ein neues Kurvenelement, da wir das Element als Träger eines Kreisbüschels ansehen können. Wir haben daher jedenfalls eine *Elementtransformation* vor uns. Nun bleiben ferner isotrope Torsen im R_3 wieder solche. Ihre isotropen Erzeugenden liefern aber alle Kurvenelemente, die sich einer festen Kurve anschmiegen. Also wird im R_2 aus jeder Kurve eine neue Kurve, oder Elemente in vereinigter Lage liefern wieder Elemente in vereinigter Lage. Wir haben daher das wichtige Ergebnis: *Die zehngliedrige Gruppe der Kreistransformationen, die wir bei der höheren Kreisgeometrie der Ebene zu betrachten haben, besteht aus Berührungstransformationen.*

Nun besagt doch der Satz *Liouvilles*, daß es überhaupt nur jene konformen Punkttransformationen gibt, die unsere Gruppe ausmachen. Bei der Beziehung des R_3 auf den R_2 wird aber eine jede Punkttransformation des R_3 eine entsprechende Kreistransformation des R_2 liefern, und umgekehrt. Da nun Kreise im R_2, die sich berühren, wieder in solche Kreise übergehen sollen, denn dies verlangt eine jede Berührungstransformation, müssen in R_3 isotrope Richtungen wieder in solche übergehen, d. h. im R_3 haben wir notwendig eine *konforme* Transformation. *Unsere Kreistransformationen sind daher nicht nur Beispiele für Berührungstransformationen, sondern es sind überhaupt die einzigen Kreistransformationen, die gleichzeitig Berührungstransformationen sind.*

Wir wollen doch noch einige Einzelheiten, über diese Transformationen anschließen. Im R_3 wird der einzelne Punkt durch die Koordinaten x, y, z, im R_2 der einzelne Kreis durch die Mittelpunktkoordinaten α, β und den Radius r festgelegt. Wir setzen dann $\alpha = x$, $\beta = y$, $ir = z$. Lassen wir nun zunächst die z-Koordinate (oder doch die Ebene $z = 0$) des R_3 unverändert und beachten die folgenden Substitutionen:

a) $$x' = x + a, \quad y' = y + b, \quad z' = z.$$

Diese Parallelverschiebung des R_3 wird im R_2 einfach eine entsprechende Verschiebung bedeuten, wie sie die Formel:

$$\alpha' = \alpha + a, \quad \beta' = \beta + b, \quad r' = r.$$

angibt.

b)
$$\begin{aligned} x' &= +\, x \cos\varphi + y \sin\varphi, \\ y' &= -\, x \sin\varphi + y \cos\varphi, \\ z' &= z. \end{aligned}$$

Dieser Drehung des R_3 um die Z-Achse entspricht wieder eine entsprechende Drehung der Ebene α, β.

c) $$x' = -\, x, \quad y' = +\, y, \quad z' = z.$$

Dieser Spiegelung des R_3 an der y, z-Ebene steht eine entsprechende Spiegelung des R_2 gegenüber.

d)
$$\begin{aligned} x' &= \frac{x}{x^2 + y^2 + z^2}, \\ y' &= \frac{y}{x^2 + y^2 + z^2}, \\ z' &= \frac{z}{x^2 + y^2 + z^2}. \end{aligned}$$

Diese Substitution des R_3 (die Inversion vom Koordinatenanfangspunkte aus) wird im R_2 eine entsprechende Inversion geben, nämlich die, die in Punktkoordinaten α, β durch die Formeln gegeben ist:

$$\alpha' = \frac{\alpha}{\alpha^2 + \beta^2}, \quad \beta' = \frac{\beta}{\alpha^2 + \beta^2}.$$

Diese Beispiele von Abbildungen des R_3, die unsern R_2 in sich überführen, geben uns im R_2 immer wieder die alten Transformationen. Doch sei jetzt:

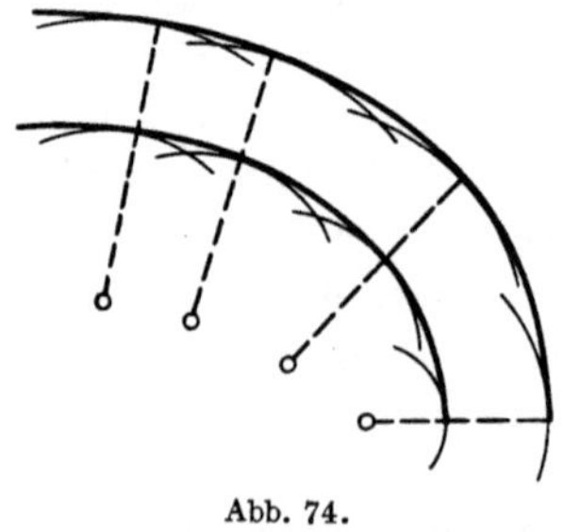
Abb. 74.

e) $$x' = x, \quad y' = y, \quad z' = z + c.$$

Dieser Substitution entspricht im R_2:

$$\alpha' = \alpha, \quad \beta' = \beta, \quad r' = r + \frac{c}{i};$$

d. h. die Mittelpunkte der Kreise bleiben unverändert, jedoch ihr Radius wird um $-ic$ vergrößert (Abb. 74). Man nennt diese Transformation der Ebene eine *Paralleltransformation.* Sie ist aus den Anwendungen der Differentialrechnung auf ebene Kurven, wie sie in den Lehrbüchern gegeben werden, wohl bekannt. Wir denken uns in den Punkten einer ebenen Kurve die Normalen konstruiert und dann auf ihnen eine bestimmte endliche Strecke in demselben Sinne abgetragen; wir erhalten so eine zur ersten „parallele" Kurve.

Sie ist die Umhüllungskurve aller Kreise, die sich aus den Berührungskreisen der gegebenen Kurve ergeben, wenn man ihre Mittelpunkte festhält und ihre Radien um die gegebene Strecke vergrößert.

f) Eine merkwürdige Transformation des R_2 ist dann schließlich die, der eine Drehung des R_3 um die x-Achse oder y-Achse entspricht:

$$x' = x, \; y' = \cos\varphi \cdot y + \sin\varphi \cdot z, \; z' = -\sin\varphi \cdot y + \cos\varphi \cdot z,$$

auf die wir noch zurückkommen werden.

Es wird nun leicht zu zeigen sein, *daß die hier angeführten Substitutionen von x, y, z zusammen die ganze zehngliedrige Gruppe der konformen Umformungen erzeugen.*

§ 67. Die Gruppe Laguerres und die äquilongen Abbildungen in der Ebene.

Es drängt sich hier die Frage auf: *Was entspricht durch die isotrope Projektion der sechsgliedrigen Gruppe der Bewegungen des Raumes R_3 in der Ebene R_2?*

Beispielsweise wird die in § 66 unter f) eben angeführte Abbildung hierunter fallen. Offenbar erhalten wir in der Ebene eine sechsgliedrige Untergruppe G_6 der zehngliedrigen Gruppe der Berührungstransformationen der Kreise, eine Gruppe, die anderseits die dreigliedrige Gruppe der Bewegungen in der Ebene als Untergruppe enthält. Dazu braucht man nur zu beachten, daß jede Bewegung des R_3, die unsern R_2 gleichsinnig in sich überführt, durch die isotrope Projektion auf dieselbe Bewegung des R_2 abgebildet wird [vgl. in § 66 die Beispiele a) und b)].

Die Transformationen aus G_6 haben aber nicht nur die Eigenschaften, gerichtete Kreise in gerichtete Kreise überzuführen, sondern noch einfacher: gerichtete Geraden wieder in gerichtete Geraden. Um dies zu bestätigen, braucht man nur zu bedenken, daß durch die Bewegungen die isotropen Ebenen unter sich vertauscht werden, d. h. die Ebenen, die den absoluten Kegelschnitt berühren, und daß durch die isotrope Projektion die Punkte der isotropen Ebenen sich auf die gerichteten Kreise im R_2 abbilden, die die gerichtete Spur der isotropen Ebene auf dem R_2 gleichsinnig berühren.

Aus den gefundenen Eigenschaften der Berührungstransformationen aus G_6, nämlich einerseits die gerichteten Geraden und andererseits die gerichteten Kreise wieder in solche überzuführen, folgt leicht, daß gleichsinniger Parallelismus gerichteter Geraden erhalten bleibt. Zwei gleichsinnig parallele Geraden sind nämlich die einzigen Geradenpaare, zu denen es keinen gleichzeitig gleichsinnig berührenden gerichteten Kreis gibt.

Nehmen wir schließlich zwei Kreise $\alpha, \beta, r; \alpha', \beta', r'$, so muß jede Abbildung aus G_6 den Ausdruck

$$(\alpha - \alpha')^2 + (\beta - \beta')^2 - (r - r')^2 = (x - x')^2 + (y - y')^2 + (z - z')^2$$

ungeändert lassen. Dieser Ausdruck bedeutet aber das Quadrat der Tangentenstrecke (vgl. Abb. 75) zwischen den beiden Kreisen.

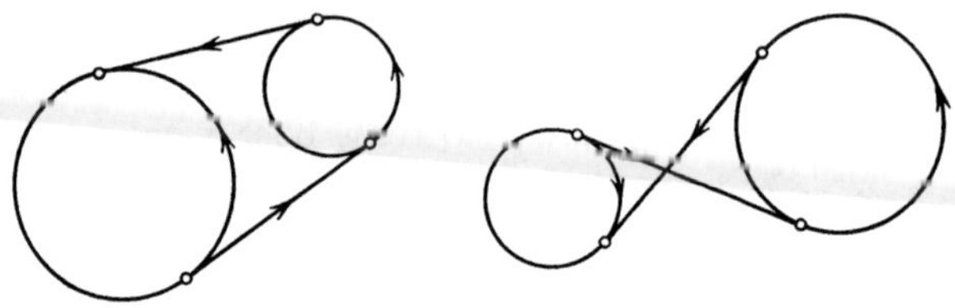

Abb. 75.

Die Geometrie dieser Gruppe G_6 hat *E. Laguerre* in den auf S. 107 genannten Arbeiten untersucht und man spricht deshalb von der *Gruppe Laguerres.*

Um uns ein anschauliches Bild von den Abbildungen dieser Gruppe zu machen, betrachten wir die „*Spiegelung Laguerres*“, die der Spiegelung des R_3 an einer Ebene E entspricht, die wir nicht parallel zu unserm R_2 annehmen wollen, so daß also E unsern R_2 in einer eigentlichen Geraden S trifft. Wenn wir nun beachten, daß die gesuchte Abbildung in R_2:

1. Gleichsinnig parallel gerichtete Geraden,
2. gerichtete Kreise,
3. die Nullkreise von S wieder in solche überführt, so brauchen wir nur den gerichteten Kreis K_0 zu geben, der das Abbild eines Punktes von E ist, der nicht auf S liegt, um in folgender Weise zu jeder Geraden G die entsprechende G' zu konstruieren (vgl. die Abb. 76). Man ziehe an K_0 die zu G gleichsinnig parallele Tangente G_0, die S im Punkt P_0 treffen möge. Dann aus P_0 die zweite Tangente G_0' an K_0. Dazu ist die gesuchte Gerade G' gleichsinnig parallel durch den Schnittpunkt von G mit S zu legen. Diese „Inversion *Laguerres*“ bildet ein hübsches Gegenstück zur früher behandelten „Inversion an einem Kreis“ oder Transformation durch reziproke Radien (§ 10).

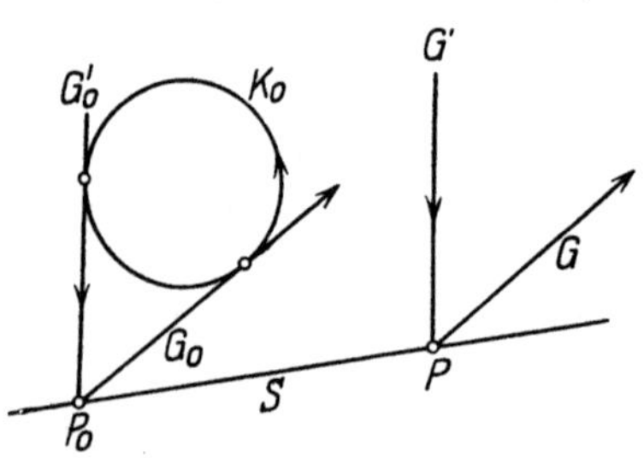

Abb. 76.

Wenn wir die übliche Darstellung der isotropen Ebenen

$$u_0 + u_1 x + u_2 y + u_3 z = 0$$

durch die Koordinaten u_k mit der Bedingungsgleichung

$$u_1^2 + u_2^2 + u_3^2 = 0$$

heranziehen, so sehen wir, daß wir vermöge der isotropen Projektion dieselben Koordinaten zur Darstellung der gerichteten Geraden in der Ebene verwenden können. Einer quadratischen Gleichung $\sum a_{ik} u_i u_k = 0$ in diesen Koordinaten entspricht in der Ebene eine gerichtete Kurve, die *Laguerre* „*Hyperzykel*" genannt hat. Sie bilden innerhalb *Laguerre*s Geometrie das Gegenstück zu *Darboux*s zyklischen Kurven (§ 12) und hängen offenbar durch die isotrope Projektion mit den konfotalen Flächen weiter Ordnung zusammen. Sie wurden in *W. Blaschkes* Dissertation untersucht: „Untersuchungen über die Geometrie der Speere in der Euklidischen Ebene," Monatshefte f. Math. u. Phys. Wien, Bd. 21 (1910), S. 3—60.

Ähnlich wie die Kreisverwandtschaften von *Möbius* in der Gruppe der winkeltreuen oder konformen Abbildungen der Ebene enthalten sind, so kann man auch eine der *Laguerre*-Gruppe übergeordnete Gruppe von Abbildungen finden, die von willkürlichen Funktionen abhängt. Man braucht dazu nur nach allen den Abbildungen (gerichteter) Geraden in der Ebene zu fragen, die die Tangentenentfernung von Kurven erhalten, mit anderen Worten: *Es mögen Linienelemente derselben gerichteten Geraden wieder in Linienelemente derselben Geraden übergehen, wobei die Entfernung der Punkte solcher „kollinearer" Linienelemente erhalten bleiben soll.*

G. Scheffers hat diese Abbildungen „äquilong" genannt und in folgender Weise in einer Arbeit in den Mathematischen Annalen Bd. 60 (1905) bestimmt. Es sei

$$x \cos \varphi + y \sin \varphi = \overline{\varphi}$$

die Gleichung einer (gerichteten) Geraden. Denken wir uns φ und $\overline{\varphi}$ von einem Parameter t abhängig, so bekommen wir durch Ableitung unsrer Gleichung nach t, wenn wir die Ableitungen nach t mit δ bezeichnen, für den Berührungspunkt die zweite Gleichung

$$-x \sin \varphi + y \cos \varphi = \frac{\delta \overline{\varphi}}{\delta \varphi}.$$

Offensichtlich die Gleichung der Normalen an unsre Kurve. Sei nun die ursprüngliche Gerade auch Tangente an eine zweite Kurve $\varphi(t')$, $\psi(t')$, so finden wir für die „Tangentenentfernung", d. h. für die Strecke zwischen den beiden Berührungspunkten = (Entfernung der zugehörigen Normalen) den Wert

$$\frac{\delta' \overline{\varphi}}{\delta' \varphi} - \frac{\delta \overline{\varphi}}{\delta \varphi},$$

wenn die δ' die Ableitungen nach t' andeuten. Es soll die Abbildung der Geraden, die sich in den Linienkoordinaten $\varphi, \overline{\varphi}$ so schreibt

$$\varphi^* = F(\varphi, \overline{\varphi}),$$
$$\overline{\varphi}^* = G(\varphi, \overline{\varphi})$$

die Tangentenentfernung erhalten. Wir finden ($F_\varphi = \partial F : \partial\varphi$)

$$\frac{\delta\bar{\varphi}^*}{\delta\varphi^*} = \frac{G_\varphi + G_{\bar{\varphi}}\dfrac{\delta\bar{\varphi}}{\delta\varphi}}{F_\varphi + F_{\bar{\varphi}}\dfrac{\delta\bar{\varphi}}{\delta\varphi}} = \frac{a + b\dfrac{\delta\bar{\varphi}}{\delta\varphi}}{c + d\dfrac{\delta\bar{\varphi}}{\delta\varphi}}.$$

Soll diese linear gebrochene Substitution der $\delta\bar{\varphi} : \delta\bar{\varphi}$ die Differenzen $(\delta\bar{\varphi} : \delta\varphi) - (\delta'\bar{\varphi} : \delta'\varphi)$ erhalten, so muß

$$d = 0, b = c \neq 0$$

oder

$$F_{\bar{\varphi}} = 0, F_\varphi = G_{\bar{\varphi}} \neq 0$$

sein. Somit bekommt unsre Abbildung die Gleichungen

$$\varphi^* = f(\varphi),$$
$$\bar{\varphi}^* = g(\varphi) + f'(\varphi)\cdot\bar{\varphi}$$

und dies ist bereits die gesuchte Gruppe der äquilongen Abbildungen.

Man kann durch Einführung geeigneter komplexer Zahlen

$$\varphi + \varepsilon\bar{\varphi} = \Phi$$

mit der Rechenregel $\varepsilon^2 = 0$ die gefundenen Formeln in eine zusammenfassen, wenn man

$$\Phi^* = F(\Phi)$$

setzt, wo F eine Potenzreihe bedeutet, deren Koeffizienten wieder „komplexe" Zahlen mit derselben Einheit ε sind. Es wird nämlich nach *Taylor*

$$F(\Phi) = F(\varphi + \varepsilon\bar{\varphi}) = F(\varphi) + \varepsilon\bar{\varphi}\, F'(\varphi),$$

da die höheren Glieder wegen $\varepsilon^2 = 0$ wegfallen. Trennt man darin Real- und Imaginärteil, so kommt man auf die früheren Transformationsformeln zurück.

Will man auch die Gruppe *Laguerres* in solchen komplexen Zahlen schreiben, so geht man einfach so vor. Man führt für die Gerade mit den Koordinaten $\varphi, \bar{\varphi}$ neue Koordinaten $\psi, \bar{\psi}$ ein durch die Forderung

$$\psi + \varepsilon\bar{\psi} = \operatorname{tg}\frac{\varphi + \varepsilon\bar{\varphi}}{2}$$

oder

$$\psi = \operatorname{tg}\frac{\varphi}{2}, \quad \bar{\psi} = \frac{\bar{\varphi}}{2\cos^2\frac{\varphi}{2}}.$$

In diesen neuen Koordinaten schreiben sich die *Laguerre*-Transformationen (oder wenigstens die, die man „gleichsinnig" nennen könnte) als linear gebrochne Substitutionen

$$\psi^* + \varepsilon\bar{\psi}^* = \frac{(a + \varepsilon\bar{a}) + (b + \varepsilon\bar{b})(\psi + \varepsilon\bar{\psi})}{(c + \varepsilon\bar{c}) + (d + \varepsilon\bar{d})(\psi + \varepsilon\bar{\psi})}, \quad ad - bc \neq 0.$$

Bei dem Rechnen mit diesen, wie man nach *Study* sagt, „dualen Zahlen" ist zu beachten, daß die Division durch einen „Nullteiler" ($a + \varepsilon b$ mit

$a = 0$) unzulässig ist, eine Schwierigkeit, die man durch Einführung homogener Schreibweise überwinden könnte.

Damit ist die weitreichende Analogie zwischen den konformen Punkttransformationen und den äquilongen Geradentransformationen recht deutlich geworden. Der erste Geometer, der duale Zahlen in der Geometrie verwendet hat, scheint der Engländer *W. K. Clifford* (1845—79) gewesen zu sein.

§ 68. Übertragung auf höhere Dimensionen.

Wir wollen nun in Kürze die Beziehung der konformen Punktgeometrie des R_4 zur höheren Kugelgeometrie des R_3 studieren. Wir greifen indes dabei nur einzelne Beispiele heraus: Jeder isotropen Geraden des R_4 entspricht im R_3 ein Büschel gleichsinnig berührender Kugeln, d. h. ein (gerichtetes) Flächenelement. Einer *isotropen Kurve* im R_4 entspricht eine *Berührungsreihe von Kugeln* im R_3, da je zwei Nachbarkugeln dieser Schar sich berühren. Wir fragen uns gleich, welche kennzeichnende Eigenschaft die Reihe der Flächenelemente darbietet, die den Tangenten der isotropen Kurve entsprechen. Sie bilden einen „Streifen" in dem früher erklärten Sinne, bei dem die Normalen zweier aufeinanderfolgenden Elemente sich schneiden. Einen solchen Streifen wollen wir demnach einen *Krümmungsstreifen* nennen. *Die isotropen Kurven des R_4 liefern daher die Krümmungsstreifen im R_3.*

Eine Kugel im R_4 liefert ferner im R_3 einen *linearen* Kugelkomplex. Er ist, wie wir von früher wissen, im allgemeinen als die Gesamtheit aller (gerichteten) Kugeln erklärt, die eine feste Kugel unter festem Winkel schneiden. Er geht insbesondere in einen speziellen Komplex über, d. h. in die Gesamtheit aller eine Grundkugel berührenden Kugeln des R_3, wenn die zugehörige Kugel des R_4 zur Punktkugel wird.

Wenn wir eine *beliebige* M_3 des R_4 übertragen, so erhalten wir im R_3 einen allgemeinen Kugelkomplex. Die beliebige M_3 des R_4 hat nun in jedem ihrer Punkte ihre „Tangentenebene", die natürlich gleichfalls eine M_3 ist. Sie liefert uns im R_3 einen besonderen linearen Kugelkomplex, den wir einen *Tangentenkomplex* des gegebenen Komplexes nennen wollen, und der diesen Komplex in „einer seiner Kugeln" berührt. Dieser hat seine spezielle Bedeutung, wenn wir auf Berührungsverhältnisse achten. *Die Frage, ob es in dem allgemeinen Komplex zu einer gegebenen Kugel Nachbarkugeln gibt, die sie berühren,* fällt zusammen mit der entsprechenden Frage, ob es auf der M_3 im R_4 zu einem gegebenen Punkte solche benachbarten gibt, die von ihm verschwindende Entfernung haben. Da es nun einen Kegel solcher isotroper Fortschreitungsrichtungen von jedem Punkt auf der M_3 gibt, besitzt jede Kugel des Komplexes eine einparametrige Schar von Nachbarkugeln, die sie berühren. Dabei genügt es, die M_3 in bezug auf den ausgewählten Punkt, den wir betrachten wollen, durch die Tangentenebene in ihm zu ersetzen. Ihr entspricht dann im R_3 ein Tangentenkomplex, dessen sämtliche Kugeln eine bestimmte Grundkugel unter festem Winkel schneiden. Den Schnittkreis einer Kugel eines linearen Komplexes mit der zugehörigen Grundkugel wollen wir allgemein als *Trajektorienkreis* der Komplexkugel bezeichnen. Die Kugeln eines linearen Komplexes, die eine einzelne Kugel des Komplexes berühren, berühren sie in einem Punkte ihres Trajektorienkreises. Alle diese Ergebnisse übertragen sich auf reguläre Stellen eines beliebigen Komplexes, sofern wir uns auf Nachbarkugeln der einzelnen Komplexkugeln beschränken. Wir sagen: *Jede Komplexkugel trägt ihren Trajektorienkreis*, und weiter, indem wir von dem Begriff des Flächenelements Gebrauch machen: *Die einzigen Flächenelemente, die eine Kugel mit Nachbarkugeln des Komplexes gemein hat, sind die Flächenelemente ihres Trajektorienkreises.*

Nun kann für besondere Kugeln unseres Komplexes der lineare Tangentenkomplex speziell werden und der Trajektorienkreis sich also auf einen Punkt zusammenziehen. Eine solche Kugel unseres Komplexes nennt man dann *singulär*. Zu ihr gehört ein *singuläres Element*, eben das Flächenelement, in dem die singuläre Kugel die Grundkugel ihres Tangentenkomplexes berührt. Nun zeigt sich, *daß die singulären Kugeln mit den singulären Elementen die sogenannte singuläre Fläche des Komplexes umhüllen.* Die singuläre Fläche ist dann das Abbild des Hüllgebildes der isotropen Tangentenebenen, die man im R_4 an unsere M_3 legen kann. Überhaupt bildet sich jedes Hüllgebilde einer zweiparametrigen Gesamtheit isotroper „Ebenen" (d. h. M_3) ab als ein spezieller Komplex, der aus der Gesamtheit der Berührungskugeln einer Fläche besteht.

Eine beliebige M_2 im R_4 endlich gibt im R_3 eine *Kugelkongruenz.* Das isotrope Gebilde, das man durch die M_2 hindurchlegen kann, gibt im R_3 die „Brennfläche" der Kongruenz, d. h. die Fläche, die von ihren Kugeln umhüllt wird. Wir können diese Beispiele leicht noch fortsetzen, doch wollen wir hier abbrechen.

Wir bemerken nur noch, daß die konformen Punkttransformationen des R_4 im R_3 die fünfzehngliedrige Gruppe der Kugeltransformationen liefern, die zugleich *Berührungstransformationen* sind. Und zwar folgt dies wieder aus dem Satze *Liouville*s, daß die Gruppe dieser Transformationen die Gesamtheit aller Berührungstransformationen des R_3 erschöpft, die zugleich Kugeltransformationen sind.

Man kann nun auch im Raum entsprechend zu dem, was wir in § 67 für die Ebene gemacht haben, die Kugelgeometrie von *Laguerre* zwischenschalten zwischen die Elementargeometrie und *Lie*s höhere Kugelgeometrie, indem man die zehngliedrige Gruppe G_{10} *Laguerre*s im R_3 erklärt als die isotrope Projektion der Gruppe der Euklidischen Bewegungen des R_4.

Algebraisch bekommt man diese G_{10} daher so, wenn $x_1 = x$, $x_2 = y$,

$x_3 = z$; $x_4 = r$ Mittelpunkt und Radius einer gerichteten Kugel des R_3 sind: Man nehme alle die linearen Substitutionen

$$x_i^* = b_i + \sum_{k=1}^{4} a_{ik}\, x_k ,$$

bei denen die a_{ik} durch die Bedingung eingeschränkt sind, daß die zugehörige homogene Substitution

$$\xi_i^* = \sum_{k=1}^{4} a_{ik}\, \xi_k$$

die quadratische Form

$$\xi_1^2 + \xi_2^2 + \xi_3^2 - \xi_4^2$$

invariant läßt.

Deutet man nun hierin die x, y, z als Raumkoordinaten und $x_4 = r = t$ als Zeit, so bekommt man die in der neueren Physik so berühmt gewordene Gruppe von *H. A. Lorentz*. Es besteht nämlich *Einsteins* niedere Relativitätstheorie in der Forderung der Invarianz der physikalischen Gleichungen gegenüber der *Lorentzgruppe*.

Wir heben also nochmals unser Ergebnis hervor: *Die G_{10} der Geometrie Laguerres ist identisch mit der Lorentzgruppe der niederen Relativitätstheorie.*

Nebenbei erwähnt ist das System der Gleichungen von *Maxwell*, das den Ausgangspunkt der Relativitätstheorie gebildet hat, nicht nur gegenüber der Gruppe der Bewegungen des Raumes mit dem Bogenelement $dx^2 + dy^2 + dz^2 - dt^2$, sondern sogar gegenüber der konformen Gruppe dieses Raumes invariant, wodurch also auch *Lies* höhere Kugelgeometrie des R_3 in Beziehung zur Physik tritt.

Die G_{10} von *Laguerre* hat nicht nur die Eigenschaft, die gerichteten Kugeln unter sich zu vertauschen, sie vertauscht auch schon die gerichteten Ebenen unter sich, so daß es also in der Geometrie *Laguerres* zweckmäßiger ist, statt der vierfach ausgedehnten Mannigfaltigkeit der Kugeln nur die dreifach ausgedehnte der Ebenen des R_3 zu betrachten.

Die G_{10} hat überdies die Eigenschaft, die „Tangentenentfernungen" ungeändert zu lassen. Ist nämlich T eine gemeinsame Tangentenebene zweier Flächen F_1 und F_2 und T^*, F_1^*, F_2^*, die durch eine Abbildung aus G_{10} transformierte Figur, so ist die Entfernung der Berührungspunkte von F_1 und F_2 mit T gleich der Entfernung der Berührungspunkte von F_1^*, F_2^* mit T^*.

Man wird sich nun entsprechend zu dem, was in § 67 durchgeführt wurde, auch in der räumlichen Geometrie die Aufgabe stellen, *die äquilongen Abbildungen* zu ermitteln, d. h. die Ebenentransformationen, die die Tangentenentfernungen unverändert lassen, ein Gegenstück zur Gruppe der konformen Punkttransformationen. Wie zuerst *E. Study* (Bonn, Gesellschaft für Natur- und Heilkunde 1904) angegeben hat, bilden die äquilongen Abbildungen eine Gruppe, die willkürliche Funktionen enthält, im Gegensatz zu *Liouvilles* Satz über die konformen Abbildungen des R_3, die nur von zehn Parametern abhängen.

Um zu einer analytischen Darstellung dieser Gruppen zu gelangen, verwendet man am einfachsten die Ebenenkoordinaten von *Bonnet* und *Darboux*. Um zu diesen zu gelangen, schreiben wir die Gleichung einer Ebene in *Hesses* Normalform in der Gestalt

$$\frac{u+v}{1+uv}x - i\frac{u+v}{1+uv}y + \frac{1-uv}{1+uv}z = \frac{w}{1+uv}.$$

Darin soll $i^2 = -1$ sein. Die Koeffizienten von x, y, z sind so eingerichtet, daß ihre Quadratsumme identisch Eins wird. Soll die Ebene reell sein, so müssen u, v konjugiert komplex und w reell sein. In diesen Ebenenkoordinaten u, v, w von *Bonnet* und *Darboux* schreiben sich die reellen und in gewissem Sinn gleichsinnigen äquilongen Ebenentransformationen so:

$$u^* = u^*(u), \quad w^* = \left|\frac{du^*}{du}\right| \{w + f(u, v)\}.$$

Darin bedeutet $u^*(u)$ eine (natürlich nicht konstante) analytische Funktion der einen komplexen Veränderlichen u, während $f(u, v)$ für konjugiert komplexe u, v reell sein muß[1]). *Laguerres* Transformationen schreiben sich in den u, v, w so

$$u^* = \frac{\alpha + \beta u}{\gamma + \delta u}, \quad w^* = \frac{w + \lambda uv + \mu u + \bar{\mu} v + \nu}{|\gamma + \delta u|^2}, \quad |\alpha\delta - \beta\gamma| = 1.$$

Nebenbei bemerkt kann man sich über *Dupins* Zykliden innerhalb der *Laguerre*-Gruppe G_{10} ein anschauliches Bild verschaffen, da jede eine solche Zyklide berührende Kugelreihe durch die isotrope Projektion aus einem Kreis des R_4 entsteht. Die Kreise des R_4 sind also so zu Paaren geordnet, daß jeder Punkt des einen Kreises von jedem Punkt des ihm gepaarten die Entfernung Null hat.

Wir fügen diesen Betrachtungen einige literarische Angaben hinzu. Es ist vor allem die Arbeit von *Lie*, Mathematische Annalen Bd. 5 (1871) zu nennen: „*Über Komplexe, insbesondere Linien- und Kugelkomplexe, mit Anwendung auf die Theorie partieller Differentialgleichungen*". In dieser Arbeit wird die höhere Kugelgeometrie des R_3 überhaupt erst eingeführt. Doch durchdringen sich die Betrachtungen noch mit zwei weiteren Fragen, die wir in dieser Vorlesung erst im folgenden nach ihrer Beziehung zur Kugelgeometrie behandeln werden, nämlich mit der Liniengeometrie und der Theorie der partiellen Differentialgleichungen. Sodann sind *Kleins Arbeiten* in demselben Annalenbande (1871) zu erwähnen: „*Über Liniengeometrie und metrische Geometrie*" *und* „*Über gewisse in der Liniengeometrie auftretende Differentialgleichungen*". *Klein* hat damals zuerst die konforme Geometrie des R_4 herangezogen und

[1]) Vgl. *J. C. Coolidge*, American transactions Bd. 9 (1908), S. 178 und *W. Blaschke*, Archiv für Mathematik (3) Bd. 16 (1910), S. 182.

mit der Liniengeometrie verglichen. Der Vergleich mit *Lie* ergibt dann den Zusammenhang zwischen der konformen Geometrie des R_4 und der Kugelgeometrie des R_3, was aber in der Arbeit nicht durchgeführt wird. Insbesondre hat *Klein* die Bedeutung der Orthogonalsysteme im R_4, für die es dann auch ein Theorem *Dupins* ähnlich wie für die Flächen des R_3 gibt, näher studiert und deren Bedeutung für die Liniengeometrie entwickelt[1]). Ferner hat *Klein* dort entsprechende Differentialprobleme des R_4 und der Liniengeometrie mit sechs homogenen Koordinaten behandelt, diese sind wieder die hexasphärischen Koordinaten des R_4. An diese Arbeiten schließen sich dann noch zwei Noten von *Lie* an, die nur in den Göttinger Nachrichten (1871) stehen und aus diesem Grunde wohl weniger beachtet sind: Göttinger Nachrichten 1871, S. 191—209 und S. 535—551. Hier wird allgemein der Zusammenhang zwischen dem R_{n+1} und dem R_n durch isotrope Projektion behandelt; insbesondere hat *Lie* die isotrope Projektion auf Orthogonalsysteme des R_{n+1} angewandt, wobei sich sehr merkwürdige Ergebnisse herausgestellt haben. Hier tritt die Liniengeometrie, deren Betrachtung ja ursprünglich voranstand, die aber nur für $n = 3$ existiert, völlig zurück. Fragt man endlich, weshalb eigentlich diese besonders gedankenreichen Arbeiten von *Lie* bisher nicht den wünschenswerten Erfolg gehabt haben, so kann man den Grund nur darin sehen, daß in ihnen so verschiedenartige Dinge nebeneinander behandelt werden, wie Liniengeometrie, Kugelgeometrie, Differentialgleichungen. Alle diese Gebiete muß man gleichförmig beherrschen, will man sich ein volles Verständnis dieser Arbeiten erwerben; es wird immerzu von einem zum anderen übergegangen, und hier leicht folgen zu können, dazu gehört eine Gewandtheit, die nur wenigen Mathematikern eigen ist[2]).

An neueren Arbeiten über die Kugelgeometrie seien insbesondere die schon einmal angeführten Arbeiten *E. Study*s in den Math. Annalen Bd. 86—91 genannt und damit in Zusammenhang auch eine Reihe von Arbeiten desselben Verfassers in der Math. Zeitschrift Bd. 18—21. Dort wird u. a. die Darstellung der konformen Abbildungen des R_4 durch linear gebrochene Substitutionen in Quaternionen (vgl. *C. Stephanos*, Math. Annalen Bd. 22, S. 589. 1883) eingehend betrachtet. Über die Einordnung der *Lorentz*gruppe in die Kugelgeometrie vergleiche man *F. Klein*s Vortrag: Über die geometrischen Grundlagen der *Lorentz*gruppe, D. Math. Ver. Jahresbericht 19 (1910) = Abhandlungen 1, S. 533. Insbesondere als Materialsammlung sei hier nochmals das inhaltsreiche Buch von *J. L. Coolidge* erwähnt: „A treatise on the circle and the sphere", Oxford 1916.

---

[1]) Vgl. auch *W. Blaschke*, Kugelsysteme Ribaucours und vierfache Orthogonalsysteme, Math. Zeitschrift Bd. 24 (1926).

[2]) Vgl. auch *E. D'Ovidio*, Memorie Lincei (3) 1 (1877) und Math. Annalen 12 (1877).

Die differentialgeometrische Seite der Kugelgeometrie wird in zwei Reihen von Arbeiten von *W. Blaschke* und *G. Thomsen* in den Abhandlungen des Math. Seminars der Hamburgischen Universität Bd. 3, 4 (1923—26) und in der Math. Zeitschrift Bd. 24, 25 (1926) behandelt und soll im dritten Bande von *Blaschke*s Vorlesungen über Differentialgeometrie zusammenfassend dargestellt werden.

§ 69. Die Gruppe der Liniengeometrie Plückers.

In den letzten Abschnitten haben wir drei Geometrien einander gegenübergestellt: Die höhere Kugelgeometrie im R_n, die konforme Punktgeometrie im R_{n+1} und die projektive Geometrie auf der Kugel im R_{n+2}; stets hatten wir Transformationen mit $(n+2)(n+3):2$ wesentlichen Konstanten. In diese Reihe zusammengehöriger Betrachtungen tritt nun, wie wir wiederholt andeuteten, für $n = 3$, doch auch nur für $n = 3$, die *Linien*geometrie hinein. Der Grund liegt darin, daß wir die geraden Linien im Raume durch sechs Koordinaten festlegen, zwischen denen eine quadratische Bedingungsgleichung zweiten Grades $P = 0$ besteht, die alles Weitere bestimmt. *Hierbei ist insbesondere angenehm, daß in der Liniengeometrie die linearen Mannigfaltigkeiten, die man auf der Mannigfaltigkeit der quadratischen Gleichung $P = 0$ im Raume von fünf Dimensionen betrachten wird, alle reell sind.* Es ist demnach das Gebilde $P = 0$ mit dem einschaligen Hyperboloid des R_3 zu vergleichen, auf dem gleichfalls alle linearen Mannigfaltigkeiten, die geradlinigen Erzeugenden, reell sind.

Erinnern wir uns, wie wir damals die Linienkoordinaten eingeführt haben! Wir gingen aus von der Matrix

$$\begin{Vmatrix} x_1 & x_2 & x_3 & x_4 \\ y_1 & y_2 & y_3 & y_4 \end{Vmatrix},$$

die die homogenen Koordinaten zweier Punkte x_i und y_i enthält, und bildeten ihre sechs Unterdeterminanten p_{ik}, die wir dann in der Reihenfolge $p_{12}, p_{13}, p_{14}, p_{34}, p_{42}, p_{23}$ als Koordinaten der Verbindungslinie der beiden Punkte genommen haben. Zwischen diesen sechs Größen besteht die quadratische Beziehung:

$$P = p_{12}p_{34} + p_{13}p_{42} + p_{14}p_{23}$$

und umgekehrt können sechs Zahlen, die der Gleichung $P = 0$ genügen, ohne sämtlich zu verschwinden, immer als Linienkoordinaten angesehen werden.

Nun wollen wir andererseits die Größen p_{ik} als die homogenen Koordinaten eines Punktes des R_5 ansehen, der durch die Gleichung $P = 0$ an eine Fläche zweiten Grades im R_5 gebunden ist. Die linke Seite dieser Gleichung $P = 0$ hat eine nichtverschwindende Determinante. Wenn wir ferner den Ausdruck P auf seine Trägheit untersuchen, so finden wir, daß er einer Form mit drei positiven und drei negativen Quadraten gleichwertig ist. Damit hängt zusammen, was sich über die Realität der linearen Mannigfaltigkeiten auf $P = 0$ ergibt, wie wir soeben angedeutet haben.

Übrigens erinnern wir uns, daß *die Bedingung dafür, daß zwei gerade Linien p_{ik} und p'_{ik} sich schneiden, durch das Verschwinden der Polarenbildung*

$$\sum p'_{ik} \cdot \frac{\partial P}{\partial p_{ik}} = 0$$

der Form P gegeben wird. Endlich bemerken wir noch, daß die Linienkoordinaten q_{ik}, die man aus der Matrix zweier Ebenen u, v ableiten kann, von den p_{ik} nur durch die Reihenfolge verschieden waren (vgl. S. 84).

$$\varrho\, q_{ik} = \frac{\partial P}{\partial p_{ik}}$$

Wir wollen uns nun sogleich fragen, *was es für lineare Mannigfaltigkeiten auf dieser Fläche $P = 0$ im R_5 gibt.* Wir bilden uns zunächst aus den Koordinaten zweier Geraden p_{ik} und p'_{ik} die linearen Verbindungen $p_{ik} + \lambda p'_{ik}$ und untersuchen, wann die Gleichung $P(p_{ik} + \lambda p'_{ik}) = 0$ identisch in λ erfüllt wird. Indem wir diese Gleichung nach Potenzen von λ entwickeln, erhalten wir

$$P(p_{ik}) + 2\lambda \sum p'_{ik} \cdot \frac{\partial P(p_{ik})}{\partial p_{ik}} + \lambda^2 P(p'_{ik}) = 0.$$

Es muß daher neben $P(p_{ik}) = 0$ und $P(p'_{ik}) = 0$, welche gewiß erfüllt sind, noch

$$\sum p'_{ik} \frac{\partial P(p_{ik})}{\partial p_{ik}} = 0$$

sein. Diese letzte Bedingung besagt aber, daß die Geraden p_{ik} und p'_{ik} sich schneiden, durch $p_{ik} + \lambda p'_{ik}$ werden dann alle Geraden des Büschels (p, p') bezeichnet, d. h. alle Geraden, die mit der gegebenen in einer Ebene liegen und gleichzeitig durch ihren Schnittpunkt gehen.

Es gibt daher auf unserer Fläche zweiten Grades im Raume von fünf Dimensionen soviel einfach ausgedehnte lineare Mannigfaltigkeiten, als es Geradenbüschel gibt, d. h. sie hängen von fünf Konstanten ab.

In entsprechender Weise fragen wir nach den linearen M_2, die auf der Fläche $P = 0$ liegen, indem wir von der Verbindung $p + \lambda p' + \mu p''$ ausgehen, in der λ und μ willkürlich sind und die Geraden p, p', p'' nicht in einem Büschel liegen. Wir finden, daß diese M_2 nur dann der Gleichung $P = 0$ genügt, wenn die Geraden p, p' und p'' sich im R_3 wechselseitig schneiden. Nun erkennt man sofort, daß es zwei verschiedene Fälle gibt: entweder können die drei geraden Linien sich in einem gemeinsamen Punkte schneiden, oder aber sie werden in einer Ebene liegen. Demnach ergibt sich als Ergebnis: *Es gibt zwei Arten linearer zweifach* *ausgedehnter Mannigfaltigkeiten auf $P = 0$, die sich im Linienraum darstellen:* 1) *als alle gerade Linien, die durch einen Punkt gehen,* 2) *als alle geraden Linien, die in einer Ebene liegen. Jede Art hängt von drei Parametern ab.*

Wie wir daher auf einer Fläche zweiten Grades $\Omega = 0$ im R_3 zwei einparametrige Scharen linearer Mannigfaltigkeiten haben, nämlich die beiden Scharen der geradlinigen Erzeugenden, so haben wir auch hier die entsprechende Gegenüberstellung zweier Arten von meistausgedehnten, linearen Mannigfaltigkeiten. Wir wollen sie kurz als *Strahlenbündel* und als *Geradenfelder* bezeichnen. So treten hier also die dualistisch einander entsprechenden Elemente des R_3, Punkt und Ebene, in einer neuen Weise einander gegenüber.

Wir wenden uns jetzt zu den *linearen Transformationen.* Wir haben im R_3 lineare Punkt- (oder Ebenen-) Transformationen und ferner lineare dualistische Umformungen, die von je 15 Parametern abhängen. Um zunächst von den Kollineationen zu sprechen, so mögen für die Koordinaten zweier Punkte die Substitutionsformeln gelten:

$$x'_i = \Sigma a_{ik} x_k,$$
$$y'_i = \Sigma a_{ik} y_k.$$

Wir erkennen sofort, *daß die Größen p_{ik}, die sich aus den Koordinaten dieser Punkte zusammensetzen, sich gleichfalls linear substituieren werden, während zugleich $P = 0$ in sich selbst übergeht.* Das Entsprechende gilt für die dualistischen Umformungen:

$$x'_i = \Sigma a_{ik} u_k,$$
$$y'_i = \Sigma a_{ik} v_k.$$

Aus ihnen wird zunächst zu folgern sein, daß die Koordinaten p'_{ik} von den Koordinaten q_{ik} linear abhängen. Da aber diese wie bemerkt, von den zugehörigen Koordinaten p_{ik} sich nur durch die Reihenfolge unterscheiden, so ergibt sich wiederum, *daß auch bei den dualistischen Transformationen, die Linienkoordinaten p_{ik} solche lineare Umformungen erleiden, die die Gleichung $P = 0$ in sich selbst überführen.*

Nun kommt es aber besonders darauf an, diese Sätze umzukehren. Wenn wir sechs homogene Veränderliche p_{ik} haben, so enthält deren allgemeine lineare Substitution doch 36 Koeffizienten. Nun hat aber die allgemeine Form zweiten Grades zwischen den sechs homogenen Koordinaten 21 Konstante. Demnach ergibt diese Abzählung, *daß es im Raume von fünf Dimensionen gerade eine fünfzehngliedrige Gruppe linearer Transformationen gibt, die eine (allgemeine) Gleichung zweiten Grades in sich selbst überführen.* Nun haben wir soeben zwei fünfzehngliedrige Scharen linearer Transformationen der p_{ik}, die $P = 0$ in sich überführen, gefunden, nämlich einerseits die linearen Punkttransformationen, andererseits die gleich zahlreichen dualistischen linearen Transformationen des R_3. Wir behaupten, daß sie zugleich alle jene Transformationen erschöpfen, die unsere Abzählung allgemein ergab.

Der Beweis wird so erbracht: Eine lineare Transformation der Größe p_{ik}, die $P = 0$ in sich überführt, läßt aus jeder geraden Linie wieder eine gerade Linie entstehen. Aber auch jede lineare Schar gerader Linien geht notwendig in eine lineare Schar gerader Linien über. *Insbesondere müssen daher aus den Bündeln und Feldern des Raumes jetzt wieder Strahlenbündel und Strahlenfelder hervorgehen, wobei noch die doppelte Möglichkeit besteht, daß entweder aus den Bündeln die Bündel, aus den Feldern die Felder, oder aus den Bündeln die Felder und aus den Feldern die Bündel entstehen.* Wir behaupten, daß die erste Möglichkeit zu einer *linearen Punkttransformation* des R_3, die zweite zu einer *linearen dualistischen Umformung* führt.

Was die erste Möglichkeit betrifft, so wird sich, wenn die Gerade des ersten Raumes sich um einen Punkt dreht, auch die Gerade des transformierten Raumes um einen Punkt drehen. Dies aber heißt, daß einem Punkte allemal wieder ein Punkt entspricht, oder daß wir eine Punkttransformation vor uns haben. Aber Punkte, die einer Geraden angehören, liefern dabei notwendigerweise wieder Punkte, die einer Geraden angehören. Wir können daher auf unsere Transformation den früher bewiesenen Satz anwenden: Jede Punkttransformation, bei der kollineare Punkte wieder kollineare Punkte werden, ist notwendig durch eine lineare Substitution der Punktkoordinaten gegeben. Hiermit ist die Behauptung für den ersten Fall bewiesen.

Genau so werden wir im zweiten Fall, wenn den Geraden wieder Gerade, Punkten aber Ebenen entsprechen und umgekehrt, den Nachweis zu führen haben. Wir bemerken zuerst, daß wir es mit einer kollinearen Punkt-Ebenentransformation zu tun haben, und können dann wiederum sofort schließen, daß sie eine lineare Beziehung der Punkte und Ebenen ist. Auf Grund dieser Entwickelungen werden wir nun folgendes feststellen: *Als Inhalt der projektiven Liniengeometrie des Raumes von drei Dimensionen erscheint zunächst die Gesamtheit der Eigenschaften geradliniger Figuren, die bei den sämtlichen Kollineationen des R_3 und seinen dualistischen Transformationen invariant sind.* Diesem Satze können wir dann folgende neue Fassung geben: *Als Inhalt der projektiven Liniengeometrie erscheint die Gesamtheit solcher Eigenschaften geradliniger Figuren, die bei beliebigen linearen Transformationen der p_{ik}, die die Gleichung $P = 0$ in sich überführen, ungeändert bleiben.*

Hiermit haben wir umschrieben, was wir zu Anfang dieses Abschnitts in Aussicht gestellt haben: Die Liniengeometrie tritt in die Reihe der Geometrien ein, denen sechs homogene Koordinaten zugrunde liegen, die an eine Gleichung zweiten Grades gebunden sind und dabei alle die linearen Transformationen der sechs Koordinaten in Betracht ziehen, die die Gleichung zweiten Grades in sich selbst überführen.

§ 70. Der Zusammenhang zwischen Plückers Liniengeometrie und Lies Kugelgeometrie als Berührungstransformation.

Wir wollen nun insbesondere die *Beziehung zwischen Liniengeometrie und höherer Kugelgeometrie noch weiter ausführen.* Zunächst nach der rechnerischen Seite. Neben den Koordinaten p_{ik} der geraden Linie mit der Bedingung $P=0$ haben wir wie in § 25 etwa die Kugelkoordinaten:

$$\alpha=\frac{\xi}{\nu}, \ \beta=\frac{\eta}{\nu}, \ \gamma=\frac{\zeta}{\nu}, \ r=\frac{\lambda}{\nu}, \ C=\frac{\mu}{\nu}$$

mit der Bedingungsgleichung

$$\Omega=\xi^2+\eta^2+\zeta^2-\lambda^2-\mu\nu=0.$$

Man erinnere sich: Die Gleichung einer beliebigen Kugel in rechtwinkligen Koordinaten x, y, z nimmt unter Einführung dieser Größen ξ, η ζ, λ, μ, ν die folgende Gestalt an:

$$\nu(x^2+y^2+z^2)-2\xi x-2\eta y-2\zeta z+\mu=0.$$

Haben wir eine *Punktkugel*, so wird λ und damit der Radius r gleich 0. Die Punktkoordinaten des Mittelpunktes sind

$$\xi:\eta:\zeta:\nu.$$

Geht die Kugel ferner in eine Ebene über, so wird $\nu=0$ und aus der letzten Gleichung ergeben sich die Koordinaten der Ebene

$$+2\xi:+2\eta:+2\zeta:-\mu.$$

Nun wird es darauf ankommen, die Koordinaten p_{ik} mit dem Koordinaten $\xi, \eta, \zeta, \lambda, \mu, \nu$ so in Beziehung zu setzen, daß $P=0$ und $\Omega=0$ ineinander übergehen. Wir setzen zu dem Zwecke etwa

$$(*)\qquad \begin{aligned} \varrho p_{12}&=\xi+i\eta,\\ \varrho p_{34}&=\xi-i\eta,\\ \varrho p_{13}&=\zeta+\lambda,\\ \varrho p_{42}&=\zeta-\lambda,\\ \varrho p_{14}&=+\mu,\\ \varrho p_{23}&=-\nu \end{aligned}$$

Aus diesen Formeln ergeben sich umgekehrt die Beziehungen:

$$({*\atop *})\qquad \begin{aligned} \sigma\xi&=p_{12}+p_{34}, & \sigma\eta&=\frac{p_{12}-p_{34}}{i},\\ \sigma\zeta&=p_{13}+p_{42}, & \sigma\lambda&=p_{13}-p_{42},\\ \sigma\mu&=+2p_{14}, & \sigma\nu&=-2p_{23}. \end{aligned}$$

Man könnte eine zu (*), $({*\atop *})$ gleichwertige Substitution auch so herstellen, daß man darin etwa die Kugelkoordinaten festhält, dagegen die p_{ik} einer linearen Substitution der fünfzehngliedrigen Gruppe unterwirft, die die Gleichung $P=0$ erhält.

Wenn wir nun beachten, daß für die Kugel das Vorzeichen von r und somit das von λ eine Rolle spielt, so haben die angegebenen Substitutionsformeln den Inhalt: *Wir ordnen hier jeder geraden Linie eine gerichtete Kugel und jeder gerichteten Kugel eine gerade Linie zu. Entgegengesetzt gerichteten aber zusammenfallenden Kugeln entsprechen Geraden, bei denen die Koordinaten p_{13} und p_{42} vertauscht sind.* Nun werden die *Punktkugeln* durch einen verschwindenden Wert von λ ausgezeichnet. *Ihnen entsprechen daher insbesondere die geraden Linien des linearen Komplexes $p_{13} = p_{42}$*, und zwar ist dieses Entsprechen ein-eindeutig, weil ja bei den Punktkugeln die beiden Orientierungen zusammenfallen. Überhaupt aber werden immer solche zwei gerade Linien dieselbe Kugel als Träger zweier gerichteter Kugeln als Bild geben, die in bezug auf den ausgezeichneten linearen Komplex konjugierte Polaren sind.

Nun zeigt sich das überraschende Ergebnis, daß diese Transformation, die die geraden Linien in Kugeln überführt, und auch alle die anderen Transformationen, die man an ihre Stelle setzen kann, wieder *Berührungstransformationen* sind. Zunächst zwei gerade Linien, die sich schneiden, geben zwei Kugeln, die sich gleichsinnig berühren, da die Bedingung des Schneidens durch die Polarbeziehung in bezug auf $P = 0$ gegeben und die Bedingung für die Berührung der Kugeln durch die Polarenbeziehung in bezug auf $\Omega = 0$ gegeben wird. Infolgedessen geben die Linien eines Büschels ein Berührungsbüschel von Kugeln, d. h. genauer von Kugeln, die sich gleichsinnig berühren. Durch die Linien eines Büschels legen wir aber ein Flächenelement fest, ebenso ein gerichtetes Flächenelement durch ein Büschel von Kugeln. Es entspricht also jedem Element des einen Raumes ein Element des andern Raumes, d. h. wir haben jedenfalls eine *Elemententransformation*. Diese wird eine Berührungstransformation sein, sobald vereinigten Elementen hier wiederum vereinigte Elemente dort entsprechen und umgekehrt. Wir werden hier zunächst die analytischen Formeln für unsere Elemententransformation entwickeln, aus denen dann der gewünschte Nachweis unmittelbar hervorgehen muß.

Wir wollen ausgehen von einem Elemente im Linienraume mit den Koordinaten:

$$\begin{matrix} u_1, u_2, u_3, u_4; \\ x_1, x_2, x_3, x_4; \end{matrix} \quad \text{mit } ux = 0.$$

Im Kugelraume sei das entsprechende Element

$$\begin{matrix} U_1, U_2, U_3, U_4; \\ X_1, X_2, X_3, X_4; \end{matrix} \quad \text{mit } UX = 0.$$

Um nun den Zusammenhang zwischen beiden Elementen zu berechnen, suchen wir zunächst im Linienraume zwei gerade Linien aus, die dem Element u, x angehören. Wir wollen zu dem Zwecke die Schnittpunkte der Ebene des Elementes mit den Kanten (3,4) und (1, 2) des Koordinatentetraeders berechnen. Sie werden entsprechend gegeben durch:

$$-u_2, +u_1, 0, 0 \qquad \text{und} \qquad 0, 0, -u_4, +u_3.$$

Aus den beiden Matrizen:

$$\left|\begin{matrix} x_1 & x_2 & x_3 & x_4 \\ -u_2 & u_1 & 0 & 0 \end{matrix}\right| \quad \text{und} \quad \left|\begin{matrix} x_1 & x_2 & x_3 & x_4 \\ 0 & 0 & -u_4 & +u_3 \end{matrix}\right|$$

bilden wir dann die Koordinaten der betreffenden Geraden p_{ik} und p'_{ik} des Elementes, für die wir (ohne den Proportionalitätsfaktor) finden:

$$\begin{aligned} p_{12} &= u_1 x_1 + u_2 x_2, \\ p_{34} &= 0, \\ p_{13} &= u_2 x_3, \\ p_{42} &= u_1 x_4, \\ p_{14} &= u_2 x_4, \\ p_{23} &= -u_1 x_3 \end{aligned} \qquad \text{und} \qquad \begin{aligned} p'_{12} &= 0, \\ p'_{34} &= u_3 x_3 + u_4 x_4, \\ p'_{13} &= -u_4 x_1, \\ p'_{42} &= -u_3 x_2, \\ p'_{14} &= +u_3 x_1, \\ p'_{23} &= -u_4 x_2. \end{aligned}$$

Die diesen beiden Geraden entsprechenden Kugeln haben nach unseren allgemeinen Formeln (*/*) die Koordinaten:

$$\begin{aligned} \xi &= u_1 x_1 + u_2 x_2, \\ \eta &= \frac{u_1 x_1 + u_2 x_2}{i}, \\ \zeta &= u_2 x_3 + u_1 x_4, \\ \lambda &= u_2 x_3 - u_1 x_4, \\ \mu &= 2 u_2 x_4, \\ \nu &= 2 u_1 x_3, \end{aligned} \qquad \text{und} \qquad \begin{aligned} \xi' &= u_3 x_3 + u_4 x_4, \\ \eta' &= i\,(u_3 x_3 + u_4 x_4), \\ \zeta' &= -u_4 x_1 - u_3 x_2, \\ \lambda' &= -u_4 x_1 + u_3 x_2, \\ \mu' &= 2 u_3 x_1, \\ \nu' &= 2 u_4 x_2. \end{aligned}$$

Diese beiden Kugeln haben nun das Flächenelement X, U gemein. Wir bekommen alle Berührungskugeln dieses Flächenelementes, indem wir die lineare Schar $m\xi + m'\xi'$, $m\eta + m'\eta'$ usw. betrachten, wo m und m' willkürliche Parameter sind. Diese Multiplikatoren wollen wir nun so wählen, daß wir die Punktkugel und die Ebene des Büschels erhalten, aus deren Koordinaten werden sich dann sofort die Koordinaten X, U des Flächenelementes im Kugelraum finden lassen. Wir haben zu diesem Zwecke nur zu beachten, daß die Punktkugel durch $\lambda = 0$, die Ebene durch $\nu = 0$ ausgezeichnet ist. *Das Ergebnis ist, daß die X, U folgende Werte annehmen*:

$$\begin{aligned} X_1 &= \lambda'\xi - \lambda\xi', \\ X_2 &= \lambda'\eta - \lambda\eta', \\ X_3 &= \lambda'\zeta - \lambda\zeta', \\ X_4 &= \lambda'\nu - \lambda\nu', \end{aligned} \qquad \text{und} \qquad \begin{aligned} U_1 &= \nu'\xi - \nu\xi', \\ U_2 &= \nu'\eta - \nu\eta', \\ U_3 &= \nu'\zeta - \nu\zeta', \\ -U_4 &= \frac{\nu'\mu - \nu\mu'}{2} \end{aligned}$$

in die wir noch für die $\xi \ldots \nu$, $\xi' \ldots \nu'$ ihre vorhin gegebenen Werte einzutragen haben. Hier ist dann zu bestätigen, daß einmal UX ein Multiplum von ux ist (was notwendig ist, damit wir überhaupt eine Elemententransformation haben) und weiter, daß UdX ein Multiplum von udx ist, daß also vereinigte Elemente in vereinigte Elemente übergehen, und also unsere Elemententransformation in der Tat eine Berührungstransformation ist.

Neben diesen Beweis, der sich auf ein bloßes Nachrechnen unserer Behauptung beschränkt, daß die Geraden-Kugeltransformation eine Berührungstransformation ist, wollen wir noch einen zweiten mehr begrifflichen stellen, der so vorgeht, daß die Bedingung der vereinigten Lage zweier Elemente im Linienraum und im Kugelraum auf dieselbe invariante Gestalt gebracht wird.

Beginnen wir mit der Liniengeometrie! Ein Element (Flächenelement) werden wir am besten festlegen durch zwei sich schneidende Geraden r und s. Wenn wir die Abkürzung einführen ($rs = sr$)

$$rs = r_{12}s_{34} + r_{13}s_{42} + r_{14}s_{23} + r_{34}s_{12} + r_{42}s_{13} + r_{23}s_{14},$$

so erfüllen die Geraden r und s oder vielmehr ihre je sechs homogenen Koordinaten die Gleichungen

$$rr = 0, \quad rs = 0, \quad ss = 0.$$

Denken wir uns nun die Geraden r und s je von einem Parameter abhängig, so bekommen wir eine einparametrige Elementmannigfaltigkeit. Wann bildet sie einen Streifen? Dazu ist notwendig und hinreichend, wie wir früher (§ 63) gesagt haben, daß der Schnittpunkt von $r + dr$ und $s + ds$ (abgesehen von Gliedern von höherer als erster Ordnung) in der Ebene von r, s liegt. Diese Bedingung läßt sich auch so ausdrükken, daß es im Büschel r, s eine Gerade $g = \alpha r + \beta s$ (d. h. $g_{ik} = \alpha r_{ik} + \beta s_{ik}$) geben soll, die $r + dr$ und $s + ds$ trifft. Das gibt für die Zahlen α, β die Gleichungen

$$(\alpha r + \beta s)(r + dr) = \alpha rr + \alpha r dr + \beta rs + \beta s dr = 0,$$

$$(\alpha r + \beta s)(s + ds) = \alpha rs + \alpha r ds + \beta ss + \beta s ds = 0,$$

die sich wegen der Bedingungen $rr = rs = ss = 0$ und der daraus folgenden $rdr = sds = 0$ vereinfachen zu

$$\beta s dr = \alpha r ds = 0.$$

Da α, β nicht beide Null sind, muß also z. B. $sdr = 0$ sein, was wegen $sr = 0$, $sdr + rds = 0$ auch $rds = 0$ nach sich zieht. Somit ist

$$sdr = rds = 0$$

die *Bedingung für vereinigte Lage*, also die Bedingung für den Streifen.

Nach den Formeln (*) und (⁑) von S. 266 können wir jetzt die Zahlenquintupel r und s auch als Kugelkoordinaten deuten mit der Beziehung $rr = ss = 0$ und der Bedingung $rs = 0$ für gleichsinnige Berührung. Sind also die Quintupel r, s so als Funktionen eines Parameters gegeben, daß $rr = rs = ss = 0$ ist, so wird uns dadurch auch im Kugelraum eine einparametrige Reihe von Elementen, und zwar diesmal von gerichteten Flächenelementen gegeben. Es bleibt nur zu zeigen, daß $sdr = rds = 0$ wieder die Bedingung für vereinigte Lage ist. Für vereinigte Lage muß die Nullkugel $\lambda (r + dr) + \mu (s + ds)$ in der Berührungsreihe, die durch $r + dr$, $s + ds$ bestimmt ist, d. h. der Punkt des Nachbarelements in der Ebene $\varrho r + \sigma s$ des ersten Elements liegen:

$$\{\lambda (r + dr) + \mu (s + ds)\} \{\varrho r + \sigma s\} = 0.$$

Vereinfacht gibt das die Forderung

$$\lambda \sigma s dr + \mu \varrho r ds = (\lambda \sigma - \mu \varrho) s dr = -(\lambda \sigma - \mu \varrho) r ds = 0.$$

Da der Punkt $\lambda (r + dr) + \mu (s + ds)$ des Nachbarelements zur Ebene $\varrho r + \sigma s$ des Ausgangselements nicht benachbart ist, wird die Determinante $\lambda \sigma - \mu \varrho \neq 0$. Somit kommen wir auf die alte Forderung $sdr = rds = 0$ für vereinigte Lage zurück.

Damit ist der Nachweis aufs neue erbracht, daß die Geraden-Kugeltransformation *Lie*s eine Berührungstransformation ist.

§ 71. Elementargeometrische Betrachtung der Geraden-Kugel-Transformation.

Wir wollen weiter lernen, wie *Lie* sich in elementargeometrischer Weise davon überzeugt hat, daß die Beziehung zwischen der höheren Kugelgeometrie und der Liniengeometrie eine Berührungstransformation ist. Dieses Verfahren *Lie*s ist zwar verwickelt, bietet aber den Vorteil, daß man auf diesem Weg deutlich erkennt, wie sich *Lie*s Kugelgeometrie in die Elementargeometrie einbauen läßt.

Wie wir wissen, entsprechen den Punktkugeln, d. h. den Punkten des Kugelraumes selbst, die geraden Linien des speziellen Komplexes $p_{13} = p_{42}$ im Linienraume, den allgemeinen Kugeln (als Träger zweier gerichteter Kugeln) dort aber zwei gerade Linien hier, die in bezug auf diesen Komplex konjugierte Polaren sind. Nun betrachtet *Lie* umgekehrt, was den Punkten des linearen Raumes im Kugelraume entspricht. Um dies zu sehen, gehen wir von einem Geradenbüschel des Komplexes $p_{12} = p_{34}$ aus, d. h. von der Gesamtheit aller Geraden des Komplexes, die durch einen Punkt gehen. Dem Büschel entspricht im Kugelraum eine *isotrope Gerade*, nämlich eine Kurve, deren sämtliche Punkte voneinander verschwindende Entfernung haben. Indem wir nun an Stelle des Büschels geradezu seinen Schnittpunkt setzen, finden wir: *Einem Punkte des Linienraumes entspricht eine isotrope Gerade des Kugelraumes.* Wir fassen unser Ergebnis in der Weise zusammen, daß wir sagen: Die beiden Räume sind in der Art aufeinander bezogen, *daß beiderseits ein Linienkomplex ausgezeichnet ist, auf der einen Seite der lineare Komplex* $p_{13} = p_{42}$, *auf der anderen Seite der isotrope Komplex, und daß stets einem Punkte des einen Raumes eine gerade Linie des im anderen Raume gegebenen Komplexes entspricht.*

Nun wollen wir uns mit *Lie* geometrisch überzeugen, daß hiermit in der Tat eine Berührungstransformation gegeben ist. Zugleich werden wir dann in dem letzten Satze ein erstes Beispiel jener früher nur erst erwähnten Familie von Berührungstransformationen zu sehen haben, *bei denen die Punkte in Kurven übergehen.*

Der Beweisgang ist der folgende: *Lie* zeigt zunächst, daß man aus einer Fläche des Linienraumes eine Fläche des Kugelraumes erhält, so daß wir eine *Flächentransformation* vor uns haben, und zweitens, daß alle Flächen, die sich in einem Punkte berühren, wieder in Flächen übergehen, die sich in einem Punkte berühren, daß wir also eine *Elementtransformation* vor uns haben. Hieraus folgt dann unmittelbar, daß Elemente in vereinigter Lage hier solchen Elementen dort entsprechen, d. h. die hinreichende Bedingung der Berührungstransformation.

Es sei im Linienraum irgend eine Fläche F_1 gegeben; zu ihr konstruieren wir die konjugierte Fläche F_2 in bezug auf den linearen Komplex, indem wir zu jedem Punkte von F_1 die zugehörige Polarebene bestimmen. Die Beziehung von F_1 und F_2 ist wegen der involutorischen Eigenschaft des Nullsystems gegenseitig.

Zwei zusammengehörige Punkte p_1 und p_2 von F_1 und F_2 liegen daher so, daß die Ebene, die dem einen der Punkte im linearen Komplex entspricht, immer die Tangentenebene ist, die dem anderen Punkte zugehört. Wir denken uns jetzt die Verbindungsgerade vom p_1 und p_2, die wir g nennen, gezeichnet. Sie ist gemeinsame Tangente von F_1 und F_2. Sie gehört einerseits dem Büschel von Komplexgeraden an, die von p_1 ausstrahlen (und in der Tangentenebene von p_2 liegen), andererseits dem Büschel, das von p_2 ausläuft. Eine leichte Überlegung zeigt, *daß es überhaupt eine Kongruenz solcher geraden Linien g gibt, die gemeinsame Tangenten von F_1 und F_2 sind.* F_1 und F_2 zusammen bilden die Brennfläche dieser Kongruenz.

Man bemerkt nun weiter, daß auch die zu g benachbarte Gerade zu der Kongruenz gehört, die durch eine unendlich kleine Drehung von g um p_1 (oder p_2) in der Tangentenebene zu p_2 (oder zu p_1) entsteht, d. h. *Unter den Linien, die im Büschel p_1 unserer Kongruenz angehören, tritt das g doppeltzählend auf und unter den Linien, die innerhalb des Büschels p_2 der Kongruenz angehören, tritt das g ebenfalls doppeltzählend auf.* (*Allgemeine Eigenschaft der Brennfläche einer Kongruenz.*)

Wir gehen jetzt vermöge unserer Transformation in den Kugelraum über. Wir betrachten dort die Fläche Φ, die den Strahlen g unserer Kongruenz bei der Abbildung entspricht. Der einzelnen Geraden g entspricht ein einzelner Punkt γ auf dieser Fläche; den einzelnen Büscheln p_1 und p_2 aber werden zwei isotrope Geraden π_1 und π_2 entsprechen, die dem von γ auslaufenden isotropen Kegel angehören. Weil nun die

Büschel p_1 und p_2 den Strahl g in der Kongruenz der g doppeltzählend enthalten, werden π_1 und π_2 ihrerseits auf Φ den Punkt γ doppeltzählend enthalten, d. h. es werden die Geraden π_1 und π_2 gerade die isotropen Tangenten von Φ sein, die durch den Berührungspunkt γ der Tangentenebene von Φ hindurchlaufen.

Hiermit haben wir die Flächentransformation, die aus den beiden Flächen F_1 und F_2 des Linienraumes die Fläche Φ im Kugelraume entstehen läßt, hinreichend gekennzeichnet. Nun nehmen wir zu F_1 eine zweite Fläche F'_1 hinzu, die F_1 im Punkte p_1 berührt. Dieser Fläche entspricht dann als konjugierte Fläche im Linienraum eine Fläche F'_2, die F_2 im Punkte p_2 berührt. Demnach geben F'_1 und F'_2 zusammen ganz dieselbe Figur der Büschel p_1 und p_2, wie F_1 und F_2 selbst. Daher geben F_1 und F_2 einerseits, F'_1 und F'_2 andererseits im Kugelraum zwei Flächen Φ und Φ', die denselben Punkt γ und dieselben isotropen Geraden π_1 und π_2 aufweisen. Da nun π_1 und π_2 zugleich in der Tangentenebene von γ zu Φ und Φ' liegen, so folgt, daß Φ und Φ' sich im Punkte γ berühren. *Das heißt aber, daß tatsächlich alle Flächen F, die sich in einem Punkte p berühren, Flächen Φ liefern, die sich in demselben Punkte γ berühren, d. h. daß man eine Elementtransformation vor sich hat.*

Daß darin zugleich der Nachweis enthalten ist, daß diese Ebenentransformationen auch eine *Berührungstransformation* ist, haben wir bereits erwähnt. Eine Berührungstransformation ist doch nur eine solche Elemententransformation, die zugleich eine Flächentransformation ist.

Wir wollen noch einige Bemerkungen über die besonders merkwürdigen Eigenschaften unserer Berührungstransformation in Kürze hinzufügen. Aus einer geraden Linie wird doch eine gerichtete Kugel. In die Sprache unserer Elemententransformation übersetzt besagt dieser Satz: *Alle Elemente, die einer geraden Linie angehören, werden verwandelt in die einer gerichteten Kugel.*

Betrachten wir nun auf der Kugel einmal alle die Elemente, deren Punkte auf einem Kreise liegen. Sie wollen wir in ihrer Gesamtheit einen *kugelförmigen Kreisstreifen* nennen. Ein Beispiel dafür bietet uns die frühere Betrachtung der Elemente, die sich an den „Trajektorienkreis" anschmiegen, d. h. die die einzelne Kugel eines linearen Kugelkomplexes mit den Kugeln des Komplexes gemein hat, die sie berühren.

Wie liegen nun die entsprechenden Elemente, die einer geraden Linie im Linienraum angehören? Wir können zwischen den Punkten der geraden Linie und den durch sie hindurchgehenden Ebenen eine projektive Zuordnung treffen der Art, daß nach einem beliebigen projektiven Gesetz sich die Ebene um die Gerade dreht, wenn der Punkt auf ihr fortschreitet. Wir nehmen dann zu jedem Punkte der Geraden das Element der so zugeordneten Ebene hinzu. Die Gesamtheit dieser Flächenelemente wollen wir einen *geradlinigen Normalstreifen* nennen. Wir behaupten nun, daß unserem kugelförmigen Kreisstreifen ein solcher geradliniger Normalstreifen entspricht. Wirklich wird ein solcher Normalstreifen durch die sämtlichen Geradenbüschel eines linearen Linienkomplexes geliefert, die eine feste Gerade des Komplexes schneiden.

Artet der Trajektorienkreis in einen Punktkreis aus, d. h. zerfällt er in zwei sich schneidende isotrope Geraden, so zerlegt sich der geradlinige Normalstreifen in ein Elementenbüschel, das von irgendeinem Punkte der tragenden geraden Linie ausgeht, und in einen Planstreifen, der sich an unsere Gerade entlang irgendeiner durch sie hindurchgelegten Ebene anschmiegt.

Wir können diese Beziehungen noch etwas weiter verfolgen. Betrachten wir einmal eine einparametrige Mannigfaltigkeit von Kugeln, d. h. eine Kugelreihe. Da jeder Kugel eine gerade Linie entspricht, geht die Kugelreihe in irgendwelche geradlinige Fläche über und umgekehrt. Ist im besonderen die Kugelreihe eine Berührungsreihe, d. h. eine Aufeinanderfolge von Kugeln, deren jede die Nachbarkugel berührt, so erhalten wir eine Torse, d. h. im allgemeinen die Tangenten einer Raumkurve, da doch zwei benachbarte Gerade sich schneiden müssen. Nun richten wir unsere Aufmerksamkeit auf die Reihenfolge der Berührungselemente der Berührungsreihe; sie bilden, wie wir schon früher sagten, einen „*Krümmungsstreifen*", d. h. die Normalen zweier Nachbarelemente schneiden sich. Diesem Krümmungsstreifen entspricht die Gesamtheit der Schmiegelemente der von der geraden Linie umhüllten Raumkurve, die (ebenfalls nach früheren Entwickelungen vgl. S. 240) einen „*Schmiegstreifen*" *bilden. Unsere Berührungstransformation hat also die merkwürdige Eigenschaft Krümmungsstreifen in Schmiegstreifen zu verwandeln und umgekehrt.*

Hieraus verstehen wir nun aufs beste den schon in § 26 angeführten Satz, daß vermöge unserer Transformation zwei Flächen derart zusammengeordnet werden, daß die Krümmungskurven der einen in die Schmiegtangentenkurven der anderen übergehen. Wir wählen für die beiden Flächen wieder die soeben eingeführten Bezeichnungen F und Φ. Die Aufgabe, auf der Fläche Φ die Krümmungskurven zu bestimmen, kommt offenbar darauf hinaus, die Berührungselemente von Φ zu Krümmungsstreifen zusammenzufassen. Daher ist sie tatsächlich gleichartig mit der Aufgabe, auf der Fläche F die Schmiegtangentenkurven oder Asymptotenlinien zu bestimmen, d. h. die Berührungselemente zu Schmiegstreifen zusammenzufassen.

Wir müssen leider unterlassen, die hier stattfindende Übertragung noch bei anderen Sätzen der Liniengeometrie oder Kugelgeometrie zu verfolgen. Als Beispiele empfehlen wir alle die Sätze, die wir neulich (§ 68) für die Kugelgeometrie durch den Vergleich mit der Punktgeometrie des R_4 gewonnen haben.

Wegen einer näheren Darlegung der hier skizzierten Verhältnisse vergleiche man neben den genannten Schriften *Lies* besonders die ebenfalls schon mehrfach erwähnten Arbeiten *E. Studys* in den Mathematischen Annalen Bd. 86—91.

Überlegen wir noch, wie sich in der am Schlusse von § 70 benutzten abkürzenden Bezeichnung die Bedingung schreiben läßt, daß im Linienraum ein Streifen $r(t)$, $s(t)$ Schmiegstreifen oder im Kugelraum ein Streifen Krümmungsstreifen ist!

Es galten, wenn wir uns etwa der Ausdrucksweise der Liniengeometrie bedienen, für die beiden sich schneidenden Geraden, die das Flächenelement festlegten, die Beziehungen

$$rr = rs = ss = 0, \tag{1}$$

aus denen

$$rdr = sds = rds + sdr = 0 \tag{2}$$

folgte. Als Bedingung für vereinigte Lage hatte sich ferner ergeben

$$rds = -sdr = 0. \tag{3}$$

Soll nun der Streifen Schmiegstreifen sein, so ist dafür notwendig und hinreichend, daß sich die skalaren Funktionen $\alpha(t)$, $\beta(t)$ so bestimmen lassen, daß

$$d(\alpha r + \beta s) = \lambda r + \mu s \tag{4}$$

wird. Dann kann man nämlich an Stelle von r und s zur Darstellung des Streifens $p = \alpha r + \beta s$ und $dp = \lambda r + \mu s$ verwenden. Die Bedingung (4) ist nun gleichbedeutend mit der linearen Abhängigkeit:

$$\alpha\, dr + \beta\, ds + \alpha_1 r + \beta_1 s = 0 \tag{5}$$

der vier Quintupel r, s, dr, ds (5) ist die einfachste Form der Bedingung für den Schmiegstreifen. „Multipliziert" man die linke Seite von (5) mit r oder s, so kommt wegen der früheren Beziehungen (1)—(3) Null heraus. Durch Abzählung der Dimensionenzahlen ergibt sich somit, daß (5) genau *einer* neuen skalaren Bedingung gleichwertig ist.

§ 72. Charakteristikentheorie der partiellen Differentialgleichungen erster Ordnung.

Wir müssen jetzt noch lernen, in welcher Weise *Lie* die hier vorliegenden geometrischen Betrachtungen mit der *Theorie der partiellen Differentialgleichungen erster Ordnung mit drei Veränderlichen* in Verbindung gebracht hat. Dazu müssen wir zunächst die allgemeine geometrische Bedeutung dieser Theorie besprechen. Wir gehen darauf um so lieber ein, als wir hierfür Vorarbeiten im vorhergehenden bereitgestellt haben, und die Theorie als solche doch sehr wichtig ist. Es sei

$$p = \frac{\partial z}{\partial x}, \quad q = \frac{\partial z}{\partial y}$$

gesetzt und die Gleichung $f(x, y, z; p, q) = 0$ vorgegeben; diese Gleichung gilt es zu integrieren, d. h. man soll in allgemeinster Weise Funktionen $z = \varphi(x, y)$ finden, die die „partielle Differentialgleichung erster Ordnung" $f(x, y, z; p, q) = 0$ befriedigen. Man hat schon längst in diese Theorie geometrische Anschauung eingeführt. Zuerst ist zu nennen *Monge* in seinen „Applications de l'analyse á la géométrie" (1809), sodann u. a. *du Bois* (1864) „Beiträge zur Integration der partiellen Differentialgleichungen mit drei Variablen", ein Werk, von dem nur der erste Band erschienen ist. *Du Bois* gibt darin allerlei interessante Ansätze, ohne sie jedoch folgerichtig durchzuführen.

Erst *Lie* war es vorbehalten, einen gewissen Abschluß herbeizuführen, indem er vor allem $x, y, z; p, q$ als *Flächenelement* im R_3 deutete. Aus der fünffach ausgedehnten Gesamtheit der Flächenelemente $x, y, z; p, q$ im Raum wird eine vierdimensionale durch die Gleichung $f(x, y, z; p, q) = 0$ herausgegriffen, aus der Flächen zusammenzusetzen sind. D. h. es sind Flächen derart zu finden, daß alle Elemente, die ihnen anhören, der gegebenen Gleichung genügen. Allgemeiner ist der Ansatz von *Lie*. *Nach ihm kommt die Forderung der Integration der partiellen Differentialgleichungen erster Ordnung* $f = 0$ *darauf hinaus, aus der vierdimensionalen Mannigfaltigkeit von Elementen der Gleichung* $f = 0$ *auf alle Weisen zweidimensionale Mannigfaltigkeiten zusammensetzen, die die Gleichung* $dz - p\,dx - q\,dy = 0$, *d. h. die Bedingung der vereinigten Lage benachbarter Elemente identisch erfüllen.*

Diese Formulierung *Lies* ist allgemeiner als die gewöhnliche, weil eine solche „Integral-M_2" unter Umständen in eine Raumkurve oder sogar in einen einzelnen Raumpunkt ausarten kann, wie wir sogleich noch näher sehen werden. Gerade hierin liegt der Vorzug der Auffassung *Lies* begründet.

Im übrigen wollen wir sogleich anführen, daß *Lies* geometrische Auffassungen aufs engste anknüpfen an die analytischen Ansätze in der berühmten Arbeit von *Pfaff* in den Berliner Abhandlungen (1814) „Methodus generalis aequationes differentiarum partialium ... complete integrandi". In dieser Schrift hat *Pfaff* das nach ihm benannte „*Pfaffsche Problem*" eingeführt. Mit ihm hat es, was partielle Differentialgleichungen erster Ordnung mit drei Veränderlichen angeht, folgende Bewandtnis: Es sei $f(x, y, z; p, q) = 0$ oder nach z aufgelöst: $z = \psi(x, y; p, q)$ vorgegeben. Dann wird:

$$dz = \frac{\partial \psi}{\partial x} dx + \frac{\partial \psi}{\partial y} dy + \frac{\partial \psi}{\partial p} dp + \frac{\partial \psi}{\partial q} dq$$

sein. Andererseits soll:

$$dz = p\,dx + q\,dy$$

sein. Aus beiden Gleichungen folgt durch Subtraktion

$$\left(\frac{\partial \psi}{\partial x} - p\right) dx + \left(\frac{\partial \psi}{\partial y} - q\right) dy + \frac{\partial \psi}{\partial p} dp + \frac{\partial \psi}{\partial q} dq = 0.$$

Diese Gleichung aber stellt ein *Pfaff*sches Problem für vier Veränderliche dar. *Pfaff ersetzt geradezu infolge dieses Ansatzes die Frage nach der Integration der partiellen Differentialgleichung* $z = \psi(x, y; p, q)$ *durch die Frage nach der Integration dieses „Pfaffschen Problems".*

Dieser analytische Ansatz *Pfaff*s ist offenbar der Auffassung *Lie*s, bei der $x, y, z; p, q$ als Koordinaten eines Flächenelementes nebeneinanderstehen, durchaus gleichwertig. Infolge dieser Analogie können wir ferner alles das, was wir nun, indem wir im R_3 bleiben, über die partielle Differentialgleichung $f(x, y, z; p, q) = 0$ entwickeln werden, auf die Theorie des im R_4 gegebenen *Pfaff*schen Problems übertragen, wodurch wir eine Anleitung zur allgemeinen Behandlung des *Pfaff*schen Problems gewinnen.

Wir teilen unsere Differentialgleichungen $f(x, y, z; p, q) = 0$ nun ein

a) in solche, die p, q nicht enthalten, die also einfach $f(x, y, z) = 0$ lauten. Diese Gleichung ist zwar für die gewöhnliche Auffassung keine Differentialgleichung, wohl aber für die Elementenauffassung;

b) solche Gleichungen, die in p, q linear sind. Ihre allgemeine Form ist $Ap + Bq = C$, unter A, B, C irgendwelche Funktionen von x, y, z verstanden;

c) Gleichungen mit beliebig vorkommenden p, q.

Diese drei Arten wollen wir nun nacheinander behandeln:

zu a) Der Fall der Gleichung $f(x, y, z) = 0$ ist natürlich überaus einfach. Sie stellt allgemein die Punkte einer Fläche dar. Da die Größen p und q beliebig sind, genügen dann unserer Gleichung alle *Bündel von Flächenelementen, deren Mittelpunkte auf der Fläche* $f(x, y, z) = 0$ *liegen.* Wir können nun sehr leicht auch alle Integral-M_2 angeben:

1. Zuerst gehören zu ihnen die von zwei Parametern abhängigen Bündel von Flächenelementen selbst, deren Mittelpunkte auf der Fläche liegen.

2. Wenn wir ferner auf unserer Fläche irgendeine Kurve zeichnen und alle Elemente, die sie berühren, auswählen, so erhalten wir ebenfalls eine Integral-M_2.

3. Endlich bilden die Elemente, die die gegebene Fläche selbst berühren, eine Integral-M_2, die wir als „singuläre Integral-M_2" bezeichnen. Im vorliegenden Falle kennen wir daher alle Integral-M_2 von vornherein.

Nun wollen Sie noch bemerken, daß diese Gebilde, sofern wir von der singulären M_2 absehen, jedenfalls aus einer einparametrigen Schar von Streifen einer bestimmten Art zusammengesetzt sind! Es handelt sich um die Streifen oder Büschel von Elementen, die ein gemeinsames Linienelement der Fläche enthalten. Diese Streifen, die der Bedingung genügen, hängen von drei Parametern ab. Nun ist ohne weiteres klar, wie die Integral-M_2 des einzelnen Flächenpunktes oder einer Kurve auf der Fläche aus solchen Elementenbüscheln zusammengesetzt sind. Nur für die Fläche $F = 0$ selbst gilt dies nicht; sie nimmt dementsprechend ihre besondere Stellung ein.

Alle diese Bemerkungen, die an sich trivial erscheinen mögen, werden erst von Bedeutung, wenn wir die weiteren Fälle unserer Differentialgleichungen betrachten, für deren Vorkommnisse sie einfachste Beispiele geben.

zu b) Wir behandeln nun die in p, q lineare Gleichung $C - Ap - Bq = 0$. Durch sie wird jedem Punkte x, y, z eine bestimmte Elementenschar zugeordnet, nämlich alle die Elemente, die durch die Fortschreitungsrichtung $dx : dy : dz = A : B : C$ hindurchgehen, wie leicht zu übersehen ist. Mit anderen Worten: *Die Gleichung $C - Ap - Bq = 0$ ordnet jedem Punkte des Raumes ein Büschel von Flächenelementen zu.* Wenn wir im Falle einer beliebigen Gleichung $f(x, y, z; p, q) = 0$ vom Punkte x, y, z ausgehend einen Kegel finden werden, der von den Elementen p, q umhüllt wird, so kann man bemerken, daß schon hier dieser Kegel vorliegt, nur ist er ein Kegel erster Klasse geworden, d. h. in ein Büschel ausgeartet.

Von dieser Betrachtung aus verstehen wir nun leicht das gewöhnliche Verfahren der Integration unserer Gleichung $C - Ap - Bq = 0$. Sie beginnt damit, daß man das folgende System von gewöhnlichen Differentialgleichungen zu integrieren sucht

$$dx : dy : dz = A : B : C.$$

Geometrisch heißt dies: Indem man von einem beliebigen Punkte immer in der hierdurch vorgeschriebenen Richtung $dx : dy : dz$ weiter geht, setzen sich die einzelnen Fortschreitungsrichtungen zu bestimmten Kurven zusammen. Diese von zwei Parametern abhängenden Kurven nennt man die *Charakteristiken der Differentialgleichung.* Nun ist es sehr einfach, danach alle *Integralflächen zu bestimmen.* Sie werden nämlich durch alle die Flächen gegeben, die von einer einparametrigen Schar von Charakteristiken gebildet werden, also z. B. von den Charakteristiken, die man von den Punkten einer Raumkurve auslaufen läßt, die selbst keine Charakteristik ist. Zu ihnen tritt dann als „singuläre Lösung“ noch die „Brennfläche“ der von den Charakteristiken gebildeten Kurvenkongruenz; doch wollen wir hierbei nicht verweilen.

Dieser gewöhnlichen Theorie wollen wir nun die *Auffassung Lies* gegenüberstellen. Nach ihr sind die Charakteristiken selbst bereits Integral-M_2, da sich in den einzelnen Linienelementen der Kurve Büschel von Flächenelementen aneinanderreihen, die alle der vorgelegten Gleichung $f = 0$ genügen. Zu ihnen treten dann weiter als Integral-M_2 die Flächen, die von Charakteristiken gebildet werden.

Für alle diese Integral-M_2 können wir dann wieder den Satz aufstellen, daß eine jede von ihnen aus „charakteristischen Streifen“ besteht. Wir bezeichnen hier als *charakteristischen Streifen* jeden Streifen, (d. h. jede einparametrige Gesamtheit von Flächenelementen, die die Bedingung für vereinigte Lage benachbarter Elemente erfüllt), die sich an zwei Nachbarcharakteristiken anschließen. Es ist leicht zu sehen, daß diese charakteristischen Streifen von drei Parametern abhängen, da jede der charakteristischen Kurven von zweien abhängt und es zu jeder eine einparametrige Schar benachbarter Charakteristiken gibt. Unser angeführtes Ergebnis, daß jede Integral-M_2 aus einer Schar solcher charakteristischer Streifen besteht, ist ohne weiteres einleuchtend, sowohl was die Charakteristiken selbst betrifft, wie für die Integralflächen.

zu c) Wir müssen nun die allgemeine Differentialgleichung $f(x, y, z; p, q) = 0$ näher betrachten. Die Größen p und q können wir als Koordinaten der Ebene durch den Punkt x, y, z ansehen. Ist dann für den bestimmten Punkt x, y, z die Gleichung $f(x, y, z; p, q) = 0$ vorgeschrieben, so wird *jedem Punkte eine „elementare" Kegelfläche zugeordnet. Die Integralflächen, die die gewöhnliche Theorie sucht, werden dann dadurch bestimmt, daß sie in jedem ihrer Punkte den zugehörigen elementaren Kegel berühren.*

Wir wollen nun mit *Lie* überhaupt einmal nach dem Integral-M_1 fragen. Die einzelne Kegelspitze ist schon eine Integral-M_1. Doch können wir wieder noch andere Integral-M_1 angeben. Wir können z. B. den Punkt x, y, z längs einer beliebigen Raumkurve laufen lassen und hierbei die Flächenelemente der jedesmaligen Kegel auswählen, die die Raumkurve berühren. Schließlich kann man auch von einer beliebigen Fläche ausgehen und auf ihr alle Flächenelemente suchen, die unserer Gleichung $f = 0$ genügen; sie werden auf der Fläche in der Regel einen Streifen bilden, d. h. wieder eine Integral-M_1. Hiernach werden wir leicht durch „ausführbare Operationen", d. h. ohne jede Integration unbegrenzt viele Streifen konstruieren können.

Nun aber zeigt sich, daß es darunter wieder ausgezeichnete Streifen gibt, die wir wie in den vorhergehenden Fällen als *charakteristische Streifen* bezeichnen wollen. Als ihre vorläufige Erklärung wollen wir die folgende wählen:

Wir bekommen die charakteristischen Streifen, indem wir auf den Integralflächen die Kurven ziehen, die in jedem ihrer Punkte als Tangente die Richtung haben, nach welcher der zugehörige elementare Kegel von der Integralfläche berührt wird.

Das Wichtigste aber ist dieses:

Es zeigt sich, daß diese charakteristischen Streifen unabhängig von der einzelnen Integralfläche durch ein System gewöhnlicher Differentialgleichungen bestimmt werden können, und daß sich infolgedessen umgekehrt die Integralflächen aus den charakteristischen Streifen aufbauen lassen.

Um zunächst die unabhängige Erklärung der Streifen zu entwickeln, gehen wir von einem einzelnen Element aus und vermerken in ihm zunächst die Fortschreitungsrichtung des elementaren Kegels, der von seinem Punkte ausläuft. Die Gleichung dieses Elementenkegels wird für feste Größen x, y, z durch die Gleichung $f(x, y, z; p, q) = 0$ gegeben. Wie finden wir nun die bezeichnete Fortschreitungsrichtung $dx : dy : dz$ für gegebene Werte $x, y, z; p, q$?

Die Gleichung

$$\frac{\partial f}{\partial p}(p' - p) + \frac{\partial f}{\partial q}(q' - q) = 0$$

oder

$$\frac{\partial f}{\partial p} \cdot p' + \frac{\partial f}{\partial q} \cdot q' - \left(p \frac{\partial f}{\partial p} + q \frac{\partial f}{\partial q}\right) = 0$$

wird die Bedingung sein, daß ein Element p', q' durch die gesuchte Fortschreitungsrichtung hindurchgeht. Indem nun allgemein die Bedingung, daß ein Element p', q' durch die Fortschreitungsrichtung $dx : dy : dz$ hindurchgeht, durch die Gleichung $dx \cdot p' + dy \cdot q' - dz = 0$ gegeben wird, finden wir durch Koeffizientenvergleichung

$$dx : dy : dz = \frac{\partial f}{\partial p} : \frac{\partial f}{\partial q} : \left(\frac{\partial f}{\partial p} p + \frac{\partial f}{\partial q} q\right)$$

Dies gibt uns *die Fortschreitungsrichtung des Punktes*, die wir zur Konstruktion des charakteristischen Streifens zu wählen haben.

Nun wollen wir in dualistischer Weise verfahren. Wir wollen von irgendeiner Ebene ausgehen; in ihr wird eine einparametrige Elementenschar unserer Gleichung $f = 0$ liegen, die sich an eine bestimmte Kurve der Ebene anschmiegen. Sei $x, y, z; p, q$ eines dieser Elemente. Wir verlangen jetzt, die Tangentenrichtung der Kurve vom Punkte x, y, z aus in der Ebene p, q zu bestimmen, indem wir uns fragen, wie wir die Größen p und q ändern müssen, damit sich die Ebene p, q um die Tangente dreht. Eine einfache Rechnung ergibt dann:

$$dp : dq = \frac{\partial f}{\partial x} + p \frac{\partial f}{\partial z} : \frac{\partial f}{\partial y} + q \frac{\partial f}{\partial z}.$$

Die Erklärung der charakteristischen Streifen, die wir fortan zugrunde legen wollen, sei nun diese: *Wir erhalten einen charakteristischen Streifen unserer Gleichung $f(x, y, z; p, q) = 0$, indem wir in der Weise unter den Flächenelementen unserer Gleichung vorwärtsgehen, daß wir für den Punkt des Elementes die berechnete Fortschreitungsrichtung und für die Ebene desselben die berechnete Drehrichtung in Anwendung bringen.*

Daß wir so gerade die charakteristischen Streifen auf den Integralflächen erhalten, von denen wir zuerst sprachen, wird erst hinterher zu beweisen sein. Wir setzen nun unter vorläufiger Einführung des Proportionalitätsfaktors ϱ für die Änderung der Größen $x, y, z; p, q$ bei dieser Bewegung aus den berechneten Bestimmungsgleichungen die fortlaufende Proportion zusammen:

$$dx : dy : dz : dp : dq = \frac{\partial f}{\partial p} : \frac{\partial f}{\partial q} : \left(p \frac{\partial f}{\partial p} + q \frac{\partial f}{\partial q}\right) : \varrho \left(\frac{\partial f}{\partial x} + p \frac{\partial f}{\partial z}\right) : \varrho \left(\frac{\partial f}{\partial y} + q \frac{\partial f}{\partial z}\right).$$

Nun soll aber das Element immer der Gleichung $f(x, y, z; p, q) = 0$ genügen, folglich muß sein:

$$\frac{\partial f}{\partial x} dx + \frac{\partial f}{\partial y} dy + \frac{\partial f}{\partial z} dz + \frac{\partial f}{\partial p} dp + \frac{\partial f}{\partial q} dq = 0 .$$

Setzen wir hierin die proportionalen Glieder ein, so finden wir für ϱ den Wert $\varrho = -1$.

Unsere charakteristischen Streifen werden also durch die Differentialgleichung:

$$dx : dy : dz : dp : dq = \frac{\partial f}{\partial p} : \frac{\partial f}{\partial q} : \left(p \frac{\partial f}{\partial p} + q \frac{\partial f}{\partial q}\right) : -\left(\frac{\partial f}{\partial x} + p \frac{\partial f}{\partial z}\right) : -\left(\frac{\partial f}{\partial y} + q \frac{\partial f}{\partial z}\right)$$

bestimmt.

Was aber die Bedeutung dieser Streifen für die Integralflächen angeht, so stellen wir die folgende Behauptung auf:

Wenn eine Integralfläche mit einem charakteristischen Streifen ein erstes Element gemein hat, dann enthält sie den Streifen nach seiner ganzen Ausdehnung. Man erzeugt geradezu alle Integralflächen, von der „singulären Lösung“ abgesehen, die wir hier wieder beiseite lassen, und auf die wir hernach noch kurz zu sprechen kommen, indem man die charakteristischen Streifen zusammennimmt, die von den Elementen irgendeines anderen der Gleichung $f = 0$ genügenden Streifens auslaufen.

Hieran reiht sich folgende Überlegung:

Die Flächenelemente des Raumes hängen von fünf Parametern ab, die der Gleichung $f = 0$ von vieren. Diese reihen sich in der angegebenen Weise zu charakteristischen Streifen zusammen, so daß die charakteristischen Streifen durch drei Konstanten bestimmt werden. Der Kern der hier in Frage stehenden Integrationsmethode der partiellen Differentialgleichung erster Ordnung besteht dann im folgenden: *Zunächst kommt es darauf an, die dreiparametrige Schar der charakteristischen Streifen aufzustellen, die sich aus den Elementen der Gleichung zusammensetzen lassen. Es hat dann keine Schwierigkeit, diese Streifen zu Integralflächen zusammenzufassen.*

Wenn Sie diese Theorie in den älteren Lehrbüchern nachsehen, so werden Sie finden, daß im Anschlusse an *Monge* statt von charakteristischen Streifen gewöhnlich von „Charakteristiken“ gesprochen wird, d. h. es wird nur von der Kurve, nicht aber von den zugehörigen Flächenelementen gesprochen. Gerade in der Einführung des „charakteristischen *Streifens*“ haben wir den wesentlichen Fortschritt der Auffassung *Lies* zu erblicken.

Nun ist die Frage, wie wir unsere Sätze beweisen werden. Zu diesem Zwecke wollen wir der bequemen Berechnung wegen die Gleichung $f(x, y, z; p, q) = 0$ nach z aufgelöst denken, so daß wir erhalten $z - \psi(x, y; p, q) = 0$. Damit schließen wir also die Fälle aus, daß z in $f = 0$ überhaupt nicht vorkommt, diese Fälle sind ohne weiteres direkt zu behandeln. Dann gehen unsere Differentialgleichungen für den charakteristischen Streifen über in:

$$dx:dy:dz:dp:dq = \frac{\partial\psi}{\partial p}:\frac{\partial\psi}{\partial q}:p\frac{\partial\psi}{\partial p}+q\frac{\partial\psi}{\partial q}:p-\frac{\partial\psi}{\partial x}:q-\frac{\partial\psi}{\partial y}.$$

Es sei nun $z - \varphi(x, y) = 0$ eine Integralfläche unserer Gleichung $f = 0$.

Wir werden daraufhin setzen können.

$$dz = p\,dx + q\,dy,$$
$$dp = r\,dx + s\,dy,$$
$$dq = s\,dx + t\,dy,$$

worin p, q die ersten, r, s, t die zweiten partiellen Ableitungen von z bezeichnen mögen. Haben wir $x, y, z; p, q$ ein Flächenelement genannt, so wollen wir den Inbegriff von $x, y, z; p, q; r, s, t$ als eine *Flächenkalotte* bezeichnen. Sie legt für den einzelnen Punkt der Integralfläche nicht nur die Tangentenebene, sondern auch die Krümmung fest. Wir wollen jetzt untersuchen, was sich über die Flächenkalotte einer Integralfläche sagen läßt, die sich an ein gegebenes Flächenelement anschmiegt.

Aus der gegebenen Gleichung $z - \psi(x, y; p, q) = 0$ folgt:

$$dz = \frac{\partial\psi}{\partial x}dx + \frac{\partial\psi}{\partial y}dy + \frac{\partial\psi}{\partial p}dp + \frac{\partial\psi}{\partial q}dq.$$

Wenn wir darin für dz, dp, dq die Werte einsetzen, erhalten wir:

$$p\,dx + q\,dy = \frac{\partial\psi}{\partial x}dx + \frac{\partial\psi}{\partial y}dy + \frac{\partial\psi}{\partial p}(r\,dx + s\,dy) + \frac{\partial\psi}{\partial q}(s\,dx + t\,dy).$$

Diese Gleichung muß dann eine Identität darstellen, d. h. die Koeffizienten von dx und dy müssen für sich beiderseits gleich sein. Dies liefert uns die beiden Gleichungen:

$$p = \frac{\partial\psi}{\partial x} + \frac{\partial\psi}{\partial p}r + \frac{\partial\psi}{\partial q}s, \tag{1}$$

$$q = \frac{\partial\psi}{\partial y} + \frac{\partial\psi}{\partial p}s + \frac{\partial\psi}{\partial q}t. \tag{2}$$

Aus ihnen haben wir die drei Größen r, s, t zu bestimmen. Wir erhalten daher ein Lösungssystem, das noch einen Parameter enthält. Dies besagt aber, *daß an dasselbe Element $x, y, z; p, q$ sich eine einparametrige Schar von Kalotten r, s, t anschließt, die unserer Gleichung genügen.*

Um uns nun eine nähere Vorstellung von diesen Kalotten zu verschaffen, betrachten wir ein Nachbarelement $x + dx, y + dy, z + dz; p + dp, q + dq$ und fragen uns, wann es sich an eine dieser Flächenkalotten anschmiegt. Es gesellen sich zu unsern letzten beiden Gleichungen dann noch die folgenden beiden:

$$dp = r\,dx + s\,dy, \tag{3}$$

$$dq = s\,dx + t\,dy. \tag{4}$$

Die Gesamtheit dieser vier Gleichungen, die die Beziehungen der Kalotte r, s, t zu einem Nachbarelemente darlegen, sollen nun auf ihre Auflösbarkeit, was die r, s, t angeht, untersucht werden. Wir verfahren einfach so, daß wir aus den Gleichungen 1 und 2, 3 und 4 die Größen r und s, s und t wirklich berechnen. Es ergibt sich: aus Gleichung 1 und 3

$$r = \frac{+\frac{\partial \psi}{\partial q} dp - \left(p - \frac{\partial \psi}{\partial x}\right) dy}{N},$$

$$s = \frac{-\frac{\partial \psi}{\partial p} dp + \left(p - \frac{\partial \psi}{\partial x}\right) dx}{N},$$

und aus der Gleichung 2 und 4

$$s = \frac{+\frac{\partial \psi}{\partial q} dq - \left(q - \frac{\partial \psi}{\partial y}\right) dy}{N},$$

$$t = \frac{-\frac{\partial \psi}{\partial p} dq + \left(q - \frac{\partial \psi}{\partial y}\right) dx}{N},$$

wo allemal

$$N = \frac{\partial \psi}{\partial q} dx - \frac{\partial \psi}{\partial p} dy$$

ist. Sollen nun unsere vier Gleichungen miteinander verträglich sein, so müssen die beiden Werte für s übereinstimmen, d. h. es muß

$$\left(p - \frac{\partial \psi}{\partial x}\right) dx + \left(q - \frac{\partial \psi}{\partial y}\right) dy - \frac{\partial \psi}{\partial p} dp - \frac{\partial \psi}{\partial q} dq = 0$$

sein. Die Gleichung besagt aber einfach, daß das Nachbarelement $x + dx$, $y + dy$, der Ausgangsgleichung $z - \psi(x, y; p, q) = 0$ genügt. *Sollen daher unsere vier Gleichungen auflösbar sein, so muß das Nachbarelement, gleich dem Anfangselement der vorgelegten partiellen Differentialgleichung genügen.*

Doch müssen wir noch eine einschränkende Bedingung hinzufügen, wenn die Werte von r, s, t ohne weiteres brauchbar sein sollen; *es muß der Nenner N von Null verschieden sein.*

Ist aber diese Bedingung erfüllt, so werden wir sagen können: *Ein jedes Nachbarelement unserer Gleichung $f = 0$ liefert ganz bestimmte Werte von r, s und t, d. h. gehört einer Flächenkalotte an.* Wenn aber der Nenner N verschwindet, so werden die Werte für r, s, t allgemein zu reden unendlich, und in solchem Falle ist gewiß nichts ohne weiteres auszusagen, da wir uns an einer singulären Stelle der Integralfläche befinden; wir verfolgen die hier vorliegenden Möglichkeiten nicht weiter[1]). Anders aber ist es, wenn für $N = 0$ auch die Zähler verschwinden, so daß wir

[1]) Wir geben ohne Beweis an, daß ein solcher Streifen im allgemeinen eine Rückkehrkurve der von ihm ausgehenden Integralfläche ist.

für r, s, t die Form $0:0$, d. h. einen unbestimmten Wert erhalten. Das Verschwinden des Zählers mit $N=0$ zusammen führt uns aber zu den Bedingungsgleichungen:

$$dx:dy:dp:dq=\frac{\partial\psi}{\partial p}:\frac{\partial\psi}{\partial q}:p-\frac{\partial\psi}{\partial x}:q-\frac{\partial\psi}{\partial y},$$

in denen wir sogleich die Differentialgleichungen der charakteristischen Streifen wiedererkennen.

Wenn daher das Nachbarelement auf einem charakteristischen Streifen gewählt ist, so tritt kein Unendlichwerden, sondern ein Unbestimmtwerden von r, s, t ein. Wir schließen, daß das Nachbarelement von sämtlichen Flächenkalotten der Gleichung berührt wird.

Mit diesem Satze ist die Grundlage gegeben, aus der sich jetzt der Nachweis unserer Behauptungen ergeben wird. Gehen wir nämlich von einem beliebigen Flächenelement $x, y, z; p, q$ aus und konstruieren zu ihm irgendeine Integralfläche, so wird doch eine hiermit bestimmte Flächenkalotte r, s, t diesem Elemente zugeordnet sein. Die Flächenkalotte enthält nun auch das Nachbarelement des charakteristischen Streifens, wie wir soeben sahen. Von diesem Nachbarelement können wir nun in derselben Weise weiter gehen; die zu ihm gehörende Flächenkalotte der Integralfläche wird das nächstfolgende Nachbarelement des charakteristischen Streifens enthalten und so fort. Es folgt daher, daß der ganze charakteristische Streifen auf der Integralfläche liegt und somit *alle Integralflächen, die ein Element $x, y, z; p, q$ gemein haben, auch den zugehörigen charakteristischen Streifen gemein haben, der von diesem Element ausläuft.*

Wir wollen nun von einem Element $x, y, z; p, q$ zu einem beliebigen Nachbarelement übergehen, das mit ihm vereinigt liegt und der Bedingung

$$N=\frac{\partial\psi}{\partial p}dx-\frac{\partial\psi}{\partial q}dy\neq 0$$

genügt. Von diesem Nachbarelement wird ein neuer charakteristischer Streifen auslaufen. *Dieser wird dann mit dem vom Anfangselement auslaufenden charakteristischen Streifen nach seiner ganzen Erstreckung vereinigt liegen.* Denn man kann doch stets, wie wir zeigten, eine Flächenkalotte finden, die das ursprüngliche Element und das Nachbarelement enthält. Erweitern wir diese Kalotte zu einer beliebigen Integralfläche, so wird diese die beiden charakteristischen Streifen enthalten, die von diesen Elementen auslaufen. Die beiden Streifen laufen also auf der Fläche nebeneinander her, d. h. sie liegen in ihrem Gesamtverlauf vereinigt.

Aus diesen Ergebnissen folgt nun sofort die Integrationsmethode der partiellen Differentialgleichung $z-\psi(x, y; p, q)=0$, die wir in Aussicht nahmen. Denken wir uns zunächst die charakteristischen Streifen durch Integration ihrer gewöhnlichen Differentialgleichung bestimmt. *Wir finden dann die allgemeine Integralfläche unserer Gleichung* $z - \psi(x, y; p, q) = 0$[1], *indem wir alle möglichen Streifen auswählen, für die* $N \neq 0$ *sein soll und von den verschiedenen Elementen des Streifens aus den zugehörigen charakteristischen Streifen auslaufen lassen. Deren Gesamtheit überdeckt dann eine zugehörige Integralfläche und wir erhalten so die allgemeine Integralfläche, die wir suchten.*

Hiermit ist daher die Integration der vorgelegten partiellen Differentialgleichung zurückgeführt auf die Integration des Systems gewöhnlicher Differentialgleichungen, durch das die charakteristischen Streifen bestimmt sind. Freilich bekommen wir so nur die allgemeine Lösung unserer Differentialgleichung; ausgeschlossen sind die *singulären Lösungen* (wenn es solche gibt). Sie schließen sich an die „singulären Elemente" der Gleichungen, bei denen in den Differentialgleichungen der charakteristischen Streifen:

$$dx : dy : dp : dq = \frac{\partial\psi}{\partial p} : \frac{\partial\psi}{\partial q} : p - \frac{\partial\psi}{\partial x} : q - \frac{\partial\psi}{\partial y}$$

die rechten Seiten

$$\frac{\partial\psi}{\partial p},\ \frac{\partial\psi}{\partial q},\ p - \frac{\partial\psi}{\partial x},\ q - \frac{\partial\psi}{\partial y}$$

sämtlich verschwinden. Es bleibt im einzelnen Falle zu untersuchen — allgemein läßt sich aber nichts sagen — ob diese Elemente für sich eine singuläre Lösung bilden oder nicht.

Als Literaturangabe betreffend singuläre Lösungen sei auf eine berühmte Arbeit von *Darboux* in den Memoires des Savants étrangers, Bd. 27 (1883) hingewiesen.

Fragen wir uns nun nach dem *Wert der angeführten Integrationsmethode.* In älteren Lehrbüchern findet man manchmal die Differentialgleichungen eingeteilt in solche, die man „integrieren kann", d. h. denen man durch die bekannten elementaren Funktionen genügen kann und in solche, bei denen „die Integration nicht möglich" ist, sei es, daß man zufälligerweise nicht imstande war, das Integral in expliziter Form zu finden, sei es, daß die Differentialgleichung in der Tat durch die einfachen Funktionen (sin, cos, log, e^z usw.) nicht befriedigt werden kann. Der wissenschaftliche Standpunkt ist jedenfalls der, daß man die Differentialgleichungen überhaupt zur Erklärung von Funktionen benutzt und nur vielleicht untersucht, ob sie durch bekannte Funktionen ausdrückbar sind oder nicht. In diesem Sinne ist auch unser Verfahren zu beurteilen. Der Wert der Zurückführung der Integralflächen auf die charakteristischen Streifen ist gewiß nicht der, daß es hierdurch leichter wird, die Integralflächen zu berechnen, als durch die üblichen Methoden oder durch direkte Reihenentwickelung. Es wäre nicht schwer, Beispiele aufzustellen, in denen dies keineswegs der Fall ist. *Vielmehr hat man*

---

[1]) Und natürlich jede einzelne Integralfläche unendlich oft!

von den Streifen aus eine besondere Einsicht in die Erzeugung der Integralflächen: man sieht, daß die Funktion $z = \varphi(x, y)$ *zweier Veränderlicher einerseits abhängt von dem Verlaufe der durch die Streifen bestimmten Funktionen einer Veränderlichen und andererseits von der willkürlichen Aneinanderreihung dieser Streifen.*

Wie verhält sich nun die Theorie der charakteristischen Streifen zu der *Theorie der partiellen Differentialgleichungen von Lagrange,* wie sie in den Lehrbüchern gegeben wird? Wenn eine Differentialgleichung $z - \psi(x, y; p, q) = 0$ gegeben ist. so sucht man nach *Lagrange* zunächst eine Funktion $z = \varphi(x, y, z; \alpha, \beta)$ mit zwei willkürlichen Parametern α, β zu finden, die der vorgelegten Gleichung genügt. Diese Funktion $z = \varphi(x, y, z; \alpha, \beta)$ nennt man ein „*vollständiges Integral*" der Gleichung. Indem aber jede Fläche der zweigliedrigen Schar $z = \varphi(x, y, z; \alpha, \beta)$ eine zweidimensionale Elementenmannigfaltigkeit darstellt, ergibt sich als *Sinn der vollständigen Lösung von Lagrange, daß wir versuchen sollen, die vierfach ausgedehnte Gesamtheit der Elemente der Gleichung* $z - \psi(x, y; p, q) = 0$ *überhaupt auf irgendeine Weise auf Flächen zu verteilen, die von zwei Parametern* α, β *abhängen.*

Wenn dies gelungen ist, bildet man nach *Lagrange* alle Hüllflächen aus eingliedrigen Flächenscharen $z = \varphi$ des vollständigen Integrals. Man setze einfach $\beta = \omega(\alpha)$, d.h. gleich einer beliebigen Funktion von α, so daß man erhält: $z = \varphi(x, y; \alpha, \omega(\alpha))$. Hierdurch wird eine einfach unendliche Reihe von Integralflächen aus der Gesamtschar ausgewählt. Nun findet man die Schnittkurve jeder dieser Integralflächen mit der benachbarten, indem man zu $z = \varphi(x, y; \alpha, \omega(\alpha))$ die Gleichung $z = \varphi(x, y; \alpha + d\alpha, \omega(\alpha + d\alpha))$ hinzunimmt. An Stelle der letzteren läßt sich in Rücksicht auf die erste Gleichung die Gleichung setzen

$$\frac{\partial \varphi}{\partial \alpha} = 0 .$$

Aus

$$z = \varphi(x, y; \alpha, \omega(\alpha)) \text{ und } 0 = \frac{\partial \varphi}{\partial \alpha}$$

eliminiert man dann α und erhält in solcher Weise das „*allgemeine Integral*". Vgl. S. 218.

Endlich nimmt *Lagrange* noch die Hüllfläche aller $z = \varphi(x, y; \alpha, \beta)$ hinzu, die durch die Gleichungen:

$$z = \varphi, \quad 0 = \frac{\partial \varphi}{\partial \alpha}, \quad 0 = \frac{\partial \varphi}{\partial \beta}$$

bestimmt ist. Sie bildet nach *Lagrange* die *singuläre Lösung*.

Dieser Ideengang von *Lagrange* hängt nun in der Weise mit unserer allgemeinen Theorie zusammen, daß wir sagen: *Je zwei benachbarte Flächen des vollständigen Integrals haben einen charakteristischen Streifen gemein, und wenn wir das allgemeine Integral durch unendlich viele Flächen des vollständigen Integrals umhüllen, so bedeutet dies, daß wir diese allgemeinen Flächen aus charakteristischen Streifen aufbauen.*

Blicken wir nun auf unsere letzten Entwickelungen nochmals zurück! Sie bezogen sich auf die folgenden drei Formen der partiellen Differentialgleichung:

1. $f(x, y, z) = 0$,
2. $C - Ap - Bq = 0$ und
3. allgemein $f(x, y, z; p, q) = 0$.

Wenn wir diese drei Fälle miteinander vergleichen, so werden wir in ihnen das Gemeinsame erkennen, daß wir stets charakteristische Streifen hatten, die von drei Konstanten abhängen und von denen geeignet ausgewählte eingliedrige Scharen eine Integral-M_2 ergeben. Im Falle 1 hatten wir die „Elementenbüschel", im Falle 2 die sich an zwei Nachbarcharakteristiken anschließenden Streifen, im Falle 3 die durch die bestimmten gewöhnlichen Differentialgleichungen festgelegten Streifen als die charakteristischen Streifen erkannt.

Den tieferen Grund dieser Übereinstimmung der drei Fälle erkennen wir mit Lie in dem Umstande, daß zwei beliebige partielle Differentialgleichungen erster Ordnung im Kleinen immer durch Berührungstransformationen ineinander verwandelt werden können, wobei die charakteristischen Streifen ihre Bedeutung behalten — oder mit anderen Worten, daß eine partielle Differentialgleichung erster Ordnung an Stellen regulären Verhaltens gegenüber der Gruppe der Berührungstransformationen keine absoluten Invarianten besitzt. Haben wir aber einmal diese Behauptung als bewiesen vorangestellt, so sehen wir mit *Lie* sofort, *daß wir die Theorie der partiellen Differentialgleichungen erster Ordnung geradezu von der einfachsten derartigen Gleichung $z = 0$ ablesen können,* indem wir die Integral-M_2 dieser letzten Gleichung uns vorstellen und alle ihre Eigenschaften herausgreifen, die bei Berührungstransformationen erhalten bleiben. Diese Integral-M_2 werden aber bekanntlich durch alle Flächenelemente in einem Punkte der Ebene $z = 0$ oder alle Flächenelemente, die sich einer Kurve auf $z = 0$ anschmiegen, dargestellt, endlich von der Ebene $z = 0$ selbst. Diese Auffassung ist von *Lie* zuerst mitgeteilt in den Göttinger Nachrichten vom Oktober 1872. Vgl. im folgenden §§ 94, 95.

Indem wir hiermit die Betrachtung der allgemeinen Theorie abschließen, gehen wir zu ihren *Beziehungen zur Linien- und Kugelgeometrie* über. Wir knüpfen damit wieder an *Lies* Arbeit in Math. Annalen Bd. 5 an.

§ 73. Partielle Differentialgleichungen der Linien- und Kugelgeometrie.

Was zunächst die *Liniengeometrie* betrifft, so können wir eine *Linienkongruenz* und einen *Linienkomplex* betrachten. Eine Linienkongruenz stellt uns ein zweigliedriges System gerader Linien vor, während ein

Linienkomplex durch jeden geeigneten Raumpunkt einen Kegel von geraden Linien, insgesamt also eine dreifach ausgedehnte Schar gerader Linien enthält. Wir behaupten nun, daß wir leicht mit beiden Gebilden eine partielle Differentialgleichung erster Ordnung verknüpfen können. Wir können nämlich mit *Lie* verlangen, daß sich im ersten Falle das Flächenelement stets an eine gerade Linie der Kongruenz anschmiegen soll, und daß im zweiten Falle das Flächenelement den von seinem Punkte ausgehenden Komplexkegel berühren soll. *Das erste Mal werden wir daher zu einer linearen, das zweite Mal zu einer allgemeinen partiellen Differentialgleichung erster Ordnung zwischen x, y, z geführt.* Die Charakteristiken im ersten Falle sind die geraden Linien der Kongruenz selbst, die Integralflächen aber die windschiefen Flächen, die sich aus den Linien der Kongruenz bilden lassen, und somit bilden die Charakteristiken auf diesen Integralflächen zugleich *Schmiegtangentenkurven* (*Asymptotenlinien*).

Dies gilt nun auch für die Linienkomplexe; *auch hier bilden die Charakteristiken auf den Integralflächen, die zu den Linienkomplexen gehören, Schmiegtangentenkurven.* Wie werden wir dies einsehen können? Zu dem Zwecke wollen wir uns zunächst den Begriff einer Komplexkurve klarmachen. Darunter verstehen wir eine Kurve, die von Komplexgeraden umhüllt wird. Wir können uns ihre Entstehung in der Weise vorstellen, daß wir von einem beliebigen Punkte längs einer der ausstrahlenden Komplexgeraden um ein Linienelement fortschreiten, dann von dem Endpunkte des Linienelementes längs einer benachbarten von dem Endpunkte auslaufenden Komplexgeraden um ein folgendes Element, und so fort. Man übersieht dann sofort, daß alle Streifen der partiellen Differentialgleichung, die Komplexstreifen sind, d. h. die sich an eine Komplexkurve anlehnen, *Schmiegstreifen* sind, da die Schmiegebene der Kurve in einem beliebigen ihrer Punkte immer zugleich Tangentenebene an den ausstrahlenden Komplexkegel ist. *Insbesondere sind nun die charakteristischen Streifen Beispiele vom Komplexstreifen, darum sind auch sie Schmiegstreifen, also Schmiegtangentenkurven der Integralflächen.*

Lie hat diese Verhältnisse in Annalen Bd. 5 noch weiter entwickelt. Es ist überhaupt ein altes Problem, partielle Differentialgleichungen erster Ordnung aufzustellen, deren charakteristische Streifen Schmiegtangentenkurven sind. *Lie* zeigt vor allem, daß diese Differentialgleichungen durch die Differentialgleichungen der Linienkongruenzen und Linienkomplexe erschöpft sind. Ferner untersucht er bei zwei Linienkomplexen, was es geometrisch heißt, wenn sie gemeinsame Integralflächen haben. Drittens beschäftigt er sich mit der Integration der Linienkomplexe zweiten Grades; diese Untersuchungen hat dann *Klein* in Annalen Bd. 5 in der Arbeit: „Über gewisse in der Liniengeometrie auftretende Differentialgleichungen" in analytischer Form zum Abschluß gebracht.

Wir wollen doch auch ein besonderes Beispiel, das sich auf die Theorie der partiellen Differentialgleichung des Linienkomplexes bezieht, etwas näher betrachten. Als solches wählen wir den *tetraedalen Komplex* aus. Er ist, wie wir wissen, bestimmt durch die Gleichung

$$a p_{12} p_{34} + b p_{13} p_{42} + c p_{14} p_{23} = 0$$

und besteht aus allen geraden Linien, die die Seitenebenen eines Tetraeders nach festem Doppelverhältnis schneiden. Nehmen wir dieses Tetraeder als x, y, z Koordinatensystem, d. h. führen wir unhomogene Schreibweise ein, so liefert die genannte Gleichung:

$$a(x' - x)(yz' - y'z) + b(y' - y)(zx' - z'x) \\ + c(z' - z)(xy' - x'y) = 0.$$

Setzen wir für x', y', z' ein $x + dx$, $y + dy$, $z + dz$, die Koordinaten eines Nachbarpunktes zu x, y, z, so erhalten wir die Gleichung:

$$a dx \cdot (y dz - z dy) + b dy \cdot (z dx - x dz) + c dz \cdot (x dy - y dx) = 0$$

oder geordnet:

$$(b - c) x \cdot dy \cdot dz + (c - a) y \cdot dz \cdot dx + (a - b) z \cdot dx \cdot dy = 0.$$

Diese Gleichung liefert uns bei festgehaltenem x, y, z den Kegel von Fortschreitungsrichtungen, der von dem Punkte x, y, z in unserem Komplex ausstrahlt. Wir wollen nun die Tangentengleichung dieses Kegels bestimmen. Wir finden sie in derselben Weise, als wenn wir in der letzten Gleichung dx, dy, dz als homogene Punktkoordinaten auffassen und dann die Gleichung des „Kegelschnittes" in ebenen Linienkoordinaten mit der Bedingung $u\,dx + v\,dy + w\,dz = 0$ aufstellen würden, also durch Nullsetzen der geränderten Determinante der Koeffizienten:

$$\begin{vmatrix} 0 & (a-b)z & (c-a)y & u \\ (a-b)z & 0 & (b-c)x & v \\ (c-a)y & (b-c)x & 0 & w \\ u & v & w & 0 \end{vmatrix} = 0.$$

Wie uns das Verhältnis der Größen $dx : dy : dz$, die der früheren Gleichung genügen, die Fortschreitungsrichtung des Kegels liefert, so werden die Verhältnisse der Größen $u : v : w$, die der letzten Gleichung genügen, die Tangentenebene des Kegels bestimmen. Diese Determinantengleichung stellt uns dann zugleich die gesuchte partielle Differentialgleichung dar, indem wir in ihr für u, v, w noch

$$\frac{\partial f}{\partial x}, \quad \frac{\partial f}{\partial y}, \quad \frac{\partial f}{\partial z}$$

oder auch $p, q, -1$ einsetzen.

Fragen wir uns nun, wie wir diese Differentialgleichung integrieren! Es ist am einfachsten, zu dem Zweck wieder an die erste Gleichung des Kegels anzuknüpfen, die wir schreiben wollen:

$$(b-c)\frac{dy\cdot dz}{yz}+(c-a)\frac{dz\cdot dx}{zx}+(a-b)\frac{dx\cdot dy}{xy}=0.$$

Man macht nun die Substitution:

$$\log x=\xi,\ \log y=\eta,\ \log z=\zeta,$$

d. h. eine Punkttransformation, die den Raum x, y, z in den Raum ξ, η, ζ verwandelt und erhält:

$$(b-c)\,d\eta\,d\zeta+(c-a)\,d\zeta\,d\xi+(a-b)\,d\xi\,d\eta=0.$$

Dann wird man sich mit der einfacheren Aufgabe beschäftigen, diese Differentialgleichung und die mit ihr verbundene partielle Differentialgleichung zu integrieren. Durch Umkehr der angegebenen Substitutionen wird man hiermit zugleich die *Integration unserer früheren partiellen Differentialgleichung leisten.*

Wir beschäftigen uns also zunächst mit der letzten Gleichung. Sie stellt uns, wie man sofort sieht, den Kegel von Fortschreitungsrichtungen dar, dessen Strahlen die Punkte eines bestimmten Kegelschnittes in der uneigentlichen Ebene treffen. Dieser Kegelschnitt wird durch die Gleichung:

$$(b-c)\,\eta\zeta+(c-a)\,\zeta\xi+(a-b)\,\xi\eta=0$$

bestimmt. Wir wollen diesen Kegelschnitt einfach sogleich den absoluten nennen, da es ja keine Schwierigkeit bieten würde, in jedem Falle ihn in den absoluten Kegelschnitt projektiv zu transformieren, wenn wir auf die Realität keine Rücksicht nehmen. Dann aber wird der Kegel von Fortschreitungsrichtungen, der vom Punkte ξ, η, ζ ausstrahlt, durch die isotropen Geraden, die von ihm ausgehen, geliefert. *Durch die logarithmische Abbildung ist daher der tetraedale Komplex in den isotropen Komplex verwandelt,* d. h. die Differentialgleichung des Fortschreitungskegels und natürlich auch die partielle Differentialgleichung auf der einen Seite in die der anderen Seite.

Wollen wir daher jetzt unseren Tetraedalkomplex integrieren, so werden wir vor der Aufgabe stehen, den isotropen Komplex zu integrieren. Diese ist aber sofort durchzuführen; *die Integralflächen des isotropen Komplexes sind die uns wohlbekannten isotropen Torsen und ihre charakteristischen Streifen sind die Streifen dieser Flächen entlang den isotropen Geraden, von denen sie erzeugt werden.*

Zugleich finden wir dann in diesem Beispiel aufs beste den allgemeinen Satz bestätigt, daß zwei Integralflächen, die ein Element gemein haben, den ganzen von diesem Elemente auslaufenden Streifen enthalten. *Von hieraus ergeben sich die Integralflächen und die charakteristischen Streifen des tetraedalen Komplexes durch die logarithmische Abbildung*; insbesondere werden die Charakteristiken eine Gattung von W-Kurven sein, die den isotropen Geraden des ξ, η, ζ-Raumes entsprechen.

Hiermit wollen wir die Betrachtung unseres Beispieles abschließen und nur noch eine allgemeine Bemerkung hinzufügen:

Wir haben schließlich *drei Linienkomplexe* in wechselseitige Verbindung gesetzt, nämlich im Linienraum hatten wir zunächst den linearen Komplex $p_{13} = p_{42}$, dann im Kugelraum den isotropen Komplex und endlich wieder im Linienraum den tetraedalen Komplex. Zwischen den ersten beiden Komplexen stellt die Linien-Kugelabbildung die Brücke her, zwischen den letzten beiden die Punktabbildung, die wir als logarithmische Abbildung bezeichneten. Dieser Vergleich der drei so in Beziehung zueinander gesetzten Linienkomplexe ist nun für *Lie* der eigentliche Ausgangspunkt gewesen, an den sich seine sämtlichen Arbeiten vom Jahre 1870 anschlossen. Wir haben z. B. in § 47 davon gesprochen, wie *Lie* die Theorie der Minimalflächen entwickelt hat, die im isotropen Komplex eine partielle Differentialgleichung zweiter Ordnung befriedigen. Wie hat *Lie* diese Ergebnisse gefunden? Er hat zunächst Flächen im tetraedalen Komplex gesucht, die einer partiellen Differentialgleichung zweiter Ordnung genügen (deren Schmiegtangenten nämlich harmonisch liegen gegen die beiden im jeweiligen Tangentenbüschel verlaufenden Komplexrichtungen) und hat diese dann der logarithmischen Abbildung unterworfen, um mit einem Male zu erkennen, daß jene Flächen hier die Minimalflächen geben, daß also seine Theorie jener Flächen eine Theorie der Minimalflächen enthält.

Nun müssen wir alles das, was wir über die partiellen Differentialgleichungen des Linienkomplexes und der Linienkongruenz gesagt haben auf die entsprechenden Gebilde der *Kugelgeometrie* übertragen. Wir werden sogleich sagen können, daß wir auch bei jeder Kugelkongruenz oder jedem Kugelkomplex eine partielle Differentialgleichung erster Ordnung aufstellen können. Es handelt sich doch allgemein darum, aus der fünfgliedrigen Gesamtheit der Flächenelemente des Raumes eine viergliedrige herauszugreifen. Bei einer Kugelkongruenz wählen wir dazu einfach alle Flächenelemente aller Kugeln der Kongruenz. Die Aufgabe besteht dann wieder darin, aus diesen Elementen in allgemeinster Weise andere Flächen zusammenzusetzen. Wir erhalten da offenbar alle *Röhrenflächen,* die von Kugeln der Kongruenz umhüllt werden, denn die Kugeln der Kongruenz bilden ja natürlich eine vollständige Lösung der in Betracht kommenden partiellen Differentialgleichung. Der Fall der Kugelkongruenz wird hiermit bereits hinreichend besprochen sein.

Verwickelter gestalten sich die Verhältnisse für den *Kugelkomplex.* Erinnern wir uns, daß wir beim Linienkomplex alle Elemente ausgewählt hatten, die sich an den Kegel von Fortschreitungsrichtungen eines beliebigen Punktes anschmiegen; es sind dies alle Elemente des Raumes, die gleichzeitig zwei benachbarten Geraden des Komplexes angehören. Dementsprechend werden wir hier unter den Flächenelementen jeder Komplexkugel immer die herauszugreifen haben, die sie mit benachbarten Kugeln gemein hat. Dies sind aber die Flächenelemente der Kugel, die sich an den zugehörigen „Trajektorienkreis" anschmiegen. *In der Tat erhalten wir so die Gesamtheit der Flächenelemente, die dann das bilden, was wir die partielle Differentialgleichung des Kugelkomplexes nennen.*

Haben wir nun gelernt, daß die charakteristischen Streifen der Linienkomplexe Schmiegstreifen sind, so haben wir hier den Satz, *daß die charakteristischen Streifen der Kugelkomplexe Krümmungsstreifen sind.* Sie ergeben also auf den zugehörigen Integralflächen Krümmungskurven. Gleichzeitig sind die zugehörigen Komplexkugeln Schmiegkugeln der Integralfläche.

Wir wollen nun eine anziehende Beziehung dieser Theorie zum *Problem der geodätischen Linien* anschließen, die ebenfalls von *Lie* im Bd. 5 der Mathematischen Annalen, sogar in sehr viel allgemeinerer Weise, entwickelt wurde. Die Koordinaten einer Kugel seien in bekannter Weise $\alpha, \beta, \gamma; r$, wobei α, β, γ die rechtwinkligen Koordinaten des Mittelpunktes und r den Radius bedeutet. Nun sei der spezielle Komplex $f(\alpha, \beta, \gamma) = 0$ gegeben, d. h. *alle Kugeln, deren Mittelpunkt auf der Fläche* $f = 0$ *liegen.* Es soll sich darum handeln, diesen speziellen Komplex zu integrieren, d. h. wir sollen alle Flächen finden, deren Krümmungskugeln ihren Mittelpunkt auf der Fläche $f = 0$ haben. In bezug auf die Integralflächen nennen wir den Mittelpunkt jeder solchen Krümmungskugel den einen Krümmungsmittelpunkt der Fläche, so daß wir zusammenfassend den Satz haben: *Den speziellen Komplex* $f(\alpha, \beta, \gamma) = 0$ *integrieren heißt, alle Flächen des Raumes finden, für die die eine Schale der Krümmungsmittelpunktsfläche mit der Fläche* $f(\alpha, \beta, \gamma) = 0$ *zusammenfällt.*

Da in unserem Komplex $f(\alpha, \beta, \gamma) = 0$ der Radius r fehlt, erkennen wir, daß er in sich übergeht durch die Substitution $r' = r +$ Konst. Sie stellt eine beliebige *Paralleltransformation* vor und führt natürlich eine Integralfläche stets wieder in eine Integralfläche über. Daher sind zugleich mit jeder Integralfläche des Komplexes immer auch deren Parallelflächen Integralflächen. Für denjenigen, der die allgemeine Theorie der Krümmungsmittelpunktflächen kennt, folgt hieraus ohne weiteres: *Den Krümmungsstreifen der einzelnen Integralflächen, wie ihrer Parallelflächen, entspricht auf* $f(\alpha, \beta, \gamma) = 0$ *eine Schar geodätischer Kurven, und die Schnitte, die die parallelen Integralflächen mit* $f = 0$ *liefern, bilden eine Schar dazu normaler äquidistanter Kurven.*

So entspricht die Aufsuchung der geodätischen Linien auf $f = 0$ und der dazugehörigen äquidistanten Kurven gerade der Aufsuchung der charakteristischen Streifen unseres Kugelkomplexes und der aus ihnen zu bildenden Integralflächen. Die charakteristischen Streifen des Kugelkomplexes sind einfach die Evolventen der auf $f(\alpha, \beta, \gamma) = 0$ verlaufenden geraden Linien. Und der geometrische Zusammenhang, den wir früher zwischen geodätischen Linien und Systemen äquidistanter Kurven kennen lernten, ist ein Abbild der allgemeinen Theorie von der Zusammensetzung der Integralflächen einer partiellen Differentialgleichung erster Ordnung aus deren charakteristischen Streifen.

Übrigens hat *Lie* in derselben Schrift, wie wir hier nur ganz beiläufig erwähnen können, die Theorie der Linien- und Kugelgebilde auch mit Untersuchungen über partielle Differentialgleichungen *zweiter* Ordnung in Verbindung gebracht. Wir verweisen hier insbesondere auf eine elegante Behandlung des Problems, alle Flächen mit sphärischen Krümmungslinien zu finden[1]).

An Literatur über den behandelten Gegenstand sei auch noch das Buch von *Lie* und *Scheffers* „Geometrie der Berührungstransformationen" genannt, von dem nur der erste Band (Leipzig 1896) erschienen ist, ferner manche Stellen in den großen Vorlesungen von *Darboux* über Differentialgeometrie.

Wir gehen nun zu dem letzten Gegenstand dieses Teiles unserer Vorlesung über, nämlich zu einem kurzen Bericht über die allgemeine Theorie der Berührungstransformationen. Ihre Darlegung wird sich jetzt um so einfacher gestalten, da wir ja schon manches von ihr vorweggenommen haben. Wir sprechen zunächst von der *Aufzählung aller Berührungstransformationen im* R_3.

§ 74. Allgemeine Theorie der Berührungstransformationen.

Wir wissen, daß im R_3 die Punkte, Kurven und Flächen gleicherweise Integral-M_2 des *Pfaff*schen Problems $dz - p\,dx - q\,dy = 0$ sind. Demgemäß teilen wir die Berührungstransformationen ein in solche, die den Punkten Punkte oder Kurven oder Flächen zuordnen. Es ist dies natürlich eine Einteilung, die die Punktauffassung bevorzugt. Wir behaupten nun: „*Jede*" *Art, den Punkten Punkte oder ein dreigliedriges System von Kurven oder Flächen zuzuordnen, ergibt* „*eine*" *Berührungstransformation.* Natürlich gilt diese Behauptung nur im Kleinen bei geeigneten Einschränkungen.

Nehmen wir den letzten Fall zunächst zur weiteren Betrachtung vor. Es sei irgendeine Gleichung $\Omega\,(x, y, z; x', y', z') = 0$ gegeben. Wenn wir die Koordinaten x', y', z' festhalten, so ordnet sie dem Punkte x', y', z' des einen Raumes in allgemeinster Weise eine Fläche des anderen Raumes zu und umgekehrt. Wir werden jetzt noch die Gleichungen hinzunehmen, die uns die Größen p und q, p' und q' der Tangentenebene der Flächen im Punkte x, y, z und x', y', z' bestimmen, nämlich:

---

[1]) Vgl. dazu auch *W. Blaschke*: Flächen mit einer Schar ebener oder sphärischer Krümmungslinien. Hamburg. Abhandlungen Bd. 4. (1926).

$$p = -\frac{\frac{\partial \Omega}{\partial x}}{\frac{\partial \Omega}{\partial z}}, \quad q = -\frac{\frac{\partial \Omega}{\partial y}}{\frac{\partial \Omega}{\partial z}},$$

$$p' = -\frac{\frac{\partial \Omega}{\partial x'}}{\frac{\partial \Omega}{\partial z'}}, \quad q' = -\frac{\frac{\partial \Omega}{\partial y'}}{\frac{\partial \Omega}{\partial z'}}.$$

Diese letzten Gleichungen mit der ursprünglichen $\Omega = 0$ zusammen ordnen im allgemeinen[1]) jedem Elemente $x, y, z; p, q$ ein Element $x', y', z'; p', q'$ zu und umgekehrt, sie bestimmen also im allgemeinen eine *Elemententransformation.* Man nennt dabei die Gleichung $\Omega = 0$ die *aequatio directrix* oder die *Leitgleichung.*

Wir behaupten nun, *daß die Gleichung* $\Omega = 0$ *zusammen mit den vier aus ihr abgeleiteten Gleichungen im allgemeinen eine Berührungstransformation gibt.* Dies ist rechnerisch leicht einzusehen.

Aus der Gleichung $\Omega = 0$ folgern wir zunächst:

$$\frac{\partial \Omega}{\partial x} dx + \frac{\partial \Omega}{\partial y} dy + \frac{\partial \Omega}{\partial z} dz + \frac{\partial \Omega}{\partial x'} dx' + \frac{\partial \Omega}{\partial y'} dy' + \frac{\partial \Omega}{\partial z'} dz' = 0,$$

d. h. die Zuwüchse dx, dy, usw. werden immer an diese Bedingung gebunden sein. Diese geht nun in Rücksicht auf die Ausdrücke für p, q, p', q' sogleich in die folgende über:

$$\frac{\partial \Omega}{\partial z}(dz - p\,dx - q\,dy) + \frac{\partial \Omega}{\partial z'}(dz' - p'\,dx' - q'\,dy') = 0.$$

Und aus dieser Gleichung ersehen wir sofort, daß wir eine Berührungstransformation vor uns haben.

Nun gehen wir zu dem zweiten Falle über, indem die Punkte des einen Raumes Kurven des anderen Raumes zugeordnet sein sollen und umgekehrt. Eine solche Beziehung wird in allgemeiner Weise durch das gleichzeitige Bestehen zweier Gleichungen vermittelt:

$$\Omega_1(x, y, z; x', y', z') = 0 \quad \text{und} \quad \Omega_2(x, y, z; x', y', z') = 0.$$

Halten wir hier z. B. x', y', z' fest, so ist x, y, z an eine Kurve gebunden und umgekehrt. Nun werden wir wieder die Flächenelemente, die sich an die Kurven der beiden Räume anschmiegen, in Betracht zu ziehen haben. Zu dem Zwecke berechnen wir wieder die Größen p und q, p' und q', die zu den Flächenelementen eines Linienelementes der Kurven gehören. Wir setzen:

---

1) Für die Auflösbarkeit findet man als Bedingung, daß die Determinante

$$\begin{vmatrix} \Omega_{xx'} & \Omega_{xy'} & \Omega_{xz'} & \Omega_{x'} \\ \Omega_{yx'} & \Omega_{yy'} & \Omega_{yz'} & \Omega_{y'} \\ \Omega_{zx'} & \Omega_{zy'} & \Omega_{zz'} & \Omega_{z'} \\ \Omega_x & \Omega_y & \Omega_z & 0 \end{vmatrix}, \text{ worin z. B. } \Omega_{xx'} = \frac{\partial^2 \Omega}{\partial x\, \partial x'}$$

nicht infolge von $\Omega = 0$ verschwindet.

$$p = -\frac{\frac{\partial(\Omega_1 + \lambda\Omega_2)}{\partial x}}{\frac{\partial(\Omega_1 + \lambda\Omega_2)}{\partial z}}, \quad q = -\frac{\frac{\partial(\Omega_1 + \lambda\Omega_2)}{\partial y}}{\frac{\partial(\Omega_1 + \lambda\Omega_2)}{\partial z}}$$

und

$$p' = -\frac{\frac{\partial(\Omega_1 + \lambda\Omega_2)}{\partial x'}}{\frac{\partial(\Omega_1 + \lambda\Omega_2)}{\partial z'}}, \quad q' = -\frac{\frac{\partial(\Omega_1 + \lambda\Omega_2)}{\partial y'}}{\frac{\partial(\Omega_1 + \lambda\Omega_2)}{\partial z'}}.$$

In diesen Gleichungen stellt λ einen willkürlichen Parameter vor, so daß $\Omega_1 + \lambda\Omega_2 = 0$ das lineare Flächenbüschel bezeichnet, das die Durchschnittskurve von $\Omega_1 = 0$ und $\Omega_2 = 0$ trägt. Denken wir uns zu diesen vier Gleichungen die ursprünglichen Gleichungen $\Omega_1 = 0$ und $\Omega_2 = 0$ hinzugenommen und die willkürliche Größe λ eliminiert, so erhalten wir wieder im allgemeinen fünf Beziehungen zwischen den Größen x, y, z; p, q und x', y', z'; p', q' d. h. eine *Elemententransformation.*

Diese Gleichungen stellen dann wieder eine Berührungstransformation dar. Der Beweis ist derselbe wie vorhin. Wir bilden die Gleichung:

$$\frac{\partial(\Omega_1 + \lambda\Omega_2)}{d x} dx + \cdots + \frac{\partial(\Omega_1 + \lambda\Omega_2)}{\partial z'} dz' = 0,$$

die aus $\Omega_1 + \lambda\Omega_2 = 0$ folgt, und aus ihr ergibt sich wieder durch einfache Umformung, daß $dz - p\,dx - q\,dy$ bis auf einen Faktor mit $dz' - p'\,dx' - q'\,dy'$. übereinstimmt. Die Gleichungen $\Omega_1 = 0$ und $\Omega_2 = 0$ nennen wir wieder die *Leitgleichungen.*

Schließlich gehen wir von drei Leitgleichungen aus: $\Omega_1 = 0$, $\Omega_2 = 0$, $\Omega_3 = 0$. Sie stellen uns eine Punkttransformation dar, und wir wissen bereits von früher her, und können es übrigens sofort entsprechend zu den beiden vorhergehenden Fällen ableiten, daß eine Punkttransformation stets als Berührungstransformation aufgefaßt werden kann.

Wollen wir für die sämtlichen betrachteten Fälle einfache Beispiele haben, so ist es am bequemsten, *bilineare* Gleichungen zugrunde zu legen.

Eine einzelne bilineare Gleichung $\Omega = 0$ zwischen den Koordinaten $x, y, z; x', y', z'$ stellt die allgemeine lineare dualistische Verwandtschaft dar, die uns hinlänglich bekannt ist. Zwei nebeneinanderstehende bilineare Gleichungen ordnen jedem Punkte des einen Raumes den Schnitt zweier Ebenen, d. h. eine gerade Linie zu. Den Punkten werden daher die Linien eines Komplexes entsprechen. Im einzelnen mögen Sie dieses in *Lies* schon oft genannter Arbeit im 5. Bd. der Mathematischen Annalen nachsehen; als besonderes Beispiel ergibt sich *Lies* Geraden-Kugelverwandtschaft. Von hier aus ist *Lie* zuerst zu dieser Verwandtschaft gekommen.

Sind endlich drei bilineare Gleichungen gegeben, so können wir sie z. B. nach x', y', z' oder nach x, y, z auflösen. Die Unbekannten ergeben sich als Quotienten zweier dreigliedriger Determinanten, wie leicht zu übersehen ist. Wir haben daher eine *Cremona*transformation dritten Grades vor uns. Mit dieser sehr allgemeinen Raumtransformation haben sich *Cayley* und *Noether* viel beschäftigt, beide im Jahre 1870, jener in den Proc. London Mathematical Society Bd. 3, dieser in Math. Annalen Bd. 3. Die Transformation schließt als besondere Fälle ziemlich alle *Cremona*transformationen des Raumes ein, die man genauer kennt.

In den vorstehenden Betrachtungen haben wir die Theorie der Berührungstransformationen des R_3 so entwickelt, wie sie sich vom Punktstandpunkte aus darstellt. Wir wollen jetzt allgemeinere Formeln geben, die die Koordinaten $x, y, z; p, q$ als *gleichberechtigte* Veränderliche nebeneinander gelten lassen. Wir schreiben:

$$X = X(x, y, z; p, q), \quad Y = Y(x, y, z; p, q), \quad Z = Z(x, y, z; p, q); \qquad P = P(x, y, z; p, q), \quad Q = Q(x, y, z; p, q),$$

und fragen uns, wie wir diese Funktionen einrichten müssen, damit $dZ - PdX - QdY$ bis auf einen Faktor mit $dz - pdx - qdy$ übereinstimmt. Die betreffenden Ergebnisse sind von *Lie* 1872/73 in den Verhandlungen der Akademie zu Christiania veröffentlicht. Dann hat *Adolph Mayer* in den Göttinger Nachrichten von 1873 und in Math. Annalen Bd. 8 (1874) eine direkte elementare Ableitung gegeben. Die Sache ist die folgende.

Es mögen $F(x, y, z; p, q)$ und $\Phi(x, y, z; p, q)$ irgend zwei Funktionen sein; wir müssen zunächst vor allem eine *Kovariante* derselben kennen lernen, gegenüber irgendwelchen Berührungstransformationen, d. h. im R_5 eine Kovariante von F, Φ und dem *Pfaff*schen Ausdruck $dz - pdx - qdy$. Man bezeichnet sie gewöhnlich mit (F, Φ). Sie lautet:

$$(F, \Phi) = \left(\frac{\partial F}{\partial p} \cdot \frac{d\Phi}{dx} - \frac{\partial \Phi}{\partial p} \cdot \frac{dF}{dx}\right) + \left(\frac{\partial F}{\partial q} \cdot \frac{d\Phi}{dy} - \frac{\partial \Phi}{\partial q} \cdot \frac{dF}{dy}\right)$$

oder wenn wir die totalen Differentialquotienten in die partiellen auflösen, also z. B.

$$\frac{d\Phi}{dx} = \frac{\partial \Phi}{\partial x} + \frac{\partial \Phi}{\partial z} \cdot p$$

setzen:

$$(F, \Phi) = \left(\frac{\partial F}{\partial p} \cdot \frac{\partial \Phi}{\partial x} - \frac{\partial \Phi}{\partial p} \cdot \frac{\partial F}{\partial x}\right) + \left(\frac{\partial F}{\partial q} \cdot \frac{\partial \Phi}{\partial y} - \frac{\partial \Phi}{\partial q} \cdot \frac{\partial F}{\partial y}\right) + \left(p\frac{\partial F}{\partial p} + q\frac{\partial F}{\partial q}\right)\frac{\partial \Phi}{\partial z} - \left(p\frac{\partial \Phi}{\partial p} + q\frac{\partial \Phi}{\partial q}\right)\frac{\partial F}{\partial z}.$$

Dieser Ausdruck soll also bei beliebigen Berührungstransformationen bis auf einen Faktor unverändert bleiben. Um dies zu sehen, fragen wir nach der Bedeutung von $(F, \Phi) = 0$. Wir werden sehen, daß diese Gleichung eine durch Berührungstransformation unzerstörbare Beziehung darstellt.

Dabei können wir einen doppelten Standpunkt einnehmen: entweder soll $(F, \Phi) = 0$ sein vermöge $F = 0$ und $\Phi = 0$, oder aber es soll $(F, \Phi) = 0$ sein für alle Flächenelemente, während F wie Φ selbst wechselnde Werte erhalten: $F = C_1$, und $\Phi = C_2$, wobei dann diese beiden Gleichungen zwei Scharen von partiellen Differentialgleichungen erster Ordnung darstellen. Wir beginnen mit der ersten Voraussetzung, indem wir auf die zweite erst später kurz eingehen werden.

Wir werden zunächst setzen:

$$dx : dy : dz : dp : dq = \frac{\partial F}{\partial p} : \frac{\partial F}{\partial q} : p\frac{\partial F}{\partial p} + q\frac{\partial F}{\partial q} : -\frac{\partial F}{\partial x} - p\frac{\partial F}{\partial z} : -\frac{\partial F}{\partial y} - q\frac{\partial F}{\partial z}.$$

Diese Differentialgleichungen bestimmen nach § 72 die charakteristischen Streifen von $F = 0$. Jetzt möge das Element $x, y, z; p, q$ gleichzeitig $F = 0$ und $\Phi = 0$ angehören. Wir schreiten von $x, y, z; p, q$ auf dem zugehörigen charakteristischen Streifen von $F = 0$ zum Nachbarelemente fort. Wir fragen uns nun, unter welcher Bedingung dieses zweite Element ebenfalls der Gleichung $\Phi = 0$ angehört, oder allgemein, wie wir es einrichten müssen, daß die *charakteristischen Streifen von* $F = 0$ zugleich *Streifen* von $\Phi = 0$ sind?

Damit das Nachbarelement der Gleichung $\Phi = 0$ angehört, muß die folgende Gleichung erfüllt sein:

$$\frac{\partial \Phi}{\partial x} dx + \cdots + \frac{\partial \Phi}{\partial q} dq = 0.$$

Tragen wir darin für $dx, dy, \cdots dq$ die oben angegebenen Verhältniswerte ein, so geht sie gerade in $(F, \Phi) = 0$ über. Da nun der Ausdruck (F, Φ) in den Funktionen F und Φ symmetrisch aufgebaut ist, bekommen wir folgendes Ergebnis: $(F, \Phi) = 0$ *bedeutet sowohl, daß die charakteristischen Streifen von* $F = 0$, *die von den gemeinsamen Elementen der Gleichungen* $F = 0$ *und* $\Phi = 0$ *auslaufen, Streifen der Gleichung* $\Phi = 0$ *sind, als auch umgekehrt, daß die bezüglichen charakteristischen Streifen* $\Phi = 0$ *Streifen von* $F = 0$ *sind.*

Hieraus können wir nun eine schöne Folgerung ziehen. Es sei wieder $x, y, z; p, q$ unser $F = 0$ und $\Phi = 0$ gemeinsames Ausgangselement, von ihm aus lassen wir die beiden charakteristischen Streifen S_1 und S_2 von $F = 0$ und $\Phi = 0$ auslaufen. Nun lassen wir von jedem Element von S_1 den charakteristischen Streifen für $\Phi = 0$ auslaufen und erhalten so eine Integralfläche von $\Phi = 0$. Aber diese Streifen gehören nach unserem eben abgeleiteten Satze auch der Gleichung $F = 0$ an, d. h. die erzeugte Fläche ist auch eine Integralfläche von $F = 0$; die beiden Gleichungen $\Phi = 0$ und $F = 0$ haben also eine Integralfläche gemeinsam. Dieselbe Fläche können wir natürlich auch erzeugt denken, wenn wir von den Elementen von S_2 die charakteristischen Streifen von $F = 0$ auslaufen lassen. *Das Verschwinden von* (F, Φ) *hat zur Folge, daß die dreigliedrige Schar gemeinsamer Elemente der beiden Gleichungen* $F = 0$

und $\Phi = 0$ *sich zusammenfassen lassen zu einer eingliedrigen Schar gemeinsamer Integralflächen, deren jede von charakteristischen Streifen der einen Art und ebenso von charakteristischen Streifen der anderen Art überdeckt ist.*

Lie drückt dies aus, indem er sagt: $F = 0$ und $\Phi = 0$ *liegen involutorisch,* so daß wir den Inhalt des letzten Satzes so zusammenfassen können: *Die Bedingung, daß* $(F, \Phi) = 0$ *sein soll vermöge* $F = 0$ *und* $\Phi = 0$ *besagt, daß die beiden Gleichungen* $F = 0$ *und* $\Phi = 0$ *in Involution liegen.* Sollte aber (F, Φ) identisch $= 0$ sein, so ändert sich nur dies, daß dann alle Gleichungen der Schar $F =$ konst. mit allen Gleichungen der Schar $\Phi =$ konst. in Involution liegen.

Aus diesen hiermit für $(F, \Phi) = 0$ ausgesprochenen Sätzen folgt dann die invariante Natur des Ausdrucks (F, Φ) selbst.

Nun hatten wir die allgemeine Berührungstransformation dadurch in Ansatz gebracht, daß

$$dZ - P\,dX - Q\,dY = \varrho\,(dz - p\,dx - q\,dy)$$

sein sollte. Man kann jetzt im Besonderen ausrechnen, welche Bedingungen die Funktionen X, Y, Z; P, Q erfüllen müssen, damit diese Gleichung besteht. Wir wollen alle Zwischenrechnung fortlassen; *das Endergebnis ist, daß*

$$(Z, X) = (Z, Y) = (X, Y) = (X, Q) = (Y, P) = (P, Q) = 0$$

und

$$(P, Z) = \varrho\,P,\ (Q, Z) = -\varrho\,Q,\ (P, X) = (Q, Y) = \varrho$$

sein muß, wo

$$\varrho = \frac{\partial Z}{\partial z} - P\frac{\partial X}{\partial z} - Q\frac{\partial Y}{\partial z}$$

gesetzt ist[1]).

Wir können nun wieder an die Bedeutung der Klammerausdrücke anknüpfen. So besagt z. B. $(Z, X) = 0$, daß die Gleichung $Z =$ konst. und $X =$ konst. unabhängig von dem Werte der beiden Konstanten eine eingliedrige Schar von Lösungen gemein haben sollen. Wir fragen uns, haben denn beim ursprünglichen Koordinatensystem die Gleichungen $z = c$, $x = c'$ solche Lösungen gemeinsam? Wirklich ist dies der Fall, denn die Ebenen $z = c$ und $x = c'$ schneiden sich doch in einer eingliedrigen Schar von Punkten, und diese Geraden sind gemeinsame Integral-M_2 der beiden partiellen Differentialgleichungen $z = c$ und $x = c$. Wollen wir unseren Raum so transformieren, daß $dz - p\,dx - q\,dy$ invariant bleibt, so müssen wir daraufhin Z und X als Funktion von $x, y, z; p, q$ in der Tat immer so auswählen, daß alle Gleichungen $Z = C$ und $X = C'$ wieder Integralflächen gemeinsam haben. Das Entsprechende gilt für die übrigen Bedingungen, so daß wir ein volles geometrisches Verständnis unseres Formelsystems erhalten. Jedoch sieht man

[1]) Vgl. etwa *Lie-Engel*: Transformationsgruppen Bd. 2, S. 122. Leipzig (1890).

nicht von vornherein ein, daß diese Bedingungen zugleich auch ausreichen.

Unsere bisherigen Formeln gelten für die Umgebung eines Elements. Will man etwa den Gesamtraum der projektiven Geometrie betrachten, so ist es zweckmäßig, homogene Schreibweise der Formeln einzuführen. Wir schließen uns dabei an die Entwickelung von *Lindemann* in *Clebschs* Vorlesungen über Geometrie Bd. 1 an[1]). Dort ist das Element durch die homogenen Koordinaten x_1, x_2, x_3, x_4 und u_1, u_2, u_3, u_4 (allgemein im R_{n-1} $x_1 \ldots x_n$ und $u_1 \ldots u_n$) mit der Bedingung $ux = 0$ bestimmt. Es wird dann gesetzt:

$$X_i = X_i(x_1, \cdots x_4; u_1, \cdots u_4) \quad \text{und} \quad U_i = U_i(x_1, \cdots x_4; u_1, \cdots u_4).$$

Wir wollen hier keinen Proportionalitätsfaktor hinzufügen. Dann soll für $ux = 0$ auch $UX = 0$ sein, damit wir überhaupt eine Elemententransformation haben, wir setzen etwa, um einen bestimmten Fall vor uns zu haben, $UX = ux$. Ferner müssen wir natürlich die X_i in den x_i homogen, etwa vom Grade α, wählen; dann werden die U_i in den x_i homogen vom Grade $1 - \alpha$, damit UX linear in den x_i wird. Ebenso möge X_i vom Grade $1 - \beta$ in den u_i und U_i vom Grade β in den u_i sein. Nun verlangen wir, daß

$$\Sigma U_i dX_i = \Sigma u_i dx_i$$

sein soll oder

$$\Sigma X_i dU_i = \Sigma x_i du_i,$$

was dasselbe besagt. Sind diese Gleichungen erfüllt, so wird unsere Elemententransformation zugleich eine Berührungstransformation sein. In homogener Schreibweise wird nun der Ausdruck

$$(F, \Phi) = \sum_1^n \left(\frac{\partial F}{\partial x_i} \cdot \frac{\partial \Phi}{\partial u_i} - \frac{\partial F}{\partial u_i} \cdot \frac{\partial \Phi}{\partial x_i}\right).$$

Die Bedingung, daß wir eine Berührungstransformation vor uns haben, wird sich dann so aussprechen, daß einerseits

$$(X_i, X_k) = (X_i, U_k) = (U_i, U_k) = 0,$$

d. h. jedes X_i mit jedem X_k usw. involutorisch liegt, und daß andererseits $(X_i, U_i) = 1$ sein soll. Sie sehen, daß diese homogene Formulierung zwar systematischer wird, aber auch schleppender als die unhomogene. Es ist das derselbe Gegensatz, den wir immer antreffen, wenn wir homogene und unhomogene Formeln vergleichen. Welche Formeln den Vorzug verdienen, hängt von den Fragestellungen ab, mit denen man sich beschäftigt.

§ 75. Weitere Beispiele von Berührungstransformationen.

Wir wollen heute noch einige Beispiele von Berührungstranformationen kennen lernen. Hatten wir schon die Punkttransformationen im allgemeinen, dann die linearen dualistischen Umformungen, die Trans-

---

[1]) Vgl. auch *Lie-Engel*, Bd. 3, S. 530ff.

formationen der höheren Kugelgeometrie, die Beziehungen zwischen Linien- und Kugelgeometrie als Berührungstransformationen erkannt, so bietet andererseits die mathematische Literatur noch mannigfache andere Fälle solcher Umformungen dar, die sich als Berührungstransformationen erweisen. Man hat nur früher bei der Einführung dieser Umformungen keineswegs ihren allgemeinen Charakter an die Spitze gestellt.

§ 75, 1. Fußpunktkurven.

Als erstes Beispiel wollen wir *die Herstellung der Fußpunktkurven irgendwelcher gegebenen Kurven* betrachten. Unter der Fußpunktkurve bezeichnet man bekanntlich den geometrischen Ort der Fußpunkte aller Normalen, die man von einem festen Pol, z. B. vom Koordinatenanfangspunkte aus auf die Tangenten der gegebenen ebenen Kurve fällen kann. Bei einer Ellipse z. B. legt sich die Fußpunktkurve bezüglich ihres Mittelpunkts als eine an vier Stellen ausgebauchte geschlossene Kurve um die Ellipse herum, wie es die nebenstehende Abb. 77 andeutet.

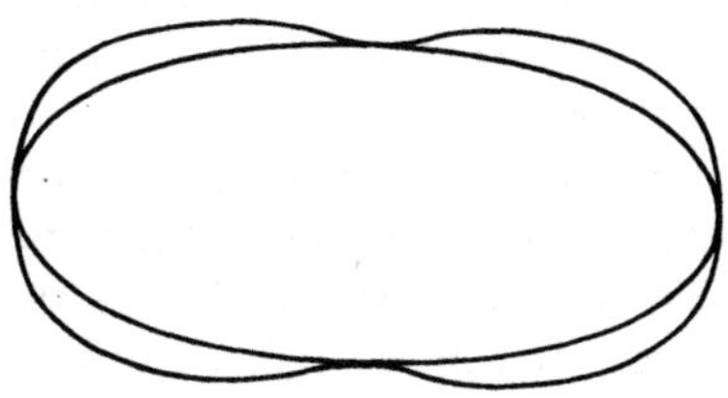

Abb. 77.

Wir behaupten nun, *daß der Prozeß, der aus den Kurven ihre Fußpunktkurven bezüglich eines festen Pols entstehen läßt, eine Berührungstransformation ist.* Zum Beweise gehen wir von den Tangenten der vorgelegten Kurve aus, deren einzelne durch $ux + vy + 1 = 0$ gegeben sein mögen. Die Koordinaten des Fußpunktes des vom Koordinatenanfangspunkte auf diese Tangente gefällten Lotes sind dann:

$$X = -\frac{u}{u^2 + v^2}, \qquad Y = -\frac{v}{u^2 + v^2}.$$

Wir denken uns nun die anfängliche Kurve durch eine Gleichung zwischen u und v gegeben und gehen zu einer Hilfskurve über, die aus der gegebenen durch Substitution $u = -\xi$, $v = -\eta$ entsteht. Diese Substitution stellt einfach die Polarenverwandtschaft an dem Einheitskreise $\xi^2 + \eta^2 = 1$ dar. Die neue Kurve ξ, η weist Punktkoordinaten auf, die den Linienkoordinaten u, v der Ausgangskurve entgegengesetzt gleich sind. Wir erhalten dann aus unseren letzten Formeln die neue Beziehung:

$$X = \frac{\xi}{\xi^2 + \eta^2}, \qquad Y = \frac{\eta}{\xi^2 + \eta^2}$$

der Fußpunktkurve zu der transformierten Kurve. Diese zweite Transformation stellt aber ersichtlich eine Inversion der ξ, η-Kurve an demselben Kreise $\xi^2 + \eta^2 = 1$ dar. Indem sich daher der Übergang von unserer vorgegebenen Kurve zu der Fußpunktkurve als die Aufeinanderfolge der genannten einfachen Umformungen darstellt, die uns ihrerseits als Berührungstransformationen bekannt sind, ist er gewiß ebenfalls eine Berührungstransformation. Zugleich bemerken wir, daß unsere so gewonnene Transformation eineindeutig ist; ist sie ja doch aus zwei solchen Transformationen zusammengesetzt. Wir entnehmen aus unserem Beispiel daher das folgende allgemeine Prinzip: *Um Beispiele eineindeutiger Berührungstransformationen herzustellen, braucht man nur eine beliebige dualistische Transformation mit einer beliebigen Cremona-Transformation zu verbinden.* Eine allgemeine Theorie der eindeutigen und algebraischen Berührungstransformationen scheint noch nicht entwickelt zu sein.

§ 75, 2. Verzahnung.

Nun gehen wir zu einem ganz anderen Beispiele über, wie es die *Theorie der Zahnräder* darbietet. Denken wir uns zunächst einmal in einer Ebene zwei sich von außen oder von innen berührende Kreisscheiben, die um ihre Mittelpunkte drehbar sind. Eine gleichförmige Drehung der einen Kreisscheibe wird vermöge der Reibung eine gleichmäßige Drehung des zweiten Kreises zur Folge haben. Doch läßt sich in dieser Weise ersichtlich keine Kraft übertragen, da bei einigermaßen großem Widerstande die Kreise nicht mehr aufeinander abrollen, sondern aufeinander gleiten werden. Daher versieht man beide Kreise an ihrem Rand mit Zahnkränzen, deren einzelne Zähne in bekannter Weise ineinandergreifen. Das allgemeine Gesetz für die Herstellung einer solchen Verzahnung ist dann einfach dieses, daß die beiden Zahnkränze bei der gleichförmigen Drehung der beiden Kreisräder da, wo sie sich treffen, stets einander berühren müssen. Die Zähne, die einander gerade berühren, *gleiten* dabei, allgemein zu reden, aufeinander. Um die Verhältnisse leichter übersehen zu können, wollen wir annehmen, daß die eine Kreisscheibe in der Ebene fest bleibe, während die andere um die erste herumrollt, wobei sich beide Scheiben von außen berühren mögen (Abb. 78). Offenbar ist die relative Bewegung beider Kreise genau dieselbe wie bei unserer früheren Anordnung. Es ist bekannt, daß bei dieser Bewegung ein Punkt der Ebene des rollenden Kreises *eine „Epizykloide“* beschreibt, und zwar *eine gemeine, gestreckte oder verschlungene Epizykloide,* je nachdem dieser Punkt auf dem Rand des rollenden Kreises, innerhalb oder außerhalb davon gelegen ist.

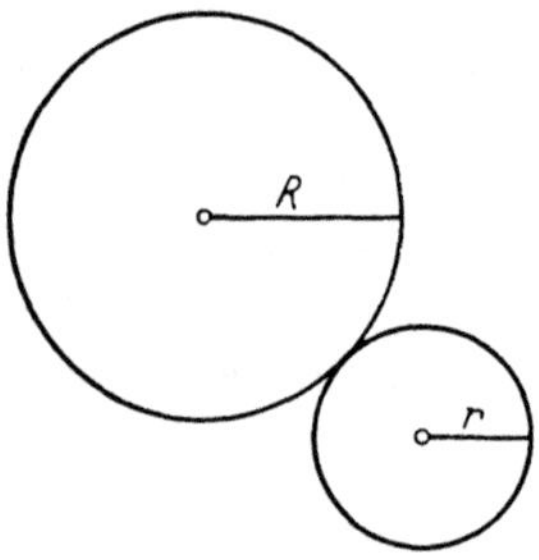

Abb. 78.

Wie wir hier einen Punkt in seinen aufeinanderfolgenden Lagen bei der Bewegung betrachten, ebenso können wir auch eine beliebige Kurve oder ein Stück einer solchen, das mit dem rollenden Kreise fest verbunden ist, in den aufeinanderfolgenden Lagen verfolgen. Wir finden, daß bei der Bewegung der ausgewählten Kurve eine bestimmte zweite Kurve umhüllt wird.

Wir behaupten nun, daß die Beziehung zwischen den beiden Kurven eine Berührungstransformation darstellt, nämlich die Berührungstransformation, die die Punkte der rollenden Ebene in die erwähnten Epizykloiden verwan-
Um diese Behauptung nachzuweisen, haben wir nur zu zeigen, daß aus*delt.*
zwei sich berührenden Kurven bei der Bewegung als Umhüllungsgebilde wieder zwei sich berührende Kurven entstehen. Dies aber folgt unmittelbar daraus, daß in dem Augenblick, in dem das Berührungselement der ersten Kurven die Einhüllende der ersten Kurve berührt, es zugleich die Einhüllende der anderen Kurve tangiert, weil es sich um einen Moment handelt, in dem das Berührungselement vermöge der augenblicklichen Drehung in sich selbst verschoben wird. Die Normale des Elementes geht dann durch das augenblickliche Drehzentrum, d. h. durch den jeweiligen Berührungspunkt der beiden anfänglichen Kreise hindurch.

Haben wir aber diese Verhältnisse einmal klar erkannt, so können wir, abgesehen von praktischen Rücksichten, die man etwa in dem Sinne zu nehmen hat, daß die Zähne der Räder bei der Bewegung nicht aufeinander stoßen, den Grundsatz der ganzen Verzahnungslehre in dem folgenden Satze aussprechen: *Man nehme den einen Zahnkranz willkürlich an und konstruiere den anderen Zahnkranz als die Kurve, die dem ersten Zahnkranze bei der Berührungstransformation entspricht.*

Diese Konstruktion gilt selbstverständlich nur für die Teile der Zahnkränze, die bei den Zahneingriffen zur Wirkung kommen und nicht für die anderen Teile, die einzig der Ungleichung zu genügen haben, daß die Zahnkränze bei der Bewegung niemals zusammenstoßen sollen.

In den Abb. 79 und 80 sind zwei Verzahnungen wiedergegeben. Dabei ist die Abb. 79 so zu verstehen, daß auf der einen Scheibe zylin-

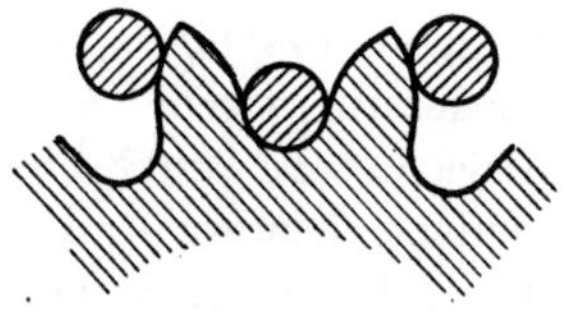

Abb. 79.

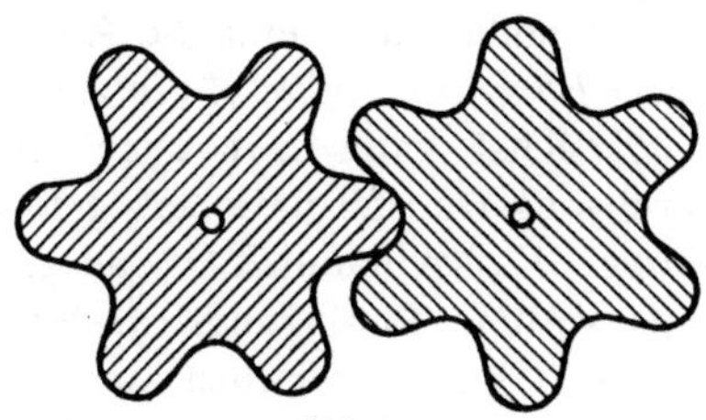

Abb. 80.

drische Zapfen aufsitzen, von denen drei im Querschnitt zu sehen sind, die in den Zahnkranz der zweiten Scheibe eingreifen.

§ 75, 3. Umfangstreue Berührungstransformationen.

Bestimmen wir eine gerichtete Gerade G in der Ebene durch ihren Winkel φ mit einer festen Richtung und ihren Abstand p von einem festen Punkt, so können wir φ bis auf Vielfache von 2π und φ und p

auch dem Vorzeichen nach erklären. Dann ergibt sich $dp : d\varphi = q$ als Abstand der in geeigneter Weise gerichteten Kurvennormalen N vom Ursprung einer von der Geraden φ, p umhüllten Kurve, so daß wir φ, p, q als Koordinaten eines Linienelements E mit der Bedingung $dp - q d\varphi = 0$ für vereinigte Lage wählen können (Abb. 81). Den Krümmungsradius ϱ können wir dann auch seinem Zeichen nach durch

$$\varrho = p + \frac{d^2 p}{d\varphi^2}$$

und die Bogenlänge ebenfalls mit Vorzeichen durch

$$s = \int \varrho \, d\varphi = \int p \, d\varphi + \left[\frac{dp}{d\varphi}\right]$$

erklären. Insbesondere ergibt sich für den „*Umfang*“ einer geschlossenen Kurve

$$s = \int p \, d\varphi .$$

Wenn wir nach dieser Formel etwa den Umfang der in der Abb. 82 dargestellten Kurve durch Integration von a über b und c nach a ausrechnen, so sind die Bögen ab und ca positiv, der von b nach c negativ in Rechnung zu stellen.

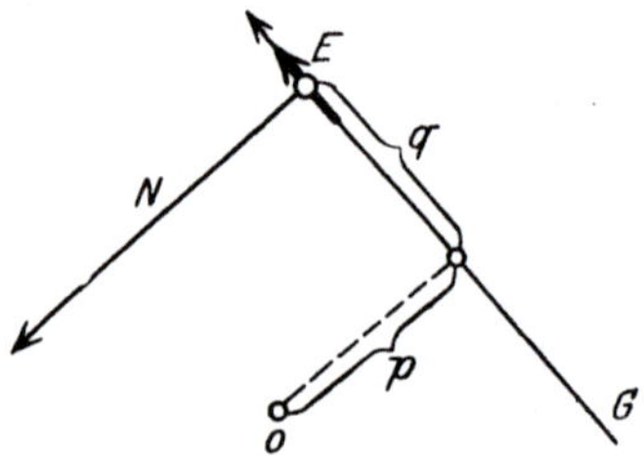

Abb. 81.

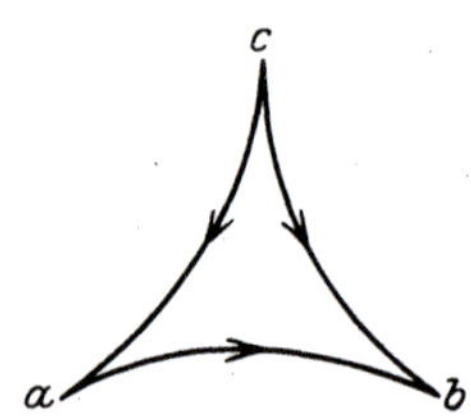

Abb. 82.

Wir stellen uns jetzt die Aufgabe: *Die Berührungstransformationen in der Ebene zu ermitteln, die die Umfänge geschlossener Kurven erhalten.*

Zunächst kann man leicht einsehen, daß diese „*umfangstreuen*“ Berührungstransformationen gerade Linien wieder in solche überführen. Es sei nämlich C eine geschlossene Kurve, C^* die durch eine umfangstreue Berührungstransformation ihre entsprechende. Ändern wir einen Bogen zwischen zwei Linienelementen a, b von C, so muß der entsprechende Bogen a^*, b^* von C^* sich so ändern, daß die erste Variation der Bogenlänge in beiden Fällen die gleiche ist. Daraus folgt aber, daß diese Variationen gleichzeitig verschwinden müssen, d. h. aber, daß jedem geradlinigen Bogen wieder ein geradliniger Bogen entspricht, wie wir behauptet hatten.

Die gewünschten Berührungstransformationen lassen sich also in der Form

$$\varphi^* = \varphi^*(\varphi, p),$$
$$p^* = p^*(\varphi, p)$$

darstellen. Denken wir nun φ und p als Koordinaten eines Punktes P auf einem Kreiszylinder über einem Einheitskreis mit dem Bogen φ, wobei p den Abstand von der Ebene dieses Kreises messen soll (Abb. 83). Die Forderung der Invarianz von

$$s = \int p\,d\varphi$$

besagt dann für die zugehörige Punkttransformation auf dem Zylinder, daß sie *flächentreu* sein soll und daß insbesondere die Kurve, die dem Einheitskreis $p = 0$ entspricht, den Flächeninhalt Null haben soll. Nehmen wir umgekehrt eine derartige ausnahmslos eineindeutige und mit gehörigen Stetigkeitseigenschaften ausgestattete Abbildung des Zylinders an, so entspricht ihr in der Ebene eine umfangstreue Geradentransformation.

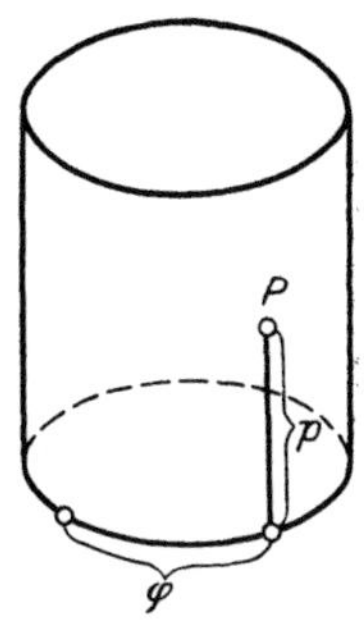

Abb 83.

Die damit gefundenen Transformationen hängen aufs innigste mit den sogenannten „*optischen Berührungstransformationen*" der Ebene zusammen, die dadurch gekennzeichnet sind, daß sie mit der Paralleltransformation vertauschbar sind. Diese optischen Abbildungen führen nämlich gleichsinnig parallele Linienelemente E_1, E_2 mit gemeinsamer Normalen N (Abb. 84) wieder in solche über. Zu ihnen gehört also eine Transformation der (gerichteten) Normalen, und diese ergibt sich als im wesentlichen umfangstreu. Umgekehrt gehört zu jeder vorgeschriebenen umfangstreuen Abbildung der Normalen eine bis auf Paralleltransformationen eindeutig bestimmte optische Berührungstransformation.

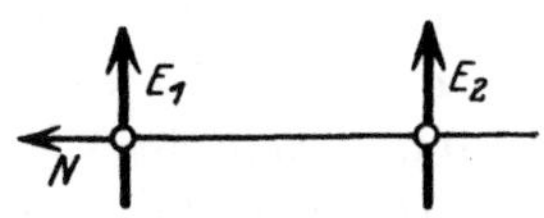

Abb. 84.

Man findet diese Untersuchung für den Fall der Ebene näher ausgeführt bei *W. Blaschke*: Math. Annalen Bd. 69, S. 204—217 (1910), entsprechende Fragen der räumlichen Geometrie bei *E. Study*: Über Hamiltons geometrische Optik und deren Beziehungen zur Theorie der Berührungstransformationen. Jahresbericht der D. Math.-Ver. Bd. 14, S. 424—438 (1905).

Es sei noch erwähnt: Wenn man durch unsre Abbildung der Geraden der Ebene auf die Punkte eines Zylinders die *Laguerre*-Transformationen der Ebene auf den Zylinder überträgt, so bekommt man dort die Kollineationen des Zylinders in sich.

§ 75, 4. Variation der Konstanten.

Das letzte Beispiel entlehnen wir der Astronomie oder der Mechanik. Wir meinen *die Theorie der Variation der Konstanten*. Wir werden hier nur die mathematische Seite der Sache zur Sprache bringen, um nicht zu weit ausholen zu müssen. Wir haben im Raum von $n + 2$ Dimensionen mit den Veränderlichen $z, t, x_1 \, x_2 \ldots x_n$ irgendwelche partielle Differentialgleichung erster Ordnung, in der z selbst nicht vorkommt:

$$F\left(t, x_1, \ldots x_n; \frac{\partial z}{\partial t}, \frac{\partial z}{\partial x_1}, \ldots, \frac{\partial z}{\partial x_n}\right) = 0.$$

Unsere Aufgabe sei, die charakteristischen Streifen dieser Differentialgleichung zu bestimmen, soweit sie von t; $x_1, \ldots x_n$ abhängig sind, also unter Beiseitelassung des z. Wir haben hier $n + 2$ Veränderliche vor uns, doch übertragen sich die Verhältnisse, die wir für drei Veränderliche in § 72 abgeleitet haben, auf diesen allgemeinen Fall. Wir setzen

$$\frac{\partial z}{\partial t} = \pi, \quad \frac{\partial z}{\partial x_1} = p_1, \ldots, \frac{\partial z}{\partial x_n} = p_n.$$

Dann lauten die Differentialgleichungen der charakteristischen Streifen, indem wir das z beiseite lassen:

$$dt : dx_1 : dx_2 : \cdots : dx_n : d\pi : dp_1 : \cdots : dp_n$$
$$= \frac{\partial F}{\partial \pi} : \frac{\partial F}{\partial p_1} : \frac{\partial F}{\partial p_2} : \cdots : \frac{\partial F}{\partial p_n} : -\frac{\partial F}{\partial t} : -\frac{\partial F}{\partial x_1} : \cdots : -\frac{\partial F}{\partial x_n}.$$

Die hierdurch bestimmten charakteristischen Streifen geben uns dann die *Bahnkurven des mechanischen Problems*, für das die Gleichung $F = 0$ die sogenannte *partielle Differentialgleichung Hamiltons* ist.

Nun liegen die Verhältnisse in der Himmelsmechanik so, daß man eine partielle Differentialgleichung der folgenden Gestalt vorgelegt hat: $0 = F = f + \varepsilon f'$, worin ε sehr klein ist. $f = 0$ stellt hier die sogenannte „*ursprüngliche Differentialgleichung*“, $\varepsilon \cdot f'$ das „*Störungsglied*“ dar. Die Gesamtgleichung $F = 0$ wird man danach *die gestörte Differentialgleichung* nennen. Es hat nun in den wirklich vorliegenden Fällen keine Schwierigkeit, die „ursprüngliche“ Gleichung $f = 0$ zu integrieren und insbesondere die charakteristischen Streifen des ungestörten Problems, also seine Bahnkurven zu bestimmen. Der grundlegende Gedanke ist nun der, daß die charakteristischen Streifen des gestörten Problems $F = 0$ von den Bahnkurven des ursprünglichen Problems $f = 0$ in ihrem Verlaufe nicht so sehr verschieden sein werden. Man denkt sich nun zuerst die einzelne Bahnkurve des ungestörten Problems berechnet und durch gewisse Konstante $\alpha_1, \ldots \alpha_n$; $\beta_1, \ldots \beta_n$ und C festgelegt, d. h. durch die Angabe festgelegt, daß gewisse $2n + 1$ Funktionen der t, $x_1, \ldots x_n$; $p_1, \ldots p_n$ die festen Werte C; $\alpha_1, \ldots \alpha_n$; $\beta_1, \ldots \beta_n$ haben. Diese Funktionen der Koordinaten werden dann beim gestörten Problem sich zwar mit der Zeit ändern, aber doch nur langsam, und so werden sich ihre Änderungen besonders bequem durch Näherungsverfahren berechnen lassen. Daher führe man diese $2n + 1$ Funktionen, die wir kurz selbst mit C; $\alpha_1, \ldots \alpha_n, \beta_1, \ldots \beta_n$ bezeichnen werden, statt der t; $x_1, \ldots x_n$; $p_1, \ldots p_n$ als neue Veränderliche ein. Eben hierin besteht die Methode der Variation der Konstanten.

Nun behaupten wir: *Die Einführung der Veränderlichen* α_i, β_i, C *ist bei geschickter Auswahl gerade eine Berührungstransformation.* Um dies nachzuweisen, denken wir uns für die Gleichung $f = 0$ ein vollständiges Integral (im Sinne von *Lagrange*) gefunden, d. h. ein Integral mit $2n + 1$ Konstanten. Es sei durch die Gleichung $z = \varphi\,(t;\, x_1, \ldots x_n;\, \alpha_1, \ldots \alpha_n) + C$ gegeben. Die letzte Konstante C tritt hier additiv hinzu, weil in unserer ursprünglichen Differentialgleichung die Veränderliche z selbst nicht explizit auftritt. Wir setzen dann zur Bestimmung der charakteristischen Streifen zunächst:

$$\frac{\partial z}{\partial t} = \pi, \quad \frac{\partial z}{\partial x_1} = p_1, \quad \ldots, \quad \frac{\partial z}{\partial x_n} = p_n.$$

Diese Größen bestimmen uns die Tangentenebene, die sich an die Fläche $z = \varphi + C$ anschmiegt. Zur vollen Bestimmung der Streifen werden wir von der Fläche $z = \varphi + C$ durch Änderung der Konstanten zu Nachbarflächen übergehen. Dies führt uns zu Differentialgleichungen, wie z. B.

$$\frac{\partial z}{\partial \alpha_1} d\alpha_1 + \frac{\partial z}{\partial C} dC = 0.$$

Indem wir zwischen den Zuwüchsen $d\alpha$ und dC dann ein bestimmtes Verhältnis annehmen, erhalten wir insgesamt das folgende Gleichungssystem:

$$\frac{\partial \varphi}{\partial \alpha_1} = -\beta_1,$$

$$\frac{\partial \varphi}{\partial \alpha_2} = -\beta_2,$$

$$\cdots\cdots$$

$$\frac{\partial \varphi}{\partial \alpha_n} = -\beta_n,$$

wo die $\beta_1 \ldots \beta_n$ irgendwelche neue Konstanten sind. Diese Gleichungen verbunden mit den anderen

$$z = \varphi + C, \quad \frac{\partial z}{\partial t} = \pi, \quad \frac{\partial z}{\partial x_1} = p_1, \quad \ldots, \quad \frac{\partial z}{\partial x_n} = p_n$$

stellt uns dann die charakteristischen Streifen dar. Hiermit sind dann die C, α, β als gewisse Funktionen der Größen z, x und p eingeführt (— die Größen t und π lassen wir bei der Aufzählung der Veränderlichen weiterhin beiseite —), und *diese Funktionen,* die also für unser ungestörtes Problem konstant sind, *wollen wir als die neuen Veränderlichen einführen.*

Wir verfolgen dieses hier gar nicht weiter, sondern beweisen nur, daß diese Einführung der neuen Veränderlichen C, α_i, β_i *in der Tat eine Berührungstransformation darstellt.* Die Sache ist äußerst einfach. Wenn wir nämlich $z - \varphi - C = 0$ als die Leitgleichung auffassen, so haben wir einfach eine derartige Berührungstransformation vor uns, wie vorhin im Falle dreier Veränderlichen. Denn es ist ohne weiteres klar, daß vermöge unserer Formeln:

$$dz - p_1 dx_1 - p_2 dx_2 \cdots - p_n dx_n = \varrho\,(dC - \beta_1 d\alpha_1 - \cdots - \beta_n d\alpha_n)$$

wird. Die durch die „Variation der Konstanten" gebotene Einführung neuer Veränderlicher ist einfach ein Beispiel *einer durch eine aequatio directrix gegebenen Berührungstransformation.*

Wir fügen noch die allgemeinen Schlußbemerkungen hinzu: Die Berührungstransformationen treten in der geschilderten Weise von alters her in der Mechanik auf, das Unvollkommene war nur, daß ihre Eigenschaft nicht rein in abstracto entwickelt wurden, sondern jedesmal nur ad hoc in Verbindung mit einer Gleichung $F = 0$. Es sieht daher in den älteren Darstellungen, so aus, als handle es sich um einen besonderen für die vorliegende Gleichung zurecht gemachten Kunstgriff. Hier hat erst *Lie*s geometrische Betrachtungsweise Klarheit geschaffen. Vgl. im folgenden § 94, § 95.

§ 76. Invariantentheorie der Berührungstransformationen.

Wir wollen jetzt noch einiges von der *Invariantentheorie der Berührungstransformationen* kennen lernen. Wir fragen zunächst nach solchen Eigenschaften der geometrischen Abbildungen, die bei *beliebigen analytischen Berührungstransformationen* invariant sind. Es sind hier zwei in Betracht kommende Arbeiten von *Lie* zu nennen, die in Bd. 8 der Math. Annalen (1874 „Begründung einer Invariantentheorie der Berührungstransformationen") sowie in den Verhandlungen von Christiania (1872) veröffentlicht sind; vgl. auch Ges. Abhandlungen 3 (1922), S. 1. Aus dieser letzten Arbeit, die den Titel führt: Kurzes Resumé mehrerer neuer Theorien, führen wir hier nur einige einzelne Ergebnisse an:

1. Was zunächst *eine* vorliegende Gleichung $f(x, y, z; p, q) = 0$ betrifft, so haben wir schon gelegentlich erwähnt, daß sie keinerlei Invarianten gegenüber beliebigen Berührungstransformationen darbietet, daß es vielmehr möglich ist, eine jede solche Gleichung in jede andere derselben Art, z. B. in die einfachste Gleichung $z = 0$ durch eine zweckmäßige Berührungstransformation überzuführen. Wirklich ergibt eine nähere Untersuchung der allgemeinen Formeln für Berührungstransformationen, wie wir sie in § 74 aufgestellt haben, daß man die Funktion Z gleich einer beliebigen Funktion $f(x, y, z; p, q)$ setzen kann, worauf man noch X, Y, P, Q entsprechend zu bestimmen hat. Dadurch aber wird dann $f = 0$ in $Z = 0$ verwandelt.

Wir können hier noch eine weitergehende Frage aufwerfen, deren Bedeutung auf der Hand liegt. Wenn die Gleichung $f = 0$ in die Gleichung $f' = 0$ durch eine Berührungstransformation übergeht, so werden offenbar aus den Integralflächen der ersten Gleichung wieder die Integralflächen der zweiten Gleichung hervorgehen, weil doch eine Integralfläche eine solche Vereinigung von Elementen der Gleichung ist, bei der jedes Element mit allen Nachbarelementen vereinigt liegt. Das eben Gesagte gilt nun bei einer Berührungstransformation gleichzeitig für *jede* partielle Differentialgleichung $f = 0$. Dementgegen wird es allgemeinere Transformationen geben, die nur für die *einzelne* Gleichung $f = 0$ diese Eigenschaft haben und deshalb als *Berührungstransformationen in Bezug auf* $f = 0$ bezeichnet werden sollen. Beispielsweise wird eine Elementen-Transformation, die die Gleichung $z = 0$ in sich überführt, keineswegs eine Berührungstransformation sein müssen, wenn wir nur verlangen, daß jedes Integral von $z = 0$ in ein Integral von $Z = 0$ übergehen soll, also alle Elemente, die sich an eine Kurve auf der Ebene $z = 0$ anschmiegen, in solche Elemente, die sich an irgendeine andere Kurve auf $z = 0$ anschmiegen, verwandelt werden sollen. Wir heben diese Tatsache gerade besonders hervor, weil sich darüber in *Jacobi*s Dynamik unrichtige Angaben finden. Sei B' eine solche Transformation, die aus den Integralen von $z = 0$ wieder Integrale von $z = 0$ macht, B eine beliebige Berührungstransformation. Dann wird die allgemeinste Transformation, die $z = 0$ in der Art in eine andere Differentialgleichung verwandelt, daß Integrale in Integrale übergehen, offenbar $B' B$ sein.

2. Wir fragen uns weiter, was hat etwa ein *System* von gegebenen Ausdrücken $f(x, y, z; p, q)$, $\varphi(x, y, z; p, q)$ usw. für Invarianten bei beliebigen Berührungstransformationen. Gerade diese Frage behandelt *Lie* ausführlich in Math. Annalen Bd. 8 und findet, *daß es hierbei immer auf die Betrachtung der Klammerausdrücke* (f, φ) *ankommt*. Auf die Einzelheiten können wir hier nicht eingehen.

3. Endlich müssen wir noch von jener besonderen Art von Gleichungen zweiter Ordnung sprechen, die wir bereits in § 32 genannt haben, die *Gleichungen* von *Monge-Ampère*. Sie haben, wie erwähnt, die Form:

$$A(rt - s^2) + Br + Cs + Dt + E = 0,$$

worin A, B, C, D, E irgendwelche Funktionen von $x, y, z; p, q$ und r, s, t, wie bekannt, die zweiten Differentialquotienten von z nach x, y bezeichnen. Es sei erwähnt, daß *Darboux* eine *geometrische Theorie* dieser Gleichung aufgestellt hat, Surfaces, Bd. 3, S. 263 und ff., wo man z. B. findet, daß die *Monge-Ampère*schen Gleichungen ebenfalls ihre charakteristischen Streifen haben usw., nur daß *Darboux* nicht so unmittelbar von *Lie*s Auffassungsweisen Gebrauch macht, wie wir dies als wünschenswert betrachten.

Ampère hat insbesondere nach solchen Fällen gefragt, in denen diese Gleichung *erste Integrale* hat. Hierunter wird eine Beziehung verstanden:

$$u(x, y, z; p, q) = f(v(x, y, z; p, q)),$$

worin u und v irgendwelche bestimmte Funktionen von $x, y, z; p, q$, dagegen f aber eine willkürliche Funktion von v bezeichnet. Diese Formel stellt ersichtlich unbegrenzt viele partielle Differentialgleichungen erster Ordnung dar, und man kann sich leicht durch Ableiten überzeugen, daß ihre Integralflächen einer *Monge-Ampère*schen Gleichung genügen.

Umgekehrt nun haben sich nach Ampères Vorgange die Analytiker insbesondere damit beschäftigt, zu untersuchen, wann eine Monge-Ampèresche Gleichung überhaupt derartige erste Integrale zuläßt.

In diese Theorie greift dann *Lie* ein, indem er den Begriff der Berührungstransformation auf die *Monge-Ampère*sche Gleichung übertrug. Wie man die einzelne partielle Differentialgleichung erster Ordnung auf die Form $z = 0$ bringen kann, ebenso wird sich erwarten lassen, daß es auch für die einzelne *Monge-Ampère*sche Gleichung eine einfache Normalform geben wird. Ich will die Ergebnisse, die der genannte Bericht *Lie*s bringt, hier kurz wiedergeben; der Beweis dafür ist wohl nie veröffentlicht worden:

a) Man kann durch eine geeignete Berührungstransformation jede *Monge-Ampère*sche Gleichung linear machen, d. h. auf die einfache Form bringen:

$$B'r + C's + D't + E' = 0.$$

b) Hat nun die Gleichung erste Integrale $u = f(v)$, so kann man die Normalform $r = 0$ oder $s = 0$ erzielen. In beiden Fällen sind die Integralflächen sofort anzugeben. Für $r = 0$ werden sie gegeben durch $z = Y_1(y) + xY_2(y)$, wo Y_1 und Y_2 beliebige Funktionen von y bezeichnen; man übersieht sofort, daß für sie die zweite Ableitung $r = 0$ wird. Ebenso werden die Integralflächen für $s = 0$ durch $z = X(x) + Y(y)$ gegeben, worin X eine beliebige Funktion von x und Y eine beliebige Funktion von y bezeichnet. Hier sind z. B. im letzten Falle $z = X(x)$ und $z = Y(y)$ zwei erste Integrale; wir müssen nur z und x, bez. z und y an Stelle der früheren u, v gesetzt denken, was für uns keine Schwierigkeit haben kann, da wir doch gewohnt sind, $z = 0$, resp. $x = 0$ als partielle Differentialgleichungen erster Ordnung anzusehen.

So kann überhaupt die Theorie der höheren Differentialgleichungen aus der Anwendung der Berührungstransformationen ihren Nutzen ziehen. Es ist eine naheliegende Frage, ob es nicht entsprechend den Berührungstransformationen, die $X, Y, Z; P, Q$ durch $x, y, z; p, q$ ausdrükken, auch *Schmiegtransformationen* gibt, d. h. Transformationen, die $X, Y, Z; P, Q; R, S, T$ durch $x, y, z; p, q; r, s, t$ ausdrücken. *Bäcklund* hat in Bd. 9 (1876) der Math. Annalen sowie schon vorher (1874 in Bd. 10 der Jahresschrift von Lund) gezeigt, daß diese Frage zu verneinen ist, d. h. daß alle Schmiegtransformationen auf die bereits bekannten Berührungstransformationen zurückkommen.

Nun wird man anstatt allgemeiner analytischer Berührungstransformationen auch ausschließlich algebraische, insbesondere eindeutige oder birationale Berührungstransformationen betrachten können. Für diese werden dann Gleichungen $f(x, y, z; p, q) = 0$ mit algebraischen Koeffizienten wesentlich Gegenstand des Interesses sein, d. h. solche *Gleichungen, die man im Gesamtraume übersehen kann.* Die Frage wird sein, welche besondere algebraische Invariantentheorie diese algebraischen Transformationen gegenüber der Invariantentheorie aller Berührungstransformationen darbieten. Man kann die in Rede stehenden algebraischen Gleichungen, wie wir wissen, mit *Clebsch* auch als Konnex schreiben: $f(x_1, x_2, x_3, x_4 \mid u_1, u_2, u_3, u_4) = 0$, mit der Bedingung $u x = 0$. Die Gleichung $f = 0$ wird in den x homogen vom α-ten, in den u homogen vom β-ten Grade sein. Insbesondere wird man also fragen können, welche invariante Eigenschaften eine solche algebraische Gleichung gegenüber beliebigen birationalen Berührungstransformationen darbietet. *Noch wichtiger für das Studium der transzendenten Funktionen, die durch eine algebraische Gleichung $f = 0$ erklärt werden, muß es jedoch sein, die Invarianten einer solchen Gleichung zu bestimmen, die sie gegenüber solchen algebraischen Transformationen der x_i und u_i darbietet, die nicht für den Gesamtraum, aber wohl für die Elemente von $f = 0$ eindeutig sind und dabei für diese Elemente den Charakter der Berührungstransformation haben.*

Bei *Lie* werden die Berührungstransformationen nur unter analytischem Gesichtspunkte entwickelt, für algebraische Transformationen hat er kein Interesse. Wir können sagen: Es wird darauf ankommen, die schärferen Untersuchungen der Algebraiker über eindeutige Transformationen (*M. Noether*) in Verbindung zu bringen mit den allgemeinen Auffassungen wie sie *Lie* entwickelt hat.

Wir fügen diesem Bericht über die Theorie der Berührungstransformationen noch einige Literaturangaben bei. Zunächst sei nochmals auf das Buch von *Lie* und *Scheffers* über Berührungstransformationen hingewiesen (Leipzig 1896) in dem viele der hier berührten geometrischen Fragen ausführlich behandelt werden. Die allgemeine Theorie *Lie*s findet man im zweiten Bande seines gemeinsam mit *F. Engel* herausgegebenen großen Werkes über Transformationsgruppen (Leipzig 1890) entwickelt. Von *F. Engel* und *P. Heegaard* werden jetzt *Lie*s gesammelte Abhandlungen herausgegeben. Bis jetzt sind zwei Bände dieser ausgezeichneten Ausgabe erschienen. Wegen der Berührungstransformationen in der Mechanik sei auf das in der vorliegenden Sammlung deutsch erschienene Buch von *E. T. Whittaker* über Dynamik (Berlin 1924) hingewiesen. *Lie*s Gesichtspunkte bei der Behandlung der Differentialgleichungen vom Standpunkt der Berührungstransformationen findet man in den Lehrbüchern von *E. Goursat* über diesen Gegenstand berücksichtigt. Auf Beziehungen der Berührungstransformationen zur Variationsrechnung werden wir noch zurückkommen (§ 94, § 95).

Dritter Hauptteil.

Beispiele geometrischer Forschung aus den letzten Jahrzehnten.

Ergänzungen.

Wir wollen im folgenden eine Reihe geometrischer Untersuchungen darstellen, die vielleicht zu einem Einblick dienen können in die Weiterentwicklung der Geometrie vielfach auf den von *Klein* und *Lie* vorgezeichneten Bahnen. Wie schon der Titel dieses dritten Teiles andeutet, ist dabei nicht im mindesten an irgendwelche Vollständigkeit gedacht. Dann werden wir mehrere Ergänzungen und Ausführungen zu den bisher vorgetragenen Gegenständen beibringen.

Wir beginnen mit einem Bericht über *E. Study*s Liniengeometrie, die in innigem Zusammenhang steht mit den bisher in dieser Vorlesung behandelten liniengeometrischen Untersuchungen. Wir tun das um so lieber, als *Klein*s wissenschaftliche Tätigkeit unter dem Einfluß *Plücker*s mit der Liniengeometrie begonnen hat und da er diesem Zweig der Geometrie auch späterhin seine Liebe bewahrte, wie man aus seinen Anmerkungen zum ersten Band seiner gesammelten Werke ersehen kann. Andererseits sind *Study*s Untersuchungen bisher verhältnismäßig wenig bekannt geworden, so daß sich auch von diesem Gesichtspunkt aus der folgende Bericht begründen ließe[1]).

I. E. Studys Liniengeometrie.

§ 77. E. Studys liniengeometrisches Übertragungsprinzip.

Es seien x_0, x_1, x_2, x_3 homogen geschriebene rechtwinklige Koordinaten, also

$$\frac{x_1}{x_0},\ \frac{x_2}{x_0},\ \frac{x_3}{x_0}$$

gewöhnliche Cartesische Koordinaten. Wir richten dabei die Numerierung anders ein als bisher, da es für das Folgende so zweckmäßiger sein wird. Die Bedingung für vereinigte Lage des Punktes x mit der Ebene u sieht dann so aus

$$\sum_0^3 u_i x_i = 0 \tag{1}$$

[1]) Zum Folgenden vgl. auch *C. Segre*, Atti Torino 47, S. 308—327 und 384—405.

und die Gleichung eines Nullsystems (§ 16) bekommt in Ebenenkoordinaten die Form

$$\sum_{i,k} a_{ik} u_i v_k = 0, \qquad a_{ik} + a_{ki} = 0. \tag{2}$$

Wir wollen die Achse dieses Nullsystems aufsuchen! Dazu nehmen wir die uneigentliche Ebene $u = \{1, 0, 0, 0\}$ und finden für ihren Pol aus (2) die Gleichung

$$\sum_k a_{0k} v_k = 0.$$

Er hat also a_{0k} zu Punktkoordinaten. Eine zur Richtung nach diesem Punkt normale Ebene hat somit die Gleichung

$$\lambda x_0 + \sum_k a_{0k} x_k = 0, \tag{3}$$

also die Koordinaten $u = \{\lambda, a_{01}, a_{02}, a_{03}\}$. Ihr Pol hat nach (2) die Koordinaten

$$x_k = \sum_i a_{ik} u_i$$

oder

$$x_k = \lambda a_{0k} + \sum_i a_{ik} a_{0i}. \tag{4}$$

Ausführlich geschrieben lauten diese Formeln (4)

$$\begin{aligned} x_0 &= -(a_{01}^2 + a_{02}^2 + a_{03}^2) \\ x_1 &= \lambda a_{01} - \begin{vmatrix} a_{02} & a_{03} \\ a_{31} & a_{12} \end{vmatrix}, \\ x_2 &= \lambda a_{02} - \begin{vmatrix} a_{03} & a_{01} \\ a_{12} & a_{23} \end{vmatrix}, \\ x_3 &= \lambda a_{03} - \begin{vmatrix} a_{01} & a_{02} \\ a_{23} & a_{31} \end{vmatrix}. \end{aligned} \tag{5}$$

Dieser Punkt x beschreibt bei veränderlichem λ die gesuchte Achse des Nullsystems (§ 16).

Wir behaupten jetzt: *Die Nullsysteme mit den Koordinaten*

$$\begin{aligned} a_{01}' &= \sigma a_{01}, & a_{23}' &= \tau a_{01} + \sigma a_{23}, \\ a_{02}' &= \sigma a_{02}, & a_{31}' &= \tau a_{02} + \sigma a_{31}, \\ a_{03}' &= \sigma a_{03}, & a_{12}' &= \tau a_{03} + \sigma a_{12} \end{aligned} \tag{6}$$

sind koaxial, d. h. haben ihre Achsen gemein.

Zunächst nämlich ist die Achsenrichtung $a_{0k}' = \sigma a_{0k}$ unabhängig von σ, τ. Ferner: Die Koordinaten des Poles x_k' der Ebene (3) etwa mit $\lambda = 0$, die zur festen Achsenrichtung normal steht, finden wir aus (5)

$$x_k' = \sigma^2 x_k.$$

D. h. dieser Pol ist fest. Da durch ihn die Achse mit fester Richtung geht, bleibt auch sie fest, wie behauptet war. Umgekehrt erkennt man auf diesem Wege auch, daß durch (6) alle zu dem gegebenen Nullsystem koaxialen dargestellt werden.

Suchen wir in dem Büschel (6) von Nullsystemen (oder von linearen Komplexen, wenn wir die Nullinien der Nullsysteme betrachten) die singulären Nullsyteme auf, d. h. die, für welche

$$a'_{01} a'_{23} + a'_{02} a'_{31} + a'_{03} a'_{12} = 0$$

ist, so finden wir für $\sigma : \tau$ die Gleichung

$$\sigma\tau (a_{01}^2 + a_{02}^2 + a_{03}^2) + \sigma^2 (a_{01} a_{23} + a_{02} a_{31} + a_{03} a_{12}) = 0 .$$

Es gibt also im Büschel zwei singuläre Komplexe, nämlich $\sigma = 0$ und

$$\frac{\tau_0}{\sigma_0} = - \frac{a_{01} a_{23} + a_{02} a_{31} + a_{03} a_{12}}{a_{01} a_{01} + a_{02} a_{02} + a_{03} a_{03}} , \tag{7}$$

wenn wir den Nenner $\neq 0$ voraussetzen. Diesem letzten Wert $\sigma_0 : \tau_0$ entspricht der lineare Komplex, der aus allen Schnittgeraden der gemeinsamen Achse unserer koaxialen Schar besteht. Setzt man also in (6) an Stelle von σ, τ ein σ_0, τ_0, so erhält man in den zugehörigen a'_{ik} die Linienkoordinaten dieser Achse.

Die Substitution (6) können wir noch folgendermaßen übersichtlich gestalten. Wir fassen die reellen a_{ik} zu gewissen komplexen Größen zusammen, indem wir setzen

$$\begin{aligned} A_1 &= a_{01} + \varepsilon a_{23} , \\ A_2 &= a_{02} + \varepsilon a_{31} , \\ A_3 &= a_{03} + \varepsilon a_{12} , \end{aligned} \tag{8}$$

worin ε der Rechenregel $\varepsilon^2 = 0$ genügt. Es sind das die sogenannten „dualen" Zahlen, die wir schon früher (S. 256) gelegentlich betrachtet hatten. Multipliziert man diese A_k mit einem gemeinsamen dualen Faktor $\sigma + \varepsilon\tau$, $A_k' = (\sigma + \varepsilon\tau) A_k$, so erhält man durch Trennung von Real- und Imaginärteil genau die Formeln (6).

Wir sehen: Zu jedem Tripel dualer Zahlen A_k gehört ein Nullsystem, wenn wir ausschließen, daß alle $A_k = 0$ sind. Der Multiplikation der A_k mit einem gemeinsamen dualen Faktor $\sigma + \varepsilon\tau$, $\sigma \neq 0$ entspricht der Übergang von unserem Nullsystem zu einem beliebigen koaxialen.

Wir können also die voneinander unabhängigen dualen Verhältnisgrößen $A_1 : A_2 : A_3$ nach Study als homogene duale Koordinaten für die gemeinsame Achse unserer Nullsysteme nehmen.

Dabei haben wir nur auszuschließen, daß gleichzeitig alle Realteile $a_{0k} = 0$ sind. Sonst haben wir es mit einem singulären Nullsystem $(a_{01} a_{23} + a_{02} a_{31} + a_{03} a_{12} = 0)$ mit unbestimmter Achse zu tun und andererseits mit drei dualen Zahlen εa_{23}, εa_{31}, εa_{12}, deren Verhältnisse unbestimmt werden, da wegen $\varepsilon^2 = 0$ alle drei Nullteiler sind. Die A_k mit der Einschränkung, daß nicht alle $a_{0k} = 0$ sein sollen, bilden also ein System homogener Koordinaten für die reellen, eigentlichen Geraden unseres Euklidischen Raumes.

Wir wollen zusehen, ob die Bedingung

$$\sum_{k=1}^{3} A_k A_k^* = 0 \tag{9}$$

für die beiden Geraden A, A^* eine geometrische Bedeutung hat. Durch Multiplikation mit dem Faktor $\sigma_0 + \varepsilon\tau_0$ aus (7) und $\sigma_0^* + \varepsilon\tau_0^*$ können wir erreichen, daß die zu den A_k und A_k^* gehörigen a_{ik} und a_{ik}^* Linienkoordinaten werden. Dann gibt (9) die Bedingungen

$$\begin{aligned} &a_{01}a_{01}^* + a_{02}a_{02}^* + a_{03}a_{03}^* = 0, \\ &a_{01}a_{23}^* + a_{02}a_{31}^* + a_{03}a_{12}^* + \\ &a_{23}a_{01}^* + a_{31}a_{02}^* + a_{12}a_{03}^* = 0. \end{aligned} \tag{10}$$

Die erste Gleichung besagt, daß die Geraden normal sind, die zweite, daß sie sich schneiden. Wir haben damit gezeigt: *Die Bedingung* (9) *ist kennzeichnend für sich normal schneidende Geraden.*

Wir wollen nun zunächst etwa so weitergehen, daß wir den dualen Faktor, mit dem wir *Study*s duale Linienkoordinaten A_1, A_2, A_3 gleichzeitig multiplizieren dürfen, so einrichten, daß

$$A_1^2 + A_2^2 + A_3^2 = 1 \tag{11}$$

wird. Das geht für jede reelle eigentliche Gerade auf zwei verschiedene Arten, da der Realteil der Quadratsumme, nämlich $a_{01}^2 + a_{02}^2 + a_{03}^2 > 0$ ist. Die Gleichung (11) ergibt zerspalten die beiden reellen Gleichungen

$$\begin{aligned} a_{01}^2 + a_{02}^2 + a_{03}^2 &= 1, \\ a_{01}a_{23} + a_{02}a_{31} + a_{03}a_{12} &= 0. \end{aligned} \tag{12}$$

Wir können also die a_{0k} als Richtungskosinus der gerichteten Geraden deuten, die die gewöhnlichen Linienkoordinaten a_{ik} hat.

Somit sehen wir: *Die dualen Punkte der Einheitskugel* (11) *sind eineindeutig abgebildet auf die* (*reellen, eigentlichen*) *gerichteten Geraden des Euklidischen Raumes.*

Der geometrische Inhalt dieser Abbildung läßt sich erkennen, wenn wir berechnen, was dem Winkel zwischen zwei Kugelpunkten im Linienraume entspricht. Die Polarenbildung

$$\begin{aligned} A_1A_1' + A_2A_2' + A_3A_3' &= (a_{01}a_{01}' + a_{02}a_{02}' + a_{03}a_{03}') \\ &+ \varepsilon(a_{01}a_{23}' + a_{02}a_{31}' + a_{03}a_{12}' + a_{23}a_{01}' + a_{31}a_{02}' + a_{12}a_{03}') \end{aligned} \tag{13}$$

zerfällt in den Realteil, der den Kosinus des Winkels φ unserer gerichteten Geraden darstellt und den Imaginärteil, der das „Moment" der Geraden ist, d. h. der sechsfache Rauminhalt

$$M = \begin{vmatrix} 1 & x_1 & x_2 & x_3 \\ 1 & y_1 & y_2 & y_3 \\ \hline 1 & x_1' & x_2' & x_3' \\ 1 & y_1' & y_2' & y_3' \end{vmatrix}$$

eines Tetraeders, von dessen vier Ecken zwei auf der Geraden A liegen, nämlich x_k und $y_k = x_k + a_{0k}$ und zwei auf A', nämlich x_k' und $y_k' = x_k' + a'_{0k}$. Es ist also der Imaginärteil

$$M = -\bar{\varphi}\sin\varphi,$$

wenn $\bar{\varphi}$ der kürzeste Abstand beider Geraden A, $\bar{A}$ und φ ihr Winkel ist, zwei Größen, deren Vorzeichen durch eine geeignete Regel aneinander zu knüpfen ist. Somit ist:

$$(14)\qquad A_1\bar{A}_1 + A_2\bar{A}_2 + A_3\bar{A}_3 = \cos(\varphi + \varepsilon\bar{\varphi}) = \cos\varphi - \varepsilon\bar{\varphi}\sin\varphi.$$

Wir haben also gezeigt: *Der duale sphärische Abstand zweier dualer Punkte ist gleich*

$$(15)\qquad \text{Winkel} + \varepsilon\,\text{Abstand}$$

der beiden zugehörigen Geraden.

Damit haben wir aber *Study*s Übertragungsprinzip gefunden, das erlaubt, Sätze der sphärischen Geometrie in Beziehung zu setzen zu Sätzen der Liniengeometrie, ein Übertragungsprinzip, ähnlich wie es zuerst *Möbius* aufgestellt hat in seiner Abhandlung von 1852, die den bezeichnenden Titel trägt: Über eine Methode, um von Relationen, welche der Longimetrie angehören, zu entsprechenden Sätzen der Planimetrie zu gelangen (Werke Bd. 2, S. 189—204). Wie das gemeint ist, werden wir uns am besten an einem Beispiel deutlich machen können.

Die Höhen eines sphärischen Dreiecks treffen sich bekanntlich. Wir wollen diese bekannte Tatsache der sphärischen Geometrie auf den Linienraum übertragen Wir gehen von drei paarweis windschiefen Geraden $\mathfrak{A}_1, \mathfrak{A}_2, \mathfrak{A}_3$ aus, die den Ecken unseres Dreiecks entsprechen mögen, und konstruieren zu je zweien von ihnen wie $\mathfrak{A}_1, \mathfrak{A}_2$ die sie beide normal schneidende Gerade $\mathfrak{B}_3$. Den Punkten des Großkreises auf der dualen Kugel durch $A_1, \mathfrak{A}_2$ entsprechen dann die Geraden, die $\mathfrak{B}_3$ senkrecht durchschneiden. Die gemeinsamen Lote $\mathfrak{C}_k$ von $\mathfrak{A}_k$ und $\mathfrak{B}_k$ entsprechen dann in derselben Weise den drei Höhen des Dreiecks, indem jedem Punkt etwa von $\mathfrak{C}_3$ ein Lot auf das gemeinsame Lot von $\mathfrak{A}_3$ und $\mathfrak{B}_3$ entspricht. Diese drei Geraden $\mathfrak{C}_1, \mathfrak{C}_2, \mathfrak{C}_3$ haben ein gemeinsames Lot. Mit anderen Worten:

Es sei ein räumliches Sechseck mit lauter rechten Winkeln gegeben. Wir konstruieren zu je zwei seiner gegenüberliegenden Seiten das (nehmen wir an einzige) gemeinsame Lot. Dann gibt es eine Gerade, die diese drei Lote normal schneidet.

Dieser Satz ist von *J. Petersen* (= *Hjelmslev*) und *F. Morley* 1898 angegeben worden[1]).

---

[1]) Vgl. *E. Study*: Geometrie der Dynamen. S. 107. Leipzig 1903.

§ 78. Liniengeometrisches Gegenstück der dualen Projektivitäten in der Ebene.

Nehmen wir unsere etwa normierten dualen Linienkoordinaten A_1, A_2, A_3 mit $A_1^2 + A_2^2 + A_3^2 = 1$ und unterwerfen wir sie den orthogonalen Substitutionen

$$A_i^* = \sum_{k=1}^{3} C_{ik} A_k, \qquad \Sigma A_i^2 = \Sigma A_i^{*\,2} \tag{16}$$

mit dualen Koeffizienten $C_{ik} = c_{ik} + \varepsilon \bar{c}_{ik}$. Wir bekommen so eine Gruppe mit sechs reellen Parametern, deren Transformationen im Linienraum den dualen Winkel (14), (15) erhalten. Es handelt sich also um die kongruenten Transformationen des Linienraums, d. h. um dessen Euklidische Bewegungen und Umlegungen. Dabei wird unter „Umlegung" eine kongruente Abbildung mit Vorzeichenänderung des Tetraederinhalts verstanden, also z. B. die Spiegelung an einer Ebene. Man kann offenbar alle Bewegungen aus einer geraden Zahl und alle Umlegungen aus einer ungeraden Zahl solcher Spiegelungen zusammensetzen.

Die gefundene Form (16) der Bewegungen des Euklidischen Raumes kann man z. B. dazu benutzen, um die bekannte Darstellung der Drehungen um einen Punkt mittels Quaternionen auf die räumliche Geometrie zu übertragen, und man kommt auf diesem Wege sofort zu den von *Study* benutzten Parametern für die Bewegungen des Euklidischen Raumes und damit überhaupt zu *Studys* interessanten Untersuchungen über Kinematik[1]), auf die wir hier aber nicht eingehen wollen. Es sei nur erwähnt, daß dabei die Lagen eines rechtwinkligen Achsenkreuzes, also eine Figur mit sechs Konstanten als Raumelement eingeführt wird, oder mit anderen Worten, daß eine „Parametergruppe" der Bewegungsgruppe der Untersuchung zugrunde gelegt wird.

Wenden wir uns gleich einer anderen Gruppe zu, die die Bewegungsgruppe als Untergruppe enthält! Wir betrachten dazu alle linearen Substitutionen

$$A_i^* = \Sigma C_{ik} A_k, \tag{17}$$

wobei wir über die Koeffizienten $C_{ik} = c_{ik} + \varepsilon \bar{c}_{ik}$ nur die Einschränkung treffen wollen, daß der Realteil ihrer Determinante $|c_{ik}| \neq 0$ sei, damit die Gleichungen nach den A_k auflösbar werden. Offenbar hat jetzt die Normierung $\Sigma A_i^2 = 1$ keinen Zweck mehr, wohl aber ist es sinnvoll, neben den Transformationen (17) die kontragredienten Transformationen der A_i' einzuführen, so daß also die Gleichung $\Sigma A_i A_i' = 0$ erhalten bleibt. Auf diese Weise übertragen wir die projektive Geometrie der

[1]) Vgl. *E. Study*: Geometrie der Dynamen, Anhang S. 555—596. Ferner insbesondere *E. Study:* Grundlagen und Ziele der analytischen Kinematik. Sitzungsberichte der Berliner Math. Ges. Bd. 12, S. 36—60. (1912).

Ebene der „dualen Punkte“ $A_1:A_2:A_3$ und „dualen Geraden“ $A_1':A_2':A_3'$ auf den Linienraum, den wir uns doppelt überdeckt denken mit zwei „Schichten“, der Schicht der Geraden A und der Schicht der Geraden A'. Wir erhalten somit im Linienraum eine Gruppe mit acht dualen, also sechzehn reellen wesentlichen Parametern, die G_{16} von *Studys „radial projektiver Geometrie“*.

Wenn wir uns an die Bedeutung der Gleichung (9) erinnern, so erkennen wir: *Durch die Transformationen von G_{16} werden die (reellen, eigentlichen) Geraden jeder einzelnen Schicht eineindeutig unter sich derart vertauscht, daß rechtwinkliges Schneiden von Geraden verschiedener Schichten erhalten bleibt.*

Diese Eigenschaft ist für die G_{16}, wenn man sie noch durch Hinzunahme der Ähnlichkeitstransformationen

$$a_{0k}^* = a_{0\,k}, \quad \text{im übrigen} \quad a_{ik}^* = \lambda a_{i\,k}, \quad \lambda \neq 0$$

zu einer G_{17} erweitert, kennzeichnend.

Zerspalten wir die Substitution (17) in Real- und Imaginärteil, so erhalten wir lineare Substitutionen der Komplexkoordinaten $a_{i\,k}$, und zwar, da die Beziehung $B_i = (\varrho + \varepsilon\tau) A_i$ erhalten bleibt, derartige lineare Substitutionen der Komplexkoordinaten $a_{i\,k}$, die koaxiale Komplexe wieder in solche überführen. Es ist nicht schwer, dieses Ergebnis zu einer zweiten Kennzeichnung der radial-projektiven Geometrie zu vervollständigen:

Die Transformationen der Gruppe G_{17} bestehen aus den Abbildungen der Achsen linearer Komplexe, die den linearen Substitutionen der Komplexkoordinaten entsprechen, die koaxiale Komplexe in koaxiale überführen.

Hieraus kann man entnehmen, wie man am einfachsten gegenüber G_{17} und damit auch gegenüber G_{16} invariante Klassen algebraischer Geradenmannigfaltigkeiten finden wird: Man nimmt, wie in § 22, Linearscharen linearer Komplexe und bestimmt deren Achsen. Wir wollen wenigstens einiges Wenige über den einfachsten dabei vorliegenden Fall mitteilen, nämlich über die Achsen eines Büschels linearer Komplexe. Sie bilden im besonderen die Geraden eines Büschels und im allgemeinen die Erzeugenden einer geradlinigen Fläche, die man nach *Cayley* als *Zylindroid* zu bezeichnen pflegt. Die beiden genannten Figuren sind vom Standpunkt unserer G_{16} nicht verschieden.

Das zugehörige Gebilde in der „Ebene“ der $A_1:A_2:A_3$ besteht aus allen den dualen Punkten einer dualen Geraden, die zu dreien ein *reelles* Doppelverhältnis haben.

Eine einfache Erzeugung des Zylindroids ist die folgende, deren Richtigkeit sich mit unsern Koordinaten A_i sofort ergibt: *Die gemeinsamen Lote der Geraden eines Büschels (mit eigentlichem Punkt) und einer festen Geraden bilden ein Zylindroid.* Es artet selbst in ein Büschel aus, wenn die Ebene des gegebenen Büschels zur Ebene der gegebenen Geraden normal steht.

Allgemein gilt: *Die gemeinsamen Lote der Erzeugenden eines Zylindroids und einer festen Geraden bilden im allgemeinen wieder ein Zylindroid und im besonderen ein Büschel, wenn die feste Gerade eine Flächennormale des Zylindroids ist.*

Merken wir noch einen elementargeometrischen Satz von *P. Appell* an zur Rechtfertigung der Benennung „Zylindroid". Fällt man von einem festen Punkt P aus auf alle Erzeugenden einer geradlinigen Fläche F die Normalebenen, so durchschneiden sie die zugehörigen Erzeugenden von F in einer Kurve, die man in Übertragung einer für die Ebene in § 75 eingeführten Benennung als *Fußpunktkurve von P in Bezug auf F* bezeichnen wird. Dann gilt:

Sind die Fußpunktkurven aller Punkte P des Raumes auf einer geradlinigen Fläche F eben, so ist F entweder ein Zylinder oder ein Zylindroid[1]).

Denken wir uns ein festes Achsenkreuz K_0 um alle Erzeugenden $A(t)$ einer geradlinigen Fläche F durch den Winkel π gedreht, so bekommt man eine stetige Schar $K(t)$ von solchen Achsenkreuzen, durch die ein einparametriger Bewegungsvorgang eines starren Körpers beschrieben ist. Die Bahnkurven $P(t)$ der Punkte P dieses Körpers $K(t)$ erhält man, wenn man zuerst zum zugehörigen Punkt P_0 von K_0 die Fußpunktkurve bezüglich F aufsucht und diese dann von P aus im Verhältnis 1:2 ähnlich vergrößert.

Unsere letzte Frage ist also verwandt mit der nach allen einparametrigen Bewegungsvorgängen eines starren Körpers, bei denen alle Bahnkurven eben sind.

In dieser Ausdrucksweise ist die vorliegende Frage schon 1881 (Comptes Rendus dieses Jahres, S. 118) von *G. Darboux* gelöst worden[2]). Als Bahnkurven ergeben sich bei den Bewegungsvorgängen, die dem Zylindroid entsprechen, Ellipsen.

In ähnlicher Weise stehen die zweiparametrigen Bewegungsvorgänge, bei denen die Bahnflächen aller Punkte sogenannte *Steiner*sche Flächen sind, in Zusammenhang mit dem System der Achsen einer zweiparametrigen Linearschar linearer Komplexe.

Wir wollen noch zusehen, wie aus unserer Gruppe G_{16} von Transformationen der Geraden des Raumes wieder die Gruppe G_6 von Transformationen der gerichteten Geraden einer Ebene hergeleitet werden kann, die wir in § 67 als Transformationen *Laguerre*s kennen gelernt haben. Wenn wir in der dualen Ebene $A_1:A_2:A_3$ unser Augenmerk nur auf die Abbildungen (17) der Gruppe G_{16} richten, die die dualen Punkte der Geraden $A_3 = 0$ unter sich vertauschen, nämlich

---

1) *P. Appell:* Soc. math. France Bd. 28, S. 261—265. (1900).

2) Man vgl. auch die Note von *G. Darboux:* „Sur les mouvements algébriques" auf S. 352 von *G. Koenigs:* Leçons de cinématique, Paris 1897.

$$(18)\qquad \begin{aligned} A_1^* &= C_{11}A_1 + C_{12}A_2, \\ A_2^* &= C_{21}A_1 + C_{22}A_2, \\ A_3^* &= \qquad A_3 \end{aligned}$$

so sehen wir, daß die Zuordnung der dualen Punkte auf $A_3 = 0$ durch eine lineare Substitution in zwei dualen homogenen Koordinaten $A_1 : A_2$ gegeben wird.

Ebenso aber hatten wir in § 67 die Gruppe G_6 von *Laguerre* in der Ebene darstellen können, wir hatten die Transformationsformeln nur damals unhomogen geschrieben. Räumlich gesprochen: *Die Vertauschungen, die die Transformationen von G_{16} unter den von zwei Parametern $A_1 : A_2$ abhängigen Geraden hervorrufen, die die Gerade $A_1' = 0$, $A_2' = 0$, $A_3' = 1$ senkrecht schneiden, lassen sich eineindeutig auf Laguerres Transformationen der gerichteten Geraden in der Ebene abbilden.*

Um diese bisher rechnerisch gefundene Zuordnung auch geometrisch herzustellen, verfahren wir so. Die Gerade A_1, A_2, 0 bestimmt mit der Geraden $A_1 = 1$, $A_2 = 0$, $A_3 = 0$ den Winkel ψ und den kürzesten Abstand $\overline{\psi}$ gemäß der Formel

$$(19)\qquad \frac{A_2}{A_1} = \operatorname{tg}(\psi + \varepsilon\overline{\psi}),$$

wie man aus (14) entnehmen kann. Erinnern wir uns aus § 67, daß die Transformationen *Laguerre*s durch die lineargebrochenen Substitutionen in

$$\operatorname{tg}\frac{\varphi + \varepsilon\overline{\varphi}}{2}$$

gegeben waren, worin in der Ebene φ den Winkel der gerichteten Geraden mit einer festen Richtung und $\overline{\varphi}$ ihren Abstand von einem festen Punkt bedeutete, so sehen wir, daß es genügt,

$$\psi + \varepsilon\overline{\psi} = \frac{\varphi + \varepsilon\overline{\varphi}}{2}$$

oder

$$(20)\qquad \psi = \frac{\varphi}{2}, \quad \overline{\psi} = \frac{\overline{\varphi}}{2}$$

zu setzen, um die gewünschte Zuordnung herzustellen. *Die Abbildung* (20) *der gerichteten Geraden der Ebene auf die Geraden, die eine feste* ($A_1' = 0$, $A_2' = 0$, $A_3' = 1$) *senkrecht schneiden, führt die gerichteten Kreise der Ebene über in die Zylindroide,* deren Erzeugende die feste Gerade senkrecht schneiden, wobei unter diese auch die Geradenbüschel zu rechnen sind.

§ 79. Liniengeometrisches Gegenstück der dualen Kreisverwandtschaften. Literatur.

Wir hatten in § 77 die gerichteten Geraden des Raumes auf die dualen Punkte einer Kugel abgebildet. Führen wir im Raum dieser Kugel statt der unhomogenen Koordinaten A_1, A_2, A_3 homogene ein, indem wir statt A_i schreiben $A_i : A_4$, so bekommt die Kugelgleichung die Gestalt

$$A_1^2 + A_2^2 + A_3^2 - A_4^2 = 0. \tag{21}$$

Wenn wir nun die linearen Substitutionen betrachten

$$A_i^* = \sum_{k=1}^{4} C_{ik} A_k; \qquad i = 1, \ldots 4, \tag{22}$$

die duale Koeffizienten $C_{ik} = c_{ik} + \varepsilon \bar{c}_{ik}$ mit $|c_{ik}| \neq 0$ haben und die Kugelgleichung (21) in sich überführen, so bekommen wir die dualen Kreisverwandtschaften auf der Kugel, eine Gruppe G_{12} mit $6 \times 2 = 12$ reellen Parametern. Wir wollen dabei etwa, um nebensächlichen Schwierigkeiten aus dem Wege zu gehen, mit G_{12} die *stetige* Gruppe bezeichnen, zu der wir auf dem beschriebenen Wege kommen.

Wir wollen darauf hinweisen, wie man die gefundene Gruppe G_{12} von Transformationen der gerichteten Geraden des Raumes aus den Euklidischen Bewegungen des Raumes herleiten kann.

Jede (eigentliche) isotrope Ebene des Euklidischen Raumes, also jede (eigentliche) Ebene, die den absoluten Kegelschnitt berührt, enthält eine einzige reelle Gerade, nämlich ihren Durchschnitt mit der konjugiert imaginären Ebene, die wieder isotrop ist. Umgekehrt gehen durch jede reelle eigentliche Gerade zwei konjugiert imaginäre isotrope Ebenen. Man kann nun diese Zuordnung zwischen reellen Geraden und isotropen Ebenen in beiden Richtungen eindeutig machen, dadurch, daß man die Geraden mit einem Durchlaufungssinn versieht. Ist dann G eine solche gerichtete Gerade, so legen wir auf G die auch dem Sinne nach mit G zusammenfallende x_3-Achse eines (etwa rechtshändigen) rechtwinkligen Achsenkreuzes und schreiben vor, daß die der gerichteten Geraden G entsprechende isotrope Ebene die Gleichung $x_1 + i x_2 = 0$ $(i^2 = -1)$ haben soll.

Damit ist also eine Zuordnung hergestellt zwischen den (eigentlichen) isotropen Ebenen und den (reellen, eigentlichen) Geraden unseres Euklidischen Raumes, die gegenüber reellen Bewegungen invariant ist.

Üben wir aber nun auf die isotropen Ebenen die komplexen Euklidischen Bewegungen aus, lassen wir also auch komplexe Koeffizienten in den Transformationsformeln zu, so erhalten wir als reelles Abbild dieser Transformationen eine zwölfgliedrige Gruppe von reellen Abbildungen der gerichteten Geraden des Raumes und diese Gruppe fällt mit der vorhin auf anderem Wege gefundenen stetigen Gruppe G_{12} zusammen.

Deuten wir in Kürze den Nachweis für diese Behauptung an! Auf der Kugel kann man eine eineindeutige Zuordnung herstellen zwischen der einen Schar komplexer Erzeugender und den reellen Kugelpunkten durch die Forderung, daß jede Erzeugende dieser Schar durch den zugeordneten Punkt gehen soll. Diese Zuordnung ist ja nichts anderes als die geometrische Formulierung für die *Riemann*sche Zahlenkugel. Wenn wir nun diese Kugelerzeugenden einer reellen Bewegung (Drehung) der Kugel in sich unterwerfen, so werden die reellen Bilder derselben Bewegung unterworfen. Wenn wir aber die Erzeugenden einer komplexen Bewegung unterwerfen, so erhalten wir als reelles Abbild eine Transformation aus der stetigen sechsgliedrigen Gruppe der Kreisverwandtschaften auf der Kugel. Jetzt verdoppeln wir neuerdings die Dimensionenzahl auf unserer Kugelfläche! Ursprünglich hatten wir nämlich zwei reelle Parameter zur Festlegung der Kugelpunkte nötig. Dann haben wir zwei komplexe Parameter zugelassen, was vier reellen entspricht. Jetzt wollen wir für beide Parameter komplex-duale Werte von der Form $(a + ib) + \varepsilon(\bar{a} + i\bar{b})$; $i^2 = -1$, $\varepsilon^2 = 0$ zulassen, wodurch wir auf acht unabhängige reelle Parameter auf der Kugel kommen. Wir übertragen unsere Überlegung aus dem Komplexen auf das komplex-duale Gebiet und erhalten so die dualen Kreisverwandtschaften (22) als Abbild der komplex-dualen Bewegungen der einen Schar von Kugelerzeugenden. Jetzt braucht man nur zu bemerken, daß den komplex-dualen Punkten einer solchen Erzeugenden, die in gewisser Weise gerichteten Geraden einer isotropen Ebene entsprechen, um durch *Study*s Übertragungsprinzip sofort das angegebene Ergebnis zu gewinnen.

Auf diesem Wege bemerken wir nebenbei, daß sich die Transformationen aus G_{12} auch durch linear gebrochene Substitutionen in komplex-dualen Zahlen

$$\frac{A_3 - A_4}{A_1 + iA_2} = (a + ib) + \varepsilon(\bar{a} + i\bar{b}) \tag{23}$$

darstellen lassen, wobei auch die Transformationskonstanten komplex-dual sind.

Wenn man nun die beiden Herleitungen unserer Gruppe G_{12} abwechselnd heranzieht, ist es leicht, einfache gegen G_{12} invariante Klassen von Mannigfaltigkeiten gerichteter Geraden zu finden. Wenn wir etwa die erste Herleitung benutzen, können wir zusehen, was den Kreisen auf der Kugel entspricht. Mittels (14), (15) in § 77 sehen wir sofort, daß die zugehörige Mannigfaltigkeit gerichteter Geraden aus einer beliebigen ihrer Geraden dadurch entsteht, daß man diese allen Schraubungen um eine feste Achse unterwirft. Mit anderen Worten: Die gerichteten Geraden, die einem dualen Kugelkreis entsprechen, bestimmen mit einer festen Geraden einen festen Winkel und einen festen kürzesten Abstand. Wenn wir von der zweiten Herleitung unserer Gruppe G_{12} ausgehen, so können wir das reelle Abbild aller isotropen Ebenen durch einen eigentlichen komplexen Punkt betrachten. Es ergibt sich so eine Figur mit Drehsymmetrie (vgl. Abbildung 85), nämlich die in gewisser Weise gerichteten Erzeugenden der Flächen zweiter Ordnung einer konfokalen Schar mit Drehsymmetrie.

Mittels *Studys* Übertragungsprinzip kann man nun auch leicht weitere wichtige liniengeometrische Transformationsgruppen erhalten, wenn man etwa die winkeltreuen oder die flächentreuen Abbildungen auf der Kugel zunächst ins duale Gebiet erweitert und dann auf den Linienraum überträgt. Doch wollen wir hier darauf nicht eingehen, sondern lieber einige historische und literarische Angaben beifügen.

Zu *Studys* liniengeometrischen Untersuchungen, die auch mit Ideen des englischen Geometers *Clifford* zusammenhängen, kann man von einem Gedanken *F. Kleins* aus gelangen, den *Klein* in einer Schrift „Eine Übertragung des Pascalschen Satzes auf die Raumgeometrie" angegeben hat. Erlanger Ber. 1873 = Ges. Abhandlungen Bd. 1, S. 406 = Math. Annalen Bd. 22, S. 246, (1883).

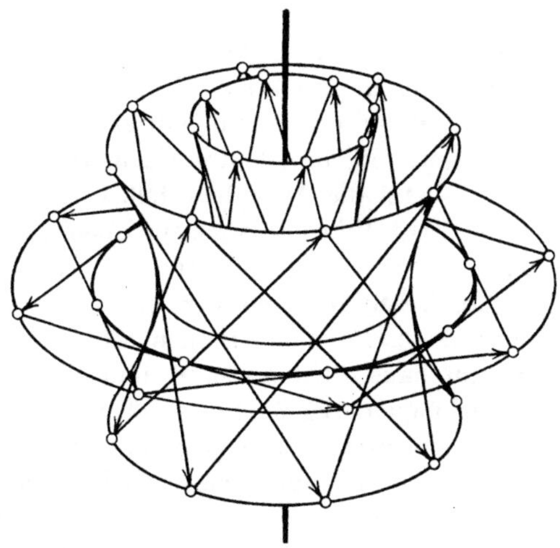

Abb. 85.

Klein denkt sich die komplexen Geraden einer Ebene zum Schnitt gebracht mit einem festen (etwa einteiligen) Kegelschnitt K dieser Ebene, der Träger eines komplexen Parameters t ist. Deutet man die komplexen Zahlen t als reelle Punkte auf *R. Riemanns* der Zahlenkugel, so sehen wir, daß jeder komplexen Geraden der Ebene (die etwa K nicht berühren möge) ein Paar reeller Punkte von R oder deren Verbindungsgerade im Raum entspricht.

Unterwirft man jetzt die Geraden der Ebene den komplexen Kollineationen, so bekommt man entsprechend im Raum eine Gruppe von Geradentransformationen mit 16 reellen Parametern. Geht man nun von der nicht-Euklidischen, und zwar hyperbolischen Geometrie, die R zur absoluten Fläche hat, durch einen geeigneten Grenzübergang zur Euklidischen Geometrie über, so entsteht dabei aus der eben gefundenen Gruppe *Studys* G_{16} von § 78.

Study hat seine neuen Ideen zunächst in der Gestalt „nichtgehaltener Vorträge", „Über nicht-Euklidische und Liniengeometrie" veröffentlicht, wovon die ersten (I—IV) in der Greifswalder Festschrift auf *H. Limpricht* 1900 und im Jahresbericht der D. Math. Ver. Bd. 11 (1902), S. 313, die späteren (V—XII) ebenda Bd. 15 (1906), S. 476 erschienen sind. In diesen „Vorträgen" wird hauptsächlich Liniengeometrie im nichteuklidischen Raum getrieben, während *Studys* Euklidische Liniengeometrie, d. h. solche liniengeometrische Transformationsgruppen, die die Euklidischen Bewegungen als Untergruppe enthalten, in seinem umfangreichen Werk „Geometrie der Dynamen", Leipzig 1903, behandelt werden. Die Fülle geometrischer Ideen, die in diesem Buch enthalten ist, ist nur wenig bekannt geworden, was aber zum Teil wohl auch an der Darstellung liegt.

Einen breiten Raum nimmt in diesen Schriften *Studys* die *Einführung der uneigentlichen Elemente* zu einer gegebenen Transformationsgruppe ein. Der Hauptgedanke dabei ist leicht zu verstehen. Man kann n-gliedrige stetige Transformationsgruppen unter einer Einschränkung[1]) durch Einführung geeigneter Koordinaten als projektive Transformationsgruppen, also als Gruppen linearer homogener Substitutionen schreiben. Den Elementen, auf die ursprünglich unsere Transformationen ausgeübt werden, werden in diesem projektiven Raum Punkte einer (in den vorkommenden Fällen) algebraischen Mannigfaltigkeit entsprechen, die nach der Vorstellungsweise der projektiven Geometrie dieses Raumes geschlossen ist. Fügt man jetzt die Ausnahmestellen dieser algebraischen Mannigfaltigkeit, die nicht Bilder von (eigentlichen) Elementen sind, diesen eigentlichen Elementen als uneigentliche Elemente hinzu, so hat man die gewünschte Geschlossenheit der Elementmannigfaltigkeit erreicht. Nun ist aber dieser Prozeß, wie man schon an einfachen Beispielen sehen kann, durchaus nicht eindeutig und gibt daher zu recht ausgedehnten Untersuchungen Anlaß. Es ist aber glücklicherweise für die meisten etwa zu *Studys* Gruppe G_{16} gehörigen geometrischen Untersuchungen eine solche Einführung uneigentlicher Elemente ebenso unnötig, wie es in der Elementargeometrie der Ebene (also in der ebenen Bewegungsgeometrie) unnötig ist, von uneigentlichen (unendlich fernen) Punkten zu sprechen, während natürlich die Einführung dieser Punkte zu einer vernünftigen Darstellung etwa der projektiven Geometrie unerläßlich ist. Der Grund liegt auf der Hand: Bei den Bewegungen werden die eigentlichen Punkte unter sich vertauscht, bei den Projektivitäten aber nicht.

Weitere Literaturangaben über den Gegenstand der §§ 77, 78 findet man in dem Enzyklopädieartikel von *G. Fano:* Kontinuierliche geometrische Gruppen, Enzyklopädie III AB 4b, Nr. 17—20, S. 325. Einige Anwendungen auf Differentialgeometrie bei *W. Blaschke:* Vorlesungen über Differentialgeometrie Bd. 1, 7. Kapitel, S. 191, Berlin 1924.

Jetzt noch einiges über die Literatur zu der in diesem § 79 behandelten Gruppe G_{12}. Besondere, besonders hübsche Transformationen aus der G_{12} hat *A. Ribaucour* in seiner Schrift über Minimalflächen („élassoides"), Bruxelles Mém. cour. Bd. 44 (1880) behandelt. Es hängt das damit zusammen, daß die Abbildungen aus G_{12} die sogenannten isotropen

[1]) Wenn nämlich die Gruppe kein stetiges „Zentrum" hat. Dem Zentrum gehören die Gruppenelemente an, die mit allen andern vertauschbar sind.

Strahlensysteme wieder in solche überführen, wie man aus der zweiten Herleitung der G_{12} sofort erkennt, wenn man beachtet, daß jedes solche Strahlensystem reelles Abbild der Tangentenebenen einer isotropen Torse ist. Aus diesen isotropen Strahlensystemen aber leitet *Ribaucour* die Minimalflächen her. Auch in *Study*s Geometrie der Dynamen ist auf S. 230 auf unsere G_{12} hingewiesen. Mittels ihrer zweiten Herleitung wurde sie dann von *E. v. Weber* in den Leipziger Berichten Bd. 55 S. 384 (1903), behandelt, mittels der ersten von *J. Grünwald*: Wiener Monatshefte Bd. 17, S. 81, (1906). Beide Standpunkte sind in der Habilitationsschrift von *W. Blaschke*: Wiener Monatshefte Bd. 21, S. 1—107 (1910), gleichmäßig berücksichtigt.

Eine eingehende Ausnutzung von *Study*s Übertragungsprinzip für die Differentialgeometrie steht bisher noch aus. Anwendungen der Methoden *Study*s auf die Mechanik hat kürzlich *R. v. Mises* in seiner Zeitschrift für angewandte Mathematik und Mechanik Bd. 4 (1924), S. 155, 193, 486 gegeben.

§ 80. Euklidische Abbildung der elliptischen nichteuklidischen Raumgeometrie.

Die einfachste Versinnlichung der nichteuklidischen Geometrie bekommt man, wie *Klein* bemerkt hat, durch *Cayley*s projektive Maßbestimmung durch Einführung einer absoluten Fläche zweiter Ordnung, wie hier in § 39 angedeutet wurde. Wir bekommen zum Beispiel die sogenannte elliptische nichteuklidische Geometrie, wenn wir eine nullteilige Fläche zweiter Ordnung Φ als absolute Fläche zugrunde legen, indem wir die „*Entfernung*" zweier Punkte P, Q des Raumes etwa durch die Formel *Laguerre*s (vgl. S. 158) erklären:

$$(24) \qquad \frac{1}{2i} \lg DV(PQRS),$$

worin das Doppelverhältnis der beiden Punkte P, Q mit den Schnittpunkten R, S der Geraden PQ mit der absoluten Fläche Φ auftritt. Als „*Bewegungen*" dieses nichteuklidischen Raumes bezeichnet man die stetige sechsgliedrige Gruppe von Kollineationen der Fläche Φ in sich.

Wir wollen nun hieraus nach *Fubini, Hjelmslev* und *Study* eine viel anschaulichere Deutung dieser nichteuklidischen Maßbestimmung herleiten, indem wir zeigen:

Man kann die gerichteten Geraden G des elliptischen Raumes derart auf die Punkte l, r zweier Euklidischer Einheitskugeln K_l und K_r abbilden, daß den „Bewegungen" des elliptischen Raumes die voneinander unabhängigen Euklidischen Drehungen der beiden Bildkugeln entsprechen.

Der folgende Nachweis steht in naher Beziehung zu der in § 79 genannten Arbeit *Klein*s: „Eine Übertragung des Pascalschen Satzes . . ." von 1873.

Wir denken uns auf der absoluten Fläche Φ deren beide Scharen von Erzeugenden etwa durch die Worte „links" und „rechts" unterschieden und jede Erzeugende der „linken" Schar eineindeutig durch einen komplexen Parameter t_l, ebenso jede der rechten Schar durch einen komplexen Parameter t_r festgelegt. Daß dies möglich ist, sieht man etwa so: Eine linksseitige Erzeugende wird dadurch eineindeutig bestimmt sein, daß man ihren Schnittpunkt mit einer fest gewählten rechtsseitigen angibt. Die Punkte dieser rechtsseitigen Geraden werden aber sicher durch einen komplexen Parameter t_l in eineindeutiger Weise darstellbar sein. Außerdem sehen wir auf diesem Wege: Den „Bewegungen" des elliptischen Raumes entsprechen linear gebrochene Substitutionen:

$$t_l^* = \frac{a_l t_l + b_l}{c_l t_l + d_l}, \quad t_r^* = \frac{a_r t_r + b_r}{c_r t_r + d_r}, \tag{25}$$

$$a_l d_l - b_l c_l \neq 0, \quad a_r d_r - b_r c_r \neq 0.$$

Es sei jetzt G eine reelle Gerade des elliptischen Raumes, R, S ihre beiden konjugiert komplexen Schnittpunkte mit der absoluten Fläche Φ. Da Φ nullteilig ist, ist $R \neq S$. Wir können G dadurch „richten", daß wir ihre Schnittpunkte R, S mit Φ in eine Reihenfolge bringen, also den einen R als den „ersten" erklären. Denn dann können wir mittels *Laguerres* Formel (24) die Entfernung zweier Punkte P, Q von G auch ihrem Vorzeichen nach festlegen. Die reelle gerichtete Gerade G wird somit eineindeutig bestimmt sein durch Angabe ihres ersten Schnittpunkts R mit der absoluten Fläche Φ, der zweite Schnittpunkt S ist dann konjugiert komplex zu R. R wiederum können wir festlegen durch Angabe der beiden Parameter t_l und t_r der durch diesen Punkt von Φ gehenden Erzeugenden. Wir deuten nun weiter die komplexen Zahlen t_l und t_r als reelle Punkte l und r zweier *Riemann*scher Zahlenkugeln K_l und K_r und haben dadurch schließlich erreicht, daß die gerichteten Geraden G des elliptischen Raumes, wie wir es haben wollen, auf die Punktepaare l, r der Kugeln K_l, K_r eineindeutig abgebildet sind, wobei jetzt alles reell geworden ist.

Um nun zu ermitteln, wie sich die Bewegungen des elliptischen Raumes auf unsere beiden Bildkugeln übertragen, stellen wir fest, was dem „Richtungswechsel" im nichteuklidischen Raum entspricht, d. h. der Abbildung, die jeder Geraden G die mit ihr gegensinnig zusammenfallende $\overline{G}$ zuordnet. Auf die „ersten" Schnittpunkte der Geraden mit der absoluten Fläche Φ überträgt sich diese Zuordnung so, daß jedem Punkt R der konjugiert imaginäre $S = \overline{R}$ entspricht, durch den die konjugiert imaginären Erzeugenden von Φ laufen. Die konjugiert imaginäre Erzeugende zu t_l gehört wieder der linken Schar an, wir können also ihren Parameter mit $\overline{t_l}$ bezeichnen, denn läge sie in der rechten Schar, so hätte sie mit der Erzeugenden t_l einen Schnittpunkt. Dieser müßte reell sein, was damit unverträglich ist, daß Φ nullteilig sein soll. Wir haben also dem „Konjugium" $R \to \bar{R}$ auf Φ entsprechend eine Abbildung $t_l \to \bar{t}_l$, $t_r \to \bar{t}_r$ der beiden Bildkugeln. Nehmen wir vier linke Erzeugende, deren Parameter t_l ein *reelles* Doppelverhältnis haben, so geht dieses beim Konjugium in den konjugiert komplexen Wert über, bleibt also reell. Nun entsprechen vier komplexen Zahlen t_l mit reellem Doppelverhältnis vier auf einem Kreis gelegene Punkte von K_l. Wir sehen: Die Zuordnung $t_l \to \bar{t}_l$ und ebenso $t_r \to \bar{t}_r$ sind Kreisverwandtschaften. Da sie überdies involutorisch sind ($\bar{\bar{t}}_l = t_l$) und keine Festpunkte haben, da es keine reellen Erzeugenden von Φ gibt, so erkennt man: Die Kreisverwandtschaft $t_l \to \bar{t}_l$ oder $l \to \bar{l}$ auf der Kugel K_l wird geometrisch so konstruiert, daß die Verbindungsgeraden entsprechender Punkte l, $\bar{l}$ durch einen festen Punkt O_l im Inneren von K_l gehen, denn so konstruiert man die allgemeinste involutorische Kreisverwandtschaft von K_l ohne (reelle) Festpunkte. Durch eine Kollineation von K_l in sich denken wir uns O_l in den Mittelpunkt von K_l ebenso für die rechte Bildkugel O_r in den Mittelpunkt von K_r gebracht. Dann haben wir erreicht:

Dem Richtungswechsel $G \to \bar{G}$ im elliptischen Raum entsprechen die Spiegelungen $l \to \bar{l}$, $r \to \bar{r}$ der beiden Bildkugeln K_l, K_r an ihren Mittelpunkten.

Nach (25) entspricht jeder Bewegung $G \to G^*$ des elliptischen Raumes je eine (gleichsinnige) Kreisverwandtschaft $l \to l^*$, $r \to r^*$ der beiden Bildkugeln. Da jede Bewegung mit dem Richtungswechsel vertauschbar ist, d. h. gegensinnig zusammenfallende Geraden G, $\bar{G}$ wieder in solche überführt, so müssen die Kreisverwandtschaften $l \to l^*$, $r \to r^*$ diametrale Punkte wieder in solche überführen. Die zugehörigen Kollineationen der Bildkugeln müssen also deren Mittelpunkte erhalten, d. h. es sind Euklidische Bewegungen (Drehungen) dieser Bildkugeln in sich.

Wenn wir nun die Parameter unserer Gruppen abzählen, so finden wir den eingangs erwähnten Satz *Study*s bestätigt. Die stetige Gruppe G_6 der Bewegungen des elliptischen Raumes hängt von sechs, jede der stetigen Drehungsgruppen G_3^l, G_3^r von drei wesentlichen Parametern ab und weder enthält G_6 eine sechsgliedrige noch eine G_3 eine dreigliedrige Untergruppe, und somit ist die Beziehung der beiden Gruppen in der Weise eineindeutig, daß jeder elliptischen Bewegung $G \to G^*$ zwei Euklidische Drehungen $l \to l^*$, $r \to r^*$ entsprechen und umgekehrt einem Paar unabhängiger solcher Drehungen eine elliptische Bewegung.

Wir wollen nun zusehen, wie sich die Punkte und Ebenen des elliptischen Raumes auf die beiden Kugeln K_l, K_r abbilden.

Es sei P ein reeller Punkt, E seine Polarebene bezüglich der absoluten Fläche Φ. Wir betrachten die involutorische Kollineation (Perspektive) des Raumes, die P zum Mittelpunkt und E zur Mittelebene hat, bei der also jeder Punkt Q in einen anderen Q^* auf der Geraden PQ so übergeführt wird, daß das Punktepaar $Q\,Q^*$ das andere Paar harmonisch trennt, daß aus P und dem Schnittpunkt mit der Geraden PQ mit E gebildet wird. Diese Kollineation führt Φ in sich über und kann als nichteuklidische Spiegelung an dem Punkte P oder an der Ebene E bezeichnet werden. Fassen wir diese Spiegelung als Abbildung $G \to G^*$ der Geraden des elliptischen Raumes auf und suchen wir ihr Euklidisches Abbild!

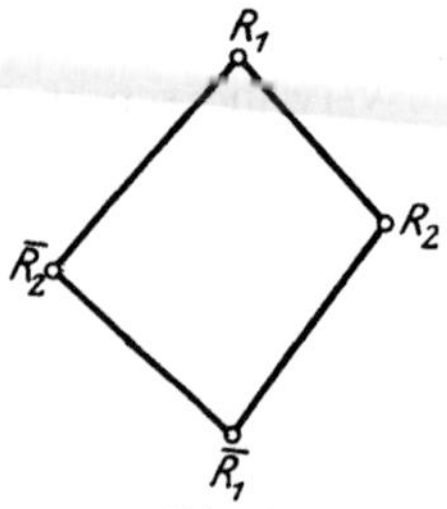

Abb. 86.

Eine Spiegelung des Raumes, also eine Kollineation mit negativer Determinante, vertauscht notwendig die beiden Scharen von Erzeugenden unsrer Fläche Φ miteinander, d. h. führt die rechtsseitigen in linksseitige über und umgekehrt. Das kann man etwa so einsehen: Es seien R_1, $\bar{R}_1$ und R_2, $\bar{R}_2$ die beiden Paare von Schnittpunkten zweier Geraden G_1, G_2 mit Φ, so daß $R_1 R_2 \bar{R}_1 \bar{R}_2$ ein windschiefes Viereck auf Φ ist (vgl. die schematische Abbildung 86). Dann ist die Determinante der vier Punkte

$$(R_1 R_2 \bar{R}_1 \bar{R}_2) \neq 0$$

reell, denn die konjugiert imaginäre

$$(\bar{R}_1 \bar{R}_2 R_1 R_2)$$

fällt mit ihr zusammen. Ist nun die Determinante

$$(R_1 R_2 \bar{R}_1 \bar{R}_2) > 0,$$

so können wir festsetzen, sollen die Erzeugenden $R_1 R_2$ und $\bar{R}_1 \bar{R}_2$ von Φ linksseitig heißen, also $R_2 \bar{R}_1$ und $\bar{R}_2 R_1$ rechtsseitig, im Falle

$$(R_1 R_2 \bar{R}_1 \bar{R}_2) < 0$$

umgekehrt. Bei einer Kollineation multipliziert sich $(R_1 R_2 \bar{R}_1 \bar{R}_2)$ mit der Substitutionsdeterminante. Wenn diese also negativ ist, vertauscht die Kollineation die beiden Erzeugendenscharen, wie wir behauptet hatten.

Wenn wir nun ebenso schließen, wie früher bei der Abbildung der Bewegungen des elliptischen Raumes, so finden wir: Als Abbild einer Spiegelung S

$$\{G\}\, S = G^*$$

des elliptischen Raumes ergeben sich zwei Kreisverwandtschaften T_1, T_2

$$\{l\}\, T_1 = r^*, \qquad \{r\}\, T_2 = l^*,$$

die diametrale Punkte wieder in solche überführen. Aus der Eigenschaft von S, involutorisch zu sein, d. h. zweimal hintereinander angewandt die Identität J zu ergeben:

$$S \cdot S = J$$

folgt für T_1 und T_2

$$T_1 \cdot T_2 = J,$$

also $T_1 = T$, $T_2 = T^{-1}$. Da eine Spiegelung S in jede andere im elliptischen Raum stetig übergeführt werden kann, und wir noch festsetzen können, welche Abbildung von K_l auf K_r wir kongruent und welche symmetrisch nennen wollen, so können wir festsetzen:

Jeder Spiegelung $\{G\}\, S = G^*$ *an einer Ebene* E *des elliptischen Raumes entspricht ein Paar symmetrischer Abbildungen*

$$\{l\}\, T = r^*, \qquad \{l^*\}\, T = r$$

der beiden Bildkugeln K_l, K_r *aufeinander.*

Die reellen Geraden von der Ebene E sind nun die reellen Geraden des elliptischen Raumes, die bei der Spiegelung S auch ihrer Richtung nach in sich übergehen:

$$\{l\}\, T = r,$$

während die Geraden durch den Pol P von E bezüglich Φ ihre Richtung wechseln. Nennen wir O die Spiegelung der Kugeln K_l, K_r an ihren Mittelpunkten, so finden wir also für die Geraden G durch P

$$\{l\}\, T = r^* = \{r\}\, O,$$
$$\{l^*\}\, T = r \;\; = \{r^*\}\, O$$

also

$$\{l\}\, T O^{-1} = \{l\}\, T O = r.$$

Da T und O symmetrische Abbildungen der beiden Bildkugeln aufeinander sind, ist TO eine kongruente Abbildung.

Wir finden also:

Den gerichteten Geraden durch einen Punkt entspricht eine kongruente $l \to r$, *den gerichteten Geraden einer Ebene eine symmetrische Abbildung* $l \to r$ *der beiden Bildkugeln aufeinander.*

Stellen wir einander entsprechende Dinge gegenüber!

Elliptischer Raum.	*Euklidische Bildkugeln* K_l, K_r.
1. Gerichtete Gerade G.	1. Geordnetes Punktpaar l, r.
2. Richtungswechsel.	2. Spiegelungen beider Bildkugeln $l \to l^*$, $r \to r^*$ an ihren Mittelpunkten.
3. Bewegung.	3. Unabhängige Drehungen $l \to l^*$, $r \to r^*$ beider Bildkugeln.
4. Geraden durch einen Punkt P.	4. Drehung $P: l \to r$.
5. Geraden in einer Ebene E.	5. Umlegung $E: l \to r$.
6. Sich schneidende Geraden G_1, G_2.	6. Punktepaare l_1, r_1 und l_2, r_2 mit gleichem sphärischen Abstand $l_1 l_2 = r_1 r_2$.
7. Linksparallele Geraden G_1, G_2.	7. Punktepaare l_1, r_1; l_2, r_2 mit $l_1 = l_2$.
8. Rechtsparallele Geraden G_1, G_2.	8. $r_1 = r_2$.

Der zuletzt erklärte „Parallelismus" im elliptischen Raum ist von *Clifford* eingeführt worden und hat nicht unmittelbar etwas mit dem Parallelismus von *Levi-Civita* zu tun, auf den wir später (§ 82 u. ff.) zu sprechen kommen werden. Wir erwähnen noch folgende entsprechende Dinge:

9. Normalsystem einer Schar paralleler Flächen.	9. Flächentreue Abbildung $l \longrightarrow r$.
10. Normalsystem einer Schar von Flächen mit verschwindendem Krümmungsmaß (*Bianchi*).	10. Linker und rechter Bildpunkt je auf einer Kurve unabhängig beweglich.
11. Isotropes Strahlensystem.	11. Gleichsinnig konforme Abbildung $l \longrightarrow r$.
12. Stetige Gruppe G_{12} der radial- projektiven Geometrie des elliptischen Raumes (§ 79).	12. Unabhängige gleichsinnige Kreisverwandtschaften $l \longrightarrow l^*$, $r \longrightarrow r^*$.
13. Entfernung zweier Punkte P_1, P_2.	13. Winkel der Drehung $P_1 P_2^{-1}$.
14. Winkel zweier Ebenen E_1, E_2.	14. Winkel der Drehung $E_1 E_2^{-1}$.
15. Torse.	15. Längentreu aufeinander bezogene Kurven $\{l\}$, $\{r\}$.
16. Absolute Polaren, d. h. Polaren bezüglich Φ.	16. Linke Bilder gleich, rechte diametral (oder umgekehrt).

Damit wollen wir abbrechen und wegen weiterer Eigenschaften der Zuordnung auf die Arbeiten verweisen: *E. Study*, Über nichteuklidische und Liniengeometrie, die wir schon im vorigen § 79 genannt hatten. Ferner *E. Study:* Beiträge zur nichteuklidischen Geometrie, American Journal of Mathematics Bd. 29 (1907), insbes. II. „Die Begriffe Links und Rechts in der elliptischen Geometrie" (S. 116–159), wo man z. B. die Darstellung der Bewegungen des elliptischen Raumes mittels Quaternionen durchgeführt findet, das algebraische Gegenstück zu der hier geometrisch hergeleiteten Abbildung der Geraden des elliptischen Raumes auf die Punkte zweier Bildkugeln. Etwa zur selben Zeit wie *Study* hat auch *G. Fubini* in seiner Dissertation Pisa 1900 diese Abbildung gefunden „Il parallelismo di Clifford negli spazii ellitici". Ferner ebenfalls 1900 *J. Petersen* (= *Hjelmslev*) Géométrie des droites dans l'espace non euclidien, Kopenhagen Akademie 1900, S. 305–330. Vgl. auch *W. Blaschke:* Differentialgeometrie der geradlinigen Flächen im elliptischen Raum, Mathematische Zeitschrift Bd. 15 (1922), S. 309–320.

§ 81. Die kinematische Abbildung.

Zum Schluß unserer Betrachtungen über Liniengeometrie wollen wir noch eine Abbildung der Geraden des Raumes auf die Punktepaare einer Ebene bringen, die aus der vorherigen Abbildung (§ 80) durch einen Grenzübergang gewonnen werden kann, die als „*kinematische Abbildung*" bezeichnet wird und 1911 gleichzeitig von *W. Blaschke* und *J. Grünwald* angegeben wurde. Wir wollen im folgenden eine vom vorhergehenden unabhängige Herleitung der Haupteigenschaften dieser kinematischen Abbildung bringen.

Wir geben zuerst die Konstruktion der Zuordnung der Geraden G des Raumes auf die geordneten Punktepaare l, r einer Euklidischen Ebene E (vgl. Abbildung 87). Es seien λ und ϱ zwei zu E parallele Ebenen in gleichen Abständen, so daß E in der Mitte zwischen λ und ϱ zu liegen kommt. G sei eine beliebige Gerade des Raumes, die nicht zu E parallel läuft, l_0 und r_0 ihre Schnittpunkte mit λ und ϱ, l_1 und r_1 deren Normalriß (= orthogonale Projektion) auf E. Wir legen in E einen „positiven" Umlaufsinn fest und drehen die Strecke $l_1 r_1$ um ihren Mittelpunkt m, d. h. um den Schnittpunkt von G mit E durch einen rechten Winkel nach lr. Da diese Konstruktion umkehrbar ist, bekommen wir auf diese Art eine eineindeutige Zuordnung zwischen den (reellen, eigentlichen) Geraden G des Raumes, die nicht zur Grundebene E parallel laufen, und dem geordneten Paare (reeller, eigentlicher) Punkte l, r dieser Grundebene E.

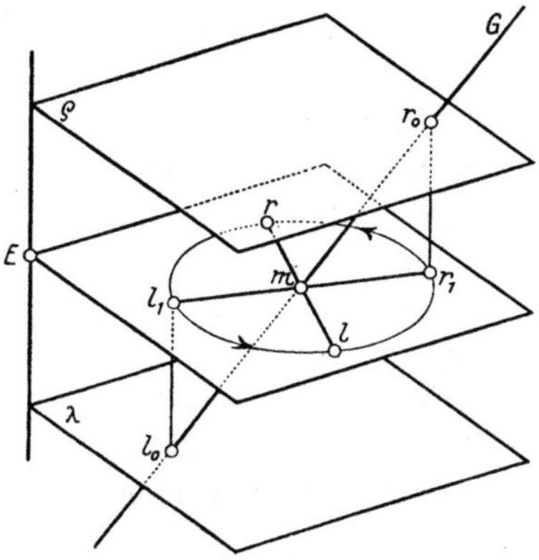

Abb. 87.

Was nun dieser Zuordnung erst ein Interesse verleiht, ist der folgende Satz:

Allen Geraden G des Raumes durch einen Punkt P (der nicht auf der uneigentlichen Geraden von E liegen darf) entsprechen in der Ebene von zwei Parametern abhängige Punktepaare l, r derart, daß das Punktfeld der l zum Punktfeld der r kongruent ist, daß es also eine Euklidische Bewegung der Ebene E in sich gibt, die alle l in die entsprechenden r überführt.

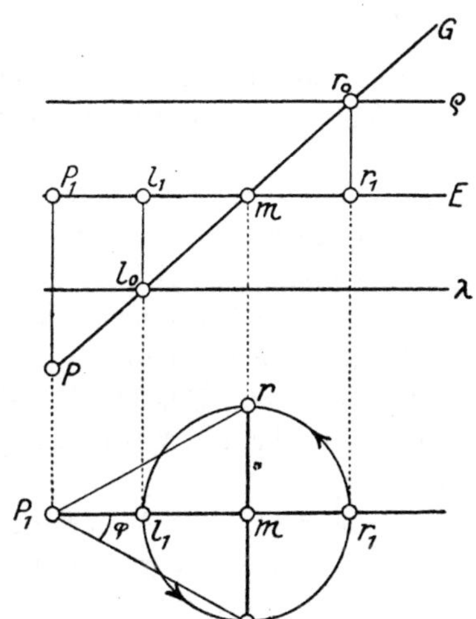

Abb. 88.

Mit anderen Worten: *Den Punkten des Raumes entsprechen die Euklidischen Bewegungen der Ebene.* Deshalb die Benennung „kinematische "Abbildung.

Der Nachweis unserer Behauptung ist sehr einfach. Betrachten wir zunächst alle Punktepaare l_1, r_1 die den Geraden durch P entsprechen, so liegt das Feld der l_1 ähnlich zu dem der r_1 bezüglich des Normalrisses P_1 von P auf E. Alle Figuren (vgl. Abbildung 88) P_1, l_1, r_1, l_2, r_2

sind nun gleichsinnig ähnlich untereinander, wobei der Punkt P_1 sich selbst entspricht, und darin liegt schon die Richtigkeit unserer Behauptung. Haben die Ebenen ϱ, λ von E den Abstand Eins, so ergibt sich bei geeigneter Vorzeichenwahl zwischen dem Drehwinkel 2φ der Drehung $l \to r$ in E und dem Abstand z des zugehörigen Punktes P von E die Beziehung

$$z = \operatorname{ctg} \varphi .$$

Der Normalriß P_1 von P auf E ist der bei der zugehörigen Drehung $l \to r$ festbleibende Punkt.

Man kann leicht zeigen:

Den Geraden G des Raumes, die in einer Ebene α liegen, die nicht zu E parallel ist, entspricht in der Ebene E eine Umlegung $l \to r$. Es sei S die Spur von α auf E und ω der Winkel von α mit E. Dann läßt sich die Umlegung $l \to r$ in E so herstellen, daß man E an S spiegelt und längs S um $2 \operatorname{ctg} \omega$ *verschiebt.*

Dabei ist eine geeignete Vorzeichenfestsetzung zu treffen. Stellen wir die bisherigen Ergebnisse noch kurz gegenüber!

Raum.	*Ebene.*
1. Gerade G.	1. Punktepaar l, r.
2. Sich schneidende Geraden G, G'.	2. Isometrische Punktepaare l, r; l', r'; $ll' = rr'$.
3. Punkt.	3. Bewegung.
4. Ebene.	4. Umlegung.

Diese Zuordnung ist mancher Anwendung fähig, z. B. in der darstellenden Geometrie, wo man auf diesem Wege bekannte Eigenschaften der geradlinigen Flächen zweiter Ordnung auf *Ivorys* Eigenschaften der konfokalen Kegelschnitte abgebildet findet, oder auch in der Kinematik, wo z. B. die Eigenschaften der Raumkurven vierter Ordnung erster Art sich in dem Bewegungsvorgang der Koppel eines „Gelenkvierecks" widerspiegeln. An Arbeiten über diese „kinematische Abbildung" seien genannt:

W. Blaschke: Euklidische Kinematik und nichteuklidische Geometrie, Zeitschrift f. Math. u. Physik Bd. 60, S. 61—91 und S. 203 bis 204 (1911).

J. Grünwald: Ein Abbildungsprinzip, welches die ebene Geometrie und Kinematik mit der räumlichen Geometrie verknüpft. Sitzungsberichte, Math.-Nat. Klasse, Wien Abt. IIa, Bd. 120, S. 677—741 (1917).

Vgl. ferner in dem von *E. Kruppa* herausgegebenen ersten Band von *E. Müllers* „Vorlesungen über darstellende Geometrie", „Die linearen Abbildungen", S. 240—277. Leipzig und Wien 1923. Dieses Buch ist überhaupt dadurch bemerkenswert, daß darin die geometrischen Gedanken von *Klein* und *Lie* für die darstellende Geometrie nutzbar gemacht werden.

II. J. Radons mechanische Herleitung des Parallelismus von T. Levi-Civita.

In §§ 57—60 haben wir die Invariantentheorie der quadratischen Differentialformen kennen gelernt, Der geschichtlichen Entwicklung folgend, nahmen wir da unseren Ausgangspunkt von *Gaußens* Flächentheorie, d. h. vom Falle zweier Veränderlichen. Wir sahen dann, wie *Riemann* dieselben Ansätze für n-dimensionale Räume gegeben hat und lernten den weiteren Ausbau dieser Theorie durch *Beltrami*, *Christoffel* und *Lipschitz* kennen.

Wir müssen jetzt über die neueste Entwicklung dieses Gegenstandes berichten. Eine prinzipielle Vereinfachung und Vereinheitlichung der Methoden wurde von *Ricci*[1]) erzielt, dessen „absoluter Differentialkalkül" ein weittragendes Hilfsmittel von großer formaler Eleganz darstellt. Aber die Herleitung von *Ricci*s Kalkül aus formal invariantentheoretischen Gesichtspunkten war mühsam und entbehrte so völlig der geometrischen Anschaulichkeit, daß nur vereinzelt von diesem Instrument Gebrauch gemacht wurde und umfassende Darstellungen unseres Gegenstandes auf seine ausgiebige Benutzung verzichteten. (Vgl. etwa *Bianchi*s Differentialgeometrie.)

Ein völliger Umschwung der Sachlage trat ein, als in *Einsteins* allgemeiner Relativitätstheorie von 1916[2]) sich ein Gebiet erschloß, in dem ohne den *Ricci*-Kalkül überhaupt kaum auszukommen war. Und kurz darauf gab *Levi-Civita*[3]) in der nach ihm benannten „infinitesimalen Parallelverschiebung" das Mittel an, um die Methoden *Ricci*s in geometrisch anschaulicher Weise zu verstehen.

Man ist auf Grund dieses bedeutungsvollen Begriffes imstande, die innere Differentialgeometrie der Flächen wie der allgemeinen *Riemann*schen Räume auf eine neuartige Weise aufzubauen, wobei eine Reihe der wichtigsten Begriffe — wie geodätische Linie, geodätische Krümmung, Totalkrümmung usf. — in neuem Lichte erscheinen. Ja, es haben ganz neue Bahnen der Entwicklung der Differentialgeometrie hier eingesetzt, wie die von *H. Weyl* als „reine Infinitesimalgeometrie"[4]) geschaffene Theorie.

An Darstellungen des Gegenstandes ist kein Mangel; natürlich widmen die Lehrbücher der Einsteinschen Gravitationstheorie, von denen

---

[1]) Zusammenfassende Darstellung der von *G. Ricci-Curbastro* (1853—1924) seit 1887 ausgearbeiteten Methode: Math. Annalen Bd. 54 (*Ricci* und *Levi-Civita*: Méthodes de calcul différentiel absolu).

[2]) *A. Einstein*: Die Grundlage der allgemeinen Relativitätstheorie (Ann. d. Physik, Bd. 49).

[3]) *T. Levi-Civita*: Rendiconti di Palermo, Bd. 42 (1917) (Nozione di parallelismo . . .

[4]) Vgl. die unter diesem Titel in der Math. Zeitschrift, Bd. 2, erschienene Abhandlung sowie das im Text genannte Buch von *Weyl*.

hier nur *Weyls* „Raum, Zeit, Materie" (5. Aufl. Berlin 1923), sowie in dieser Sammlung *Eddingtons* „Relativitätstheorie in mathematischer Behandlung" (Berlin 1925) genannt seien, dem Ricci-Kalkül mehr oder weniger ausführliche Erörterungen. Es sei ferner auf die kurze und sehr einfache Darstellung in *Blaschkes* Differentialgeometrie (Bd. II, Berlin 1923, § 53 bis 57, § 66) verwiesen, sowie auf *Schoutens* umfassende Darstellung „Der Ricci-Kalkül" (Berlin 1924).

Um den Grundgedanken der „Parallelverschiebung" richtig zu erfassen, erinnern wir an den Begriff der geodätischen Krümmung einer Flächenkurve. Wollten wir ihn analog wie die Krümmung einer ebenen Kurve durch den Grenzwert des Quotienten

Richtungsänderung : Bogenlänge

bei verschwindender Bogenlänge definieren, so stünde dem im Wege, daß wir zwei Fortschreitungsrichtungen wohl in demselben, aber nicht in verschiedenen Flächenpunkten miteinander vergleichen, d. h. von dem durch sie bestimmten Winkel reden können. Es muß zuerst eine Vorschrift vorliegen, die es gestattet, die Fortschreitungsrichtung im Ausgangspunkte irgendwie „*parallel*" in den Endpunkt unseres Bogenstückes zu „*verschieben*", damit wir im Endpunkte die entstehende Richtungsänderung feststellen können. In der Aufstellung einer geeigneten, d. h. invariant mit der Metrik unserer Mannigfaltigkeit verbundenen Definition für die Parallelverschiebung einer Richtung längs eines vorgeschriebenen Weges besteht die Leistung von *Levi-Civita*.

Im folgenden soll versucht werden, die Paralellverschiebung aus einer naheliegenden *mechanischen* Betrachtung herzuleiten. Dieser Gedanke stammt von *J. Radon* und wird zum erstenmal veröffentlicht. Die Drehung der Schwingungsebene des *Foucault*schen Pendels ist wiederholt zur Beleuchtung der hier vorliegenden Verhältnisse benutzt worden. Wir wollen umgekehrt von einem damit gleichwertigen mechanischen Problem ausgehen, das uns zur Parallelverschiebung führen soll. Dabei handelt es sich naturgemäß um Flächen des dreidimensionalen Euklidischen Raumes; am Schluß soll gezeigt werden, wie sich entsprechende Betrachtungen auch für die „innere" Geometrie einer allgemeinen (zunächst zweidimensionalen) *Riemann*schen Mannigfaltigkeit anstellen lassen.

Denken wir uns beim Versuch *Foucaults* die Erde ruhend, dafür aber einen Beobachter mit einem Pendel längs eines Parallelkreises fortschreitend, so tritt die aus der Mechanik bekannte Drehung der Schwingungsrichtung ein. Benutzt der Beobachter an Stelle eines Kompasses diese Richtung zur Orientierung, so wird er auch sagen können, er betrachte sie als *parallel* von einem Orte zum andern *verschoben*. Er wird dann nach einem vollen Umlaufe bemerken, daß die Richtung bezüglich der „heimatlichen" Umgebung sich geändert hat und wird, wenn er in Geometrie und Mechanik genügende Kenntnisse besitzt, daraus schließen, daß die Erdoberfläche keine Ebene sein kann.

Nehmen wir jetzt statt des Erdsphäroids eine beliebig gestaltete Fläche, statt des Parallelkreises eine beliebige Bahnkurve, so erhalten wir das im folgenden zu behandelnde Problem. Es wird zu erwarten sein, daß wir mit Hilfe der so gewonnenen Richtungsübertragung etwas über die Geometrie auf unserer Fläche erfahren.

Da ein Schwerefeld, wie wir es für das Pendelexperiment brauchen, im Falle einer beliebigen Fläche physikalisch sehr künstlich wäre, wollen wir lieber elastische Schwingungen verwenden und stellen uns den Beobachter mit einem Instrument ausgerüstet vor, das wir „*Oszillator*" nennen wollen. Es soll aus einem Massenpunkt M bestehen (dessen Masse wir im übrigen $= 1$ annehmen wollen), der in einer Ebene (der „Führungsebene") beweglich ist und von einer elastischen Kraft nach einem festen Punkte der Führungsebene, dem „Führungspunkte" P gezogen wird. Das Potential der elastischen Kraft ist dann

$$= \frac{k^2}{2} \overline{MP}^2$$

zu setzen und wir stellen uns vor, daß wir k^2 nach Bedarf verändern, insbesondere so groß machen können, als wir wollen. Es wird sich nämlich zeigen, daß wir gerade für *große* k^2 in erster Annäherung zu einer einfachen Beschreibung des Bewegungsvorganges gelangen, der im übrigen so vor sich gehen soll: Der Beobachter führt den Oszillator so, daß der Führungspunkt M eine gegebene Bewegung auf der Fläche ausführt, während die Führungsebene stets in die Tangentenebene der Fläche in M fällt. (Man beachte, daß es dabei offenbar nur auf den *Streifen* ankommt, den die Flächenelemente unserer Fläche längs der Bahn von M bilden.)

§ 82. Die Bewegungsgleichungen.

Unsere Fläche sei in der Art von *Gauß* durch die drei Gleichungen:

$$(1) \qquad x = x(u, v), \quad y = y(u, v), \quad z = z(u, v)$$

gegeben. Der Führungspunkt P bewege sich gemäß den Gleichungen:

$$(2) \qquad u = u(t), \quad v = v(t),$$

so daß seine Raumkoordinaten X, Y, Z durch

$$(3) \qquad X = x[u(t), v(t)], \cdots$$

gegeben sind. Die Bewegung des Führungspunktes, also die Funktionen $u(t)$, $v(t)$ wird ein für allemal gegeben gedacht.

Die Lage des schwingenden Punktes M legen wir so fest, daß wir den in der Führungsebene gegebenen Vektor PM linear aus den beiden unabhängigen, ebenfalls in der Führungsebene liegenden Vektoren

$\mathfrak{x}_u$ mit den Komponenten x_u, y_u, z_u

$\mathfrak{x}_v$,, ,, ,, x_v, y_v, z_v

zusammensetzen. Somit erscheinen die Koordinaten von M so dargestellt:

$$(4)\qquad \begin{aligned} x &= X + \alpha x_u + \beta x_v, \\ y &= Y + \alpha y_u + \beta y_v, \\ z &= Z + \alpha z_u + \beta z_v. \end{aligned}$$

Für das Potential ergibt sich dann:

$$(5)\qquad V = \frac{k^2}{2} \Sigma (x - X)^2 = \frac{k^2}{2} (E\alpha^2 + 2F\alpha\beta + G\beta^2)$$

unter Verwendung der klassischen Bezeichnungen von *Gauß*:

$$E = \Sigma x_u^2, \quad F = \Sigma x_u x_v, \quad G = \Sigma x_v^2.$$

Aus (4) folgt durch Ableitung nach der Zeit (wobei die Differentialquotienten nach t mit dem Strich bezeichnet sind):

$$\frac{dx}{dt} = x_u(u' + \alpha') + x_v(v' + \beta') + (x_{uu}u' + x_{uv}v')\alpha + (x_{uv}u' + x_{vv}v')\beta, \ldots$$

und hieraus für die lebendige Kraft:

$$(6)\qquad \begin{aligned} T = \frac{1}{2}\Sigma\left(\frac{dx}{dt}\right)^2 &= \frac{1}{2}\left(E\alpha'^2 + 2F\alpha'\beta' + G\beta'^2\right) + \alpha\alpha'\left(\Sigma x_u x_{uu}u' + \Sigma x_u x_{uv}v'\right) \\ &+ \alpha\beta'(\Sigma x_v x_{uu}u' + \Sigma x_v x_{uv}v') + \beta\alpha'(\Sigma x_u x_{uv}u' + \Sigma x_u x_{vv}v') \\ &+ \beta\beta'(\Sigma x_v x_{uv}u' + \Sigma x_v x_{vv}v') + E\alpha'u' + F(\alpha'v' + \beta'u') \\ &+ G\beta'v' + F_2(\alpha, \beta). \end{aligned}$$

Mit F_2 ist dabei ein Polynom 2. Grades in α und β bezeichnet, dessen Koeffizienten Funktionen der Zeit sind, die durch die „Führungsbewegung" allein bestimmt sind. Wie wir sehen werden, kommt es auf ihren Wert im folgenden nicht an.

In (6) treten eine Reihe von Bildungen auf, die man nach *Christoffel* durch die „Dreizeigersymbole erster Art" so bezeichnet:

$$(7)\qquad \begin{aligned} &\Sigma x_u x_{uu} = \left[{11 \atop 1}\right], \quad \Sigma x_u x_{uv} = \left[{12 \atop 1}\right], \quad \Sigma x_u x_{vv} = \left[{22 \atop 1}\right] \\ &\Sigma x_v x_{uu} = \left[{11 \atop 2}\right], \quad \Sigma x_v x_{uv} = \left[{12 \atop 2}\right], \quad \Sigma x_v x_{vv} = \left[{22 \atop 2}\right]. \end{aligned}$$

Sie lassen sich, und dies ist besonders wichtig, durch E, F, G und ihre Ableitungen ausdrücken. Man bestätigt nämlich leicht:

$$(8)\qquad \begin{aligned} &\left[{11 \atop 1}\right] = \frac{1}{2}E_u, \quad \left[{12 \atop 1}\right] = \frac{1}{2}E_v, \quad \left[{22 \atop 1}\right] = F_v - \frac{1}{2}G_u, \\ &\left[{11 \atop 2}\right] = F_u - \frac{1}{2}E_v, \quad \left[{12 \atop 2}\right] = \frac{1}{2}G_u, \quad \left[{22 \atop 2}\right] = \frac{1}{2}G_v \end{aligned}$$

und kann noch die „Umkehrformeln" hinschreiben:

$$(9)\qquad \begin{aligned} &E_u = 2\left[{11 \atop 1}\right], \quad F_u = \left[{11 \atop 2}\right] + \left[{12 \atop 1}\right], \quad G_u = 2\left[{12 \atop 2}\right], \\ &E_v = 2\left[{12 \atop 1}\right], \quad F_v = \left[{12 \atop 2}\right] + \left[{22 \atop 1}\right], \quad G_v = 2\left[{22 \atop 2}\right]. \end{aligned}$$

Da wir oben T und V berechnet haben, können wir nach *Lagrange* die Bewegungsgleichungen von M in den „generalisierten Koordinaten" α, β so ansetzen:

$$\frac{d}{dt}\left(\frac{\partial T}{\partial \alpha'}\right) = \frac{\partial T}{\partial \alpha} - \frac{\partial V}{\partial \alpha}, \quad \frac{d}{dt}\left(\frac{\partial T}{\partial \beta'}\right) = \frac{\partial T}{\partial \beta} - \frac{\partial V}{\partial \beta}. \tag{10}$$

Die Ausrechnung ergibt für die erste Gleichung unter Benutzung der Christoffelsymbole:

$$\begin{gathered}\frac{d}{dt}\left\{E\alpha' + F\beta' + \alpha\left(\begin{bmatrix}11\\1\end{bmatrix}u' + \begin{bmatrix}12\\1\end{bmatrix}v'\right) + \beta'\left(\begin{bmatrix}12\\1\end{bmatrix}u' + \begin{bmatrix}22\\1\end{bmatrix}v'\right) + Eu' + Fv'\right\}\\ = \alpha'\left(\begin{bmatrix}11\\1\end{bmatrix}u' + \begin{bmatrix}12\\1\end{bmatrix}v'\right) + \beta'\left(\begin{bmatrix}11\\2\end{bmatrix}u' + \begin{bmatrix}12\\2\end{bmatrix}v'\right) + \frac{\partial F_2}{\partial \alpha} - k^2(E\alpha + F\beta).\end{gathered} \tag{11}$$

Rechnet man die Ableitung auf der linken Seite aus, indem man z. B. in

$$\frac{dE}{dt} = E_u u' + E_v v'$$

E_u und E_v nach (9) ausdrückt, so erhalten die Bewegungsgleichungen folgende Gestalt:

$$\begin{aligned} &E\alpha'' + F\beta'' + 2\alpha'\left(\begin{bmatrix}11\\1\end{bmatrix}u' + \begin{bmatrix}12\\1\end{bmatrix}v'\right) + 2\beta'\left(\begin{bmatrix}12\\1\end{bmatrix}u' + \begin{bmatrix}22\\1\end{bmatrix}v'\right)\\ &\qquad + k^2(E\alpha + F\beta) + L_1(\alpha,\beta) = 0,\\ &F\alpha'' + G\beta'' + 2\alpha'\left(\begin{bmatrix}11\\2\end{bmatrix}u' + \begin{bmatrix}12\\2\end{bmatrix}v'\right) + 2\beta'\left(\begin{bmatrix}12\\2\end{bmatrix}u' + \begin{bmatrix}22\\2\end{bmatrix}v'\right)\\ &\qquad + k^2(F\alpha + G\beta) + L_2(\alpha,\beta) = 0.\end{aligned} \tag{12}$$

Hier sind in $L_1(\alpha, \beta)$ und $L_2(\alpha, \beta)$ solche Glieder zusammengefaßt, die in α und β linear sind. Ihre Koeffizienten sind durch die Führungsbewegung bestimmte Funktionen der Zeit.

Lösen wir nach α'' und β'' auf, indem wir gleichzeitig nach *Christoffel* die „Dreizeigersymbole zweiter Art" einführen:

$$\begin{Bmatrix}i,k\\1\end{Bmatrix} = \frac{G\begin{bmatrix}i,k\\1\end{bmatrix} - F\begin{bmatrix}i,k\\2\end{bmatrix}}{EG - F^2}, \quad \begin{Bmatrix}i,k\\2\end{Bmatrix} = \frac{E\begin{bmatrix}i,k\\2\end{bmatrix} - F\begin{bmatrix}i,k\\1\end{bmatrix}}{EG - F^2}, \tag{13}$$

so folgen die endgültigen Bewegungsgleichungen:

$$\begin{aligned} &\alpha'' + 2\alpha'\left(\begin{Bmatrix}11\\1\end{Bmatrix}u' + \begin{Bmatrix}12\\1\end{Bmatrix}v'\right) + 2\beta'\left(\begin{Bmatrix}12\\1\end{Bmatrix}u' + \begin{Bmatrix}22\\1\end{Bmatrix}v'\right)\\ &\qquad + k^2\alpha + L_3(\alpha,\beta) = 0,\\ &\beta'' + 2\alpha'\left(\begin{Bmatrix}11\\2\end{Bmatrix}u' + \begin{Bmatrix}12\\2\end{Bmatrix}v'\right) + 2\beta'\left(\begin{Bmatrix}12\\2\end{Bmatrix}u' + \begin{Bmatrix}22\\2\end{Bmatrix}v'\right)\\ &\qquad + k^2\beta + L_4(\alpha,\beta) = 0.\end{aligned} \tag{14}$$

L_3 und L_4 haben entsprechende Bedeutung wie früher L_1 und L_2.

Wir haben in (14) ein System von zwei linearen Differentialgleichungen zweiter Ordnung zur Bestimmung der „Vektorkomponenten" α und β als Funktionen der Zeit. Bei bekannten α (t), β (t) geben uns die Formeln (4) die Bewegung des schwingenden Punktes M.

§ 83. Asymptotische Integration.

Die vollständige Integration von (14) erfordert natürlich die explizite Kenntnis der Führungsbewegung. Sie liegt aber durchaus nicht in unserer Absicht. Vielmehr fragen wir: Was läßt sich aus den Bewegungsgleichungen (14) schließen, wenn bei festgehaltener Führungsbewegung die „elastische Koppelung“ k^2 unbegrenzt wächst? Es liegt die Vermutung nahe, daß die Zufälligkeiten der Führungsbewegung mehr und mehr an Einfluß verlieren, je stärker die elastische Kraft wird, und daß sich mit unbeschränkt wachsendem k^2 ein einfach zu beschreibender Grenzvorgang immer reiner herausbildet.

Analytisch liegt die Sache so: wir wollen (14) für große k^2 näherungsweise integrieren.

Ein ähnliches Problem liegt in der bekannten *Sturm-Liouville*schen Theorie vor, wo man die Differentialgleichung

$$y'' + k^2 y + A(x)\, y + B(x) = 0$$

für große k^2 nach *Liouville*[1]) „asymptotisch“ integriert. Würden in (14) die Glieder mit den ersten Ableitungen fehlen, so könnten wir genau nach *Liouville* vorgehen und würden erkennen, daß in erster Annäherung die Lösung von (14) durch die Lösung der reinen Schwingungsgleichungen

$$\text{(14a)} \qquad \begin{aligned} \alpha'' + k^2 \alpha &= 0 \\ \beta'' + k^2 \beta &= 0 \end{aligned}$$

gegeben sind.

Somit liegt es nahe, die Wegschaffung der störenden Glieder zu versuchen. Wir setzen dies so an, daß wir den Vektor PM statt auf $\mathfrak{x}_u$, $\mathfrak{x}_v$ auf ein anderes Paar von „Grundvektoren“ $\mathfrak{a}_1$, $\mathfrak{a}_2$ beziehen. Sind diese mit $\mathfrak{x}_u$, $\mathfrak{x}_v$ durch die Gleichungen:

$$\text{(15)} \qquad \mathfrak{a}_1 = w_{11}\mathfrak{x}_u + w_{12}\mathfrak{x}_v, \qquad \mathfrak{a}_2 = w_{21}\mathfrak{x}_u + w_{22}\mathfrak{x}_v$$

verbunden, und ist

$$\text{(16)} \qquad PM = \xi_1 \mathfrak{a}_1 + \xi_2 \mathfrak{a}_2,$$

so haben wir:

$$\alpha = w_{11}\xi_1 + w_{21}\xi_2, \quad \beta = w_{12}\xi_1 + w_{22}\xi_2$$

in den Gleichungen (14) einzutragen. Setzen wir dann die Koeffizienten von ξ_1' und ξ_2' gleich Null, so ergeben sich für die w_{ik} die folgenden Bedingungen:

$$\text{(17,}_1\text{)} \qquad \begin{aligned} w'_{11} + \left(\left\{ {11 \atop 1} \right\} u' + \left\{ {12 \atop 1} \right\} v'\right) w_{11} + \left(\left\{ {12 \atop 1} \right\} u' + \left\{ {22 \atop 1} \right\} v'\right) w_{12} &= 0, \\ w'_{12} + \left(\left\{ {11 \atop 2} \right\} u' + \left\{ {12 \atop 2} \right\} v'\right) w_{11} + \left(\left\{ {12 \atop 2} \right\} u' + \left\{ {22 \atop 2} \right\} v'\right) w_{22} &= 0. \end{aligned}$$

---

[1]) *Liouville*: Journal des mathém. Bd. 2, (1837). Vgl. etwa die Darstellung bei *Bieberbach:* Differentialgleichungen (diese Sammlung, Berlin 1923) II. Abschnitt, 3. Kap., § 4.

$$(17_{,2})\quad \begin{aligned} w'_{21} + \left(\left\{{11 \atop 1}\right\} u' + \left\{{12 \atop 1}\right\} v'\right) w_{21} + \left(\left\{{12 \atop 1}\right\} u' + \left\{{22 \atop 1}\right\} v'\right) w_{22} = 0, \\ w'_{22} + \left(\left\{{11 \atop 2}\right\} u' + \left\{{12 \atop 2}\right\} v'\right) w_{21} + \left(\left\{{12 \atop 2}\right\} u' + \left\{{22 \atop 2}\right\} v'\right) w_{22} = 0. \end{aligned}$$

Da die beiden erhaltenen Gleichungspaare genau gleich gebaut sind, können wir sagen:

Um das Wegfallen der Glieder mit den ersten Ableitungen zu erreichen, führe man nach (15) zwei neue „Grundvektoren" $\mathfrak{a}_1$, $\mathfrak{a}_2$ ein. Dies hat so zu geschehen, daß die Komponenten w_1, w_2 jedes dieser Vektoren bezüglich des alten Systems $(\mathfrak{x}_u, \mathfrak{x}_v)$ — $\mathfrak{a} = w_1 \mathfrak{x}_u + w_2 \mathfrak{x}_v$ — den Differentialgleichungen erster Ordnung genügen:

$$(17^*)\quad \begin{aligned} w'_1 + \left(\left\{{11 \atop 1}\right\} u' + \left\{{12 \atop 1}\right\} v'\right) w_1 + \left(\left\{{12 \atop 1}\right\} u' + \left\{{22 \atop 1}\right\} v'\right) w_2 = 0, \\ w'_2 + \left(\left\{{11 \atop 2}\right\} u' + \left\{{12 \atop 2}\right\} v'\right) w_1 + \left(\left\{{12 \atop 2}\right\} u' + \left\{{22 \atop 2}\right\} v'\right) w_2 = 0. \end{aligned}$$

Natürlich müssen die Lösungssysteme w_{11}, w_{12} und w_{21}, w_{22} linear unabhängig gewählt werden, damit die neuen Grundvektoren verschiedene Richtung haben.

Nun erhalten wir die neuen Bewegungsgleichungen:

$$(18)\quad \begin{aligned} \xi_1'' + k^2 \xi_1 = X_1(\xi_1, \xi_2), \\ \xi_2'' + k^2 \xi_2 = X_2(\xi_1, \xi_2), \end{aligned}$$

wo rechts lineare Ausdrücke in ξ_1, ξ_2 stehen, deren Koeffizienten durch die Führungsbewegung bestimmte Funktionen der Zeit sind.

Im Falle der Ruhe, d. h. für $u(t) = \text{const}$, $v(t) = \text{const}$, haben die X_i, wie man leicht sieht, den Wert Null. In diesem Falle werden die Gleichungen (18), wie bekannt, durch den Ansatz:

$$\begin{aligned} \xi_1 = A_1 \cos kt + B_1 \sin kt, \\ \xi_2 = A_2 \cos kt + B_2 \sin kt \end{aligned}$$

gelöst. Wir wollen einen Bewegungsablauf, der diesen Lösungen entspricht, als eine *einfache Schwingung* — deren Bahn bekanntlich elliptisch oder geradlinig ist — bezeichnen.

Jetzt wollen wir (18) nach der Methode der Variation der Konstanten integrieren, indem wir rechts ξ_1 und ξ_2 wie bekannte Funktionen der Zeit behandeln. Das ergibt nach einfacher Rechnung:

$$(19)\quad \begin{aligned} \xi_1(t) = A_1 \cos kt + B_1 \sin kt + \frac{1}{k}\int_0^t X_1(\xi_1(\tau), \xi_2(\tau)) \sin k(t-\tau)\, d\tau, \\ \xi_2(t) = A_2 \cos kt + B_2 \sin kt + \frac{1}{k}\int_0^t X_2(\xi_1(\tau), \xi_2(\tau)) \sin k(t-\tau)\, d\tau. \end{aligned}$$

Die Lösungen von (18) erscheinen so in zwei Summanden gespalten. Den ersten können wir als einfache Schwingung ansprechen und nennen ihn die „oskulierende einfache Schwingung" unseres Bewegungsvorgangs. Man sieht, daß für $t = 0$ die ξ und ihre ersten Ableitungen nach der Zeit mit den Werten, die der oskulierenden einfachen Schwingung entsprechen, übereinstimmen, womit der Name „oskulierend" gerechtfertigt ist. Die Glieder mit dem Integral erscheinen als „Fehlerglieder", ihren Wert wollen wir nun abschätzen.

Zunächst wollen wir für die Zeit t eine obere Grenze T festsetzen, so daß wir uns nur für den Bewegungsverlauf zwischen $t = 0$ und $t = T$ interessieren. Dann bleiben die (stetigen) Koeffizienten der Linearfunktionen X_1, X_2 absolut unterhalb einer endlichen Grenze γ. Es sei ferner für $0 \leqq t \leqq T$

$$|\xi_1(t)| \leqq |\xi_1(t_1)| = \varrho_1,$$
$$|\xi_2(t)| \leqq |\xi_2(t_2)| = \varrho_2.$$

t_1 und t_2 bezeichnen hier zwei Stellen des Intervalls $0 \leqq t \leqq T$, an denen $|\xi_1|$ bzw. $|\xi_2|$ ihr Maximum erreichen. Jetzt folgt aus (19), wenn man $t = t_1$ bzw. t_2 setzt, durch ganz naheliegende Abschätzung:

$$\varrho_1 \leqq |A_1| + |B_1| + \frac{\gamma T}{k}(\varrho_1 + \varrho_2 + 1),$$
$$\varrho_2 \leqq |A_2| + |B_2| + \frac{\gamma T}{k}(\varrho_1 + \varrho_2 + 1).$$

Addition ergibt:

$$(\varrho_1 + \varrho_2)\left(1 - \frac{2\gamma T}{k}\right) \leqq |A_1| + |B_1| + |A_2| + |B_2| + \frac{2\gamma T}{k}$$

und wählt man

$$k \geqq 4\gamma T, \tag{20}$$

so wird:

$$\varrho_1 + \varrho_2 \leqq 2(|A_1| + |B_1| + |A_2| + |B_2|) + 1,$$

so daß für $0 \leqq t \leqq T$ die Abschätzung:

$$|\xi_1(t)| + |\xi_2(t)| \leqq 2(|A_1| + |B_1| + |A_2| + |B_2|) + 1 \tag{21}$$

gilt.

Jetzt folgt aber, daß der Betrag jedes „Fehlergliedes" unter folgender Grenze bleibt (man achte auf die Bedeutung von γ!):

$$\frac{2\gamma T}{k}\Big(1 + |A_1| + |B_1| + |A_2| + |B_2|\Big).$$

Somit konvergieren mit unbegrenzt wachsendem k die Fehlerglieder bei gegebenen Integrationskonstanten A_i, B_i — oder, was dasselbe besagt, bei festliegender Bahn der oskulierenden einfachen Schwingung — in jedem endlichen Zeitintervalle gleichmäßig gegen Null.

Dieser erste Schritt der asymptotischen Integration liefert bereits alles für uns Nötige, indem er zeigt, *daß für genügend große k^2 die Bewegung mit beliebiger Annäherung durch die oskulierende einfache Schwingung dargestellt wird.*

Ist die Führungsbewegung explizit bekannt, so kann man die gewonnene erste Annäherung in die Korrektionsglieder einsetzen und damit eine zweite Annäherung erhalten usf.

§ 84. Diskussion. Die Parallelverschiebung.

Wir müssen uns nun mit dem System (17*) genauer beschäftigen, denn auf seiner Integration beruhte die Einführung der neuen Grundvektoren $\mathfrak{a}_1$, $\mathfrak{a}_2$, die unseren Gleichungen die einfache Form (18) verschafften.

Da ist zunächst festzustellen, daß das System (17*) die Zeit nur scheinbar enthält, in Wirklichkeit aber nur von der *Bahn* der Führungsbewegung (nicht von ihrem zeitlichen Verlaufe) abhängt. Dies erkennen wir sofort, wenn wir es so schreiben:

$$(22)\quad \begin{aligned} dw_1 + \left(\left\{{11 \atop 1}\right\} du + \left\{{12 \atop 1}\right\} dv\right) w_1 + \left(\left\{{12 \atop 1}\right\} du + \left\{{22 \atop 1}\right\} dv\right) w_2 = 0\,, \\ dw_2 + \left(\left\{{11 \atop 2}\right\} du + \left\{{12 \atop 2}\right\} dv\right) w_1 + \left(\left\{{12 \atop 2}\right\} du + \left\{{22 \atop 2}\right\} dv\right) w_2 = 0\,. \end{aligned}$$

Das Quadrat der Länge des Vektors $\mathfrak{a} = w_1 \mathfrak{x}_u + w_2 \mathfrak{x}_v$ ist

$$\mathfrak{a}^2 = E w_1{}^2 + 2F w_1 w_2 + G w_2{}^2.$$

Wenn wir seine Änderung im Verlaufe der Führungsbewegung ins Auge fassen, so ergibt sich unter Heranziehung von (9):

$$d\mathfrak{a}^2 = 0\,.$$

Betrachten wir ferner zwei verschiedene Vektoren $\mathfrak{a}_1$, $\mathfrak{a}_2$, die während der Führungsbewegung dem Gesetze (22) gehorchen. Dann ist ihr „inneres Produkt"

$$\mathfrak{a}_1 \mathfrak{a}_2 = E w_{11} w_{21} + F(w_{11} w_{22} + w_{12} w_{21}) + G w_{12} w_{22}.$$

Da sich der Vektor $\mathfrak{a}_1 + \mathfrak{a}_2$ ebenfalls gemäß (22) bewegt, so folgt:

$$0 = d(\mathfrak{a}_1 + \mathfrak{a}_2)^2 = d(\mathfrak{a}_1{}^2) + d(\mathfrak{a}_2{}^2) + 2d(\mathfrak{a}_1 \mathfrak{a}_2)\,,$$

also schließlich:

$$d(\mathfrak{a}_1 \mathfrak{a}_2) = 0\,.$$

Da die Längen und der Winkel der beiden Vektoren $\mathfrak{a}_1$, $\mathfrak{a}_2$ durch $\mathfrak{a}_1^2$, $\mathfrak{a}_2^2$ und $\mathfrak{a}_1 \mathfrak{a}_2$ bestimmt sind, so folgt, daß die durch (22) definierte „*Vektorübertragung*" die Längen und Winkel invariant läßt. Denkt man sich also das System aller vom Führungspunkte ausgehenden Vektoren der Führungsebene gleichzeitig nach (22) längs der Bahn des Führungspunktes fortgepflanzt, so kommt dies einfach darauf hinaus, daß die Führungsebene sich in bestimmter Weise als Ganzes *starr* um den Führungspunkt dreht.

Insbesondere denken wir uns die beiden „Grundvektoren" $\mathfrak{a}_1$ und $\mathfrak{a}_2$ als zueinander senkrechte Einheitsvektoren angenommen. Sie behalten dann diese Eigenschaft während der Bewegung bei, so daß ξ_1, ξ_2 als *gewöhnliche rechtwinklige Koordinaten* des Punktes M in der Führungsebene gedeutet werden können, wenn das Koordinatensystem, d. h. die beiden Grundvektoren, in der nach (22) vorgeschriebenen Weise von Punkt zu Punkt übertragen wird.

Ist nun vor $t = 0$ der Beobachter *in Ruhe*, so führt der Oszillator eine einfache Schwingung aus, die wir als geradlinig annehmen wollen:

$$\xi_1 = a_1 \sin kt, \qquad \xi_2 = a_2 \sin kt.$$

Beginnt nun die Bewegung des Beobachters zur Zeit $t = 0$, so ist die „oskulierende" einfache Schwingung offenbar durch dieselben Formeln dargestellt. Da sie aber nach dem Ergebnis von § 83 auch die erste Annäherung an den wirklichen Bewegungsvorgang gibt, so können wir sagen: *Die Bewegung des Oszillators verläuft in erster Annäherung für große k^2 so, daß der „Schwingungsvektor" — dessen Komponenten im ξ_1, ξ_2-System a_1, b_1 sind — sich gemäß* (22) *längs der Führungsbahn fortpflanzt. Das hierdurch gegebene „Parallelverschiebungsgesetz" der Vektoren läßt Längen und Winkel ungeändert. Im übrigen ist dieses Gesetz gemäß* (22) *nur durch solche Größen bestimmt, die von E, F, G und ihren Ableitungen abhängen, es ist also biegungsinvariant.*

Nach der Schlußbemerkung vor § 82 ist ferner klar, daß die durch (22) gegebene Übertragung nur vom *Flächenstreifen* abhängt, längs dessen die Führung stattfindet. Berühren sich also zwei Flächen in einer Kurve, so ist der Verschiebungsprozeß (22) längs dieser Kurve für beide derselbe.

Die beiden letzten Bemerkungen gestatten z. B., die bekannte Drehung der Schwingungsebene beim Pendel *Foucaults* fast ohne Rechnung herzuleiten. Umschreiben wir nämlich der Erde S längs des durch die geographische Breite φ gegebenen Parallelkreises einen Drehkegel K (vgl. Abbildung 89), so können wir für die Parallelverschiebung das

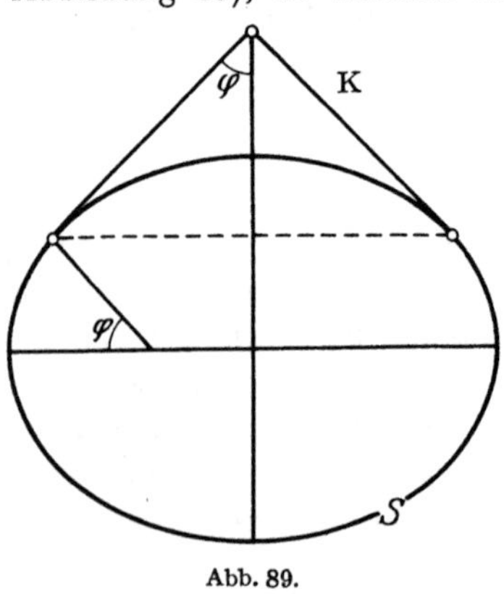

Abb. 89.

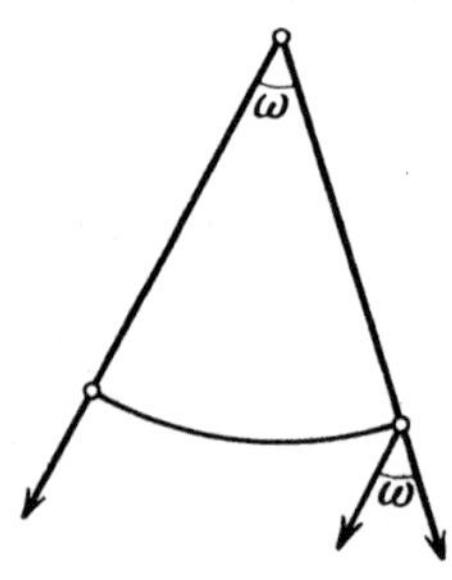

Abb. 90.

Erdsphäroid durch den Drehkegel ersetzen. Rollen wir seinen Mantel in der Ebene ab, nachdem wir ihn längs einer Erzeugenden aufgeschnitten haben (Abbildung 90), so wird der Zentriwinkel ω des entstehenden Kreissektors, wie man unmittelbar erkennt, durch:

$$\omega = 2\pi \cdot \sin \varphi$$

gegeben.

Da aber der Verschiebungsprozeß biegungsinvariant ist, ferner für die Ebene in den elementaren Parallelismus übergeht, so folgt (vgl. Abb. 90), daß beim Umlauf um den Parallelkreis eine Drehung gegen den Meridian im Betrage ω stattgefunden hat, was mit dem in üblicher Weise abgeleiteten Ergebnis übereinstimmt[1]).

§ 85. Anwendung der Parallelverschiebung in der Flächentheorie.

Unsere durch (22) erklärte Parallelverschiebung der Vektoren ist nun nichts anderes, als die von *Levi-Civita* eingeführte. Wir lernen ihre Bedeutung besser kennen, wenn wir sie mit einigen Grundbegriffen der Flächentheorie in Verbindung setzen.

Es sei die „Führungskurve" C eine beliebige Flächenkurve. Wir betrachten den tangentialen Einheitsvektor:

$$\mathfrak{t} = \mathfrak{x}_u \frac{du}{ds} + \mathfrak{x}_v \frac{dv}{ds}.$$

Bei Übergang vom Punkte t zu einem Nachbarpunkte $t + \delta t$ von C haben wir in $t + \delta t$ erstens wieder den tangentialen Einheitsvektor $\mathfrak{t}'$ mit den Komponenten:

$$\frac{du}{ds} + \frac{d^2u}{ds^2}\delta s, \quad \frac{dv}{ds} + \frac{d^2v}{ds^2}\delta s.$$

andererseits den aus $\mathfrak{t}$ durch die Parallelverschiebung hervorgehenden Vektor $\mathfrak{t}''$ mit den Komponenten [nach (22)]:

$$(23)\quad \begin{aligned} &\frac{du}{ds} - \left[\left(\begin{Bmatrix}11\\1\end{Bmatrix}\frac{du}{ds} + \begin{Bmatrix}12\\1\end{Bmatrix}\frac{dv}{ds}\right)\frac{du}{ds} + \left(\begin{Bmatrix}12\\1\end{Bmatrix}\frac{du}{ds} + \begin{Bmatrix}22\\1\end{Bmatrix}\frac{dv}{ds}\right)\frac{dv}{ds}\right]\delta s,\\ &\frac{dv}{ds} - \left[\left(\begin{Bmatrix}11\\2\end{Bmatrix}\frac{du}{ds} + \begin{Bmatrix}12\\2\end{Bmatrix}\frac{dv}{ds}\right)\frac{du}{ds} + \left(\begin{Bmatrix}12\\2\end{Bmatrix}\frac{du}{ds} + \begin{Bmatrix}22\\2\end{Bmatrix}\frac{dv}{ds}\right)\frac{dv}{ds}\right]\delta s. \end{aligned}$$

Der Winkel $\delta\tau$ zwischen $\mathfrak{t}'$ und $\mathfrak{t}''$ wird als *Maß der Richtungsänderung* von $\mathfrak{t}$ längs δs dienen können. Nun ist nach einer bekannten flächentheoretischen Formel[2]):

$$\sin\delta\tau = \sqrt{EG - F^2}\begin{vmatrix} \frac{du}{ds} - \left[\begin{Bmatrix}11\\1\end{Bmatrix}\left(\frac{du}{ds}\right)^2 + 2\begin{Bmatrix}12\\1\end{Bmatrix}\frac{du}{ds}\frac{dv}{ds} + \begin{Bmatrix}22\\1\end{Bmatrix}\left(\frac{dv}{ds}\right)^2\right]\delta s, & \frac{du}{ds} + \frac{d^2u}{ds^2}\delta s \\ \frac{dv}{ds} - \left[\begin{Bmatrix}11\\2\end{Bmatrix}\left(\frac{du}{ds}\right)^2 + 2\begin{Bmatrix}12\\2\end{Bmatrix}\frac{du}{ds}\frac{dv}{ds} + \begin{Bmatrix}22\\2\end{Bmatrix}\left(\frac{dv}{ds}\right)^2\right]\delta s, & \frac{dv}{ds} + \frac{d^2v}{ds^2}\delta s \end{vmatrix}$$

also bei Beschränkung auf die Glieder niedrigster Ordnung in δs:

$$(24)\quad \sin\delta\tau = \sqrt{EG - F^2}\left[\frac{du}{ds}\frac{d^2v}{ds^2} - \frac{dv}{ds}\frac{d^2u}{ds^2} + \left[\begin{Bmatrix}11\\2\end{Bmatrix}\left(\frac{du}{ds}\right)^2 + \cdots\right]\frac{du}{ds} - \left[\begin{Bmatrix}11\\1\end{Bmatrix}\left(\frac{du}{ds}\right)^2 + \cdots\right]\frac{dv}{ds}\right]\delta s.$$

[1]) Vgl. *Schoutens* Modelle, die bei *Struik:* Mehrdimensionale Differentialgeometrie (Berlin 1922) auf Seite 47 abgebildet sind.

[2]) Siehe etwa die „Allgemeine Flächentheorie" von *E. Salkowski* in *Pascals* Repertorium, 2. Aufl., 2. Bd., 2. Hälfte, S. 1070, Formel (10).

Schließlich ergibt sich:

$$\lim_{\delta s \to 0} \frac{\delta \tau}{\delta s} = K_g,$$

d. h. gleich der *geodätischen Krümmung* von C im Punkte t, denn die rechte Seite von (24), geteilt durch δs, ist genau die geodätische Krümmung[1]).

So läßt sich dieser wichtige Begriff auf Grund der Parallelverschiebung in überaus einfacher Weise einführen, nämlich ebenso wie die Krümmung ebener Kurven.

Das Vorzeichen der geodätischen Krümmung hat folgende Bedeutung: $K_g > 0$ heißt, daß sich die Kurventangente gegen die parallelverschobene im positiven Sinne, d. h. im Sinne der kürzesten Drehung eines „δu-Elementes" in ein „δv-Element" gedreht hat, $K_g < 0$ das entgegengesetzte. Dies folgt hier aus der Bedeutung des Vorzeichens von $\sin \delta\tau$ in der oben verwendeten Formel.

Da die *geodätischen Linien* durch $K_g = 0$ gekennzeichnet sind, so erhalten wir die Aussage:

Geodätische Linien auf einer Fläche sind solche Kurven, deren Tangente beim Fortschreiten längs der Kurve zu sich selbst parallel verschoben wird.

Da wir wissen, daß sich bei der Parallelverschiebung alle Vektoren unter Erhaltung der Winkel drehen, so kann $\delta\tau$ auch als die *Abnahme* des Winkels ω zwischen der Kurventangente und einem *beliebigen* Vektor $\mathfrak{a}$ bei Parallelverschiebung des letzteren gedeutet werden (Abb. 91). Damit ist umgekehrt die Parallelverschiebung längs einer Kurve nach

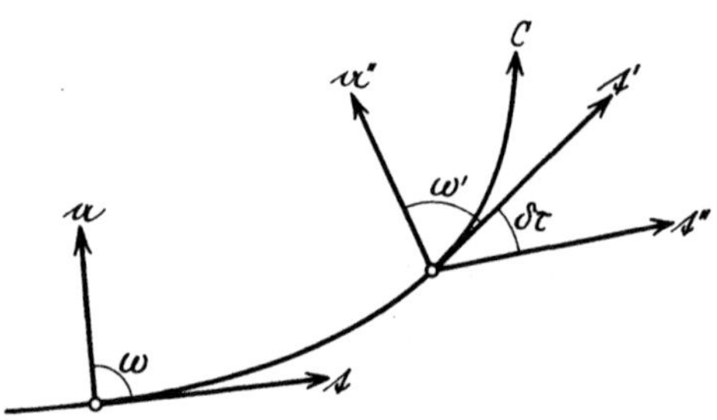

Abb. 91.

$$\delta\omega = -K_g\, \delta s, \quad \delta(\mathfrak{a}^2) = 0$$

völlig mit Hilfe ihrer geodätischen Krümmung erklärt.

Betrachten wir jetzt eine *geschlossene Kurve* C auf der Fläche, die ein einfach zusammenhängendes Flächenstück vom Inhalte Δo umgrenzt. Wir können annehmen, daß unser (u, v)-Koordinatensystem innerhalb Δo und auf seine Begrenzung keine Singularität aufweist (wie dies z. B. bei geographischer Länge und Breite in den Polen der Erde der Fall wäre) und dann etwa durch die positive Richtung der Kurven $v = \text{const}$ in jedem Punkte eine „Nullrichtung" festlegen. Bei einem Umlauf (im positiven Sinne) um C dreht sich dann der Tangentenvektor gegen die Nullrichtung um 2π.

---

[1]) Man erhält dies aus der allgemeinen Formel von *Beltrami* (vgl. *Blaschke:* Differentialgeometrie I, § 69) durch Spezialisierung auf den Fall, daß die Bogenlänge als Parameter benutzt wird.

Bezeichnen wir die Winkel, die $\mathfrak{t}$ sowie ein beliebiger längs C zu sich selbst parallel verschobener Vektor $\mathfrak{a}$ mit der Nullrichtung bilden, mit τ bzw. α, so gilt für den Winkel $\omega = (\mathfrak{t}, \mathfrak{a})$:

$$\omega = \alpha - \tau.$$

Da nun bei der Parallelverschiebung von $\mathfrak{a}$:

$$\delta\omega = \delta\alpha - \delta\tau = -K_g \delta s,$$

so folgt:

$$\int_C \delta\omega = \int_C \delta\alpha - 2\pi = -\int_C K_g\, \delta s$$

oder:

$$\text{Gesamtdrehung von } a = \int_C \delta\alpha = 2\pi - \int_C K_g\, \delta s.$$

Nach einer bekannten Formel von *Gauß-Bonnet*[1]) ist dies aber weiter gleich:

$$\iint_{\Delta o} K do,$$

wo K das *Gauß*sche Krümmungsmaß der Fläche bedeutet. Dieses Ergebnis gestattet nun, das Krümmungsmaß mit Hilfe der Parallelverschiebung so zu erklären:

Man verschiebe einen beliebigen Vektor $\mathfrak{a}$ *längs einer geschlossenen Kurve C parallel zu sich selbst. Den Winkel, um den er sich nach einem vollen Umlauf gedreht hat, dividiere man durch den Inhalt des von C begrenzten Flächenstückes. Zieht sich hierauf C auf einen Punkt P zusammen, so nimmt der betrachtete Quotient als Grenzwert das Gaußsche Krümmungsmaß der Fläche in P an.*

Hat man die Parallelverschiebung für *Riemanns* Raum von n Dimensionen definiert, so kann man genau so vorgehen. Benutzt man als Kurve C ein infinitesimales Parallelogramm, das durch die Fortschreitungsrichtungen dx_i bzw. δx_i bestimmt wird, so erkennt man sofort, daß man in diesem Falle zu jeder Lage des „Büschels" $(dx, \delta x)$ (vgl. § 59) einen Wert für das Krümmungsmaß erhält. Die Durchrechnung ergibt natürlich das an der eben erwähnten Stelle angeschriebene Ergebnis von *Riemann.*

Man sieht weiter: Notwendig und hinreichend dafür, daß die Parallelverschiebung längs beliebiger geschlossener Wege jeden Vektor in seine Anfangslage zurückbringt — oder, was dasselbe ist, daß die Parallelverschiebung der Vektoren *unabhängig vom Wege* vor sich geht — ist das Verschwinden des *Gauß*schen Krümmungsmaßes, d. h. die *Abwickelbarkeit der Fläche auf die Ebene.*

Die Parallelverschiebung nach *Levi-Civita* läßt sich also nur auf den *Euklidischen* zweidimensionalen Mannigfaltigkeiten unabhängig vom Wege ausführen. Das überträgt sich wörtlich auf den Fall von n Dimensionen.

[1]) Vgl. etwa *W. Blaschke:* Differentialgeometrie I, § 63.

§ 86. Herleitung der Parallelverschiebung aus der inneren Geometrie der Fläche.

Unsere eben gegebene Herleitung der Parallelverschiebung hat den Mangel, daß sie die Fläche in den Euklidischen Raum eingebettet voraussetzte, während sich doch nachträglich herausstellte, daß es nur auf ihre erste *Gauß*sche Grundform $E\,du^2 + 2F\,du\,dv + G\,dv^2$ ankam. Da wir uns der klassischen Mechanik bedienten, war dieser Nachteil nicht zu vermeiden, der übrigens auch der ersten Herleitung durch *Levi-Civita* anhaftet. Wir wollen noch kurz zeigen, wie man unter naheliegenden Annahmen über die Mechanik *in* der Fläche dasselbe Ziel erreichen kann.

Vorher soll noch kurz erwähnt werden, wie man nach *Weyl*[1]) die Parallelverschiebung durch eine einfache, wenn auch vielleicht nicht ganz ungezwungene Erklärung einführen kann, ohne die „Geometrie auf der Fläche" zu verlassen. Man braucht nur zu verlangen:

a) Die Parallelverschiebung ist unabhängig von der Koordinatenwahl.

b) Sie läßt Längen und Winkel ungeändert.

c) Es gibt *zu jedem Flächenpunkte* P ein Koordinatensystem, für welches die Parallelverschiebung der Vektoren in P durch

$$\delta w_1 = 0, \qquad \delta w_2 = 0$$

bestimmt ist.

Aus b) folgt leicht, daß in einem solchen Koordinatensystem für den Punkt P die ersten partiellen Ableitungen von E, F, G Null sind. Dann verschwinden aber in dem Punkte P alle Dreizeigersymbole, und unsere Formeln (22) decken sich mit der *Weyl*schen Forderung c). Da auch unsere frühere Herleitung die Unabhängigkeit der Parallelverschiebung vom Koordinatensystem erkennen läßt, kann dann auch in einem beliebigen Koordinatensystem bei der *Weyl*schen Definition nichts anderes herauskommen als unsere Parallelverschiebung.

Wir wenden uns jetzt der angekündigten Betrachtung zu und denken uns eine zweidimensionale *Riemann*sche Mannigfaltigkeit in abstracto durch die Grundform

$$ds^2 = E\,du^2 + 2F\,du\,dv + G\,dv^2$$

gegeben. Wir betrachten wieder einen „Oszillator", der aus zwei elastisch gekoppelten Punkten P und M der Mannigfaltigkeit besteht, von denen P wie früher „geführt" wird.

Wir wollen die Bewegungsgleichungen wieder nach *Lagrange* ansetzen. Durch die moderne Physik sind wir ja nachgerade an diese Übertragung klassischer Ansätze in nichteuklidische Räume gewöhnt. Wir schreiben wieder das elastische Potential hin:

$$V^* = \frac{k^2}{2}\,\overline{MP}^2,$$

---

[1]) *H. Weyl*, Raum, Zeit, Materie (4. Aufl.) § 14.

sind aber jetzt im Zweifel, was unter der „Entfernung" der Punkte M und P zu verstehen ist. Beschränken wir uns aber auf den Fall *kleiner* Schwingungen, so verschwindet diese Schwierigkeit; denn haben die Punkte P und M die Koordinaten:

$$P: u, v; \qquad M: u + \alpha, v + \beta,$$

so brauchen wir im Falle kleiner Schwingungen nur die Glieder bis zur zweiten Ordnung in α und β. Diese sind aber offenbar in jedem Falle durch

$$\overline{MP}^2 = E\alpha^2 + 2F\alpha\beta + G\beta^2 + \cdots$$

gegeben.

Gar keinen Schwierigkeiten begegnet die Übertragung des Begriffs der lebendigen Kraft. Es ist natürlich:

$$T^* = \frac{1}{2}\left(\frac{ds}{dt}\right)^2 = \frac{1}{2}\Big\{E(u+\alpha, v+\beta)(u'+\alpha')^2$$
$$+ 2F(u+\alpha, v+\beta)(u'+\alpha')(v'+\beta') + G(u+\alpha, v+\beta)(v'+\beta')^2\Big\}$$

und wenn wir auch hier mit den Gliedern zweiter Ordnung abbrechen, so wird:

$$T^* = \frac{1}{2}\Big\{E\alpha'^2 + 2F\alpha'\beta' + G\beta'^2 + 2E_u u'\alpha\alpha' + 2E_v u'\beta\alpha' + 2F_u v'\alpha\alpha'$$
$$+ 2F_v v'\beta\alpha' + 2F_u u'\alpha\beta' + 2F_v u'\beta\beta' + 2G_u v'\alpha\beta' + 2G_v v'\beta\beta'\Big\}$$
$$+ F_2^*(\alpha, \beta),$$

wo F_2^* wieder ein Polynom zweiten Grades ist.

Während

$$V^* = \frac{k^2}{2}(E\alpha^2 + 2F\alpha\beta + G\beta^2)$$

sich mit dem früheren V deckt, ist das gleiche bei T^* und T nicht der Fall. Vielmehr ergibt sich unter Heranziehung von (9):

$$T^* - T = \alpha\alpha'\left(\begin{bmatrix}1\,1\\1\end{bmatrix}u' + \begin{bmatrix}1\,1\\2\end{bmatrix}v'\right) + (\beta\alpha' + \alpha\beta')\left(\begin{bmatrix}1\,2\\1\end{bmatrix}u' + \begin{bmatrix}1\,2\\2\end{bmatrix}v'\right)$$
$$+ \beta\beta'\left(\begin{bmatrix}2\,2\\1\end{bmatrix}u' + \begin{bmatrix}2\,2\\2\end{bmatrix}v'\right) + \text{Polynom 2. Grades in } \alpha \text{ und } \beta.$$

Bei der Aufstellung der Bewegungsgleichungen werden also folgende Glieder neu hinzukommen:

$$\frac{d}{dt}\frac{\partial(T^*-T)}{\partial\alpha'} - \frac{\partial(T^*-T)}{\partial\alpha} \quad \text{und} \quad \frac{d}{dt}\frac{\partial(T^*-T)}{\partial\beta'} - \frac{\partial(T^*-T)}{\partial\beta}$$

Bei Berechnung dieser Glieder fallen aber die Ableitungen α', β' völlig fort und die verbleibenden in α und β *linearen* Glieder stören nicht, weil wir oben auf solche gar nicht zu achten brauchten. Daher ergeben sich schließlich dieselben Schlüsse wie früher, womit unser Ziel erreicht ist.

Die Übertragung der in diesem Abschnitt skizzierten Überlegungen auf den n-dimensionalen Fall bereitet keine Schwierigkeiten.

Fügen wir diesem Abschnitt noch einige *Literaturangaben* bei! Etwa gleichzeitig mit der grundlegenden Schrift *Levi-Civita*s über seinen Parallelismus ist diesem Begriff auch *G. Hessenberg* in Math. Annalen Bd. 78 (1917), S. 187—217 sehr nahe gekommen. Über verwandte Untersuchungen von *J. A. Schouten* vgl. man sein auf S. 332 genanntes Buch. Vgl. auch *E. Bompiani*, Atti Ist. Veneto 1920—21, S. 356, 839, 1113.

Unter Führung *H. Weyl*s ist aus dem Parallelismus eine neue Art geometrischer Betrachtung entstanden, die den Parallelismus an die Spitze stellt und schließlich dazu geführt hat, die *Klein-Lie*sche gruppentheoretische Grundlegung der Geometrie unter Beschränkung auf das Infinitesimale in neuer allgemeinerer Art auszubauen. Es seien dazu folgende Schriften genannt:

H. Weyl, Mathematische Analyse des Raumproblems, Berlin 1923. Mehrere Arbeiten von *E. Cartan* seit 1922, insbesondere: Les groupes d'holonomie des espaces généralisés, Acta mathematica Bd. 48 (1925), S. 1—42. Ferner Untersuchungen von *J. A. Schouten*, über die er in der zweiten Auflage seines Riccikalkuls berichten wird. Am allgemeinsten sind wohl die hierhergehörigen Untersuchungen *W. Wirtinger*s, die Berührungstransformationen heranziehen, vgl. insbes.: Allgemeine Infinitesimalgeometrie und Erfahrung, Abhandlungen Hamburg Bd. 4 (1925), S. 178—200.

An neueren Lehrbüchern über die *Riemann*sche Geometrie und die Tensorrechnung seien noch genannt:

T. Levi-Civita, Lezioni di calcolo differenziale assoluto, Rom 1925;
E. Cartan, La géométrie des espaces de Riemann, Paris 1925.
P. Appell, Traité de Mécanique Bd. 5, Paris 1926;
L. P. Eisenhart, Riemannian Geometry, Princeton 1926.

III. Aus der Topologie: E. Artins Zöpfe.

Im ganzen Verlauf dieser Vorlesung haben wir mit wenigen Ausnahmen die vorkommenden geometrischen Gebilde als analytisch vorausgesetzt und uns überdies meist auf die Betrachtung „regulärer" Stellen beschränkt. Das hatte unter anderem den Vorteil, daß wir auch imaginäre Gebilde leicht heranziehen konnten, was auch zur Erzielung reeller Ergebnisse von Nutzen sein kann, wofür *S. Lie*s Lehre von den Minimalflächen eines der schlagendsten Beispiele bildet.

Indessen auch schon in der Geometrie der von uns behandelten Gruppen kann man zu vielfach neuen und anziehenden Fragestellungen kommen, wenn man sein Augenmerk nur auf reelle Gebilde im engsten Sinn des Wortes richtet, dafür aber die Forderung nach der Darstellbarkeit durch analytische Funktionen fallen läßt.

Ein Beispiel! Legen wir in der ebenen Geometrie etwa die sechsgliedrige Gruppe der Kreisverwandtschaften von *Möbius* zugrunde.

Unter einer „Kurve" dieser Ebene verstehen wir etwa das eindeutige und stetige Abbild eines Kreises. Dann wollen wir etwa die Kurven untersuchen, die mit keinem Kreis mehr als vier Punkte gemein haben. Es ist beispielsweise leicht zu zeigen, daß jede solche Kurve genau vier „Scheitel" besitzt, in denen ein Kreis mit der Kurve vier zusammenfallende Punkte gemein hat. Die so erklärten Kurven bilden offenbar eine naturgemäße Verallgemeinerung der in § 12 erwähnten zyklischen Kurven *Darbouxs*.

Vor allem der dänische Geometer *C. Juel* hat solche Fragestellungen erfolgreich bearbeitet und es sei insbesondere auf seine „Theorie der Elementarflächen dritter Ordnung" hingewiesen (Math. Annalen Bd. 76, 1915, S. 548 bis 574). Es ist da die sehr merkwürdige Frage offen geblieben, ob es nicht analytische Elementarflächen dritter Ordnung überhaupt gibt, ob also eine gewissen Regularitätsforderungen genügende Fläche des projektiven Raumes, die von einer nicht auf ihr liegenden Geraden in höchstens drei Punkten getroffen wird, notwendig algebraisch ist.

Hierher gehört auch die bisher am weitesten geförderte *Theorie der konvexen Gebilde*, die seit *Archimedes* die Geometer beschäftigt hat und die in neuerer Zeit insbesondere durch *H. Minkowski* für die Zahlentheorie wichtig geworden ist. Es fehlt bisher an einer zusammenfassenden Darstellung der vielen über die konvexen Körper erzielten Ergebnisse, unter denen die von *H. Brunn* aus den Jahren 1887, 1889 hervorgehoben seien. Ein Anfang ist damit gemacht in dem kleinen Buch von *W. Blaschke:* Kreis und Kugel, Leipzig 1916.

Völlig unhaltbar wird die Beschränkung auf analytische Gebilde, die ja auch an und für sich nichts weniger als naheliegend und anschaulich ist, bei Fragen der Topologie. Legen wir etwa die Raumvorstellung der Elementargeometrie zugrunde! Man nennt eine punktweise Abbildung in diesem Raum „*topologisch*", wenn sie und ihre Umkehrung eindeutig und stetig ist. Die „*Analysis situs*" oder „*Topologie*" ist dann das Studium der Invarianten gegenüber solchen Abbildungen.

Wenn wir von einem geometrischen Gebilde etwa zunächst die elementargeometrischen Eigenschaften studieren, die bei Bewegungen des Gebildes erhalten bleiben, dann die projektiven und endlich die topologischen, so bleibt immer weniger übrig. Erst haben wir das bunte elementargeometrische Kleid vor uns, dann die schlichteren Körperformen der projektiven Geometrie und schließlich bleibt nur das topologische Knochengerüst zurück. Dafür haben wir aber auch die Genugtuung, daß wir zu immer wesentlicheren Eigenschaften vordringen.

Das erste wichtige Ergebnis der Topologie ist der Polyedersatz *Eulers*, der nach einer Mitteilung von *Leibniz* auf *Descartes* zurückgeht:

$$\text{Flächenzahl} - \text{Kantenzahl} + \text{Eckenzahl} = 2(1 - p),$$

die für geschlossene Polyeder gilt und *Euler* für $p = 0$ bekannt war. p ist die topologische Invariante, die man das „*Geschlecht*“ nennt.

Die neuere Entwicklung der Topologie knüpft sich vor allem an zwei Namen, nämlich *H. Poincaré* und *L. E. J. Brouwer*. Durch diese beiden Namen werden auch zwei Richtungen dieses wichtigen aber unnahbaren Zweiges der Geometrie gewiesen, nämlich die *kombinatorische Topologie* einerseits und andererseits die *mengentheoretische Topologie*. In der kombinatorischen Topologie werden (roh gesprochen) Kurven durch Polygone, Flächen durch Polyeder ersetzt, wobei gewisse Umformungen erlaubt sind. Die Verallgemeinerungen von *Euler*s Polyedersatz spielen dabei eine wesentliche Rolle und dazu kommen gewisse Beziehungen zur Theorie der diskreten Gruppen. Wir werden uns das Wesen dieser kombinatorischen Topologie am besten an einem (vom üblichen durch *Poincaré* vorgezeichneten Wege abweichenden) Beispiel deutlich machen, an *E. Artin*s Theorie der Zöpfe.

Vorher werfen wir einen Blick auf die mengentheoretische Topologie! Ihr ältester Satz ist *C. Jordan*s Kurvensatz in der Geometrie der Ebene. Er sagt aus: Das topologische Bild eines Kreises bestimmt in der Ebene genau zwei Gebiete (Gebiet = Punktmenge mit nur inneren Punkten) und fällt mit der vollständigen Begrenzung dieser Gebiete zusammen. Unter den vielen Beweisen, die seit *Jordan* für diesen so einleuchtend klingenden Satz gegeben worden sind, sei insbesondere auf den von *E. Schmidt*, Berliner Akademieberichte 1923, S. 318—329 hingewiesen. Damit in Zusammenhang steht der *Satz von der Invarianz des Gebietes* (Erhaltung der Dimensionenzahl) bei topologischer Abbildung, der für beliebige Dimensionenzahl zuerst von *Brouwer* (Math. Annalen Bd. 70, 1911, S. 161) bewiesen wurde. Wir wollen im folgenden an dem einfachen Beispiel des „Deformationssatzes“ von *H. Tietze* uns das Wesen mengentheoretischer Topologie klarzumachen suchen.

Von einer neueren Gesamtdarstellung der Topologie ist in der vorliegenden Sammlung der erste Band erschienen: *B. v. Kerékjártó*: Vorlesungen über Topologie Bd. 1, Berlin 1923, eine Darstellung, die naturgemäß noch manches zu wünschen übrig läßt.

§ 87. Alexanders Beweis für Tietzes Deformationssatz.

Betrachten wir die Gruppe der topologischen Abbildungen einer Kreisscheibe $x^2 + y^2 \leqq 1$ auf sich selbst. Etwa nach dem Satz von der Gebietsinvarianz geht der Rand $x^2 + y^2 = 1$ bei einer solchen Abbildung in sich über, und wir haben zwei Fälle zu unterscheiden, je nachdem bei der Abbildung des Randes der Umlaufssinn erhalten bleibt oder umgekehrt wird. Nehmen wir nun die ersten Abbildungen, die „*gleichsinnigen*“ heraus, so liegt die Vermutung nahe, daß sie eine stetige Gruppe bilden und das ist der Inhalt von *Tietze*s Deformationssatz. Stellen wir uns die Kreisscheibe $x^2 + y^2 \leqq 1$ für den Augenblick in den beiden Ebenen

$z = 0$ und $z = 1$ dar, so wird also behauptet, daß man zu einer vorgelegten topologischen Abbildung der Punkte $x^2 + y^2 \leqq 1$, $z = 0$ auf die Punkte $x^2 + y^2 \leqq 1$, $z = 1$ jeden Punkt mit seinem entsprechenden durch einen Faden im Zylinder $x^2 + y^2 \leqq 0$, $0 \leqq z \leqq 1$ so verbinden kann, daß jeder Faden jede Ebene $z = \text{const}$ ($\geqq 0$, $\leqq 1$) genau einmal trifft und daß die Fäden den Zylinder einmal ausfüllen.

Wir wollen zeigen: Es bedeutet keine wesentliche Einschränkung, wenn wir fordern, daß bei unserer Abbildung der Kreismittelpunkt und alle Randpunkte fest bleiben sollen. Ist nämlich der Mittelpunkt O dem Punkt O^* zugeordnet, so kann man durch eine stetige Folge topologischer Abbildungen, die den Rand fest lassen, O^* nach O bringen, indem man sich am Rande und in O^* elastische Fäden angeknüpft denkt und dann O^* geradlinig nach O führt und dabei die Fäden mitschleppt. Wem diese „Kautschukterminologie" zuwider ist, dem steht es frei, an ihre Stelle Formeln zu setzen. Sind, nachdem dies erreicht ist, r und φ Polarkoordinaten und φ, φ^* die Winkel entsprechender Punkte auf dem Rand, so ist wegen der vorausgesetzten Gleichsinnigkeit φ^* eine stetige, monoton wachsende Funktion von φ mit der Periode 2π. Führen wir jetzt eine Schar von gleichsinnigen topologischen Abbildungen $T(t)$ unserer Kreisscheiben aus, bei der jeder Radius r ungeändert bleibt und bei der auf dem Rande

$$\varphi(t) = (1 - t)\varphi^* + t\varphi$$

wird, so führen diese Abbildungen, wenn t stetig von Null bis Eins läuft, stetig jeden Randpunkt ($r = 1$, φ^*) in sein Original ($r = 1$, φ) zurück.

Wir haben also schließlich zu beweisen: *Es sei eine topologische Abbildung $T(P_0 \to P_1)$ der Kreisscheibe $x^2 + y^2 \leqq 1$ auf sich gegeben, bei der der Ursprung $(x = y = 0)$ und jeder Randpunkt $(x^2 + y^2 = 1)$ sich selbst entspricht. Es ist zu zeigen, daß es möglich ist, eine stetige Schar ebensolcher Abbildungen der Kreisscheibe anzugeben, die die Identität mit der gegebenen verbindet.*

Wir erweitern zunächst den Geltungsbereich von T stetig auf die ganze Ebene, indem wir jeden Punkt in $x^2 + y^2 > 1$ sich selbst zuordnen. Dann führen wir die Abbildung $T(t)$ ein, deren Punktepaare aus den Punktepaaren $P_0(x_0, y_0)$, $P_1(x_1, y_1)$ von T durch die Ähnlichkeitstransformation $A(t)\,\{x^* = tx,\ y^* = ty\ (0 < t \leqq 1)\}$ entstehen und die wieder in der ganzen Ebene erklärte topologische Abbildungen sind, die den Ursprung und jeden Randpunkt $x^2 + y^2 = 1$ in sich überführen. [Es ist $T(t) = A^{-1}(t)\,T A^{+1}(t)$]. Lassen wir t stetig von $t = 1$ bis $t = 0$ laufen, so erhalten wir eine stetige Reihe von Transformationen $T(t)$ die für $t = 1$ mit der Gegebenen und für $t = 0$ mit der Identität zusammenfällt. Damit ist also der Deformationssatz schon bewiesen.

Dieser Beweis stammt von dem amerikanischen Geometer *J. W. Alexander:* On the deformation of an n-cell. Proc. Nat. Ac. U. S. A.

Bd. 9 (1923), S. 406. Der ursprüngliche Nachweis von *H. Tietze: Rendiconti del circolo matematico di Palermo* Bd. 38 (1914), S. 247—304 war ziemlich verwickelt, hat aber gegenüber dem von *Alexander* den Vorteil, auf andere Fälle leichter übertragbar zu sein.

Nach den Beispielen von *Jordans* Kurvensatz und *Tietzes* Deformationssatz könnte man denken, daß in der Topologie das Erhabene sehr nahe beim Lächerlichen liegt und daß sich die mengentheoretische Topologie damit begnügt, von vornherein sehr naheliegende Dinge auf mehr oder weniger einfachen Wegen als richtig zu erweisen. Um diese Meinung zu entkräften, sei noch auf ein Beispiel von *L. Antoine* hingewiesen, das sehr paradox erscheint.

Unter einem „Ring" sei das Gebiet verstanden, das von einer Kugel beschrieben wird, wenn sie sich um eine sie nicht schneidende Achse dreht. Innerhalb eines solchen Ringes R_1 nehmen wir eine Kette von kleineren Ringen R_2 an, wie das in unserer Abb. 92 dargestellt ist. Innerhalb jedes Ringes R_2 in derselben Art eine Kette von Ringen R_3 und so fort. Wir betrachten die Menge M aller Punkte, die in unendlich vielen dieser Ringe liegen.

Abb. 92.

M ist perfekt, d. h. besteht nur aus Häufungspunkten und enthält alle seine Häufungspunkte, und läßt sich topologisch auf eine perfekte und nirgend dichte Menge auf einem Kreis abbilden. Diese topologische Abbildung läßt sich auf keine noch so kleine Umgebung fortsetzen, da M die merkwürdige Eigenschaft hat, daß jede Fläche, die das topologische Abbild der Kugel ist und in beiden von ihr nach *Jordan* bestimmten Gebieten Punkte von M hat, notwendig selbst Punkte von M enthält.

Vgl. *L. Antoines* Dissertation, Straßburg i. E. 1921.

Wir wenden uns jetzt zu dem Beispiel, das wir aus der kombinatorischen Topologie bringen wollen, nämlich zu *E. Artins* Theorie der Zöpfe[1]). Und beginnen mit einer allgemeinen Fragestellung.

§ 88. Das Knotenproblem.

Wohl eines der wichtigsten Probleme der Topologie, dessen Lösung bis heute noch aussteht, ist das sogenannte Knotenproblem und seine Verallgemeinerung, das Problem der Verkettungen. Wir wollen uns zunächst mit der Fragestellung dieser Probleme beschäftigen.

Unter einem Knoten versteht man eine stetige doppelpunktfreie geschlossene Raumkurve. Man sieht dabei zwei Knoten K_1 und K_2

[1]) *E. Artin*, Abhandlungen aus dem Mathem. Seminar Hamburg, Bd. 4. S. 47—72. (1925).

als identisch an, wenn es eine solche topologische Abbildung des dreidimensionalen Raums auf sich selbst gibt, die K_1 in K_2 überführt. Von der Abbildung wird aber überdies noch gefordert, daß sie die „Indikatrix" des Raumes, das heißt einen ihm aufgeprägten Schraubungssinn in sich überführt.

Diese Erklärung der Gleichheit zweier Knoten ist offenbar der strenge Ersatz für folgende anschaulich einleuchtende Festsetzung: Es soll möglich sein, die Kurve K_1 stetig in die Kurve K_2 zu deformieren, und zwar unter Vermeidung von Selbstüberschneidungen der Kurve. Die Schwierigkeiten, die der Begriff der Deformation in sich birgt, wenn man nicht doch auf eine Deformation des Gesamtraumes zurückgreifen will, sollen bald erörtert werden.

Das Knotenproblem besteht nun in der Angabe eines allgemein gültigen und in jedem einzelnen Falle wirklich durchführbaren Verfahrens, mit dessen Hilfe man von zwei vorgelegten Raumkurven entscheiden kann, ob sie gleich sind oder nicht. Womöglich soll auch noch eine Aufzählung aller verschiedenen Knotentypen erfolgen.

In dieser allgemeinen Fassung muß man das Knotenproblem aber wohl als hoffnungslos bezeichnen. Es liegt dies an dem Verhalten stetiger Kurven im Kleinen, wobei, wie *H. Tietze* bemerkt hat, vor allem der Fall einer Verknotung unendlich hoher Ordnung Schwierigkeiten machen dürfte. Der in Abb. 93 gezeichnete Fall, bei dem sich Verknotungen abnehmender Größe gegen einen Punkt häufen, ist ja nur einer der einfachsten, man kann ja zum Beispiel diese Singularität noch verdichten.

Abb. 93.

Um nun aus der Gesamtheit der Raumkurven eine einfache Klasse auszusondern, bei der man mehr Aussicht auf Lösung des Problems hat, wird man etwa fordern, daß unsere Kurve aus endlich vielen geradlinigen Strecken zusammengesetzt sei oder wenigstens im Sinne unsrer Erklärung einer Kurve dieser Art gleichwertig sei.

Die so gewonnene engere Klasse ist es nun, die dem eigentlichen Knotenproblem zugrunde liegt. Sie umfaßt gerade die Fälle, die man mit Hilfe von Fäden wirklich herstellen kann.

Wie schon erwähnt, ist der Begriff der Deformation mit Vorsicht zu gebrauchen. Würde man ihn einfach als stetige Abänderung ohne Selbstüberschneidung erklären, so wäre jeder Knoten in einen Kreis deformierbar.

In der Tat! Man denke sich unseren Knoten in einen geschlossenen undehnbaren Faden geschlungen, und zwar so, daß der eigentlich verknotete Teil klein ist im Verhältnis zur Länge des Fadens. Dann ziehe man den verknoteten Teil zusammen, bis die Kurve in eine unverknotete Kurve übergeht, d. h. in eine solche, die in einen Kreis deformiert werden kann. Selbstüberschneidungen sind dabei nicht vorgekommen.

Will man Deformationen, denen man ihre anschauliche Bedeutung ja nicht absprechen kann, dennoch beibehalten, so wird man als Vorsichtsmaßregel zum Beispiel fordern, daß auch im ganzen Verlauf der stetigen Abänderung unsere Kurve aus endlich vielen geradlinigen Strecken zusammengesetzt ist. Die Anzahl der Strecken muß beschränkt, und ihre Länge oberhalb einer positiven Schranke bleiben. Solange man Deformationen nur in diesem Sinne gebraucht, ist ihre Verwendung unbedenklich.

Beim Problem der Verkettungen liegt eine *Schar* von endlich vielen geschlossenen Raumkurven ohne Doppelpunkte vor. Die Gleichheit zweier Verkettungen wird wie bei den Knoten erklärt, und es handelt sich nun wieder um ein endliches Verfahren, um zu entscheiden, ob zwei vorgelegte Verkettungen gleich sind oder nicht.

Es mögen nun noch einige Beispiele von Knoten angeführt werden.

In Abb. 94 sind die beiden sogenannten *Kleeblattschlingen* gezeichnet. Die eine ist das Spiegelbild der anderen. Es gibt also zwar eine Abbildung des Raumes auf sich, die die eine Kleeblattschlinge in die andere überführt, aber diese Abbildung führt die Indikatrix des Raumes nicht in sich über. *M. Dehn* hat zuerst den Beweis dafür erbracht, daß es wirklich keine Abbildung des Raumes auf sich selbst gibt, welche die Indikatrix erhält und die eine Kleeblattschlinge in die andere überführt. Es sind dies also verschiedene Knoten.

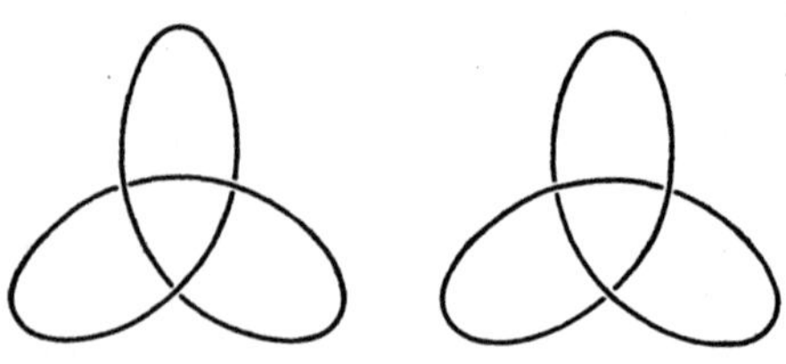

Abb. 94.

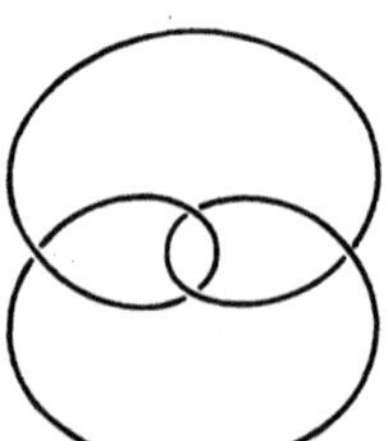

Abb. 95.

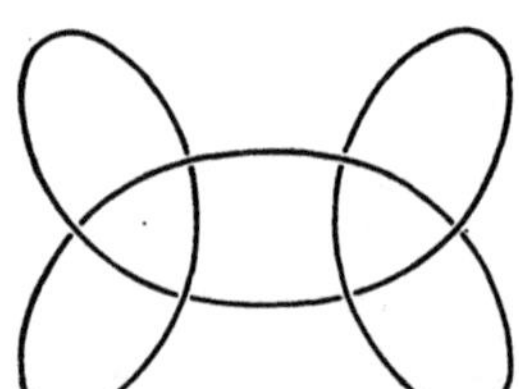

Abb. 96.

Der Knoten von Abb. 95 wird die *Doppelschlinge* genannt. Im Gegensatz zur Kleeblattschlinge läßt sie sich in ihr Spiegelbild deformieren.

Endlich sei noch ein anderer in der Praxis vorkommender Knoten erwähnt. Es ist der *Weberknoten* von Abb. 96, der sich in einfacher Weise aus den beiden Kleeblattschlingen zusammensetzt.

Es würde hier zu weit führen, auf alle Ergebnisse einzugehen, die man in der Erforschung des Knotenproblems gewonnen hat. Wir müssen deshalb auf die Abhandlungen von *Dehn*[1]) verweisen. Bisher ist erst die Zurückführung des Problems, wann eine Kurve unverknotet ist, auf eine Aufgabe der Gruppentheorie geglückt. Doch sind wir selbst von der Lösung dieser gruppentheoretischen Frage noch weit entfernt.

§ 89. Die Gruppe der Zöpfe.

Die Schwierigkeiten des Knotenproblems veranlassen uns, uns einem einfacheren Problem ähnlicher Art zuzuwenden, welches die Geflechte von Fäden betrifft.

Unter einem Zopf Z von n-ter Ordnung verstehen wir folgendes topologisches Gebilde:

Im Raum sei ein Rechteck mit den Gegenseiten g_1, g_2 und h_1, h_2 (der „Rahmen" von Z) vorgelegt. Auf jeder der beiden Seiten g_1 und g_2 seien n Punkte $A_1, A_2, \ldots A_n$ und $B_1, B_2, \ldots B_n$ gegeben, wobei der Sinn der Numerierung von h_1 nach h_2 laufe. Jedem Punkte A_i sei eindeutig ein Punkt B_{r_i} zugeordnet, mit dem er durch eine doppelpunktfreie Raumkurve μ_i verbunden ist, die keine andere Kurve μ_k schneidet. Die Kurve μ_i erhalte noch die Orientierung von A_i nach B_{r_i}. Zwei solche Zöpfe heißen äquivalent oder kürzer gleich, wenn sie sich ineinander ohne Selbstdurchdringung deformieren lassen. Bei dieser Deformation betrachte man auch die Verlängerungen von g_1 und g_2 als undurchdringlich. Man beachte die beiden Orientierungen, die im Zopfe liegen. Die erste betrifft die Numerierung der Punkte A_i. die zweite den Sinn der Kurven μ_i. Bei der Deformation hat man auf diese Orientierungen Rücksicht zu nehmen.

Diese Definition werde nun eingeengt durch die weitere Forderung: Nach passender Deformation von Z sollen die Projektionen der Kurven μ_i auf die Ebene des Rahmens ganz im Innern des Rechtecks laufen, sich nur in endlich vielen Punkten schneiden und mit einer zu g_1 parallelen Geraden nur einen Punkt gemein haben. Da man mehrfache Punkte durch leichte Abänderung in Doppelpunkte auflösen kann, wollen wir auch noch annehmen, daß bei der Projektion nur einfache Schnittpunkte auftreten. Schematisch wird sich dann ein Zopf durch eine Zeichnung wie in Abb. 98 wiedergeben lassen. In Abb. 97 ist als Beispiel ein Geflecht gezeichnet, das wir nicht

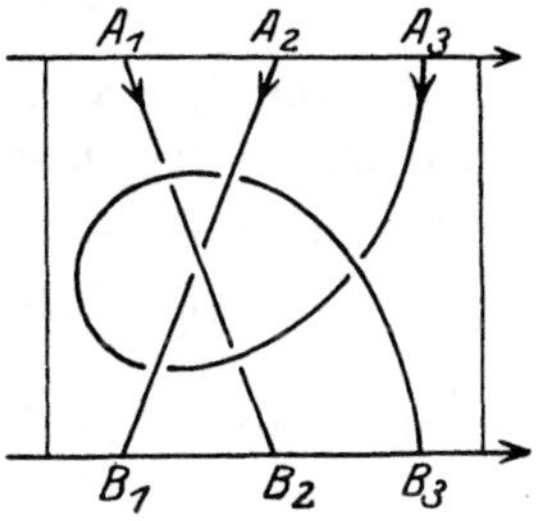

Abb. 97.

[1]) *M. Dehn*, Über die Topologie des dreidimensionalen Raumes. Math. Ann. Bd. 69, S. 137. — Die beiden Kleeblattschlingen. Math. Ann. Bd. 75, S. 402. — Vgl. auch drei demnächst von *K. Reidemeister* in den Abhandlungen des math. Seminars Hamburg Bd. 5 (1927) erscheinende Noten über Knoten und Gruppen.

als Zopf betrachten werden. Im weiteren Verlauf denken wir uns die Zöpfe gleich in einer solchen „Normalgestalt“ gegeben.

Aus zwei Zöpfen Z_1 und Z_2 von n-ter Ordnung kann durch Zusammensetzen ein dritter gebildet werden, indem man durch Deformation der Normalgestalten die beiden Rechtecke in einer Ebene so aneinanderlegt, daß die Seite g_2 von Z_1 an g_1' von Z_2 anstößt, die Punkte B_i von Z_1 mit den Punkten A_i' von Z_2 zusammenfallen und h_1', h_2' in die Verlängerungen von h_1 und h_2 fallen. Dann lösche man die Gerade $g_2 = g_1'$. Das Ergebnis ist ein neuer Zopf, den wir mit $Z_1 Z_2$ bezeichnen. Der Zopf $Z_1 Z_2$ wird also kurz gesagt durch Aneinanderhängen der beiden Zöpfe Z_1 und Z_2 erhalten. In Abb. 98 ist dies andeutungsweise wiedergegeben. Man achte dabei wieder auf die Orientierungen. Wir erwähnen noch ausdrücklich, obwohl dies schon aus dem Gesagten hervorgeht, daß bei diesem Vorgang der i-te Faden von Z_1 nicht notwendig mit dem i-ten

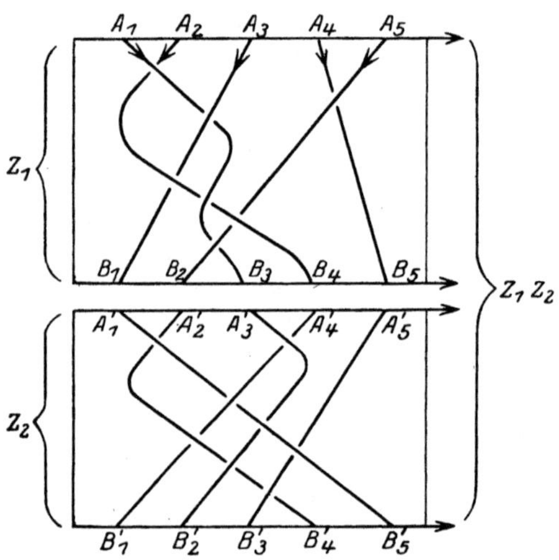

Abb. 98.

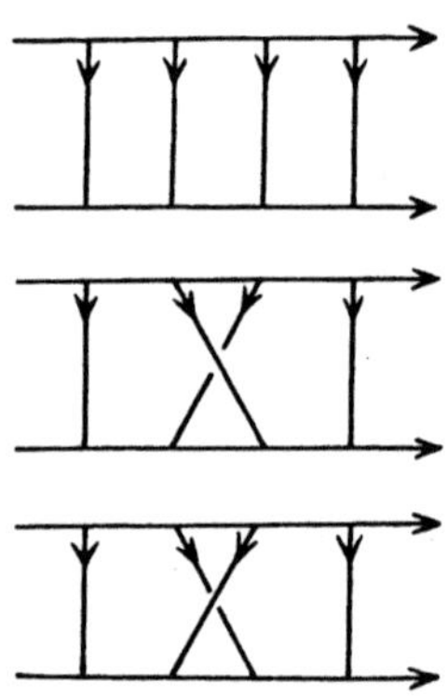

Abb 99.

Faden von Z_2 zu verknüpfen ist. Ist vielmehr μ_i die Verbindung von A_i und B_{r_i}, so hat man ja B_{r_i} mit dem Punkt A'_{r_i} von Z_2 zusammenfallen zu lassen, so daß μ_i mit dem Faden μ'_{r_i} von Z_2 verknüpft wird. In Abb. 98 ist z. B. der erste Faden von Z_1 mit dem dritten Faden von Z_2 verbunden.

Das assoziative Gesetz

$$(1) \qquad Z_1(Z_2 Z_3) = (Z_1 Z_2) Z_3$$

für unsere Verknüpfung leuchtet unmittelbar ein. Denn offenbar erscheint derselbe Zopf, wenn man an Z_1 den bereits verknüpften $Z_2 Z_3$ anhängt oder aber an Z_1 den Zopf Z_2 und an das Ergebnis erst Z_3. Dagegen ist im allgemeinen die Reihenfolge von Z_1 und Z_2 wesentlich, d. h. es gilt nicht das kommutative Gesetz.

Die einfachsten Typen von Zöpfen n-ter Ordnung sind in Abb. 99 dargestellt. Wir haben:

1. Den Zopf E, bei dem der Punkt A_i mit B_i verbunden ist und die Fäden μ_i miteinander nicht verschlungen sind. Bei passender Deformation schneiden sich dann die Projektionen unserer Kurven nicht. Ersichtlich gilt, wenn Z ein beliebiger Zopf ist:

(2) $$ZE = EZ = Z.$$

Unser Zopf E spielt also die Rolle der Einheit und werde deshalb auch einfach mit 1 bezeichnet.

2. Der Zopf σ_i, bei dem A_i mit B_{i+1} und A_{i+1} mit B_i verbunden ist, wobei der i^{te} Faden einmal *über* dem $(i+1)^{\text{ten}}$ Faden läuft, die übrigen Fäden aber wie bei E, also unverschlungen von A_r nach B_r laufen.

3. Der Zopf σ_i^{-1}, bei dem derselbe Sachverhalt wie bei σ_i vorliegt, nur daß der i-te Faden einmal *unter* dem $(i+1)$-ten läuft.

Verknüpft man den Zopf σ_i mit σ_i^{-1}, so kann man den i-ten Faden vom $(i+1)$-ten herunterheben, erhält also den Zopf E. Ebenso wenn σ_i^{-1} mit σ_i verknüpft wird. Es gilt also:

(3) $$\sigma_i \cdot \sigma_i^{-1} = \sigma_i^{-1} \cdot \sigma_i = 1.$$

Aus diesem Grunde wurde der dritte Typus σ_i^{-1} genannt.

Nunmehr kann man leicht einsehen, daß jeder Zopf durch passende Verknüpfung der Elementarzöpfe $\sigma_1^{\pm 1}, \sigma_2^{\pm 1}, \ldots \sigma_{n-1}^{\pm 1}$ erhalten werden kann, da man ihn nach leichten Deformationen in solche Schichten zerlegen kann, so daß in jeder einzelnen Schicht nur eine Überkreuzung liegt. Die in Abb. 100 vorkommenden Zöpfe gestatten zum Beispiel die Darstellung:

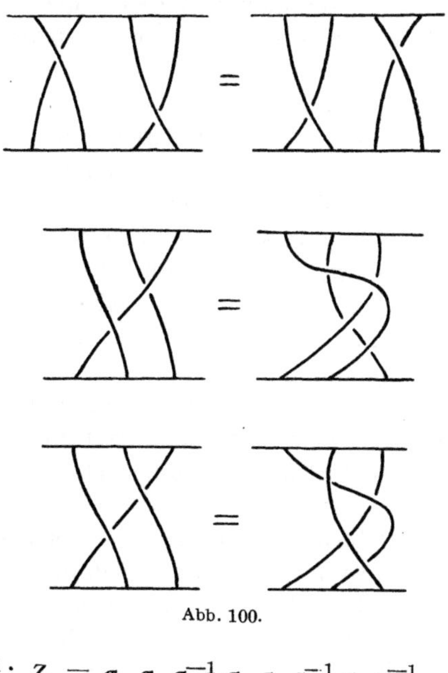

Abb. 100.

$$Z_1 = \sigma_1\, \sigma_4^{-1}\, \sigma_2^{-1}\, \sigma_1\, \sigma_2^{-1}\, \sigma_3\, \sigma_2^{-1}; \quad Z_2 = \sigma_1\, \sigma_3\, \sigma_2^{-1}\, \sigma_1\, \sigma_3\, \sigma_2^{-1}\, \sigma_4\, \sigma_3^{-1}$$

Dies aber hat zur Folge, daß es zu jedem Zopf Z einen inversen Z^{-1} gibt, für den gilt:

(4) $$ZZ^{-1} = Z^{-1}Z = 1.$$

So ist z. B.: $Z_1^{-1} = \sigma_2\sigma_3^{-1}\sigma_2\sigma_1^{-1}\sigma_2\sigma_4\sigma_1^{-1}$. Die geometrische Bedeutung von Z^{-1} ist auch unmittelbar zu erkennen. Man erhält ihn nämlich, wenn man die Projektion von Z an der Geraden g_2 spiegelt und die Orientierung der Kurven im Spiegelbild einfach umkehrt.

Somit bilden die Zöpfe n-ter Ordnung eine Gruppe $\mathfrak{Z}_n$ mit den $(n-1)$ Erzeugenden $\sigma_1, \sigma_2 \ldots \sigma_{n-1}$.

§ 90. Die definierenden Relationen.

Die Darstellung eines Zopfes Z mit Hilfe der σ_i ist natürlich nicht eindeutig, da zwischen den σ_i noch gewisse Relationen bestehen werden, die von den erlaubten Deformationen von Z herrühren. Es wird sich nun zunächst darum handeln, „die definierenden" Relationen unserer Gruppe zu bestimmen, die Deformationen also zu arithmetisieren. Man überlegt sich nun leicht, daß eine Deformation von Z aus einer Normalgestalt in eine andere stets auch in der Normalgestalt ausgeführt werden kann, so daß es nur auf ein Umordnen der Fäden ankommt.

Dieses Umordnen der Fäden soll nun in einzelne Schritte zerlegt werden. Statt mehrere Fäden zugleich umzuordnen, kann man nacheinander die einzelnen Fäden über oder unter den anderen wegziehen. Dabei wird man allerdings mehrmals zum gleichen Faden zurückkehren müssen, nachdem man inzwischen die anderen Fäden passend umgelegt hat. Jedenfalls besteht aber ein einzelner Schritt darin, daß ein gewisser Faden allein deformiert wird und die anderen fest bleiben.

Dieser einzelne Schritt kann nun weiter in noch einfachere zerlegt werden. Verfolgen wir nämlich die Fadendeformation, so wird unser Faden in gewissen Augenblicken benachbarte Fäden überschreiten oder unterschreiten, ferner werden sich die Überkreuzungen, an denen unser Faden beteiligt ist, verschieben. Geschieht dies an mehreren Stellen zugleich, so kann man dies wieder hintereinander ausführen. Denken wir uns nun an einer Stelle den i-ten Faden über den $(i+1)$-ten gelegt, so wird knapp nach der Überschreitung an dieser Stelle des Zopfes der Teil $\sigma_i \cdot \sigma_i^{-1}$ eingeschoben erscheinen. Dies gibt uns also keine Relation. Ebenso bedeutet die umgekehrte Operation nur das Weglassen eines Teils $\sigma_i \sigma_i^{-1}$.

Es bleibt also noch das „Verschieben" zu betrachten. Es handle sich etwa um σ_i. Solange man mit σ_i nicht eine Überkreuzung passiert, an der der $(i+1)$-te Faden beteiligt ist, kann im Ausdruck für Z höchstens die Veränderung eintreten, daß σ_i, das vor dem Verschieben einem Gliede σ_k folgte, nunmehr diesem vorangeht. Dabei muß $k \neq i+1$ sein, da der i-te und $(i+1)$-te Faden in dem betrachteten Zopfteil nur an der Überkreuzung σ_i beteiligt sind. (Vgl. Abb. 100.) Diese Umordnung gibt also die Relation:

(5) $$\sigma_i \sigma_k = \sigma_k \sigma_i .$$

Wenn man aber beim „Verschieben" von σ_i (etwa nach „oben") eine Überkreuzung passiert, an der der $(i+1)$-te Faden beteiligt ist, also $\sigma_i^{\pm 1}$, so entnehmen wir Abb. 100, in denen natürlich nur das betroffene Stück unseres Zopfes gezeichnet ist:

$$\sigma_{i+1}^{\pm 1}\,\sigma_i = \sigma_i^{\mp 1}\,\sigma_{i+1}\,\sigma_i^{\pm 1}\,\sigma_{i+1}^{\pm 1}.$$

Dies gibt in beiden Fällen die Relation:

$$\sigma_i\sigma_{i+1}\sigma_i = \sigma_{i+1}\sigma_i\sigma_{i+1}. \tag{6}$$

Die vollkommene Symmetrie von (6) weist schon darauf hin, daß man nichts Neues erhält, wenn man etwa σ_i nach „unten" verschiebt oder wenn man den i-ten Faden über den $(i+1)$-ten zieht. Man kann sich davon mühelos überzeugen. Ebenso führt auch das Verschieben von σ_i^{-1} nur auf (5) und (6).

Das Umordnen der Fäden läuft somit nur auf wiederholte Anwendung der Relationen (5) und (6) hinaus, so daß diese ein System definierender Relationen für unsere Gruppe sind. Wir haben also:

Die Gruppe $\mathfrak{Z}_n$ der Zöpfe n-ter Ordnung läßt sich aus den $(n-1)$ Erzeugenden $\sigma_1, \sigma_2 \ldots \sigma_{n-1}$ aufbauen, zwischen denen die Relationen bestehen:

$$\sigma_i \rightleftarrows \sigma_k,\quad k \neq i-1,\ i+1. \tag{7}$$

$$\sigma_i\sigma_{i+1}\sigma_i = \sigma_{i+1}\sigma_i\sigma_{i+1},\qquad i = 1, 2, \ldots n-2. \tag{8}$$

Dabei bedeutet das Zeichen $\rightleftarrows$ die Vertauschbarkeit von σ_i und σ_k, die Relation (7) ist also nur eine andere Schreibweise von (5).
Für $n = 3$ fällt die Relation (7) weg und es bleibt nur:

$$\sigma_1\sigma_2\sigma_1 = \sigma_2\sigma_1\sigma_2. \tag{9}$$

Wir bemerken zunächst, daß sich die Gruppe $\mathfrak{Z}_n$ immer durch zwei Erzeugende darstellen läßt. Wir setzen nämlich:

$$a = \sigma_1\sigma_2\sigma_3 \ldots \sigma_{n-1}, \tag{10}$$

$$\sigma = \sigma_1. \tag{11}$$

Betrachten wir nun den Ausdruck $a\sigma_i$. Da σ_i mit fast allen σ_k vertauschbar ist, kann man es ziemlich weit nach links rücken lassen und erhält so:

$$a\sigma_i = \sigma_1\sigma_2 \ldots \sigma_{i-1}\sigma_i\sigma_{i+1}\cdot\sigma_i\cdot\sigma_{i+2}\sigma_{i+3}\ldots\sigma_{n-1}.$$

Wendet man (8) an, so wird:

$$a\sigma_i = \sigma_1 \ldots \sigma_{i-1}\cdot\sigma_{i+1}\sigma_i\sigma_{i+1}\cdot\sigma_{i+2}\ldots\sigma_{n+1},$$

und wegen (7):

$$a\sigma_i = \sigma_{i+1}\cdot\sigma_1\ldots\sigma_{i-1}\cdot\sigma_i\sigma_{i+1}\ldots\sigma_{n-1} = \sigma_{i+1}\cdot a$$

oder:

$$\sigma_{i+1} = a\sigma_i a^{-1}. \tag{12}$$

Durch wiederholte Anwendung erschließt man daraus:

$$\sigma_i = a^{i-1}\sigma a^{-(i-1)}. \tag{13}$$

Damit sind aber die Elemente σ_i durch die beiden Zöpfe a und σ ausgedrückt, so daß man auch a und σ als Erzeugende nehmen kann.

Es wird sich uns nun darum handeln, die sämtlichen unabhängigen Relationen zwischen a und σ herzuleiten. Dabei muß man vorsichtig zu Werke gehen, da es nicht genügt, einfach die alten Relationen durch die neuen Erzeugenden auszudrücken.

Wir verfahren so:

Die Gruppe $\mathfrak{Z}_n$ kann man sich auch erzeugt denken aus den $(n+1)$ Erzeugenden σ_i, a, σ mit den Relationen (7), (8), (10), (11), (13). Denn wegen (10), (11) sind die Erzeugenden a und σ ja nur überflüssigerweise hinzugefügt, und die Relation (13) ist eine Folge von (7) und (8).

Nun ist (12) eine Folge von (13). Multipliziert man die Relation

$$\sigma_1\sigma_2\sigma_1 = \sigma_2\sigma_1\sigma_2$$

von links mit a und von rechts mit a^{-1}, so folgt aus (12):

$$\sigma_2\sigma_3\sigma_2 = \sigma_3\sigma_2\sigma_3.$$

Durch erneute Anwendung dieses Verfahrens erschließt man daraus die allgemeine Relation (8). An Stelle von (8) kann also die speziellere Relation $\sigma_1\sigma_2\sigma_1 = \sigma_2\sigma_1\sigma_2$ treten.

Aber auch dies ist überflüssig. Wegen (7) ist nämlich σ_1 vertauschbar mit dem Produkt $\sigma_3\sigma_4\ldots\sigma_{n-1}$, wegen (10) also mit $\sigma_2^{-1}\sigma_1^{-1}a$. Dies gibt:

$$\sigma_1 \cdot \sigma_2^{-1}\sigma_1^{-1}a = \sigma_2^{-1}\sigma_1^{-1}a \cdot \sigma_1.$$

Nun ist nach (12): $a\sigma_1 = \sigma_2 a$. Trägt man dies ein, so wird:

$$\sigma_1\sigma_2^{-1}\sigma_1^{-1} = \sigma_2^{-1}\sigma_1^{-1}\sigma_2.$$

Dies erkennt man aber nach leichter Umrechnung als Relation $\sigma_1\sigma_2\sigma_1 = \sigma_2\sigma_1\sigma_2$ wieder. Somit genügen die Relationen: (7), (10), (11), (13).

Ähnlich wie bei (8), so erkennt man auch, daß bei (7) der Fall $i = 1$, also:

$$\sigma_1\sigma_k = \sigma_k\sigma_1 \qquad (k \geq 3)$$

genügt. Trägt man darin (13) ein, so erkennt man nach leichter Änderung der Bezeichnung:

$$(14) \qquad \sigma \rightleftarrows a^i\sigma a^{-i} \quad \text{für } 2 \leq i \leq n-2$$

(für $n = 3$ keine Relation).

Umgekehrt liefert (14) und (13) die Relation (7). Es bleiben also noch die Relationen (10), (11), (13), (14). Man trage nun (13) ein in (10) und erhält

$$a = \sigma\, a\, \sigma \ldots a\, \sigma\, a^{-(n-2)} = a^{-1}\,(a\,\sigma)^{n-1} \cdot a^{-(n-2)}.$$

Dies gibt die Relation:

$$(15) \qquad a^n = (a\,\sigma)^{n-1}.$$

Aus (15) und (13) ergibt sich umgekehrt (10), so daß man der Gruppe $\mathfrak{Z}_n$ auch die Relationen (11), (13), (14), (15) zugrunde legen kann. Von ihnen haben aber (11) und (13) nur den Charakter von Benennungen, so daß man sie weglassen kann. Dann aber bleiben nur die beiden Erzeugenden a und σ mit den Relationen (14) und (15) übrig.

Auch die Elemente a und $a\sigma$ erzeugen die ganze Gruppe. Nach (15) ist a^n Potenz von jeder dieser Erzeugenden. Somit ist a^n mit ihnen, also auch mit jedem Element der Gruppe vertauschbar. Dies folgt allein aus (15). Nun ist leicht zu sehen, daß man die Hälfte der Relationen (14) weglassen kann. Aus (14) folgt nämlich nach Transformation mit a^{-i}:

$$a^{-i}\sigma a^i \rightleftarrows \sigma\,,$$

also:

$$\sigma \rightleftarrows a^{-i}\sigma a^i = a^n \cdot a^{-i}\sigma a^i \cdot a^{-n}$$

oder

$$\sigma \rightleftarrows a^{(n-i)}\,\sigma\, a^{-(n-i)}.$$

Wir haben also bewiesen:

Die Gruppe $\mathfrak{Z}_n$ *besitzt die zwei Erzeugenden* a und σ *mit den definierenden Relationen*:

(16) $$a^n = (a\sigma)^{n-1},$$

(17) $$\sigma \rightleftarrows a^i\sigma a^{-i} \quad \text{für} \quad 2 \leqq i \leqq \frac{n}{2}\,.$$

§ 91. Der geschlossene Zopf.

Wir betrachten im Raum irgendeine Gerade h, die „Achse". Ferner sei ein Zopf Z vorgelegt. Wir schlingen Z, ohne ihn zu verwinden, um die Achse h, bis die Geraden g_1 und g_2 zusammenfallen und der Punkt A_i auf B_i zu liegen kommt. Nun löschen wir den „Rahmen". Das entstehende topologische Gebilde, bei dem also das Ende von μ_i mit dem Anfang von μ_{r_i} verknüpft ist, nennen wir den zu Z gehörigen geschlossenen Zopf.

Als erlaubte Abänderung betrachten wir dabei jede Deformation der Fäden, bei der die Achse h nicht überschritten wird. Dabei darf die Deformation auch an den früher festzuhaltenden Punkten A_i ausgeführt werden, die jetzt gleichberechtigt mit allen anderen Punkten sind. Da somit die in den Punkten A_i ursprünglich bestehende Orientierung ihre Bedeutung verliert, liegt in einem geschlossenen Zopf nur noch die eine Orientierung, die die Fäden erhalten haben, also der Umlaufsinn um die Achse h. In Abb. 101 ist

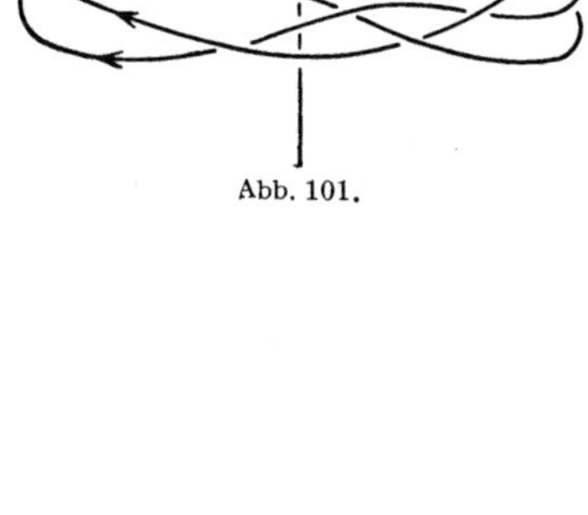

Abb. 101.

ein Beispiel eines geschlossenen Zopfes für $n = 3$ gezeichnet. Er gehört zum offenen Zopf:

$$Z = \sigma_1 \sigma_2^{-1} \sigma_1 \sigma_2^{-1}.$$

Welche Zöpfe Z' geben den gleichen geschlossenen Zopf wie Z? Zu den früher besprochenen Abänderungen kommt noch hinzu, daß man jetzt auch an der Verknüpfungsstelle abändern darf. Man kann dort also das Glied $X^{-1} \cdot X$ einschieben. Dies führt aber auf den Zopf $Z' = XZX^{-1}$. Außerdem hat man noch die Relationen von $\mathfrak{Z}_n$ anzuwenden. Schneidet man den geschlossenen Zopf an einer anderen Stelle auf, etwa von der Art, daß erst nach dem Zopfteil Y die alte Verknüpfungsstelle kommt, so führt dies auf einen Zopf $Z'' = YZY^{-1}$, da ja hinten der Teil Y wieder fehlen muß. Dies sind aber jetzt alle neu hinzukommenden zulässigen Abänderungen, so daß wir finden:

Die notwendige und hinreichende Bedingung dafür, daß zwei Zöpfe Z und Z' denselben geschlossenen Zopf erzeugen, ist das Vorhandensein eines Zopfes X, so daß

$$Z' = XZX^{-1}$$

ist, daß also Z in Z' transformierbar wird.

Zu jedem geschlossenen Zopf gehört also eine ganze Klasse „äquivalenter“ Elemente aus $\mathfrak{Z}_n$ und umgekehrt.

Löscht man bei einem geschlossenen Zopf auch noch die Achse h, so geht er in eine Verkettung einer gewissen Anzahl geschlossener orientierter Kurven oder in einen Knoten über. In unserer Abb. 101 liegt eine einzige Kurve, also ein Knoten vor (übrigens die Doppelschlinge).

Hier setzt nun der Zusammenhang mit beliebigen Verkettungen und Knoten ein. Es gilt nämlich:

Jede beliebige Verkettung (oder Knoten) läßt sich bei beliebiger Orientierung der Komponenten als geschlossener Zopf darstellen (natürlich nicht eindeutig).

Einen einfachen und kurzen Beweis dieses Satzes verdanken wir *J. W. Alexander*[1]). Da wir von ihm weiter keinen Gebrauch zu machen haben, verweisen wir darauf.

Insbesondere liefern die beiden Kleeblattschlingen einen Zopf zweiter Ordnung und es ist: $Z = \sigma_1^3$ bzw. $Z = \sigma_1^{-3}$. Dagegen hat die Doppelschlinge die Ordnung 3 und es ist $Z = (\sigma_1 \sigma_2^{-1})^2$.

Will man nun auf diesem Wege dem Knotenproblem näher kommen, so wird man zunächst folgende Fragen zu erledigen haben:

1. Wann sind zwei Zöpfe Z und Z' einander gleich? Dies läuft darauf hinaus, ob zwei Produkte Z und Z' der Erzeugenden σ_i sich auf Grund der definierenden Relationen ineinander überführen lassen oder nicht.

---

[1]) *J. W. Alexander,* A Lemma on Systems of knotted curves. Proc. Nat. Ac. U. S. A. Bd. 9 (1923) S. 93.

2. Wann sind zwei geschlossene Zöpfe Z und Z' einander gleich, das heißt, wann läßt sich das Element Z in das Element Z' transformieren?

Diese beiden Fragen haben übrigens Bedeutung in einer beliebigen Gruppe:

Es sei eine Gruppe mit endlich vielen Erzeugenden und endlich vielen Relationen zwischen den Erzeugenden vorgelegt. Von zwei vorgelegten Produkten von Erzeugenden ist zu entscheiden, ob sie sich auf Grund der Relationen ineinander überführen lassen oder ineinander transformieren lassen. Die eine Frage nennt man nach *M. Dehn* das „Wortproblem", die andere weitergehende das „Transformationsproblem" für unsere Gruppe. Von der Lösung dieser Fragen für beliebig vorgelegte Gruppen sind wir heute noch weit entfernt.

Für unsere spezielle Gruppe $\mathfrak{Z}_n$ dagegen ist es möglich, wenigstens die erste dieser Fragen zu beantworten. Wir wollen uns aber hier nicht mit dem allgemeinen Fall, sondern nur mit dem Fall $n = 3$ beschäftigen. Hier ist es auch möglich, die zweite unserer Fragen, also das Transformationsproblem zu lösen. Was den Fall eines beliebigen n betrifft, so verweisen wir auf die auf S. 350 genannte Arbeit von *Artin*.

Wenn nun die beiden erwähnten Probleme gelöst sind, so hat man weiterhin noch zu untersuchen, auf wie viele verschiedene Arten sich ein Knoten als geschlossener Zopf darstellen läßt. Darüber wissen wir vorläufig noch nichts.

Bevor wir uns nun dem Wortproblem für $n = 3$ zuwenden, wollen wir noch einen allgemeinen Begriff der Gruppentheorie einführen der eigentlich schon bei ihrer Grundlegung eine wichtige Rolle spielt. Es handelt sich um das sogenannte freie Produkt von Gruppen.

§ 92. Das freie Produkt von Gruppen.

Es sei eine beliebige endliche oder unendliche Menge von Gruppen $\mathfrak{g}_1, \mathfrak{g}_2, \ldots$ vorgelegt. Unter ihnen dürfen auch isomorphe Gruppen vorkommen, es sei aber zwischen zwei Elementen aus verschiedenen Gruppen (seien sie isomorph oder nicht) keinerlei Kompositionsvorschrift gegeben.

Unter dem freien Produkt unserer Gruppen verstehen wir nun die Menge $\mathfrak{G}$ folgender Symbole:

1. Die Einheit 1.

2. Alle Symbole der Form

$$A = \alpha_1 \alpha_2 \ldots \alpha_n,$$

wobei α_i irgendein Element einer unserer Gruppen $\mathfrak{g}_1, \mathfrak{g}_2, \ldots$ ist. Dabei sind aber noch folgende Nebenbedingungen zu beachten:

a) Kein α_i darf gleich 1 sein.

b) Benachbarte Elemente α_i und α_{i+1} müssen aus verschiedenen unserer Gruppen stammen.

Das Nebeneinanderschreiben von α_i und α_{i+1} hat vorläufig noch nicht die Bedeutung einer Komposition, da ja für die Multiplikation von Elementen verschiedener Gruppen noch keine Vorschrift besteht.

Zwei Elemente von $\mathfrak{G}$ heißen dann und nur dann gleich:

$$\alpha_1 \alpha_2 \ldots \alpha_n = \beta_1 \beta_2 \ldots \beta_m,$$

wenn $n = m$ und allgemein $\alpha_i = \beta_i$ ist.

Nunmehr erklären wir die Komposition zweier Elemente von $\mathfrak{G}$. Naturgemäß setzen wir fest:

$$A \cdot 1 = 1 \cdot A = A.$$

Ist aber

$$A = \alpha_1 \alpha_2 \ldots \alpha_n; \qquad B = \beta_1 \beta_2 \ldots \beta_m,$$

so schreibe man die beiden Elemente zunächst hintereinander:

$$\alpha_1 \alpha_2 \ldots \alpha_n \beta_1 \beta_2 \ldots \beta_m.$$

Dies ist im allgemeinen kein Element aus G, da an der Berührungsstelle von A und B möglicherweise zwei Elemente derselben Gruppe stehen, also die Bedingung b) verletzt ist.

Wir setzen nun fest:

1. Stammen α_n und β_1 aus verschiedenen Gruppen, so sei:

$$A\,B = \alpha_1 \alpha_2 \ldots \alpha_n \beta_1 \beta_2 \ldots \beta_m.$$

2. Stammen α_n und β_1 aus derselben Gruppe und ist $\alpha_n \beta_1 = \gamma$, so setze man im Falle $\gamma \neq 1$:

$$A\,B = \alpha_1 \alpha_2 \ldots \alpha_{n-1} \gamma \beta_2 \beta_3 \ldots \beta_n.$$

3. Sollte aber $\alpha_n \beta_1 = 1$ sein, so setze man

$$A' = \alpha_1 \alpha_2 \ldots \alpha_{n-1}; \qquad B' = \beta_2 \beta_3 \ldots \beta_m$$

und definiert: $A\,B = A'\,B'$.

Da A' und B' kürzere Ausdrücke sind, kann man die Komposition für sie als erklärt ansehen. Durch Fortsetzung dieses Verfahrens gelangt man schließlich schlimmstenfalls zur Komposition zweier Elemente, von denen das eine 1 ist.

Kurz läßt sich die Multiplikationsregel auch so angeben: Man schreibe die beiden Elemente hintereinander und nehme jede nur mögliche Verkürzung an der Berührungsstelle vor.

Es ist nun zu zeigen, daß bei dieser Kompositionsvorschrift die Menge $\mathfrak{G}$ eine Gruppe bildet. Wir bemerken, daß in $\mathfrak{G}$ die Einheit liegt, und daß jedes Element ein inverses besitzt. Wirklich ist das zu A inverse Element:

$$A^{-1} = \alpha_n^{-1} \alpha_{n-1}^{-1} \ldots \alpha_1^{-1},$$

wie man sich sofort überzeugt.

Man hat also noch die Gültigkeit des assoziativen Gesetzes zu erweisen:

$$(AB)C = A(BC).$$

Wenn eines der drei Elemente 1 ist, so ist nichts zu beweisen. Wir werden nun zweckmäßig, wenn $A = \alpha_1 \alpha_2 \ldots \alpha_n$ ist, die Zahl n die Länge von A nennen und beim Beweise vollständige Induktion anwenden.

Haben zunächst A und C beide die Länge 1, so kann im Produkte $(AB)C$ und ebenso in $A(BC)$ nur höchstens das erste und das letzte Glied von B eine Veränderung erfahren. Wenn also B eine größere Länge als 1 hat, so ist unser Gesetz richtig. Hat aber B auch die Länge 1, so gilt das assoziative Gesetz sicher dann, wenn nicht alle drei Elemente A, B und C derselben Gruppe entstammen. Ist dies aber der Fall, so gilt es erst recht, da es dann nur das natürlich für jede einzelne der Gruppen $\mathfrak{g}_1, \mathfrak{g}_2 \ldots$ vorausgesetzte Assoziativgesetz bedeutet.

Damit haben wir aber eine Grundlage für die Induktion gewonnen. Wir können annehmen, daß das assoziative Gesetz bewiesen ist für alle Systeme, bei denen die Summe der Längen von A und C kleiner ist als k, welches auch die Länge von B sein mag. Es möge nun die Summe der Längen von A und C gleich $k \geqq 3$ sein.

Entweder A oder C hat dann eine Länge die größer ist als 1. Nehmen wir an, dies sei bei A der Fall.

Ist $A = \alpha_1 \alpha_2 \ldots \alpha_n$ so setzen wir $A' = \alpha_1 \alpha_2 \ldots \alpha_{n-1}$.

Um nun nach der Kompositionsvorschrift das Produkt AB zu bilden, hat man zunächst das letzte Glied von A mit B zu vereinigen, so daß: $AB = A' \cdot (\alpha_n B)$, also:

$$(AB)C = (A'(\alpha_n B))C$$

ist.

Die Summe der Längen von A' und C ist nun kleiner als k, so daß nach der Induktionsvoraussetzung:

$$(A'(\alpha_n B))C = A'((\alpha_n B)C)$$

ist.

Nun hatte A eine Länge größer als 1. Die Induktionsvoraussetzung trifft also auch zu für α_n und C, so daß:

$$(\alpha_n B)C = \alpha_n(BC)$$

ist, im ganzen also:

$$(AB)C = A'(\alpha_n(BC)).$$

Um nun nach der Kompositionsvorschrift A mit BC zu multiplizieren, hat man wieder das letzte Glied von A, also α_n, mit BC zunächst zu vereinigen, so daß:

$$A(BC) = A'(\alpha_n(BC)) \qquad \text{ist.}$$

Daraus und aus der vorhergehenden Gleichung ergibt sich aber das assoziative Gesetz. Sollte A die Länge 1 haben, so hat C eine Länge größer als 1 und eine analoge Betrachtung führt wieder zum Ziel.

Damit ist bewiesen, daß das freie Produkt $\mathfrak{G}$ eine Gruppe bildet. Nunmehr haben aber auch Ausdrücke A einen Sinn, bei denen die Voraussetzungen a) und b) nicht mehr erfüllt sind, denn nun ist ja die Komposition verallgemeinert. Wir sind jetzt sicher, daß sich jedes Element auf nur eine Weise als Produkt von Elementen schreiben läßt, bei dem die Voraussetzungen a) und b) erfüllt sind. Diese Form wollen wir die Normalform des betreffenden Elements nennen.

Nun ist auch der Sinn unserer Ausführungen erkennbar. So wie man die Widerspruchslosigkeit des Rechnens mit den gemeinen komplexen Zahlen durch den Nachweis der Gültigkeit der elementaren Rechenregeln für Zahlenpaare zu erbringen pflegt, so haben auch wir nunmehr die Widerspruchslosigkeit des formalen nicht kommutativen Rechnens erkannt. Die Wichtigkeit dieser Einsicht für die Grundlagen der Gruppentheorie leuchtet ein. Der wesentliche Punkt ist dabei der Nachweis des assoziativen Gesetzes[1]).

Wir wollen nun einen besonderen Fall betrachten, den des freien Produkts einer zyklischen Gruppe dritter Ordnung, bestehend aus den Elementen 1, $a^{\pm 1}$ mit der Relation $a^3 = 1$ und einer zyklischen Gruppe der Ordnung 2 aus den beiden Elementen 1 und b mit $b^2 = 1$.

Die Normalform der Elemente des freien Produkts lautet hier:

$$a^{\pm 1} b a^{\pm 1} b a^{\pm 1} \dots b a^{\pm 1} b \,,$$

wo das erste Glied $a^{\pm 1}$ oder das letzte Glied b fortfallen kann. Diese Normalform ist eindeutig, d. h. zwei Elemente sind dann und nur dann gleich, wenn sie dieselbe Normalform besitzen.

Bei der Überführung eines beliebigen Produktes

$$a^{\nu_1} b^{\nu_2} \dots a^{\nu_r} b^{\nu_r}$$

in die Normalform hat man nur von den beiden Relationen $a^3 = 1$ und $b^2 = 1$ wiederholt Gebrauch zu machen, um nämlich die Exponenten ν_i zu verringern.

Unsere Gruppe kann also auch erklärt werden mit Hilfe der definierenden Relationen $a^3 = 1$ und $b^2 = 1$.

§ 93. Dreierzöpfe.

Mit dem Falle $n = 2$ brauchen wir uns nicht aufzuhalten, da dann nur eine Erzeugende σ_1 und keine Relation vorliegt. $\mathfrak{Z}_2$ ist also einfach die unendliche zyklische Gruppe, bestehend aus den Potenzen von σ_1.

[1]) Für den speziellen Fall, daß alle Faktoren des freien Produkts zyklische Gruppen unendlich hoher Ordnung sind, hat zuerst *M. Dehn* einen geometrischen Beweis für die Widerspruchslosigkeit durch Konstruktion des sogenannten Gruppenbildes gegeben. Nach mündlicher Mitteilung hat *O. Schreier* als erster auch für den allgemeinen Fall einen Beweis des assoziativen Gesetzes gefunden.

Für $n = 3$ aber gehen wir so vor. Wir verwenden die Erzeugenden a und σ von (10) und (11) und beachten, daß für $n = 3$ die Relationen (17) wegfallen, daß also nur die eine Relation (16) übrigbleibt, die hier die Gestalt annimmt:

$$a^3 = (a\sigma)^2.$$

An Stelle von σ wollen wir nun eine neue Erzeugende b einführen, vermöge der Substitution:

$$b = a\sigma.$$

Die Elemente σ_1 und σ_2 hängen dann mit a und b so zusammen (σ_2 nach (12)):

$$a = \sigma_1\sigma_2, \qquad b = \sigma_1\sigma_2\sigma_1;$$
$$\sigma_1 = a^{-1}b, \qquad \sigma_2 = ba^{-1}.$$

Die Relation zwischen a und b lautet nun einfach[1]):

$$a^3 = b^2. \tag{18}$$

Wir beweisen zunächst:

Keine Potenz von a kann 1 sein. Wirklich kann eine Gleichung $a^k = 1$ nicht Folge von (18) sein. Denn in der unendlichen zyklischen Gruppe, bestehend aus den Potenzen eines Elements x, erfüllen die Elemente $a = x^2$ und $b = x^3$ die Relation (18), und es ist dennoch keine Potenz von x, erst recht also keine Potenz von a gleich 1.

Setzen wir nun zur Abkürzung

$$c = a^3 = b^2. \tag{19}$$

Nach dem eben Bewiesenen kann dann $c^n = c^m$ nur dann sein, wenn $n = m$ ist.

Das Element c ist nun als Potenz von a mit a vertauschbar. Da es auch Potenz von b ist, ist es auch mit b vertauschbar. Nun sind aber a und b die Erzeugenden unserer Gruppe, so daß c überhaupt mit jedem Element der Gruppe vertauschbar ist.

Nun wollen wir die Elemente unserer Gruppe in eine gewisse Normalform bringen. Das vorgelegte Element laute:

$$Z = a^{\nu_1} b^{\mu_1} a^{\nu_2} b^{\mu_2} \ldots a^{\nu_r} b^{\mu_r}.$$

Wenn ein ν_i durch 3 teilbar ist, kann man setzen:

$$a^{\nu_i} = c^{\frac{1}{3}\nu_i},$$

ebenso für gerade μ_i:

$$b^{\mu_i} = c^{\frac{1}{2}\mu_i}$$

Die dabei auftretenden Potenzen von c können nun vereinigt und ganz nach rechts geschafft werden. Nach allfälliger Wiederholung

[1]) Die hier benutzte Normalform stammt von *O. Schreier*, Über die Gruppen $A^a B^b = 1$, Abhandlungen Hamburg Bd. 3, S. 167. 1925.

dieses Verfahrens erhält man schließlich einen Ausdruck der Form:

$$a^{\lambda_1} b^{\varkappa_1} a^{\lambda_2} b^{\varkappa_2} \ldots a^{\lambda_s} b^{\varkappa_s} \cdot c^k,$$

worin die λ_i nicht durch 3 und die $\varkappa_i$ nicht durch 2 teilbar sind. Dabei kann noch am Anfang das Glied a^{λ_1} und am Ende das Glied $b^{\varkappa_s}$ wegfallen.

Da λ_i nicht durch 3 teilbar ist, kann man setzen $\lambda_i = 3\varrho_i \pm 1$, also:

$$a^{\lambda_i} = a^{\pm 1} \cdot c^{\varrho_i}$$

und analog $\varkappa_i = 2\tau_i + 1$ also:

$$b^{\varkappa_i} = b \cdot c^{\tau_i}.$$

Zieht man wiederum alle entstehenden Potenzen von c nach rechts, so wird

$$Z = a^{\pm 1} b\, a^{\pm 1} b \ldots a^{\pm 1} b\, c^m, \tag{20}$$

worin das erste Glied $a^{\pm 1}$ und das letzte b fehlen können. (20) ist die gesuchte Normalform für Z.

Daß Zöpfe mit gleicher Normalform gleich sind, ist trivial. Wir wollen aber auch die Umkehrung zeigen, also die Eindeutigkeit unserer Normalform.

Für unser Element Z liege außer (20) noch eine zweite Normalform vor. Es muß sich dann (20) in diese neue Form überführen lassen vermöge Zuhilfenahme der Relationen (18) und (19).

Diese Umformung muß aber auch möglich sein, wenn man (20) auffaßt als Element der Gruppe mit den Relationen $a^3 = 1$, $b^2 = 1$. Denn in dieser Gruppe ist ja die Relation $a^3 = b^2$ auch erfüllt, so daß man auch dann die gleichen Umformungen vornehmen kann. In dieser Gruppe gilt aber überdies $c = 1$. Berücksichtigt man dies in (20) und der anderen Normalform für Z, so bleiben nur die von c freien Teile stehen, und zwar gleich in der Normalform für die Elemente unserer Gruppe $a^3 = 1$, $b^2 = 1$, die wir ja schon als freies Produkt erkannt haben. Da nun für das freie Produkt die Eindeutigkeit der Normalform bereits feststeht, so ist also in (20) der von c freie Teil durch Z eindeutig bestimmt.

In unserer Gruppe mit den Relationen (18) und (19) kann sich also die zweite Normalform für Z von (20) nur durch die Potenz von c unterscheiden. Steht nun etwa in der zweiten Form c^n an Stelle von c^m, so muß $c^n = c^m$ sein, also $n = m$. Damit ist aber die Eindeutigkeit der Normalform bewiesen.

Die Entscheidung darüber, ob zwei vorgelegte Zöpfe gleich sind oder nicht, wird also durch Herstellung ihrer Normalformen gefällt.

Mit diesem Beispiel aus der kombinatorischen Topologie wollen wir unseren Bericht über neuere geometrische Forschungen schließen und dazu übergehen, zwei Ergänzungen zu den vorhin behandelten Gegenständen zu bringen, eine aus der Analysis und eine aus der Algebra.

IV. Über die Differentialgleichungen von Monge. Ihre Beziehungen zur Theorie der partiellen Differentialgleichung erster Ordnung und zur Variationsrechnung.

§ 94. Die Hamiltonsche Gleichung.

1. Die Gleichung:

$$f(x, y, z, y', z') = 0, \tag{1}$$

die in dieser Vorlesung (§ 18, 3) nur kurz berührt wurde, verdient eine etwas eingehendere Behandlung. Wie wir sehen werden, hängt sie aufs innigste mit der Lehre von den partiellen Differentialgleichungen sowie mit der Variationsrechnung zusammen. Und zwar ist es gerade der in § 18 beiseite gelassene Fall, der hier von Interesse wird: daß nämlich (1) *keine lineare* Beziehung zwischen y' und z' vorstellt. Wir nennen dann (1) eine *Monge*sche Gleichung in drei Veränderlichen (x, y, z).

Wir wollen sofort angeben, welche Verdienste *Monge*[1]) um die Gleichung (1) hat. Die nächstliegende Auffassung von (1) ist nämlich die: Man wähle y als eine willkürliche Funktion von x. Dann stellt (1) eine gewöhnliche Differentialgleichung zur Bestimmung von z vor. Wir haben also zur Lösung des durch (1) gestellten Problems zuerst eine willkürliche Funktion zu wählen, dann ein Integrationsgeschäft zu vollziehen. *Monge* hat nun gezeigt, daß die Integration von (1) in einer viel übersichtlicheren Weise ausgeführt werden kann. Sein Ergebnis, das wir bald ableiten werden, lautet: Man ermittle ein vollständiges Integral einer gewissen, zu (1) in naher Beziehung stehenden *partiellen* Differentialgleichung erster Ordnung. Hierauf kann man die allgemeine Lösung von (1) durch bloße Differentiations- und Eliminationsprozesse bestimmen. Sie enthält natürlich eine willkürliche Funktion, wie dies dem Charakter des durch (1) gestellten „unterbestimmten" Problems angemessen ist. Der Vorteil der durch *Monge* gegebenen Lösung liegt also darin, daß das Integrationsgeschäft ein für allemal erledigt wird und die Lösungen von (1) in expliziter Gestalt hingeschrieben werden können („integrallose" Darstellung der Lösungen).

2. Wie schon in § 18 erwähnt wurde, ordnet (1) jedem Punkte einen *Richtungskegel* zu, der in unserem Falle nicht in eine Ebene ausartet. Wir wollen nun diesen Kegel als Hüllgebilde seiner Tangentenebenen auffassen und erhalten so sofort in jedem Punkte (x, y, z) ein einparametriges System von Flächenelementen, d. h. wir haben eine *partielle Differentialgleichung erster Ordnung* vor uns, die wir die zu (1) gehörige *Hamilton*sche Gleichung nennen wollen. Es wird zu erwarten sein, daß ihre Theorie mit der von (1) eng verknüpft ist, und sie ist in der Tat

---

[1]) *G. Monge,* Mémoires de l'Académie des Sciences, 1784.

genau die bei *Monge* auftretende Gleichung. Wir wollen sie jetzt herleiten.

Indem wir ein Flächenelement des Punktes (x, y, z) in gewohnter Weise durch die beiden Parameter p, q kennzeichnen, haben wir die Bedingung aufzustellen, daß es zwei benachbarte Richtungen y', z' und $y' + \eta, z' + \zeta$ des *Monge*schen Kegels enthält. D. h. es muß

$$z' = p + qy', \qquad \zeta = q\eta$$

für alle Lösungen von

$$f(x, y, z, y', z') = 0, \qquad \eta f_{y'} + \zeta f_{z'} = 0$$

gelten. Wir haben also aus:

$$f = 0, \qquad f_{y'} + q f_{z'} = 0, \qquad z' = p + qy' \tag{2}$$

y' und z' zu eliminieren. Wir wollen uns aus den ersten beiden Gleichungen y' und z' berechnet und in die dritte substituiert denken und können das Ergebnis so schreiben:

$$p + h(x, y, z, q) = 0. \tag{3}$$

Dies ist die *Hamilton*sche Gleichung.

3. Um nun die *Monge*sche Lösung von (1) herzuleiten, bemerken wir folgendes: es sei ein „vollständiges Integral" (vgl. S. 285) von (3) bekannt. Wir können es etwa in der Gestalt:

$$V(x, y, z, a) = b \tag{4}$$

schreiben. Die allgemeine Lösung von (3) erhält man dann nach den Prinzipien von *Lagrange*, indem man die Einhüllende einer aus (4) herausgegriffenen einfach unendlichen Schar von Lösungen sucht, die man in der Gestalt $V = \varphi(a)$ ansetzen kann. Eine solche Einhüllende besitzt nun bekanntlich eine *Rückkehrkante*, die man erhält, wenn man die Gleichungen

$$\begin{aligned} V(x, y, z; a) &= \varphi(a), \\ V_a(x, y, z; a) &= \varphi'(a), \\ V_{aa}(x, y, z; a) &= \varphi''(a) \end{aligned} \tag{5}$$

ansetzt.

Es ist nun zu zeigen, daß jede solche Rückkehrkante eine Lösung von (1) darstellt. Dies folgt einfach daraus, daß die Rückkehrkante nach der allgemeinen Theorie der Einhüllenden einparametriger Flächenscharen von den Kurven

$$V = \varphi(a), \qquad V_a = \varphi'(a)$$

berührt wird. Diese sind Charakteristiken von (3), haben daher in jedem Punkte als Tangentenrichtung eine Richtung des *Monge*schen Kegels. Somit ist unsere Behauptung erwiesen.

Es ist jetzt noch zu fragen, ob man so alle Lösungen von (1) erhält. Wir betrachten eine beliebige Lösung von (1) und ordnen jedem ihrer

Punkte das Flächenelement zu, das den Richtungskegel längs der durch die Tangente der Lösung bestimmten Richtung berührt. So erhalten wir einen *Flächenstreifen*, dessen Elemente der *Hamilton*schen Gleichung genügen. Nun können wir durch ihn eine Lösung von (3) legen, indem wir von jedem seiner Elemente aus den hindurchgehenden charakteristischen Streifen konstruieren. Nach *Cauchy*s Theorie (§ 72) schließen sich diese Streifen zu einer Lösung von (3) zusammen, und unsere Lösung von (1) wird gerade als Rückkehrkante dieser Lösung erscheinen, da sie von den Charakteristiken *berührt* wird.

Nun zeigt aber eine genauere Betrachtung, daß hier gerade der in § 72, S. 282 ausgeschlossene Ausnahmefall ($N = 0$) vorliegt. Es bedarf also noch einer besonderen Begründung, daß die konstruierten Streifen „vereinigt liegen" (vgl. S. 283). Wir erhalten diese so:

Es sei durch

$$y(x, c), \; z(x, c), \; p(x, c), \; q(x, c)$$

eine beliebige einparametrige Schar charakteristischer Streifen gegeben. Dann genügen die Funktionen y, z, q den später (16) angeschriebenen Differentialgleichungen und p kann aus (1) entnommen werden. Differenziert man alle diese Gleichungen nach dem Parameter c, so bestätigt man leicht die Identität:

$$\frac{d}{dx}\left(\frac{\partial z}{\partial c} - q\frac{\partial y}{\partial c}\right) + \frac{\partial h}{\partial z}\left(\frac{\partial z}{\partial c} - q\frac{\partial y}{\partial c}\right) = 0 \quad (*)$$

Soll die Streifenschar eine Fläche bilden, so muß

$$dz - p\,dx - q\,dy = 0$$

sein für alle Streifenelemente (Bedingung der vereinigten Lage). Dies kann so geschrieben werden:

$$\left(\frac{\partial z}{\partial c} - q\frac{\partial y}{\partial c}\right)dc + \left(\frac{dz}{dx} - p - q\frac{dy}{dx}\right)dx = 0$$

und vermöge der Differentialgleichungen (16) reduziert sich dies auf

$$\frac{\partial z}{\partial c} - q\frac{\partial y}{\partial c} = 0. \quad (**)$$

Da aber nach (*) dieser Ausdruck einer homogenen linearen Differentialgleichung erster Ordnung mit der unabhängigen Veränderlichen x genügt, folgt sein identisches Verschwinden bereits, wenn er in einem Punkte jedes unserer Streifen Null ist.

Konstruieren wir nun unsere Streifenschar ausgehend von einem zunächst beliebigen „Ausgangsstreifen":

$$x_0(c), \; y_0(c), \; z_0(c), \; p_0(c), \; q_0(c),$$

dessen Elemente der Gleichung von *Hamilton* genügen, so ist:

$$y_0(c) = y(x_0(c), c) \qquad p_0(c) = p(x_0(c), c)$$
$$z_0(c) = z(x_0(c), c) \qquad q_0(c) = q(x_0(c), c)$$

und es folgt aus der Bedingung der vereinigten Lage:

$$dz_0 - p_0 dx_0 - q_0 dy_0 = 0$$

für die Elemente des Ausgangsstreifens durch leichte Rechnung, daß (**) für $x = x_0(c)$ Null ist.

Die Streifenschar, für die wir eben die „vereinigte Lage“ festgestellt haben, wird nur dann eine wirkliche in der Form $z = \varphi(x, y)$ darstellbare Fläche bilden, wenn $\frac{\partial y}{\partial c}$ nicht identisch Null ist. Tritt aber dieser Fall ein, so folgt aus (**), daß auch $\frac{\partial z}{\partial c}$ verschwindet. Es werden dann unsere charakteristischen Streifen alle von derselben Kurve „getragen“, die mit der Lösung von (1), von der wir ausgingen, identisch ist. Da zu jedem Punkte einer Lösung von (1) aber die zuständige Tangentialebene des Kegels von *Monge* eindeutig bestimmt ist, so fallen die charakteristischen Streifen überhaupt zusammen.

Wir können infolgedessen sagen: die Lösungen von (1) werden geliefert:

a) durch die Charakteristiken von (3),

b) durch die Rückkehrkanten der Lösungen von (3).

Wir können sie alle mit Hilfe eines vollständigen Integrals (4) von (3) aufstellen: denn die Charakteristiken sind bekanntlich durch die von drei Parametern abhängigen Kurven:

$$V(x, y, z, a) = b, \qquad V_a(x, y, z, a) = c, \tag{6}$$

gegeben, während wir die analytische Darstellung der Rückkehrkanten schon oben (5) gegeben haben.

4. Als Beispiel betrachten wir die Gleichung:

$$c^2(1 + y'^2) = z'^2,$$

die die *Böschungslinien* kennzeichnet, deren Tangentenrichtung gegen die (x, y)-Ebene um den festen Winkel φ geneigt ist, dessen Tangente den Wert c hat. Die zugehörige *Hamilton*sche Gleichung lautet hier:

$$p = \sqrt{c^2 - q^2} \quad \text{oder} \quad p^2 + q^2 - c^2 = 0.$$

Es ist die Differentialgleichung der *Böschungsflächen*, deren Normalen mit der z-Richtung den Winkel φ bilden. Ein vollständiges Integral erhalten wir leicht, indem wir die Ebenen aufsuchen, die die vorgeschriebene Neigung besitzen. Wir können ihre Gleichung unter Einführung eines rationalen Parameters a etwa so schreiben:

$$a x + \frac{1-a^2}{2} y + \frac{1+a^2}{2c} z = b$$

und erhalten, wenn wir das System (5) nach x, y, z auflösen:

$$
(7) \qquad \begin{aligned}
x &= \varphi'(a) - a\varphi''(a), \\
y &= \varphi(a) - a\varphi'(a) - \frac{1-a^2}{2}\varphi''(a), \\
z &= c\left[\varphi(a) - a\varphi'(a) + \frac{1+a^2}{2}\varphi''(a)\right].
\end{aligned}
$$

als Gleichungen der Böschungslinien. Dazu treten noch die Geraden mit dem Neigungswinkel φ, die Charakteristiken von (3).

Die gewonnenen Formeln finden ihre wichtigste Anwendung in dem Falle $c = i$. Dann haben wir nämlich in (1) die Gleichung der *Minimalkurven* oder *isotropen* Kurven des Raumes vor uns. Natürlich muß hier, wo wir das komplexe Gebiet betreten, $\varphi(a)$ als analytische Funktion der komplexen Variablen a gewählt werden. Die Formeln (7) führen dann in Verbindung mit *Lies* Auffassung von der Theorie der Minimalflächen gerade zu den bekannten Formeln von *Weierstraß* (§ 47). Man vergleiche hierüber etwa *Blaschke:* Differentialgeometrie I, § 90 und 91.

5. Wir wollen jetzt die Charakteristiken oder vielmehr die charakteristischen Streifen von (3) näher betrachten. Für die folgenden Zwecke ist aber eine andere Form der *Hamilton*schen Gleichung vorteilhaft; wir wollen nämlich jetzt die Lösungen von (3) in der impliziten Form

$$W(x, y, z) = \text{const.}$$

gegeben denken und eine partielle Differentialgleichung für W aufsuchen. Wir können dies auch so auffassen, daß wir die Stellung eines Flächenelementes nicht durch

$$p = \frac{\partial z}{\partial x}, \quad q = \frac{\partial z}{\partial y},$$

sondern durch die drei *homogenen* Koordinaten:

$$\pi = \frac{\partial W}{\partial x}, \quad \varkappa = \frac{\partial W}{\partial y}, \quad \varrho = \frac{\partial W}{\partial z}$$

geben, die mit p und q durch die Gleichungen:

$$\pi + \varrho p = 0, \quad \varkappa + \varrho q = 0$$

verbunden sind. Sachlich wird dadurch nichts geändert, aber die formale Behandlung führt gerade auf diesem Wege zu wichtigen Ergebnissen. Indem wir wieder ansetzen, daß das Flächenelement $\pi, \varkappa, \varrho$ zwei benachbarte Linienelemente des *Monge*schen Kegels enthält:

$$f(x, y, z, y', z') = 0, \qquad \pi + \varkappa y' + \varrho z' = 0,$$
$$\eta f_{y'} + \zeta f_{z'} = 0, \qquad \varkappa\eta + \varrho\zeta = 0$$

wollen wir zuerst η und ζ in der Weise eliminieren, daß wir unter Einführung eines Parameters λ:

$$(8\text{a}) \qquad \varkappa = \lambda f_{y'}, \quad \varrho = \lambda f_{z'}$$

setzen. Es wird dann:

$$(8\text{b}) \qquad \pi = -\lambda(y' f_{y'} + z' f_{z'})$$

und aus diesen Gleichungen in Verbindung mit $f = 0$ sind y', z', λ zu eliminieren. Wir wollen so vorgehen, daß wir aus $f = 0$ und (8a) die genannten drei Veränderlichen berechnen und in (8b) einsetzen, so daß wir die *Hamilton*sche Gleichung in der Form:

$$\pi + H(x, y, z, \varkappa, \varrho) = 0 \tag{9}$$

erhalten. H wird offenbar in $\varkappa$ und ϱ *homogen* von erster Dimension.

Um die charakteristischen Streifen zu bestimmen, haben wir nach *Cauchy* das folgende System zu integrieren:

$$\frac{dx}{1} = \frac{dy}{H_\varkappa} = \frac{dz}{H_\varrho} = \frac{dW}{\pi + \varkappa H_\varkappa + \varrho H_\varrho} = -\frac{d\pi}{H_x} = -\frac{d\varkappa}{H_y} = -\frac{d\varrho}{H_z}.$$

Davon sind nur die folgenden Gleichungen von wesentlicher Bedeutung:

$$\begin{aligned} \frac{dy}{dx} &= \frac{\partial H}{\partial \varkappa}, & \frac{d\varkappa}{dx} &= -\frac{\partial H}{\partial y}, \\ \frac{dz}{dx} &= \frac{\partial H}{\partial \varrho}, & \frac{d\varrho}{dx} &= -\frac{\partial H}{\partial z}. \end{aligned} \tag{10}$$

Die beiden übrigen reduzieren sich auf $dW : dx = 0$ (wegen der Homogenität von H) und $d\pi : dx = -H_x$; die letztere Gleichung können wir aber außer acht lassen, weil π sonst in dem System nicht vorkommt und zum Schlusse aus $\pi = -H$ entnommen werden kann.

Das System (10) hat die Form der in der Mechanik auftretenden „kanonischen Systeme“; doch ist der hier vorliegende Fall der Homogeneität erster Dimension von H in der Mechanik ausgeschlossen. Durch (10) sind die charakteristischen Streifen von (9) dargestellt. Die Integration von (10) ergibt zunächst vier Konstante, doch überlegt man sich leicht, daß wegen der Homogenität von H eine Integrationskonstante multiplikativ bei $\varkappa$ und ϱ auftritt, so daß — wegen der Bedeutung von π, $\varkappa$, ϱ als *homogener* Elementkoordinaten — doch nur von drei Parametern abhängige charakteristische Streifen herauskommen. Wir wollen jetzt in den Gleichungen (10) statt $\varkappa$ und ϱ wieder die Variablen y', z', λ einführen. Nach der Bedeutung von H ist:

$$dH = d(\varkappa y' + \varrho z') = y' d\varkappa + z' d\varrho + \lambda (f_{y'} dy' + f_{z'} dz'),$$

was unter Berücksichtigung von $f = 0$ in:

$$dH = -\lambda (f_x dx + f_y dy + f_z dz) + y' dx + z' d\varrho$$

übergeht. Folglich haben wir:

$$\frac{\partial H}{\partial y} = -\lambda f_y, \quad \frac{\partial H}{\partial z} = -\lambda f_z, \quad \frac{\partial H}{\partial \varkappa} = y', \quad \frac{\partial H}{\partial \varrho} = z'$$

und die rechtsstehenden Gleichungen von (10) ergeben:

$$\begin{aligned} &\frac{d(\lambda f_{y'})}{dx} - \lambda f_y = 0, \\ &\frac{d(\lambda f_{z'})}{dx} - \lambda f_z = 0, \end{aligned} \tag{11}$$

während die linksstehenden in die trivialen Identitäten:

$$\frac{dy}{dx} = y'\,;\quad \frac{dz}{dx} = z'$$

übergehen. Wir können also durch (11) in Verbindung mit $f = 0$ ebenfalls die charakteristischen Streifen von (3) bzw. (9) darstellen, und zwar ergeben sich aus den genannten Differentialgleichungen zunächst die *Kurven,* die die Streifen tragen, d. h. die *Charakteristiken,* während die Streifen selbst erhalten werden, wenn man noch die Gleichungen (8a, b) heranzieht.

6. Nun sind aber die Gleichungen (11) von anderer Seite her wohlbekannt, nämlich als die Differentialgleichungen der Extremalen einer Aufgabe der Variationsrechnung, die man als den einfachsten Fall des sogenannten *Mayer*schen Problems bezeichnet. Sie lautet so: unter allen Kurven, die den festen Punkt $P_0(x_0, y_0, z_0)$ mit einem auf der Geraden $x = x_1$, $y = y_1$ beweglichen Punkte P_1 verbinden und die Differentialgleichung (1) befriedigen, soll jene gesucht werden, für welche das z des Punktes P_1 einen extremen Wert (Maximum oder Minimum) erhält. Offenbar kann die senkrechte Projektion der zu suchenden Kurven in der (x, y)-Ebene willkürlich vorgeschrieben werden, durch sie und z_0 ist dann aber der Verlauf der Kurve vermöge (1) völlig bestimmt, so daß es sich darum handelt, die genannte Projektion als Verbindung der Punkte x_0, y_0 und x_1, y_1 passend zu wählen. Es ergibt sich nun, daß die *Extremalen* dieses Variationsproblems, d. h. die Kurven, welche die „erste Variation" von z_1 zu Null machen, *gerade durch die Differentialgleichungen* (11) *und* (1) *gekennzeichnet sind.*

Wir wollen diesen Zusammenhang zwischen unseren Entwicklungen und der Variationsrechnung in dem besonderen Falle ein wenig weiter verfolgen, daß f von z unabhängig ist. Wir kommen dann nämlich überhaupt auf das einfachste Problem der Variationsrechnung, an dem die Verhältnisse am leichtesten zu überblicken sind. Doch mag betont werden, daß auch im allgemeinen Falle die Dinge nicht wesentlich anders liegen.

Wir nehmen (1) in der Gestalt:

$$z' - \varphi(x, y, y') = 0$$

an und haben dann:

$$z_1 - z_0 = \int_{x_0}^{x_1} \varphi(x, y, y')\, dx\,. \tag{12}$$

Unsere Extremumsaufgabe kann jetzt so gefaßt werden: Unter allen Kurven der (x, y)-Ebene, welche die Punkte x_0, y_0 und x_1, y_1 verbinden, soll jene gesucht werden, die dem Integral (12) einen extremen Wert erteilt.

Natürlich kommen bei dieser Formulierung nur solche Kurven in Betracht, die sich in der Form $y = y(x)$, $x_0 \leqq x \leqq x_1$ darstellen lassen. Es muß ferner $y(x)$ differenzierbar sein und das Integral (12) existieren. Hierüber sowie über die genauere Formulierung des Begriffes „Extremum" vergleiche man die Lehrbücher der Variationsrechnung:

O. Bolza: Vorlesungen über Variationsrechnung. Leipzig 1909.

I. Hadamard: Leçons sur le calcul de variations I. Paris 1910.

A. Kneser: Lehrbuch der Variationsrechnung, 2. Aufl. Braunschweig 1925.

Benutzen wir hier wieder die Form (3) der *Hamilton*schen Gleichung, so ist klar, daß auch sie von z frei wird. Denn der *Monge*sche Richtungskegel ist ja für alle Punkte mit demselben x und y der gleiche. Wir haben also, indem wir y' aus $p = \varphi - y'\varphi_{y'}$, $q = \varphi_{y'}$ eliminieren:

$$p + h(x, y, q) = 0 \tag{13}$$

und zur Bestimmung der Charakteristiken ergibt sich das kanonische System:

$$\frac{dy}{dx} = \frac{\partial h}{\partial q}, \quad \frac{dq}{dx} = -\frac{\partial h}{\partial y}. \tag{14}$$

Wir können aber die Charakteristiken auch aus dem früheren Ergebnis, nämlich den Gleichungen (11) herleiten. Die zweite liefert $\lambda = \text{const}$, so daß die erste in

$$\frac{d\varphi_{y'}}{dx} - \varphi_y = 0$$

übergeht. Das ist in der Tat die bekannte, zuerst von *Euler* hergeleitete Differentialgleichung der Extremalen unseres Variationsproblems.

Wir können die Extremalen als die Charakteristiken von (13) mit Hilfe eines vollständigen Integrals der *Hamilton*schen Gleichung bestimmen. Dieses kann hier in der Form:

$$z = V(x, y, a) + b$$

angenommen werden und liefert die Charakteristiken vermöge der Gleichung:

$$V_a(x, y, a) = c. \qquad \text{(Vgl. (6))}$$

Man bezeichnet diese Tatsache als die *Hamilton-Jacobische Theorie* beim einfachsten Variationsproblem.

7. Wir wollen noch kurz zeigen, daß die Extremalen unter geeigneten Annahmen tatsächlich ein Extremum des Integrals (12) liefern.

Es sei

$$y = y(x), \qquad x_0 \leqq x \leqq x_1$$

ein Extremalenbogen. Nehmen wir noch die Funktionen

$$q(x) = \varphi_{y'}(x, y(x), y'(x)),$$
$$p(x) = \varphi(x, y(x), y'(x)) - y'(x)\,\varphi_{y'}(x, y(x), y'(x)),$$
$$z(x) = \int_{x_0}^{x} \varphi(x, y(x), y'(x))\,dx$$

hinzu, so genügen $y(x)$, $q(x)$ dem kanonischen System (14) und es stellen

$$y = y(x), \qquad z = z(x), \qquad p = p(x), \qquad q = q(x)$$

einen charakteristischen Streifen von (13) dar.

Wir setzen nun voraus:

a) daß dieser Streifen auf einer Lösung von (13) liegt, die sich in seiner Umgebung, d. h. für $x_0 \leqq x \leqq x_1$, $|y - y(x)| < \delta$ regulär verhält. Diese Bedingung, die sicher erfüllt ist, wenn x_1 genügend nahe an x_0 liegt, wie aus *Cauchys* Konstruktion der Lösungen von (13) mit Hilfe der Charakteristiken folgt, nennen wir die Bedingung von *Jacobi*;

b) daß für alle x, y, y' des Extremalenbogens und alle genügend benachbarten Werte $\varphi_{y'y'}$ ein konstantes Vorzeichen (z. B. das positive) habe. Wir nennen dies die Bedingung von *Legendre*.

Es sei nun $z(x, y)$ das nach a) vorhandene Integral von (13). Durch jeden seiner Punkte geht eine Charakteristik, deren $dy:dx$ wir mit $\eta'(x, y)$ bezeichnen. Ist nun $Y(x)$ eine Kurve, die dieselben Punkte x_0, y_0 und x_1, y_1 verbindet, wie unsere Extremale und die ganz im Existenzbereiche von $z(x, y)$ verbleibt, so gilt:

$$\int_{x_0}^{x_1} \varphi(x, Y, Y')\,dx - \int_{x_0}^{x_1} \varphi(x, y, y')\,dx = \int_{x_0}^{x_1} \varphi(x, Y, Y')\,dx - z(x_1)$$
$$= \int_{x_0}^{x_1} \varphi(x, Y, Y')\,dx - \int_{x_0}^{x_1} \left[z_x(x, Y) + z_y(x, Y)\,Y' \right] dx$$

Nun ist aber:

$$z_x(x, Y) = p(x, Y) = (\varphi - y'\varphi_{y'})_{x, Y, \eta'(x, Y)},$$
$$z_y(x, Y) = q(x, Y) = \varphi_{y'}(x, Y, \eta'(x, Y))$$

und unter Benutzung der *Weierstraß*schen „$\mathcal{E}$-Funktion":

$$\mathcal{E}(x, y, y', \bar{y}') = \varphi(x, y, \bar{y}') - \varphi(x, y, y') - (\bar{y}' - y')\,\varphi_{y'}(x, y, y')$$

schreibt sich das obenstehende Ergebnis so:

$$\int_{x_0}^{x_1} \varphi(x, Y, Y')\,dx - \int_{x_0}^{x_1} \varphi(x, y, y')\,dx = \int_{x_0}^{x_1} \mathcal{E}(x, Y, \eta'(x, y), Y')\,dx.$$

Aus dieser „Transformation von *Weierstraß*" lesen wir unmittelbar ab, daß unsere Extremale gewiß keinen größeren Wert für das Integral

$$\int_{x_0}^{x_1} \varphi\,dx$$

liefert als die Kurve $Y(x)$, sobald die $\mathcal{E}$-Funktion beständig $\geqq 0$ bleibt. Da aber nach *Taylors* Lehrsatz:

$$\mathcal{E}(x, y, y', \bar{y}') = \tfrac{1}{2}(\bar{y}' - y')^2 \ \varphi_{y'y'}(x, y, \tilde{y}')$$

ist, wo $\tilde{y}'$ einen Mittelwert zwischen y' und $\bar{y}'$ bedeutet, so ist wegen der Voraussetzung b) dies gewiß der Fall, sobald $|Y - y|$ und $|Y' - y'|$ beständig unter einer genügend kleinen Grenze bleiben. Damit ist die Minimaleigenschaft in jenem Umfange nachgewiesen, den die Variationsrechnung als „*schwaches Minimum*" bezeichnet. Man übersieht aber, daß bei Ersetzung der Bedingung *b*) durch passende Voraussetzungen über die $\mathcal{E}$-Funktion die Forderung „$|Y - y|$ genügend klein" genügt (*starkes Minimum*). Wegen einer eingehenden Erörterung muß wieder auf die genannten Lehrbücher der Variationsrechnung verwiesen werden[1]).

§ 95. Zugehörige Berührungstransformationen.

8. Wir wollen schließlich noch eine Betrachtung durchführen, die unseren Gegenstand mit der Theorie der *Berührungstransformationen* (§ 63, § 74) in Verbindung bringt.

Betrachten wir die charakteristischen Streifen einer partiellen Differentialgleichung erster Ordnung:

$$p + h(x, y, z, q) = 0, \tag{15}$$

so sind sie, wie uns nach S. 280 bekannt ist, durch:

$$\frac{dy}{dx} = \frac{\partial h}{\partial q}, \quad \frac{dz}{dx} = q\frac{dh}{dq} - h, \quad \frac{dq}{dx} = -\frac{\partial h}{\partial y} - q\frac{\partial h}{\partial z} \tag{16}$$

erklärt. Schneiden wir einen solchen Streifen mit zwei Ebenen $x = \text{const}$, so werden die *Linienelemente* (y, z, q) der beiden Ebenen in bestimmter Weise aufeinander abgebildet. Denn durch jedes Linienelement der ersten Ebene geht ein bestimmter charakteristischer Streifen, der die zweite Ebene wieder in einem Linienelement schneidet. Diese Transformation ist eine *Berührungstransformation,* denn nach *Cauchy* und *Lie* bilden die Streifen, die durch die Elemente einer Kurve der ersten Ebene gelegt werden, eine Fläche, die von der zweiten Ebene wieder in einer Kurve geschnitten wird.

Wir wenden diese Betrachtung insbesondere auf zwei *benachbarte* Ebenen $x = x_0$ und $x = x_0 + \varepsilon$ an. Beschränken wir uns auf die Glieder erster Ordnung in ε, so ist dann nach (16) die so zustandekommende „*infinitesimale*" Berührungstransformation durch:

$$\bar{y} = y + \varepsilon\frac{\partial h}{\partial q}, \quad \bar{z} = z + \varepsilon\left(q\frac{\partial h}{\partial q} - h\right), \quad \bar{q} = q - \varepsilon\left(\frac{\partial h}{\partial y} + q\frac{\partial h}{\partial z}\right) \tag{17}$$

gegeben. Es läßt sich leicht zeigen, daß man so überhaupt die allgemeinste infinitesimale Berührungstransformation erhält, ein Ergebnis von *Lie,* das wir im folgenden nicht benötigen.

---

[1]) Den Zusammenhang mit dem Problem *Mayers* und den partiellen Differentialgleichungen erster Ordnung hat zuerst *A. Kneser* dargestellt, D. M. V. Jahresbericht Bd. 24 (1915).

Um uns eine geometrische Vorstellung von dieser infinitesimalen Berührungstransformation zu bilden, fragen wir, was aus den Linienelementen (y, z, q) eines Punktes der Ebene $x = x_0$ wird. Sie müssen ja in die Linienelemente einer Kurve übergehen. Nach (17) ist dies jene Kurve der Ebene $x = x_0 + \varepsilon$, die der Punkt $\bar{y}, \bar{z}$ beschreibt, wenn unter Festhaltung von y, z der Parameter q sich ändert. Nun gibt aber wegen der geometrischen Bedeutung von (16)

$$\frac{\partial h}{\partial q} = y', \quad q\frac{\partial h}{\partial q} - h = z'$$

gerade jene Richtung des *Monge*schen Kegels an, längs deren das Flächenelement p, q den Kegel berührt. Somit ergibt sich: *Der Punkt* x_0, y, z *geht durch unsere infinitesimale Berührungstransformation gerade in die Schnittkurve seines Mongeschen Kegels mit der Ebene* $x = x_0 + \varepsilon$ *über.*

Von besonderem Interesse ist hier der Fall, daß h von x nicht abhängt. Dann kommt es nämlich auf den besonderen Wert x_0 nicht an, die infinitesimale Berührungstransformation ist hier stets dieselbe. Nach den Grundbegriffen der *Lie*schen Gruppentheorie definieren dann die charakteristischen Streifen unserer Differentialgleichung eine *eingliedrige Gruppe* von Berührungstransformationen, die durch die infinitesimale Transformation (17) erzeugt wird.

Wenden wir diese Betrachtung auf das oben behandelte Variationsproblem an, bei dem alles von der Veränderlichen z unabhängig ist, so werden wir, indem wir die Rolle von z und x vertauschen, sagen können:

Zu dem Variationsproblem, das Integral $\int \varphi\, dx$ zu einem Extrem zu machen, gehört eine bestimmte infinitesimale Berührungstransformation der Linienelemente der (x, y)-Ebene. Sie besteht darin, daß die Elemente des Punktes x, y in die Linienelemente einer Kurve übergehen, die man erhält, wenn man den *Monge*schen Kegel des Punktes $(x, y, 0)$ mit der Ebene $z = \varepsilon$ schneidet.

Dieser Kurve kommt offenbar die Gleichung:

$$(\xi - x)\cdot\varphi\left(x, y, \frac{\eta - y}{\xi - x}\right) = \varepsilon \tag{18}$$

in den laufenden Koordinaten ξ, η zu. Sie ist die *Leitgleichung* (§ 74) unserer infinitesimalen Berührungstransformation. Es ist bequemer, an Stelle von (18) die Kurve:

$$\xi\cdot\varphi\left(x, y, \frac{\eta}{\xi}\right) = 1 \tag{19}$$

zu betrachten, aus der man (18) durch Verschiebung des Nullpunktes nach (x, y) und Änderung des Maßstabes im Verhältnis $\varepsilon : 1$ erhält. Die Kurve (19) ist unter dem Namen *Indikatrix* von *Carathéodory* in die Variationsrechnung eingeführt und gestattet, viele Betrachtungen der Variationsrechnung sehr anschaulich zu gestalten, worüber man wieder die Lehrbücher vergleichen möge.

9. Ist nun $z = W(x, y)$ eine Lösung der *Hamilton*schen Differentialgleichung, die zu unserem Variationsproblem gehört, so wollen wir die Kurven $W =$ const in der (x, y)-Ebene als ein System *geodätischer Parallelkurven* bezeichnen. Die Charakteristiken, welche die Lösung $z = W$ erzeugen, projizieren sich in die (x, y)-Ebene als eine Schar von Extremalen unseres Variationsproblems. Sie sind dadurch bestimmt, daß der *Monge*sche Kegel im Punkte (x, y, z) die Lösungsfläche $z = W$ in Richtung ihrer Tangente berührt. Auf Grund der geometrischen Bedeutung der Indikatrix können wir dies so formulieren: Die Tangentenrichtung der durch den Punkt (x, y) gehenden Extremalen ist parallel zu dem Radiusvektor der Indikatrix, der vom Nullpunkte nach dem Berührungspunkte jener Tangente weist, die zur Tangente an die durch x, y laufende Kurve $W =$ const parallel ist. Nun geht nach bekannten Sätzen durch eine willkürlich angenommene Kurve $W(x, y) = z =$ const gerade eine Lösung von (15). Wir können nun die Kurvenschar $W =$ const. auf eine sehr anschauliche Weise erzeugen: Da nach den Betrachtungen von (8) die einzelnen Schnitte der Lösungsfläche $z = W$ mit den Ebenen $z =$ const durch unsere infinitesimale Berührungstransformation auseinander hervorgehen, erhalten wir die zu $W = c$ benachbarte Kurve $W = c + \varepsilon$ in erster Annäherung, indem wir zu jedem ihrer Punkte die Indikatrix oder vielmehr die Kurve (18) konstruieren und die Einhüllende aller dieser kleinen Kurven suchen. Diese Konstruktion erinnert augenscheinlich an die Art, wie man in der Optik mit Hilfe des Prinzips von *Huyghens* die zu einer Wellenfläche benachbarte als Einhüllende von Elementarwellen konstruiert. Der Zusammenhang wird unmittelbar klar, wenn man von *Fermat*s Prinzip des „kürzesten Lichtweges“ ausgehend, die Lichtstrahlen in einem Medium mit der örtlich veränderlichen Lichtgeschwindigkeit $v(x, y)$ als Extremalen des Variationsproblems mit

$$\varphi(x, y, y') = \frac{\sqrt{1 + y'^2}}{v(x, y)}$$

einführt. Dann wird (18) zur kreisförmigen Elementarwelle und unsere Konstruktion deckt sich mit der von *Huyghens*, die Extremalen, also die Lichtstrahlen, werden die orthogonalen Trajektorien der „Wellenflächen“ (oder richtiger: Kurven) $W =$ const.

Wir sind hier bei Betrachtungen der geometrischen Optik angelangt, die für *Hamilton* den Ausgangspunkt jener Entwicklungen bildeten, die seinen Namen an diesen Ideenkreis knüpfen. Andererseits ist bereits von *Joh. Bernoulli* diese optische Analogie zur Lösung eines Variationsproblems benutzt worden, und in neuerer Zeit hat *Carathéodory* diese alte Methode wieder in die Variationsrechnung eingeführt.

Vgl. hierzu:

Whittaker: Analytische Dynamik, § 125.

Joh. Bernoulli: Acta Eruditorum 1697 (abgedr. in: Ostwalds Klassiker Nr. 46).

C. Carathéodory: Gött. Nachr. 1905 und Rendiconti di Palermo 1908.

C. Carathéodory: Variationsrechnung in „Die Differential- und Integralgleichungen ...". Bd. 1, S. 170—212. Braunschweig 1925.

10. Zum Schluß wäre noch zu sagen, wie weit sich diese Betrachtungen auf beliebig viele Veränderliche ausdehnen lassen. Da ist zunächst festzustellen, daß jedes sog. nichtsinguläre *Mayer*sche Problem der Variationsrechnung [1]) auf eine *Hamilton*sche Gleichung führt, deren Charakteristiken die Extremalen des *Mayer*schen Problems sind. Auch das über infinitesimale Berührungstransformationen Gesagte überträgt sich unverändert. Anders ist es jedoch mit *Monges* integralloser Lösung von (1). Zu ihr gibt es durchaus nicht immer ein Gegenstück, man kann vielmehr die integrallos lösbaren Probleme als die einfachste „Klasse" unterbestimmter Differentialgleichungen betrachten. (Vgl. hierzu *Hilbert:* Über den Begriff der Klasse von Differentialgleichungen. Weber-Festschrift Leipzig 1912). Mit Fällen integralloser Lösbarkeit beschäftigen sich *Goursat* in einer Arbeit im Bulletin de la soc. math. de France 1905 und in ausführlicher Weise *W. Groß* in den Mathematischen Annalen Bd. 73 und 76. Hier kann nur andeutungsweise gesagt werden, daß es sich immer um das Studium der Rückkehrmannigfaltigkeiten der Lösungen von *Systemen* partieller Differentialgleichungen erster Ordnung handelt. Eine mehr *geometrisch*-anschauliche Darstellung der Ergebnisse von *W. Groß* wäre sehr zu wünschen.

V. Einleitung in die Elementarteilertheorie.

Schon in seiner Dissertation von 1868 ist *Klein* auf die Frage nach der Klassifikation von Paaren quadratischer Formen geführt worden und konnte dazu die im selben Jahre in den Monatsberichten der Berliner Akademie von *Weierstraß* veröffentlichte Elementarteilertheorie verwerten. Auch in dieser Vorlesung sind wir auf hierhergehörige Fragen wiederholt gestoßen, z. B. bei der Einteilung von *Darboux*s Zykliden (§ 12). Die allgemeine Theorie von *Weierstraß* ist bei den Geometern nicht allzu beliebt, da man in Anbetracht der wenigen und einfachen Tatsachen, die man in der Geometrie daraus braucht, sich des Eindrucks nicht erwehren kann, daß mit Kanonen nach Spatzen geschossen wird.

[1]) Der Ausdruck *nicht singulär* bedeutet bei n Veränderlichen den Ausschluß solcher Aufgaben, bei denen die Tangentenebenen der Kegel von *Monge* von weniger als $n-2$ Parametern abhängen. In dem oben behandelten Falle $n = 3$ werden also gerade die linearen (*Pfaff*schen) Gleichungen ausgeschaltet.

Deshalb bringen wir im folgenden einfache Beweise der wichtigsten Sätze auf Grund eines von *H. Weyl* stammenden und von *O. Schreier* durchgeführten Gedankens.

§ 96. Lineare Substitutionen und die Matrizenrechnung.

Den Übergang von einer Veränderlichenreihe $x_1, x_2, \ldots, x_n$ zu einer neuen $y_1, y_2, \ldots, y_n$ durch ein Gleichungssystem

$$(\alpha) \qquad y_i = \sum_{k=1}^{n} a_{ik} x_k \qquad (i = 1, 2, \ldots, n)$$

bezeichnet man als *lineare Substitution*. Die Substitution ist durch die n^2 Koeffizienten a_{ik} eindeutig bestimmt, und umgekehrt können zwei Substitutionen nur dann für jedes Wertesystem der x_i das nämliche Wertesystem y_i liefern, wenn ihre Koeffizienten einzeln übereinstimmen. Das quadratische Schema dieser n^2 Koeffizienten nennen wir die Matrix der Substitution und bezeichnen sie kurz durch $(a_{ik}) = A$; i bedeutet dabei die Zeilennummer, k die Spaltennummer des Elements a_{ik}. In symbolischer Form schreiben wir unsere Substitution dann auch: $y = A(x)$. Gehen wir von den Veränderlichen y_i zu neuen Veränderlichen z_i wiederum durch eine lineare Substitution über:

$$z_i = \sum_{k=1}^{n} b_{ik} y_k \qquad (i = 1, 2, \ldots, n)$$

oder kürzer $z = B(y)$, so hängen ersichtlich auch die Veränderlichen z mit den Veränderlichen x durch eine lineare Substitution zusammen:

$$z_i = \sum_{k=1}^{n} \left(\sum_{\nu=1}^{n} b_{i\nu} a_{\nu k}\right) x_k \,.$$

Die Matrix dieser Substitution heißt das *Produkt* der beiden Matrizen B und A und wird durch BA bezeichnet; nennen wir ihre Elemente c_{ik}, so ist also $c_{ik} = \sum_{\nu=1}^{n} b_{i\nu} a_{\nu k}$, d. h. das Element in der i-ten Zeile und k-ten Spalte der Produktmatrix wird durch „Komposition" der i-ten Zeile des ersten Faktors mit der k-ten Spalte des zweiten Faktors erhalten. Man bestätigt für diese Multiplikation mühelos das assoziative Gesetz

$$(AB)C = A(BC),$$

demzufolge Produkte von mehr als zwei Matrizen auch ohne Klammernsetzung einen bestimmten Sinn haben; nur muß man dabei stets auf die Reihenfolge der Faktoren achten, denn es ist im allgemeinen $AB \neq BA$. Die Determinante $|a_{ik}|$ bezeichnen wir auch mit $|A|$. Aus der Definition der Produktmatrix und dem Multiplikationssatz für Determinanten folgt unmittelbar

$$(\beta) \qquad |AB| = |A| \cdot |B|.$$

Wir können insbesondere die Matrizen bilden, die man durch fortgesetzte Multiplikation einer Matrix A mit sich selbst erhält. Diese Matrizen bezeichnet man kurz durch A, A^2, A^3, ..., A^ν, ...; in diesem Sonderfall gilt $A^\mu A^\nu = A^\nu A^\mu = A^{\mu+\nu}$.

Eine besondere Rolle spielt die Matrix, die der identischen Substitution $y_i = x_i$ entspricht. Wir bezeichnen sie mit E, ihre Elemente mit δ_{ik}. ($\delta_{ik} = 1$ oder $= 0$, je nachdem $i = k$ oder $i \neq k$.) Es gilt für jede Matrix A:

$$EA = A = AE.$$

Die Matrix E heißt deshalb *Einheitsmatrix*.

Ist $|a_{ik}| \neq 0$, so heißt die Substitution (α) nichtsingulär, andernfalls singulär. Im ersten Fall können die Gleichungen (α) nach den x_i aufgelöst werden; die Veränderlichen x gehen demnach auch durch lineare Substitution aus den y hervor. Die Matrix der entsprechenden Substitution wird mit A^{-1} bezeichnet. Es ist

$$AA^{-1} = E, \qquad A^{-1}A = E,$$

und zwar ist A^{-1} durch jede dieser Gleichungen gekennzeichnet.

Wegen (β) ist das Produkt nicht-singulärer Matrizen wiederum nichtsingulär. Sind also A, B nicht-singulär, so kann $(AB)^{-1}$ gebildet werden. Es ergibt sich $(AB)^{-1} = B^{-1}A^{-1}$, denn $(AB)(B^{-1}A^{-1}) = A(BB^{-1})A^{-1} = AA^{-1} = E$.

Neben der Multiplikation der Matrizen betrachtet man noch ihre *Addition* sowie ihre *Multiplikation mit Zahlfaktoren*. Wir verstehen unter $A + B$ die Matrix mit den Elementen $a_{ik} + b_{ik}$, unter $\lambda A = A\lambda$ die Matrix mit den Elementen λa_{ik}. Es gelten folgende Rechenregeln:

$$A + B = B + A,$$

$$(A + B) + C = A + (B + C),$$

$$(A + B)C = AC + BC; \qquad A(B + C) = AB + AC$$

$$(\lambda\mu)A = \lambda(\mu A); \qquad \lambda(AB) = (\lambda A)B = A(\lambda B),$$

$$\lambda(A + B) = \lambda A + \lambda B; \qquad (\lambda + \mu)A = \lambda A + \mu A.$$

Verschwinden in einer Matrix $A = (a_{ik})$ alle Elemente mit ungleichen Indizes, so nennt man A eine *Diagonalmatrix*.

§ 97. Geometrische Deutung der linearen Substitutionen.

Es ist für das Weitere zweckmäßig, unter den vielen geometrischen Deutungen, welche die Formeln (α) zulassen, insbesondere folgende zu betrachten.

In einem linearen Vektor-Raum von n Dimensionen seien zwei Koordinatensysteme gewählt, d. h. zwei Systeme von je n linear unabhängigen Vektoren $\mathfrak{e}_1, \mathfrak{e}_2, \ldots, \mathfrak{e}_n$ und $\mathfrak{e}_1^*, \mathfrak{e}_2^*, \ldots, \mathfrak{e}_n^*$. Es seien

$x_1, x_2, \ldots, x_n$ die Komponenten eines Vektors $\mathfrak{x}$ in bezug auf das erste, $x_1^*, x_2^*, \ldots, x_n^*$ seine Komponenten in bezug auf das zweite System, also

$$\mathfrak{x} = \sum_{i=1}^{n} x_i \mathfrak{e}_i = \sum_{k=1}^{n} x_k^* \mathfrak{e}_k^* .$$

Sicher gelten Gleichungen der Gestalt

$$\mathfrak{e}_k^* = \sum_{i=1}^{n} t_{ik} \mathfrak{e}_i \qquad (k = 1, 2, \ldots, n)$$

und zwar ist wegen der linearen Unabhängigkeit der Vektoren $\mathfrak{e}_k^*$ die Determinante $|t_{ik}| \neq 0$. Durch Einsetzen erhalten wir

$$x_i = \sum_{k=1}^{n} t_{ik} x_k^* .$$

D. h. die Komponenten eines beliebigen Vektors in bezug auf die beiden Koordinatensysteme hängen durch eine nichtsinguläre lineare Substitution zusammen. Ist umgekehrt eine nichtsinguläre Substitution

$$x_i = \sum_{k=1}^{n} t_{ik} x_k^*$$

vorgelegt und sind die x_i die Komponenten eines Vektors in bezug auf das Koordinatensystem $\{\mathfrak{e}_i\}$, so sind die x_k^* seine Komponenten in bezug auf das System

$$\left\{\mathfrak{e}_k^* = \sum_{i=1}^{n} t_{ik} \mathfrak{e}_i\right\}.$$

Eine andere — auch für singuläre Substitutionen brauchbare — Deutung erhalten wir so. Es seien wieder die x_i die Komponenten eines beliebigen Vektors $\mathfrak{x}$ in bezug auf das Koordinatensystem $\{\mathfrak{e}_i\}$. Desgleichen deuten wir die y_i in (α) als Komponenten eines Vektors $\mathfrak{y}$ in demselben Koordinatensystem. Die Gleichungen (α) besagen dann, daß jedem Vektor $\mathfrak{x}$ in eindeutiger Weise ein Vektor $\mathfrak{y}$ zugeordnet ist. Wir bezeichnen diesen Vektor durch $\boldsymbol{A}(\mathfrak{x})$. Es ist $\boldsymbol{A}(\mathfrak{x}_1 + \mathfrak{x}_2) = \boldsymbol{A}(\mathfrak{x}_1) + \boldsymbol{A}(\mathfrak{x}_2)$ und $\boldsymbol{A}(\lambda\mathfrak{x}) = \lambda\boldsymbol{A}(\mathfrak{x})$. Ist umgekehrt $\{\mathfrak{x} \to \boldsymbol{A}(\mathfrak{x})\}$ eine Abbildung mit diesen beiden Eigenschaften, so hängen die Komponenten von $\boldsymbol{A}(\mathfrak{x})$ in bezug auf irgend ein Koordinatensystem $\{\mathfrak{e}_i\}$ mit denen von $\mathfrak{x}$ durch eine lineare Substitution zusammen. Denn wenn

$$\boldsymbol{A}(\mathfrak{e}_k) = \sum_{i=1}^{n} a_{ik} \mathfrak{e}_i \qquad (k = 1, 2, \ldots, n)$$

gesetzt wird, so ergibt sich

$$\boldsymbol{A}\left(\sum_{k=1}^{n} x_k \mathfrak{e}_k\right) = \sum_{i=1}^{n} \left(\sum_{k=1}^{n} a_{ik} x_k\right) \mathfrak{e}_i,$$

wie behauptet wurde. Eine solche Abbildung $\boldsymbol{A}$ der Vektoren eines linearen Raums nennen wir lineare Transformation und $A = (a_{ik})$ ihre Matrix in bezug auf das Koordinatensystem $\{\mathfrak{e}_i\}$.

Wir wollen nun feststellen, wie die Matrizen einer linearen Transformation A in bezug auf zwei Koordinatensysteme $\{\mathfrak{e}_i\}$, $\{\mathfrak{e}_i^*\}$ miteinander zusammenhängen. Sei also

$$A\left(\sum_{i=1}^{n} x_i \mathfrak{e}_i\right) = \sum_{i=1}^{n} y_i \mathfrak{e}_i$$

und

$$A\left(\sum_{i=1}^{n} x_i^* \mathfrak{e}_i^*\right) = \sum_{i=1}^{n} y_i^* \mathfrak{e}_i^*,$$

wobei

$$y_i = \sum_{k=1}^{n} a_{ik} x_k \quad \text{und} \quad y_i^* = \sum_{k=1}^{n} a_{ik}^* x_k^*.$$

Ferner sei

$$\mathfrak{e}_k^* = \sum_{i=1}^{n} t_{ik} \mathfrak{e}_i,$$

also

$$x_i = \sum_{k=1}^{n} t_{ik} x_k^* \quad \text{und} \quad y_i = \sum_{k=1}^{n} t_{ik} y_k^*$$

Dann haben wir in der symbolischen Schreibweise von § 98 einerseits

$$y = A(x) = A(T(x^*)) = AT(x^*),$$

andrerseits

$$y = T(y^*) = T(A^*(x^*)) = TA^*(x^*);$$

also ist $AT = TA^*$ oder $A^* = T^{-1}AT$. Man spricht diesen Sachverhalt so aus: *Die Matrix A^* geht aus der Matrix A durch „Transformation" mit der (nichtsingulären) Matrix T hervor.* Jede Matrix, die aus A auf diese Weise gewonnen werden kann, heißt mit A *äquivalent.*

§ 98. Normalform linearer Transformationen[1]).

Wir wollen nun versuchen, bei vorgelegter linearer Transformation A ein Koordinatensystem so zu bestimmen, daß die Matrix von A eine möglichst einfache Gestalt annimmt. Hierzu bedürfen wir einiger Vorbereitungen.

Unter dem *charakteristischen Polynom* einer Matrix A verstehen wir das Polynom $\varphi(\lambda) = |\lambda E - A|$. Das charakteristische Polynom ändert sich nicht, wenn wir von A zu einer äquivalenten Matrix übergehen. Es ist ja

[1]) Der Inhalt dieses Abschnitts stammt im wesentlichen von *H. Weyl:* Mathematische Analyse des Raumproblems. S. 88ff. Berlin 1923.

$$\lambda E - T^{-1}AT = T^{-1}\cdot\lambda E\cdot T - T^{-1}AT = T^{-1}(\lambda E - A)T,$$

also

$$|\lambda E - T^{-1}AT| = |T^{-1}|\cdot|\lambda E - A|\cdot|T| = |\lambda E - A|\cdot|T^{-1}|\cdot|T|$$
$$= |\lambda E - A|\cdot|T^{-1}T| = |\lambda E - A|.$$

Daher hat es einen Sinn zu definieren: *Das charakteristische Polynom einer linearen Transformation ist das charakteristische Polynom ihrer Matrix in bezug auf irgendein Koordinatensystem.*

Besitzt ein linearer Unterraum $\mathfrak{L}_1$ des betrachteten Raumes $\mathfrak{L}$ die Eigenschaft, daß er neben jedem seiner Vektoren $\mathfrak{x}$ auch den Bildvektor $\boldsymbol{A}(\mathfrak{x})$ enthält, so sagen wir, $\mathfrak{L}_1$ sei gegenüber der linearen Transformation $\boldsymbol{A}$ *invariant*. In diesem Fall induziert $\boldsymbol{A}$ in $\mathfrak{L}_1$ neuerdings eine lineare Transformation. Wählen wir dann ein Koordinatensystem $\{\mathfrak{e}_i\}$ für $\mathfrak{L}$ in der Weise, daß $\{\mathfrak{e}_1, \ldots, \mathfrak{e}_p\}$ ein Koordinatensystem für $\mathfrak{L}_1$ bildet, und ist $A = (a_{ik})$ die Matrix von $\boldsymbol{A}$ in bezug auf dieses Koordinatensystem, so ist $a_{ik} = 0$ für $k \leqq p < i$ und (a_{ik}) $(i, k = 1, 2, \ldots, p)$ die Matrix der in $\mathfrak{L}_1$ induzierten Transformation in bezug auf das Koordinatensystem $\{\mathfrak{e}_1, \ldots, \mathfrak{e}_p\}$.

Gibt es außer $\mathfrak{L}_1$ noch einen zweiten gegenüber $\boldsymbol{A}$ invarianten Unterraum $\mathfrak{L}_2$, derart, daß $\mathfrak{L}_1$ und $\mathfrak{L}_2$ vektorfremd sind und zusammen ganz $\mathfrak{L}$ aufspannen, sind ferner $\boldsymbol{A}_1$ und $\boldsymbol{A}_2$ die von $\boldsymbol{A}$ in $\mathfrak{L}_1$ und $\mathfrak{L}_2$ induzierten linearen Transformationen, so ist das charakteristische Polynom von $\boldsymbol{A}$ gleich dem Produkt der charakteristischen Polynome von $\boldsymbol{A}_1$ und $\boldsymbol{A}_2$. Dies ergibt sich aus dem vorher Gesagten unmittelbar durch eine einfache Anwendung des *Laplace*schen Entwicklungssatzes für Determinanten.

Für diejenigen Vektoren, die ihren Bildvektoren proportional sind, erhalten wir die Bedingung

$$\sum_{k=1}^{n} a_{ik} x_k = \lambda x_i$$

oder

$$\sum_{k=1}^{n} (\lambda\delta_{ik} - a_{ik}) x_k = 0 \qquad (i = 1, 2, \ldots, n)$$

Damit dieses Gleichungssystem eine nichttriviale Lösung besitze, ist aber notwendig und hinreichend, daß seine Determinante verschwinde. D. h.: *Dann und nur dann, wenn λ_0 eine Nullstelle des charakteristischen Polynoms von $\boldsymbol{A}$ ist, gibt es einen nichtverschwindenden Vektor $\mathfrak{x}_0$, für den $\boldsymbol{A}(\mathfrak{x}_0) = \lambda_0\mathfrak{x}_0$.*

Sei $f(\lambda) = c_0 + c_1\lambda + \cdots + c_r\lambda^r$ ein Polynom in einer Veränderlichen. Dann verstehen wir für jede Matrix A unter $f(A)$ die Matrix $c_0E + c_1A + c_2A^2 + \cdots + c_rA^r$ desgleichen für jede lineare Transformation $\boldsymbol{A}$ unter $f(\boldsymbol{A})$ die lineare Transformation $\{\mathfrak{x} \to c_0\mathfrak{x} + c_1\boldsymbol{A}(\mathfrak{x}) + c_2\boldsymbol{A}^2(\mathfrak{x}) + \cdots + c_r\boldsymbol{A}^r(\mathfrak{x})\}$, wobei $\boldsymbol{A}^\nu(\mathfrak{x})$ rekursiv durch $\boldsymbol{A}^\nu(\mathfrak{x}) = \boldsymbol{A}(\boldsymbol{A}^{\nu-1}(\mathfrak{x}))$ erklärt ist. Ist A die Matrix von $\boldsymbol{A}$ in bezug auf ein gewisses

Koordinatensystem, so ist $f(A)$ die Matrix von $f(\boldsymbol{A})$ in bezug auf dasselbe System. Es gilt nun der folgende wichtige Satz:

Ist $\boldsymbol{A}$ *eine lineare Transformation und* $\varphi(\lambda)$ *ihr charakteristisches Polynom, so ist* $\varphi(\boldsymbol{A})$ *die lineare Transformation, die jedem Vektor den Nullvektor zuordnet.*

Zum Beweis genügt es offenbar zu zeigen: Ist A eine Matrix und $\varphi(\lambda)$ ihr charakteristisches Polynom, so ist $\varphi(A)$ die Nullmatrix, d. i. die Matrix, deren sämtliche Elemente Null sind. (*Hamilton-Cayley*sche Gleichung.) Dies aber können wir so einsehen: Es sei

$$b_{ik}(\lambda) = \sum_{\nu=0}^{n-1} b_{ik}^{(\nu)} \lambda^\nu$$

das algebraische Komplement des Elements $\lambda\delta_{ki} - a_{ki}$ in der Determinante $|\lambda\delta_{ik} - a_{ik}|$; sodann setzen wir

$$B(\lambda) = (b_{ik}(\lambda)) = \sum_{\nu=0,}^{n-1} (b_{ik}^{(\nu)}) \lambda^\nu = \sum_{\nu=0,}^{n-1} B^{(\nu)} \lambda^\nu$$

Dann gilt:

$$B(\lambda) \cdot (\lambda E - A) = \left(\sum_{\nu=1}^{n} b_{i\nu}(\lambda) \cdot (\delta_{\nu k}\lambda - a_{\nu k}) \right) = \delta_{ik}\, \varphi(\lambda));$$

also: $B(\lambda) \cdot (\lambda E - A) = \varphi(\lambda) \cdot E$. Dies ist eine Identität in λ. Um die Ausdrücke links und rechts auf die Gestalt

$$\sum_{\nu=0}^{n} C^{(\nu)} \lambda^\nu$$

zu bringen, bedürfen wir bloß der distributiven Gesetze und der Gleichungen $\lambda E = E\lambda$, $\lambda A = A\lambda$. Nun ist die Matrizenmultiplikation distributiv und es ist $AE = EA$, $AA = AA$; folglich dürfen wir in unserer Identität λ durch A ersetzen und erhalten $\varphi(A) = (0)$.

Nunmehr können wir den für das Folgende grundlegenden Satz beweisen:

Satz A. *Ist* $\boldsymbol{A}$ *eine lineare Transformation in* $\mathfrak{L}$, $\varphi(\lambda)$ *ihr charakteristisches Polynom und* $\varphi(\lambda) = \varphi_1(\lambda) \cdot \varphi_2(\lambda)$ *eine Zerlegung von* $\varphi(\lambda)$ *in zwei teilerfremde Polynome mit dem höchsten Koeffizienten* 1, *so sind eindeutig zwei lineare Unterräume* $\mathfrak{L}_1$, $\mathfrak{L}_2$ *bestimmt, die folgende Eigenschaften haben:* $\mathfrak{L}_1$ *und* $\mathfrak{L}_2$ *sind gegenüber* $\boldsymbol{A}$ *invariant,* $\mathfrak{L}_1$, $\mathfrak{L}_2$ *sind vektorfremd und spannen zusammen ganz* $\mathfrak{L}$ *auf und* $\varphi_1(\lambda)$, $\varphi_2(\lambda)$ *sind die charakteristischen Polynome der von* $\boldsymbol{A}$ *in* $\mathfrak{L}_1$, $\mathfrak{L}_2$ *induzierten linearen Transformationen.*

Nach der *Hamilton-Cayley*schen Gleichung kommen für die Vektoren von $\mathfrak{L}_1$ nur solche in Frage, die der Gleichung $\varphi_1(\boldsymbol{A})(\mathfrak{x}) = 0$ genügen. Wir verlangen daher: $\mathfrak{L}_i$ sei die Gesamtheit der Vektoren $\mathfrak{x}_i$, die der Gleichung $\varphi_i(\boldsymbol{A})(\mathfrak{x}_i) = 0$ genügen $(i = 1, 2)$. Dann ist zunächst unmittelbar klar, daß $\mathfrak{L}_1$, $\mathfrak{L}_2$ lineare Räume sind, die überdies gegenüber $\boldsymbol{A}$ invariant sind. Da $\varphi_1(\lambda)$, $\varphi_2(\lambda)$ teilerfremd sind, können wir zwei Polynome $\psi_1(\lambda)$, $\psi_2(\lambda)$ so bestimmen, daß $\varphi_2(\lambda)\,\psi_1(\lambda) + \varphi_1(\lambda)\,\psi_2(\lambda) \equiv 1$, also auch $\varphi_2(\boldsymbol{A})\,\psi_1(\boldsymbol{A})(\mathfrak{x}) + \varphi_1(\boldsymbol{A})\,\psi_2(\boldsymbol{A})(\mathfrak{x}) = \mathfrak{x}$ ist (für jeden Vektor $\mathfrak{x}$), Nach der *Hamilton-Cayley*schen Gleichung ist nun

$$\varphi_1(\boldsymbol{A})(\varphi_2(\boldsymbol{A})\,\psi_1(\boldsymbol{A})(\mathfrak{x})) = \varphi(\boldsymbol{A})(\varphi_1(\boldsymbol{A})(\mathfrak{x})) = 0$$

und

$$\varphi_2(\boldsymbol{A})(\varphi_1(\boldsymbol{A})\,\psi_2(\boldsymbol{A})(\mathfrak{x}),) = \varphi(\boldsymbol{A})(\psi_2(\boldsymbol{A})(\mathfrak{x})) = 0,$$

also läßt sich jeder Vektor $\mathfrak{x}$ als Summe eines Vektors aus $\mathfrak{L}_1$ und eines Vektors aus $\mathfrak{L}_2$ darstellen, $\mathfrak{L}_1$ und $\mathfrak{L}_2$ *spannen* $\mathfrak{L}$ *auf*. Ist $\bar{\mathfrak{x}}$ ein $\mathfrak{L}_1$ und $\mathfrak{L}_2$ gemeinsamer Vektor, so ist $\bar{\mathfrak{x}} = \psi_1(\boldsymbol{A})\,\varphi_2(\boldsymbol{A})(\bar{\mathfrak{x}}) + \psi_2(\boldsymbol{A})\,\varphi_1(\boldsymbol{A})(\mathfrak{x}) = 0$, also sind $\mathfrak{L}_1$ und $\mathfrak{L}_2$ *vektorfremd*. Bezeichnen wir demnach mit $\chi_1(\lambda)$, $\chi_2(\lambda)$ die charakteristischen Polynome der von $\boldsymbol{A}$ in $\mathfrak{L}_1$, $\mathfrak{L}_2$ induzierten linearen Transformationen, so gilt $\varphi(\lambda) = \chi_1(\lambda)\,\chi_2(\lambda)$. (Für den Fall, daß einer der Teilräume sich auf den Nullvektor reduzieren sollte, setzen wir das betreffende charakteristische Polynom $= 1$.) Es sei jetzt λ_0 irgendeine Wurzel von $\chi_1(\lambda)$. Wir setzen $\varphi_1(\lambda) = \bar{\varphi}_1(\lambda)\cdot(\lambda - \lambda_0) + \varphi_1(\lambda_0)$. Ferner sei $\mathfrak{x}_0$ ein nichtverschwindender Vektor aus $\mathfrak{L}_1$, der der Gleichung $(\boldsymbol{A} - \lambda_0)(\mathfrak{x}_0) = 0$ genügt. (Ein solcher ist nach dem oben Gesagten stets vorhanden.) Dann ist

$$\varphi_1(\boldsymbol{A})(\mathfrak{x}_0) = \bar{\varphi}_1(\boldsymbol{A})(\boldsymbol{A} - \lambda_0)(\mathfrak{x}_0) + \varphi_1(\lambda_0)\,\mathfrak{x}_0.$$

Hierin verschwindet der Vektor auf der linken Seite, da $\mathfrak{x}_0$ zu $\mathfrak{L}_1$ gehört, ebenso der erste Summand auf der rechten Seite (nach Konstruktion von $\mathfrak{x}_0$); also ist auch $\varphi_1(\lambda_0)\,\mathfrak{x}_0 = 0$ oder wegen $\mathfrak{x}_0 \neq 0 : \varphi_1(\lambda_0) = 0$. Daher ist $\chi_1(\lambda)$ teilerfremd zu $\varphi_2(\lambda)$, also ein Teiler von $\varphi_1(\lambda)$. Ebenso schließt man, daß $\chi_2(\lambda)$ ein Teiler von $\varphi_2(\lambda)$ ist. Da aber $\varphi_1(\lambda)$, $\varphi_2(\lambda)$, $\chi_1(\lambda)$ und $\chi_2(\lambda)$ den höchsten Koeffizienten Eins haben, folgt hieraus: $\chi_1(\lambda) \equiv \varphi_1(\lambda)$, $\chi_2(\lambda) \equiv \varphi_2(\lambda)$. Damit ist der Beweis von Satz A zu Ende geführt[1]).

Durch wiederholte Anwendung von Satz A erhalten wir:

Satz B. Ist $\boldsymbol{A}$ *eine lineare Transformation in* $\mathfrak{L}$ *und*

$$\varphi(\lambda) \equiv (\lambda - \lambda_1)^{n_1}(\lambda - \lambda_2)^{n_2}\ldots(\lambda - \lambda_r)^{n_r}$$

ihr charakteristisches Polynom ($\lambda_h \neq \lambda_j$ *für* $h \neq j$), *so gibt es eine und nur eine „Zerspaltung" von* $\mathfrak{L}$ *in* r *Teilräume* $\mathfrak{L}_1, \mathfrak{L}_2, \ldots, \mathfrak{L}_r$ *von folgender Art:* $\mathfrak{L}_h$ *ist gegenüber* $\boldsymbol{A}$ *invariant und* $(\lambda - \lambda_h)^{n_h}$ *ist das charakteristische Polynom der durch* $\boldsymbol{A}$ *in* $\mathfrak{L}_h$ *induzierten Transformation.* ($h = 1, 2, \ldots, r$.)

Wählen wir ein Koordinatensystem $\{\mathfrak{e}_1, \ldots, \mathfrak{e}_n\}$ von $\mathfrak{L}$ so, daß die Vektoren $\mathfrak{e}_1, \ldots, \mathfrak{e}_{n_1}$ zu $\mathfrak{L}_1$ gehören, ebenso die Vektoren $\mathfrak{e}_{n_1+1}, \ldots, \mathfrak{e}_{n_1+n_2}$ zu $\mathfrak{L}_2$ usw., so nimmt die Matrix von $\boldsymbol{A}$ in bezug auf dieses Koordinatensystem die Gestalt an:

---

[1]) Die im Satz behauptete Eindeutigkeit geht aus dem Beweis unmittelbar hervor.

$$\left\|\begin{array}{lll}
a_{11}\ldots a_{1n_1} & 0\ldots\ldots\ldots\ldots 0 & 0\ldots \\
-\;-\;-\;- & -\;-\;-\;-\;-\;-\;-\;- & -\;-\;-\;-\;-\;- \\
a_{n_1 1}\ldots a_{n_1 n_1} & 0\ldots\ldots\ldots\ldots 0 & 0\ldots \\
0\ldots\ldots 0 & a_{n_1+1,\,n_1+1}\ldots a_{n_1+1,\,n_1+n_2} & 0\ldots \\
-\;-\;-\;- & -\;-\;-\;-\;-\;-\;-\;- & -\;-\;-\;-\;-\;- \\
0\ldots\ldots 0 & a_{n_1+n_2,\,n_1+1}\ldots a_{n_1+n_2,\,n_1+n_2} & 0\ldots \\
0\ldots\ldots 0 & 0\ldots\ldots\ldots\ldots 0 & a_{n_1+n_2+1,\,n_1+n_2+1}\ldots \\
-\;-\;-\;- & -\;-\;-\;-\;-\;-\;-\;- & -\;-\;-\;-\;-\;-
\end{array}\right\|$$

Es ist für viele Zwecke wichtig, die Teilmatrizen, in die die Matrix A unserer Transformation nach Einführung der Vektoren $\mathfrak{e}_1, \ldots, \mathfrak{e}_n$ zerfällt, noch weiter zu normieren. Wir führen dies etwa für die Matrix $A_1 = (a_{ik})$ $(i, k = 1, 2, \ldots, n_1)$ durch. Die Vektoren von $\mathfrak{L}_1$ sind durch $(\boldsymbol{A} - \lambda_1)^{n_1}(\mathfrak{x}) = 0$ gegeben. Sei m die kleinste Zahl von der Art, daß für alle Vektoren $\mathfrak{x}$ von $\mathfrak{L}_1$ die Gleichung $(\boldsymbol{A} - \lambda_1)^m(\mathfrak{x}) = 0$ gilt. $\mathfrak{L}_1^{(j)}$ sei der durch $(\boldsymbol{A} - \lambda_1)^j(\mathfrak{x}) = 0$ definierte lineare Teilraum von $\mathfrak{L}_1$. $(j = 1, 2, \ldots, m.)$ Offenbar ist $\mathfrak{L}_1^{(j)}$ ein Teilraum von $\mathfrak{L}_1^{(j+1)}$. Die Dimensionszahlen dieser Räume seien: $p_1, p_1 + p_2, \ldots, p_1 + p_2 + + \cdots + p_m = n_1$. Sicher ist $p_m > 0$, denn andernfalls wäre $\mathfrak{L}_1^{(m-1)} = \mathfrak{L}_1^{(m)} = \mathfrak{L}_1$ im Widerspruch mit der Erklärung von m. Wir wählen nun die Vektoren $\mathfrak{e}_1^{(1)}, \ldots, \mathfrak{e}_{p_m}^{(1)}$ so, daß sie zusammen mit $\mathfrak{L}_1^{(m-1)}$ den Raum $\mathfrak{L}_1$ aufspannen, und setzen $\boldsymbol{A}(\mathfrak{e}_i^{(1)}) = \lambda_1 \mathfrak{e}_i^{(1)} + \mathfrak{e}_i^{(2)}$. Die Vektoren $\mathfrak{e}_i^{(2)}$ gehören dem Raum $\mathfrak{L}_1^{(m-1)}$ an, denn

$$(\boldsymbol{A} - \lambda_1)^{m-1}(\mathfrak{e}_i^{(2)}) = (\boldsymbol{A} - \lambda_1)^m(\mathfrak{e}_i^{(1)}) = 0;$$

sie sind ferner untereinander und von den Vektoren aus $\mathfrak{L}_1^{(m-2)}$ linear unabhängig. Denn aus

$$(\boldsymbol{A} - \lambda_1)^{m-2}\left(c_1 \mathfrak{e}_1^{(2)} + \cdots + c_{p_m} \mathfrak{e}_{p_m}^{(2)}\right) = 0$$

folgt

$$(\boldsymbol{A} - \lambda_1)^{m-1}\left(c_1 \mathfrak{e}_1^{(1)} + \cdots + c_{p_m} \mathfrak{e}_{p_m}^{(1)}\right) = 0,$$

also gehört $c_1 \mathfrak{e}_1^{(1)} + \cdots + c_{p_m} \mathfrak{e}_{p_m}^{(1)}$ zu $\mathfrak{L}_1^{(m-1)}$, was nach Definition der $\mathfrak{e}_i^{(1)}$ nur möglich ist, wenn alle c_i verschwinden. Daher ist $p_{m-1} \geqq p_m$. Ist $p_{m-1} > p_m$, so wählen wir $p_{m-1} - p_m$ Vektoren $\mathfrak{e}_{p_m+1}^{(2)}, \ldots, \mathfrak{e}_{p_{m-1}}^{(2)}$, die zusammen mit $\mathfrak{L}_1^{(m-2)}$ und den Vektoren $\mathfrak{e}_1^{(2)}, \ldots, \mathfrak{e}_{p_m}^{(2)}$ ganz $\mathfrak{L}_1^{(m-1)}$ aufspannen. In derselben Weise fahren wir fort, d. h. wir setzen

$$\boldsymbol{A}(\mathfrak{e}_i^{(2)}) = \lambda_1 \mathfrak{e}_i^{(2)} + \mathfrak{e}_i^{(3)} \qquad (i = 1, 2, \ldots, p_{m-1})$$

und erkennen: die Vektoren $\mathfrak{e}_i^{(3)}$ gehören zu $\mathfrak{L}_i^{(m-2)}$ und sind untereinander sowie von den Vektoren aus $\mathfrak{L}_i^{(m-3)}$ linear unabhängig. Für den Fall $p_{m-2} > p_{m-1}$ fügen wir wieder zu den $\mathfrak{e}_i^{(3)}$ noch $p_{m-2} - p_{m-1}$ Vektoren $\mathfrak{e}_{p_{m-1}+1}^{(3)}, \ldots, \mathfrak{e}_{p_{m-2}}^{(3)}$ hinzu, die mit $\mathfrak{L}_1^{(m-3)}$ und den Vektoren $\mathfrak{e}_1^{(3)}, \ldots, \mathfrak{e}_{p_{m-1}}^{(3)}$ zusammen ganz $\mathfrak{L}_1^{(m-2)}$ aufspannen. Auf diese Weise gelangen wir schließlich zu einem Koordinatensystem für $\mathfrak{L}_1$, das aus den Vektoren $\mathfrak{e}_i^{(k)}$ besteht. $(k = 1, 2, \ldots, m;\ i = 1, 2, \ldots, p_{m-k+1})$. Die Transformation $\boldsymbol{A}$ lautet jetzt:

$$\boldsymbol{A}\,(\mathfrak{e}_i^{(k)}) = \lambda_1\,\mathfrak{e}_i^{(k)} + \mathfrak{e}_i^{(k+1)} \qquad (k = 1, 2, \ldots, m-1),$$

$$\boldsymbol{A}\,(\mathfrak{e}_i^{(m)}) = \lambda_1\,\mathfrak{e}_i^{(m)}.$$

Setzen wir also

$$\mathfrak{e}_i^{(k)} = \mathfrak{e}^*_{(i-1)\,m+k} \qquad (1 \leqq i \leqq p_m),$$

$$\mathfrak{e}_i^{(k)} = \mathfrak{e}^*_{p_m\,m+(i-p_m-1)\,(m-1)+k-1} \qquad (p_m + 1 \leqq i \leqq p_{m-1}),$$

— — — — — — — — — — — — — — — — — —

so zerfällt A_1 nach Einführung des Koordinatensystems $\{\mathfrak{e}_i{}^*\}$ in Teilmatrizen der Gestalt

$$\begin{Vmatrix} \lambda, 1, 0 \ldots 0 \\ 0, \lambda, 1 \ldots 0 \\ - - - - \\ 0, 0, 0 \ldots \lambda \end{Vmatrix}$$

und zwar treten p_m Matrizen von m Zeilen, $p_{m-1} - p_m$ Matrizen von $(m-1)$ Zeilen, $\ldots$, $p_1 - p_2$ Matrizen von je einer Zeile auf. Damit ist in der Tat A_1 auf eine eindeutig bestimmte Normalform gebracht.

Ist die Matrix von $\boldsymbol{A}$ im ursprünglichen Koordinatensystem reell und sind auch alle Wurzeln $\lambda_1, \ldots, \lambda_n$ reell, so zeigt die Herleitung der Normalform unmittelbar, daß der Übergang zu dem Koordinatensystem $\{\mathfrak{e}_1{}^*, \ldots, \mathfrak{e}_n{}^*\}$ durch eine reelle Substitution vollzogen werden kann[1]).

Von besonderer Wichtigkeit ist der Fall, daß die Matrix von $\boldsymbol{A}$ sich in einem passenden Koordinatensystem auf eine Diagonalmatrix reduziert. Sei also $\boldsymbol{A}$ eine solche Transformation und $(a_i\,\delta_{ik})$ ihre Matrix in einem gewissen Koordinatensystem. Dann erhalten wir für das charakteristische Polynom von $\boldsymbol{A}$: $\varphi(\lambda) \equiv (\lambda - a_1)\,(\lambda - a_2) \cdots (\lambda - a_n)$. D. h. die a_i sind bis auf die Anordnung mit den Zahlen λ_k (in der richtigen Vielfachheit gezählt) identisch. Demnach genügen alle Vektoren unseres Teilraumes $\mathfrak{L}_k$ der Gleichung

$$(\boldsymbol{A} - \lambda_k)\,(\mathfrak{x}) = 0.$$

Ist aber umgekehrt diese Bedingung erfüllt, so reduziert sich die Normalform der Matrix nach der obigen Herleitung unmittelbar auf eine Diagonalmatrix. Durch eine leichte Umformung der eben erhaltenen Bedingung erhalten wir nun den

Satz C. Damit die lineare Transformation $\boldsymbol{A}$ *durch eine Diagonalmatrix darstellbar sei, ist notwendig und hinreichend, daß* $\chi(A) = 0$, *wobei* A *die Matrix von* $\boldsymbol{A}$ *in irgendeinem Koordinatensystem ist und*

[1]) Es ist leicht, auch im Falle komplexer Wurzeln Normalformen anzugeben, die auf reellem Wege herstellbar sind.

$\chi(\lambda)$ dasjenige Polynom bedeutet, welches jede Wurzel des charakteristischen Polynoms von A als einfache Wurzel besitzt und nur diese Wurzeln hat. Der Übergang zur Diagonalform kann bei reeller Ausgangsmatrix stets und nur dann auf reellem Wege vollzogen werden, wenn alle Wurzeln von $\chi(\lambda)$ reell sind.

§ 99. Paare quadratischer Formen.

Wir wollen nun die Sätze über lineare Transformationen auf ein Problem aus der Theorie der quadratischen Formen anwenden. Es sei

$$f(x_1, \ldots, x_n) = \sum_{i,k=1}^{n} f_{ik}\, x_i\, x_k \qquad (f_{ik} = f_{ki})$$

eine quadratische Form in n Veränderlichen. Wir betrachten gleichzeitig mit ihr die durch „Polarenbildung" entstehende bilineare Form

$$\sum_{i,k=1}^{n} f_{ik}\, x_i\, y_k = \sum_{i,k=1}^{n} f_{ik}\, y_i\, x_k .$$

Fassen wir die x_i und y_i wieder als Komponenten zweier beliebiger Vektoren $\mathfrak{x}$ und $\mathfrak{y}$ eines linearen Vektorraumes von n Dimensionen in bezug auf ein Koordinatensystem $\{\mathfrak{e}_i\}$ auf! Wir setzen

$$f(\mathfrak{x}, \mathfrak{y}) = \sum_{i,k=1}^{n} f_{ik}\, x_i\, y_k .$$

$F = (f_{ik})$ heißt die Matrix der quadratischen Form. Für die Koeffizienten erhalten wir die Ausdrücke $f_{ik} = f(\mathfrak{e}_i, \mathfrak{e}_k)$. Wir untersuchen zunächst, wie sich die Matrix F bei Einführung neuer Koordinaten verhält. Setzen wir also etwa $x = T(x^*)$ und $y = T(y^*)$, wo T eine nichtsinguläre Matrix bedeutet, so erhalten wir:

$$f(\mathfrak{x}, \mathfrak{y}) = \sum_{i,k,\mu,\nu=1}^{n} f_{\mu\nu}\, t_{\mu i}\, x_i^*\, t_{\nu k}\, x_k^* = \sum_{i,k=1}^{n} \Big(\sum_{\mu,\nu=1}^{n} t_{\mu i}\, f_{\mu\nu}\, t_{\nu k}\Big)\, x_i^*\, x_k^* .$$

Es ist also

$$f_{ik}^* = \sum_{\mu,\nu=1}^{n} t_{\mu i}\, f_{\mu\nu}\, t_{\nu k} = f_{ki}^*$$

oder, wenn wir mit $\tilde{T}$ die aus T durch Umklappung an der Hauptdiagonale hervorgehende „*transponierte Matrix*" bezeichnen: $F^* = \tilde{T} F T$.

Wie man durch Schluß von n auf $n+1$ zu zeigen pflegt, kann man durch eine solche Transformation stets erreichen, daß in der transformierten Form nur die reinquadratischen Glieder auftreten, d. h. $f_{ik}^* = 0$ $(i \neq k)$. Und zwar sind dabei, reelle Formen und reelle Transformationen vorausgesetzt, die Anzahlen der positiven, der negativen und der verschwindenden unter den Zahlen f_{ii}^* unabhängig davon, wie diese Normalgestalt hergestellt wurde. (*Trägheitsgesetz der quadratischen Formen.*)

Für das Weitere spielen eine besondere Rolle diejenigen Vektoren $\mathfrak{x}$, für die $f(\mathfrak{x}, \mathfrak{y})$ identisch in $\mathfrak{y}$ verschwindet. Für ihre Komponenten erhalten wir die Gleichungen:

$$\sum_{k=1}^{n} f_{ik} x_k = 0 \qquad (i = 1, 2, \ldots, n).$$

Verstehen wir also unter $\boldsymbol{F}$ diejenige lineare Transformation, deren Matrix in bezug auf das Koordinatensystem $\{\mathfrak{e}_i\}$ mit der Matrix F der quadratischen Form übereinstimmt, so sind unsere Vektoren durch $\boldsymbol{F}(\mathfrak{x}) = 0$ gekennzeichnet. Ist der Nullvektor der einzige Vektor dieser Eigenschaft, so heißt die Form nichtausgeartet, andernfalls ausgeartet. Damit die Form f ausgeartet sei, ist notwendig und hinreichend, daß $|F| = 0$.

Die Aufgabe, die uns nun beschäftigen soll, ist folgende: *Es seien zwei quadratische Formen gegeben*

$$f(x_1, \ldots, x_n) = \sum_{i,k=1}^{n} f_{ik} x_i x_k, \quad g(x_1, \ldots, x_n) = \sum_{i,k=1}^{n} g_{ik} x_i x_k.$$

Es soll ein Koordinatensystem gesucht werden, in dem beide Formen eine einfache Gestalt annehmen, und insbesondere untersucht werden, ob ein solches Koordinatensystem vorhanden ist, in dem beide Formen sich auf die rein quadratischen Glieder reduzieren. Wir wollen dabei stets annehmen, daß die zweite Form nichtausgeartet sei.

Sei $F = (f_{ik})$, $G = (g_{ik})$. Dann betrachten wir die lineare Transformation $\boldsymbol{A}$, deren Matrix in bezug auf das ursprüngliche Koordinatensystem durch $A = G^{-1}F$ gegeben ist[1]). Führen wir durch $x = T(x^*)$ neue Koordinaten ein, so ist $A^* = T^{-1}AT$ die Matrix von $\boldsymbol{A}$ in bezug auf das neue Koordinatensystem, unsere Formen aber haben in den neuen Koordinaten die Matrizen: $F^* = \tilde{T}FT$, $G^* = \tilde{T}GT$. Also ist $A^* = G^{*-1}F^*$. D. h. die lineare Transformation $\boldsymbol{A}$ ist unabhängig davon, von welchem Koordinatensystem wir ausgehen. Es sei nun $\varphi(\lambda)$ das charakteristische Polynom von $\boldsymbol{A}$; wir wollen zeigen, daß man jedenfalls die Untersuchung auf den Fall zurückführen kann, daß $\varphi(\lambda)$ die Potenz eines Linearfaktors ist. Im anderen Falle zerlegen wir $\varphi(\lambda)$ wie oben in zwei teilerfremde Faktoren mit dem höchsten Koeffizienten Eins: $\varphi(\lambda) \equiv \varphi_1(\lambda)\varphi_2(\lambda)$. Dann sind zwei gegenüber $\boldsymbol{A}$ invariante Teilräume $\mathfrak{L}_1$, $\mathfrak{L}_2$ eindeutig festgelegt, die die Eigenschaften von Satz A besitzen. Und zwar sind die Komponenten der Vektoren von $\mathfrak{L}_i$ durch $\varphi_i(G^{-1}F)(x) = (0)$ gegeben. Wieder bestimmen wir die Polynome $\psi_1(\lambda)$, $\psi_2(\lambda)$ so, daß $\psi_1(\lambda)\,\varphi_2(\lambda) + \psi_2(\lambda)\,\varphi_1(\lambda) \equiv 1$. Dann gilt

$$E = \psi_1(G^{-1}F)\,\varphi_2(G^{-1}F) + \psi_2(G^{-1}F)\,\varphi_1(G^{-1}F)$$

und demnach

---

1) Diese Transformation benutzt auch G. *Kowalewski*, Leipz. Ber. 1917, S. 333.

$$F = F\,\psi_1(G^{-1}F)\,\varphi_2(G^{-1}F) + F\,\psi_2(G^{-1}F)\,\varphi_1(G^{-1}F) = F_1 + F_2,$$
$$G = G\,\psi_1(G^{-1}F)\,\varphi_2(G^{-1}F) + G\,\psi_2(G^{-1}F)\,\varphi_1(G^{-1}F) = G_1 + G_2.$$

Hierin sind F_1, F_2, G_1, G_2 symmetrische Matrizen. Denn sie setzen sich linear aus Matrizen der Gestalt $FG^{-1}F \dots FG^{-1}F$ zusammen und diese sind offenbar symmetrisch. Dieser Zerlegung von F und G entspricht eine Zerlegung der zugehörigen Formen in zwei Summanden:

$$\mathfrak{f}(\mathfrak{x}, \mathfrak{y}) \equiv \mathfrak{f}_1(\mathfrak{x}, \mathfrak{y}) + \mathfrak{f}_2(\mathfrak{x}, \mathfrak{y}), \qquad f \equiv f_1 + f_2,$$
$$\mathfrak{g}(\mathfrak{x}, \mathfrak{y}) \equiv \mathfrak{g}_1(\mathfrak{x}, \mathfrak{y}) + \mathfrak{g}_2(\mathfrak{x}, \mathfrak{y}), \qquad g \equiv g_1 + g_2.$$

Es ist jetzt leicht zu sehen, daß f_1 und g_1 identisch in $\mathfrak{y}$ verschwinden, wenn für $\mathfrak{x}$ ein Vektor aus $\mathfrak{L}_2$ eingesetzt wird. (Analoges gilt für f_2 und g_2.) Denn die Vektoren dieser Eigenschaft sind in dem ursprünglichen Koordinatensystem durch $F_1(x) = 0$ bzw. $G_1(x) = 0$ bestimmt, und dies ist wegen

$$F_1 = F\,\psi_1(G^{-1}F)\,\varphi_2(G^{-1}F) \quad \text{bzw.} \quad G_1 = G\,\psi_1(G^{-1}F)\,\varphi_2(G^{-1}F)$$

für die Vektoren von $\mathfrak{L}_2$ erfüllt. Wählen wir demnach unser Koordinatensystem so, daß $\mathfrak{e}_1^*, \dots, \mathfrak{e}_p^*$ den Raum $\mathfrak{L}_1$, $\mathfrak{e}_{p+1}^*, \dots, \mathfrak{e}_n^*$ den Raum $\mathfrak{L}_2$ aufspannen, so hängen f_1 und g_1 nur von den Veränderlichen $x_1^*, \dots, x_p^*$, f_2 und g_2 aber nur von den übrigen Veränderlichen ab. Sind überdies F_i^*, G_i^* die Matrizen der so aus f_i und g_i entstehenden Formen in p bzw. $n-p$ Veränderlichen, so ist $\varphi_i(\lambda)$ das charakteristische Polynom von $G_i^{*-1}F_i^*$.

Sind $\lambda_1 \dots, \lambda_r$, die verschiedenen Wurzeln von

$$\varphi(\lambda) = (\lambda - \lambda_1)^{n_1} \dots (\lambda - \lambda_r)^{n_r},$$

so erhalten wir durch Fortsetzung unserer Schlußweise folgendes Ergebnis: Es ist möglich, neue Koordinaten $x_1^*, \dots, x_n^*$ derart einzuführen, daß jede der beiden Formen f und g in eine Summe von r Formen zerfällt $f \equiv f_1 + f_2 + \cdots + f_r$, $g \equiv g_1 + g_2 + \cdots + g_r$, wobei f_1 und g_1 nur die Veränderlichen $x_1^*, \dots, x_{n_1}^*$ enthalten, f_2 und g_2 bloß die Veränderlichen $x_{n_1+1}^*, \dots, x_{n_1+n_2}^*$ usw. und daß, wenn F_h^*, G_h^* die Matrizen dieser Formen von bloß n_h Veränderlichen bedeuten, $(\lambda - \lambda_h)^{n_h}$ das charakteristische Polynom von $G_h^{*-1}F_h^*$ ist. Sind insbesondere f und g reelle Formen und alle Wurzeln von $\varphi(\lambda)$ reell, so ist diese Koordinatentransformation auch reell durchführbar.

Nunmehr können wir ohne Schwierigkeit die Bedingung dafür auffinden, daß beide Formen f und g sich in einem geeigneten Koordinatensystem zugleich auf die reinquadratischen Glieder reduzieren. Sei nämlich $\{\hat{\mathfrak{e}}_i\}$ ein solches Koordinatensystem, daß

$$\mathfrak{f}(\mathfrak{x}, \mathfrak{y}) = \sum_{i=1}^{n} \hat{f}_i\, \hat{x}_i\, \hat{y}_i$$

und

$$\mathfrak{g}(\mathfrak{x}, \mathfrak{y}) = \sum_{i=1}^{n} \hat{g}_i\, \hat{x}_i\, \hat{y}_i.$$

Dann lautet die Matrix unserer linearen Transformation $\boldsymbol{A}$ in diesem Koordinatensystem:

$$(\hat{a}_{ik}) = \left(\frac{\hat{f}_i}{\hat{g}_i}\,\delta_{ik}\right).$$

Notwendig für das Vorhandensein eines solchen Koordinatensystems ist demnach, daß die lineare Transformation $\boldsymbol{A}$ durch eine Diagonalmatrix darstellbar sei. Wir wollen beweisen, daß diese Bedingung auch hinreichend ist. Ist sie nämlich erfüllt, so gilt ja für die Matrizen der durch $\boldsymbol{A}$ in den Teilräumen $\mathfrak{L}_k$ induzierten Transformationen, wie immer die Koordinaten in $\mathfrak{L}_k$ gewählt seien: $A_k = \lambda_k E_k$, wobei E_k die Einheitsmatrix von n_k Zeilen bedeutet. (Vgl. den Beweis von Satz C in § 100.) Also ist $f_k \equiv \lambda_k g_k$. Wählen wir demnach — was ja stets möglich ist — die Koordinaten in $\mathfrak{L}_k$ so, daß g_k sich auf die reinquadratischen Glieder reduziert, so ist dies von selbst auch für f_k der Fall. Auch hier ergibt sich unmittelbar die auf die Realität bezügliche Verschärfung:

Notwendig und hinreichend dafür, daß zwei reelle quadratische Formen

$$\sum_{i,k=1}^{n} f_{ik}\, x_i x_k, \quad \sum_{i,k=1}^{n} g_{ik}\, x_i x_k,$$

von denen die zweite nichtausgeartet ist, durch eine reelle lineare Substitution gleichzeitig auf die reinquadratischen Glieder reduzierbar seien, ist, daß die Matrix

$$A = (g_{ik})^{-1}\,(f_{ik})$$

einer reellen Diagonalmatrix äquivalent sei (vgl. Satz C).

Es soll schließlich gezeigt werden, daß dies stets dann erfüllt ist, wenn die zweite Form positiv-definit ist, d. h. in ihrer Normalform nur positive Quadrate enthält. Offenbar ist es keine Einschränkung, wenn wir geradezu annehmen

$$\sum_{i,k=1}^{n} g_{ik}\, x_i x_k \equiv \sum_{i=1}^{n} x_i^{\,2}$$

(denn dies können wir nötigenfalls durch eine reelle Koordinatentransformation erreichen). Die Matrix A unserer linearen Transformation $\boldsymbol{A}$ reduziert sich jetzt auf $F = (f_{ik})$. Wir haben zunächst zu zeigen: $\varphi(\lambda) = |\lambda E - F|$ hat nur reelle Wurzeln. Sei also λ_0 eine Wurzel von $\varphi(\lambda)$. $\{x_i\}$ sei eine nichttriviale Lösung der Gleichungen

$$\sum_{k=1}^{n} f_{ik}\, x_k = \lambda_0\, x_i \quad (i = 1, 2 \ldots, n)$$

Multiplizieren wir die i-te Gleichung mit der zu x_i konjugiert komplexen Zahl $\bar{x}_i$; und addieren alle n Gleichungen, so erhalten wir

$$\lambda_0 = \frac{\sum\limits_{i,k=1}^{n} f_{ik}\,\bar{x}_i\,x_k}{\sum\limits_{i=1}^{n} x_i\,\bar{x}_i}$$

Wegen der Symmetrie der f_{ik} ist hierin unmittelbar enthalten, daß $\lambda_0 = \bar{\lambda}_0$, also reell ist. Demnach können wir durch eine reelle Koordinatentransformation f und g gemäß der Zerlegung von

$$\varphi(\lambda) = (\lambda - \lambda_1)^{n_1} \ldots (\lambda - \lambda_r)^{n_r}$$

in je r Formen zerspalten: $f \equiv f_1 + f_2 + \cdots + f_r$, $g \equiv g_1 + g_2 + \cdots + g_r$. Wir führen die weitere Überlegung etwa für f_1 und g_1 durch. Wie zuvor können wir annehmen

$$g_1 \equiv \sum_{i=1}^{n_1} x_i^{*\,2},$$

da wir andernfalls nur eine reelle Koordinatentransformation in $\mathfrak{L}_1$ auszuführen hätten, um dies zu bewirken. Dann ist — so waren unsere Koordinaten gewählt —

$$|\lambda\,\delta_{k} - f_{ik}^*|_{i,k=1}^{n_1} \equiv (\lambda - \lambda_1)^{n_1}$$

oder wenn wir zur Abkürzung $f_{ik}^* - \lambda_1 \delta_{ik} = d_{ik}$ setzen und statt λ die Veränderliche $\mu = \lambda - \lambda_1$ einführen: $|\mu\,\delta_{ik} - d_{ik}| \equiv \mu^{n_1}$. Durch Vergleichung der Koeffizienten von μ^{n_1-1} und μ^{n_1-2} auf beiden Seiten erhalten wir:

$$\sum_{i=1}^{n_1} d_{ii} = 0; \quad \sum_{\substack{i,k=1\\ i<k}}^{n_1} (d_{ii}\,d_{kk} - d_{ik}\,d_{ki}) = 0\,.$$

In der zweiten Gleichung dürfen wir die Summationsbedingung $i < k$ durch $i \neq k$ besetzen, indem wir zuerst i mit k vertauschen und die Gleichungen dann addieren. Da aber die Glieder mit $i = k$ einzeln verschwinden, gilt wegen $d_{ik} = d_{ki}$

$$\sum_{i,k=1}^{n_1} d_{ik}^2 = \sum_{i,k=1}^{n_1} d_{ii}\,d_{kk} = \left(\sum_{i=1}^{n_1} d_{ii}\right)^2 = 0\,,$$

woraus wegen der Realität der d_{ik} folgt $d_{ik} = 0$ oder $f_{ik}^* = \lambda_1 \delta_{ik}$. Dies bedeutet aber, daß f_1 nur die reinquadratischen Glieder enthält.

Aus dem letzten Beweis geht ohne weiteres hervor:

Jede reelle quadratische Form kann durch eine reelle orthogonale Transformation, d. i. eine Transformation, die

$$\sum_{i=1}^{n} x_i^2 \text{ in } \sum_{i=1}^{n} x_i^{*\,2}$$

überführt, auf die reinquadratischen Glieder reduziert werden.

Namen- und Stichwortverzeichnis.

(Die Zahlen geben die Seiten an.)

Die Grundlehren der mathematischen Wissenschaften

in Einzeldarstellungen

mit besonderer Berücksichtigung der Anwendungsgebiete
Gemeinsam mit
W. Blaschke, Hamburg, **M. Born,** Göttingen, **C. Runge,** Göttingen
herausgegeben von **R. Courant,** Göttingen

Bd. I: **Vorlesungen über Differentialgeometrie** und geometrische Grundlagen von Einsteins Relativitätstheorie. Von **Wilhelm Blaschke,** Professor der Mathematik an der Universität Hamburg. I. Elementare Differentialgeometrie. Zweite, verbesserte Auflage. Mit einem Anhang von Kurt Reidemeister, Professor der Mathematik an der Universität Wien. Mit 40 Textfiguren. (254 S.) 1924. RM 11.—; gebunden RM 12.—

Bd. II: **Theorie und Anwendung der unendlichen Reihen.** Von Dr. **Konrad Knopp,** ord. Professor der Mathematik an der Universität Königsberg. Zweite, erweiterte Auflage. Mit 12 Textfiguren. (536 S.) 1924. RM 27.—; gebunden RM 28.—

Bd. III: **Vorlesungen über allgemeine Funktionentheorie und elliptische Funktionen.** Von **Adolf Hurwitz,** weil. ord. Professor der Mathematik am Eidgenössischen Polytechnikum Zürich. Herausgegeben und ergänzt durch einen Abschnitt über: **Geometrische Funktionentheorie** von **R. Courant,** ord. Professor der Mathematik an der Universität Göttingen. Zweite, vollständig umgearbeitete und vermehrte Auflage. Mit 128 Textfiguren. (508 S.) 1925. RM 23.40; gebunden RM 25.—

Bd. IV: **Die mathematischen Hilfsmittel des Physikers.** Von Dr. **Erwin Madelung,** ord. Professor der Theoretischen Physik an der Universität Frankfurt a. M. Zweite, verbesserte Auflage. Mit 20 Textfiguren. (298 S.) 1925. RM 13.50; gebunden RM 15.—

Bd. V: **Die Theorie der Gruppen von endlicher Ordnung** mit Anwendungen auf algebraische Zahlen und Gleichungen sowie auf die Kristallographie. Von **Andreas Speiser,** ord. Professor der Mathematik an der Universität Zürich. (202 S.) 1923. RM 7.—

Bd. VI: **Theorie der Differentialgleichungen.** Vorlesungen aus dem Gesamtgebiet der gewöhnlichen und der partiellen Differentialgleichungen. Von **Ludwig Bieberbach,** o. ö. Professor der Mathematik an der Friedrich-Wilhelms-Universität in Berlin. Zweite, neubearbeitete Auflage. Mit 22 Abbildungen. (368 S.) 1926. RM 18.—; gebunden RM 19.50

Bd. VII: **Vorlesungen über Differentialgeometrie** und geometrische Grundlagen von Einsteins Relativitätstheorie. Von **Wilhelm Blaschke,** Professor der Mathematik an der Universität Hamburg. II. Affine Differentialgeometrie. Bearbeitet von Kurt Reidemeister, Professor der Mathematik an der Universität Wien. Erste und zweite Auflage. Mit 40 Textfiguren. (268 S.) 1923. RM 8.50; gebunden RM 10.—

Bd. VIII: **Vorlesungen über Topologie.** Von **B. v. Kerékjártó.** I. Flächentopologie. Mit 60 Textfiguren. (277 S.) 1923. RM 11.50; gebunden RM 13.—

Bd. IX: **Einleitung in die Mengenlehre.** Eine elementare Einführung in das Reich des Unendlichgroßen. Von **Adolf Fraenkel,** a. o. Professor an der Universität Marburg. Zweite, erweiterte Auflage. Mit 13 Textfiguren. (259 S.) 1923. RM 10.80

Bd. X: **Der Ricci-Kalkül.** Eine Einführung in die neueren Methoden und Probleme der mehrdimensionalen Differentialgeometrie. Von **J. A. Schouten,** ord. Professor der Mathematik an der Technischen Hochschule Delft in Holland. Mit 7 Textfiguren. (321 S.) 1924. RM 15.—; gebunden RM 16.20

Siehe auch umstehende Seite.